暖通空调设计分析与应用实例

付海明 编著

Analysis and Application Examples of HVAC Design

化学工业出版社

· 北京 ·

内 容 简 介

本书以建筑环境控制基础理论与暖通空调工程实际设计应用紧密结合为特点，融入作者十多年暖通空调工程设计及二十多年教学、科研经验与体会，较为系统和全面地介绍了暖通空调工程设计规范、设计方法与设计步骤、舒适性空调与工艺性空调工程设计内容及案例。

本书图文并茂、深入浅出，主要内容涵盖：暖通空调基础知识与规划设计；暖通空调设计方法；舒适性及工艺性空调（包括综合办公建筑空调；商业建筑空调；住宅及旅馆建筑空调；高层及超高层建筑空调；医疗建筑空调；交通、体育、娱乐及大空间建筑空调；工业建筑空调及地下建筑空调）等设计。此外，还对环境空气品质控制、建筑设备节能途径、VRV空调技术、冰蓄冷技术、空气源热泵、地下水源热泵、地表水源热泵、土壤源热泵、水环热泵技术及CFD模拟技术在建筑设备与环境中的应用等进行了系统阐述，结合具体工程实例，贴近工程实际，对暖通空调工程技术人员在工程设计、施工、运行管理等方面具有一定的指导作用。

本书可供暖通空调行业设计人员、技术人员和管理人员参考，也可作为高校建筑环境与能源应用工程及相关专业毕业设计的教学参考书或行业培训教材。

图书在版编目（CIP）数据

暖通空调设计分析与应用实例/付海明编著．—北京：化学工业出版社，2024.5

ISBN 978-7-122-42216-3

Ⅰ.①暖…　Ⅱ.①付…　Ⅲ.①采暖设备-建筑设计②通风设备-建筑设计③空气调节设备-建筑设计　Ⅳ.①TU83

中国版本图书馆 CIP 数据核字（2022）第 171234 号

责任编辑：朱　彤	文字编辑：丁海蓉
责任校对：王　静	装帧设计：刘丽华

出版发行：化学工业出版社（北京市东城区青年湖南街 13 号　邮政编码 100011）
印　　装：涿州市般润文化传播有限公司
787mm×1092mm　1/16　印张 34　字数 918 千字　2025 年 1 月北京第 1 版第 1 次印刷

购书咨询：010-64518888　　　　售后服务：010-64518899
网　　址：http://www.cip.com.cn

凡购买本书，如有缺损质量问题，本社销售中心负责调换。

定　　价：198.00 元

前言

暖通空调系统（HVAC）被广泛应用在各种建筑物中，为人们的舒适生活提供了必要保障。同时，我国能源需求量随着国民经济的发展在迅速增加，而暖通空调的运行能耗占据了居民生活用电和工业能耗很大的比例。因此，暖通空调节能及建筑设备优化设计的重要性越来越受到社会各方面的关注。

暖通空调系统设计是一门将知识与技能、理论与实践相结合的综合性学科。为了使读者尽快掌握暖通空调系统设计内容以及民用与工业建筑空调的实际应用，了解和掌握与暖通系统设计相关的本质规律和基本法则，胜任工程设计工作，本书将建筑环境中"四度控制"（温度、湿度、洁净度和气流速度）理论知识与实际设计紧密结合，以介绍暖通空调设计方法、室内环境舒适与健康、热泵节能和CFD模拟分析为主线，融入作者多年暖通空调工程设计及教学、科研经验与体会。本书在强化基础知识的同时，力图强化设计技能培养，反映新技术、新理论、新规范等，结合大量工程实例，系统介绍了暖通空调工程设计规范、设计方法与设计步骤、舒适性空调与工艺性空调工程设计等，主要特点如下。

（1）为使知识体系全面、完整，本书第1章将工程热力学、流体力学、传热学与传质学基本概念及理论，以及流体重要物性参数、流动传热传质无量纲（无因次）准则数、围护结构热工特性参数计算、暖通空调名词术语解释等基本知识，采用表格的形式简明扼要地列出；同时，简要介绍了建筑冷热负荷、管网水力平衡及设备选择三大理论计算方法，将设计常用计算公式以附表形式给出，以便读者学习及掌握。

（2）本书第2章～第4章以文字、示例及流程图的形式详细地介绍了室内供暖系统、室外管网及锅炉房、换热站设计方法及步骤，还介绍了通风系统、除尘系统、净化系统、防排烟系统和空调系统设计方法及步骤，以强化暖通空调设计技能培养与提高。

（3）为适应工程应用的需要，本书第5章～第12章依次介绍了综合办公建筑、商业建筑、住宅及宾馆建筑、高层及超高层建筑，以及医疗建筑和交通、体育、娱乐及大空间等典型民用建筑空调设计，工业建筑及地下空间建筑空调的特点、设计要点和施工注意事项，以期为各种类型建筑空调设计提供必要的设计资料和经验；同时，以工程应用实例的形式强化对知识的理解和应用，构建理论学习与技能实践的桥梁。

（4）为适应以人为本的设计理念，本书第13章介绍了空调舒适与人体健康关系及环境空气品质控制等内容，并以附表形式提供了模拟人体表面温度、热舒适性评价指标 PMV-PPD 及室内空气环境评价指标（空气龄）、吹风感 DR 等 CFD 模拟核心技术——UDF 程序，以使读者更多地掌握及应用 CFD 技术对建筑环境及设备进行设计分析和运行效果评估。

（5）为适应建筑节能减排的需求，本书第 14 章介绍了建筑设备节能途径、变频多联机 VRV（变制冷剂流量）、冰蓄冷、空气源热泵、地源热泵及水源热泵等新技术、新规范的设计要求、设计方法和步骤。

（6）近年来，CFD 对流体的解析分析技术已逐渐成为暖通空调设计效果分析与评价强有力的设计辅助工具。因此，本书第 15 章主要介绍：CFD 在建筑内气流组织和热湿环境分析中的应用；CFD 在建筑与绿色植物的热环境与风环境分析中的应用；CFD 在建筑空调及除尘设备内传热传质分析中的应用与 CFD 在新型通风方式及人体热舒适状况分析中的应用等。此外，还介绍了会议室和轿车空调热舒适模拟案例分析方法及步骤。

总之，本书力图以图文并茂的形式，深入浅出地全面阐述暖通空调基础知识与规划及设计方法、舒适性、工艺性和地下建筑空调设计，舒适与健康控制、建筑设备节能、VRV、冰蓄冷、热泵及 CFD 技术应用。在编写时，力求使本书成为一部暖通空调设计方面实用且简明的工具书，对暖通空调工程技术人员在工程设计、施工、运行管理等方面具有指导和帮助作用。需要说明的是：为了简洁起见，除了特别注明外，本书施工图、设备图等所用单位均为 mm（毫米）。另外，还要特别感谢江阳高级工程师提供的案例。在本书编写过程中，还参阅了国内外相关资料并得到了许多暖通行业的前辈和专家们的支持和帮助，为本书的编写提供了大量工程实例和资料，由于篇幅所限，这里不一一列举。在此谨向本书参考文献的作者致以衷心的感谢和敬意。

限于作者的水平和时间，书中难免存在疏漏和不妥之处，谨此恳请读者指正并敬请有关专家提出宝贵意见和建议，作者将不胜感激。

编著者

2024 年 4 月

目 录

第3章 通风工程设计

第4章 空调工程设计

第5章 综合办公建筑空调设计

第1章 暖通空调理论计算与规划设计

1.1 基本物理概念与理论计算

学习暖通空调系统设计，一定要有较好的工程热力学、流体力学、传热学以及系统动力学基础。因此，本书特将工程热力学、流体力学、传热与传质基本概念及理论、流体重要物性参数、流动传热传质无量纲准则数以及围护结构热工特性参数计算等基本知识采用表格的形式简明扼要地列出，以便读者学习及掌握。

1.1.1 工程热力学基本概念及理论

（1）工质的基本状态参数

工质是实现热、功转换的工作物质，是各种热机或热力设备借以完成热能与机械能相互转换的媒介物质。常见工质如下：燃烧气体、水蒸气（蒸汽）、制冷剂以及空气等。工质的基本状态参数见表 1-1。

表 1-1 工质的基本状态参数

参数名称		单位	定义及说明	解释
温度	定义（温度）		标志物体冷、热程度的参数称为温度	它反映了物质内部大量分子无规则运动的剧烈程度
	热力学温度(T)	K	第 1K 是水的三相点（纯冰、纯水和水蒸气三相平衡共存状态）热力学温度的 $1/273.16$	选取水的三相点为基准点，并定义其温度为 273.16K
	摄氏温度(t)	℃	摄氏温度规定 0.101325MPa 下纯水的冰点为 0℃，其热力学温度为 273.15K，比纯水的三相点热力学温度低 0.01K	每 1℃ 与每 1K 是相等的，但是两种温标的起始点不同。两者的换算关系如下：$T(K)=t(℃)+273.15$
压力(p)		Pa	垂直作用在单位面积上的力称为压力。在 SI 单位制中，规定在 $1m^2$ 面积上作用 1N(牛顿)力时的压力为 1Pa(帕斯卡)	对静止状态的流体加力，则向所有方向传递相等的力而产生压力；在固体的情况下则称为应力
比体积(v)		m^3/kg	单位质量工质所占有的体积称为比体积，比体积的定义为体积(V)除以质量(m)	比体积与压力、温度有关，当压力一定时，物质在不同温度下有不同的比体积；当温度一定时，在不同压力下也有不同的比体积
密度(ρ)		kg/m^3	密度(ρ)的定义为质量(m)除以体积(V)，它是比体积的倒数	

（2）热力系统、热力过程

系统是由相互作用、相互依赖的若干组成部分结合而成的，具有特定功能的有机整体。

热力系统、热力过程等定义及说明和解释见表 1-2。

表 1-2　热力系统、热力过程等定义及说明和解释

名称	定义及说明	解释
热力系统	在热力学中,以一个实际的或假想的完全闭合的边界将研究对象从周围的环境中划分出来,该边界内部所包围的空间物体称为热力系统	有物质穿过边界的热力系统,称为开口系统;没有物质穿过边界的热力系统,称为闭口系统;闭口系统的质量始终保持恒定
热力过程	系统从初始状态变至终了状态所经历的全部状态,称为热力过程	系统中物质的总量可以保持恒定或发生变化;系统状态的变化意味着原平衡状态被破坏。所以,一切实际过程都是不平衡的
准平衡过程	系统在状态变化中,每一瞬间偏离平衡状态为无限小,且能很快地恢复平衡状态的过程称为准平衡过程,也称为准静态过程。若系统在状态变化中的某一瞬间,与平衡状态有一定偏差,则整个过程就称为不平衡过程	准平衡过程是实际过程进行得非常缓慢时的一个极限,是一种理想过程;在一定条件下,实际过程可近似视为准平衡过程
可逆过程	如果系统完成一个热力过程之后,能使系统沿着过程进行的反方向,依次经历原来过程中的一切状态而恢复到原状态,且参与过程变化的外界也能恢复到原状态,而且不留下任何变化的痕迹,这样的过程称为可逆过程	实际可逆过程的必要条件如下:热力系统内部和外界恒处于平衡状态,做机械运动时无摩擦,传热时无温差。 可逆过程实际上是不存在的,实践中,都是将实际过程当作可逆过程进行分析,然后采用经验系数来修正引起的偏差
不可逆过程	如果反向过程能回到初态,但却给外界留下影响,或者不能恢复到初态,这样的过程称为不可逆过程	

（3）热量、功和功率等

热量、功、功率和比热容等物理概念定义及说明见表 1-3。

表 1-3　热量、功、功率和比热容等物理概念定义及说明

名称	单位	定义及说明	解释
热量(Q)	J 或 kJ	热力系统与外界之间存在温差时,系统通过边界与外界之间相互传递的非功形式能量,称为热量;热力系统吸热时,热量取正值,放热时取负值	当物质接受或放出热量时,仅产生温度变化而无相的变化,该热量称为显热;如出现相的变化而无温度变化时,该热量称为潜热
功(W)	J 或 kJ	功是热力系统与外界存在不平衡时,系统通过边界与外界之间相互传递的能量。由气态工质组成的热力系统,当其进行压缩或膨胀时,与外界交换的功称为压缩功或膨胀功,统称为容积功	热力学规定:热力系统对外界做功为正值,外界对热力系统做功为负值
功率(P)	W 或 kW	单位时间内所做的功称为功率	
比热容(c)	J/(kg·K)	比(质量)热容是单位质量工质在温度每变化 1K 时所吸收或放出的热量;体积比热容表示单位体积工质,在标准状态($p=0.101325$MPa,$t=0$℃)下温度每变化 1K 时所吸收或放出的热量	影响比热容的主要因素: ・分子量与分子结构特征; ・状态参数——温度、压力; ・过程特性——定压过程、定容过程
摩尔热容(c_m)	J/(mol·K)	单位摩尔工质在温度每变化 1K 时所吸收或放出的热量	c、c_V、c_m 三者之间的关系如下: $$c_V = c\rho_s = c_m/22.4 \quad (1\text{-}1)$$ 在工程实际计算中,可忽略比热容随温度变化的关系,从而把比热容当作常数。因此,对于物质从温度 t_1 加热至 t_2 所需的加热量如下: $$Q = mc(t_2 - t_1) \quad (1\text{-}3)$$
比定压热容(c_p)	J/(kg·K)	表示在定压过程中,单位质量的工质在温度每变化 1K 时所吸收或放出的热量	
比定容热容(c_V)	J/(kg·K)	表示在定容过程中,单位质量的工质在温度每变化 1K 时所吸收或放出的热量	
等熵指数(κ)		理想气体的比定压热容与比定容热容之比 $$\kappa = c_p/c_V \quad (1\text{-}2)$$	

（4）物质的状态变化及热力学基本定律

物质的状态变化及热力学基本定律是暖通空调系统设计的基础知识和基本理论,物质的

状态变化及热力学基本定律见表 1-4。

表 1-4　物质的状态变化及热力学基本定律

名称		定义及说明	解释
物质的状态	气态	分子处于不规则运动状态中,分子能均匀地充满所给予的空间,分子密度很小	物质的三种状态,在一定条件下可以相互转化。气体变成液体的过程称为冷凝或液化;液体变成固体的过程称为凝固;固体变成液体的过程称为熔解(溶解);液体变为气体的过程称为气化(汽化);固体直接变为气体的过程称为升华,反之称为固化。物质在状态变化过程中,总伴随有吸热或放热现象
	液态	分子较气态密集,分子间具有相对位移的趋势,具有自由界面,但没有固态物质所具有的晶格组合	
	固态	组成其物质的分子构成有规则的布置,分子处在一定晶格节点上振动。在近距离内,分子振动的调整主要受分子间作用力的主导,而热运动对分子不规则布置的作用影响很小	
热力学第一定律		根据能量守恒与转换定律,任何一个热力系统都可表示如下: 系统收入能量－支出能量＝系统储存能量的增量 当系统与外界进行功(W)和热量(Q)变换时,必将引起系统总能量(E)的变化,必然得到: $$Q = \Delta E + W = E_2 - E_1 + W \quad (1\text{-}5)$$ 即加给系统的热量 Q,等于系统总能量的增量 ΔE 及对外所做功之和。 系统吸热时 Q 为正,放热时为负;系统对外做功时 W 为正,反之为负;系统总能量增加 ΔE 为正,减少为负。热能转换为机械能,通常是通过工质的膨胀实现的。 当气缸中单位质量气体被缓慢加热时,气体逐渐膨胀,压力下降、比体积增加,过程由初状态 1 变化至终状态 2	如果活塞面积为 A,则任一瞬间气体在压力 p 的作用下,推动活塞移动距离 $\mathrm{d}s$ 所做的膨胀功如下: $$\delta W = F\mathrm{d}s = pA\mathrm{d}s \quad (1\text{-}4)$$ 因为 $A\mathrm{d}s = \mathrm{d}v$,所以 $\delta W = p\mathrm{d}v$。系统所做的膨胀功如下: $$W_{12} = \int_1^2 \delta W = \int_1^2 p\,\mathrm{d}v \quad (1\text{-}6)$$ 对于 m 工质所做的功,则如下: $$W_{12} = m\int_1^2 p\,\mathrm{d}v = \int_1^2 p\,\mathrm{d}v \quad (1\text{-}7)$$ 工质在可逆过程中所做的功,可以用 $p\text{-}v$ 图上过程曲线下的面积来表示(因此 $p\text{-}v$ 图也称为示功图),即: $$W_{12} = \int_1^2 p\,\mathrm{d}v = \text{面积} \quad (1\text{-}8)$$
轴功(W)		系统通过机械轴与外界传递的机械功称为轴功。如果外界功源向刚性绝热闭口系统输入轴功 W,该轴功通过耗散效应转换成热量,被系统吸收,增加系统热力学能。刚性容器中的工质不能膨胀,热量不可能自动地转换为机械功。因此,刚性闭口系统不能向外界输出膨胀功	开口系统与外界传递的轴功 W,该轴功可以是系统向外界输出(称为正功),如内燃机、汽轮机。也可以是外界向系统输入(称为负功),如通风机、水泵、压缩机
内能(热力学能)		式(1-5)中,E 为系统储存的总能量,包括: E_k——系统做整体运动时的宏观动能;E_p——在重力场中,系统处于某一高度 z 的重力位能;U——系统内物质微观运动所具有的热力学能。因此,系统总能量如下: $$E = E_k + E_p + U = \frac{1}{2}mc^2 + mgz + U \quad (1\text{-}9)$$	当热力系统静止时,宏观动能和重力位能没有变化,所以: $$\Delta E = \Delta U \quad (1\text{-}10)$$
稳定流动能量方程式及比焓		设一开口系统,当单位质量工质流进系统时,根据能量守恒与转换定律,可建立下列能量守恒关系式: $$(e_1 + q) - (e_0 + W_e) = 0 \quad (1\text{-}11)$$ 式中　e_1, e_0——工质流经入口截面和出口截面时带入和流出系统的总能量; q——系统流过单位质量工质时外界对系统加入的热量; W_e——单位质量工质流过系统时对外界输出的轴功。 单位质量工质流进热力系统带入的总能量如下: $$e_1 = u_1 + p_1 v_1 + \frac{1}{2}c_1^2 + gz_1 \quad (1\text{-}12)$$ 式中　p_1, v_1——单位质量工质在流动时所做的流动功,即在推动下游工质流动时所产生的功。 比焓的物理意义如下:工质流入/出热力系统,带入/出的热力学能和流动功之和。因此,焓可视为随工质转移的能量	实际工作的热机大多数为开口系统,即系统与外界不仅有能量传递和转换,而且有物质交换。为简化起见,可近似视为稳定流动系统,假定负荷在不变的状态下运行,即流动中任何截面上的参数如压力、温度、比体积、流速等均不随时间改变,这时单位时间内系统与外界传递的热量和功也不随时间而变。单位质量工质流出系统带走的能量如下: $$e_0 = u_2 + p_2 v_2 + \frac{1}{2}c_2^2 + gz_2 \quad (1\text{-}13)$$ 推导可得: $$q = (h_2 - h_1) + \frac{1}{2}(c_2^2 - c_1^2) + g(z_2 - z_1) + W_2 \quad (1\text{-}14)$$ 式(1-14)称为稳定流动能量方程式,它适用于稳定流动的任何过程(不论可逆与否)和任何工质,是热工计算中最常用的基本公式之一

名称	定义及说明	解释
热力学 第二定律	归纳起来热力学第二定律主要有以下两种表述方式。 克劳修斯表述法：热量不可能自发地、不付代价地从低温物体传到高温物体。这阐明了热量传递的方向，即热量总是自发地、没有任何限制地从高温物体传到低温物体，犹如水总是自发地、没有限制地从高水位流向低水位一样。 开尔文-普朗克表述法：不可能制造出从一个热源取得热量，使之完全变成机械能而不引起其他变化的循环发动机	热功间的相互转换，必然会有能量损失。因此，研究热力循环时，提高热效率是一项重要任务

（5）压缩式制冷循环

制冷循环由压缩过程、冷凝过程、膨胀过程、蒸发过程组成。制冷循环包括压缩式制冷循环、吸收式制冷循环、吸附式制冷循环、水蒸气喷射制冷循环及半导体制冷等。压缩式制冷循环又可分为压缩气体制冷循环和压缩水蒸气制冷循环。压缩式制冷循环理论见表 1-5。

表 1-5　压缩式制冷循环理论

循环类型	循环过程	说明
逆卡诺循环 1. 过程-1，制冷剂（工质）在蒸发器中等压、等温蒸发； 2. 过程-2，在压缩机中进行绝热压缩； 3. 过程-3，在冷凝器中等压、等温冷凝； 4. 过程-4，在膨胀机中绝热膨胀	单位质量制冷剂在每次循环过程中，从被冷却介质的低温热源中吸收的热量 q_c'（kJ/kg）如下： $$q_c' = T_c'(s_a - s_b) \quad (1-15)$$ 向冷却介质的高温热源放出的热量 q_e'（kJ/kg）如下： $$q_e' = T_e'(s_a - s_b) \quad (1-16)$$ 外界输入压缩机的净功 W_c（kJ/kg）： $$W_c = W - W_e = q_c' - q_e' = (T_c' - T_e')(s_a - s_b) \quad (1-17)$$ 逆卡诺循环的制冷系数 ε_c 如下： $$\varepsilon_c = \frac{q_c'}{W_c} = \frac{T_c'(s_a - s_b)}{(T_c' - T_e')(s_a - s_b)} = \frac{T_c'}{T_c' - T_e'} \quad (1-19)$$	在相同的恒定高、低温热源区间，任何制冷循环的制冷系数 ε 均小于逆卡诺循环的制冷系数 ε_c。所以，逆卡诺循环的制冷系数可用于评价其他制冷循环的热力完善度 η，即： $$\eta = \frac{\varepsilon}{\varepsilon_c} \quad (1-18)$$ η 值越接近 1，则该循环的不可逆程度越小，循环的节能性和经济性就越好
单级水蒸气压缩式理论循环（逆卡诺循环是理想制冷循环，实际制冷过程极为复杂，很难获得真实的全部参数。所以，通常都采用介于两者之间的理论制冷循环来分析、计算水蒸气压缩式制冷循环）	1kg 制冷剂在蒸发器中产生的单位质量制冷量，是流出和进入蒸发器的比焓差，即： $$q_e = h_1 - h_4 = h_1 - h_3 \quad (1-20)$$ 制冷剂在冷凝器中的单位质量放热量，是进入与流出冷凝器的比焓差，即： $$q_c = h_2 - h_3 \quad (1-21)$$ 压缩机吸入 1m³ 制冷剂蒸气的单位质量压缩功，是排出和吸入制冷剂的比焓差，即： $$W = h_2 - h_1 \quad (1-22)$$ 通过膨胀阀时是绝热节流。所以，制冷剂进入与流出的比焓值不变，即： $$h_3 = h_4 \quad (1-23)$$ 压缩机所产生的制冷量称为制冷剂的单位容积制冷量： $$q_v = \frac{q_e}{V_1} = \frac{h_1 - h_4}{V_1} \quad (1-24)$$ 式中，V_1 为压缩机吸入制冷剂的比体积，m³/kg。 设制冷装置的总冷量为 Q_c（kW），则制冷剂在单位时间内流经压缩机、冷凝器、膨胀阀和蒸发器的质量流量 q_m 如下： $$q_m = \frac{Q_c}{q_e} = \frac{Q_c}{h_1 - h_4} \quad (1-26)$$ 压缩机每秒钟吸入的气态制冷剂 q_v（m³/s）如下： $$q_v = q_m V_1 = \frac{Q_c}{q_v} \quad (1-27)$$ 制冷剂在冷凝器中的放热量（冷凝器的热负荷）Q_c（kW）如下：	压缩机吸入蒸发压力 p_e 下的饱和水蒸气（状态 1），经绝热压缩至冷凝压力 p_c（状态 2），进入冷凝器后等压冷凝成饱和液体（状态 3）；再经膨胀阀绝热节流为蒸发压力 p_e 下的湿饱和水蒸气，然后在蒸发器中等压吸热，汽化成饱和水蒸气（状态 4），再由压缩机吸入、压缩并重复上述过程。 理论循环的热力计算，表明了制冷装置的制冷量、放热量、消耗功率和制冷系数都不是定值，而是随着它的运行工况而变化。 若制冷循环的目的不是获得冷量 Q，而是得到热量 Q_c，则该循环称为热泵循环。热泵循环的性能可用供热系数 ε_h 来评价： $$\varepsilon_h = \frac{Q_c}{P} = \frac{Q_e + P}{P} = \varepsilon + 1$$ $$(1-25)$$ 显然，供热系数总是大于 1。$\varepsilon > 1$，说明热泵循环的供热量总是大于其耗功量

循环类型	循环过程	说明
	$Q_c = q_m q_c = q_m(h_2 - h_3)$ (1-28) 压缩机消耗的理论功率 $P(kW)$ 如下： $P = q_m W = q_m(h_2 - h_1)$ (1-29) 结合压焓(p-h)图，制冷循环的制冷系数： $\varepsilon = \dfrac{q_e}{P} = \dfrac{q_m q_e}{q_m W} = \dfrac{h_1 - h_4}{h_2 - h_1}$ (1-30)	

1.1.2　流体力学基本概念及理论

流体力学基本概念及理论见表 1-6。

表 1-6　流体力学基本概念及理论

序号	名称	定义及说明
1	密度	单位体积所含物质的多少，它是流体的一种固有物理属性，国际单位为 kg/m^3
2	质量力	与流体微团质量大小有关并且集中在微团质量中心的力称为质量力
3	表面力	作用在流体微团上的力可分为质量力和表面力；大小与表面面积有关而且分布作用在流体表面上的力称为表面力
4	绝对压强	以毫无一点气体存在的绝对真空为零点起计算的压强称为绝对压强（或绝对压力，Pa）
5	相对压强	以大气压强为起点的压强称为相对压强（或相对压力，Pa）。大于大气压强的绝对压强，其相对压强为正值，反之则为负值。负的相对压强又称为负压，其绝对值称为真空压强。相对压强可用压力表测得。真空的含义是指在给定的空间内低于一个大气压力的气体状态
6	真空度	就是指低于正常大气压的压力。在国际单位中，压强的单位是帕斯卡（Pa），它表示的含义如下：每平方米单位面积上的压力。$1Pa = 1N/m^2$
7	静压	静压是单位体积气体所具有的势能，是一种力，它的表现为将气体压缩、对管壁施压等
8	动压	动压是带动气体向前运动的压力。动压是单位体积气体所具有的动能，也是一种力，它的表现是使管内气体改变速度。动压只作用在气体的流动方向，恒为正值
9	总压	静压与动压之和称为总压或全压，其单位是 Pa
10	黏性	黏性是施加于流体的应力和由此产生的变形率以一定的关系联系起来的流体的一种宏观属性，表现为流体的内摩擦力，单位为 Pa·s
11	传热性	传热性就是热量会由温度高的地方向温度低的地方传递的性质，也称为导热性，它是一种物理属性
12	扩散性	它是描述扩散现象的物理属性。扩散现象是指物质分子从高浓度区域向低浓度区域转移直到均匀分布的现象，扩散速率与物质的浓度梯度成正比。扩散是分子热运动产生的质量迁移现象，主要是由密度差引起的
13	流线	所谓流线就是一种曲线，在某时刻曲线上任意一点的切线方向正好与那一时刻该处的流速方向重合。可见，流线是由同一时刻的不同流点组成的曲线，它给出了该时刻不同流体质点的速度方向，是速度场的几何表示
14	迹线	所谓迹线，就是流体质点在各时刻所有路径的轨迹线
15	流量	单位时间内流过某一控制面的流体体积称为该控制面的流量，单位为 m^3/s
16	净流量	是指控制体中流出的流体流量减去流入流体流量
17	流速	流速是流体流动的速度
18	声速	声速是声波在媒质中的传播速度
19	马赫数	马赫数是流体力学中表征流体可压缩程度的一个重要的无量纲参数，记为 Ma，定义在某一介质中物体运动的速度与该介质的声速之比
20	马赫锥	对于超声速流动，扰动波传播范围只能允许充满在一个锥形的空间内，这就是马赫锥
21	滞止参数	滞止参数是指气流在某一断面的流速设想以无摩擦的绝热过程（即等熵过程）降低为零时，该断面上的其他参数所达到的数值
22	等熵过程	热力学中的等熵过程指的是过程中没有发生熵变，熵值保持恒定的过程。可逆绝热过程是一种等熵过程。等熵过程在温度-熵图中是平行于温度轴的线段。等熵过程的对立面是等温过程，在等温过程中，最大限度的热量被转移到了外界，使得系统温度恒定如常

序号	名称	定义及说明
23	正激波	是指与来流垂直的激波的波阵面。超声速气流经正激波后,速度跳跃式地变为亚声速,经过激波的流速指向不变
24	斜激波	气流经过激波后方向发生改变,这种激波称为斜激波
25	理想流体	不可压缩、不计黏性(黏度为零)、在任意定点流速不随时间改变的流体称为理想流体。现实中并不存在理想流体,但理想流体模型可应用于一些黏性影响较小的情况中,使问题得以简化
26	黏性流体	指黏性效应不可忽略的流体。自然界中的实际流体都具有黏性,所以实际流体又称为黏性流体。黏性是指流体质点间可流、层间因相对运动而产生摩擦力,从而反抗相对运动的性质
27	牛顿流体	任一点上的剪应力都同剪切变形速率呈线性函数关系的流体称为牛顿流体
28	非牛顿流体	是指不满足牛顿黏性实验定律的流体,即其剪应力与剪切应变率之间不是线性关系的流体
29	可压缩流体	具有可压缩性的流体即为可压缩流体
30	不可压缩流体	流体在流动过程中,其密度变化可以忽略的流动,称为不可压缩流动。不可压缩流体是一种理想化的力学模型
31	定常流动	流体(气体、液体)流动时,若流体中任何一点的压力、速度和密度等物理量都不随时间变化,则这种流动就称为定常流动,也可称为"稳态流动"或者"恒定流动"
32	非定常流动	流体的流动状态随时间改变的流动称为非定常流动。现实生活中,流体的流动通常几乎都是非定常流动
33	层流流动	层流是流体的一种流动状态,它做层状的流动。流体在管内低速流动时呈现为层流,其质点沿着与管道轴向平行的方向做平滑直线运动
34	湍流流动	当流速增加到很大时,流线不再清楚可辨,流场中有许多小漩涡,层流被破坏,相邻流层间不但有滑动,还有混合。这时的流体做不规则运动,有垂直于流管轴线方向的分速度产生,这种运动称为湍流,又称为乱流、扰流或紊流
35	拉格朗日描述(随体描述)	将流体质点的物理量表示为拉格朗日坐标和时间的函数。它着眼于流体质点,并将流体质点的物理量认为是随流体质点及时间变化的。拉格朗日法是描述流体运动的两种方法之一,又称为随体法、跟踪法,是研究流体各个质点的运动参数(位置坐标、速度、加速度等)随时间的变化规律的方法。综合所有流体质点运动参数的变化,便得到了整个流体的运动规律。在研究波动问题时,常用拉格朗日法
36	欧拉描述(空间描述)	将流体物理量表示为欧拉坐标和时间的函数。它着眼于空间点,认为流体的物理量随着空间及时间而变化。欧拉法是以流体质点流经流场中各空间点的运动即以流场作为描述对象研究流动的方法,又称为流场法
37	质量守恒定律	它是自然科学中重要的定律之一。确定的流体,它的质量在运动过程中不生不灭。反映质量守恒定律的方程称为连续性方程
38	动量变化定律(牛顿运动定律)	它是动力学的普遍定律之一。确定的流体,其总动量变化等于作用于其上的体力和面力的总和
39	状态方程	流体微团在运动中一般可认为是处于热动平衡的均匀系统。只有两个热力学参量是独立的。任何三个热力学参量之间所满足的确定函数关系都称为状态方程(狭义的状态方程特指压力、密度、温度三者之间的函数关系)。不同的流体模型有不同的状态方程
40	本构方程(应力应变关系)	它给出应力与变形速率间的联系,不同的流体模型有不同的本构方程。对牛顿黏性流体,这就是广义的牛顿黏性定律(见牛顿流体)。对忽略黏性的理想流体,应力就归结为压力

1.1.3 传热与传质基本概念及理论

传热是指由温度差引起的能量转移,又称为热传递。传质是物质系统由于浓度不均匀而发生的质量迁移过程。传质是物质分子运动的结果,有分子扩散和对流扩散两种方式。传热与传质基本概念及理论见表 1-7。

表 1-7 传热与传质基本概念及理论

名称		定义及说明	解释
传热的方式	导热	两个相互接触且温度不同的物体,或同物体的各不同温度部分间在不发生相对宏观位移的情况下所进行的热量传递过程称为导热。物质传导热量的性能称为物体的导热性。热量从系统的一部分传到另一部分或由一个系统传到另一系统的现象称为热传导。热传导是固体中热传递的主要方式。在气体或液体中,热传导过程往往和对流同时发生。各种物质的热传导性能不同。 　　从微观角度看,导热是依靠组成物质的微粒的热运动传递热量的	用热力学中所熟悉的概念来研究一种气体中的热传导,就很容易解释这种传热方式的物理机理。考察一种内部存在温度梯度,但没有宏观运动的气体时,这种气体充满了保持不同温度的两个表面之间的空间;把任一点的温度与该点附近气体分子所具有的能量联系起来后,发现分子的能量与分子的随机运动有关,也与分子内部的自旋及振动有关;而且,温度高的分子所具有的分子能量也大。由于分子之间经常不断地发生碰撞,所以当邻近的分子相撞时,能量大的分子就必然把能量传递给能量较小的分子。因此,在存在温度梯度的情况下,沿温度降低的方向上必然产生热传导
	对流	对流指的是流体内部各部分温度不同而造成的相对流动,即流体(气体或液体)通过自身各部分的宏观流动实现热量传递的过程。液体或气体中,较热的部分上升,较冷的部分下降,循环流动,最终使温度趋于均匀。对流是流体的主要传热方式。 　　对流是液体或气体中较热部分和较冷部分之间通过循环流动使温度趋于均匀的过程。对流是液体和气体中热传递的特有方式,气体的对流现象比液体明显。对流可分自然对流和强迫对流两种。自然对流往往自然发生,是由浓度差或者温度差引起密度变化而产生的对流。流体内的温度梯度会引起密度的梯度变化,若低密度流体在下,高密度流体在上,则将在重力作用下形成自然对流。强迫对流是由于外力的推动而产生的对流。提高液体或气体的流动速度,能加快对流传热	大气对流:大气中的一团空气在热力或动力作用下的垂直上升运动。通过大气对流一方面可以产生大气低层与高层之间的热量、动量和水汽的交换,另一方面对流引起的水汽凝结可能产生降水。热力作用下的大气对流主要是指在不稳定的大气中,一团空气的密度小于环境空气的密度,因而它所受的浮力大于重力,在阿基米德浮力作用下形成的上升运动。动力作用下大气对流主要是指在气流水平辐合或存在地形的条件下所形成的上升运动。在大气中大范围的降水常是锋面及相伴的气流水平辐合抬升作用形成的,而在山脉附近的固定区域产生的降水常是地形强迫抬升所致。 　　一方面热力和动力作用可以形成大气对流,另一方面大气对流又可以影响大气的热力和动力结构,这就是大气对流的反馈作用。热对流是指热量通过流动介质,由空间的一处传播到另一处的现象。热对流是热量传播的重要方式,是影响初期火灾发展的最主要因素
	热辐射	(1)辐射:物体以电磁波的方式向外传递热量的过程。 　　(2)辐射能:物体以电磁波的方式向外传递的能量。通常以辐射表示辐射能。 　　(3)热辐射:因热引起的电磁波辐射称为热辐射。它是由物体内部微观粒子在运动状态改变时所激发出来的。激发出来的能量分为红外线、可见光和紫外线等。其中,红外线对人体的热效应显著。 　　(4)能量转换:内能→辐射能→内能;A 物体(发射)→B 物体(吸收)。 　　(5)辐射换热:是指物体之间相互辐射和吸收过程的总效果。当物体的温度处于平衡时,则它们之间辐射和吸收的能量相等,处于热的动平衡状态。 　　热辐射的特点:①任何物体,只要温度高于 0K,就会不停地向周围空间发出热辐射;②可以在真空和空气中传播;③伴随能量形式的转变;④具有强烈的方向性;⑤辐射能与温度和波长均有关;⑥发射辐射取决于温度的 4 次方。 　　关于热辐射,其重要定律有 4 个:基尔霍夫辐射定律、普朗克辐射定律、斯特藩-玻尔兹曼定律、维恩位移定律。这 4 个定律,有时统称为热辐射定律	热辐射是直接通过电磁波辐射向外发散热量,传导速度取决于热源的热力学温度,温度越高,辐射越强。一切温度高于绝对零度的物体都能产生热辐射,温度愈高,辐射出的总能量就愈大,短波成分也愈多。 　　温度较低时,主要以不可见的红外线进行辐射,当温度为 300℃ 时热辐射中最强的波长在红外区。当物体的温度在 500℃ 以上至 800℃ 时,热辐射中最强的波长成分在可见光区。 　　热射线与光的特性相同,所以光的投射、反射、折射规律对热射线也同样适用。能量守恒定律如下: $$Q = Q_r + Q_a + Q_d \qquad (1\text{-}31)$$ $$\frac{Q_r}{Q} + \frac{Q_a}{Q} + \frac{Q_d}{Q} = r + a + d = 1 \qquad (1\text{-}32)$$ 式中,r 为反射率;a 为吸收率;d 为透过率。 　　当吸收率 $a = 1$ 时,表明物体将投射到其表面的热射线全部吸收,称为绝对黑体,简称黑体。当反射率 $r = 1$ 时,表明物体将投射到其表面的热射线全部反射出去,称为绝对白体,简称白体。当是镜反射(入射角=反射角)时则称为镜体。当 $d = 1$ 时,称为绝对透明体

名称	定义及说明	解释
传质的方式 凝结	工质在饱和温度下由气态变为液态的过程,称为凝结或冷凝。工质在凝结过程中放出的热量,称为凝结潜热	凝结有下列两种现象。①膜状凝结。当凝结液能很好地润湿壁面时,则形成完整的向下流动的水膜,这种现象称为膜状凝结。②珠状凝结。当凝结液不能很好地润湿壁面时,则会聚成一个个液珠,这种现象称为珠状凝结
传质的方式 沸腾	沸腾是指液体受热超过其饱和温度时,在液体内部和表面同时发生剧烈汽化的现象。沸腾可分为大容量沸腾和强制对流沸腾(主要应用是管内沸腾)	不同液体的沸点不同。即使同一液体,它的沸点也要随外界大气压的改变而改变。沸腾换热是传热传质现象中影响因素最多、最复杂的过程
傅里叶定律	傅里叶定律表达式如下: $$\vec{q}_T = -\lambda \frac{dT}{dx};\vec{Q} = -\lambda \frac{dT}{dx}A \quad (1\text{-}33)$$ 式中,q_T 为热流密度,W/m^2;dT/dx 为温度梯度,K/m;λ 为热导率(导热系数),$W/(m \cdot K)$;$\vec{Q}$ 为热流量(或标记为 I_T),W;A 为传热面积,m^2;T 为温度,K;x 为在导热面上的坐标,m。 傅里叶导热定律的物理意义通常被理解如下:温度梯度是驱动力,热流密度则是被驱动的热量流。在不可逆过程热力学中把前者称为热力学力,后者称为热力学热流。将傅里叶导热定律和牛顿黏性定律进行类比可知:牛顿黏性定律描述的是流体的本构关系,而傅里叶导热定律描述的则是热流和温度梯度的关系	傅里叶定律是定义材料的一个关键物性——热导率的一个表达式。傅里叶定律是一个向量表达式。热流密度是垂直于等温面的,并且是沿着温度降低的方向。傅里叶定律适用于所有物质,不管它处于什么状态(固体、液体或者气体)。 热学中的热导率和热流密度可以类比于电学中的电导率和电流密度。若把温度差的相反数 $-\Delta T$ 记为温压差 ΔU_T,则可以推导 $\Delta U_T = R_T I_T$,该式称为热欧姆定律。其中 I_T 为热流量,R_T 表示热阻。可推得 $R_T = \dfrac{\Delta U_T}{I_T}$,该式称为热阻定律,热阻也和电阻类似,满足串、并联规则
牛顿冷却定律	牛顿冷却定律表达式如下: $$q = \alpha \Delta t;\Delta t = |t_w - t_f|;$$ $$Q = qA = \alpha A \Delta t = \frac{A \Delta t}{1/\alpha} \quad (1\text{-}34)$$ 式中,q 为热流密度,W/m^2;α 为物质的对流传热系数,$W/(m^2 \cdot K)$;t_f 为外界环境温度,K;t_w 为物体的温度,K;Q 为传热功率(又称为热流量、传热速率,是指在单位时间内通过传热面的热量),W;A 为传热面积,m^2;$A(1/\alpha)$ 为对流传热热阻	牛顿冷却定律:温度高于周围环境的物体向周围媒质传递热量逐渐冷却时所遵循的规律。当物体表面与周围存在温度差时,单位时间从单位面积散失的热量与温度差成正比,比例系数称为热传递系数。牛顿冷却定律是牛顿于 1701 年用实验确定的,在强制对流时与实际符合较好,在自然对流时只在温度差不太大时才成立。该定律也是传热学的基本定律之一,用于计算对流热量的多少。 一个热的物体的冷却速度与该物体和周围环境的温度差成正比
斯特藩-玻尔兹曼定律	其表达式为: $$E = \varepsilon \sigma T^4 \quad (1\text{-}35)$$ 式中,E 为辐射度,W/m^2;T 为热力学温度,K;ε 为黑体的辐射系数,若为绝对黑体,则 $\varepsilon = 1$;σ 为比例系数。 比例系数 σ 称为斯特藩-玻尔兹曼常数或斯特藩常量。它可由自然界其他已知的基本物理常数算得,因此,它不是一个基本物理常数。该常数值近似如下: $$\sigma = \frac{2\pi^5 k^4}{15c^2 h^3} = 5.67 \times 10^{-8} \, W/(m^2 \cdot K^4)$$ $$\quad (1\text{-}37)$$ 其内容如下:一个黑体表面单位面积在单位时间内辐射出的总功率(称为物体的辐射度或能量通量密度)E 与黑体本身的热力学温度 T 的四次方成正比	斯特藩-玻尔兹曼定律能够方便地通过对黑体表面各点的辐射谱强度应用普朗克黑体辐射定律,再将结果在辐射进入的半球形空间表面以及所有可能辐射频率进行积分得到。 $$E = \int_0^\infty d\upsilon \int_{\Omega_0} d\Omega I(\upsilon, T)\cos(\theta) \quad (1\text{-}36)$$ 式中,Ω_0 为黑体表面一点的辐射进入的半球形空间表面(以辐射点为球心);$I(\upsilon, T)$ 为在温度 T 时黑体表面的单位面积在单位时间、单位立体角上辐射出的频率为 υ 的电磁波能量。将几何微元关系 $d\Omega = \sin(\theta)d\theta$ 代入式(1-36)并积分得: $$E = \int_0^\infty d\upsilon \int_0^{2\pi} d\theta I(\upsilon, T)\cos(\theta)\sin\theta = \frac{2\pi^5 k^4}{15c^2 h^3}T^4 \quad (1\text{-}38)$$

名称	定义及说明	解释
基尔霍夫辐射定律	热传导定律是德国物理学家 G. R. 基尔霍夫提出的,它用于描述物体的发射率与吸收比之间的关系。在热力学平衡的条件下,各种不同物体对相同波长的单色辐射出射度与单色吸收比之比值都相等,并等于该温度下黑体对同一波长的单色辐射出射度	G. R. 基尔霍夫发现:任何物体的辐射能力与吸收率的比值都相同,且该比值恒等于同温度下绝对黑体的辐射能力,即:$\varepsilon = \alpha$。 它表明物体的吸收率与黑度在数值上相等,即物体的辐射能力越大,吸收能力也越大
普朗克辐射定律	其表达式为: $$E = \int_0^\infty E_\lambda \, \mathrm{d}\lambda \qquad (1\text{-}39)$$ 黑体的光谱辐射力: $$E_{b\lambda} = \frac{c_1 \lambda^{-5}}{\mathrm{e}^{c_2/(\lambda T)} - 1} \qquad (1\text{-}40)$$ 式中,$E_{b\lambda}$ 为黑体的光谱辐射力,$\mathrm{W/m^3}$;λ 为波长,m;T 为黑体的热力学温度,K;$c_1 = 3.742 \times 10^{-16} \mathrm{W \cdot m^2}$;$c_2 = 1.4388 \times 10^{-2} \mathrm{m \cdot K}$	普朗克辐射定律揭示了黑体辐射能按照波长的分布规律,或者说它给出了黑体光谱辐射力 $E_{b\lambda}$ 与波长和温度的依赖关系。 黑体辐射力可写为 $E_b = \int_0^\infty E_{b\lambda} \, \mathrm{d}\lambda$,将普朗克辐射定律所规定的 $E_{b\lambda}$ 的表达式代入上式,并积分可得著名的斯特藩-玻尔兹曼定律:$E_b = \sigma T^4$。 可简写如下: $$E_b = 5.67 \left(\frac{T}{100}\right)^4 \qquad (1\text{-}41)$$
维恩位移定律	维恩位移定律,热辐射的基本定律之一。在一定温度下,绝对黑体的温度与辐射本领最大值相对应的波长 λ 的乘积为一常数,即: $$\lambda_m T = 2.9 \times 10^{-3} \mathrm{m \cdot K} \qquad (1\text{-}42)$$ 维恩位移定律显示波长 λ_m 与温度 T 成反比的规律。它表明,当绝对黑体温度升高时,辐射本领的最大值向短波方向移动。维恩位移定律不仅与黑体辐射的实验曲线的短波部分相符合,而且对黑体辐射的整个能谱都符合,它是经典物理学对黑体辐射问题所能做出的最大限度的探索	维恩位移定律是针对黑体来说的,说明了黑体越热,其辐射谱光谱辐射力的最大值所对应的波长越短,而除了绝对零度外其他任何温度下物体辐射的光的频率都是从零到无穷的,只是各个不同的温度对应的"波长-能量"图形不同,而实际物体都是黑体乘以黑度所对应的灰体所对应的理想情况。譬如在宇宙中,不同恒星随表面温度的不同会显示出不同的颜色,温度较高的显蓝色,次之显白色,濒临燃尽而膨胀的红巨星表面温度只有 2000~3000K,因而显红色(可见光颜色的波长从长到短依次为红>橙>黄>绿>青>蓝>紫)
兰贝特定律	其表达式如下: $$L(\theta) = L = 常数 \qquad (1\text{-}43)$$ 服从兰贝特定律的辐射满足: $$\frac{\mathrm{d}\Phi(\theta)}{\mathrm{d}A \, \mathrm{d}\Omega} = L\cos\theta \qquad (1\text{-}44)$$ 式中,L 为定向辐射强度。 兰贝特定律揭示了定向辐射强度与方向无关,给出了黑体辐射能按空间分布的规律。遵守兰贝特定律的辐射力其数值等于定向辐射强度的 π 倍	采用斯特藩-玻尔兹曼定律,只能计算绝对黑体表面所辐射的总能量,而并不能说明在半球空间各个方向上发射的辐射能量是如何分布的。兰贝特定律则定量地描述了这一分布规律,即黑体表面向它上面的半球空间给定方向上发射的辐射能量,等于它向法线方向上发射的辐射能量与给定方向和法线方向夹角的余弦的乘积
菲克第一定律	数学表达式如下: $$J = -D\frac{\mathrm{d}C}{\mathrm{d}x} \qquad (1\text{-}45)$$ 式中,D 为扩散系数,$\mathrm{m^2/s}$;C 为扩散物质(组元)的体积浓度,原子数$/\mathrm{m^3}$ 或 $\mathrm{kg/m^3}$;$\mathrm{d}C/\mathrm{d}x$ 为浓度梯度,"$-$"号表示扩散方向为浓度梯度的反方向,即扩散组元由高浓度区向低浓度区扩散。扩散通量 J 的单位是 $\mathrm{kg/(m^2 \cdot s)}$	菲克第一定律描述了在不依靠宏观的混合作用发生的传质现象时,分子扩散过程中传质通量与浓度梯度之间的关系。即在单位时间内通过垂直于扩散方向的单位截面积的扩散物质流量与该截面处的浓度梯度成正比;也就是说,浓度梯度越大,扩散通量越大。 菲克第一定律是建立在唯象基础上的经验定律,它较适合于描述稳态扩散的规律。对于稳态扩散也可以描述如下:在扩散过程中,各处扩散组元的浓度 C 只随距离 x 变化,而不随时间 t 变化
菲克第二定律	菲克第二定律是在第一定律的基础上结合质量守恒方程推导出来的,预测了扩散导致浓度随时间的变化,是一个抛物型偏微分方程	菲克第一定律及菲克第二定律均既适用于稳态扩散也适用于非稳态扩散,只是菲克第一定律由于没有给出扩散物质浓度与时间的关系,难以将其用来全面描述浓度随时间不断变化的非稳态扩散过程

1.1.4 流体重要物性参数

流体是能流动的物质，它是一种受任何微小剪切力的作用都会连续变形的物体。流体是液体和气体的总称。流体重要物性参数的定义和单位见表 1-8。

表 1-8　流体重要物性参数的定义和单位

名称	符号	表达式	单位	解释
密度	ρ	$\rho = \dfrac{m}{V}$	kg/m^3	单位容积工质所具有的质量
比热容	υ	$\upsilon = \dfrac{V}{m}$	m^3/kg	单位质量工质所占的容积
比定压热容	c_p	$c_p = \left(\dfrac{dq}{dT}\right)_p$	$kJ/(kg \cdot K)$	在定压情况下，单位质量的气体，温度变化 1K 所吸收或放出的热量
导热系数(热导率)	λ	$\lambda = -\dfrac{q}{\dfrac{\partial t}{\partial n}}$	$W/(m \cdot K)$	单位温度梯度(在 1m 长度内温度降低 1K)在单位时间内经单位导热面所传递的热量
导温系数(热扩散系数)	a	$a = \dfrac{\lambda}{\rho c_p}$	m^2/s	表征物体被加热或冷却时，物体内各部分温度趋向均匀一致的能力
动力黏滞系数	μ	$\mu = \dfrac{\tau}{\dfrac{\partial u}{\partial y}}$	$kg/(m \cdot s)$	表征流体抵抗变形的能力
运动黏滞系数	ν	$\nu = \dfrac{\mu}{\rho}$	m^2/s	单位速度梯度作用下的切应力对单位体积质量作用产生的阻力加速度
体积膨胀系数	β	$\beta = \dfrac{1}{\upsilon}\left(\dfrac{\partial \upsilon}{\partial T}\right)_\upsilon$	K^{-1}	物质在定压下比容随温度的变化率与比容倒数的乘积
物质扩散系数	D	$D = D_0 \left(\dfrac{T}{T_0}\right)\dfrac{p_0}{p}$	m^2/s	表征物质扩散能力的大小。它的值取决于混合物的性质、压力与温度，主要靠实验来确定

1.1.5 流体力学基本控制方程

流体力学基本控制方程见表 1-9。

表 1-9　流体力学基本控制方程

序号	名称	方程表达式	解释及说明
1	质量守恒方程	$$\int_\tau \frac{\partial \rho}{\partial t}d\tau + \int_s \rho v_n dS = 0 \qquad (1\text{-}46)$$ $$\frac{\partial \rho}{\partial t} + \nabla \cdot (\rho v) = 0 \qquad (1\text{-}47)$$	物质的质量在运动过程中不会改变。式(1-46)为质量守恒定律的积分表达式。式(1-47)为质量守恒定律的微分表达式
2	动量守恒方程	动量守恒方程的积分形式如下： $$\int_\tau \frac{\partial(\overrightarrow{\rho v})}{\partial t}d\tau + \int_s \rho v_n \vec{v} dS = \int_\tau \rho F d\tau + \int_\tau div P d\tau \quad (1\text{-}48)$$ 其微分形式为： $$\frac{\partial(\rho v_i)}{\partial t} + div(\rho v_i \vec{v}) = div(\mu \cdot gran\vec{d v}) - \frac{\partial p}{\partial x_j} + S_i \quad (1\text{-}49)$$ 式中，广义源项定义如下：$S_u = \rho F_x + s_x$，$S_v = \rho F_y + s_y$，$S_w = \rho F_z + s_z$	如果一个系统不受外力或所受外力的矢量和为零，那么这个系统的总动量保持不变。动量守恒定律是自然界中最重要、最普遍的守恒定律之一，它既适用于宏观物体，也适用于微观粒子，既适用于低速运动物体，也适用于高速运动物体
3	能量守恒方程	能量守恒方程的积分形式如下： $$\frac{D}{Dt}\int_\tau \rho\left(U + \frac{V^2}{2}\right)d\tau = \int_\tau \rho F v d\tau + \int_s p_n v dS + \int_s k\frac{\partial T}{\partial n}dS + \int_\tau \rho q d\tau$$ $$(1\text{-}50)$$ 对于不压缩流体： $$\frac{\partial(T)}{\partial t} + div(vT) = div\left(\frac{k}{\rho c_p}gran d T\right) + \frac{S_T}{\rho c_p} \quad (1\text{-}51)$$	能量守恒方程表示：能量既不会凭空产生，也不会凭空消失，它只能从一种形式转化为别的形式，或者从一个物体转移到别的物体，在转化或转移的过程中其总量不变

序号	名称	方程表达式	解释及说明
4	组分质量守恒方程	$\dfrac{\partial(\rho C_i)}{\partial t}+div(\rho v C_i)=div[D_i \cdot grand(\rho C_i)]+S_i$ (1-52)	式中，C_i 为组分 i 的体积浓度；ρC_i 为该组分的质量浓度；D_i 为该组分的扩散系数；S_i 为生产率
5	理想气体状态方程	$\rho=f(p,T)=\rho RT$ (1-53)	理想气体状态方程是描述理想气体在处于平衡态时，压力、体积、温度间关系的状态方程。
6	平均空气龄方程	稳态下局部平均空气龄的输运方程： $u\dfrac{\partial \tau}{\partial x}+v\dfrac{\partial \tau}{\partial y}+w\dfrac{\partial \tau}{\partial z}=\dfrac{\partial}{\partial x}\left(\Gamma\dfrac{\partial \tau}{\partial x}\right)+\dfrac{\partial}{\partial y}\left(\Gamma\dfrac{\partial \tau}{\partial y}\right)+$ $\dfrac{\partial}{\partial z}\left(\Gamma\dfrac{\partial \tau}{\partial z}\right)+\dfrac{\partial}{\partial x}(-\rho\overline{u'\tau})+\dfrac{\partial}{\partial y}(-\rho\overline{v'\tau})+\dfrac{\partial}{\partial z}(-\rho\overline{w'\tau})+1$ (1-54)	空气龄是指空气质点自进入房间至到达室内某点所经历的时间，反映了室内空气的新鲜程度。它可以综合衡量房间的通风换气效果，是评价室内空气品质的重要指标

流体力学基本控制方程可用一个通用表达式表示，通用控制方程及其符号的含义如表 1-10 所示。

表 1-10   通用控制方程及其符号的含义

名称	ϕ	Γ	S
连续方程	1	0	0
动量方程	v_i	μ	$-\dfrac{\partial p}{\partial x}+S_i$
能量方程	T	$\dfrac{k}{c}$	S_T
组分方程	C_i	D_i	S_i
通用方程	$\dfrac{\partial(\rho\phi)}{\partial t}+div(\rho\vec{v}\phi)=div(\Gamma grand\phi)+S$		

由表 1-10 可知：对于通用变量赋予不同的物理含义，就可以求解常见的流场、温度场及浓度场等相关科学问题。CFD 软件就是采用此通用方程的形式，对方程式进行离散、差分及编程求解的。

1.1.6 流动传热传质无量纲准则数

自然界中某一物理现象的变化规律可以用一个完整的物理方程来描述，实际工程中有许多自然现象可以采用无量纲准则数探求物理现象的函数关系表达。因此，在暖通空调工程设计中了解及掌握流动传热传质无量纲准则数，对于研究及解决实际工程问题具有重要作用。暖通空调专业常用流体流动传热传质无量纲准则数见表 1-11。

表 1-11   暖通空调专业常用流体流动传热传质无量纲准则数

序号	准则数名称	表达式	解释
1	欧拉数 Eu	$Eu=\dfrac{\Delta p}{\rho u^2}$	Euler number(Eu)是压差和惯性力的相对比值，描述动量传递的特征数，它反映了流场压力降与其动压头之间的相对关系，体现了在流动过程中动量损失率的相对大小。式中，Δp 为压力差；ρ 为物体的体积质量；u 为特征速度
2	弗劳德数 Fr	$Fr=\dfrac{u^2}{gl}$	Froude number(Fr)是表征流体惯性力和重力相对大小的一个无量纲参数，它表示惯性力和重力量级的比值。式中，u 为物体运动速度；g 为重力加速度；l 为物体的特征长度。当模拟具有自由液面的液体流动时，如水面船舶运动、明渠流动等，Fr 是必须考虑的无量纲（相似）准则数

序号	准则数名称	表达式	解释
3	雷诺数 Re	$Re=\dfrac{\rho ul}{\mu}$	Reynolds number(Re)是判别黏性流体流动状态的一个无量纲参数,它是惯性力与黏性力之比的一种度量,反映黏性流体受迫流动状态对换热的影响。式中,ρ、μ 为流体密度和动力黏性系数;u、l 为流场的特征速度和特征长度。例如,流体流过圆形管道时,则 l 为管道的当量直径。在管流中,雷诺数小于 2300 的流动是层流,雷诺数为 $2300\sim4000$ 的流动是过渡状态,雷诺数大于 4000 时是湍流
4	阿基米德数 Ar	$Ar=\dfrac{\Delta\rho gh}{\rho u^2}$ $=\dfrac{gl(t_0-t_n)}{u^2 T_n}$	Archimedes number(Ar)表示为格拉晓夫数和雷诺数平方的比值,也是浮力及惯性力的比值的一个无量纲参数,可用来判别由密度差异造成的流体运动。Ar 数愈小,射流贴附长度愈长;Ar 数愈大,射流贴附长度愈短
5	普朗特数 Pr	$Pr=\dfrac{c_p\mu}{\lambda}=\dfrac{\nu}{a}$	Prandtl number(Pr)是动量扩散厚度与热量扩散厚度之比的一个无量纲参数,表示流体中能量和动量迁移过程相互影响的无量纲组合数,表明温度边界层和流动边界层的关系,为影响边界层状况的物性综合量。它反映了能量输运和动量输运过程的相互关系,其中 a 为热扩散系数
6	努塞尔数 Nu	$Nu=\dfrac{\alpha l}{\lambda}$	Nusselt number(Nu)表征壁面上流体的无量纲温度梯度(注意此处 λ 为流体的热导率),反映对流换热过程的强度。其物理意义为表示对流换热强烈程度,又表示流体层的导热阻力与对流传热阻力的比。式中,l 为传热面的几何特征长度,垂直于传热面方向的尺度,如热管的直径、传热层的厚度等;α 为流体的表面对流换热系数;λ 为流体的热导率
7	毕渥数 Bi	$Bi=\dfrac{\alpha l}{\lambda}$	Biot number(Bi)表征固体内部导热热阻与其界面上换热热阻之比(注意此处 λ 为固体的热导率),它可用于流固耦合传热问题。毕渥数 Bi 的表达式看起来与努塞尔数 Nu 相同,但二者意义有本质区别,Nu 表示壁面上流体无量纲温度梯度(λ 为流体热导率),用于研究对流传热问题,而 Bi 用于研究导热问题
8	施密特数 Sc	$Sc=\dfrac{\nu}{D}=\dfrac{\mu}{\rho D}$	Schmidt number(Sc)是动量扩散厚度与质量扩散厚度之比的一个无量纲参数,用来描述同时有动量扩散及质量扩散的流体,物理上与流体动力学层和质量传递边界层的相对厚度有关。式中,ν 为运动黏性系数;D 为扩散系数;μ 为动量黏性系数;ρ 为密度
9	佩克莱数 Pe	$Pe=\dfrac{对流速率}{扩散速率}$ 热量传输:$Pe=Re\cdot Pr$ 传质传输:$Pe_m=Re\cdot Sc$	Peclet number(Pe)是表征连续传输现象研究中经常用到的一个无量纲参数。其物理意义为对流速率与扩散速率之比,反映的是在弥散的过程中机械弥散和分子扩散所占的比例大小的问题。其中,扩散速率是指一定浓度梯度驱使下的扩散速率。在物质质量传递的情况下,佩克莱数是雷诺数和施密特数的乘积。在热流体传热中,热流体佩克莱数相当于雷诺数和普朗特数的乘积
10	格拉晓夫数 Gr	$Gr=\dfrac{g\beta\Delta t l^3}{\nu^2}$	Grashof number(Gr)是流体动力学和热传递中的无量纲参数。其反映流体自由流动状态对换热的影响,近似于作用在流体上的浮力与黏性力的比率。在研究涉及自然对流的情况下经常出现,类似于雷诺数。式中,β 为体积变化系数,对于理想气体即等于热力学温度的倒数;g 为重力加速度;l 为特征尺度;Δt 为温差;ν 为运动黏度
11	瑞利数 Ra	$Ra=Pr\cdot Gr=\dfrac{g\beta l^3\Delta t}{a\nu}$	Rayleigh number(Ra)是与浮力驱动对流(也称为自由对流或自然对流)相关的无量纲参数。当某种流体的瑞利数低于临界值时,热量传递的主要形式是热传导;当瑞利数超过临界值时热量传递的主要形式是对流。瑞利数的定义如下:格拉晓夫数和普朗特数的乘积,其中格拉晓夫数描述了流体的浮力和黏度之间的关系,普朗特数描述了动量扩散系数和热扩散系数之间的关系。因此,瑞利数本身也被视为浮力和黏性力之比与动量和热扩散系数之比的乘积

序号	准则数名称	表达式	解释
12	舍伍德数 Sh	$Sh = \dfrac{hl}{D}$	Sherwood number(Sh)是壁面上流体的无量纲浓度梯度,表征为对流传质与扩散传质的比值,类似于传热中的努塞尔数。努塞尔数与舍伍德数之比就是 $Le^{1/3}$,Le 为刘易斯数。若刘易斯数为1,努塞尔数与舍伍德数具有相同的数值,边界层内存在热质传递完全类比。这是因为普朗特数是流动边界层厚度与热边界层厚度之比的一种无量纲度量,而施密特数则是浓度与流动边界层厚度之比的度量
13	刘易斯数 Le	$Le = \dfrac{a}{D} = \dfrac{Sc}{Pr}$	Lewis number(Le)是表示热扩散系数和质量扩散系数比的一个无量纲参数,这一无量纲参数用于描述对流过程中传热和传质各自作用的相对大小,表述热量传输与质量传输的类比。其值由物体的物性决定,即由导温系数 a(热扩散系数)与分子扩散系数 D(质量传输系数)之比决定。刘易斯数是对浓度边界层厚度和热边界层厚度进行的直接比较
14	傅里叶数 Fo	$Fo = \dfrac{热传导速率}{热量储存速率}$ 热传导:$Fo_h = \dfrac{at}{l^2}$ 质量扩散:$Fo_m = \dfrac{Dt}{l^2}$	Fourier number(Fo)是一个用来描述非稳态热传导及分子扩散的无量纲参数。其物理意义是传导或扩散输送速率与热量或质量储存速率的比值,可视为无量纲时间。该无量纲量系由无量纲化的热传导方程式或者菲克第二定律所推导而来的,并与毕渥数一同被应用于分析非稳态(时间相关)的输送现象。式中,a 为热扩散系数;D 为质量扩散率;t 为特征时间;计算质量扩散时 l 为热传导发生处的特征长度,计算热传导时 l 为质量扩散发生处的特征长度
15	斯坦顿数 St	$St = \dfrac{Nu}{Re \cdot Pr}$	Stanton number(St)是测量传递到流体中的热量与流体的热容量之比的一个表征换热的无量纲参数。它用于表征强制对流中的热传递。它也可以用流体的努塞尔数、雷诺数和普朗特数表示
16	斯托克斯数 Stk	$Stk = \dfrac{\tau u}{d_f} = \dfrac{\rho_p u C d_p^2}{18\mu d_f}$	Stokes number(Stk)是颗粒松弛时间和流体特征时间之比的一个无量纲参数,它描述了悬浮颗粒在流体中的行为。其物理意义是表征颗粒惯性作用和扩散作用的比值。它的值越小,颗粒惯性越小,越容易跟随流体运动,其扩散作用就越明显;反之,它的值越大,颗粒惯性越大,颗粒运动的跟随性越不明显。式中,ρ_p 为颗粒密度;C 为考虑颗粒滑动的修正系数;d_p 为颗粒直径;d_f 为捕集体直径
17	马赫数 Ma	$Ma = \dfrac{u}{c}$	Mach number(Ma)是流体力学中表征流体可压缩程度的一个重要的无量纲参数,定义为流场中某点的气流速度 u 同该点的当地声速 c 之比。马赫数 Ma 是表示声速倍数的数值,在物理学上一般称为马赫数,是一个无量纲数。1马赫即1倍声速;马赫数小于1者为亚声速,近乎等于1为跨声速,大于1为超声速
18	格雷兹数	$Gz = \dfrac{\pi d^2 \upsilon c_p \rho}{4\lambda l}$	Graetz Number(Gz),是流体动力学中的一个无量纲数,表示导管内流体层流特征。综合了 R_e、P_r 以及几何特性的影响

依据物理现象的不同,各无量纲准则数存在一定的相关关系。例如,对流换热准则方程可表达如下:

$$Nu = kRe^a Pr^b Gr^c Gz^d \tag{1-55}$$

式中,k、a、b、c、d 为实验常数或指数。例如,对于平板层流、受迫对流条件下:$k = 0.664$;$a = 0.5$;$b = 0.333$;$c = 0$;$d = 0$。由 $Nu = \dfrac{\alpha d}{\lambda}$ 可求得:$\alpha = \dfrac{Nu\lambda}{d}$。

1.1.7 围护结构热工特性参数计算

围护结构指围合式建筑空间四周的墙体、门、窗等结构,能够有效抵御不利环境的影响。围护结构具有保温、隔热、隔声、防水防潮、耐火、耐久等特性。围护结构热工特性参数计算与暖通空调冷热负荷的大小密切相关，经济合理地选择及计算围护结构热工特性参数对建筑节能具有重要意义。常用围护结构热工特性参数计算方法见表 1-12。

表 1-12　常用围护结构热工特性参数计算方法

名称及单位	计算公式	解释及说明
总传热热阻 $R_0(\mathrm{m^2 \cdot ℃/W})$	$R_0 = R_n + R + R_w = \dfrac{1}{\alpha_n} + \dfrac{\delta}{\lambda} + \dfrac{1}{\alpha_w}$ (1-56) $R = R_1 + R_2 + \cdots + R_n = \dfrac{\delta_1}{\lambda_1} + \dfrac{\delta_2}{\lambda_2} + \cdots + \dfrac{\delta_n}{\lambda_n}$ (1-57)	对单一材料层：$R = \dfrac{\delta}{\lambda_c}$ 对多种材料层： $R = R_1 + R_2 + \cdots + R_n$
总传热系数 $K_0[\mathrm{W/(m^2 \cdot ℃)}]$	$K_0 = \dfrac{1}{R_0}$ (1-58)	R——材料层热阻，$\mathrm{m^2 \cdot ℃/W}$
热惰性指标 D	$D = D_1 + D_2 + \cdots + D_n = R_1 S_1 + R_2 S_2 + \cdots + R_n S_n$ (1-59)	S——材料层蓄热系数，$\mathrm{W/(m^2 \cdot ℃)}$
总衰减倍数 γ_0	$\gamma_0 = 0.9\mathrm{e}^{\frac{\Sigma D}{\sqrt{2}}} \times \dfrac{(S_1 + \alpha_n)}{(S_1 + y_1)} \times \dfrac{(S_2 + y_1)}{(S_2 + y_2)} \times \cdots$ $\times \dfrac{(S_n + y_{n-1})}{(S_n + y_n)} \times \dfrac{(y_n + \alpha_w)}{\alpha_w}$ (1-60)	室外空气温度简谐波的振幅与平板内表面温度波幅之比，为围护结构的总衰减倍数 γ_0
总延迟时间 $\xi_0(\mathrm{h})$	$\xi_0 = \dfrac{1}{15}\left(40.5\Sigma D + \mathrm{arctg}\,\dfrac{y_w}{y_w + \alpha_w \sqrt{2}} - \mathrm{arctg}\,\dfrac{\alpha_n}{\alpha_n + y_n \sqrt{2}}\right)$ (1-61)	室外空气温度简谐波出现最大值的相位与围护结构内表面温度谐波出现最大值的相位之差为总延迟时间 $\xi_0(\mathrm{h})$。 y_w——围护结构外表面蓄热系数，$\mathrm{W/(m^2 \cdot ℃)}$
室内空气到内表面的衰减倍数 γ_n	$\gamma_n = 0.95 \dfrac{\alpha_n + y_n}{\alpha_n}$ (1-62)	
室内空气到内表面的延迟时间 $\xi_n(\mathrm{h})$	$\xi_n = \dfrac{1}{15}\mathrm{arctg}\,\dfrac{y_n}{y_n + \alpha_n \sqrt{2}}$ (1-63)	y_n——围护结构内表面蓄热系数，$\mathrm{W/(m^2 \cdot ℃)}$
围护结构热负荷 Q	$Q_i = K_i F_i (t_n - t_w);\ Q = \displaystyle\sum_1^n Q_i$ (1-64)	

1.2　暖通空调名词术语及设计常用资料

1.2.1　专业名词解释

暖通空调专业名词解释见表 1-13。

表 1-13　暖通空调专业名词解释

序号	专业名词	名词解释
1	暖通空调	暖通空调是指供暖、通风及空气调节的系统或相关设备,它是供暖、通风和空气调节三个功能的综合简称,即为暖通空调,英文简称 HVAC
2	供暖	供暖也称为供热。它是指采用人工的方法通过消耗一定能源向室内提供热量,对室内空气温度及流体速度参数进行控制使室内保持一定的温度,以创造适宜的生活条件或工作条件的技术
3	通风	通风是采用自然或机械方法使室内空气流动通畅,可以穿过及到达房间或密闭的环境内,驱除其环境中的有害气体或有害物质,即对空气流动速度及有害气体或有害物质浓度进行控制去改善生活和生产环境,以创造安全、卫生的适宜条件而进行换气的技术

序号	专业名词	名词解释
4	空调	空调是为满足生活、生产要求,改善劳动卫生条件,采用人工的方法对室内空气温度、湿度、洁净度和气流速度进行控制,即"四度"控制使建筑物内空气环境达到一定要求的技术。空气调节系统,是包含温度、湿度、空气清净度以及空气循环的控制系统。空调分舒适性空调及工艺性空调两大类。舒适性空调主要针对民用建筑,以满足室内人员舒适感为主,对空气进行升温、降温、加湿及减湿处理,对空气温度、湿度参数进行控制,以满足人员生活要求。工艺性空调主要针对工业建筑,以满足生产工艺要求为主,以室内人员舒适感为辅,具有较高温度、湿度及洁净度等级要求,以满足不同生产工艺的要求
5	冷冻	冷冻(也称为"制冷")是指降低温度,使物体凝固、冻结,是应用热力学原理,用人工制造低温的方法。冰箱和空调都是采用制冷的原理。从化工角度看,一般都是采用一种临界点高的气体,加压液化,然后使它汽化(气化)吸热,反复进行这个过程;液化时在其他地方放热,汽化(气化)时对需要的范围吸热。冷冻操作其实质是不断地由低温物体取出热量,并传给高温物质,以使被冷冻的物料温度降低。热量由低温物体到高温物体这一传递过程是借助于冷冻剂实现的。一般来说,冷冻程度与冷冻操作的技术有关,凡冷冻范围在$-100℃$以内的称为冷冻;在$-210\sim-100℃$或更低的温度,则称为深度冷冻或简称深冷。一般常用的压缩冷冻机由压缩机、冷凝器、蒸发器与膨胀阀等四个基本部分组成
6	升温	升温也称为供暖。在空间调节中,供暖是指将空间的温度升高至比原来高的温度,或者指补充从空间散失到低温环境中的热量,从而将温度维持在理想的范围内。这一过程可以以多种形式进行,如向空间内直接辐射和/或自然对流,或者直接加热强制通风的空气,使之与空间内温度较低的空气混合,或者向空间内的装置供电或供热水,用于直接加热室内空气或强制循环加热空气。仅用于升高或维持空气温度的热传递被称为显热传递
7	降温	降温也称为供冷,它是指从空间或从对空间的送风中移走热量,以抵消空间获得的热量。空间得到的热量一般来自高温环境和日照,或者来自空间内部的热源,如室内人员、灯具和机械等设备
8	减湿	减湿就是减少空气流中的水蒸气从而保持理想的湿度。通常,冷凝和减湿发生在冷却过程中的换热盘管内
9	加湿	当天气较冷时,空调空间内的湿度可能不足以使人感到舒适,这时通常会向所送的热风中加入水汽,这一过程称为加湿
10	净化	空气的净化通常是指过滤,虽然可能还需要除去污染物和臭味。其通常通过固体颗粒被多孔介质捕获而实现过滤。这不仅是为了改善空调空间的环境质量,也是为了防止换热盘管表面肋片的间隙被堵塞
11	卡诺循环	卡诺循环是只有两个热源(一个高温热源温度T_1和一个低温热源温度T_2)的简单循环。由于工作物质只能与两个热源交换热量,所以可逆的卡诺循环由两个等温过程和两个绝热过程组成。卡诺循环分正、逆两种。输入热量使其对外界做出净功称为正卡诺循环,而输入净功使其吸收外界热量称为逆卡诺循环。逆卡诺循环是制冷理论的基础
12	贴附射流	贴附射流是由于附壁效应的作用,促使空气沿壁面流动的射流;因上部与顶棚间距离小,卷吸的空气量少,故上部流速大、静压小,而下部静压大。上、下压差使气流贴附于顶棚流动

1.2.2 专业术语解释

暖通空调专业术语解释见表 1-14。

表 1-14 暖通空调专业术语解释

序号	专业术语	术语解释
1	参数	表明任何现象、状态、装置或变化过程中某种重要性质的量
2	预计的平均热感觉指数(PMV)	PMV 指数是根据人体热平衡的基本方程式以及以心理生理学主观热感觉的等级为出发点,考虑了人体热舒适感的诸多有关因素的全面的评价指标。PMV 指数是群体对于$(+3\sim-3)$7 个等级热感觉投票的平均指数

序号	专业术语	术语解释
3	预计不满意者的百分数(PPD)	PPD指数为预计处于热环境中的群体对于热感觉投票的平均值。PPD指数可预计群体中感觉过暖或过凉[根据7级热感觉投票表示热(+3),温暖(+2),凉(-2),或冷(-3)]的人的百分数。Fanger提出PMV指数在-1和+1之间(此时PPD指数小于27%)的全部评价为"满意",高于或低于此限值的全部评定为"不满意"
4	WBGT指数	它也称为湿球黑球温度,是表示人体接触生产环境热强度的一个经验指数
5	辐照度	表示落到接受体单位面积上的辐射功率,即单位时间内落到接受体单位面积上的辐射能量(W/m²)
6	辐射强度	点辐射源在单位时间内,由给定方向单位立体角内辐射出的能量[W/(m²·sr)]
7	地方太阳时	以太阳正对当地子午线为中午12时所推算出的时间
8	历年	气象资料中的每一年
9	累年	在长期气象资料中,以往一段连续年份(不少于3年)的累计
10	典型气象年	以近30年的月平均值为依据,从近10年的资料中选取一年各月接近30年的平均值作为典型气象年。由于选取的月平均值在不同的年份,资料不连续,还需要进行月间平滑处理
11	寒冷地区	累年最冷月平均温度即冬季室外通风温度低于或等于0℃,但高于-10℃的地区
12	严寒地区	累年最冷月平均温度即冬季室外通风温度低于-10℃的地区
13	炎热地区	累年最热月平均温度高于或等于28℃的地区
14	高级民用建筑	指对室内温湿度、空气清洁度和噪声标准等环境要求较严格、装备水平较高的建筑物,如宾馆、会堂、剧院、图书馆、体育馆、办公楼建筑等
15	局部送风	也称为空气淋浴。在工作地点造成局部气候的送风,分以下两种:①单体式局部送风,用轴流风机等将空气直接送至工作地点;②系统式局部送风,用通风机将室外空气通过风管送至工作地点
16	人员活动区	也称为活动区、工作区。包含以下两方面:①指离墙或固定的空调设备600mm以上,距地面75~1800mm之间的空间;②人员、动物和/或工艺生产所在的空间
17	避风天窗	不受室外风向变化的影响,使室内空气能稳定排出的天窗
18	置换通风	一种借助浮力作用的机械通风。入室空气以单向流形式流入底部人员活动区,在热源形成的烟羽作用下,将热浊气体提升至顶部并排出的一种换气方式
19	面风速	空气进入或离开给定有效面积的轴向速度
20	通风效率	表示送风气流消除人员活动区负荷或污染物的能力
21	湿式作业	将物料加湿,防止粉尘放散的操作方式
22	水力除尘	利用喷水促使粉尘凝聚,减少扬尘的除尘方式
23	通风屋顶	使空气在屋顶夹层内流通,以减少太阳辐射影响的屋顶
24	气流组织	也称为空气分布。对室内空气的流动形态和分布进行合理组织,以满足空调房间或区域对空气温度、湿度、流速、洁净度以及舒适感等方面的要求
25	空调房间或区域	指对某个房间或某个局部空间区域送、排风,以达到给定的空气参数要求
26	变制冷剂流量分体式空调系统	一台室外空气源制冷或热泵机组,带多台室内机,根据各房间的室内温度,对室外压缩机进行变频调速;或改变压缩机的运行台数、工作气缸数、节流阀开度等控制,以改变制冷剂的流量,使制热量或制冷量随负荷变化的直接蒸发式空调系统
27	热泵	能实现蒸发器与冷凝器功能转换的制冷/制热装置
28	水源热泵	以水为热源可进行制冷/制热循环的一种水/水或水/空气整体式热泵装置,它在制热时以水为热源,而在制冷时以水为排热源

序号	专业术语	术语解释
29	水环热泵空调系统	它是一种利用建筑物的内部热量作为低位热源的热回收式水/空气热泵空调系统。按房间或区域的负荷特性设置水源热泵机组,根据需要分别控制机组制冷或制热;以封闭式循环水系统将机组的水侧换热器连接成并联的热回收环路,以辅助加热和排热设备供给系统热量的不足,以及排出多余热量
30	低温送风系统	它也称为冷风分布系统,是将空气处理到低于常规的温度(约为4～10℃)送入空调房间的全空气空调系统
31	分区两管制水系统	冷热源部分的冷水和热水系统管路分别设置,为四管制系统;按建筑物负荷特性将水路分为冷水和冷热水合用的两管制循环系统;末端空气处理设备只有一组换热器,需全年供冷的区域的末端设备只需供应冷水,其余区域设备根据季节转换供应冷水或热水
32	空气冷却器	它也称为表面冷却器、冷盘管,是在空调装置中对空气进行冷却和减湿的设备
33	空调冷热源	指供给空调用冷与热的出处
34	蓄冷(热)	用于储存电网低谷时段的"便宜能源",而在需要能量的峰值时段则将储存的能量释放出来以满足负荷要求
35	消声	指通过一定的手段,对生产过程或其他过程产生的噪声加以控制,使其降低到容许范围的技术
36	隔振	采取一定措施,使机械设备的传振衰减到容许的程度,以防损坏建筑结构、影响生产和危害人体健康的技术
37	锅炉	锅的原义指在火上加热的盛水容器,炉指燃烧燃料的场所,锅炉包括锅和炉两大部分。锅炉中产生的热水或水蒸气可直接为工业生产和生活提供所需热能,也可通过水蒸气动力装置转换为机械能,或再通过发电机将机械能转换为电能。提供热水的锅炉称为热水锅炉,主要用于生活,工业生产中也有少量应用。产生水蒸气的锅炉称为水蒸气锅炉,多用于火电站、船舶、机车和工矿企业
38	区域锅炉房	它是指供两个及两个以上的用户用热的锅炉房(包括城市分区供热、住宅区和公用设施供热以及两个或若干个用户的联合供热等)

1.2.3　湿空气焓湿图

湿空气是构成空气环境的主体,也是空调的基本工质。在实际工程计算中,将湿空气的压力、温度和体积的相关性按理想气体来对待,其精度是足够的。湿空气过程的求解,就是求解水蒸气和干空气的质量守恒方程以及过程的能量方程构成的方程组,空气焓湿图也是湿空气过程求解较快捷方便的方法。特别要强调的是若用焓湿图确定湿空气参数,必须确保总压力与使用的图一致,且保持不变。

空气焓湿图是将湿空气各种参数之间的关系用图线表示,应用甚为方便。包含一定质量干空气的湿空气系统,还可能有水蒸气含量的变化,它比简单的可压缩系统多一个状态变化的自由度。因此,湿空气的状态的确定取决于三个独立参数。平面图上的状态点只有两个独立参数,所以湿度图常在一定总压力下,再选定两个独立参数作为坐标制作。图上画出了定含湿量 d、定水蒸气分压力 p_w、定露点温度 t_d、定焓 h、定湿球温度 t_w、定干球温度 t、定相对湿度各组线簇。

图1-1为湿空气在标准大气压时的 h-d 图,它是根据大气压力 $p=101.325\text{kPa}$ 绘制出的 h-d 图,当 p 值不同时,应另行绘制。该图是以 1kg 干空气的湿空气为基准绘制的。不同大气压的焓湿图是不同的。焓湿图上有几种等值参数线:等焓(h)线为与纵坐标呈135°角的直线;等含湿量(d)线为平行于纵坐标轴的直线;等干球温度(t)线为近似水平的直线;等相对湿度(φ)线为图中的曲线;等湿球温度线近似与等焓线平行,图中未表示;水蒸气分压力(p_w)与 d 成单值函数关系,其值表示于 d 的上方,等 p_w 线平行于等 d 线;

图的右下方给出了热湿比 ε 的方向线，热湿比又称为角系数。

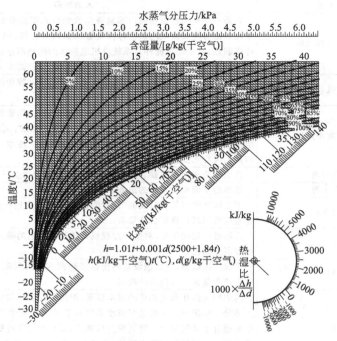

图 1-1　湿空气在标准大气压时的 h-d 图

在北美和西欧，通常采用图 1-2 所示的 h-d 图。该图的使用方法与前述的 h-d 图基本相同。该图所表示的热湿比实际上是显热系数，它等于显热与全热的比值，与前面所说的热湿比在概念上是完全不同的。

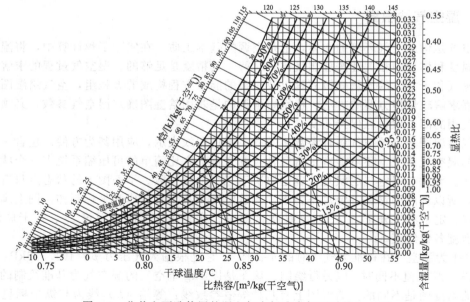

图 1-2　北美和西欧使用的湿空气在标准大气压时的 h-d 图

空气焓湿图的应用如下。

（1）已知两种状态空气按比例混合，求混合状态参数

设有 A、B 两种状态的空气，空气 A 的温湿度为 25℃、55％，空气量 $M_A=3kg/s$；空气 B 的干、湿球温度为 30℃、25℃，空气量 $M_B=2kg/s$；当地大气压为 101.3kPa，求混合状态点的参数。将已知状态 A、B 画在焓湿图上，如图 1-3 所示。混合点 C 位于 AB 的连线上，且有 $AC/AB=M_B/(M_A+M_B)=2/(3+2)=2/5$，根据比例即可求得混合点 C。

（2）已知一状态点和热湿比，求另一状态点

空气调节经常需要使空气按设定的过程进行变化。例如，已知空气状态 A 为 25℃、55％，求沿热湿比 $\varepsilon=10000kJ/kg$ 的过程线到达已知状态点 A 的另一空气状态线。可以通过 A 点引一直线平行于焓湿图右下角的热湿比为 10000kJ/kg 的直线，在此过程线上任何一点均可变化到状态 A，此问题无定解，需要补充条件。如果补充条件为该空气状态接近饱和状态，则可以将过程线延长与 $\varphi=95％$ 的等相对湿度线相交即得。

空气处理方案如下。

图 1-4 表示了空调工程中常遇到的空气状态变化过程。图 1-4 中 0-1 为空气冷却去湿过程（空气在表面冷却器或喷水室中的冷却去湿过程）；0-2 为空气干冷却过程（当用表面冷却器处理空气，且其表面温度高于空气露点温度时，空气在表面冷却器中的冷却过程，$d=$常数，$\varepsilon=-\infty$）；0-3 为空气冷却加湿过程（热空气送入空调房间的空气状态变化过程，$\varepsilon<0$）；0-4 为空气等焓加湿过程（喷水室中喷淋循环水的空气冷却加湿过程接近此过程，$\varepsilon=0$）；0-5 为空气等温加湿过程（喷水蒸气加湿过程接近此过程）；0-6 为空气升温加湿过程（冷空气送入空调房间的空气状态变化过程）；0-7 为空气加热过程；0-8 为空气去湿增焓过程；0-9 为空气去湿减焓过程。

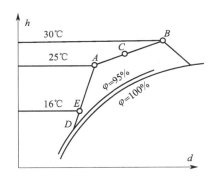

图 1-3 利用焓湿图求空气状态点参数

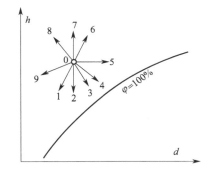

图 1-4 典型空气处理过程

1.2.4 常用设计参数及技术资料

（1）常用设计参数

一个工程项目设计首先需了解当地的气象参数，它是设计的基础资料，离开气象参数，设计将无法进行。如何确定室外计算温度是一个相当重要的问题。单纯从技术观点来看，供暖空调系统的最大出力，恰好等于当地出现最冷或最热天气时所需要的热（冷）负荷是最理想的，但这往往同供暖空调系统的经济性相违背。我们知道，最冷或最热的天气并不是每年都会出现，如果供暖空调设备根据历年最不利温度来选择，即把室外计算温度定得过低，那么，在供暖空调运行期的绝大多数时间里，会显得设备出力富裕过多，从而造成浪费；反之，如果把室外计算温度定得过高，则在较长的时间里不能保持必要的室内温度，达不到供暖空调的目的和要求。因此，正确地确定和合理地采用供暖、通风、空调室外计算温度是一个技术与经济统一的问题。设计规范在编制过程中，对全国主要城市的气象资料进行了统计、分析，广泛地征求了意见，并以国内外有关资料为借鉴，结合我国国情和气候特点以及建筑物的热工情况等，确定了以下室外计算参数的选取原则。室外气象参数的确定见表 1-15。

表 1-15　室外气象参数的确定

序号	气象参数	确定原则	统计方法
1	供暖室外计算温度	采用累年平均不保证 5 日/年的日平均温度	按照累年室外实际出现的较低的日平均温度低于日供暖室外计算温度的时间，平均每年不超过 5 日的原则确定
2	冬季通风室外计算温度	采用累年最冷月平均温度	"累年最冷月"系指累年逐月平均气温最低的月份
3	夏季通风室外计算温度	采用历年最热月 14 时的月平均温度的平均值	"历年最热月"系指历年逐月平均气温最高的月份。统计时首先找出历年最热月，计算这些最热月 14 时的月平均温度，最后对所有最热月 14 时的月平均温度求取平均值
4	夏季通风室外计算相对湿度	采用历年最热月 14 时的月平均相对湿度的平均值	统计方法与夏季通风室外计算温度类似
5	冬季空调室外计算温度	采用累年平均不保证 1 日/年的日平均温度	统计方法与供暖室外计算温度类似
6	冬季空调室外计算相对湿度	采用累年最冷月平均相对湿度	统计方法与冬季通风室外计算温度类似
7	夏季空调室外计算干球温度	采用累年平均不保证 50h/年的干球温度	按历年室外实际出现的较高的干球温度高于夏季空调室外计算干球温度的时间，平均每年不超过 50h 的原则确定
8	夏季空调室外计算湿球温度	采用累年平均不保证 50h/年的湿球温度	统计方法与夏季空调室外计算干球温度类似
9	冬季最多风向及其频率	采用累年最冷 3 个月的最多风向及其平均频率	频率最大的风向就是最多风向，最多风向有两个或以上相同时，挑其出现回数或频率合计值最大者
10	夏季最多风向及其频率	采用累年最热 3 个月的最多风向及其平均频率	夏季最多风向的含义与冬季最多风向及频率的情况类似
11	冬季室外最多风向的平均风速	采用累年最冷 3 个月最多风向（静风除外）的月平均风速	以累年最冷 3 个月为对象，找出静风除外的最多风向，分别计算该风向在这 3 个月的风速平均值，最后求取这 3 个月平均风速的平均值
12	冬季室外平均风速	采用累年最冷 3 个月平均风速	"累年最冷 3 个月"系指累年逐月平均气温最低的 3 个月
13	夏季室外平均风速	采用累年最热 3 个月各月平均风速的平均值	"累年最热 3 个月"系指累年逐月平均气温最高的 3 个月
14	冬季室外大气压力	采用累年最冷 3 个月的月平均大气压力的平均值	
15	夏季室外大气压力	采用累年最热 3 个月的月平均大气压力的平均值	
16	夏季空调室外计算日平均温度	采用累年平均不保证 5 日/年的日平均温度	按照累年室外实际出现的较高的日平均温度高于夏季空调室外计算日平均温度的时间，平均每年不超过 5 日的原则确定
17	供暖期日数	采用历年日平均温度稳定等于或低于供暖室外临界温度的日数的平均值	供暖室外临界温度宜采用 5℃，目前平均温度稳定等于或低于供暖室外临界温度的日用 5 日滑动平均法统计（即在一年中，任意连续 5 日的日平均温度的平均值等于或低于该临界温度的最长一段时间的总日数）

在此必须强调指出，设计规范所规定的供暖室外计算温度，适用于连续供暖或间歇时间较短的供暖系统的热负荷计算，只有这样，才能满足室内温度要求。如果间歇时间太长，室内温度自然就会达不到要求，这时就要建立合理的运行制度，充分发挥供暖设备的效能。间歇时间的长短应随室外气温的变化而增减，在最不利的气候条件下，即在室外气温低于或等于供暖室外计算温度时，供暖系统必须按设计工况连续运行。如果因燃料不足等原因必须间歇供暖时，则只好暂时降低使用标准，不属于设计者所能解决的问题。不要为了迁就目前供热制度的某些不合理现象，而盲目降低室外计算温度或增加某些变相的附加，以免助长不合理的运行制度"合法化"，造成设备和投资的浪费。实践证明，只要供热情况有保障，即采取连续供暖或间歇时间不长的运行制度，对于一般建筑物来说，就不会因采用这样的室外计算温度而影响供暖效果。即使在 20~30 年一遇的最冷年内不保证天数多一些（10 天左右），与之相对应的室内温度大部分时间仍可维持在 12℃以上，高于人体所限定的最低环境温度。因此，采用规范的室外计算温度是合理的。

如果项目必须保证全年室内温湿度的精度要求，则需另行确定空调室外计算参数，甚至采用累年极端最高或最低干、湿球温度，但这样会增加空调系统的投资，为避免浪费需谨慎选取空调室外计算参数。表 1-16 节录了全国部分主要城市室外空气计算参数。

表 1-16　全国部分主要城市室外空气计算参数

地名	纬度	经度	海拔高度/m	大气压力/MPa		室外计算干球温度/℃					夏季空调室外计算湿球温度/℃
				冬季	夏季	供暖	冬季通风	冬季空调	夏季通风	夏季空调	
北京	39°48′	116°28′	31.3	1025.7	999.87	−7.5	−7.6	−9.8	29.9	33.6	26.3
上海	31°24′	121°27′	5.5	1026.5	1005.7	1.2	3.5	−1.2	30.8	34.6	28.2
广州	23°10′	113°20′	41.0	1020.7	1002.9	8.2	10.3	5.3	31.9	34.2	27.8
天津	39°05′	117°04′	2.5	1029.6	1002.9	−7.0	−6.5	−9.4	29.9	33.9	26.9
石家庄	38°02′	114°25′	81.0	1020.2	993.9	−6.0	−5.9	−8.6	30.8	35.2	26.8
太原	37°47′	112°33′	778.3	934.7	918.5	−9.9	−8.8	−12.7	27.8	31.6	23.8
沈阳	41°44′	123°27′	44.7	1023.3	998.5	−16.8	−16.2	−20.6	28.2	31.4	25.2
长春	43°54′	125°13′	236.8	996.5	976.5	−20.9	−20.1	−24.3	26.6	30.4	24.0
西安	34°18′	108°56′	397.5	981.0	957.1	−3.2	−4.0	−5.6	30.7	35.1	25.8
兰州	36°03′	103°53′	1517.2	852.8	841.5	−8.8	−8.5	−11.4	26.6	31.3	20.1
银川	38°29′	106°13′	1111.4	897.3	881.4	−12.9	−11.9	−17.1	27.7	31.3	22.2
西宁	36°43′	101°45′	2295.2	773.4	770.6	−11.4	−10.0	−13.0	21.9	26.4	16.6
济南	36°36′	117°03′	170.3	1018.5	997.3	−5.2	−3.6	−7.7	30.9	34.8	27.0
南京	32°00′	118°46′	7.1	1027.9	1002.5	−1.6	−1.1	−4.0	30.6	34.8	28.1
南昌	28°36′	115°55′	46.9	1019.8	998.7	0.8	0.9	−1.3	32.8	35.6	28.3
厦门	24°29′	118°04′	139.6	1004.5	996.7	8.5	10.4	6.8	31.4	33.6	27.6
郑州	34°43′	113°39′	110.4	1015.5	989.1	−3.8	−3.2	−5.7	30.9	35.0	27.5
昆明	25°01′	102°41′	1892.4	813.5	807.5	3.9	4.9	1.1	23.1	26.3	19.9
拉萨	29°40′	91°06′	3648.9	652.8	652.0	−4.9	−5.1	−7.2	19.8	24.0	13.5

对于表 1-16 或设计规范未列出的地区和城市室外气象参数可按简化统计法计算：
① 供暖室外计算温度＝0.57×累年最冷月平均温度＋0.43×累年最低日平均温度；
② 冬季空调室外计算温度＝0.3×累年最冷月平均温度＋0.7×累年最低日平均温度；
③ 夏季通风室外计算温度＝0.71×累年最热月平均温度＋0.29×累年极端最高温度。
主要民用建筑物供暖室内设计温度可参照表 1-17 选用。

表 1-17　主要民用建筑物供暖室内设计温度

序号	用房名称	室内温度/℃	序号	用房名称	室内温度/℃
	一、住宅、宿舍			七、体育	
1	住宅、宿舍的卧室与起居室	18~20	1	比赛厅、练习厅	16
2	住宅的厨房	15	2	休息厅	18
3	住宅、宿舍的走廊	14~16	3	运动员、教练员更衣、休息室	20
4	住宅、宿舍的厕所	16~18	4	游泳馆	26
5	住宅、宿舍的浴室	25		八、商业	
6	集体宿舍的盥洗室	18	1	百货、书籍营业厅	18
	二、办公楼		2	鱼、肉、蔬菜营业厅	14
1	门厅、楼(电)梯	16	3	副食、杂货营业厅、洗手间	16
2	办公室	20	4	办公室	20
3	会议室、接待室	18	5	米、面储藏室	5
4	多功能厅	18	6	百货仓库	10
5	走道、洗手间、公共食堂	16		九、旅馆	
6	车库	5	1	大厅、接待室	16
	三、餐饮		2	客房、办公室	20
1	餐厅、饮食间、小吃间、办公室	18	3	餐厅、会议室	18
2	洗碗间、制作间、洗手间、配餐厅	16	4	走道、楼(电)梯	16
3	厨房、热加工间	10	5	公共浴室	25
4	干菜、饮料库	8	6	公共洗手间	16
	四、影剧院			十、图书馆	
1	门厅、走道	14	1	大厅、洗手间	18
2	观众厅、放映室、洗手间	16	2	办公室、阅览室	20
3	休息厅、吸烟室	18	3	报告厅、会议室	18
4	化妆间	20	4	特藏室、书库	14
	五、交通			十一、医疗	
1	民航候机厅	20	1	治疗、诊断室	18~20
2	候车厅、售票厅	16	2	手术室	20~26
3	公共洗手间	16	3	X射线室、CT室、核磁共振室	22~25
4	办公室	20	4	消毒室	16~18
	六、银行		5	病房(成人)	18~20
1	营业大厅	18	6	病房(儿童)	20~22
2	走道、洗手间	16		十二、学校	
3	办公室	20	1	图书馆、教室、试验室	16~18
4	楼(电)梯	14	2	办公室、医疗室	18~20

　　设有空气调节的建筑物室内空气应符合国家现行的有关室内空气质量、污染物浓度控制等卫生标准的要求。民用建筑室内温湿度及人员所需最小新风量等可参照表 1-18 选用,工业建筑应保证每人不小于 $30m^3/h$ 的新风量。

表 1-18　空调室内空气设计参数

房间名称	夏季		冬季		人均使用面积/(m²/人)	新风量/[m³/(h·人)]	噪声标准/dB(A)	备注
	温度/℃	相对湿度/%	温度/℃	相对湿度/%				
办公类								
高级办公室	≥24	55	≤22	40	5	40	≤45	
一般办公室	≥24	—	≤20	—	5	30	≤55	
会议室室	25~27	<65	18~20	—	3	30	≤50	

房间名称	夏季		冬季		人均使用面积/(m²/人)	新风量/[m³/(h·人)]	噪声标准/dB(A)	备注
	温度/℃	相对湿度/%	温度/℃	相对湿度/%				
旅馆类								
五星级客房	≥23	55	≤23	40	2人/间	60	≤35	
四星级客房	≥24	55	≤22	40	2人/间	50	≤40	
三星级客房	≥25	60	≤20	—	2人/间	50	≤45	
二星级及以下客房	≥25	60	≤20	—	2人/间	30	≤55	
五星级会议室、接待室	23	≤60	18~20	—	3	30	≤40	
四星级会议室、接待室	24	≤60	18~20	—	3	30	≤45	
三星级及以下会议室、接待室	25	≤60	18~20	—	3	25	≤50	
五星级餐厅、宴会厅、多功能厅	23	≤65	23	≥40	2~2.5	25	≤55	
四星级餐厅、宴会厅、多功能厅	24	≤65	22	≥40	2~2.5	25	≤55	
三星级餐厅、宴会厅、多功能厅	25	≤65	21	≥40	2~2.5	25	≤60	
二星级餐厅、宴会厅、多功能厅	26	—	20	—	2~2.5	20	—	
五星级商业服务	24	≤65	23	≥40	5	20	≤55	
四星级商业服务	25	≤65	21	≥40	5	20	≤55	
三星级商业服务	26	—	20	—	5	20	≤55	
二星级商业服务	27	—	20	—	5	20	≤55	
五星级大堂、四季厅	24	65	23	30	10	20	≤40	
四星级大堂、四季厅	25	65	21	30	10	20	≤45	
三星级大堂、四季厅	26	65	20	—	10	—	≤50	
二星级大堂、四季厅	—	—	—	—	10	—	—	
美容室、理发室、康乐设施	24	≤60	23	50	5	20	≤50	
室内游泳池	室内设计温度比池水温度高1~2℃,相对湿度为65%~75%				5	25	≤55	
住宅类								
二、三级起居室	26	—	20	—	依据房间使用情况	换气次数保证1次/h	≤50	
一级起居室	26	—	20	—	依据房间使用情况	换气次数保证1次/h	≤45	
三级卧室	26	—	20	—	2人/间	换气次数保证1次/h	≤50	
二级卧室	26	—	20	—	2人/间	换气次数保证1次/h	≤45	
一级卧室	26	—	20	—	2人/间	换气次数保证1次/h	≤40	
文教类								
一般教室	25~28	≤65	18~20		1~1.5	25	≤50	
有特殊安静要求的教室	25~28	≤65	18~20		1~1.5	25	≤40	
无特殊安静要求的教室	25~28	≤65	18~20		1~1.5	25	≤55	

房间名称	夏季		冬季		人均使用面积/(m²/人)	新风量/[m³/(h·人)]	噪声标准/dB(A)	备注
	温度/℃	相对湿度/%	温度/℃	相对湿度/%				
体育类								
比赛大厅	25~27	50~70	18~20	40~50	依据场地使用情况	20	≤55	
选手、裁判休息室	25~27	≤65	18~20	—	5	30	≤50	
新闻中心	25~27	≤65	18~20	—	5	30	≤45	
检录室、药检室	25~27	≤65	18~20	—	5	30	≤50	
医务室	25~27	≤65	18~20	—	5	30	≤55	
贵宾室	25~27	≤65	18~20	—	3	30	≤45	
广播类								
演播室	24	60	20	40	依据场地使用情况	40	≤25	
控制室	25	60	20	—	5	40	≤35	
机房	25	60	18	—	5	40	≤40	
医院类								
一级医院病房	23~25	50	22	40	根据病房内实际使用人数	50	≤40	
二级医院病房	23~25	50	22	40	根据病房内实际使用人数	50	≤45	
三级医院病房	23~25	50	22	40	根据病房内实际使用人数	50	≤50	
医院消毒中心	26	60	21	30	6	25	≤55	
医院手术室								
医院污洗间	≥26	≤65	16~18	—	5	20	—	
医院污染走廊	≥26	≤65	16~18	—	10	20	—	满足负压的要求
医院抢救室	24	50	22	40	4	50	≤50	
医院治疗室	24	50	22	40	4	30	≤50	
医院清洁走廊	≥26	≤65	16~18	—	10	20	—	满足正压的要求
ICU重症监护室	25	55	23	45	6	≥2 次/h	≤45	换气次数10~13 次/h
医疗设备机房	24~26	40~60	20~22	40~60	6	40	≤45	满足设备供应商提出的要求
药房	25	60	18~20	40	6	30	≤50	保持与相邻环境相对负压
X射线、放射科	24	60	21	30	5	50	≤55	
各种普通实验室	26	60	20	30	5	40	≤55	保持与相邻环境相对负压
门诊大厅	26	≤65	16~18	—	2	25	≤55	
各科诊室	25	≤65	20~22	40	4	50	≤50	
其他								
商场	≥26	—	≤16	—	2(底层)/3(二层)/4(三层)	20	≤55	
电影院	26~28	55~70	18~20	—	0.65~0.85, 面积算至银幕处或按座位数	20	≤40	具体电影院的噪声标准应根据使用性质查阅规范

房间名称	夏季		冬季		人均使用面积/(m²/人)	新风量/[m³/(h·人)]	噪声标准/dB(A)	备注
	温度/℃	相对湿度/%	温度/℃	相对湿度/%				
其他								
候机厅	24～26	60	19～21	—	3.6～3.9	20	≤50	依据浦东国际机场的设计参数
大会堂	24～26	60	19～21	—	2.5	20	≤50	
展览厅	26	65	18	—	2.5	20	≤50	

注：本表中人均使用面积仅供设计时参考。

（2）方案设计常用估算指标

① 供暖热负荷指标　供暖热负荷指标见表 1-19。

表 1-19　供暖热负荷指标

建筑类型	热负荷指标/(W/m²)	建筑类型	热负荷指标/(W/m²)
住宅	45～70	商店	65～75
节能住宅	30～45	单层住宅	80～105
办公室	60～80	一、二层别墅	100～125
医院、幼儿园	85～80	食堂、餐厅	115～140
旅馆	60～70	影剧院	90～115
图书馆	45～75	大礼堂、体育馆	115～160

注：本表热负荷指标为根据供暖建筑总面积估算的单位面积热指标。当总建筑面积大、外围护结构热工性能好、外窗面积小时取小值；反之取大值。

② 空调冷负荷指标　根据我国已建成的空调工程的统计，通过回归得出的冷负荷指标见表 1-20。本表所列指标只能供方案设计和初步设计阶段估算空调负荷用，不能作为施工图设计时确定空调负荷的依据。

表 1-20　空调冷负荷指标

序号	建筑类型及房间名称	冷负荷指标/(W/m²)	序号	建筑类型及房间名称	冷负荷指标/(W/m²)
1	旅游旅馆、客房	70～100	18	棋牌室、办公室	70～120
2	酒吧、咖啡	80～120	19	公共洗手间	80～100
3	西餐厅	100～160		银行	
4	中餐厅、宴会厅	150～250	20	营业大厅	120～160
5	商店、小卖部	80～110	21	办公室	70～120
6	大堂、接待室	80～100	22	计算机房	120～160
7	中厅	100～180		医院	
8	小会议室（少量人吸烟）	140～250	23	高级病房	80～120
9	大会议室（不准吸烟）	100～200	24	一般病房	70～110
10	理发、美容	90～140	25	诊断室、治疗室、注射室、办公室	75～140
11	健身房	100～160	26	X 射线室、CT 室、B 超室、核磁共振室	90～120
12	保龄球	90～150	27	一般手术室、分娩室	100～150
13	弹子房	75～110	28	洁净手术室	180～380
14	室内游泳池	160～260	29	挂号大厅	70～120
15	交谊舞舞厅	180～220		商场、百货大楼	
16	迪斯科舞厅	220～320	30	营业厅（首层）	160～220
17	卡拉 OK 厅	100～160	31	营业厅（中间层）	150～200

序号	建筑类型及房间名称	冷负荷指标/(W/m²)	序号	建筑类型及房间名称	冷负荷指标/(W/m²)
32	营业厅(顶层)	180~250		图书馆	
33	超市营业厅	160~220	47	阅览室	100~160
34	营业厅(鱼肉副食)	90~160	48	大厅(借阅、登记)	90~110
	影剧院		49	书库	70~90
35	观众厅	180~280	50	特藏(善本)室	100~150
36	休息厅(允许吸烟)	250~360		餐馆	
37	化妆室	80~120	51	营业厅	200~280
38	大堂、洗手间	70~100	52	包间	180~250
	体育馆			写字楼	
39	比赛馆	100~140	53	高级办公室	120~160
40	贵宾室	120~180	54	一般办公室	90~120
41	观众休息厅(允许吸烟)	280~360	55	计算机房	100~140
42	观众休息厅(不准吸烟)	160~250	56	会议室	150~200
43	裁判、教练、运动员休息室	100~140	57	会客厅(允许吸烟)	180~200
44	展览馆、陈列厅	150~200	58	大厅、公共洗手间	70~110
45	会堂、报告厅	160~240		住宅、公寓	
46	多功能厅	180~250	59	多层建筑	88~150
			60	高层建筑	80~120
			61	别墅	150~220

③ 冷热设备（装机）容量指标　我国空调工程中按空调面积计算的制冷机的装机容量指标如下：$R_c = 66 \sim 180 \mathrm{W/m^2}$。其中，分布在 $R_c = 80 \sim 102 \mathrm{W/m^2}$ 区间的比例占 66% 左右，平均值为 $R_c = 91 \mathrm{W/m^2}$。

空调冷、热源设备容量估算的经验公式见表 1-21。

表 1-21　空调冷、热源设备容量估算的经验公式　　　　　　单位：W

建筑类型		冷源设备	热源设备	备注
办公	多层	$R = 105.5A + 175850$	$B_c = 112.2A + 225860$	
	高层	$R = 103.1A + 474795$	$B_c = 79.4A + 1453750$	
旅馆、酒店		$R = 83.4A + 14068$	$B_c = 204A + 360530$	包含生活热水
医院		$R = 111.1A + 105510$	$B_c = 313.4A$	包含生活热水
商店		$R = 165A + 175850$	$B_c = 91.6A + 697800$	

④ 冷水机组的耗电量、水蒸气耗量和冷却水耗量指标　冷水机组的耗电量、水蒸气耗量和冷却水耗量指标见表 1-22。

表 1-22　冷水机组的耗电量、水蒸气耗量和冷却水耗量指标

序号	机组类型		单位制冷量的耗电量指标/(kW/kW)	水蒸气耗量/[kg/(kW·h)]	冷却水耗量/[m³/(kW·h)]
1	活塞式		0.25~0.35		0.22~0.26
2	蜗旋式		0.21~0.25		0.21~0.24
3	螺杆式		0.16~0.24		0.20~0.26
4	离心式		0.15~0.23		0.20~0.26
5	溴化锂吸收式	单效	0.005~0.01	1.0~2.4	0.26~0.35
		双效	0.003~0.02	0.90~1.4	0.25~0.30
		直燃	0.004~0.02	0.063~0.08(轻油) 0.065~0.09(天然气)	0.28~0.30

⑤ 辅助设备耗电量指标 空调辅助设备耗电量指标见表1-23。

表1-23 空调辅助设备耗电量指标

序号	设备名称		单位制冷量的耗电量指标/(kW/kW)
1	制冷水循环设备(闭式)	一次泵系统	0.20～0.35
		二次泵系统	0.31～0.55
2	冷却水循环水泵		0.20～0.38
3	冷却塔风机		0.006～0.009
4	风冷冷凝器风扇		0.015～0.055

⑥ 建筑物的空调耗电量指标 建筑物的空调耗电量指标见表1-24。

表1-24 建筑物的空调耗电量指标

序号	建筑类型和房间名称		耗电量指标/(W/m²)	序号	建筑类型和房间名称		耗电量指标/(W/m²)
1	旅馆	走道	69～86	3	饭店	普通厨房	60
		客房	43～60			电气化厨房	86～103
		酒吧、咖啡店	60～86	4		商店、百货	86
		洗手间	60			珠宝店	60
		厨房	86～103			美容店、理发店	52～95
2	写字间	一般办公室	52～60			服装店、医药店	43～78
		高级办公室	55～86	5	医院		43～60
		私人办公室	60	6	舞厅		86
		会议室	52～69	7	夜总会		129～190
		制图室	60	8	剧院		60
3	饭店	餐厅	60	9	计算机房		129～258
		快餐厅	55～86				

暖通空调设计任务主要包括：设计计算及绘制设备施工图纸两部分内容。

设计计算主要内容如下：负荷计算；水力计算及设备选择计算。因此，以下编排内容如下：1.3节介绍暖通空调负荷计算；1.4节介绍暖通空调水力及气流组织计算；1.5节介绍暖通空调主要换热设备选择及计算。

暖通空调设备施工图包括供暖施工图、通风施工图和空调施工图。设备施工图一般采用计算机绘制。设备施工图主要表示各种设备、管道和线路的布置、走向以及安装施工要求等，一般包括平面布置图、系统图和详图。此外，暖通空调设备施工图介绍还可参见第2章至第12章中工程应用实例部分。

1.3 暖通空调负荷计算

1.3.1 室内热负荷计算

热负荷计算是指为补充房间失热在单位时间内需要向房间供应的热量；供暖负荷应当等于供暖房间或供暖建筑物在同一时间的外界条件下，从室内转移给外界的热量（称为失热量）和从外界获得的热量（称为得热量）的差额。在计算供暖热负荷时，要考虑到房间的得热量和失热量的平衡。供暖房间主要热损失有以下内容：通过建筑围护结构的传热量；通过建筑围护结构的门、窗缝隙渗透进入房间的冷风的吸热量；门开启时，侵入房间的冷风的吸热量。

冬季阳光辐射强度不大，并且阳光辐射热量对保持室内温度是有利的，此部分热量可作为额外安全附加值。因此，室内热负荷计算常用稳态热平衡理论方法进行计算，它与室内冷负荷计算的非稳态平衡理论计算方法不同。

另外房间也可以通过不同形式获得热量，如工厂厂房电动设备的散热量、照明散热量等。在供暖热负荷热平衡计算中，对于不稳定的得热量一般不予考虑，以保证供暖效果的可靠性。

（1）基本传热量

建筑围护结构的基本传热量按稳定传热方法进行计算。建筑围护结构包括墙、门、窗、屋面和地面等。计算公式如下：

$$Q_J = KF_w(t_n - t_w)\alpha \qquad (1-65)$$

在计算建筑围护结构的基本传热量时，可进行以下简化处理：与相邻房间温差小于5℃时，可不计其耗热量；伸缩缝或沉降缝墙按基本耗热量的30%计算；内门的传热系数可按隔墙的传热系数考虑；可按轴线尺寸计算围护结构的面积。

（2）附加耗热量

供暖房间的热损失，除了建筑围护结构的基本传热量外，还受到许多其他因素的影响，由这些因素所引起的耗热量称为附加耗热量。

附加耗热量按基本耗热量的百分数计算。考虑了各项附加后，围护结构的传热耗热量 Q_1 如下：

$$Q_1 = Q_J(1 + \beta_{ch} + \beta_f + \beta_{lang} + \beta_m)(1 + \beta_{fg})(1 + \beta_{Jan}) \quad \text{（W）} \qquad (1-66)$$

式中，Q_J 为围护结构的基本耗热量，W；β_{ch} 为朝向修正系数；β_f 为风力修正系数；β_{lang} 为两面外墙修正系数；β_m 为窗墙面积比过大修正系数；β_{fg} 为房高修正系数；β_{Jan} 为间歇供暖附加系数。

（3）渗透空气热负荷

在风力等因素的作用下，室外冷空气会通过门、窗缝隙渗入室内，渗入室内的冷空气量与室外风速及建筑门、窗的材料、构造有关。常用冷风渗透耗热量的计算方法有三种：①缝隙法；②换气次数法；③百分数法。

① 缝隙法　由于门窗缝隙宽度不一，风向、风速和频率不一。因此，由门窗缝隙渗入的冷空气很难准确地计算。《供热通风空调制冷设计技术措施》中规定 7 层和 7 层以下的民用及工业辅助建筑物按式(1-66)计算门、窗缝隙渗入冷空气的耗热量：

$$Q = 0.278Ll\rho_w c(t_n - t_w)/m \qquad \text{（W）} \qquad (1-67)$$

式中，L 为每米门窗缝隙的渗风量，$m^3/(m \cdot h)$；l 为门窗缝隙的长度，m；ρ_w 为室外采暖计算温度下的空气密度，kg/m^3；c 为干空气定压质量比热容，$kJ/(kg \cdot ℃)$；t_n 为室内空气计算温度，℃；t_w 为供暖室外计算温度，℃；m 为综合修正系数。

② 换气次数法　通常采用换气次数法计算冷风渗透耗热量，它是用于民用建筑的概略计算法。有时由于缺乏足够的门窗缝隙数据，门窗构造的设计图纸常在较晚的设计阶段才能出图，这时可用换气次数法估计冷空气的渗入量来计算冷风渗透耗热量。计算公式如下：

$$Q_{ah} = cV_n n_k \rho_w(t_n - t_w) \times 0.278 \qquad \text{（W）} \qquad (1-68)$$

式中，V_n 为房间净体积，m^3；n_k 为换气次数，次/h。

1.3.2　室内冷负荷计算

冷负荷是指为了保持室内空气温度恒定，单位时间内空调设备必须从室内空气中取走的热量（即单位时间内必须供给室内空气的冷量）。

在夏季阳光辐射强度变化较大，并且阳光辐射热量对保持室内温度是不利的，此部分热量较大并存在时间的延迟且不能忽略。因此，夏季建筑外围护结构产生的室内冷负荷常用非稳态热平衡理论方法进行计算，它与室内热负荷计算的稳态平衡理论计算方法不同。

（1）空调冷负荷计算

① 空调冷负荷的分类　空调冷负荷还可以分为空调室内冷负荷和制冷系统冷负荷两种。建筑物空调室内冷负荷和制冷系统冷负荷的形成过程及组成如图 1-5 所示。发生在空调房间内的负荷称为室内冷负荷，它是确定送风系统风量和空调设备容量的依据；制冷系统冷负荷包括室内冷负荷、新风冷负荷、再热冷负荷和其他热量形成的冷负荷之和。也就是说，空调制冷系统的供冷能力除了要补偿室内的冷负荷外，还要补偿空调系统新风量负荷和抵消冷量的再热量、冷媒水泵和冷水管道温升的冷损失等其他热量形成的冷负荷。制冷系统冷负荷是确定空调制冷设备容量的依据。

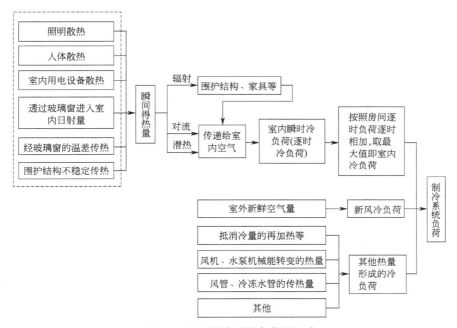

图 1-5　空调制冷系统负荷的组成

② 空调室内冷负荷计算内容　空调室内冷负荷按不稳定传热进行计算，通常采用冷负荷系数法或谐波反应法，逐时计算，确定设计冷负荷。

a. 通过围护结构传热得热而形成的冷负荷。

冷负荷系数法：
$$Q_{q(\tau)} = KF[t_{c(\tau)} - t_n] \tag{1-69}$$

b. 透过外窗进入室内的太阳辐射得热而形成的冷负荷。

冷负荷系数法：
$$Q_{c(\tau)} = C_a F_c C_s C_i D_{j \cdot max} C_{LQ_1} \tag{1-70}$$

c. 人体散热形成的冷负荷。

冷负荷系数法：
$$Q_{mx} = q_s n \phi C_{LQ_2} \tag{1-71}$$
$$Q_{mq} = q_1 n \phi \tag{1-72}$$

d. 照明散热形成的冷负荷。

白炽灯：
$$Q_Z = 1000 N C_{LQ_3} \tag{1-73}$$

荧光灯：
$$Q_Z = 1000 n_1 n_2 N C_{LQ_3} \tag{1-74}$$

e. 室内设备散热形成的冷负荷，食品、物料等散热形成的冷负荷。

$$Q_{Sb} = Q_s C_{LQ_4} \tag{1-75}$$

f. 室内散湿过程产生潜热形成的冷负荷。

食物显热量和潜热量：8.7W/人；食物散湿量：11.5g/(h·人)。

g. 渗入室内（室内为负压的空气房间）的空气带入的热量形成的冷负荷等。

空调室内冷负荷的确定方法是将空调室内的各项冷负荷按各计算时刻累加，得出空调室内总负荷逐时值的时间序列，之后找出序列中的最大值，即作为该空调室内的计算冷负荷，用来选择房间末端空调设备。

（2）制冷系统冷负荷计算

建筑物制冷系统冷负荷应包括如下。

① 空调室内同时使用冷负荷，即根据各空调房间不同使用时间、空调系统的不同类型和调节方式，按照各房间逐时冷负荷计算得到的综合最大值。考虑空调系统在使用时间上的不同，建议采用以下同时使用系数：中、小会议室及宴会厅取 0.8；旅馆客房取 0.9；住宅取 0.4~0.7。

② 新风冷负荷、再热冷负荷和其他热量形成的冷负荷之和。

新风冷负荷可按式(1-76)进行计算：

$$Q_W = G_W(h_W - h_N) \tag{1-76}$$

再热冷负荷和其他热量形成的冷负荷可根据设计条件由 h-d 图确定。

③ 风机、风管、冷水管及换热设备温升的附加冷负荷，可考虑乘以系数 1.1~1.2。

制冷系统冷负荷应根据所服务的各空调分区系统的同时使用情况，选择合理的同时使用系数，并考虑输送系统和换热设备的冷量损失，经计算确定。

1.3.3 室内湿负荷计算

（1）空调湿负荷计算

湿负荷是为了保持室内空气相对湿度恒定，单位时间内必须从室内空气中取走的湿量。它是指空调房间内湿源（人体散湿、敞开水池或水槽表面散湿、地面积水等）向室内的散湿量。

（2）散湿源的种类

空调区的夏季计算湿负荷，应考虑散湿源的种类、人员群集系数、同时使用系数以及通风系统等，并根据下列各项确定：①人体散湿量；②渗透空气带入的湿量；③化学反应过程的散湿量；④非围护结构各种潮湿表面、液面或液流的散湿量；⑤食品或气体物料的散湿量；⑥设备散湿量；⑦围护结构散湿量。

1.3.4 除热除湿所需送风量计算

（1）自然通风的通风量的计算：

自然通风的通风量按式(1-77)进行计算：

$$G = 3600 \times \frac{Q}{c(t_p - t_{wf})} \quad \text{(kg/h)} \tag{1-77}$$

（2）稳定状态下全面通风量计算

除余热所需要的换气量 G_1：

$$G_1 = \frac{3600Q}{c(t_p - t_j)} \quad \text{(kg/h)} \tag{1-78}$$

消除余湿所需要的换气量 G_2：

$$G_2 = \frac{G_{sh}}{d_p - d_f} \quad \text{(kg/h)} \tag{1-79}$$

稀释有害物所需换气量 G_3：

$$G_3 = \frac{\rho M}{y_p - y_j} \qquad (\text{kg/h}) \qquad (1\text{-}80)$$

应注意的事项如下：房间内同时放散余热、余湿和有害物质时，换气量按其中最大值计算。如室内同时散发几种有害物质时，换气量按其中最大值计算。但当数种溶剂（苯及其同系物、醇类或乙酸类）的水蒸气，或数种刺激性气体（三氧化硫及二氧化硫或氟化氢及其盐类等）同时在室内放散时，换气量按稀释各有害物所需换气量的总和计算。当散发有害物数量不能确定时，全面通风的换气量可按换气次数确定。

（3）空气风平衡和热平衡计算

通风房间的风量平衡按式(1-80)进行计算：

$$G_{Zj} + G_{jj} = G_{Zp} + G_{jp} \qquad (1\text{-}81)$$

式中，G_{Zj} 为自然进风量，kg/h；G_{jj} 为机械进风量，kg/h；G_{Zp} 为自然排风量，kg/h；G_{jp} 为机械排风量，kg/h。

通风房间的空气热平衡按式(1-81)进行计算：

$$(\sum Q_h - \sum Q_s) + cG_p(t_n - t_w) = cG_x(t_s - t_n) + cG_{js}(t_{js} - t_w) \qquad (1\text{-}82)$$

通风房间的风量平衡、热平衡是气流运动与热交换的客观规律要求，设计时应根据通风要求保证满足设计要求的风量平衡与热平衡。如果实际运行时所达到的新平衡状态与设计要求的平衡状态差别较大，室内通风参数就达不到设计预期的要求。

1.3.5 空调送风量的确定

通常采用的空调方法是在向室内送风的同时，自室内排出相应量的空气，后者称为排风。当排风重复利用，成为送风的一部分时，这一部分排风称为回风，取自室外新鲜空气送入室内的空气量称为新风量。

（1）空调房间送风量的计算

在确定了空调系统的热湿负荷后，即可确定为消除室内的余热和余湿、维持房间所要求的空气参数所必需的送风量和送风状态。但应注意必须同时满足房间的换气次数和送风温差的要求。另外，还应注意校核是否有最大温差送风的可能，以利于节能。

空调系统送风状态和送风量的确定，可以在 $h\text{-}d$ 图上进行。具体计算步骤如下。

① 根据已知的室内空气状态参数，在 $h\text{-}d$ 图上找出空调房间内空气状态点 N。

② 根据计算出的空调室内冷负荷 Q、湿负荷 W，求出热湿比 $\varepsilon = \dfrac{Q}{W}$。

③ 在 $h\text{-}d$ 图上过 N 点作过程线 ε。

④ 选取合理的送风温差 Δt，根据室温允许波动范围查取送风温差 Δt_0。对于民用建筑舒适性空调，可以按送风口形式确定送风温差 Δt_0（见表 1-25），算出送风温度，$t_0 = t_N - \Delta t_0$。

表 1-25　按送风口形式确定送风温差　　　　　　　　　　　　单位：℃

送风口安装高度/m	3	4	5	6
圆形散流器	16.5	17.5	18.0	18.0
方形散流器	14.5	15.5	16.0	16.0
普通侧送风口(风量大)	8.5	10.0	12.0	14.0
普通侧送风口(风量小)	11.0	13.0	15.0	16.5

⑤ 由等温线 t_0 与过程线 ε 的交点，即送风状态点，确定送风的初始状态点 O 的比焓 h_0。

和含湿量 d_0。

⑥ 根据式(1-83)求出送风量 G：

$$G = \frac{Q}{i_N - i_0} = \frac{W}{d_N - d_0} \quad (\text{kg/s}) \tag{1-83}$$

⑦ 将送风量体积流量 L 折合成空调房间的换气次数 n，对照看是否满足该类型空调房间的换气要求，否则应调整送风温差 Δt_0 后，再计算。

对于舒适性空调系统来说，在 $h\text{-}d$ 图上作 ε 线与 $\varphi_L = 90\% \sim 95\%$ 线相交于 L 点即露点温度，则最大温差送风量如下：

$$G = \frac{Q}{i_N - i_L} \quad (\text{kg/s}) \tag{1-84}$$

式中，i_N 为室内空气状态点的比焓值，J/kg；i_L 为露点的比焓值，J/kg。

对于湿度要求不高的场合及不会产生送风口结露的情况下，可以采用露点送风的方式，这样可减少送风控制设备及充分利用空气处理设备的能力，减少初投资。

（2）根据空调的换气次数确定送风量

空调房间的换气次数是空调工程中用以确定送风量的一个重要指标。送风量可根据换气次数计算。换气次数不仅与空调房间的功能有关，也与房间的体积、高度、位置、送风方式以及室内空气质量等因素有关。表 1-26 是按室温允许波动值确定送风温差与换气次数推荐值；表 1-27 为保持室内正压所需的换气次数推荐值；表 1-28 是部分空调房间换气次数的推荐值。

表 1-26 按室温允许波动值确定送风温差与换气次数推荐值

室温允许波动范围	送风温差/℃	换气次数/(次/h)
±(0.1~0.2)℃	2~3	15~20
±0.5℃	3~6	>8
±1.0℃	6~10	≥5
>±1.0℃	人工冷源：≤15；天然冷源：可能的最大值	

表 1-27 保持室内正压所需的换气次数推荐值

室内正压值/Pa	无外窗房间/(次/h)	有外窗，密闭性较好的房间/(次/h)	有外窗，密闭性较差的房间/(次/h)
5	0.6	0.7	0.9
10	1.0	1.2	1.5
15	1.5	1.8	2.2
20	2.1	2.5	3.0
25	2.5	3.0	3.6
30	2.7	3.3	4.0
35	3.0	3.8	4.5
40	3.2	4.2	5.0
45	3.4	4.7	5.7
50	3.6	5.3	6.5

表 1-28 部分空调房间换气次数的推荐值

空调房间类型	换气次数/(次/h)	空调房间类型	换气次数/(次/h)	空调房间类型	换气次数/(次/h)
浴室	4~6	商店	6~8	洗衣坊	10~13
淋浴室	20~30	大型购物中心	4~6	染坊	5~15
办公室	3~6	会议室	5~10	酸洗车间	5~15
图书馆	3~5	允许吸烟的影剧院	4~6	油漆间	20~50
病房	20~30	不允许吸烟的影剧院	5~8	实验室	8~15
食堂	6~8	手术室	15~20	库房	3~6
厕所	4~8	游泳馆	3~4	旅馆客房	5~10
衣帽间	3~6	游泳馆的更衣室	6~8	蓄电池室	4~6
教室	8~10	学校阶梯教室	8~10		

（3）新风量的确定

新风量的多少是影响空调负荷的重要因素之一。空调系统新风量确定需考虑以下三个因素。

① 卫生要求　在人长期停留的空调房间，新风量的多少对于健康有直接影响。《工业建筑供暖通风与空气调节设计规范》（GB 50019—2015）中规定：民用建筑人员所需最小新风量按国家现行有关卫生标准确定；工业建筑应保证每人不小于 $30m^3/h$ 的新风量。对于公共建筑，根据《公共建筑节能设计标准》（GB 50189—2015）中的规定，其主要空间的设计新风量应符合表 1-29 的规定。

② 补充局部排风　当空调房间内根据需要设置排风系统时，为了使空调房间不产生负压，必须有相应的新风来补充排风量，可通过风平衡计算以确定最小新风量。

③ 保持空调房间正压要求　为了防止外界空气渗入空调房间，干扰空调房间内温湿度，使空调房间保持一定正压，需向室内补充新风。对于舒适性空调室内正压值不宜过小，也不宜过大，宜取 5～10Pa，最大不应大于 50Pa。一般采用 5Pa 的正压值即可满足要求。当室内正压值为 10Pa 时，保持室内正压所需风量，每小时约 1.0～1.5 次换气，舒适性空调的新风量一般都能满足此要求。对于工艺性空调，其压差值应按工艺要求确定。

表 1-29　主要空间的设计新风量

建筑类型与房间名称			新风量/[$m^3/(h\cdot 人)$]
旅游旅馆	客房	5 星级	50
		4 星级	40
		3 星级	30
	餐厅、宴会厅、多功能厅	5 星级	30
		4 星级	25
		3 星级	20
		2 星级	15
	大堂、四季厅	4～5 星级	10
	商业厅、服务厅	4～5 星级	20
		2～3 星级	10
	美容店、理发店、康乐设施		30
旅店	客房	一～三级	30
		四级	20
文化娱乐	影剧院、音乐厅		20
	游艺厅、舞厅(包括卡拉 OK 舞厅)		30
	酒吧、茶座、咖啡厅		10
体育馆			20
商场(店)、书店			20
饭店(餐厅)			20
办公室			30
学校	教室	小学	11
		初中	14
		高中	17

保持室内正压所需的风量，可根据建筑围护结构缝隙计算估算，围护结构两侧压差与单位长度缝隙的渗风量关系，可查设计手册中单位长度缝隙渗透量。也可按表 1-27 保持室内正压所需的换气次数进行估算。

空调系统设计时，应取上述三项中的最大值作为系统新风量的计算值。在实际工程设计中，如果计算所得的新风量达不到总风量的 10％ 时，新风量应按总风量的 10％ 计算（洁净室除外），同时排出一部分空调系统的回风量。

按以上方法确定出的新风量是最小新风量，新风量确定的顺序如图 1-6 所示。对于全年允许变新风量的系统，在过渡季节，可增大新风量，利用新风冷量节约运行费用，同时也可得到较好的卫生条件。

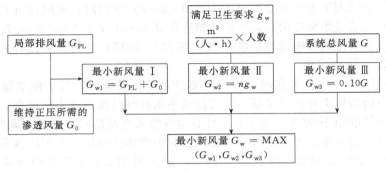

图 1-6 新风量确定的顺序

1.4 暖通空调水力及气流组织计算

1.4.1 室内热水管网水力计算理论与方法

流体在沿管道的流动过程中，会产生摩擦压力损失和局部压力损失。通常，把摩擦压力损失简称摩擦损失，把局部压力损失简称局部损失。供暖系统水力计算的目的是选择经济、合适的管径，使整个供暖系统各环路阻力平衡及控制系统压力总损失在经济、合理的范围内。

管网水力计算的主要任务如下。

① 按已知系统各管段的流量和系统的循环作用压力，确定各管段的管径；

② 按已知系统各管段的流量和各管道的管径，确定系统所需的循环作用压力；

③ 按已知系统各管道的管径和该管段的允许压降，确定通过该管段的水流量。

第一种情况为设计计算，第二、三种情况为设计校核计算。

（1）基本计算法

$$\Delta P = \Delta P_m + \Delta P_i = \frac{\lambda}{d} l \frac{\rho v^2}{2} + \xi \frac{\rho v^2}{2} = \Delta P_m l + \xi \frac{\rho v^2}{2} \tag{1-85}$$

在给定热媒参数和流动状态的条件下，λ 和 ρ 是已知值。若热媒的流速以流量和管径的关系来表示，则式(1-85) 可表示为 $\Delta P = f(d, G)$ 的函数式。由此可见，只要已知 ΔP、G 和 d 中任意两数，就可以确定第三个数值。

（2）当量阻力法

将管道长度的摩擦损失折合成与之相当的局部阻力系数的计算方法，称为当量阻力法。

$$\Delta P = A(\xi_d + \sum \xi) G^2 \tag{1-86}$$

（3）当量长度法

将管段的局部阻力折算成一定长度的摩擦损失的计算方法，称为当量长度法。

$$\Delta P = \Delta P_m l + \Delta P_m l_d = \Delta P_m (l + l_d) = \Delta P_m l_{zh} \tag{1-87}$$

局部损失的当量长度可参见有关设计手册。

（4）计算要求

进行供暖系统水力计算时，为使管路经济、合理，在选择管道流速及比摩阻时应满足以下要求。

① 供暖管道中的热媒流速应根据热水或水蒸气的资用压力、系统形式、对噪声要求等因素确定，最大允许流速不应超过设计手册的规定值。

② 供暖系统最不利环路的比摩阻宜保持在下列范围：热水系统 60～120Pa/m；高压水蒸气系统（顺流式）100～350Pa/m；高压水蒸气系统（逆流式）50～150Pa/m；余压回水 150Pa/m。

③ 供暖系统水平干管的末端管径宜符合下列规定：高压水蒸气系统 DN≥20mm；低压水蒸气系统，DN≥25mm；高压水蒸气凝结水管始端管径 DN≥20mm；低压水蒸气凝结水管始端管径 DN≥20mm；热水系统 DN≥20mm。

供暖系统的总压力损失可按下列原则确定。

① 热水供暖系统的循环压力，应根据管道内的允许流速及系统各环路的压力平衡来确定，一般宜保持在 10～40kPa 左右；当热网入口资用压力较高时，应装设调压装置。

② 高压水蒸气供暖系统的供汽压力高于系统的工作压力时，应在入口的供汽管上装设减压装置。高压水蒸气最不利环路供汽管的压力损失，不应大于起始压力的 25%。

③ 布置水蒸气供暖系统时，应尽量使其作用半径短，流量分配均匀；环路较长的高压水蒸气系统，宜采用同程式。选择管径时，应尽量减少各并联环路之间的压力损失差额，必要时应在各汇合点之前装调压设备。低压水蒸气系统的单位长度压力损失，最好保持在 20～30Pa，室内系统作用半径不宜超过 50～60m。

④ 机械循环热水供暖系统中，由管道内水冷却产生的自然循环压力可忽略不计，但散热器中水冷却的自然循环压力则必须计算。

热水供暖系统水力计算方法主要有等温降法、变温降法及等压降法三种。其计算原理及计算方法简介如下。

（1）等温降法

等温降法的特点是预先规定每根立管（对双管系统是每个散热器）的水温降，系统中各立管的供、回水温度都取相同的数值，在这个前提下计算流量。这种计算法的任务：一种是已知各管段的流量，给定最不利各管段的管径，确定系统所必需的循环压力；另一种是根据给定的压力损失，选择流过给定流量所需要的管径。

热水供暖系统水力计算按如下步骤进行。

① 根据已知热负荷和规定的供回水温差，计算出每根管道的流量。

② 根据已计算出的流量，在允许流速范围内选择最不利环路中各管段的管径。当系统压力损失有限制时应先算出平均的单位长度摩擦损失后再选取管径。

③ 根据流量和选择好的管径，可计算出各管道的压力损失。

④ 按已算出的各管段压力损失，进行各并联环路间的压力平衡计算；如不满足平衡要求，再调整管径，使之达到平衡为止，即使不平衡率小于规定值。

（2）变温降法

在各立管温降不相等的前提下进行计算。首先选定管径，根据平衡要求的压力损失去计算立管的流量，根据流量来计算立管的实际温降，最后确定散热器的数量，此计算方法最适用于异程式垂直单管系统。计算方法按如下步骤进行：

① 求最不利环路的 Δp_m 值，作查表参考用。

② 假设最远立管的温降，一般按设计温降增加 2～5℃。

③ 根据假设温降，在推荐的流速范围内，并参照已求得的 Δp_m 值，查表求得最远立管的计算流量 G_i 和压力损失。

④ 根据立管环路之间压力平衡原理，依次由远至近，计算出其他立管的计算流量、温

降及压力损失。

⑤ 如果已求得各立管计算流量之和 $\sum G_j$ 与要求温降 Δt 所求得的实际流量 $\sum G_t$ 不一致,需进行调整,对各立管乘以调整系数,最后得出立管实际流量、温降和压力损失。各种调整系数如下:温降调整系数 $a = \dfrac{\sum G_j}{\sum G_t}$;流量调整系数 $b = \dfrac{\sum G_t}{\sum G_j}$;压力调整系数 $c = \left(\dfrac{\sum G_t}{\sum G_j}\right)^2$。

（3）等压降法

以各立管压降相等作为假设前提进行水力计算。假设压降相等,但并不知压降的具体数值,在选定管径后,压降及流量仍为未知数,为此应先给立管假定压降值,并确定在该压降值下各种类型立管的对应流量（称为计算流量）。将计算流量和对应压降值乘以相应的调整系数,即可求出实际的流量和压降。此计算方法适用于同程式垂直单管系统。计算方法按如下步骤进行。

① 根据负荷、散热器连接形式选择各支立管的管径。

② 根据已选定的管径计算出各立管的计算流量 G'。

③ 对得出的计算流量 $\sum G'$ 进行调整,并相应调整其压降,求出实际流量和压降。

流量调整系数:$a = \dfrac{0.86 \sum Q}{\sum G' \Delta t}$;压降调整系数:$b = a^2$。

④ 依据实际流量计算出实际温降,计算散热器各支立管的管径。

⑤ 供、回水干管按一般计算方法选用管径,只要两立管之间的供、回水干管压差不超过 10% 就可满足要求。

（4）室内供暖系统水力计算的主要步骤

供暖系统水力计算应按以下步骤进行计算。

① 在系统轴测图或系统设计草图上进行管段编号、立管编号,并注明各管段的热负荷和管长。

② 确定系统最不利计算环路,系统中取管段长度最长的环路或最远立管的环路作为最不利环路。

③ 计算最不利环路各管段的管径及压力损失。

④ 依次计算各立管环路的各管段管径及其相对应的压力损失。

⑤ 对各计算环路管径进行局部调整,使各环路达到基本平衡,各并联环路之间的计算压力损失差额不应大于 15%。

分户热计量供暖系统的水力计算与常规供暖系统水力计算相同,所不同的是增加了热量表和温控阀的阻力。

1.4.2　室内冷水管网水力计算理论与方法

空调系统设计时,为使系统中各管段的水流量符合设计要求,保证流进各末端设备水流量符合需要及选择循环水泵,就需要进行空调水系统的水力计算。空调水系统的管路计算是在已知水流量和推荐流速下,确定水管管径及水流动阻力。

（1）空调水系统管径的确定

水管管径 d 由式(1-88)确定:

$$d = \sqrt{\dfrac{4m_w}{\pi V}} \qquad (\text{m}) \tag{1-88}$$

（2）空调管道水力计算的基本公式

空调水在管道内流动时像其他流体一样会产生压力损失,这种损失包括沿程摩擦压力损失与局部压力损失。

① 沿程摩擦压力损失计算公式：

$$\Delta p_{\mathrm{m}} = \frac{\lambda}{d} l \frac{\rho V^2}{2} = R l \tag{1-89}$$

摩擦系数 λ 与流体的性质、流态、流速、管内径大小、内表面的粗糙度有关。过渡区的 λ 可按式(1-90)进行计算：

$$\frac{1}{\sqrt{\lambda}} = -2.0 \lg \left(\frac{K}{3.71d} + \frac{2.51}{Re\sqrt{\lambda}} \right) \tag{1-90}$$

由式(1-89)和式(1-90)可知：摩擦压力损失与 λ 值成正比，即与管壁的粗糙度成正比，与管道的内径成反比，与管道内流体流速的平方成正比。

② 局部压力损失计算公式：

$$\Delta p_j = \xi \frac{\rho V^2}{2} \tag{1-91}$$

局部压力损失是由流体流向改变产生涡流及由流通断面的变化等原因而造成的能量损失。由式(1-90)可知，它与局部阻力系数成正比，ξ 值是用实验方法确定的。同样，这种损失也与流体流速的平方成正比。因此，在设计空调水系统时，当管材确定后，合理地选择管径与流速以及良好地布置管路是非常重要的，这不仅涉及系统的经济性，有时也成为系统运行成败的关键。此外，管道内流体的密度 ρ 也影响着压力损失。当然，对一般空调系统而言，流动的介质总是水。但严格地说，因空调冷水与热水的密度不一样，冷水管道的单位长度阻力比热水管道大，只是常忽略不计而已。再如，在冰蓄冷系统中，一次水采用的乙二醇溶液，它的密度比水大，溶液工作温度比常规空调水温度 7℃ 低。因此，在计算管路阻力时，应予以修正。

③ 水系统总压力损失：

$$\Delta p = \Delta p_{\mathrm{m}} + \Delta p_j + \Delta p_{\mathrm{s}} \tag{1-92}$$

式中，Δp_{m} 为管道沿程压力损失，Pa；Δp_j 为管道局部压力损失，Pa；Δp_{s} 为设备压力损失，Pa。

（3）空调水系统水力计算内容及步骤

由设计、施工、设备材料等原因导致的系统管道特性阻力数比值与设计要求管道特性阻力数比值不一致，从而使系统各用户的实际流量与设计要求流量不一致引起的水力失调，称为静态水力失调。静态水力失调是稳态的、根本性的，是系统本身所固有的。

系统实际运行过程中当某些末端阀门开度改变引起水流量变化时，系统的压力产生波动，其他末端的流量也随之发生改变，偏离末端要求流量引起的水力失调，称为动态水力失调。动态水力失调是动态的、变化的，它不是系统本身所固有的，是在系统运行过程中产生的。

为减少空调水系统的静态水力失调，空调水系统均应进行管道的水力计算，以便选择循环水泵，确定系统管径及管道系统的平衡。空调水系统进行水力计算时，各并联环路压力损失相对差额不应大于 15%；当超过 15% 时，应设置调节装置。如果采用同程式系统，较容易满足上述要求。

空调水系统水力计算步骤如下。

① 绘制系统图。在系统图中标明各流量变化管道的流量及各种管件。

② 确定最不利管路，并对各段管路进行编号，标注长度及水流量。

③ 选择水系统管道内流速。水管流速的选择应遵循经济合理及水流噪声小的原则，通过技术、经济的比较来确定。

④ 编制水管路阻力计算表，进行系统阻力计算。

⑤ 进行循环水泵选择计算。

空调水系统管路计算流程如图1-7所示。

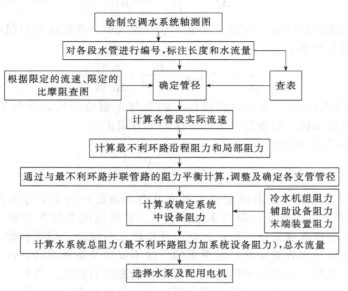

图1-7 空调水系统管路计算流程

1.4.3 室外热力管网水力计算理论与方法

热力管网水力计算的主要任务如下：按已知的热媒流量和压力损失，确定管道的直径；按已知热媒流量和管道直径，计算管道的压力损失；按已知管道直径和允许压力损失，计算或校核管道中的流量。

（1）基本公式

热水在供热管道内流动时，其阻力损失为沿程阻力损失和局部阻力损失之和。在计算供热管道的沿程压力损失时，管径、比摩阻和流量计算公式可表达如下。

$$d = 0.387 \frac{K^{0.0476} G_{\mathrm{t}}^{0.381}}{(\rho R)^{0.19}} \quad (\mathrm{m}) \tag{1-93}$$

$$R = 6.88 \times 10^{-8} K^{0.25} \frac{G_{\mathrm{t}}^2}{\rho d^{5.25}} \quad (\mathrm{Pa/m}) \tag{1-94}$$

$$G_{\mathrm{t}} = 12.06 \frac{(\rho R)^{0.5} d^{2.625}}{K^{0.125}} \quad (\mathrm{t/h}) \tag{1-95}$$

在水力计算中，计算热水供热管网的局部阻力损失时，通常采用当量长度法进行计算，计算管段的局部阻力当量长度由式(1-96)求得：

$$l_{\mathrm{d}} = 9.1 \frac{d^{1.25}}{K^{0.25}} \sum \zeta = 9.1 \frac{d^{1.25}}{(0.0005)^{0.25}} \sum \zeta = 60.67 d^{1.25} \sum \zeta \tag{1-96}$$

（2）热水管网定压与水力工况

热水管网各种定压方式可参见表1-30。在设计中应根据实际情况，多方案比较，选择合适的定压方式。

表 1-30 各种定压方式一览

定压方式		特点	适用范围	选择注意事项
锅炉连续排污或软化水定压		设计运行简单、可靠,初投资少	以热电厂为热源的中小型热力网	注意锅炉连续排污水、软化水的压力、流量是否可满足补水定压的要求
高位膨胀水箱定压		系统简单,压力稳定,安装高度受限制	供水温度低,热用户充水高度不高的小型热水网	水箱的安装位置、水箱容积的选择
补水泵定压方式	电接点压力表控制补水泵定压	初投资少,运行管理方便,水泵间歇工作,系统压力波动	允许系统压力波动,且电源可靠的各种规模的热水网	电接点压力表波动范围 $5mH_2O$($1mH_2O = 98.1kPa$)左右,要考虑安全泄水装置
	压力调节阀控制补水泵定压	初投资少,运行管理方便,水泵连续工作,压力稳定,对电源依赖性大	电源可靠的各种规模的供热系统	压力调节阀的选择应考虑安全泄水装置
	自动稳压补水装置定压	初投资较大,运行管理方便,可满足补水定压、膨胀的要求,定压系统由厂家供货	以热电厂和锅炉房为热源的各种规模的供热系统	注意厂家设备的适用供水温度、供热量
	变频调速补水泵定压	初投资大,节电,不用人工管理,电气控制保护功能齐全	以热电厂和锅炉房为热源的各种规模的供热系统	厂家仅提供压力传感器及电控装置,需选择设计补水泵及安全泄水装置
	可调压补水泵定压	自动运行,不用人工管理,节电,可以降压运行	以热电厂和锅炉房为热源的各种规模的供热系统	厂家仅提供压力传感器及电控装置,需选择设计补水泵及安全泄水装置
气体定压方式	氮气定压	罐内压力可调,安装高度不限,对设备无腐蚀,需常备充氮气装置	供水温度高的大型供热系统	仅适用于连续供热的系统
	空气定压	安放高度不限,空气对设备有腐蚀作用,体积大,管理不方便	供水温度较低的中小型供热系统	
	水蒸气定压	压力调节性差,运行管理不方便	有可靠水蒸气来源的系统	

水力工况是指热水管网中各管段流量和各节点压力分布的状况。热水管网的水力工况设计应满足以下要求。

① 热水管网供水管道任何一点的压力不应低于热水介质的汽化压力,并应留有 $30\sim50kPa$($3\sim5mH_2O$)的富裕压力。

② 热水管网回水压力应符合如下规定。

a. 回水压力不应超过直接用户系统的允许压力。

b. 回水管路任何一点的压力不应低于 $50kPa$($5mH_2O$)。

③ 热水管网的循环水泵停止运行时,应保持必要的静态压力,静态压力应符合如下规定:

a. 不使热网中任何一点的水汽化,并应有 $30\sim50kPa$($3\sim5mH_2O$)的富裕压力;

b. 应使与热网直接连接的用户系统充满水;

c. 不应超过系统中任何一点的允许压力。

④ 热水管网供、回水压力差,应满足用户系统所需的作用压头。对间接连接系统,一次管网的供、回水压差大于热力站内系统的压力损失,二次管网的供、回水压差大于用户系统的压力损失;对直接连接系统,供、回水管网压差大于用户系统压力损失。

⑤ 对热水管网,应在水力计算的基础上绘制主要运行方案的主干线水压图。对地形复杂的地区,应绘制支干线水压图。

（3） 热水管网水力计算内容及步骤

热水管网水力计算内容及步骤可归纳如下。

① 确定热水网路中各个管段的计算流量：

$$G'_n = \frac{Q'_n}{c(t_1 - t_2)} \qquad (1\text{-}97)$$

② 确定热水网路的主干线及其沿程比摩阻。热水网路水力计算是从主干线开始计算。网路中平均比摩阻最小的一条管线称为主干线。通常从热源到最远用户的管线是主干线。主干线的平均比摩阻 R 值，对确定整个管网的管径起着决定性作用。如选用比摩阻 R 值越大，需要的管径越小，因而降低了管网的基建投资和热损失，但网路循环水泵的基建投资及运行电耗随之增大。这就需要确定一个经济的比摩阻，使得在规定的计算年限内总费用最小。影响经济比摩阻的因素很多，理论上应根据工程具体条件通过计算确定。在一般情况下，热水网路主干线的设计平均比摩阻可取 $40 \sim 80 Pa/m$ 进行计算。

③ 根据网路主干线各管段的计算流量和利用水力计算表，初步选用平均比摩阻 R 值，确定主干线各管段的标准管径和相应的实际比摩阻。

④ 根据选用的标准管径和管段中局部阻力的形式，确定各管段局部阻力的当量长度 l_d 的总和。

⑤ 计算主干线各管段的总压降。计算公式如下：

$$\Delta p = R(l + l_d) \qquad (1\text{-}98)$$

⑥ 主干线水力计算完成后，便可进行热水网路支干线、支线等水力计算。应按支干线、支线的资用压力确定其管径，但热水流速不应大于 $3.5 m/s$，同时比摩阻不应大于 $300 Pa/m$。

热水供热管网分支管路的水力计算与其主干线水力计算的不同点在于各管段比摩阻的确定方法不同。主干线各管段的比摩阻是根据经济比摩阻范围来确定的，而分支管路的比摩阻则是根据各分支管段起点和终点间的压力降来确定的。

⑦ 根据热水供热管网主干线水力计算的结果，确定各分支管路在分支点处的作用压头。分支点的作用压头减去用户系统的阻力损失即为分支管路的作用压头。分支管路的作用压头除以该分支管路的计算长度，则为该分支管路最大允许比摩阻，可用式(1-99) 表示：

$$R_{\max} = \frac{\Delta p_z - \Delta p_y}{2l(1+\alpha)} \qquad (Pa/m) \qquad (1\text{-}99)$$

⑧ 根据各分支管段的计算流量和最大允许比摩阻，利用热水供热管网水力计算表确定各分支管段的管道直径、比摩阻和流速。注意选定管径时，热媒流速不得超过限定流速。

⑨ 根据已经确定的分支管段的管径和该管段的局部阻力构件形式，查热水供热管网局部阻力当量长度表，确定局部阻力当量长度及其总和。

⑩ 各分支管段的长度与其局部阻力当量长度之和，则为该分支管段的计算长度。

⑪ 各分支管路在分支点处的作用压头减去分支管路的阻力损失，则为用户引入口处的作用压头。如用户引入口处的作用压头大于用户系统的阻力损失，其剩余压头应消除掉，以便使供热管网各环路之间的阻力损失相平衡，避免产生距热源近处的用户过热而远处用户较冷的水平失调现象。

由于热水网常采用支状布置，离热源近的用户一般剩余压头较大。为消除剩余压头，通常在用户引入口或热力站处安装调压阀门、流量调节器或平衡阀。

（4）热水管网比摩阻及估算压力损失

① 比摩阻 Δh

a. 对于干管、支干管：$DN \geqslant 250 mm$，$\Delta h = 30 \sim 60 Pa/m$（$3 \sim 6 mmH_2O/m$）；$DN <$

250mm，$\Delta h = 60 \sim 100\text{Pa/m}$（$6 \sim 10\text{mmH}_2\text{O/m}$）。

    b. 对于支管：$\Delta h \leqslant 300\text{Pa}$（$30\text{mmH}_2\text{O/m}$）。

② 用户压力损失　用户压力损失可按表 1-31 进行估算。

表 1-31　用户压力损失估算表

用户系统的种类	压力损失估算值 Δp
直接连接的散热器供暖系统	$10 \sim 20\text{kPa}(1 \sim 2\text{mH}_2\text{O})$
直接连接的暖风机供暖系统	$20 \sim 50\text{kPa}(2 \sim 5\text{mH}_2\text{O})$
混水器供暖系统	$80 \sim 120\text{kPa}(8 \sim 12\text{mH}_2\text{O})$
水-水热交换器连接的供暖系统	$30 \sim 100\text{kPa}(3 \sim 10\text{mH}_2\text{O})$

③ 热网水泵出口和热源内部压力损失 $\Delta p = 80 \sim 150\text{kPa}$（$8 \sim 15\text{mH}_2\text{O}$）。

④ 热源内的除污器及由除污器至热网水泵入口的压力损失 $\Delta p = 20 \sim 50\text{kPa}$（$2 \sim 5\text{mH}_2\text{O}$）。

1.4.4　风管水力计算理论与方法

风管压力损失计算的根本任务是解决下面两类问题。

① 设计计算　在系统设备布置、风量、风道走向、风管材料及各送、回或排风点位均已确定的基础上，经济、合理地确定风道的断面尺寸，以保证实际风量符合设计要求，计算系统总阻力，最终确定合适的风机型号及选配相应的电机。

② 校核计算　改造工程及施工中经常遇到下面情况，即在主要设备布置、风量、风道及尺寸、风道走向、风管材料及各送、回或排风点位置均为已知条件的基础上，核算已有及其配用电机是否满足要求，如不合理则重新选配。

风管压力损失的计算有假定流速法、压损平均法及静压复得法三种。

（1）假定流速法

其特点是先按技术经济要求选定风管流速，然后根据风道内的风量确定风管断面积和系统阻力。确定合理及经济的流速是风管设计的关键，民用建筑空调系统风速的选用可参见表 1-32；不同噪声要求下风管推荐风速参见表 1-33。

表 1-32　民用建筑空调系统风速的选用　　　　　单位：m/s

位置	低速风道				高速风道	
	推荐风速		最大风速		推荐风速	最大风速
	居住	公共	居住	公共	高层	建筑
新风入口	2.5	2.5	4.0	4.5	3.0	5.0
风机入口	3.5	4.0	4.5	5.0	8.5	16.5
风机出口	5~8	6.5~10	8.5	7.5~11	12.5	25
主风道	3.5~4.5	5~6.5	4~6	5.5~8.0	12.5	30
水平支风道	3.0	3.0~4.5	3.5~4.0	4.0~6.5	10	22.5
垂直支风道	2.5	3.0~3.5	3.25~4.0	4.0~6.0	10	22.5
送风口	1~2	1.5~3.5	2.0~3.0	3.0~5.0	4.0	—

表 1-33　不同噪声要求下风管推荐风速

室内允许噪声/dB(A)	主管风速/(m/s)	支管风速/(m/s)	新风入口风速/(m/s)
25~35	3~4	<2	3
35~50	4~6	2~3	3.5
50~65	6~8	3~5	4~4.5
65~85	8~10	5~8	5

在对风速有特殊要求的场合采用假定风速计算方法更为明确与适宜。假定流速法计算流程如图1-8所示。

（2）压损平均法

压损平均法是在已知总作用压头 Δp 的情况下，将其平均分配给最不利环路的各管段，即最不利环路采用相同的比摩阻进行设计。比摩阻 R_m 的选择是一个技术经济问题，如选择较大的比摩阻，则风道尺寸可减小，但系统总阻力增加，风机的动力消耗增加。一般空调系统低速风道的比摩阻采用 $R_m=0.8\sim1.5Pa/m$，然后再根据比摩阻和已知的管段流量求得风道的断面尺寸和空气流速。

该法较适用于风道系统风机压头已定的设计计算及对分支管道进行阻力平衡的设计计算。当系统对噪声有严格要求时，或者为了不使某些除尘风道由于粉尘沉积而堵塞风道，或风管强度受到限制时，可采用此法。压损平均法计算流程如图1-9所示。

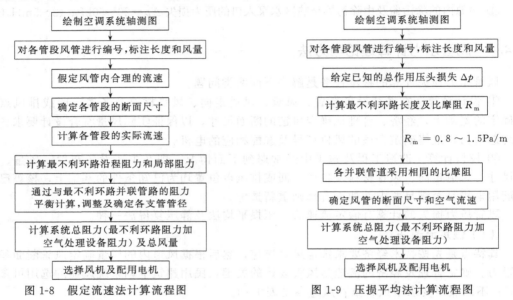

图1-8　假定流速法计算流程图　　　　图1-9　压损平均法计算流程图

（3）静压复得法

当三通出口静压高于其入口时，对整个主风道（或称为最不利环路）而言，三通不但没有引起压力损失，反而使压力升高。因此，设计中利用此点可使系统总阻力得以降低。在普通的低速空调系统设计中，由于速度的变化较小，通常忽略了动压差的变化，而使计算出的系统阻力偏大，设计偏于安全。但在高速风道系统中，如果仍然忽略动压差的变化，会引起风机动力的巨大浪费及噪声问题，因而高速风道系统应考虑静压复得值 Δp，利用风道中每一分支处的静压复得值来克服下一段的风道阻力，进而确定风道断面尺寸，这就是静压复得法的基本原理。

（4）风系统的风量平衡

在空调风系统中，由于同一系统的风管是相互连接的一个整体，因而必然遵循各支路阻力平衡规律。当风管系统的结构形式、管道尺寸一经确定，在一定的风机作用下，各段的风量是按阻力平衡规律自动分配的。在设计计算时未经阻力平衡计算，会导致系统实际风量分配与设计不符。当然我们也可以通过调节风阀来分配风量，但这样一来就又使非最不利环路的风压多余。所以，在设计计算时考虑风系统各环路的阻力平衡具有现实意义。

若在风系统管网设计计算时，并联管路节点未进行平衡计算，在风系统实际运行时，管网将会自动寻找平衡，从而使各吸入点实际吸入的风量与设计值发生较大偏差，计算阻力小的吸入点时可采用吸入比设计值更大的风量。

一般来说，当两并联管路阻力差值超过 10% 时就需要进行平衡工作，平衡的方法有以下两种。

① 计算机编程进行风管水力平衡计算，流程如图 1-10 所示。

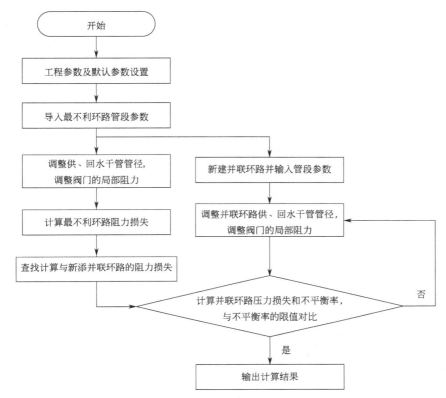

图 1-10　风管水力平衡计算算法流程

② 把需要提高阻力的管道（支管）的直径适当缩小，使风管中的风速相应提高。由于风管阻力的大小与风速的平方成正比，所以风管直径的缩小就使风管的阻力提高很大。这种以缩小管径来提高阻力的方法，主要用于阻力相差较大的情况。这种方法是可行的，但只有试算多次才能找到符合节点压力平衡要求的管径。为了避免节点压力平衡计算的繁杂工作，在工程上实际计算时，可采用式(1-100)进行计算：

$$D_0 = D_1 \left(\frac{H_1}{H_0} \right)^{0.225} \tag{1-100}$$

③ 用调节阀调节，即在压力损失小的支管上加装阀门（闸板或蝶阀）。通过调整闸板的插入深度或旋转蝶阀的角度来增加支管阻力，实现上述两管路的阻力平衡。

1.4.5　室内气流组织计算理论与方法

（1）气流组织设计步骤

气流组织设计计算的基本任务是根据空调房间工作区对空气参数的设计要求，选择合适的气流流型，确定送风口及回风口的形式、尺寸、数量和布置位置，计算送风射流参数，使工作区的风速和温差满足设计要求。进行空气气流组织设计计算时，一般可按照以下步骤进行。

① 选择合适的送风方式。

② 选择送风口的形式。

③ 确定风口的数目。

④ 计算射程及射流作用的房间断面。

⑤ 校核空调精度（对有精度要求的房间）。

空调房间气流组织进行计算时，应考虑符合下列要求：①满足室内设计温湿度及其精度、工作区允许的气流速度、噪声标准及防尘要求；②气流分布均匀，避免产生短路及死角；③与建筑装修有较好的配合。气流组织的基本要求见表1-34；空调房间内人员活动区的气流速度不宜大于表1-35、表1-36的规定。

表 1-34　气流组织的基本要求

空调类型	室内温湿度参数	送风温差	每小时换气次数	风速		可能采取的送风方式	备注
				送风出口	空气调节区		
舒适性空调	冬季 18～24℃，φ＝30%～60%；夏季 22～28℃，φ＝40%～65%	送风口高度 $h \leqslant 5m$ 时，不宜大于 10℃；送风口高度 $h > 5m$ 时，不宜大于 15℃	不宜小于 5 次，但对高大空间应按其冷负荷通过计算确定	应根据送风方式、送风口类型、安装高度、室内允许风速、噪声标准等因素设定。消声要求较高时，采用 2～5m/s	冬季≤0.2m/s；夏季≤0.3m/s	①侧向送风；②散流器平送或向下送；③孔板上送；④条缝口上送；⑤喷口或旋流风口送风；⑥置换通风；⑦地板送风	
工艺性空调	温湿度基数根据工艺需要和卫生条件确定。室温允许波动范围如下：①大于±1℃；②等于±1℃	≤6～9℃	不小于 5 次（高大房间除外）	应根据送风方式、送风口类型、安装高度、室内允许风速、噪声标准等因素确定。消声要求较高时，采用 2～5m/s	冬季不宜大于 0.3m/s，夏季宜采用 0.2～0.5m/s；当室内温度高于 30Pa 时，可大于 0.5 m/s	①侧送宜贴附；②散流器平送	净空调多采用垂直单向流或水平单向流
	③等于±0.5℃	3～6℃	不小于 8 次			①侧送应贴附；②孔板上送不稳定流型	
	④等于±(0.1～0.2)℃	2～3℃	不小于 12 次（工作时间内不送风的除外）				

注：当夏季采用大温差送风时，应防止送风口结露。

表 1-35　室内活动区的允许气流速度

人体状态	静坐状态				运动状态			
适用场合	办公室、电影院剧场、会议厅		住宅、餐厅、宴会厅、体育馆		商店、一般娱乐场所		舞厅、健身房、保龄球室	
	送冷风	送热风	送冷风	送热风	送冷风	送热风	送冷风	送热风
允许流速/(m/s)	0.10	0.20	0.15	0.30	0.20	0.35	0.30	0.45

表 1-36　室内活动区的允许流速与温度的关系

室内温度/℃	18	19	20	21	22	23	24	25	26	27	28
允许流速/(m/s)	0.10	0.12	0.16	0.20	0.25	0.30	0.35	0.40	0.45	0.50	0.55

（2）气流组织性能评价

空调房间的温度场和速度场的均匀性和稳定性与气流组织性能的优劣有密切关系。气流组织的优劣直接影响到空调区的温度和流速是否满足要求。此外，它还在很大程度上影响着空调区的空气洁净度。如何使经过处理的送风气流有效地送入工作区，迅速排出余热及污染物，是气流组织的任务，也是评价气流组织性能的标准。房间气流组织性能的评价方法主要如下。

① 空气分布特性指标法　空气分布特性指标是满足规定风速和温度要求的测点数与总测点数之比。对于舒适性空调，相对湿度在较大范围内对人体舒适性影响较小，主要是空气温度与风速对人的综合作用影响。有效温度差与室内风速的关系如下：

$$\Delta ET = (t_i - t_N) - 7.66(u_i - 0.15) \tag{1-101}$$

当 ΔET 为 $-1.7 \sim +1.1$ 时大多数人感到舒适。因此，空气分布特性指标如下：

$$ADPI = \frac{-1.7 < \Delta ET < +1.1 \text{ 的测点数}}{\text{总测点数}} \tag{1-102}$$

一般情况下，应使 $ADPI \geqslant 80\%$。

② 不均匀系数法　不均匀系数法是在工作区内选择 n 个测点，分别测得各点的温度和风速，求其算术平均值。

③ 能量利用系数及通风效率　余热被排出室外的迅速程度反映了气流分布的能量利用有效性，可用能量利用系数 η_N 表示。能量利用系数越大，空调就越节能。能量利用系数定义式如下：

$$\eta_N = \frac{t_p - t_0}{t_N - t_0} \tag{1-103}$$

η_N 的大小反映了不同气流组织情况下的能量利用有效性。当气流组织不良而造成工作区完全或部分处于空气流动的"死角"时，$t_p < t_N$，则 $\eta_N < 1$。此时表明余热未被迅速而有效地排出室外，能量利用有效性低。

与能量利用系数相类似，通风效率 η_T 的物理意义是指移出室内污染物的迅速程度。

$$\eta_T = \frac{C_p - C_0}{C - C_0} \tag{1-104}$$

在混合式通风条件下，$C_p \approx C$，因此 $\eta_T \approx 1$。对于比较接近活塞流的置换通风来说，$C_p > C$，因此通风效率较高，实验表明置换通风 $\eta_T \approx 1 \sim 4$。

（3）侧送风气流组织的设计计算

侧送风有单侧或双侧的上送风或中部送风、上回风或下回风形式。工程中常采用侧送贴附方式，使射流在充分衰减后进入工作区，以利于送风温差的衰减和提高空调精度。为了加强贴附，避免射流中途下落，送风口应尽量接近平顶或设置向上侧斜 $15° \sim 20°$ 角的导流片，顶棚表面也不应有凸出的横梁阻挡；否则，应改变送风口的位置，使射流与横梁方向一致。风口常选择多层活动百叶风口。

合理的气流组织应使气流到达工作区时，其流速符合工艺条件及人体的卫生要求，同时轴心温差小于空调的精度范围。根据这两点可以求得所需要的送风温差、风口面积、出口流速、风口数量及其他有关参数。

侧送风气流组织设计计算流程如图 1-11 所示。

传统的侧送风气流组织的设计计算方法是采用射流计算公式校核计算气流的速度是否达到设计要求。随着计算机技术的发展，CFD 模拟技术可进行空调气流组织的模拟计算，获得空调房间的气流速度分布、温度分布及颗粒浓度分布。图 1-12 显示了 CFD 模拟空调上送侧回送风方式风速分布示意，通过 CFD 模拟计算可分析设计的风速是否满足设计要求。

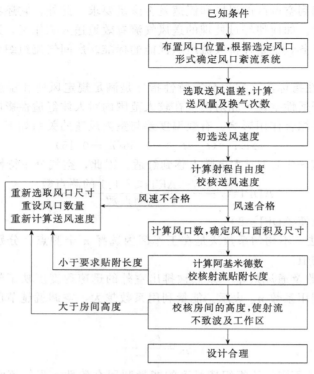

图 1-11　侧送风气流组织设计计算流程

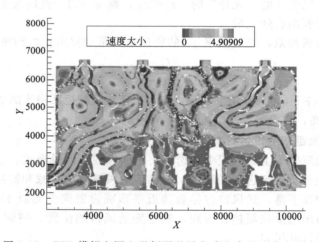

图 1-12　CFD 模拟空调上送侧回送风方式室内风速分布示意

（4）散流器送风气流组织的设计计算

散流器送风可按下述方法布置：根据房间面积的大小，设置一个或多个散流器，并布置为对称形或梅花形。为使室内空气分布良好，送风的水平射程与垂直射程之比宜保持在 0.5～1.5 之间，送风面积的长宽比也需在 1∶1.5 以内，并注意散流器中心离墙距离一般应大于 1m，以便射流充分扩散。

散流器气流组织设计计算流程如图 1-13 所示。

传统的散流器气流组织设计计算方法是采用射流计算公式校核计算射流的核心温差及工作区风速是否达到设计要求。它是设计工作点参数的分析，而采用 CFD 模拟技术可进行空调散流器气流组织的模拟计算，获得空调房间整个面的气流速度分布、温度分布及颗粒浓度数据分布图，可更全面地了解气流组织设计是否存在流场的不均匀性。图 1-14 显示了 CFD 模拟空调散流器上送上回送风方式风速分布，通过 CFD 模拟计算可分析设计的风速、温度及颗粒物 $PM_{2.5}$ 浓度是否满足设计要求。

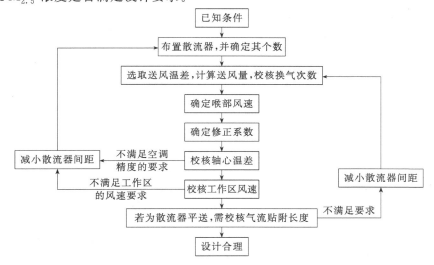

图 1-13　散流器气流组织设计计算流程

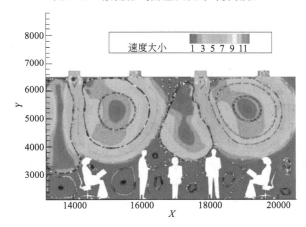

图 1-14　CFD 模拟空调散流器上送上回送风方式室内风速分布

（5）孔板送风气流组织的设计计算

当空调房间的高度小于 5m，而又要求有较大的送风量时，采用孔板送风方式比较适宜，在工作区能够形成比较均匀的速度场和温度场。适当选择孔板出口风速 v_0 和孔板形式时，还能防止室内灰尘的飞扬而满足较高的洁净要求。

孔板送风分为全面孔板和局部孔板两种方式。在整个顶棚上均匀地穿孔即为全面孔板，如图 1-15(a)、(b) 所示。在整个顶棚上不是全面地布置穿孔板，而是在顶棚的部分面积上呈方形、圆形或矩形间隔布置穿孔的板称为局部孔板。局部孔板的下方一般为不稳定流，而在两旁则形成回旋气流，见图 1-15(c)。

孔板送风气流组织设计计算流程如图 1-16 所示。CFD 模拟空调孔板送风方式风速分布如图 1-17 所示。比较此两种气流组织设计方法可知：CFD 模拟孔板送风气流组织设计方法检验设计效果更加直观，更加可视化，方便分析气流组织设计存在的问题，通过修改模型及设计参数，可获得圆满的流场、温度场。

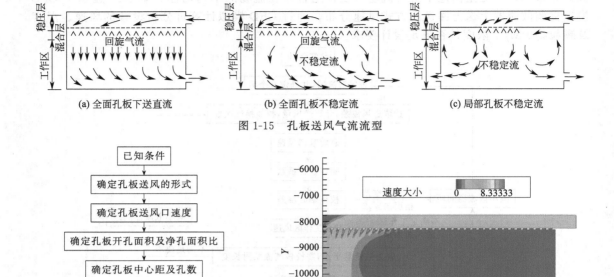

(a) 全面孔板下送直流　　　(b) 全面孔板不稳定流　　　(c) 局部孔板不稳定流

图 1-15　孔板送风气流流型

图 1-16　孔板送风气流组织设计计算流程　　图 1-17　CFD 模拟空调孔板送风方式风速分布

（6）喷口送风气流组织的设计计算

集中送风又称为喷口送风，它一般是将送、回风口布置在同侧，空气以较高的速度、较大的风量集中在少数的风口射出，射流行至一定路程后折回，工作区通常为回流，如图 1-18 所示。集中送风的送风速度快、射程长，沿途诱引大量室内空气，致使射流流量增至送风量的 3～5 倍，并带动室内空气进行强烈混合，保证了大面积工作区中新鲜空气温度场和速度场的均匀。同时由于工作区为回流，因而能满足一般舒适性要求。该方式的送风口数量少、系统简单、投资较省。因此，对于高大空间的一般空调工程，宜采用集中送风方式。

集中送风计算的目的是根据所需的射程、落差及工作区流速，设计出喷口直径、速度、数量及其他参数。射程是指喷口至射流断面平均速度为 0.2m/s 处的距离，此后射流返回为回流。

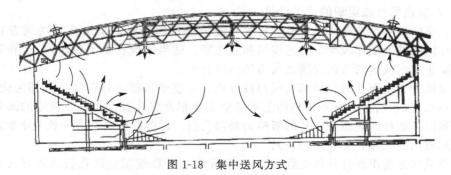

图 1-18　集中送风方式

考虑到集中送风主要用于舒适性空调，根据实测，其空间纵横方向温度梯度均很小（可低到 0.04℃/m），因而计算时可忽略温度衰减的验算。在考虑计算参数时，根据经验应注意以下问题。

① 为满足长射程的要求，送风速度和风口直径必然较大。送风速度以 4～10m/s 为宜，超过 10m/s 将产生较大的噪声；送风口直径一般在 0.2～0.8m 之间，过大则轴心速度衰减慢，导致室内速度场、温度场的均匀性差。

② 集中送风因射程长，与周围空气有较多混合的可能性。因此，射流流量较之出口流量大得多，所以设计时可适当加大送风温差，减小出口风量。送风温度差宜取为 8～12℃。

③ 考虑到体育馆等建筑的空调区地面有一倾斜度，因而送风也可有一个向下的倾角。对冷射流一般为 12°，热射流易于浮升，应小于 15°。

④ 喷口高度一般较高，喷口太低则射流容易直接进入工作区，太高则使回流区厚度增加，回流速度过小。太高或太低均影响舒适感。大空间内集中送风射流规律与紊流自由射流规律基本相符。因此，可采用紊流自由射流计算式进行集中送风设计。

集中式喷口侧送风气流组织设计计算流程如图 1-19 所示。CFD 模拟空调喷口侧送风方式室内风速分布图如图 1-20 所示。

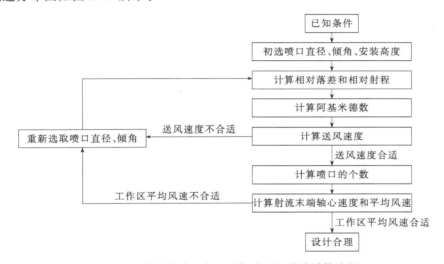

图 1-19　集中式喷口侧送风气流组织设计计算流程

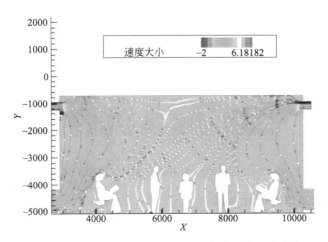

图 1-20　CFD 模拟空调喷口侧送风方式室内风速分布

（7）条缝送风气流组织的设计计算

条缝风口送出气流中心速度衰减比较快，适用于工作区风速为 $0.25\sim1.5m/s$，温度波动范围在 $\pm(1\sim2)$℃的场所。条缝风口构造简单、美观，便于安装。条缝风口的长宽比大于 $20:1$，可由单条缝、双条缝或多条缝组成，即单组型和多组型。条缝风口既可以用于顶送风，也可以用于侧送风和地板送风，但在民用建筑中顶送风是目前最常用的形式。

条缝口送风气流组织设计计算流程如图 1-21 所示。CFD 模拟空调条缝口送风方式室内风速分布如图 1-22 所示。

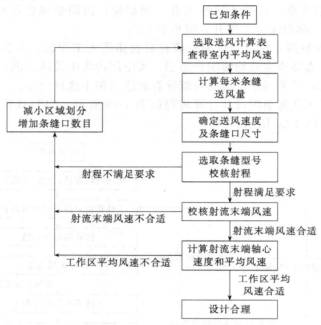

图 1-21　条缝口送风气流组织设计计算流程

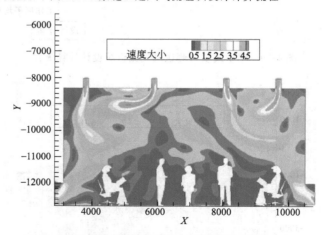

图 1-22　CFD 模拟空调条缝口送风方式室内风速分布

（8）下送风气流组织的设计计算

下送风是在地板上开孔，将地板下作为一个静压箱，在地板上安装旋流出风口，使经过空气调节的较低温度气体自下而上流过，将热量带走，从而创建一个适宜的温度环境，如图 1-23 所示。

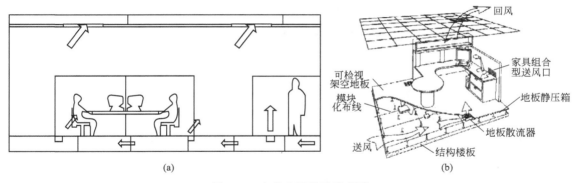

(a)

图 1-23 办公室下送风示意图

下送风气流组织设计中四个因素对人体舒适性的影响主次关系如下：风口到人体的距离＞送风温度＞送风速度＞送风口形式。按因素重要性次序进行气流组织设计的方法和步骤如下。

① 确定风口到人体的距离 s，计算风口间距 l、单位面积风口个数 n_0 和房间内所需风口个数 n。

② 确定送风温度 t_s，按照工作区设计温度 t_n 计算送风温差 Δt，根据室内热负荷计算送风量 L。

③ 确定送风速度 v_s，根据 L 和 v_s 计算总送风面积 F。

④ 选择送风口类型，确定尺寸，根据 F 计算所需要的风口数量 n_1，计算此时的风口间距 l_1 和风口到人体的距离 s_1。

⑤ 比较 n 与 n_1，若 $n_1 \leq n$，则按 n_1 进行设计，否则重复步骤②～④；改变相应的数值，直至 $n_1 \leq n$ 为止。

⑥ 根据已定出的 l_1、v_s、t_s，利用下式计算人体皮温温差 Δt_{sk}：

$$\Delta t_{sk} = 8.42 - 2.07s_1 + 0.83v_s - 0.24t_s \tag{1-105}$$

若 $\Delta t_{sk} \leq 3{}^\circ\!C$，则满足舒适性要求，按以上参数进行设计；若不满足，则重复步骤①～⑤到满足要求为止。3℃是根据热舒适实验得到的满足人体热舒适性的主要指标之一。

下送风气流组织设计计算流程如图 1-24 所示。CFD 模拟空调下送上回的送风方式室内风速分布如图 1-25 所示。

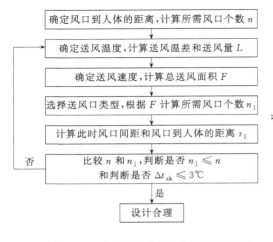

图 1-24 下送风气流组织设计计算流程

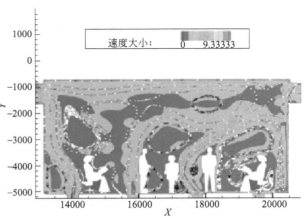

图 1-25 CFD 模拟空调下送上回的
送风方式室内风速分布

1.5 暖通空调主要换热设备选择及计算

1.5.1 空气表面冷却器选择及校核计算

在整体式空调和风机盘管机组等空调设备中，广泛采用表面冷却器处理空气。表面冷却器常用的结构形式有 JW 型、GLII 型、TL 型和 STTL 型等。在空调系统设计中，通常根据空调系统的总风量来选择空调机组。选择空调机组后，应对机组的表面冷却器进行校核计算，以确定所选择的机组在设计工况下是否能满足设计要求。因此，以下主要介绍表面冷却器的校核计算。

表面冷却器的校核计算主要是检查一定型号的表面冷却器能将某一初始参数的空气处理到什么样的终参数。此时已知参数如下：处理的空气量 G、空气初始参数（t_1，t_{s1}）、表面冷却器型号和台数与排数、传热面积 F、冷水初始温度 t_{w1}、水量 W 等。需要确定的参数有空气终参数（t_2，t_{s2}）及冷水终温 t_{w2}。

表面冷却器校核计算流程可参见图 1-26。

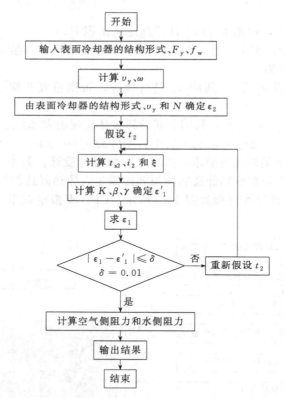

图 1-26 表面冷却器校核计算流程

1.5.2 空气表面加热器选择及校核计算

空气表面加热器应根据采用热媒的形式和所需的加热量进行选择。根据采用的热媒，空气表面加热器主要有两种：水蒸气表面加热器和热水表面加热器。此外，还有电表面加热器。表面冷却器也可作表面加热器使用，但只能采用温度不高（≤65℃）的热水作为热媒。工程上经常采用表面冷却器冷热两用：夏季通冷水作表面冷却器，冬季通热水作表面加热器。

空气表面加热器的设计计算原则是让表面加热器的供热量等于加热空气所需要的热量以后，再考虑一定的安全系数。校核计算的任务是根据已有的表面加热器型号及热媒参数，检查它是否能满足预定的空气处理要求。

空气表面加热器的热工计算通常采用平均温差法。若已知被加热空气量为 G（kg/s），加热前后的空气温度为 t_1、t_2，则加热空气所需热量按式(1-106)计算：

$$Q = c_p G(t_2 - t_1) \tag{1-106}$$

空气表面加热器供给的热量按式(1-107)计算：

$$Q' = KF\Delta t_p \tag{1-107}$$

当热媒为热水时：

$$\Delta t_p = \frac{t_{w1} + t_{w2}}{2} = \frac{t_1 + t_2}{2} \tag{1-108}$$

当热媒为水蒸气时：

$$\Delta t_p = t_p - \frac{t_1 + t_2}{2} \tag{1-109}$$

常用空气表面加热器的传热系数和阻力见表 1-37。

表 1-37　常用空气表面加热器的传热系数和阻力

型号		传热系数 $K/[\text{W}/(\text{m}^2 \cdot ℃)]$	空气侧压力损失 $\Delta H/\text{Pa}$	水侧压力损失 $\Delta h/\text{Pa}$
SRZ5.6.10	D	$13.6(v\rho)^{0.49}$（蒸汽）	$1.76(v\rho)^{1.998}$	$15.2w^{1.96}$
	Z		$1.47(v\rho)^{1.98}$	$19.3w^{1.83}$
	X	$14.5(v\rho)^{0.532}$（蒸汽）	$0.88(v\rho)^{2.12}$	
SRZ7	D	$14.3(v\rho)^{0.51}$（蒸汽）	$2.06(v\rho)^{1.17}$	$15.2w^{1.96}$
	Z		$2.94(v\rho)^{1.52}$	$19.3w^{1.83}$
	X	$15.1(v\rho)^{0.571}$（蒸汽）	$1.37(v\rho)^{1.917}$	
SRL	BXA/2	$15.2(v\rho)^{0.40}$（蒸汽）	$1.71(v\rho)^{1.67}$	
		$16.5(v\rho)^{0.24}$（热水）		
	BXA/3	$15.1(v\rho)^{0.43}$（蒸汽）	$3.03(v\rho)^{1.62}$	
		$14.5(v\rho)^{0.29}$（热水）		

注：$v\rho$ 为空气质量流速，计算时取 8kg/(m^2·s) 左右；w 为热水在加热器内的流速，用 130℃热水时取 0.023～0.037m/s。

空气表面加热器校核计算的步骤如下：

① 由已知的表面加热器型号查得表面加热器的迎风面积，由风量即可求迎面风速 V_y；

② 由空气侧和水侧的热平衡求得水量 W，继而得到水流速 ω；

③ 根据表 1-37 中的经验公式计算表面加热器的传热系数 K；

④ 由式(1-109)求得需要的传热面积 F；

⑤ 检查表面加热器的安全系数，即将计算出的传热面积与已知的传热面积进行比较，安全系数为 1.1～1.2 即可；若安全系数偏大，则应考虑更换表面加热器的型号或减少排数；

⑥ 用表 1-37 给出的经验公式计算空气侧和水侧压力损失。

若热媒是水蒸气，则借助表面加热器前保持一定的剩余压力（表压≥0.03MPa）来克服水蒸气流经表面加热器的阻力，不必另行计算。

空气表面加热器校核计算流程如图 1-27 所示。

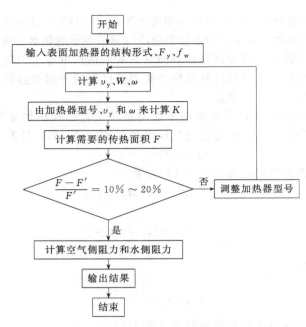

图 1-27　空气表面加热器校核计算流程

1.5.3　散热器的选择及计算

　　热源的热能由热媒输送到被供暖房间内，由专用设备以对流和辐射的方式向房间内放散一定的热量，这种专用的放散热量的设备称为散热器。

　　散热器依照散热器本身材料及加工制造方法不同可分成两大类：金属材料散热器和非金属材料散热器。工程中常用的以金属材料散热器为主，主要有铸铁散热器、钢制散热器和铝制散热器。我国供暖工程中常用的铸铁散热器规格及型号如图 1-28 所示，每片散热量参见表 1-38。

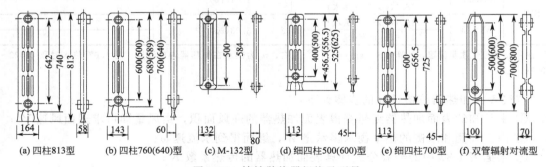

图 1-28　铸铁散热器规格及型号

表 1-38　铸铁散热器每片散热量

（热媒为 95～70℃热水，工作压力为 0.5MPa，高压工作压力为 0.8MPa）　　　　单位：W

型号	四柱 813 型	四柱 760 (640)型	M-132 型	细四柱 500 (600)型	细四柱 700 型	SGDL₂-700(800) 双管辐射对流型	备注
室内温度 10℃	166	150(105)	144	91(107)	127	151(168)	设计时查有关手册
室内温度 16℃	148	134(95)	129	82(96)	114	139(154)	
室内温度 18℃	142	129(92)	124	79(92)	109	135(150)	
室内温度 20℃	136	123(89)	119	75(89)	105	131(145)	
室内温度 25℃	128	116(84)	107	68(80)	94	120(133)	

铸铁散热器的特点为加工制造成本低，由于铸铁具有一定的耐腐蚀性，热稳定性好，所以在热水供暖、低压水蒸气供暖工程中广泛应用。但是，由于铸铁散热器金属耗量大，运输繁重、组装劳动量大，承压能力低，工程应用范围受到限制。

选择散热器时应考虑以下方面。

① 热工性能。散热器的传热系数应有所提高，可节约金属材料，减小体积。

② 外形美观。对于民用建筑，散热器作为室内陈设的一部分，应尽可能满足室内的美观要求。

③ 耐腐蚀性。散热器应耐腐蚀，尤其是水蒸气供暖系统，因内表面干、湿交替，很容易腐蚀，故应尽量延长其使用年限。

④ 价格应便宜，尽量降低工程造价。

⑤ 承压能力高。散热器的工作压力应满足系统的工作压力，并符合国家现行有关产品标准的规定。此外，还要求散热器表面光滑，不易积灰尘等。

当采用散热器供暖时，可按以下步骤计算散热器面积：

① 计算散热器内的热媒温度；

② 选择散热器的种类和型号规格；

③ 计算散热器面积。

散热器计算是确定供暖房间所需散热器的面积和片数。散热器散热面积按式(1-110)进行计算：

$$F_s = \frac{Q}{K(t_{pj} - t_n)} \beta_1 \beta_2 \beta_3 \qquad (\text{m}^2) \qquad (1\text{-}110)$$

$$t_{pj} = \frac{t_{sg} + t_{sh}}{2} \qquad (\text{℃}) \qquad (1\text{-}111)$$

$$K = a(t_{pj} - t_n)^b \qquad [\text{W}/(\text{m}^2 \cdot \text{℃})] \qquad (1\text{-}112)$$

$$n = \frac{F_s}{f} \qquad (1\text{-}113)$$

对于双管热水供暖系统，散热器的进出口水温分别按系统的设计供、回水温度计算；对于单管热水供暖系统，由于每组散热器的进出口水温沿流动方向下降，其进出口水温必须按式(1-114)分别进行计算。

$$t_{chu(n)} = t_g - \frac{\sum_1^{n-1} Q_i}{\sum Q}(t_g - t_h) \qquad (1\text{-}114)$$

式中，$t_{chu(n)}$ 为从上面算起第 n 层立管中的水温，℃；$\sum_1^{n-1} Q_i$ 为第 n 层以上散热器总热负荷，W；$\sum Q$ 为该立管上散热器总热负荷，W；t_g 为立管的供水温度，℃；t_h 为立管的回水温度，℃。

散热器的安装应符合下列要求。

① 散热器组对后，以及整组出厂的散热器在安装之前应做水压试验。试验压力如设计无要求时应为工作压力的 1.5 倍，但不小于 0.6MPa。检验方法：试验时间为 2～3min，压力不降且不渗不漏。

② 散热器宜明装，暗装时装饰罩应有合理的气流通道、足够的通道面积，并方便维修。

③ 幼儿园的散热器必须暗装或加防护罩。

④ 铸铁散热器的组装片数，不宜超过下列数值：

粗柱型（包括柱翼型）：   20 片

细柱型：	25 片
长翼型：	7 片

⑤ 垂直单、双管供暖系统，同一房间的两组散热器可串联连接；储藏室、盥洗室、厕所和厨房等辅助用室和走廊的散热器，也可同邻室串联连接。

⑥ 有冷冻危险的楼梯间或其他有冻结危险的场所，应由单独的立、支管供暖。散热器前不得设置调节阀。

⑦ 安装在装饰罩内的恒温阀必须采用外置传感器，传感器应设在反映房间温度的位置。

1.5.4 换热器的选择及计算

换热器为热源与热用户供热间接连接时的热交换装置，换热器分为汽-水换热器及水-水换热器两种形式。

① 换热器传热面积　一般厂家样本会给出换热器传热面积，当设计参数与样本不符时，宜按通式进行校核计算：

$$F = \frac{Q}{KB\Delta t_{\text{pj}}} \tag{1-115}$$

② 换热器选用　应根据工程使用情况，一、二次热媒参数以及水质、腐蚀、结垢、阻塞等诸因素确定换热器类型。

固定管板的壳管式汽-水换热器适用于温差小、压力不高及壳程结垢不严重的场合；U形管壳管式汽-水换热器适用于温差大、管内流体比较干净的场合；喷管式换热器加热快、体积小、安装简便、调节灵敏，适用于加热温差大，噪声小的场合；螺旋板式换热器，造价较低、体积小，但容易蹿水，适用于供暖换热；不锈钢板式换热器，换热效率高、拆装方便、造价较高、易阻塞，适用于空调水系统换热；波纹管系列换热器，承受压力高、不易阻塞、耐腐蚀、换热效率较高，适用于区域供暖；浮动盘管系列汽-水换热器，换热效率较高，能自动除去附着在管外的脆性水垢，适用于水质较差的供暖换热。

③ 一、二次水进入换热器前应通过装设的除污器或过滤器。

④ 换热器系统补水应进行软化处理。

由上述可知：建筑冷热负荷计算、管网水力计算及设备选择三大理论计算涉及众多计算公式，为方便记忆，将暖通空调设计常用计算公式列于附录中的附表 1～附表 3 中，以便读者学习或注册设备师考试时查阅。

1.6 暖通空调规划和设计流程

1.6.1 暖通空调规划方法

暖通空调工程是服务于室内空气的温度、相对湿度、空气洁净度和气流速度等四个物理参数控制的各项技术的总和。它是以一系列的科学知识为依托，应用这些科学知识，并结合经验的判断，经济地利用自然资源为人类服务的专门技术。它通常包括：室内供暖工程；室外管网工程；锅炉房及设备工程；通风工程；除尘工程；净化工程；防排烟工程；空调工程及冷库等单体工程。其强调的是解决实际需要的问题。所以，在应用各种科学知识去处理工程问题时，应考虑到各种实际因素，选用最可靠和最经济的途径求得最佳的解决方案。

暖通空调规划和设计的目的就是在考虑众多条件和各种影响因素的情况下，设计或确定怎样具体地把一个空调系统建造出来，使之运行以满足人们生活或生产的需要。它是一项技术与经济相结合的综合性工作。

（1）规划和设计的目标

暖通空调规划和设计的目标就是在以人为对象的建筑物中设定或者选定最适合的暖通空调方式，确定经济合理的投入，使系统内的暖通空调设备得到优化配置，使其充分发挥潜在功能，使整个暖通空调系统高效运营，获得预期效果。

供暖规划和设计的目的就是合理地选择及设置供暖设备，满足供暖用户的供暖需求，并在保证系统中热用户室温的前提下，减少系统能源的浪费，从而节约系统的供热量。

通风规划和设计的目的就是合理地选择及设置通风设备，控制空气传播污染物，保证环境空间有良好的空气品质，提供人体维持正常生命过程的供氧量。

空调规划和设计的目的就是合理地选择及设置空调设备，使建筑物室内空气温度、湿度、室内空气气流分布、空气中悬浮粉尘颗粒、细菌、异味气体及有害气体等参数控制在一定的范围内，使室内的人与空调设备保持最佳工作状态。

（2）空调规划和设计的评价标准

① 环境性能　室内的环境性能，主要取决于维持室内空气、热环境的空调系统。对于温度、相对湿度、二氧化碳浓度、一氧化碳浓度、浮游粉尘量、居住区域的气流，尤其是来自周围墙壁、器具、装置等表面的辐射热和噪声等因素，对应各种不同用途的房间，将其数值控制在容许范围以内。

在受外部条件干扰的情况下运行的场合，在容许范围之外有时超过适应性范围。根据组成建筑物的构件或者空调设备系统的种类和控制方法，环境性能也可以根据等级分类。但是，要把全年居住的空间按 A、B、C 等明确分类，并且进行评价的话总的来看是不可能的。空调的种类取决于不同的空调目的，以促进健康为目的的空调则是在容许范围内获得任意组合的方式。通过某些外部的评价要素，例如根据节能性、经济性等，决定其数值的想法也是必要的，这时的容许范围就成为约束条件。

室内空气的热环境是在一定条件下设定的，并且控制一定的幅度。但是，根据给定条件的变化程度，有时难以维持室内环境。被决定室内的环境，当要求维持限制得比较严格时，如果不对给定条件做充分的研究则会使装置过大。这些给予的条件以及设计上的注意事项参见表 1-39。空调系统节能的研究事项参见表 1-40。评价室内环境的要素主要如下：居住区域的室内温度；相对湿度；二氧化碳浓度；一氧化碳浓度；浮游粉尘量；居住区域的气流组织分布；噪声等。

表 1-39　维持室内环境的各种条件项目

序号	评价因素	设计中应注意事项(以减少能量消耗)
1	室内温度	为了控制日照热负荷量,围护结构设计时应尽量减少玻璃窗面积,采用双层玻璃或反射玻璃,或采用遮阳措施等;为减少外围护结构热负荷,应对外围护结构进行保温处理及对外围护结构采取密封措施,控制传热系数 K 值在 $1.0kcal/(m^2 \cdot h \cdot ℃)$ 以下($1kcal=4.186kJ$),通过缝隙流出或流入的风量控制在 $1.0 \sim 1.5m^3/(m^2 \cdot h)$;照明热负荷应控制在 $10 \sim 15W/m^2$,人员密度应根据实际情况确定,在实际情况不确定时,可以取 $5 \sim 10m^2/人$;室内局部场所有热量发生时,应采取局部排风措施
2	相对湿度	室内相对湿度限制的幅度较严时,导入的室外空气应进行预冷、减湿或预热、加湿处理;室内用途改变时应重新考虑
3	二氧化碳(CO_2)浓度	掌握人数,控制其浓度不超过室内空气质量标准;考证室内是否有 CO_2 发生器
4	一氧化碳(CO)浓度	考证 CO 发生器及室外空气的 CO 浓度;采取必要措施,确保其浓度低于室内空气质量标准

序号	评价因素	设计中应注意事项(以减少能量消耗)
5	浮游粉尘量	掌握人数、人体穿衣情况和活动情况及粉尘发生量;选择合理的循环空气量和过滤器、除尘器效率
6	居住区域的气流组织分布	出风口的配置、位置、形状及出风口的空气分布状态;出风口的风速和到达的距离;吸风口位置的影响
7	噪声	控制出风口和吸风口气流发生的噪声;进行风道消声装置及消声壁设计,控制主要设备室发生的噪声

表 1-40 空调系统节能的方法和研究事项

序号	项目	方法和研究事项
1	室内	设置室内温湿度的设计参数,尽量使其接近室外空气条件;防止室内温度过冷或过热;减少不必要的照明器具;非必要时间空调设备不运行
2	新风量	在需要的场所和需要时,按必要量吸取室外空气;在过渡季节利用室外空气进行空调;设计全热交换器回收热量,减少导入室外空气的加热负荷
3	热源方式	选用高效率和在负荷变化时效率变化不大或不变的冷、热源设备,在同时供冷和供热的场合,采用热回收的方式,尽量考虑采用蓄能空调技术
4	输送方式	在空调机组中选用静压小,低负荷时做功效率高的送风机;尽量采用较大的风温和水温差;减少风系统和水系统的循环流量;采用效率较高的变流量的风系统和水系统控制方式
5	空调方式	按不同用途和方位进行空调系统分区;采用变风量方式节省低负荷时的风机能耗;采用自动控制空调系统

空调规划和设计还应重视环境舒适与健康的关系,应重点考虑室内空气品质的控制,应使室内各污染物控制参数达到《室内空气质量标准》(GB/T 18883—2022)的要求。室内空气质量标准(部分)参见表 1-41。

表 1-41 室内空气质量标准(GB/T 18883—2022)

序号	控制参数	单位	标准值	备注
1	温度	℃	22~28	夏季空调
			16~24	冬季空调
2	相对湿度	%	40~80	夏季空调
			30~60	冬季空调
3	空气流速	m/s	≤0.3	夏季空调
			≤0.2	冬季空调
4	新风量	$m^3/(h \cdot 人)$	≥30	
5	可吸入颗粒 PM_{10}	mg/m^3	≤0.10	日平均值
6	总挥发性有机物(TVOC)	mg/m^3	≤0.60	8h 均值
7	二氧化硫(SO_2)	mg/m^3	≤0.50	1h 均值
8	二氧化氮(NO_2)	mg/m^3	≤0.20	1h 均值
9	一氧化碳(CO)	mg/m^3	≤10	1h 均值
10	二氧化碳(CO_2)	%	≤0.10	1h 均值
11	氨(NH_3)	mg/m^3	≤0.20	1h 均值
12	臭氧(O_3)	mg/m^3	≤0.16	1h 均值
13	甲醛	mg/m^3	≤0.08	1h 均值
14	苯	mg/m^3	≤0.03	1h 均值
15	甲苯	mg/m^3	≤0.20	1h 均值
16	二甲苯	mg/m^3	≤0.20	1h 均值
17	细菌总数	Cfu/m^3	≤2500	依据仪器定
18	氡(Rn)	Bq/m^3	≤300	年平均值
19	细颗粒物($PM_{2.5}$)	mg/m^3	≤0.05	日平均值

② 节省资源和能量　在灵活利用建筑物的时候，需要室内照明、电梯动力、泵动力、空调设备动力，进而需要燃油、燃气等。作为建筑物来说，节省能源的规划事项列述如下。

a. 建筑物的围护结构：把窗户做得小些，设置使直达日照量进不来的活动挡板，做成双层玻璃，采用反射玻璃，在外墙、屋顶、地板等处加入足够的绝热材料。

b. 相对于底面面积的外围结构表面积做成较小比例。东西侧不做玻璃窗，建筑物的方位采用正方形或者东西长方形。

c. 增加建筑物围护结构的蓄热量。

d. 室内照明要区别作业部分和其他以外部分。

e. 尽量利用外窗进入的光线有效进行室内照明。

f. 限制空调房间的使用时间，控制冷风渗透及侵入量。

当进行节省能源的空调系统规划时，需要研究、讨论的事项参见表1-40。空调系统获得较显著节能效果的途径主要如下：放宽对温度及湿度的设定及要求；限制空调运行时间段；采用热回收的方式；减少室外新风量；停止运转不使用房间的空调。

③ 经济性　除去土地费用外，建筑物全部建筑费用与建筑物的规模、用途、构造、装修、设备等有直接联系。空调设备的工程费根据建筑物的用途而不尽相同。如果将建筑物的全部费用按100%计算，则空调设备工程费占5%～20%以上。总建筑面积在5000m^{2}左右的一般办公大楼，空调设备费大约占15%～17%。由于空调设备是通过运转而发挥作用的，所以在考虑经济性的时候，必须同时考虑工程费和全年时间的维护管理费。影响空调设备工程费的主要因素如下。

a. 建筑方面：形状、外表面装修、顶棚高度、内部发生的热量、人员密度。

b. 空调设备方面：冷源和热源方式、空调方式、自动控制方式、运行管理控制方式。

c. 设备运行方面：电力费、燃油及燃气等的燃料费、需要的管理人员和其人工费、维护修理费。

④ 灵活性　所谓空调设备的灵活性，通常是说伴随着室内房间间隔的变更、用途变更等变化，风量能够增减，送风口和回风口的配置能够变动，以及是否有与此相适应的提高供冷和供热效果的末端空调装置及变化调整幅度。对于空调设备灵活性的规划，应考虑如下事项。

a. 建筑方面：房间用途变更的幅度；是否有可动的建筑间隔、可动的天棚板、可动的照明器具等。

b. 空调设备方面：预想发生热负荷变化的幅度；房间间隔的变更、房间的大小和房间的布置；送风口和吸风口的配置及形状；可动送风口、吸风口器具的采用；末端风道尺寸；可变动的自动控制或者有变动可能的控制；冷水管、热水管等预备配管的预留。

（3）暖通空调规划与设计原则

① 经济性原则　减少投入，降低费用；布置设计时，在充分利用空间的同时，合理预留发展空间，避免不必要的改建与扩建。

② 动态原则　不能单从静态的角度考虑设计是否合理，而应从动态的角度，考察各个环节之间的衔接是否良好。

③ 统筹原则　规划和设计与国家的方针政策、社会生产力发展、消费状况、市场环境等密切相关，相互制约。在进行设施规划与设计时必须统筹考虑各方面因素，采用系统的分析方法，使得系统整体优化；还应将定量分析、定性分析和个人经验结合起来，兼顾当前利益和长远利益，兼顾个人利益与国家利益，保护环境。

④ 以人为本的原则　工作环境设计是人机环境的综合设计，要考虑环境条件（空间尺寸、通道配置、照明、温度、湿度、噪声等环境因素）对人的工作效率和身心健康的影响。

⑤ 反馈原则　规划与设计工作本身非常复杂，一般要先进行宏观（总体方案）规划与设计，然后进行微观（各个部门、车间等）规划与设计。但是，在进行微观规划与设计时，还要充分考虑宏观效果，如布置设计；要先进行总体布置，最终使整体布置设计最优化。设施规划与设计的五个主要组成部分（建筑、结构、水、暖、电）也要相互反馈，使系统整体得到优化。

（4）暖通空调设施规划与设计工作的五个步骤

① 调查及整理；
② 分析及拟定；
③ 综合及编制；
④ 修正及改进；
⑤ 评价及审批。

1.6.2　规划和设计的程序

（1）规划与设计的阶段结构

① 预规划阶段　参加或承担甲方项目或设施规划、项目建议书、地址选择、可行性研究等工程咨询工作，其均属于前期工作。

② 确定目标　明确提供的服务、设施的规模、对设施的要求、设施的位置及外部条件。

③ 总体规划　解决总体布置规划、初步建筑方案、公用系统的干线分布、通信系统的总体规划等。

④ 详细规划。

⑤ 实施规划　规划与设计工作的步骤是一种逻辑性程序模式。由于设施项目规模、类型不同，具体执行程序也有所不同。对于简单项目，程序可以简化。对于复杂项目，有的程序则需充分展现。

（2）规划与设计的流程

规划与设计工作，是从建筑规划的初期阶段起开始平行进行的。在初步设计阶段，应该决定：设计必要的空调方式、热源方式、设备室的位置及大小，主要设备的概略规格，风道、配管的线路布置图，装置的控制方式等；与设备关联的风道、配管和建筑结构梁的穿透位置和大小；对于设备室的防振和防噪声措施，照明器具等发热的排除和有效利用的方法；墙壁、玻璃、屋顶面等的绝热规划等。还要大致决定构造和设计图纸的部分细节等内容。

规划、设计的流程大致如下：大致构思→初步规划→初步设计→施工图设计，大多包括初步规划和初步设计。

① 构思内容：是做空气调节还是只做供暖，等级的高低，热源的采用规划和将来的规划等，还包括建筑物的占地、规模、预算、用途等。

② 初步规划：室内环境的要求程度，节省能源措施，收集资料，完成实验、实测等研究，完成初步规划说明书和概预算。

③ 初步设计：进一步收集、分析、运用有关的资料和信息，完成构思，进行各项规划和设计，进行方案分析与比较，完成初步设计图纸和说明书。

④ 施工图设计：完成施工图设计，写出说明书。在规划、设计过程中，应根据过去的经验和现行的系统与原则等进行选定，同时还要进行反复思考，通过付出创造性的努力选定最适用的系统。图1-29所示的规划与设计阶段示意可作为决定空调系统过程的一般考虑流程。

一般的系统决定过程如下：从许多系统中根据经验和过去的实际情况等，先选出2～3个系统，做出规划和初步设计图纸，给出场地、设备费、经常管理费、能源消费量及其他规

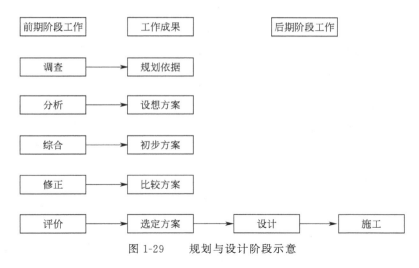

图 1-29　规划与设计阶段示意

划上必要项目的定量数值。根据需要定性地进行研究与比较，通过创造性努力决定出系统。特别是对节省能源和新颖的建筑空间设计等，创造过程往往比选择过程更受重视，只有通过创造才能设计出最适用的系统。

在做这些规划的时候，常常需与给排水、卫生及电气的技术人员取得密切联系，相互之间进行平行规划的研究，把包括建筑方案和构造在内都能满足要求的内容建立起来。以设备为主的规划者不能只懂空调，也要有卫生、电气设备等方面知识，将空调、卫生、电气等集中起来进行工作是很有利的。

1.6.3　暖通空调设计方法及流程

（1）暖通空调系统设计方法

设计本身是一门科学，它包括设计理念、设计技能、设计过程、设计任务、设计方法和实际设计领域中某些问题的研究等。设计的本质在于决策、问题求解和创造。工程设计理论的核心是工程项目的全系统、全寿命优化理论，即对工程项目进行多目标、全局及全寿命优化设计。

优化设计就是从所有可用方案中找到最满意的方案，也就是在满足设计要求的各种约束条件下使目标函数最满意的方案。工程的所有环节都存在多种可用方案，因而多存在优化的问题。

优化设计法包括各种优化方法，如线形规划、非线形规划、动态规划、整数规划、几何规划、多目标优化、试验优化、经验优化、方案优化、模糊优化等。

暖通空调设计方法一般是按以夏季和冬季室外设计参数为依据的典型工况进行设计计算的，其他负荷也是按最不利情况考虑的，并按设备的额定工况选择设备，这种设计方法通常称为"工况设计"。

由于空调负荷在不断变化，因此为节省能耗，空调设备也要求不断改变运行状况，而且要求空调设备在部分负荷运行时也能高效率运行，使空调系统满足先进的能耗指标。按"工况设计"方法，设计的工程往往会出现当空调负荷变化时，而空调设备不能做相应调节的情况，即存在"大马拉小车"的现象；或设备虽能调节负荷，但调节性能差，存在能耗指标落后等问题。因此，空调工程设计要求对系统的工作过程进行全面分析，设计方案在设计工况条件下应具有先进的经济指标，而且即使对于空调系统运行过程中的部分负荷工况，指标也应要求良好。设计任务的最终目标是将空调系统全工况下的性能调整到最佳程度，这就是所谓的过程设计方法。计算机技术的发展使得空调系统过程设计成为可能，为空调设计带来了大的变革：从动态负荷计算开始，将典型工况（状态点）设计过渡为以典型计算日为基准，进行负荷设计，逐步发展到以典型设计年限为基准，进行全年冷负荷分析；通过合理选择设备和系统，以期保证全年各季节的不同要求，进而以计算机模拟为手段，以全年能源效率为目标，进行系统与设备的优化和房间气流组织的设计。

目前在系统工程设计中常用的方法为工况设计法，它具有简单、易行、实用的特点。其缺点是可能产生系统设计初步投资及运行费用偏高的现象。克服这一问题的解决方法主要是采用过程设计方法，最好是采用优化设计方法，但实现过程设计及优化设计往往较复杂，有时由于工程条件限制难以实现。因此，在工程设计中常采用投资限额设计法，即在投资一定的约束条件下，以满足工况设计的要求为前提，进行局部过程设计或部分设备的系统优化设计。

（2）暖通空调系统设计程序

建筑工程设计是由以建筑专业为主体，结构、建筑环境与设备工程、电气等专业方面的专家共同参加的综合设计。在建筑设计方案优选阶段，建筑环境及设备工程专业只与建筑等有关专业做配合工作。民用建筑工程一般应分为方案设计、初步设计和施工图设计三个阶段。对于技术要求简单的民用建筑工程，经有关主管部门同意，并且合同中有不做初步设计的约定，可在方案设计审批后直接进入施工图设计。

暖通空调系统设计流程如图1-30所示。各阶段设计内容由粗到细、由点到面、由浅入深，最终达到满足施工要求的目的。设计过程中还应以美观、安全、便于维护、避免相互交叉或损坏、便于施工安装等为原则，进行管线综合与协调设计。

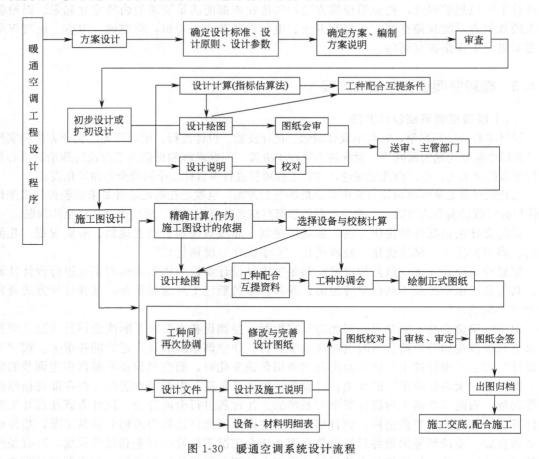

图 1-30　暖通空调系统设计流程

方案设计阶段的主要任务是建筑设计方案的优选，以确定能否中标。建筑环境及设备专业需进行配合设计，配合建筑方案一起完成。其设计内容是在满足建筑性质和要求的前提下，确定系统方案、流程、所需设备的种类和名称，为初步设计提供需要的设计资料。对于现代建筑而言，建筑功能日益复杂，设备投资日益增大。因此，在建筑方案阶段就应充分考虑设备所需的空间位置、中央空调风道的敷设路线与竖井位置等问题。

　　初步设计阶段主要是根据设计任务书的要求，逐步细化，进行必要的计算，确定设备型号、数量和管道的管径等，并编制初步设计文件。初步设计文件包括设计说明书、设计图纸、主要设备和材料、工程概算四个部分。初步设计完成后，设计文件需要经过上级主管部门组织的审查。初步设计文件经过批准后，才能进行施工图设计。

　　施工图设计阶段主要根据已批准的初步设计以进一步完善，使设备和管道等与建筑协调配合，其内容以图纸为主，包括图纸目录、首页（设计说明）、图纸、设备表、材料表和工程预算等。施工图设计文件的深度应满足：①能据以进行施工和安装；②能据以编制施工图预算；③能据以完成设备订货和非标准设备制作、安排材料；④能据以进行工程验收。

第2章 供暖工程设计

2.1 供暖系统的选择与分析

2.1.1 供暖系统的组成

为使建筑物达到供暖目的，需不断地补偿建筑物房间内热损失，而由热源或供热装置和管道等组成的网络称为供暖系统。供暖系统由热源、供热管网和散热设备三部分组成，如图2-1所示。输送热量的物质或带热体称为热媒，常用热媒主要有热水和水蒸气，热媒在热源处获得能量；供热管网将热媒输配到各个用户或散热设备；散热设备将热量发散到室内，以满足人们生活及生产的需要。用于民用建筑和一般厂房供热的热源主要如下：热电厂余热，即发电厂利用汽轮机做功发电后的排气余热量对用户进行供热；区域锅炉房；中小型锅炉房；热泵机组（太阳能热泵、土壤热泵、地下水和海水热泵等）。

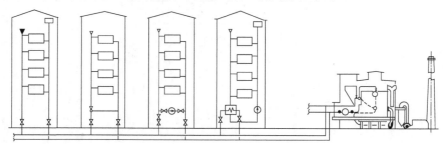

图 2-1　供暖系统组成示意图

随着城市能源供应结构的多元化和人们生活水平的提高，供热方式有了较大的变化及发展，改变了传统区域燃煤锅炉一统天下的局面，供热形式也越来越多，出现了分户燃气炉供暖、楼栋式燃气炉供暖、电热膜供暖、发热电缆地板辐射供暖、蓄热式电暖气供暖、集中电锅炉供暖、深井水源热泵供暖、土壤源热泵供暖等各种方式，而且供热制度也由福利制度转变为自主付费，供暖系统形式与传统形式有了差异，出现了分户计量双立管供暖系统等。因此，如何在众多供热方式中选取在能源效益、经济效益、环境效益方面"综合较优"的方式，以及如何分析及了解、掌握各供暖系统的优劣，是需要我们学习及解决的问题。只有在这个基础上，才有可能结合当地特定现实条件的要求来更全面、更准确地选取比较适合的供热形式，达到经济、有效、节能的目的。

2.1.2 供暖系统的形式及分类

供暖系统形式较多，为便于了解和掌握供暖系统形式，有必要对其进行分类。按不同的方法分类，可分为下列不同的供暖系统形式。

（1）按供暖系统散热设备不同分类

① 散热器供暖系统　散热器供暖系统适用于各类建筑物，是应用最广的供暖系统，它由管道、散热器、系统引入口组成。常见的散热器主要有铸铁散热器和钢制散热器。铸铁散热器分为翼型和柱型两类；钢制散热器分为钢串片、板式、扁管式及钢制柱式几类。

② 热风供暖系统　热风供暖适用于耗热量大的建筑物、间歇使用的房间和有防火防爆要求的车间。热风供暖是比较经济的供暖方式之一，具有热惰性小、升温快、设备简单、投资省等优点。热风供暖有集中送风、管道送风、悬挂式和落地式暖风机等形式。

根据《民用建筑供暖通风与空气调节设计规范》（GB 50736—2012）第 4.6.1 条规定，符合下列条件之一时，应采用热风供暖。

a. 能与机械送风系统合并时；

b. 利用循环空气供暖经济合理时；

c. 由于防火、防爆和卫生要求，必须采用全新风的热风供暖时。

根据《民用建筑供暖通风与空气调节设计规范》（GB 50736—2012）第 4.6.3 条规定：位于严寒地区或寒冷地区的工业建筑，采用热风供暖且距外窗 2m 或 2m 以内有固定工作地点时，且在窗下设置散热器，条件许可时，兼作值班供暖。当不设散热器值班供暖时，热风供暖不宜少于两个系统（两套装置）。一个系统（装置）的最小供热量，应保持非工作时间工艺所需的最低室内温度，但不得低于 5℃。

③ 热水辐射供暖系统　热水辐射供暖系统又分为低温热水地板辐射供暖系统和热水吊顶辐射板供暖系统两种形式。

④ 燃气红外线供暖系统　燃气红外线供暖可用于建筑物室内供暖或室外工作地点的供暖。采用燃气红外线供暖时，必须采用相应的防火防爆和通风换气等安全措施。燃气红外线辐射器的安装高度应根据人体舒适度确定，但不应低于 3m。

⑤ 电供暖系统　根据《民用建筑供暖通风与空气调节设计规范》（GB 50736—2012）第 4.6.1 条规定，符合下列条件之一，经技术经济比较合理时，可采用电供暖：环保有特殊要求的区域；远离集中热源的独立建筑；采用热泵的场合；能利用低谷电蓄热的场所；有丰富的水电资源可供利用时。

（2）按供暖系统各部分的相互位置分类

① 局部供暖系统：热源、热媒输送及热用户不分开设置，如燃气供暖、电热供暖等。

② 集中供暖系统：热源和热用户分开设置，通过管网将它们连接，是供暖的主要形式，具有供暖范围大、供暖质量易保证、热源热效率高、污染易控制等优点。

（3）按供暖热媒分类

① 热水供暖系统

a. 按照供暖干管所处位置可分为：上供下回式供暖系统；下供下回式供暖系统；中供式供暖系统；下供上回式供暖系统；混合式供暖系统；上供上回式供暖系统。

b. 按照立管的数目可分为：单管供暖系统；双管供暖系统；单、双管混合供暖系统。

c. 按照立管所处的位置可分为：垂直式供暖系统；水平式供暖系统。

d. 按照供暖环路的长度可分为：同程式供暖系统，如图 2-2 所示；异程式供暖系统，如图 2-3 所示。

e. 按照供暖热媒温度可分为：低温热水供暖系统 [T_g（系统供水温度）=95℃，T_h（系统回水温度）=70℃]；高温热水供暖系统（$T_g \geq 130$℃）。

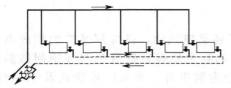

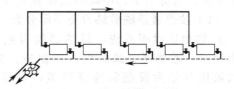

图 2-2　同程式供暖系统　　　　　　　　　　图 2-3　异程式供暖系统

②水蒸气供暖系统　水蒸气供暖系统可分为：低压水蒸气供暖系统（$p<70kPa$）；高压水蒸气供暖系统（$p>70kPa$）。低压水蒸气供暖系统又分为重力回水式低压水蒸气供暖系统及机械回水式低压水蒸气供暖系统。

（4）按循环动力不同分类

①热水重力循环供暖系统：热水循环的动力是由供回水温度不同从而密度不同提供的，如图 2-4 所示。

②热水机械循环供暖系统：热水循环的动力是由水泵提供的，如图 2-5 所示。

③水蒸气供暖系统：其动力是由水蒸气压力自身提供的，散热器前应预留 1500～2000Pa 的压头，以克服阀门阻力及排出散热器空气之用。

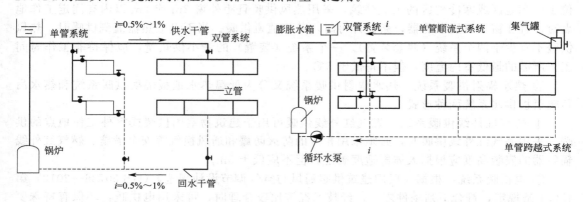

图 2-4　热水重力循环供暖系统　　　　　　　图 2-5　热水机械循环供暖系统

2.2　供暖方式

供暖方式通常有：散热器供暖方式，如图 2-6 所示；热风供暖方式，如图 2-7 所示；热水辐射供暖方式，如图 2-8 所示；燃气红外线供暖方式；电供暖方式。本节主要介绍辐射供暖、暖风机（热风）供暖及散热器供暖三种供暖方式。

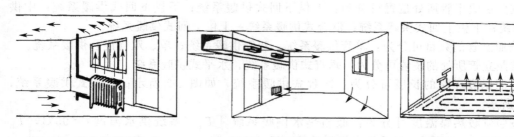

图 2-6　散热器供暖方式　　　　图 2-7　热风供暖方式　　　　图 2-8　热水辐射供暖方式

2.2.1 辐射供暖

辐射供暖是一种利用建筑物内部表面进行供暖的系统。辐射供暖系统总传热量中辐射传热的比例一般占 50％以上，所以习惯上把这种供暖形式称为辐射供暖。

（1）辐射供暖系统的分类

辐射供暖系统可根据不同的方式进行以下分类。

① 按辐射供暖的表面温度可分为低温辐射、中温辐射和高温辐射。低温辐射板面温度低于 80℃，中温辐射板面温度一般为 80～200℃，高温辐射板面温度为 500℃。

② 按辐射板设置的位置可分为顶面式、墙面式和地面式。

③ 按热媒种类可分为低温热水、高温热水、水蒸气、电热式及燃气式等。

（2）辐射供暖系统的优缺点

辐射供暖系统是一种卫生和舒适条件都比较好的供暖方式，它的优缺点可归纳如下。

① 具有辐射强度和温度的双重作用，符合人体散热要求的热状态。室内围护结构表面温度比较高，减少了冷表面对人体的冷辐射，因此具有较好的舒适感。

② 室内不需要布置散热器，不影响室内美观，不占用有效面积。

③ 室内温度梯度小，垂直方向温度分布均匀，节约能量。

④ 同样舒适度条件下，辐射供暖与对流供暖比较，房间温度可降低 2～3℃，因此节省能量。

⑤ 辐射供暖在有的情况下与土建专业关系比较密切，且投资比对流供暖高。

（3）辐射供暖热负荷计算

对流供暖系统，室内的热感觉主要取决于室内空气温度，同时也伴随有对流热传递，而衡量辐射供暖的标准，不能单纯看辐射强度或室内空气温度，而应以等感温度（或黑球温度）作为辐射供暖的标准。其主要反映辐射供暖环境中，辐射热和对流热对人体综合作用的实际感觉。等感温度更可以由黑球温度来测量，经验公式如下：

$$t_d = 0.52t_n + 0.48t_{pj} - 2.2 \tag{2-1}$$

辐射供暖时，室内空气温度和辐射强度对人体的综合作用，二者必须保持一定的比例，只有当二者的比例与人体散热的需要相符合时才会产生较好的舒适感觉。辐射强度越大，等感温度会比室内温度越高，可用式(2-2) 表示：

$$E_{pj} = 5.72[T_S \times 10^{-3} + 2.47\sqrt{v}(t_s - t_n)] \tag{2-2}$$

实例证明：在人体舒适范围内，等感温度可以比室内空气温度高 2～3℃。因此，保持同样的舒适感觉，辐射供暖的室内温度可以比对流供暖低 2～3℃左右。辐射供暖的辐射强度和室内温度的关系如下：

$$E = 175.85 - 9.775t_n \tag{2-3}$$

当 $t_n = 18℃$ 时，$E = 0$，说明当室内温度为 18℃时，不需要辐射热人也感到舒适。

辐射供暖同时存在对流换热和辐射换热的综合作用，因此使得供暖负荷的计算十分困难。实践中，普遍采用近似计算方法。常用的方法有以下两种。

① 修正系数法　公式如下：

$$Q_f = \varphi Q_a \tag{2-4}$$

对流供暖时计算出的热负荷 Q_a 乘以 0.9～0.95 的修正系数，即为辐射供暖负荷。

② 降低室内温度法　按对流供暖热负荷计算方法计算热负荷，但室内空气计算温度降低 2～6℃，以此计算热负荷作辐射供暖系统的热负荷。对于低温辐射供暖，室内计算温度降低值取下限范围值，对于高温辐射供暖系统采用上限范围值。

（4）低温辐射供暖系统设计概况

低温辐射供暖系统可设计成粉刷顶面辐射板、混凝土地面辐射板、混凝土楼面辐射板等各种形式。目前，地板低温辐射供暖已广泛用于住宅建筑和公共建筑。住宅建筑采用低温地板辐射供暖，可以取得良好舒适效果，且节省能耗，不占有效建筑面积，便于用户进行热计量。高大空间的公共建筑，如游泳馆、展览厅、宾馆大堂等，采用地板低温辐射供暖，可以克服冬季温度梯度大、上热下冷的现象。

低温辐射供暖常用的形式是顶棚、地面或墙面埋管。埋管用的盘管形状一般为蛇形管，也可制成联箱形式的排管。埋管材料以往多为钢管或铜管，钢管存在腐蚀，价格比较高。目前采用的新型塑料管作为埋管已取得良好的效果。塑料管使用寿命长，使用温度完全可以满足低温辐射的要求。此外，还有金属顶棚式低温辐射供暖。

辐射板面以辐射和对流两种形式与室内其他的表面和空气进行热交换，其传热量可以近似等于辐射传热量 q_f 和对流传热量 q_d 之和。

$$Q = q_f + q_d \tag{2-5}$$

$$q_f = 5.72ab\left[\left(\frac{T_{b1}}{100}\right)^4 - \left(\frac{T_{b2}}{100}\right)^4\right] \tag{2-6}$$

因室内被加热表面的温度各不相同，所以该温度应取面积加权平均温度。

辐射板的对流传热属于自然对流传热。其传热量主要与板面温度和室内空气温度有关，可以用下面的简化公式来计算板面的对流传热量。

对于顶面辐射供暖时：

$$q_d = 0.14(t_{b1} - t_n)^{1.25} \tag{2-7}$$

对于地面辐射供暖时：

$$q_d = 2.17(t_{b1} - t_n)^{1.31} \tag{2-8}$$

对于墙面辐射供暖时：

$$q_d = 1.78(t_{b1} - t_n)^{1.32} \tag{2-9}$$

低温辐射供暖的设计步骤如下：①计算房间的热负荷；②确定辐射形式；③确定辐射板面的温度；④计算单位辐射板面积的散热量；⑤选择辐射板的加热方式；⑥选择辐射板背面的保温材料，求出辐射板的热损失；⑦设计辐射板的供热量；⑧设计辐射板的供热系统。

2.2.2　热风供暖

热风供暖是利用室内空气循环向厂房供暖的一种形式，适用于耗热量大的大空间建筑、间歇供暖的厂房以及有防火、防爆要求的厂房。热风供暖是一种比较经济的供暖方式，具有热惰性小、升温快、设备简单、投资省等优点。

（1）热风供暖的分类

热风供暖按空气加热方式通常可分为空气加热室和暖风机两种。空气加热室由空气过滤器、空气表面加热器和风机组成，构造形式基本与组合空调机组相同，室内回风经过滤和加热后,由风机送入房间,也可以根据需要吸入部分新风量,送风口可以连接风管。暖风机由空气表面加热器和风机组成,是一种通用定型产品。小型暖风机一般配备轴流风机,机外余压不大,通常不接送风管,室内空气直接加热循环,安装形式为吊装。对于大型暖风机配备的风机为离心风机,机组外有一定余压,可连接送风管,安装形式为坐地式。

(2)集中送风

集中送风的供暖形式比其他形式可以大幅度减小温度梯度,因而降低由屋顶耗热增加所引起的不必要的耗热量,并可节省管道与设备等。一般适用于允许采用空气再循环的车间,或作为有大量局部排风车间的补风和供暖系统。对于内部隔断较多、散发灰尘或大量散发有害气体的车间,一般不宜采用集中送风供暖形式。

集中送风系统的形式有平行送风和扇形送风两种,气流形式的选择原则主要取决于房间的大小和形状。房间的大小和形状决定了送风口的布置、射流的形状、射流的数量及射程等。

设计循环空气热风供暖时,在内部隔墙和设备布置不影响气流组织的大型公共建筑和高大厂房内,宜采用集中送风系统。设计时,应符合下列技术要求:

① 集中送风供暖时,应尽量避免在车间的下部工作区内形成与周围空气显著不同的流速和温度,应该使回流尽可能处于工作区内,射流的开始扩散区应处于房间的上部。

② 正前方不应有高大的设备或实心的建筑结构,最好将射流正对着通道。

③ 工作区射流末端最小平均风速一般取 0.15m/s。工作区的平均风速,民用建筑不宜大于 0.3m/s;工业建筑,当室内散热量小于 23W/m² 时,不宜大于 0.3m/s,当室内散热量大于或等于 23W/m² 时,不宜大于 0.5m/s。送风口的出口风速应通过计算确定,一般可采用 5～15m/s。

④ 送风口的安装高度应根据房间高度和回流区的分布位置因素确定,一般以 3.5～7m 为宜,不宜低于 3.5m;回风口底边至地面的距离宜采用 0.4～0.5m。房间高度或集中送风温度较高时,送风口处宜设置向下倾斜的导流板。

⑤ 送风温度不宜低于 35℃,且不得高于 70℃。

2.2.3 散热器供暖

散热器是应用最广、最普遍的散热设备。图 2-9 所示为常压锅炉供暖系统,锅炉通过煤燃烧产生热量将水加热至一定温度,由循环水泵将水送至用户供暖,水温降低后经除污器送回到锅炉再进行不断的循环供暖。该系统膨胀水箱及补水泵定压,当负荷变化时,采用电磁阀进行流量调节。

设计供暖系统时,散热器通常布置在外墙窗台上,尽量明装,以增大其散热量和便于清扫。散热器布置时应尽量在立管两侧连接散热器,这样可节省管材和增加系统的水力稳定性;确定散热器位置时,应尽量少占用有效面积及照顾室内其他设备的布置。考虑供暖系统的形式时,首先应根据建筑设计的特点,考虑管道布置的方便、美观,如采用水平干管应尽量避免穿越房间的主要空间。对于住宅建筑,一般房间层高比较小,在上供式系统中,经常将水平供水干管布置在屋面上或屋顶横梁下,此时应考虑屋顶横梁高度及横梁与窗户之间的间距,避免供暖干管的敷设影响窗户的正常开启及管道的保温等问题,并协同建筑专业作好建筑屋面防水。其次,根据所选用热媒介质的种类确定系统形式。在热水供暖系统中,为了防止垂直失调一般多选用单管系统,对层数较少的建筑,也可以选用双管系统。多层建筑还可以选用单、双管系统。

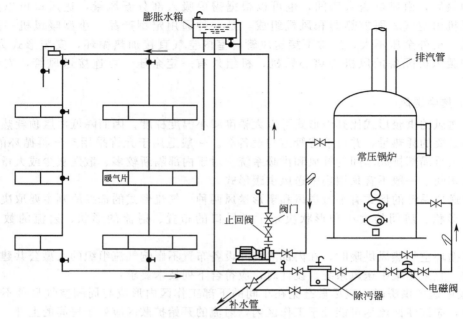

图 2-9　常压锅炉供暖系统

表 2-1 列出了自然循环和机械循环热水供暖系统的常用形式及其优缺点等，以便在设计中根据具体条件及情况进行合理选择及设计。

表 2-1　热水供暖系统常用形式

序号	1	2	3	4	5
循环方式	自然循环		机械循环		
名称	单管上供下回式	双管上供下回式	双管上供下回式	双管下供下回式	双管中供式
图示					
适用范围	作用半径不超过50m的多层建筑	作用半径不超过50m的三层（≤10m）以下建筑	室温有调节要求的建筑	室温有调节要求且顶层不能敷设干管的建筑	顶层供水干管无法敷设或边施工边使用的建筑
优缺点	①升温慢、作用压力小、管径大、系统简单、不消耗电能； ②水力稳定性好； ③可缩小锅炉中心与散热器中心距离	①升温慢、作用压力小、管径大、系统简单、不消耗电能； ②易产生垂直失调； ③室温可调节	①最常用的双管系统做法； ②排气方便； ③室温可调节； ④易产生垂直失调	①缓和了上供下回式系统的垂直失调现象； ②安装供、回水干管需设置地沟； ③室内无供水干管，顶层房间美观； ④排气不便	①可解决一般供水干管挡窗户问题； ②解决垂直失调比上供下回式有利； ③对楼层、扩建有利； ④排气不利

序号	6	7	8	9	10
循环方式	机械循环				
名称	双管下供上回式	垂直单管上供下回式	垂直单管下供上回式	水平单管跨越式	分层式
图示	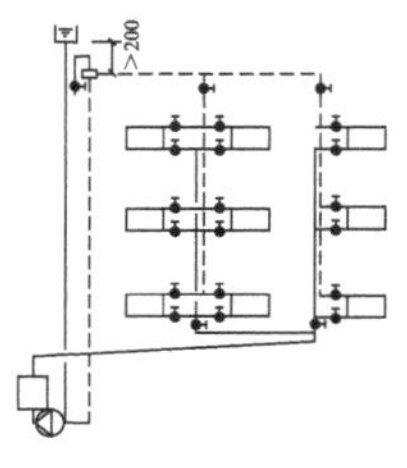	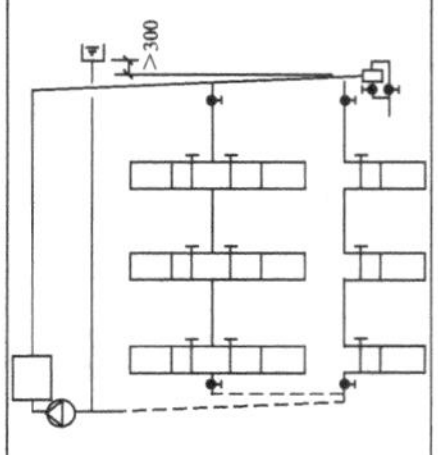	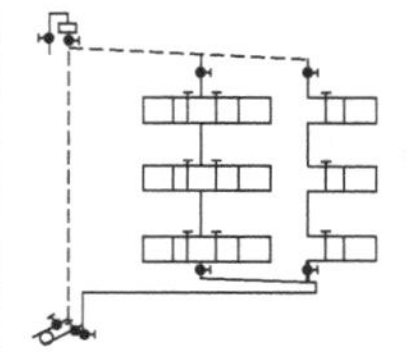	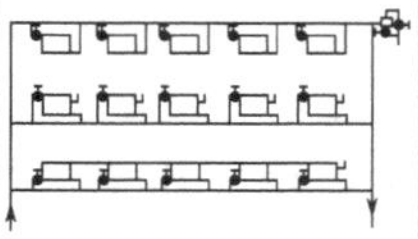	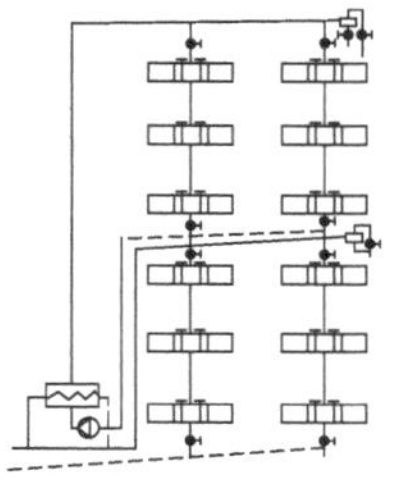
适用范围	热媒为高温水,对室温有调节要求的建筑	一般为多层建筑	热媒为高温水的多层建筑	单层建筑串联散热器组数过多时	高温水热源
优缺点	①对解决垂直失调有利;②排气方便;③能适应高温水热媒,可降低散热器表面温度;④降低散热器传热系数,浪费散热器	①常用的一般单管系统做法;②水力稳定性好;③排气方便;④安装构造简单	①可降低散热器的表面温度;②降低散热器传热量,浪费散热器	①每个环路串联散热器数量不受限制;②每组散热器可调节;③排气不便	入口设换热装置,造价高

序号	11	12	13	14	15
循环方式	机械循环				
名称	双水箱分层式	单双管式	垂直单管上供中回式	混合式	高低层无水箱直连式
图示	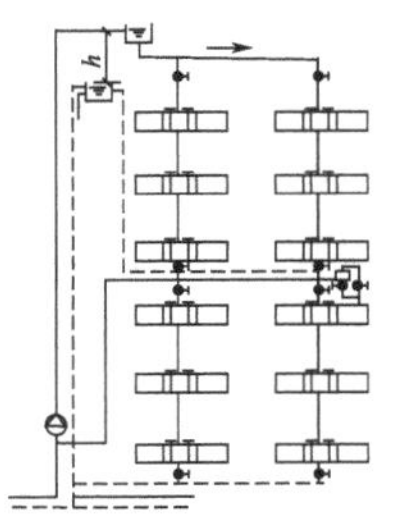	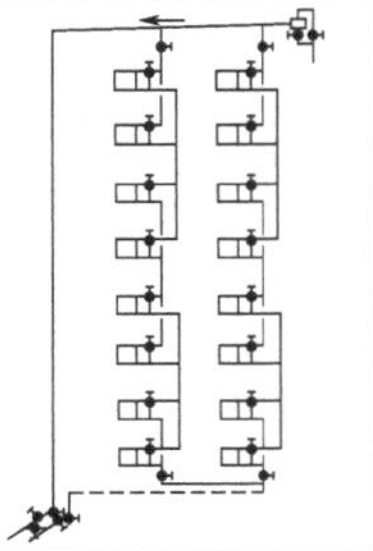	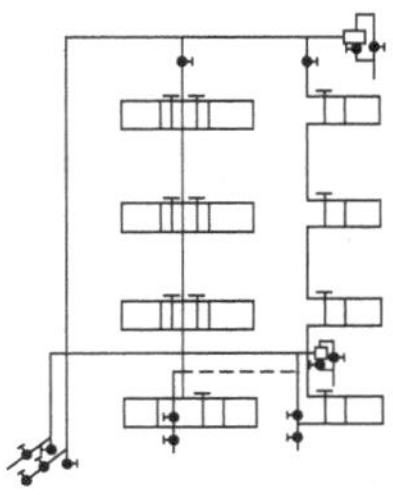	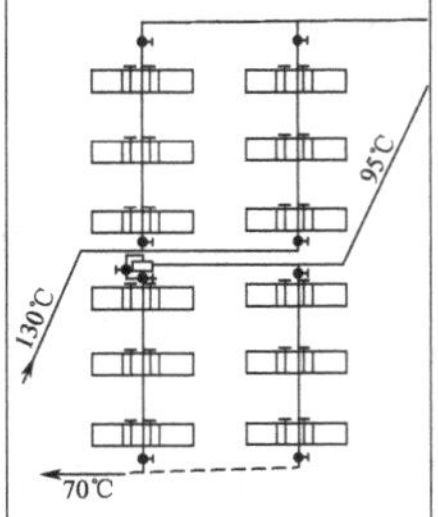	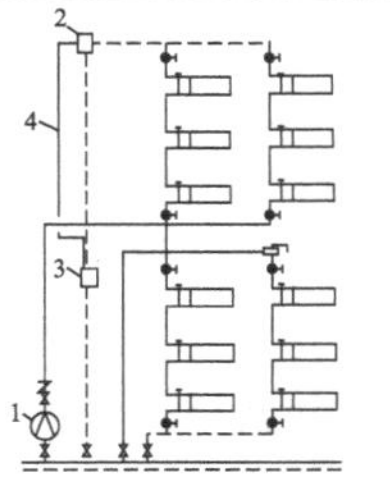 1—加压泵;2—断流器;3—阻旋器;4—连通管
适用范围	低温水热源	8层以上建筑	不易设置地沟的多层建筑	热媒为高温水的多层建筑	低温水热源
优缺点	①管理较复杂;②采用开式水箱,空气进入系统,易腐蚀管道	①避免垂直失调现象发生;②可解决散热器立管管径过大的问题;③克服单管系统不能调节的问题	①降低地沟造价;②系统泄水不方便;③影响室内底层房屋美观;④排气不便;⑤检修方便	解决高温水热媒直接系统的最佳方法之一	①直接用低温水供暖,便于运行管理;②用于旧建筑高低层并网改造,投资少;③微机变频增压泵精确控制流量与压力,供暖系统平稳可靠

2.3　室内供暖系统的设计方法

2.3.1　室内供暖设计主要步骤

室内供暖设计主要步骤及设计中主要工作内容介绍如下。

（1）设计准备

① 调查新设计建筑物距原有或新设热源建筑物的相对位置，与给排水专业共同调查原有地下各种管线情况，确定出供暖引入口位置和管线出户时的标高。如果在偏僻的山区里，室外气象资料参数要按照规范规定的计算方法，到附近气象台（站）调查后确定，如果是中、小城市室外气象参数可查设计手册。

② 调查热媒温度。各个大城市都在向区域集中供热方向发展，集中供热管网多采用110℃供水、70℃回水的热媒。如果单体建筑需用95℃/70℃的热媒时，就要考虑设置水-水热交换器的问题，并设置循环水泵和补水定压系统。

③ 调查当地材料情况。如散热器形式的确定，门窗形式、材质的确定，以便节省运输费用。

④ 根据设计任务书，查找与供暖专业有关的内容，并做好记录，以便在写设计施工说明时作为依据。

⑤ 请建筑、结构专业提供各层平面图、立面图和局部剖面图，为计算供暖设计热负荷做必要准备。例如图 2-10 为建筑专业提供的某三层建筑作业图，它是进行供暖系统单体设计的前提条件。当图纸齐全后，要弄清楚各房间使用功能或生产工艺对供暖通风的要求，还要弄清楚门窗尺寸、材质及顶棚、地板、外墙选用的材料情况，以便正确选用或计算传热系数 K 值。

供暖施工图设计，应在初步设计经使用单位主管部门审批之后再开始进行。审批时提出的变更或调整意见，应在施工图设计阶段予以修改和解决。

（2）确定设计工作计划

设计工作是由各专业相互配合共同完成的，为了保证质量，加快进度，各专业必须协调一致，按照统一的进度计划，及时、准确地相互提供设计条件，才能顺利地开展工作。因此，进度计划要各专业协商确定，共同遵守。工作开始时，一般应由建筑专业提供比较详细的平、立、剖面图纸，供暖专业根据设计内容、工作量和完成日期，安排自己的进度计划，再根据计划调整人力，进行分工。

（3）确定供暖热媒种类及热媒设计参数

供暖系统常用的热媒有水蒸气和热水两大类。水蒸气有高压水蒸气和低压水蒸气之分。对于供暖系统而言，水蒸气压力低于 70kPa 者，称为低压水蒸气；高压水蒸气供暖系统的水蒸气压力通常选用 0.2～0.4MPa。热水供暖又分为两类：一类是 95℃/70℃；另一类是高温水，一般供水温度为 110～130℃。

热媒的选择，应考虑到供暖安全、卫生条件、投资和运行经济性及当地和工程的供暖条件等因素。95℃/70℃的热水供暖系统中，散热器表面温度比较低，不易烫伤人，对人比较安全。同时，在散热器表面上沉积的有机灰尘不会因为表面温度高而挥发散发异味。热水的热容大，房间空气温度比较稳定，舒适感好，供、回水为闭式机械循环，回水热量损失小，一般广泛用于民用建筑和公共建筑。高温水供暖热媒温度比较高，可以节省散热器的数量，房间热稳定性比较好。

水蒸气供暖系统中，水蒸气热媒温度比较高。因此，散热器表面的温度也高，散热器的

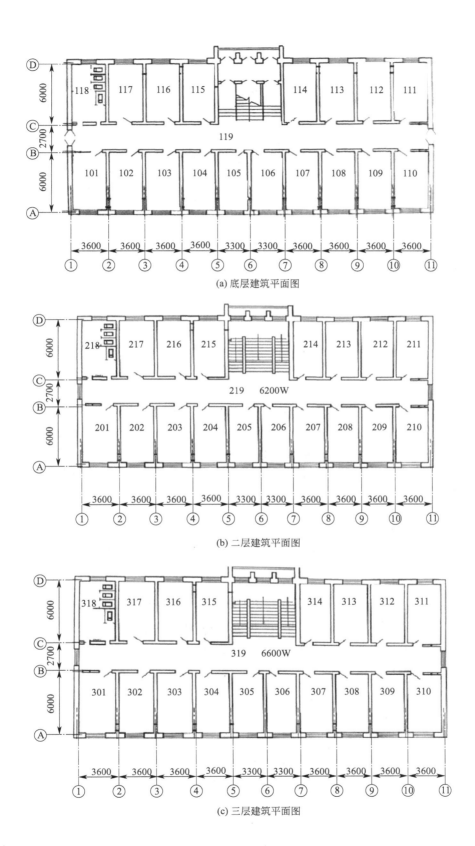

(a) 底层建筑平面图

(b) 二层建筑平面图

(c) 三层建筑平面图

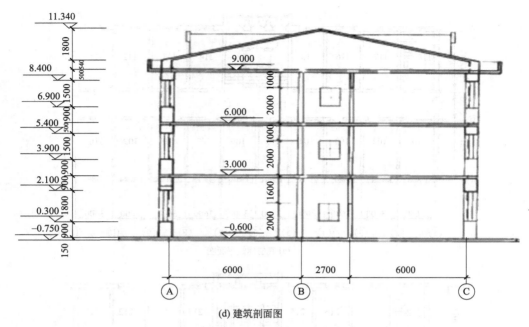

(d) 建筑剖面图

图 2-10 某三层建筑平面及剖面图

数量可减少,供热速度快,不需要消耗水泵动力。由于散热器表面温度高,室内卫生条件差些。为了安全,散热器有时要作安全防护。对于工业建筑,空间比较大、热负荷比较大,采用高压水蒸气散热器占地面积少,便于布置。另外,也适合于间歇供暖的建筑,但对于那些易燃烧、易产生爆炸粉尘的工业建筑不宜采用。低压水蒸气供暖,热媒温度比较低(约100℃),但系统简单,投资和运行费用都比较节省。水蒸气供暖系统的回水一般热损失比较大,热效率比较低。

(4)计算建筑的热负荷

供暖期间,当室外空气温度为供暖设计计算温度时,为了保持室内所规定的温度所需要的供热量,称为供暖热负荷。例如某三层建筑房间编号及供暖负荷计算结果如图2-11 所示。

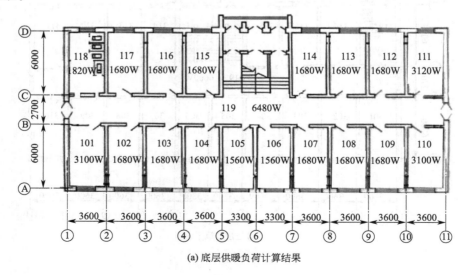

(a) 底层供暖负荷计算结果

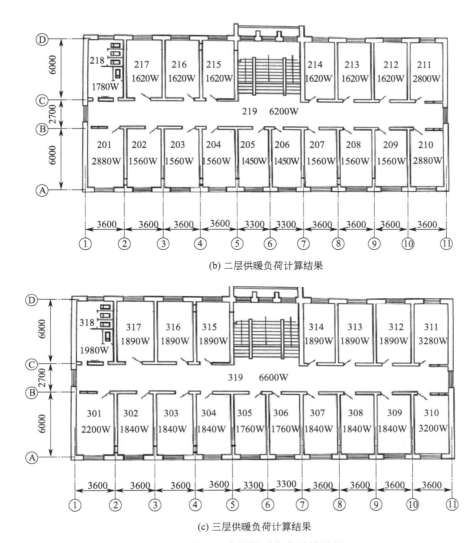

(b) 二层供暖负荷计算结果

(c) 三层供暖负荷计算结果

图 2-11　某三层建筑供暖负荷计算结果

（5）根据建筑特点，选择供暖系统的方案，确定供暖方法及供暖系统形式

确定散热器供暖系统的方案时，应该考虑到使用要求、外部热源情况及技术经济等因素，经过全面分析比较后确定。热水供暖系统由热水锅炉、循环水泵、散热器、膨胀水箱、管道、阀门及其他附件组成。例如某三层建筑供暖系统示意图如图 2-12 所示。

（6）根据工程实际条件及情况，确定散热设备种类与安装方式

散热设备主要分为散热器、暖风机及低温辐射盘管。

散热器为供暖系统房间供热用，按照材质可分为铸铁散热器、钢制散热器和铝制散热器等，种类繁多。

铸铁散热器耐腐蚀性强，价格便宜，但承压力差，传热系数比较低，外观欠美观，只能用于热水供暖系统。钢制散热器承压能力大，制作外形也比较美观，传热系数略高于铸铁，但钢制散热器耐腐蚀性比较差。铝制散热器比较美观，传热系数较高，耐腐蚀性好，只是价格比较高，宜用于高级建筑。

选择散热器时应考虑下列原则。

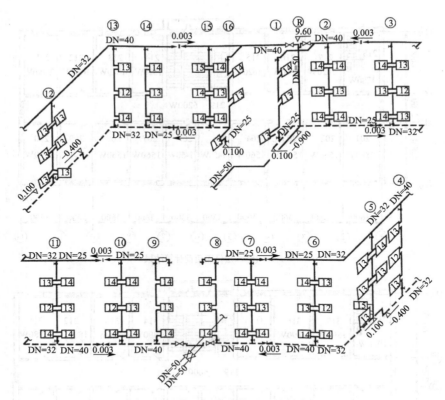

图 2-12　某三层建筑供暖系统示意图

① 热工性能。散热器的传热系数应高，可节约金属材料，减小体积。

② 外形美观。对于民用建筑，散热器作为室内陈设的一部分，应尽可能满足室内的美观要求。

③ 耐腐蚀性。散热器应耐腐蚀，尤其是水蒸气供暖系统，因内表面干、湿交替，很容易腐蚀，故应尽量延长其使用年限。

④ 价格应便宜，尽量降低工程造价。

此外，还要求散热器表面光滑，不易积灰尘等。如确定采用散热器供暖，可按以下步骤计算散热器面积：

① 计算散热器内的热媒温度；

② 选择散热器的种类和型号规格；

③ 计算散热器面积。

（7）确定布置散热设备的位置

在建筑平面图上，根据房间用途及设计要求，确定散热设备的布置位置及系统供水立管位置。对于散热器供暖，散热器一般布置在房间窗口旁边。例如某三层建筑供暖散热器布置示意如图 2-13 所示。

（8）系统水力计算

供暖系统水力计算可按如下步骤进行：①绘制系统图，对各管段进行编号；②选取经济比摩阻，计算及确定管道直径；③进行水力平衡计算，使各计算环路阻力满足设计要求。例如某三层建筑供暖水力计算草图如图 2-14 所示。

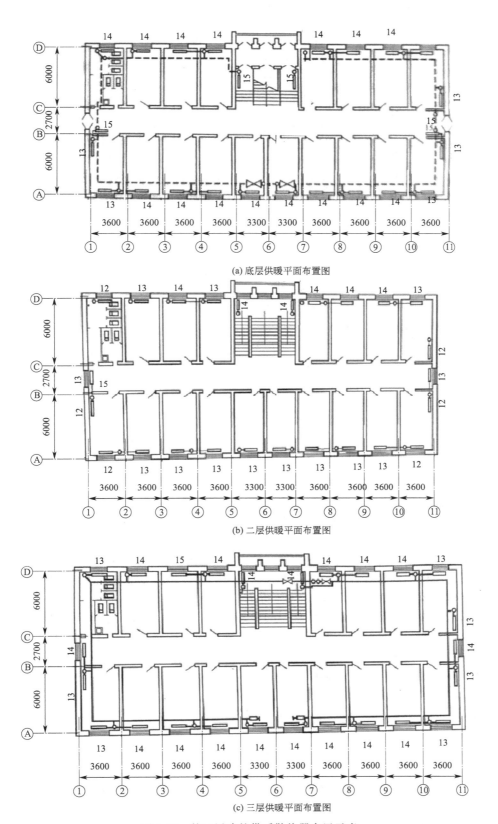

(a) 底层供暖平面布置图

(b) 二层供暖平面布置图

(c) 三层供暖平面布置图

图 2-13 某三层建筑供暖散热器布置示意

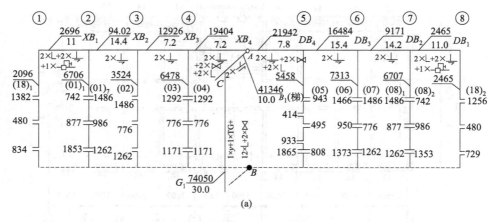

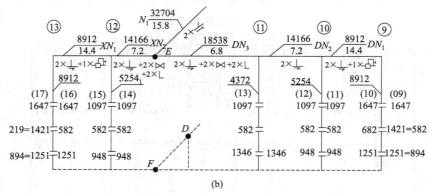

图 2-14　某三层建筑供暖水力计算草图

（9）进行系统设备附件选择计算

供暖系统的主要设备如下：水泵、散热器、膨胀水箱、排气阀、疏水器、安全阀等。其中，水泵为通用设备。还有一些与空调水系统基本相同，这里不再做介绍。

（10）绘制施工图

施工图设计，主要是根据初步设计确定的方案系统形式，按照审批意见调整后的建筑详图，进行认真而仔细的设计计算，并依据计算结果，完成供暖专业施工安装图纸的绘制。例如，某三层建筑供暖平面施工图如图 2-15 所示。

施工图纸是表达设计思想和设计意图的形象语言。设计者要善于利用施工图纸清晰而准确地表达设计意图和计算结果，使施工人员能准确无误地按照设计图纸进行施工安装，从而达到设计所预想的效果，满足使用要求。如果施工图纸信息不清，不但给施工安装带来困难，而且工程质量也是难以得到保障的。

① 施工图设计时，应注意以下事项。

a. 为了使图纸做到少而精，每张图纸都应安排紧凑、条理清晰，尽量表达较多的内容而避免前后翻找。

当一套图纸需要表达几个专业的内容时，应按设计单位的专业配备，结合施工单位的工种设置，合理地安排图纸的专业项目和内容，以有利于设计，且方便施工。

以供暖为主的施工图纸，可附以卫生、消防或煤气等内容，而供暖内容较少的工程项目也可并入其他专业的图纸上，只要施工便利，尽量减少空而无物的图纸。

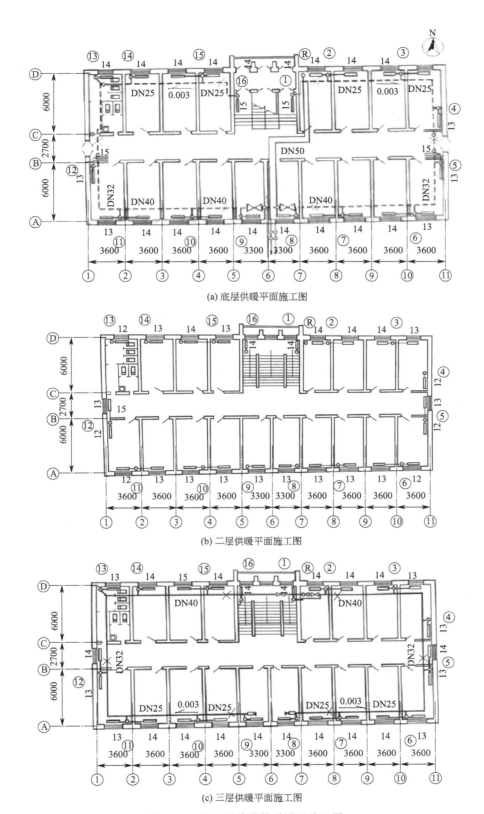

(a) 底层供暖平面施工图

(b) 二层供暖平面施工图

(c) 三层供暖平面施工图

图 2-15　某三层建筑供暖平面施工图

b. 一套图纸，要有条理有章法地编排起来，才能给看图者带来方便。复杂的工程，往往图纸较多，如果编排混乱，前后翻找，必然使看图者费时费力，甚至茫然不知所措。因此，一般在图纸绘制之前，就应事先按顺序安排好图纸内容和张数。设计者应做到心中有数，杂而不乱，看图者必然会感到条理清晰而章法井然。

c. 设计过程中，遇有交叉、碰撞等专业矛盾或要求局部调整和修改时，应及时联系，研究解决，并将变更情况通知相关专业。遇到本专业做法意见分歧时，专业负责人应及时协调解决，使工作得以顺利进行。

d. 全部图纸完成后，设计人员应先进行自审，再交预审核、审定。审出的疏漏改正后再签字。各专业还应联合校对，完成会审、会签。将疏漏和专业矛盾消灭在出图之前，以保证设计图纸质量。

e. 单项工程的施工图纸应一次出齐。规模较大、分段施工的工程，可分期出图。一般不应采用边设计边施工的办法。

f. 施工图纸原则上不应超过初步设计批准的项目内容和规模，总造价不应超出批准的初步设计概算书。特殊情况应申报原审批部门。

② 供暖工程图纸　供暖工程图纸应包括下列内容。

a. 首页。包括施工说明、图例、供暖设计概况、设备材料表等内容，简单的工程首页内容可与首层平面放在一张图上。

b. 平面图

ⅰ. 应绘出墙、柱、门窗、轮廓、楼梯、轴线号，注明开间尺寸、总尺寸、室内外地面标高（首层应注明与±0.000所对应的绝对高程）、房间名称，首层右上角绘出指北针。

ⅱ. 应绘出散热器位置并注明片数或长度、立管位置及编号、管道及阀门、放风及泄水、固定卡、伸缩器、入口装置、疏水器、管沟与人孔，管道应注明管径、安装尺寸及起终点标高。

ⅲ. 供暖入口有两处以上时，应在平面图上分别注明各入口的热量与系统阻力。

c. 透视图或立管图

ⅰ. 透视图应按45°或60°轴测投影法绘制，比例应与平面图一致。透视图应自入口起，将干、立、支管及散热器阀门等系统配件全部绘出。透视图应标注散热器规格、各段管径、起终点标高、伸缩器及固定卡的位置等。

ⅱ. 一般供暖工程可只绘制立管图。完全相同的立管，可不重复绘制，只需以立管号标注于相同的立管即可。立管图主要表示散热器规格、管径尺寸、连接做法、安装高度及阀门设置等，相同内容可用标准立管做图法统一表示，不必每根都绘制完全。

ⅲ. 单层建筑一般不必绘透视图，但应绘制散热器连接示意图或注明所选用的标准图索引图号。

d. 详图大样。在供暖平面图和系统图上表达不清楚，用文字也无法说明的地方，可用详图画出。通常施工安装图册及国家标准图中未有且需详细介绍的内容，均需另绘详图大样。

（11）整理设计计算书及相关设计文档，提交校对、审核、出图及存档

供暖工程的计算是整个设计工作中不可缺少的部分，占有较大的工作量。它是确定散热器规格、管径尺寸及其他供暖设备规格型号的重要依据。

供暖工程计算书可以根据工程规模大小与繁简程度有所不同。一般应按统一格式抄写清楚，经审核签字后与施工图纸一并存档，不外发。其主要内容如下。

① 围护结构的热工计算书；

② 供暖热负荷计算书；

③ 工艺设备发热量计算书；

④ 散热器及其他用热设备的选择计算书；

⑤ 管道系统水力平衡计算书；

⑥ 供暖附件或装置的选择计算书；

⑦ 暖风机、换热器、辐射板或其他供暖设备的计算书等。

（12）编制施工图预算

供暖工程概算书，根据初步设计所需设备与材料的规格和数量，按当地《建筑安装工程概算定额》编制而成。它是建筑工程总造价的一部分。

工程概算书是确定基建项目投资额，编制基建计划，实行工程招标，控制工程拨款，考核设计经济合理性的重要依据之一。

通过以上各主要步骤可完成建筑室内单体供暖工程设计，其供暖设计流程可参见图 2-16。

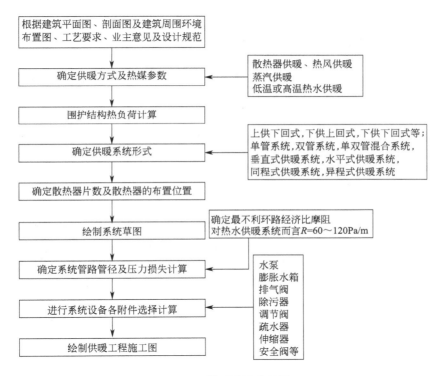

图 2-16 供暖设计流程图

2.3.2 室内供暖系统设计要点及注意事项

① 热负荷必须进行逐项计算，不允许采用指标估算。

② 高度超过 50m 时，宜竖向分区设置。分区一般要与其热源处和其他建筑分区保持一致。

③ 住宅供暖需分户计量，故住宅均采用共用立管下供下回异程系统，立管和计量装置设于管井。

④ 共用立管连接用户数不应过多，一般不宜超过 40 户，每层连接的户数不宜超过 3 户。

⑤ 供暖系统立管应进行严格水力平衡计算：室内共用立管比摩阻保持在 $30\sim60\text{Pa/m}$，户内系统的计算压力损失（包括调节阀、用户热量表）不大于 30kPa。立管水力计算 阻力

应考虑自然作用压头影响。

⑥ 公建上供下回单管跨越供暖系统形式不宜超过 6 层，上供下回双管系统不超过 4 层，下供下回双管系统不超过 5 层，8 层以上宜采用单双管式系统。一般优先选用上供下回方式，利于系统集中排气。大量散热器上应设置放气阀，不放气会导致部分散热器不热。

⑦ 每环立管数一般控制在 25 根，每根总立管可分二环。对于面积较大的情况可以设置多组立管（多个入户管）。不宜像类似空调水系统设计那样设置很大的水系统。

⑧ 供回水管管径：每环一般不大于 DN100，立管管径宜采用 DN25。单管管径不变，单管的跨越管管径一般采用 DN20，双管支管的管径一般采用 DN20。

⑨ 机械循环热水供暖系统作用半径大，适应面广，配管方式多，系统选择应根据卫生要求和建筑物形式等具体情况进行综合技术经济比较后确定。

⑩ 在系统较大时，宜采用同程式，以便于压力平衡。

⑪ 由于机械循环系统水流速度大，易将空气泡带入立管造成局部散热器不热，平敷设的供水干管必须保持与水流方向相反的坡度，以便空气能顺利地和水流同方向集中排出。

⑫ 因管道内水的冷却而产生的作用压力一般可不予考虑，但散热器内水的冷却产生的作用压力不容忽视，一般应按下述情况予以考虑。

a. 双管系统。由于立管本身连接的各层散热器均为并联循环环路，故必须考虑各层不同的重力作用压力，以避免水力的竖向失调。重力循环的作用压力可按设计水温条件下最大压力的 2/3 计算。

b. 单管系统。若建筑物各部分层数不同，则各立管所产生的重力循环作用压力也不相同，故该值也应按最大值的 2/3 计算；当建筑物各部分层数相同，且各立管的热负荷近似时，重力循环作用压力可不予考虑。

⑬ 在单管水平串联系统中，设计时应考虑水平管道热胀补偿的措施。此外，串联环路的大小一般以串联管管径不大于 $\phi 32mm$ 为原则。

⑭ 供暖系统设计中，应注意与建筑、结构及电气专业的协调与配合，散热器及立管、供暖供回水干管布置的位置及形式应与建筑专业协调，尽量达到美观、经济及使用方便的效果；供暖系统的膨胀水箱大小及重量，供暖系统引入口，管道地沟的尺寸及布置位置等，应主要与结构协商，并提出供暖设计的必要条件；管道的方式及引入口位置应尽量避免与电气管网辐射相交叉或相矛盾。

⑮ 供暖施工图设计完后，各专业应认真核对，检查专业之间的设计条件是否落实在各自的图纸上，相互之间有无遗漏等。

2.4 室外供热管网的设计方法

2.4.1 室外供热管网的设计内容

（1）热网工程系统简介及分析

热网为连接集中供热系统热源和热用户的管网，以此将热源产生的能量通过热媒安全、经济、有效地输送和分配给各热用户，满足其生产或生活的需求。在大型热网中，有时为保证管网压力工况、集中调节和检测热媒参数，还设置中继泵站或控制分配站。

热网工程设计的主要任务是根据需求选择热媒，确定热媒参数，合理布置管网及敷设管道，通过管网水力计算确定管径。

在区域集中供热系统中，目前采用的热源形式如下：热电厂、区域锅炉房、核能、地热、工业余热和太阳能等。应用最广泛的热源形式是热电厂和区域锅炉房。

区域集中供热系统的热媒主要是热水或水蒸气。区域集中供热系统可按不同的方法进行以下分类。

① 根据热媒不同，分为热水供热系统和水蒸气供热系统。

② 根据热源不同，主要可分为热电厂供热系统和区域锅炉房供热系统。

③ 根据供热管道的不同，可分为单管制、双管制和多管制的供热系统。

集中供热系统向许多不同的热用户供给热能，供应范围广，热用户所需的热媒种类和参数不一，锅炉房或热电厂供给的热媒及其参数往往不能完全满足所有热用户的要求。因此，必须选择与热用户要求相适宜的供热系统形式及其管网与热用户的连接方式。确定管网与热用户的连接方式是管网设计的一个关键性技术问题。

对于热水集中供热系统，另一个关键性技术问题是热水供热系统的定压问题。因为热水管网不可能十分严密，漏水和"丢水"现象经常发生，致使管网各处的压力经常波动下降；热水管网水温也经常变化，水的体积随水温升降而胀缩，水体积的胀缩同样要引起管网中压力的升降波动。在高温热水系统中，不论是管网循环水泵运行还是停止运行，都要加压力于系统某一点，以使管网各处压力都超过相应子系统供水温度的饱和压力。因此，为了使水泵管网能够按照水压图运行，维持压力稳定，就必须设置定压装置，使管网中一个点上的压力维持在给定值。供热管网中维持压力不变的点称为管网的恒压点。

（2）热水集中供热系统的定压方式

① 开式膨胀水箱定压　利用水箱安装在高处所造成的水头使系统形成一定的静压，如图 2-17 所示。系统的定压点设在建筑物 I 附近的回水干管上，膨胀水箱架设在建筑物 I 的屋顶上，因为建筑物 I 的屋顶标高是系统的最高点。开式膨胀水箱宜用于 100℃ 以下的热水系统。对于高温热水系统，为防止汽化，水箱必须装得很高，因而安装高度往往受到限制；开式膨胀水箱的安装高度（箱底）应比最高用户的室内系统最高点高出 2～5m（若为高温热水系统，还应加上相应于供水温度下的饱和压力的高度）。

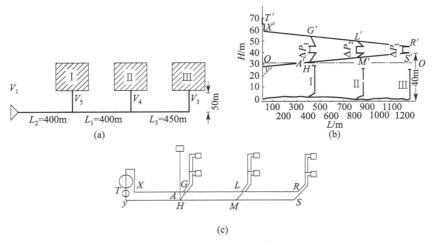

图 2-17　开式膨胀水箱定压方式示意

② 闭式膨胀水箱定压　在密闭容器中的水面上用气体加压，以使系统形成一定的压力。闭式膨胀水箱不受安装高度的限制，可用于高温热水系统，膨胀水箱中的压力可用氮气或水蒸气压力维持（不应采用压缩空气）。

③ 补给水箱和补给水泵定压　此种定压方式称为恒压式水泵定压，如图 2-18 所示。这种系统在补水量波动不太大的情况下，补给水泵连续运行并且扬程基本上是稳定的，而水箱安装高度是不变的。因此，这种定压方式的静水头基本上是恒定的。在大型供热系统中，系统的漏水量常大于循环水温度变化时水的膨胀量，此时可不考虑系统的溢水问题。

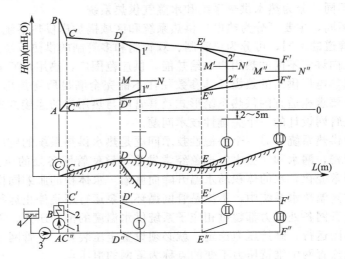

图 2-18　补给水箱和补水泵定压方式示意

（3）供暖循环水系统的补水、定压及膨胀系统的设计要求

① 锅炉热水、热交换器被加热水、供暖热水、空调冷热水的循环水系统的小时泄漏量，宜按系统水容量的 1% 计算。

② 循环水系统的补水点宜设在循环水泵的吸入侧母管上。当补水压力低于补水点压力时，应设置补水泵。当仅夏天使用的空调冷水等不设置软化设备的系统，如市政自来水压大于系统的静水压力时，则可用自来水直接补水，不设补水泵。

③ 补水泵应按下列要求选择和设定。

a. 各循环水系统宜分别设置补水泵。

b. 补水泵扬程应保证补水压力比系统补水点压力高 30～50kPa。

c. 补水泵总小时流量宜为系统水容量的 5%，不得超过 10%；系统较大时宜设置 2 台泵，平时使用 1 台，初期上水或事故补水时 2 台水泵同时运行。

d. 当按以上条款规定的总流量设置 1 台补水泵时，供暖系统、空调热水系统、冷热水合用的两管制空调系统的补水泵宜设置备用泵。

④ 闭式循环水系统的定压和膨胀方式，应根据建筑条件，经技术经济比较后确定，并宜符合以下原则。

a. 条件允许时，尤其是当系统静水压力接近冷热源设备所能承受的工作压力时，宜采用高位膨胀水箱定压。

b. 当设置高位膨胀水箱有困难时，可设置补水泵和气压罐定压。

c. 当采用对系统含氧量要求严格的散热设备时，宜采用能容纳膨胀水量的下列闭式定压方式或其他除氧方式：采用高位常压密闭膨胀水箱定压；采用隔膜式气压罐定压，且宜根据不同水温时气压罐内的压力变化确定补水泵的启泵和停泵压力。

⑤ 闭式循环水系统的定压和膨胀应按下列原则设计。

a. 定压点宜设在循环水泵的吸入侧，定压点最低压力应符合下列要求：循环水温度大于等于 95℃，应使系统最高点的压力高于大气压力 10 kPa 以上；循环水温度大于等于 60℃

的系统，应使系统最高点的压力高于大气压力 5kPa 以上。

b. 系统的膨胀水量应能够回收。

c. 膨胀管上不得设置阀门。

⑥ 补水的水质和水处理，应符合相关规定；仅作为夏季供冷用的空调水系统，补水可不进行软化处理；设置软化水设备时，其台数和出力应符合相关规定。当软化设备间断运行时，应根据运行时间适当增大设备出力。

⑦ 补水箱或软化水箱的容积应按下列原则确定：水源或软水能够连续供给系统补水量时，水箱补水储水容积可取 30～60min 的补水泵流量，系统较小时取大值；当膨胀水量回收至补水箱时，水箱的上部应留有相当于系统最大膨胀量的泄压排水容积。

2.4.2 集中供热系统热负荷的概算和特征

集中供热系统的热用户有供暖、通风、热水供应、空气调节、生产工艺等用热系统。这些用热系统热负荷的大小及其性质是供热规划和设计的重要依据。

（1）热负荷分类

① 季节性热负荷　供暖、通风、空气调节系统的热负荷是季节性热负荷。季节性热负荷的特点如下：它与室外温度、湿度、风向、风速和太阳辐射热等气候条件密切相关，其中对它的大小起决定性作用的是室外温度，因而在全年中有很大的变化。

② 常年性热负荷　生活用热（主要指热水供应）和生产工艺系统用热属于常年性热负荷。常年性热负荷的特点如下：与气候条件关系不大，而且它的用热状况在全日中变化较大。

（2）热负荷确定原则

供热管网热负荷量的确定应按以下原则进行。

① 用户支管：生产、工艺、供暖及通风按最大热负荷计算；生活热水用户当设用储水箱时，按供热季生活热水平均负荷计算；当无储水箱时，按最大热负荷计算。

② 主干管：生产、供热及通风应按热源最大额定热负荷设计能力进行计算，不计入备用锅炉热负荷；预留发展用户的供热量，宜结合总体规划在技术经济合理和可能的条件下给予考虑。

在供热管网的热负荷计算中，热损耗系数 K_0 一般可按表 2-2 选取。

表 2-2　管网热损耗系数

管道类别	架空	地沟
水蒸气管道	1.1～1.15	1.08～1.12
热水管道	1.08～1.12	1.05～1.08

（3）热负荷概算方法

热负荷主要包括供暖设计热负荷、通风设计热负荷、热水供应热负荷、生产工艺热负荷。

对集中供热系统进行规划或初步设计时，往往尚未进行各类建筑物的具体设计工作，不可能提供较准确的建筑物热负荷资料。因此，通常采用概算指标法来确定各类热用户的热负荷。

① 供暖设计热负荷

a. 面积热指标法。建筑物的供暖设计热负荷可按下式进行概算：

$$Q_n' = q_f F \times 10^{-3} \qquad (\text{kW}) \qquad (2\text{-}10)$$

办公等建筑取值范围 58～80W/m^2，餐馆、体育馆、礼堂等大空间建筑取值范围 100～160W/m^2。

b. 城市规划指标法。对一个城市新区供热规划设计，各类型的建筑面积尚未具体落实时，可用城市规划指标来估算整个新区的供暖设计热负荷。推荐的居住区综合供暖面积热指标值为 $60\sim67$ W/m²。

　　② 通风设计热负荷　在供暖季节中，加热从室外进入的新鲜空气所耗热量称为通风热负荷。对有通风、空调的民用建筑（如旅馆、体育馆等），通风设计热负荷可按该建筑物的供暖设计热负荷的百分数进行概算，即：

$$Q'_t = K_t Q'_n \qquad (kW) \tag{2-11}$$

　　③ 热水供应热负荷　热水供应热负荷为日常生活中洗脸、洗澡、洗衣服以及洗刷器皿等所消耗的热量。

　　a. 公式计算法。供暖期的热水供应平均小时热负荷可按下式计算：

$$Q'_{rp} = \frac{cm\rho v(t_r - t_1)}{T} = 0.00163 \frac{mv(t_r - t_1)}{T} \qquad (kW) \tag{2-12}$$

　　b. 城市居住区热水供应的平均热负荷估算公式如下（住宅无热水供应，只对公共建筑供应热水）：

$$Q'_{rp} = q_s F \times 10^{-3} \qquad (kW) \tag{2-13}$$

　　c. 由于热水供应昼夜变化大，为了降低热水供应的设计热负荷，宜在用户处设置储水箱。

　　④ 生产工艺热负荷

　　a. 生产工艺热负荷是为满足生产过程中加热、烘干、蒸煮、清洗、溶解等的用热，或作为动力用于驱动机械设备（如汽锤、汽泵等）。

　　生产工艺热负荷属于全年性热负荷。生产工艺热负荷的用热参数，按照工艺要求热媒温度的不同，大致可分为两种：供热温度在 $130\sim150℃$ 和 $0.4\sim0.6$MPa（绝对压力）水蒸气供热；供热温度在 $150℃$ 以上至 $250℃$ 以下时，供热的热源往往是中、小型水蒸气锅炉或热电厂供热汽轮机的 $0.8\sim1.3$MPa（绝对压力）抽汽。

　　b. 由于生产工艺的用热设备繁多，工艺过程对热媒要求参数不一，工作制度各有不同，因而生产工艺热负荷很难用固定的公式表述。可采用以下方法确定。

　　ⅰ. 按生产工艺系统提供的设计数据，并参考类似企业确定其热负荷。

　　ⅱ. 可采用产品单位能耗指标方法。

　　c. 工业企业供热的集中供热系统。各个工厂或车间的最大生产工艺热负荷不可能同时出现，因此在计算集中供热系统热网的最大生产工艺热负荷时，应以核实的各工厂（或车间）的最大生产工艺热负荷之和乘以同时使用系数 k_{sh}；同时，使用系数可用式(2-14)表示：

$$k_{sh} = \frac{Q'_{W.max}}{\sum Q'_{sh.max}} \tag{2-14}$$

　　外网总热负荷为供暖设计热负荷、通风设计热负荷、热水供应热负荷、生产工艺热负荷的总和。

2.4.3　室外供热管网的设计步骤

　　热网工程设计的主要目的是将热媒通过管网输运至各供热用户。其主要任务为根据用户的需求，确定热媒方式、参数及用户与管网的连接方式；通过管网水力平衡计算，计算各段管网的管径，将热量按用户需求输送给各用户，尽量避免管网水力失调，应提高管网水力稳定性。根据热用户的具体实际条件，通过技术分析及经济比较，确定管网的敷设方式。热网工程设计主要步骤如下。

（1）设计准备，确定设计依据

热网工程设计首先应收集及了解与设计相关的批准文件和与本专业设计有关的依据性资料，例如气象、地质资料、当地材料生产及供应情况、工厂的远景发展规划及逐年发展概况、现有的地下管线布置是否与热网管线矛盾的调查、各个已建建筑室内一层地坪标高±0.00与各自建筑物室外外墙处地面标高差是多少、土建总平面图各点地坪标高及各建筑物对应锅炉房的横纵坐标是多少等基础资料。

了解本工程其他专业提供的设计资料：供热区域建筑总平面布置图；热媒介质耗量及热媒介质参数；给排水、雨水等管道与其避免矛盾的最小距离和交叉点处理方法的资料；了解各个用户入口与供热管网所需的连接方式，确定热力管道的布置和敷设的原则。

（2）确定设计范围及设计原则

在完成基础资料收集及对所需设计的热网工程充分了解的基础上，按照相关设计文件和设计规范及标准，确定设计的指导思想和设计原则。

供热管网设计中应充分考虑供热管网以后的发展或扩建等；供热主干线要靠近热负荷集中的区域设置，以利于节约管材和减少地沟内的中途热损失。改建、扩建工程，应说明对原有管线的拆除、更换和利用情况。

（3）确定供热系统热媒及其参数选择

集中供热系统的热媒主要是热水或水蒸气，两种热媒各有优、缺点，热媒选择时应根据使用具体情况，经技术分析及论证后确定。供热系统热媒参数可按以下原则选取。

① 在集中供热系统中，以热水作为热媒与水蒸气相比，有下述优点。

a. 热水供热系统的热能利用效率高。由于在热水供热系统中没有凝结水和水蒸气泄漏，以及二次水蒸气的热损失，因而热能利用率比水蒸气供热系统好。

b. 以热水作为热媒用于供暖系统时，可以改变热水温度来进行供热调节（质调节），既能减少热网热损失，又能较好地满足卫生要求。

c. 热水供热系统的蓄热能力高，由于系统中水量多，水的比热容大，因此在水力工况和热力工况短时间失调时，也不会引起供暖状况的大幅波动。

d. 热水供热系统可以远距离输送，供热半径大。

② 以水蒸气作为热媒与热水相比，有如下一些优点。

a. 以水蒸气作为热媒的适用面广，能满足多种热用户的要求，特别是生产工艺用热，一般都要求水蒸气供热。

b. 与热水网路输送网路循环水量所耗的电能相比，水蒸气供热系统输送凝结水所耗的电能少得多。

c. 水蒸气在散热器或热交换器中，因温度和传热系数都比水高，可以减少散热设备面积，降低设备费用。

d. 水蒸气的密度很小，在一些地形起伏很大的地区或高层建筑中，不会产生如热水系统那样大的水静压力，用户的连接方式简单，运行也较方便。

e. 水蒸气供热系统供热速度快，这是因为水蒸气在管内的设计流速可达每秒十几米甚至几十米（热水系统管内流速一般均小于3.0m/s）。

③ 热媒的选择

a. 对热电厂供热系统来说，可以利用低位热能的热用户（如供暖、通风、热水供应等），应首先考虑以热水作为热媒。因为以水为热媒，可按质调节方式进行供热调节，并能利用供热汽轮机的低压抽汽来加热网路循环水，对热电联产的经济效益更为有利；对于生产工艺的热用户，通常以水蒸气作为热媒，通常由供热汽轮机的高压抽汽或背压排汽供热。

b. 对于以区域锅炉房作为热源的集中供热系统，在只有供暖、通风和热水供应热负荷的情况下，应采用热水为热媒，同时应考虑采用高温水供热的可能性。

c. 对于工业区的集中供热系统，通常既有生产工艺热负荷，也有供暖、通风等热负荷，此时多以水蒸气为热媒来满足生产工艺用热要求。但对于供暖系统的形式，热媒的选择则应根据具体情况，通过全面的技术经济比较来确定。

④ 热媒参数的确定

a. 对以热电厂为热源的供热系统，热媒参数的确定涉及热电厂的经济效益问题，应结合具体条件，考虑热源、管网、用户系统等方面的因素，进行技术经济比较确定。目前国内的热电厂热水供热系统，设计供水温度一般可采用 $110\sim150℃$，回水温度 $70\sim80℃$。

b. 对以区域锅炉房为热源的热水供热系统来说，提高供水温度和加大供回水温差，可使热网采用较小的管径，降低输送网路循环水的电能消耗和用户用热设备的散热面积，在经济上是合适的。但应注意，供水温度过高，对管道及设备的耐压要求高，这就要求运行管理水平也相应提高，以保证运行的可靠性和安全性。

c. 水蒸气供热系统中水蒸气参数（压力和温度）的确定，以区域锅炉房为热源时，水蒸气的起始压力主要取决于用户要求的最高使用压力以及水蒸气管网的压力降；而以热电厂为热源时，水蒸气的起始压力除要满足用户要求的最高使用压力以及水蒸气管网的压力降外，还要考虑热电厂的运行和水蒸气供热系统管道及设备的初投资等经济问题。

（4）确定热网工程系统连接形式及定压方式

热网工程系统连接形式即供热管网与热用户的连接方式，通常有直接连接和间接连接两种方式。当供热管网压力不超过热用户设备可承受压力时采用直接连接方式；当供热管网压力超过热用户设备可承受压力时采用间接连接方式。

（5）进行管网负荷计算

管网负荷种类应根据用户需求确定，主要分为季节性热负荷和常年性热负荷两类，管网负荷计算方法则分为详细计算和概算两种方法。当进行规划或初步设计时，往往尚未进行各类建筑物的具体设计工作，不可能提供较准确的建筑物热负荷的资料，因此通常采用概算指标法来确定各类热用户的热负荷。

（6）进行管网布置及管网水力计算

进行管网水力计算时，应尽量使各并联环路压力损失维持基本平衡，并应尽量提高管网的水力稳定性，减小管网水力失调度。

（7）确定管网敷设方式

管网敷设方式一般分为地上和地下两种方式，适用条件见表 2-3。管网敷设方式需通过技术、经济及合理性综合分析后确定。

表 2-3　管网敷设方式

序号	敷设方式	适用条件	选用要点
1	地上敷设	①多雨地区、地下水位高、采用有效防水措施经济上不合理时； ②湿陷性大孔土或具有较强腐蚀性地段； ③地形复杂、标高差较大、土石方工程量大或地下障碍很多且管道种类较多时； ④ $p>2.2MPa$、$t\geqslant350℃$ 的水蒸气管道	①高支架 $H\geqslant4m$； ②中支架 $H=2\sim4m$； ③低支架 $H=0.3\sim1m$
2	地下敷设	①在寒冷地区且间断运行，因散热损失量大，难以确保介质参数要求时； ②在城区有环境美观要求，不允许地上敷设时； ③城市规划不允许地上敷设且不经济时	①通行地沟； ②半通行地沟； ③不通行地沟； ④无沟直埋

① 地上敷设

a. 在不影响交通和行人的地段，可采用低支架敷设。人行交通不频繁的地方，可采用中支架敷设。管道跨越主要干道、行人或通行车辆频繁的地区或跨越铁路和公路时，可采用高支架敷设，如图 2-19 所示。在条件许可时，宜沿建筑及构筑物敷设。

b. 管道跨越水面、低谷地段和道路时，可在永久性路桥上架设。但不得在铁路桥下敷设供热管道。

c. 在架空的输电线下面通过时，管道上方应安装防护网，网的边缘应超出导线最大风偏范围。

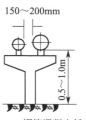

图 2-19　架空敷设

② 地下敷设　地下敷设方式主要有通行地沟、半通行和不通行地沟及无沟直埋四种方式。各种敷设方式选用及设计原则如下。

a. 通行地沟（图 2-20）

ⅰ. 当供热管道沿不允许开挖的路面敷设或供热管道较多、管径较大、管道垂直排列高度等于或大于 1.5m 时，宜采用通行地沟。

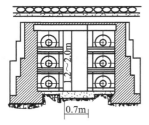

图 2-20　通行地沟

ⅱ. 地沟内空气温度不宜超过 45℃。一般应设计自然通风或机械通风。自然通风塔可直接设在地沟上或沿建筑物设置。排风塔和进风塔必须沿地沟长度方向交替设置，其横截面积可根据换气 2～3 次/h 和风速不大于 2m/s 确定。

ⅲ. 每隔 100～150m（不得超过 200m）应设置出入口（检查孔）；当地沟为整体捣制时，在转弯处和直线段每隔 200m 应设一个尺寸不小于 5m×0.8m 的安装孔。

ⅳ. 地沟内应设置永久性照明，电压不应大于 36V。

ⅴ. 地沟沟底应有坡度，坡向宜与主要管道的坡向一致，并坡向集水坑。

b. 半通行和不通行地沟（图 2-21、图 2-22）

ⅰ. 当管道根数较多、采用单排水平布置沟宽受限，且需做一般检修工作时，宜采用半通行地沟敷设。

ⅱ. 地沟内管道尽量沿沟壁一侧上下单排布置，地沟最小断面应为 0.7m×1.4m（宽×高）。不通行地沟宽不宜超过 1.5m，超过时宜用双槽。

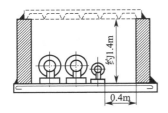

图 2-21　半通行地沟

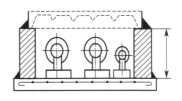

图 2-22　不通行地沟

c. 无沟直埋（图 2-23）

ⅰ. 对于 DN≤500mm 的热力管道宜采用直埋敷设方式。当敷设于地下水位以下时，管道必须有可靠的防水层。

ⅱ. 保温层应采用憎水性硬质或半硬质保温材料，并做成连续整体结构。

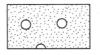

图 2-23　无沟直埋

（8）进行管道热补偿设计、管道活动及固定支架跨距及强度计算

热力网管道的热补偿设计，应考虑如下各点。

① 充分利用管道的转角等进行自然补偿。

② 采用弯管补偿器或轴向波纹管补偿器时，应考虑安装时的冷紧。

③ 采用套筒补偿器时，应计算各种安装温度下的安装长度，保证管道在可能出现的最高和最低温度下正常运行，补偿器应留有不小于20mm的补偿余量。

④ 采用波纹管轴向补偿器时，管道上应安装防止波纹管失稳的导向支座。当采用套筒补偿器、球形补偿器、铰链型波纹管补偿器，补偿管段过长时，也应在适当地点设导向支座。

⑤ 采用球形补偿器、铰链型波纹管补偿器且补偿管段较长时，宜采取减小管道摩擦力的措施。

⑥ 当一条管道直接敷设于另一条管道上时，应考虑两管道在最不利运行状态下热位移不同的影响。

⑦ 直埋敷设管道，宜采用无补偿敷设方式。

管道活动、固定支架允许跨度计算应按强度及刚度两个条件确定，取其最小值作为最大允许跨距。

（9）绘制管网施工图

施工图设计的文件主要是图纸，其内容包括如下。

① 目录：一般应按项目设计部分、重复使用图部分和国家标准图部分等分类编写。

项目设计部分应按下列顺序编写：封面、目录、设计说明、施工说明、材料表、全厂动力负荷一览表、地沟或管道线路平面布置图、管道安装系统图、管道纵剖面图、管道横剖面图、检查井（或架空管道接点）安装图、伸缩器安装图等。

② 设计说明和施工说明

a. 设计说明。说明施工图设计的依据（如对初步设计有重大修改时，应着重说明修改的原因和内容），说明必要的介质参数等设计数据，提出设计意图（如关于发展的说明），提出必要的调整、运行、维护的要求等；同时，说明动力管网中各管道附件（伸缩器、阀门、支架）设置的原则。另外，还要阐明管道所用的材料型号及所用的保温材料和防水材料，同时讲明保温结构形式等。

b. 施工说明。说明与施工、安装、验收有关的规范标准和技术要求。当能采用统一的施工说明时，本说明不必另行编写。

③ 材料表：主要设备材料表。

a. 应根据介质种类分别统计出各种管道的管材规格和数量（m）、阀门规格型号和数量（个）、支架用型钢数量以及保温材料的种类和数量（m³）、保护层材料和数量（m²）等。

b. 由于各厂家生产的材料使用性能各有其特点，如需强调要求时，最好在主要材料表的备注一栏中标明生产厂家，以保证设计与施工的密切配合。

④ 全厂动力负荷一览表。

⑤ 地沟或管道线路平面布置图。

在热网平面布置图中，应标出各个建筑物地沟入口位置距锅炉房的横纵坐标尺寸，距离锅炉房远的用户可直接标注出地沟入口距各自建筑物某个楼角处的横纵坐标值。标注出构筑物（伸缩井、检查井、通行地沟通风口）的位置及编号，并在平面图上写明图例和编号；同时，还要在平面图上画出扩建工程建筑，标明设想或拟建位置，以便热网设计时预留管头，并标注出各建筑物用途，绘出河流、沟渠、道路及表明地形标高的等高线、坐标标准点等必要设计依据。

⑥ 管道安装系统图：在热网系统图中，应标出管道排列方式中伸缩器、阀门、管径、固定支架、检查井等大约位置，并分别进行编号，以便在主要设备材料表中查找型号及安装尺寸。

（10）进行工程概预算

在热网初步设计阶段，对各建筑物（车间）内的管道只作概算，而不必制作设计文件。全厂热网（整个热网）与各建筑物（车间）应分别进行概算工作。

整个设计完成后，整理设计文件及各种计算书和资料，存档备查。

综上所述，热网工程设计流程如图 2-24 所示。

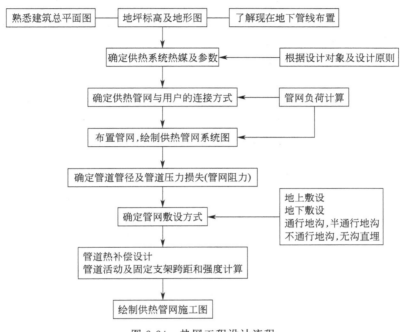

图 2-24　热网工程设计流程

2.4.4　室外供热管网设计要点及注意事项

① 供热管道管径的确定，可以利用热负荷来计算出相对应的流量，再通过流量和经济比摩阻来确定最终管径的大小。在一般情况下，主干线的经济比摩阻可采用 30～70Pa/m，支干线根据压降选取，一般取 60～120Pa/m，最大不应该超过 300Pa/m。

② 各个分支管所承担的供热管网面积应该尽量做到相平衡，支线管道的长短设计避免差异过大的情况。这些设计有利于整个供热系统的水力平衡，达到供热稳定的目的。

③ 供热管道干线与支线的水力计算不平衡率不能超过 15%，保证管网水力的平衡稳定是着重考虑的方面。

供热管网布置形式有枝状管网和环状管网两大类型。室外供热管网的布置一般采用枝状布置，当有特殊要求时采用辐射状或环状布置。枝状布置方式是最经济的一种方式，也是常用的一种管道布置方式。辐射状方式的优点是由于阀门集中于锅炉房内的分汽缸上，便于集中控制和分片供热，这种方案在工厂中采用得较多。环状布置方式在用户不允许中断供热的情况下才采用。室外供热管网设计中应注意以下事项。

① 经济上合理，主干线力求短直。主干线尽量通过用户密集区，并靠近负荷大的主

要用户。要注意管线上的阀门、补偿器和某些管道附件（如放汽、放水、疏水管装置）的合理布置。因为这将涉及检查室（可操作平台）的位置和数量，应尽可能使其数量减少。

② 技术上可靠。供热管线应尽量避开土质松软地区、地震断裂带、滑坡危险地带以及地下水位高等不利地段。

③ 尽量减少管网交叉。热力管线布置应尽量减少与公路、铁路、沟谷和河流的交叉，以减少交叉时需采取的特殊措施。当管线跨越主要交通线、沟谷和河流时，应采用拱形管道。

④ 减少对周围环境的影响，与周围环境协调。供热管线布置应对周围环境影响少，且与周围环境协调。供热管线应少穿主要交通线，一般平行于道路中心线并应尽量敷设在车行道以外的地方。通常情况下管线应只沿街道的一侧敷设。地上敷设的管道，不应影响城市环境美观，不妨碍交通。供热管道与各种管道、构筑物应协调安排，相互之间的距离应能保证运行安全、施工及检修方便。

供热管道与建筑物、构筑物或其他管线的最小水平净距和最小垂直净距，可参见《城市热力网设计规范》规定。供热管线确定后，根据室外地形图，确定纵断面图和地形竖向规划设计。在纵断面图上应标注：地面的设计标高、原始标高、现状与设计的交通线路和构筑物的标高，以及各段热网的坡度等。

⑤ 考虑管网的热胀冷缩及补偿。布置供热管网时，应尽量利用管道的自然弯角作为自然补偿。当采用方形伸缩器时，应设置在两固定支架的中心点上，如因地方所限偏离中心点时，较短的一边直线不宜小于该段全长的 1/3。

⑥ 设置检查井或人孔。凡热力地沟分支处都应设置检查井或人孔，当直线管段长度为 100～150m 时，虽无地沟分支，也应设置检查井。

⑦ 适当、合理设置阀门，以便调节及维修。凡从主干线上分出的支管上一般都应设置截断阀门，以便当建筑物内部管道系统发生故障时，可进行截断检修而不影响区域供热。

⑧ 对水蒸气供暖，应考虑凝水回收，以利节能。在下列地方，水蒸气管道必须考虑设置疏水器：a. 水蒸气管道上最低点；b. 被阀门截断的各管段最低点；c. 垂直升高管段前的最低点；d. 直线管段每隔 100～150m 设置一个疏水器。

⑨ 热水管段及凝结水管段应在最低点放水，在最高点放气。

2.5 区域锅炉房的设计方法

区域锅炉房由锅炉本体和辅助设备组成。锅炉是一种能量转换器，它是利用燃料燃烧释放的热能或其他热能将工质水或其他流体加热到一定程度的设备。锅炉本体包括汽锅、炉子、水蒸气过热器、省煤器和空气预热器；辅助设备包括运煤、除灰系统辅助设备，水、汽系统辅助设备，引、送风系统辅助设备，自控仪器、仪表辅助设备，消烟除尘系统辅助设备。

锅炉是一种将燃料燃烧后释放的热能或工业生产中的余热传递给容器内的水，使水达到所需要的温度或变成一定压力水蒸气的热力设备。水进入锅炉以后，在汽水系统中锅炉受热面将吸收的热量传递给水，使水加热成一定温度和压力的热水或生成水蒸气，被引出应用。在燃烧设备部分，燃料燃烧不断放出热量，燃烧产生的高温烟气通过热的传播，将热量传递给锅炉受热面，而本身温度逐渐降低，最后由烟囱排出。锅炉按燃烧燃料的种类可分为燃煤锅炉、燃油锅炉及燃气锅炉等。

　　燃煤锅炉主要由煤粉制备系统、燃烧器、受热面、空气预热器等主要部分组成。燃煤锅炉主要是按照用途分类的，它分为燃煤开水锅炉（供应开水）、燃煤热水锅炉（供暖和洗浴）、燃煤水蒸气锅炉（供应水蒸气）、燃煤导热油锅炉（蒸煮和干燥）等。煤粉锅炉燃烧系统如图2-25所示。链条燃煤锅炉燃烧示意如图2-26所示。

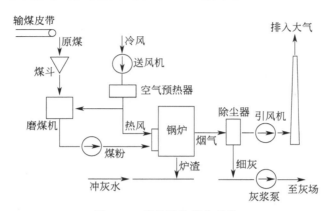

图 2-25　煤粉锅炉燃烧系统

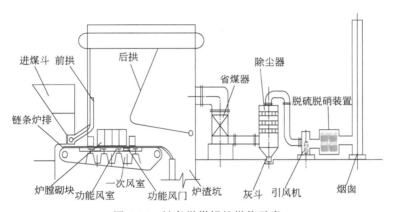

图 2-26　链条燃煤锅炉燃烧示意

　　燃油锅炉包括燃油开水锅炉、燃油热水锅炉、燃油供暖锅炉、燃油洗浴锅炉、燃油水蒸气锅炉等。燃油锅炉是指以轻油（如柴油、煤油）、重油、渣油或原油为燃料的锅炉。燃油锅炉与燃气锅炉、电加热锅炉相比，燃油锅炉比电加热锅炉运行经济，比燃气锅炉使用方便。随着经济的发展和社会的进步以及人们环保意识的提高，燃煤锅炉由于污染严重，逐渐远离人们的视线，取而代之的是新型环保数字锅炉，如电加热锅炉、燃油锅炉、燃气锅炉等。电加热锅炉运行最贵，燃气锅炉需要开通燃气管道。燃油锅炉是通过燃烧器加热的，燃油雾化效果好，燃料燃烧充分，烟囱看不到黑烟，所以燃油锅炉绿色环保、高效节能。

　　燃油锅炉的燃料是燃油（如柴油、煤油等），燃气锅炉的燃料为燃气（如天然气、城市煤气、沼气等）。配置燃气燃烧器的锅炉称为燃气锅炉，配置燃油燃烧器的锅炉称为燃油锅炉，燃油锅炉和燃气锅炉的区别在于使用何种燃料的燃烧器燃烧。燃油或燃气锅炉工作原理图如图2-27所示。

　　在完成各用户供暖单体系统设计及室外管网设计后，为使系统可以运行，就需进行区域

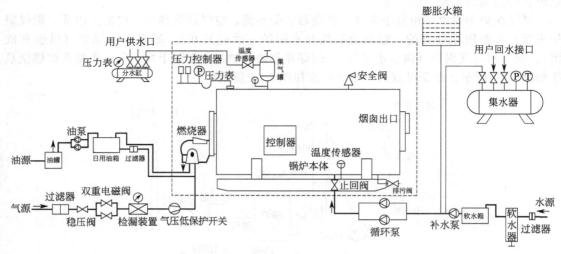

图 2-27　燃油或燃气锅炉工作原理

锅炉房或热交换站系统设计工作。以下介绍区域锅炉房或热交换站的设计方法。

2.5.1　区域锅炉房设计所需的原始资料

（1）热负荷资料

① 建设单位的各栋建筑物的水蒸气热负荷或热水热负荷，包括小时最大热负荷、小时平均热负荷、全年热负荷。

② 供暖通风用的小时最大热负荷。

③ 生活用小时热负荷和使用时间，例如浴室、炊事、饮水等。

④ 水蒸气或热水的参数、热负荷变化的特点（用热时间、使用情况）与热负荷变化曲线。

⑤ 各项用热的回水量和回水温度。

⑥ 建设单位用热发展情况，例如是否分期建设、将来扩建的可能性等。

（2）燃料资料

① 燃料是正确选择锅炉型号、确定燃料输送系统的重要依据。

② 选用燃煤锅炉时，中小型锅炉房只需要煤质工业分析资料即可。

③ 选用燃油锅炉时，应向燃料供应公司索取产油地点、价格、运输方式、燃油的成分与元素分析、燃油质量指标等。

④ 选用燃气锅炉时，应向煤气公司了解燃气的气源、管网压力、供气管的距离、燃气价格、燃气的成分分析、燃气的各项性质指标等。

（3）水质资料

水质资料包括水源种类、供水压力及水质全分析资料。

（4）气象资料

气象资料包括海拔高度，供暖和冬、夏季通风的室外计算温度，供暖期室内平均温度，供暖天数，冬季和夏季的主导风向，冬季和夏季的大气压力，最大的冻土深度等。

（5）地质资料

① 在设计地下室、地沟和地下管道时，需要知道土层的地耐力、湿陷性黄土等级、地

下水位。

② 当所在地区的地震强度在 7 度以上，设计防震的房屋结构、设置锅炉钢架时，需要知道地震等级资料。

（6）设备和材料资料

① 锅炉机组资料：在进行初步设计时，应掌握锅炉及辅机的主要技术参数、型号、规格、外形图及价格资料，在进行施工图设计时，应取得锅炉安装图纸，以便了解设备基础、配管、平台扶梯操作位置等情况。

② 辅助设备的资料：风机、水泵、水处理设备、燃料供给设备与除灰设备等各种标准设备及非标准设备的图纸、技术参数及价格等。

③ 材料资料：保温材料、管材等。

④ 其他相关资料：施工地点的交通、供电、供水情况；上级批文、有关协议文件；当地卫生环保的有关规定等。

（7）改建和扩建锅炉房所需的原始资料

① 原锅炉房的施工图包括工艺布置图、热力系统图、区域布置图，对重要的或改动的尺寸要进行实测校对。

② 原锅炉房的设备及库存设备的规格、型号、数量、制造厂、使用年限、主要尺寸、运行情况和存在的问题。

③ 原锅炉房的建筑结构资料。

④ 原锅炉房的运行记录、存在的问题、事故分析资料等。

2.5.2　锅炉房设计方法及步骤

锅炉房是区域建筑供热的重要组成部分。因此，锅炉房设计时必须充分了解情况，深入实际调查研究，进行多方案经济比较、技术论证，遵守国家有关规范及标准，应注意节约能源，保护环境，确保防火防爆安全；采用先进技术，提高经济效益，改善工作和劳动条件；确保设计符合安全生产、技术先进和经济合理的要求。

锅炉房设计方法可参考以下步骤进行。

（1）设计准备

调查供热性质及供热要求，例如建筑总平面布置图，供热介质耗量及介质参数、要求等；收集各项设计原始资料，如气象、地质、水质分析以及燃料种类、来源分析等。

（2）负荷计算及锅炉房设计容量的确定

确定锅炉房热负荷时应注意以下几点。

① 对各热用户所提供的热负荷资料，应认真核实，掌握工艺生产、生活及供暖通风等对供热的要求，绘制热负荷曲线，进行分析研究。

② 在计算热负荷时应对用户提供的热负荷进行核实，校验其合理性，以免造成锅炉房设计容量过大或不足。

③ 对用热负荷波动较大且频繁或为周期性变化的锅炉房，根据经济合理的原则，应考虑蓄热器。设有蓄热器的锅炉房，其设计容量应按平衡后的热负荷进行计算确定。

锅炉房设计容量 Q 按下式计算：

$$Q = K_0(K_1Q_1 + K_2Q_2 + K_3Q_3 + K_4Q_4) + K_5Q_5 \qquad (t/h) \qquad (2-15)$$

式中，K_0 为室外管网热负荷及漏损系数，可从《锅炉房设计手册》中查取，一般可按 1.02 计算；$K_1 \sim K_5$ 分别为供暖、通风空调、生产、生活和锅炉房自用热负荷同时使用系数，参见表 2-4。

表 2-4　同时使用系数

项目	K_1	K_2	K_3	K_4	K_5
推荐值	1.0	0.8～1.0	0.7～1.0	0.5	0.8～1.0

（3）确定设计方案

在负荷计算和分析的基础上，选定供热介质及参数，绘制方案图，进行多方案比较后，推荐出技术先进、经济合理、符合国家有关规范及满足用户需求的最佳方案。锅炉房在区域供热中设置的位置是设计方案中的主要组成部分，锅炉房位置布置应符合以下要求。

① 锅炉房应靠近热负荷集中的地区，以缩短供热管道的长度，减少热损失。

② 锅炉房的位置应有较好的地形和地质条件，应建在供热区地势较低的区域，以利于凝结水或热水回水的自流锅炉，但锅炉房的地面标高至少高出洪水位 500mm 以上。

③ 锅炉房的位置要便于燃料和灰渣的运输和存放。锅炉房附近的地面上或地下应有足够的空地以储存燃料和堆放灰渣，而且应靠近河道、铁路或公路，使运输方便、运输距离最短、转运次数少。

④ 锅炉房的位置应符合《工业企业设计卫生标准》《建筑设计防火规范》及其他安全规范中的有关规定。为了减少烟尘、煤、灰、烟气、噪声对周围环境的影响，锅炉房应位于常年主导风向的下风侧；锅炉房应有较好的自然通风和采光；炉前操作处应尽量避免日晒。

⑤ 锅炉房附近应留有扩建的余地，锅炉房扩建端不设置永久性或体型大的设备或构筑物。燃料储存和灰渣场也应留有扩建余地。

⑥ 锅炉房的位置应便于给水、排水和供电。

⑦ 如果企业有燃油储存罐、煤气站等，应尽量采用共用或部分共用的燃料供给系统、除灰系统和软水系统等。

（4）确定锅炉设备的形式、容量和台数

根据推荐的最佳方案确定锅炉设备的形式、容量和台数，并说明备用情况及夏季运行的台数。锅炉选型及台数的确定应遵守如下原则。

① 锅炉选型原则

a. 必须满足供热负荷及热介质参数的要求。

b. 应能有效燃烧所选用的燃料，且对煤种有较大适应性。

c. 锅炉应有较高的热效率。锅炉的出力（台数配合）应能经济有效地适应用户热负荷的变化，一般燃烧锅炉的经济负荷为其额定出力的 70%～80%，低负荷不应低于 20%～30%，要尽量避免长期低负荷运行。

d. 应优先选用国家公布推广的节能锅炉产品和推荐的优良节能锅炉产品，不得采用国家已公布淘汰的产品。

e. 应选用消烟除尘效率较好，有利于环境保护要求的锅炉，一般宜选用不冒黑烟、排尘原始浓度较低的层燃锅炉。

f. 同一锅炉房内应尽量采用相同燃烧设备、相同容量的锅炉，以利设计、施工、安装运行。当供热介质参数不同或冬、夏季负荷差别较大时，也可采用不同类型及不同出力的锅炉。

g. 所选择的锅炉应在基建、运行维修和环境保护等方面有较好的经济效益和环境效益。必要时应提出不同的设计方案，进行全面的技术经济比较，以确定合理的方案。

② 锅炉台数的确定

a. 锅炉房采用锅炉的台数应根据热负荷的调度、锅炉检修和扩建的可能性等因素确定，一般不少于 2 台。当选用一台锅炉能满足热负荷和锅炉检修的需要时，可装设一台锅炉。

采用机械加煤锅炉，且锅炉房为新建时，锅炉台数一般不超过 4 台，锅炉房扩建和改建时，锅炉总台数不宜超过 7 台。采用手工加煤锅炉，锅炉房新建时，锅炉的总台数不宜超过 3 台，改建和扩建时，锅炉总台数不宜超过 5 台。

b. 锅炉房备用锅炉的设置可按下述原则确定：

ⅰ. 以供暖、通风和生活负荷为主的锅炉房，一般不需要设备用锅炉。锅炉的正常检修应在非供暖期进行。

ⅱ. 以生产负荷为主的锅炉房，当非供暖期至少能停用一台锅炉轮流进行检修时，可不设备用锅炉。

ⅲ. 专供生产及生活用热负荷的锅炉房，应根据生产要求考虑是否需设备用锅炉。当不设备用锅炉将使生产上发生事故或造成较大经济损失时，应设置一台备用锅炉。

c. 如按设计规划要求，已落实近期内热负荷将有较大增长时，可选择单台出力较大的锅炉，土建设计时可预留位置，并在辅助设备选择、系统管道等方面均适当加大；对远期可能发展的热负荷在锅炉房设计时可不预留，仅在总图布置上留出锅炉房发展所需要的场地。

（5）锅炉房辅助设备计算及选择

锅炉房辅助设备主要包括给水及水处理设备、鼓风及引风设备、除尘设备及烟囱，其选用原则如下。

① 锅炉房的水处理系统应根据以下原则进行选择：

a. 满足给水及炉水的水质标准；

b. 技术可靠，经济合理，水蒸气品质满足用户的要求；

c. 采用炉外化学水处理时，锅炉的排污率不超过锅炉蒸发量的 10％。

② 鼓风机、引风机配置选择要点

a. 锅炉鼓风机、引风机宜单炉配套，小于 2t/h 的锅炉可按具体情况单炉或集中配置。当集中配置时，每台锅炉与总风道、总烟道的连接处应设置密闭的闸门。

b. 单炉配置风机时，风量裕量一般为 10％，风压裕量一般为 20％。

c. 集中配置风机时，鼓风机、引风机应各设两台，并应使风机符合并联运行的要求。每台风机的风量和风压应能满足全部锅炉负荷的 60％～70％。

d. 选择鼓风机、引风机时应尽量使风机在最高效率点附近运行，风机的转速不宜超过 1450r/min。

e. 采用锅炉厂配套的鼓风机、引风机时，设计中应注意烟道介质流速及阻力的验算，并应根据当地的大气压进行修正。

③ 锅炉烟气除尘系统设计原则

a. 锅炉房的烟尘排放标准及烟囱高度应符合《锅炉大气污染物排放标准》（GB 13271—2014）的规定，并应符合本地区环保部门的有关规定。

b. 锅炉房一般宜采用干式除尘。当采用湿式除尘时，其废水应采取有效措施进行处理，方可排放，并应采取防止除尘器及其后的排烟系统腐蚀的措施。

c. 一般宜采用一级除尘。当烟气含尘浓度很高时，可以采用两级除尘。

d. 大容量锅炉采用多台并联除尘器时，应考虑并联的除尘器有相同的性能，并应考虑其前后接管的压力平衡。

e. 干式除尘器必须采用密封可靠的排灰机构，并同时考虑除尘器收尘的储存、输送和处理方式，以保证除尘效率和严防灰尘产生二次污染。

f. 在寒冷地区选用湿式除尘器时，除尘器及其前后接管必须考虑保温和防冻措施。

（6）进行锅炉房设备平面布置

① 锅炉房工艺布置的尺寸应满足以下要求。

a. 锅炉前端与锅炉房前墙的净距：水蒸气锅炉 1～4t/h，热水锅炉 0.7～2.8MW，不宜小于 3m；水蒸气锅炉 6～20t/h，热水锅炉 4.2～14MW，不宜小于 4m。当需要在炉前进行拨火、清炉操作时，炉前净距应能满足操作要求。链条炉前留有检修炉排的场地；燃煤快装锅炉要为清扫烟箱、火管留有足够空间；燃油和燃气锅炉的前端应留有维修燃烧器、安放消声器的空间。

b. 锅炉侧面和后面的通道净距：水蒸气锅炉 1～4t/h，热水锅炉 0.7～2.8MW，不宜小于 0.8m；水蒸气锅炉 6～20t/h，热水锅炉 4.2～14MW，不宜小于 1.5m。通道净距应能满足吹灰、拨火、除渣、安装和检修螺旋除渣机的要求。

c. 锅炉的操作地点和通道的净空高度不应小于 2m，并应能满足起吊设备操作高度的要求；当锅筒、省煤器等上方不需要通行时，其净空高度可为 0.7m。快装锅炉及本体较矮的锅炉，为满足通风要求，除应符合上述要求外，锅炉房屋架下弦标高建议不小于 5m，如采取措施可小于此值。

d. 灰渣斗下部的净空，当人工除渣时，不应小于 1.9m；机械除渣时，要根据所选择的除渣机外形尺寸确定。除灰室宽度，每边应比灰车宽 0.7m。灰渣斗的内壁倾角不宜小于 60°。煤斗下的下底标高除了要保证溜煤管的角度不小于 60°外，还应考虑炉前采光和检修所要求的高度，一般高于运行层地面 3.5～4m。

② 锅炉房辅助设备的布置应满足以下要求。

a. 送风机、引风机和水泵等设备间的通道尺寸应满足设备操作和检修的需要，并且不应小于 0.8m；如果上述设备布置在锅炉房的偏屋时，从偏屋地坪到屋面凸出部分之间的净空，应能满足设备操作和检修的需要，并且不应小于 1.5m。

b. 机械过滤器、离子交换器、连接排污扩容器、除氧水箱等设备的凸出部位间的净距，一般不应小于 1.5m。

c. 汽水集配器、水箱等设备前应考虑有供操作、检修的空间，其通道宽度不应小于 1.2m。

d. 除尘器设于锅炉后部的风机间内，其位置应有利于灰尘的运输和设备的检修。

③ 连接设备的各种管道布置应符合以下要求。

a. 管道的布置主要取决于设备的位置。

b. 为了便于安装、支撑管道和检修以及整齐美观，管道应尽量沿墙和柱敷设，大管在内，小管在外，非保温管在外。管道布置不应妨碍门、窗的启闭与影响室内采光。

c. 为了满足焊接、装置仪表、附件和保温等的施工安装、运行、检修的需要，管道与梁、柱、墙和设备之间要留有一定距离。

例如，某 2 台 10t 水蒸气锅炉房布置如图 2-28 所示。

（7）进行锅炉热力系统设计

确定锅炉热力系统的组成，确定汽水管道工艺流程。图 2-29 为某 2 台 10t 水蒸气锅炉热力系统参考。

（8）绘制锅炉房设计施工图

锅炉房施工图主要包括图纸目录、设计说明、锅炉房区域总平面图、设备管道平面和剖面布置图、系统图等内容。各种图纸应表达的主要内容如下。

① 图纸目录　先列出新绘制的图纸，后列出选用的标准图或重复利用图。

② 设计说明　设计说明主要内容如下：锅炉房设计容量、建设期限、运行介质参数（压力、温度等），系统运行的特殊要求及维修管理中的特别注意事项；材料及附件选用，管道安装坡度要求；设备和管道防腐、保温及涂色要求；设备与管道和土建配合要求；对施工安装质量及安全规程标准与设备及管道系统试压要求；安装与土建施工的配合及设备基础与到货设备尺寸的核对要求，设计所采用的图例符号说明等。列出整个工程的热负荷统计表，

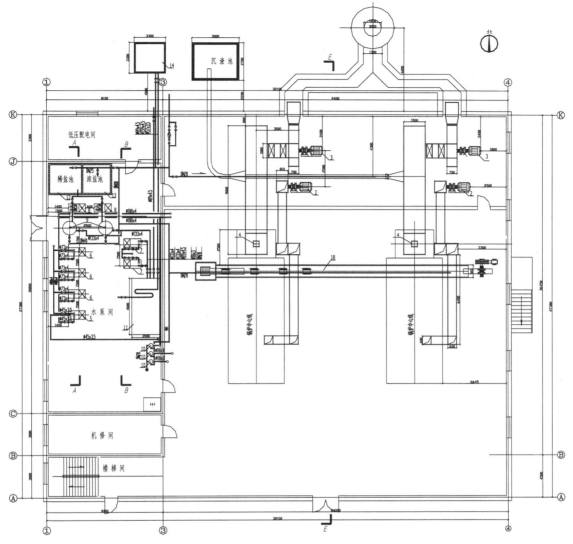

图 2-28　水蒸气锅炉房布置

设备、材料表（设备、主要材料、附件及就地安装仪表等）。

③ 锅炉房区域总平面图　绘出锅炉房及其附属设施，如运煤、除灰、煤场、灰场等的总体布置图，表明锅炉房、燃料及灰场、烟囱的位置及其与周围建筑物的相互关系和尺寸。

④ 系统图

a. 绘出设备的关系、各种管道工艺流程及附件的设置；

b. 绘出就地测量仪表设置的位置；

c. 按本专业制图标准规定注明规定符号、管径及介质流向，并应注明设备名称或设备编号。

⑤ 设备管道平、剖面布置图

a. 绘出建筑物的门、窗、楼梯、平台、地坑等位置，注明房间名称、建筑轴线、尺寸及标高；

b. 绘出设备安装位置及编号；

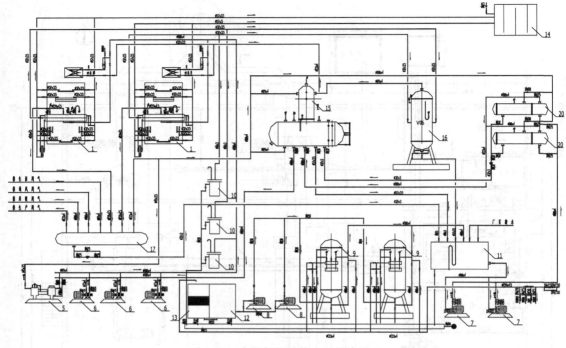

图 2-29　水蒸气锅炉热力系统参考图

c. 标示汽、水、风、烟等管道系统平、剖面安装位置和尺寸；

d. 注明各种管道管径尺寸、坡度、坡向及安装标高；

e. 标示管道阀门、附件、补偿器、管道固定支架和弹簧支吊架安装位置及就地一次测量仪表的位置。

f. 其他图纸，如机械化运输平、剖面布置图，设备安装大样图，非标准设备制作图等，根据工程情况需要进行绘制。

锅炉房的施工图设计，应在落实主机设备订货，并取得制造厂图纸资料后方可进行。综上所述，热源锅炉房设计可按图 2-30 所示流程进行。

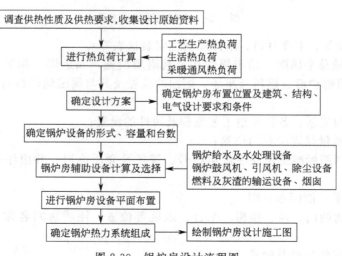

图 2-30　锅炉房设计流程图

2.5.3　热交换站设计要点

对于供暖区域较大的供暖系统，为提高供暖效率及供暖范围，将高温热水或者水蒸气传输到各个居民小区里，将热量传送到小区管网中，通常建立热力站将一次网的高温热量换热给二次网的热水再供给用户。热交换站按供热形式分直供站和间供站。直供站直接供用户，温度高，控制难，浪费热能；间供站是把一次网得到的热量，自动连续地转换为用户需要的生活用水及供暖用水。即热水（或水蒸气）从机组的一次侧入口进入板式换热器进行热交换后，从机组一次侧出口流出；二次侧回水经过过滤器除去污垢后，通过二次侧循环水泵进入板式换热器进行热交换，生产出与供暖、空调、地板供暖或生活用水等温度不同的热水，以满足用户的需求。热交换站工作原理如图2-31所示。

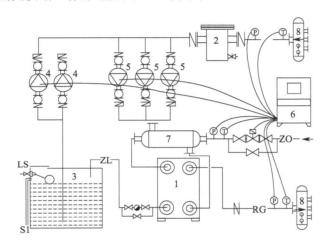

图 2-31　热交换站工作原理

1—板式换热器；2—除污器；3—补水箱（冷凝水箱）；4—补水泵；5—循环泵；
6—变频控制柜；7—减温减压器；8—分、集水器

（1）热交换站工艺设计

① 热源为水蒸气的热交换站，热源系统设计应符合下列要求。

a. 当引入水蒸气的压力高于热交换器使用压力时，应设减压装置，减压装置的选择与设置应符合相关规定。

b. 连接热交换器的水蒸气管多于两路时，宜设置分汽缸，分汽缸应有紧急排汽管。

c. 疏水器的设置位置应符合相关规定。

d. 凝结水出水温度和回流水压应符合热源管理部门的规定，凝结水温宜在80℃以下。当凝结水出水温度大于等于100℃时，可设置汽-水和水-水两级换热设备串联，并且水-水热交换器凝结水的温度不宜超过80℃，且应设置防止凝结水倒空的水封管。

e. 凝结水的回收和输送应按下列要求设计：凝结水温度小于等于80℃时，可采用开式凝结水箱回收凝结水，水箱容积应符合相关规定；凝结水温度大于80℃时，应采用闭式凝结水罐收集凝结水，凝结水罐应按压力容器设计制造，宜选用配备安全阀和水位计的定型产品。

f. 水蒸气系统管道设计还应符合有关规定。

② 以城市热网为热源的水-水换热站，用户二次水与热网一次水的连接应采用间接连接方式。热源系统设计宜符合下列要求。

a. 城市热网一次水的供回水温度和压差等参数，应由市政热力主管部门提供。

b. 以城市热网为热源的全年供生活热水的换热站，应符合下列要求：根据夏季城市热网的供回水温度和补水温度选用热交换器；当不能停止供热时，宜设置热网停运检修时使用的备用热源。

c. 当热网供回水压差较小时，应选用低阻力热交换器，不宜设置加压泵回水；当确实有困难时，应与热源主管部门协商解决。

d. 以城市热网为热源的生活热水加热系统，宜与供暖系统的加热系统并联。

③ 热交换器热源侧应设置下列附件：热交换站出入口总管上应设置切断阀、过滤器、流量计等，需要时应安装热量计；每台热交换器出入口管道上应装切断阀，入口管道上应设置控制二次水温的自动流量调节阀，可选用自力式或电动式；采用板式换热器时，宜在每台板式换热器入口处设置过滤器。

④ 热交换设备上应设置下列监控仪表和设备：水加热设备的上部、热媒进出口管上、储热水罐和冷热水混合器上应装温度计、压力表；生活热水循环泵的进水管上应装温度计及控制循环泵启停的温度传感器；热水箱上应装温度计、水位计。

⑤ 热交换站被加热循环水和补给水的水质和水处理设施的选择应根据用热设备和用户的使用要求，并按下列原则确定：热交换站水质标准和水质处理方法可参照《供热采暖系统水质及防腐技术规程》（DBJ 01-619—2004）；供暖系统的补给水应进行软化处理；加热生活用热水的系统，应符合有关规定；当用热设备或用户对循环水的含氧量要求严格时，补给水应设置除氧设施；循环水泵和补水泵入口应设置过滤器。

（2）热交换站设计原则

热交换站设计应按下列原则选择和确定。

① 热交换站的规模应根据用户长期总热负荷确定。分期建设的小区或企业，应统一考虑热交换站的位置和站房建筑，工艺系统和设备可一次或分期设计安装。对于小区供暖用的热交换站，供热半径在 1.5km 以内的，宜设集中供热站。自然地形高差大的小区或企业，宜根据管道布置条件和设备承压能力，部分集中分区设置热交换站。热交换站宜靠近热负荷中心，站房可以是独立建筑，也可附设在锅炉房或其他建筑物内。燃油、燃气锅炉房提供热源时，供热半径及换热站规模不宜过大。

② 当用户需同时建锅炉房和热交换站时，可共用水处理设备和辅助用房，且锅炉的连续排污热水可用作循环补水系统的补充水。

③ 独立的热交换站应根据其规模大小，设置热交换间、水处理间、控制室、化验室和运行人员必要的生活用房（如厕所、浴室、值班室等），热交换间高度不宜小于 3.0m。设备用房的面积，应保证设备之间有运行操作通道和维修拆卸设备的场地，管壳式换热器前端应留有抽卸管束需要的空间；板式换热器侧面应留有维修拆卸板片垫圈的空间，设备运行操作通道净宽不宜小于 0.8m。

④ 加热介质在进入热交换站的入口管上应设置切断阀、过滤器、流量计等设备。有条件时应安装热量计。必要时或减压阀后应配置安全阀，安全阀泄压管出口应引至安全放散点。

⑤ 当加热介质来自市政管网，而入口处资用压头小于热交换站内的系统阻力时，应在取得市政热力主管部门的同意后，设置管道增压泵；必要时，对增压泵进行调频控制，保证回水压力符合市政管网运行要求。当加热介质为高温热水时，换热站的回水温度也应符合热源主管部门的要求。

⑥ 当热交换站需要向外供应多路循环水时，宜设置分水器和集水器。

⑦ 循环水泵的进口侧回水管（或母管）上应设置过滤器，过滤器前后应设置切断阀和

旁通管。循环水泵进出口侧的母管之间应设置旁通道，旁通道管的管径宜与母管相近。当布置困难时，可用较小管径，但其最小截面面积不得小于母管截面积的1/2，旁通管上安装止回阀。止回阀安装方向是在水泵停运时，进水母管中的水能流向出水侧母管。

⑧ 为供暖、空调用户供热的系统，其补给水一般应进行软化处理，宜选用离子交换软化水设备。对于原水质较好，供热系统较小，且用热设备对水质要求不高的系统，也可采用加药水处理或电磁水处理方式。

⑨ 汽-水热交换站应设置凝结水回送系统，其系统设计应考虑下列要求：当凝结水温度≤80℃时，应采用闭式凝结罐收集凝结水，然后用凝结水泵送回热源，凝结水罐应按压力容器设计制造，应配备安全阀和水位计。凝结水收集装置宜选用定型产品。凝结水泵应设备用泵。凝结水罐和凝结水泵的承压能力，应符合系统使用条件。

（3）热交换器选型设计原则

热交换器选型时，应考虑下列基本原则。

① 换热器的设计参数和适用介质应符合热交换站的使用要求。应选用工作可靠、传热性能好的换热器；换热器板材应选用抗氯离子腐蚀性能良好的不锈钢材料；换热器传热系数应按污垢修正系数考虑传热系数的降低；换热器面积的确定应按供热经营方提供的一次水运行温度参数来计算，换热面积计算应能满足最不利气温条件下的用热要求。换热面积要求应有10%～15%的裕度。

② 热交换器的单台出力和配置台数组合结果应能满足热交换站的总供热负荷及其调节的要求。在满足用户热负荷调节要求的前提下，同一个供热系统中的换热器台数不宜少于2台，也不宜多于5台。

③ 一般供暖、空调用的换热系统，可不设备用换热器。但当其中一台停用时，其余换热器热量应能满足总计算热负荷75%的需要。

④ 汽-水换热系统，宜选用管壳式换热器，并宜选用在设计满负荷下，能将凝结水出口水温降至85℃以下的产品。

⑤ 当选用凝结水出口温度为饱和水温或温度超过100℃的汽-水换热器时，宜在汽-水换热器后再串联设置水-水换热器，以将凝结水温度降至85℃以下。

⑥ 水-水换热系统可采用板式换热器或管壳类换热器。

⑦ 板式换热器一次侧及直流速度应小于1.5m/s，二次侧流速应小于3m/s。

⑧ 组装机组或非组装机组的循环泵循环流量与扬程选择应符合以下要求。

a. 循环流量应满足设计二次水最大流量，循环泵扬程应大于换热机组本身阻力及管网系统阻力之和。

b. 循环泵与补水泵的设置：循环泵≥2台；补水泵＞1台。

⑨ 换热器供水管应安装安全阀，安全阀排放管引入下水排入口。换热器一次侧供回水管路应设连通管，阀门应设两道球阀或蝶阀。换热站一级水供回水管路必须安装放汽阀。放汽阀安装在热水表后。

2.6 供暖工程设计案例

2.6.1 太原某办公楼供暖系统设计

（1）工程概况

本项目为山西太原某学校新校区，由教学楼、办公楼、信息中心、体育馆、学生宿舍、后勤等配套功能组成。本次一期方案包含：西区学生宿舍，地下一层建筑面积约为 8720m²，地上六层建筑面积约为 48750m²；西区学生食堂，地下一层建筑面积约为 1070m²，地上三层建筑面积约为 10475m²；学生浴室建筑面积约为 1745m²；基础教学楼，地下一层建筑面积约为 9095m²，地上五层建筑面积约为 33238m²。

整个校区均设集中式的热水供暖系统，个别标准较高的信息中心、演播室、教师办公室等设集中空调或分体空调系统。实验室、设备用房、卫生间、厨房等设置机械通风系统，以保证其室内污染空气合理排放。

（2）供暖、空调系统

① 设计范围：办公室、会议室、宿舍、教室等均设置热水供暖系统，部分标准较高的公共建筑夏季采用集中空调或分体空调。

② 围护结构热工计算参数如下。

玻璃窗：采用铝框双层玻璃窗 $K=2.7W/(m^2 \cdot ℃)$；外墙：采用外保温复合墙体 $K=0.6W/(m^2 \cdot ℃)$；屋顶：采用保温板厚 60mm，$K=0.55W/(m^2 \cdot ℃)$。

③ 供暖热水由城市热力公司提供，校区内按区域设三个换热站，将城市高温热水换热成低温热水。室内供暖供回水温度为 95℃/70℃，供暖系统定压及补水由换热站解决。空调热水供回水温度为 60℃/50℃。

④ 本次一期工程供暖总耗热量为 6400kW。其中取建筑面积供暖热指标如下：宿舍 50W/m²，教学楼及办公楼 70W/m²，食堂及餐厅 125W/m²，室内供暖系统水阻力 50kPa。

⑤ 按各栋楼的不同层高、类型划分不同的供暖系统，采用单管上供下回同程系统。

⑥ 新校区设置三个换热站，室外供热管线采用枝状管网。室外供热管道采用直埋敷设方式。各幢楼分别设热计量装置。

⑦ 部分标准较高的公共建筑采用集中空调。冷源根据各个单体建筑设置独立冷冻机房，夏季由冷水机组提供 7~12℃冷冻水。冬季由换热站提供空调热水供回水温度为 60℃/50℃。多功能厅等大空间用房采用全空气单风道低速送回风空调系统。办公室、小会议室等采用风机盘管加新风系统。远离集中冷源的个别小房间采用分体空调。

⑧ 集中浴室设置自备锅炉房，为夏季及过渡季集中热源停止供应时使用，锅炉燃料采用天然气或柴油，冬季采用集中热源换热后供应洗澡热水。

图 2-32 为地下一层供暖平面图；图 2-33 为一层供暖平面图；图 2-34 为二层供暖平面图；图 2-35 为三层供暖平面图；图 2-36 为四层供暖平面图；图 2-37 为五层供暖平面图；图 2-38 为供暖系统图。

2.6.2 烟台某住宅分户散热器供暖系统设计

（1）工程概况

本工程位于山东省烟台市某小区，建筑面积 1934m²，六层砖混结构。按节能建筑进行供暖设计，供暖系统热媒按供水 95℃、回水 70℃ 机械循环连续供暖设计。热媒由锅炉房集中供应，分户供暖首层平面图见图 2-39，分户供暖标准层平面图见图 2-40。供暖系统为便于收费及管理，采用分户热计量系统。室内采用共用立管的分户独立系统，每单元采用下供下回双管异程式系统，每组散热器上设手动三通调节阀进行室温控制，户内采用水平串联单管跨越式系统，供暖系统定压及补水由锅炉房解决。分户供暖系统图见图 2-41。散热器采用铸铁四柱 745 型，系统总热负荷为 107.12kW，系统内部阻力为 25kPa。

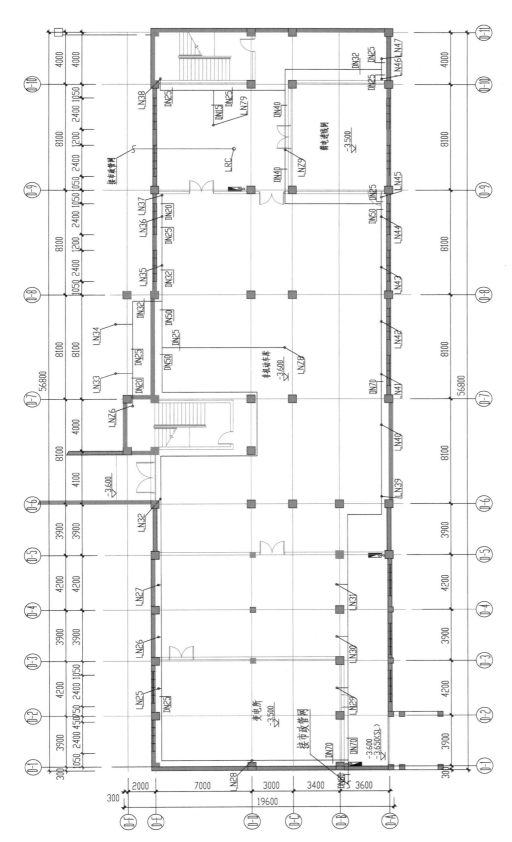

本区供回水管心距梁下 35mm
本层散热器供回水支管均为 DN20

图 2-32　地下一层供暖平面图

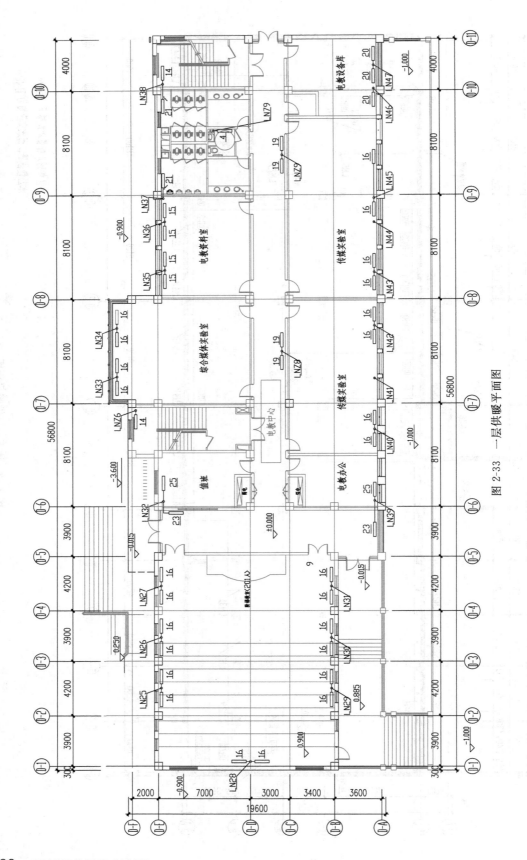

图 2-33　一层供暖平面图

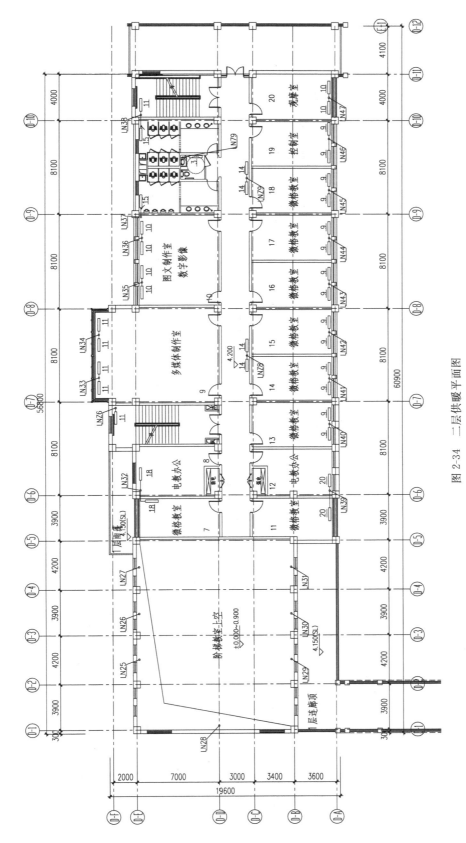

图 2-34　二层供暖平面图

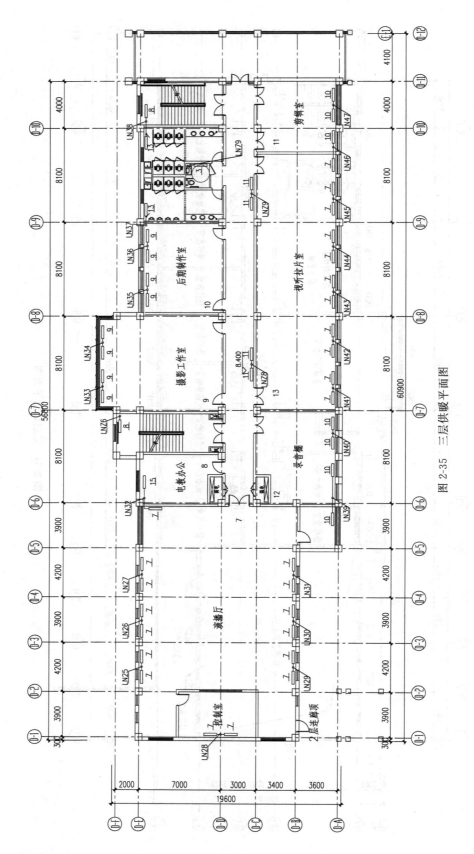

图 2-35　三层供暖平面图

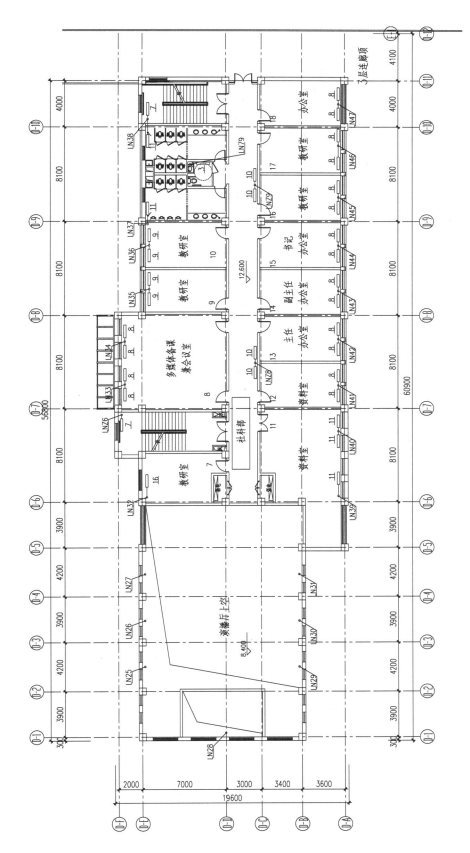

图 2-36　四层供暖平面图

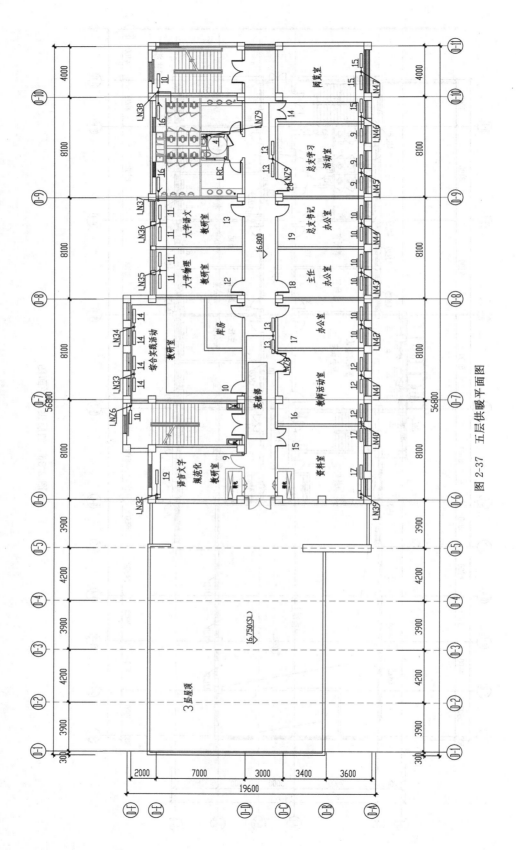

图 2-37 五层供暖平面图

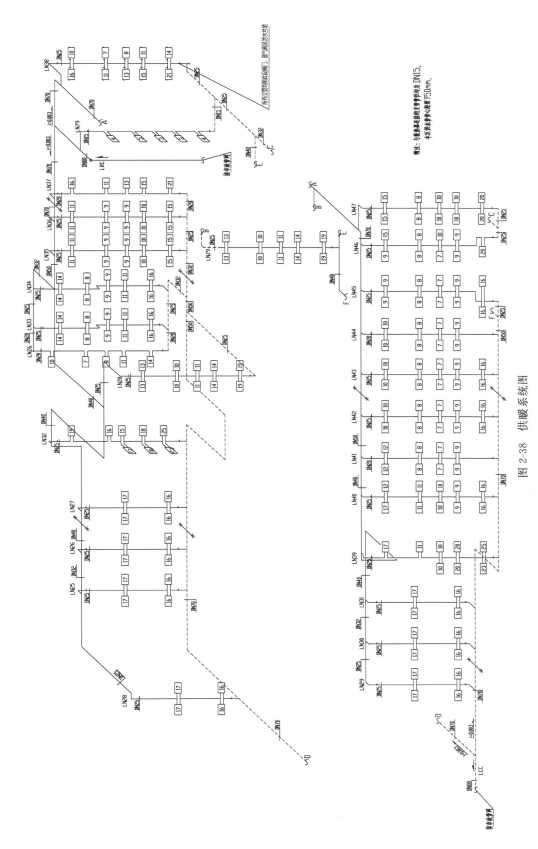

图 2-38 供暖系统图

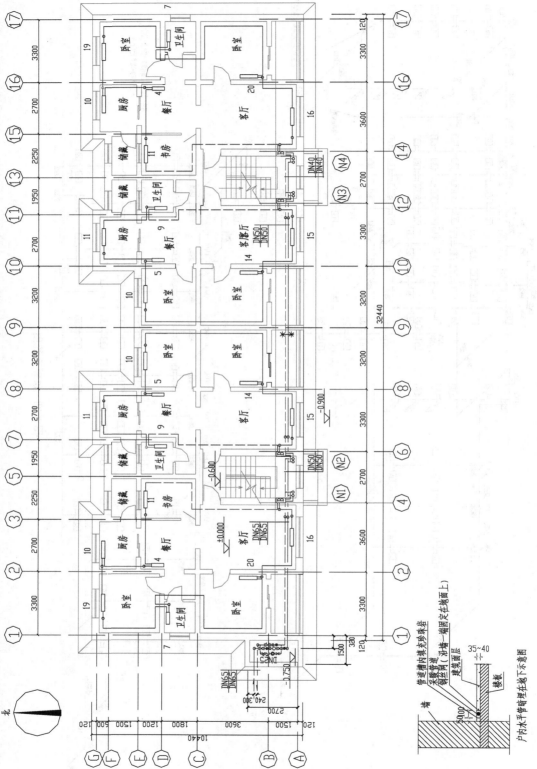

图 2-39 分户供暖首层平面图

管道槽内填充珍珠岩
采暖管道（沿墙一端固定在地面上）
钢丝网
建筑面层
楼板

户内水平管铺埋在地下示意图

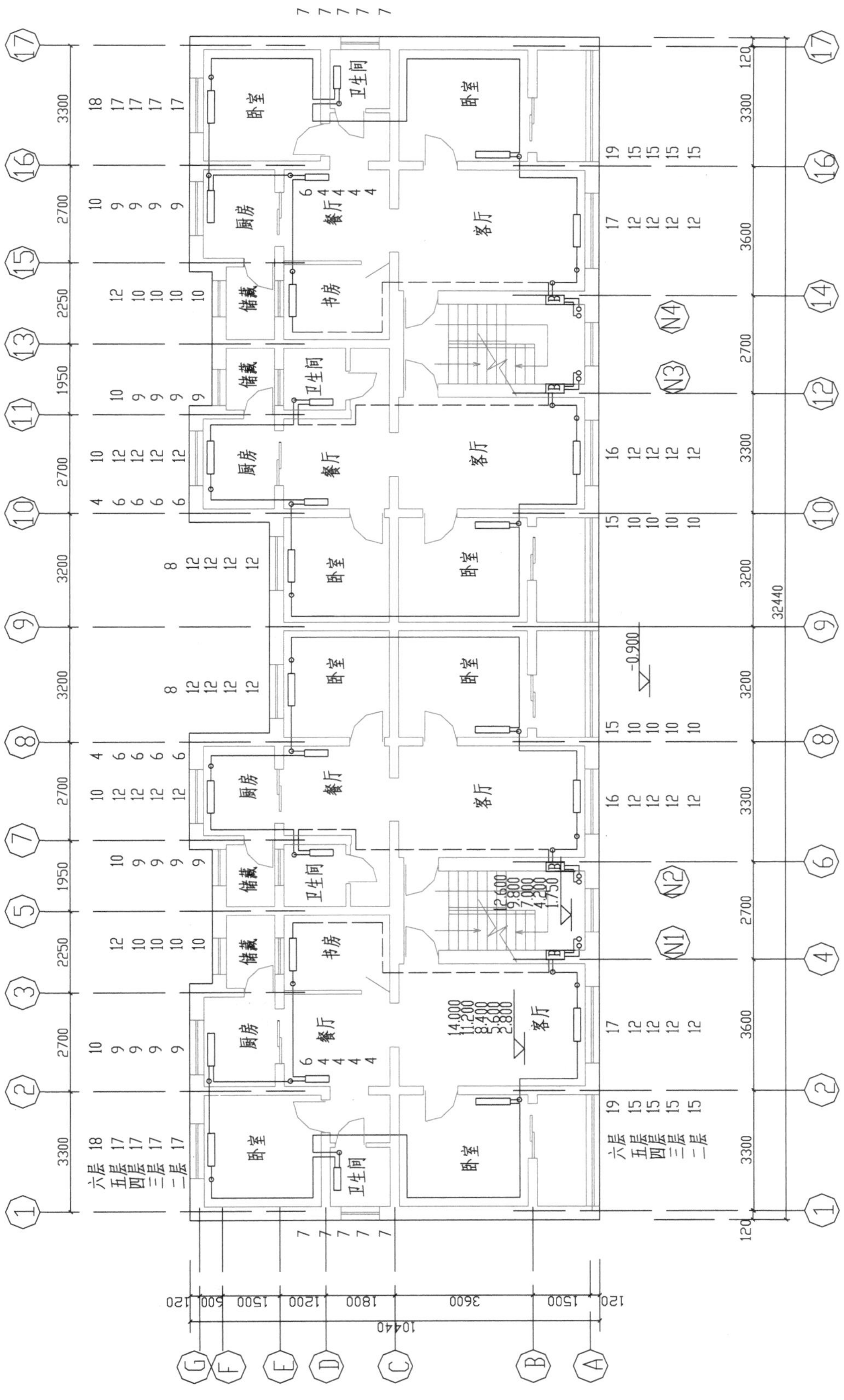

图 2-40 分户供暖标准层平面图

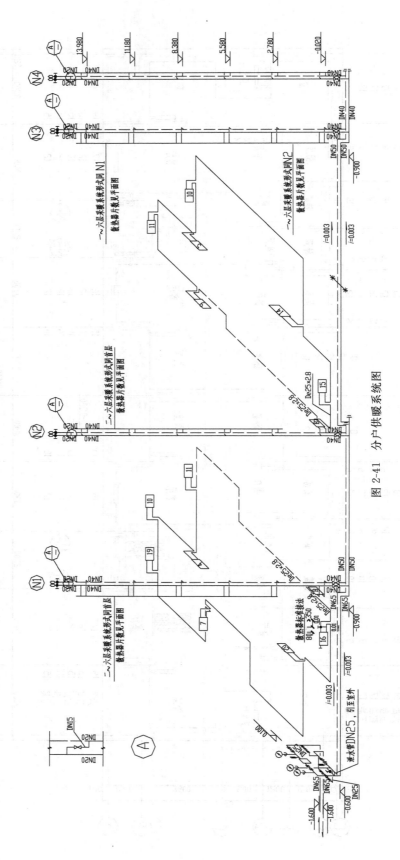

图 2-41 分户供暖系统图

客房、主卧室预留分体空调插座，卫生间预留通风器，安装标高2.4m，厨房设排油机插座。

（2）室内外设计参数

① 室外设计参数　冬季供暖室外计算温度−16℃；夏季通风室外计算温度27℃；夏季空调室外计算温度29.7℃；冬季室外平均风速4m/s；夏季室外平均风速4.1m/s；冬季日照率69%。

② 室内设计参数　卧室、客厅20℃；餐厅18℃；厨房18℃；卫生间25℃；楼梯间、储藏间不供暖。

③ 围护结构热工计算参数　玻璃窗：采用单框双层玻璃窗$k=3.7$W/(m^2·℃)；外墙：采用内保温复合墙体$k=1.02$W/(m^2·℃)；屋顶：保温板厚50mm，$k=0.76$W/(m^2·℃)。

（3）供暖系统施工要求

① 所有散热器均为明装、挂墙方式，散热器连接明管均为DN20。户内管材采用热镀锌钢管，户内水平管沿墙暗埋在本层地面垫层的槽沟内。暗埋管道不允许有连接口，管道设固定管卡，管道穿墙处应设套管。

② 每户设热计量装置，热量表采用口径为DN15的JD型热量计。热量计量装置由供应商配套提供，采用机械式旋翼流量计，户内系统热计量表可水平和竖直安装。每组散热器均装自力式两通恒温阀和手动跑风阀，共用立管设手动平衡阀，单元入口处设热量表及压差控制器，参照《新建集中供暖住宅分户热计量设计和施工试用图集》。

③ 敷设在地沟内及非供暖房间内的管线均采用岩棉管壳保温，保温层厚度为40mm，供暖入口及楼梯间的管线均采用聚氨酯泡沫保温管，保温层厚度为30mm。

④ 供暖系统安装完成后，应进行水压试验，试验压力为0.6MPa，在5min内压降不小于20kPa为合格。

2.6.3　烟台某居民小区热水供暖管网设计

（1）工程概况

本工程为山东烟台某住宅小区锅炉房至小区各楼的室外热力管网施工图设计。热源为小区锅炉房，热媒参数为80℃/60℃的供暖热水。小区占地面积为204630m^2，建筑面积为343800m^2，热负荷为22346kW，最不利管路长度为758m。管网敷设采用直埋方式。

（2）室外设计参数

纬度：37.37°N；经度：120.19°E；海拔：4.8m；冬季供暖室外计算温度：−5.8℃；风速：3.4m/s。

（3）设计依据

① 甲方设计委托书及提供的资料。

②《城镇供热直埋热水管道技术规程》（CJJ/T 81—2013）。

③《城市道路工程设计规范》（CJJ 37—2012）。

④《公路水泥混凝土路面设计规范》（JTG D40—2011）。

⑤ 道路标高及位置根据甲方提供的各接口标高及位置设计。

⑥ 总图专业提供的作业图。

（4）设计说明

① 管道及附件设计要求：直埋管道应使用整体式预制保温管道，管道及管件应符合《城镇供热直埋热水管道技术规程》（CJJ/T 81—2013），以及对高密度聚乙烯外护管聚氨酯

泡沫塑料预制直埋保温管的设计要求。管道连接采用焊接连接方式，焊缝坡口和焊接质量应符合相关施工验收规范的规定。弯头、三通管件应采用加强弯头和加强三通。管道阀门应选用优质钢制阀门，其公称直径＞DN80者采用蝶阀，＜DN80者可采用蝶阀或截止阀，其允许工作温度应＞95℃，允许工作压力＞1.2MPa。放水管、排气管管道上的阀门，可采用蝶阀或截止阀。

② 管道系统的排气和泄水：在管道系统中，每逢管段的最低点应设置泄水管，管径DN25，泄水管一般设在检查井内，泄水管出口接至积水坑处；每逢管段的最高点应设置排气管，并配置相应的阀门，管径DN25。

③ 直埋管道系统固定墩的设置应符合本设计的要求。固定墩采用钢筋混凝土结构，由结构专业配合施工单位出施工详图。

④ 管道连接采用焊接连接方式，焊缝坡口和焊接质量应符合相关施工验收规范的规定。弯头、三通管件应采用加强弯头和加强三通。

（5）埋管道的施工要求

① 直埋管道及其附件，如三通、弯头、大小头等应选用由专业生产厂生产的成品。

② 直埋管道的保温结构在工厂加工制作时，管段两端应留 200～250mm 的不保温管段接头，以便现场组焊。安装组焊完毕并在水压试验合格后，对接头处在现场用模塑发泡法做好保温结构。

③ 直埋供热管道的直管、三通、弯头、变径短管等进入现场必须检查验收，不得有裂纹、坑、洞、破损等缺陷。

④ 直埋管道在安装前应清除内壁的锈皮及管内的砂土杂物。

⑤ 直埋管道的埋深应符合本设计图规定，直埋管道穿越检查井的墙壁及建筑物外墙时，应预埋防水套管；套管内径比直埋管保温外壳直径大 25～50mm，保温外壳伸入墙内的长度不小于 100mm。在直埋管保温外壳与穿墙套管的缝隙间，用浸沥青、麻刀填实。

⑥ 当直埋供热管道敷设在炉渣杂物等腐蚀性较强的土层内时，管道周围应换以腐蚀性小的土壤，换土部分应予以夯实。

⑦ 直埋管道必须在安装试压合格后才能进行回填土。

图 2-42 为供热管网平面图；图 2-43 为阀门检查井安装图；图 2-44 为套筒补偿器井安装图；图 2-45 为分支管井安装图。

2.6.4 燃油锅炉房设计

（1）工程概况

某地三级乙等综合医院，总建筑面积约 59000m²，总规模 510 张病床，由门诊楼、急诊楼、医技楼、住院部、后勤办公楼等组成，分二期建设。第一期为门诊楼、急诊楼、医技楼、200 张病床的住院部及后勤办公楼等，第二期为 310 张病床的住院部及后勤配套等。一期住院部楼层共 9 层，其余均为 3 层楼。该医院均采用集中空调、集中热水供应。设备用房均设在地下一层，锅炉房上部为室外绿地，锅炉间有一出口设有楼梯直通室外。锅炉烟囱沿相邻建筑一角通至屋顶。室外储油罐为 15m³，直接埋在室外绿地下。

（2）建筑热负荷及用热量

用热量汇总：

a. 生活热水用热量由水专业提供。一期生活热水所用水蒸气量：1.98t/h，0.40MPa（表压）；二期生活热水所用水蒸气量：1.50t/h，0.40MPa。取同时使用系数为 0.85。

b. 新风水蒸气加湿用汽量：0.17t/h，0.2MPa（表压）。取同时使用系数为 1.0。

图 2-42　供热管网平面图

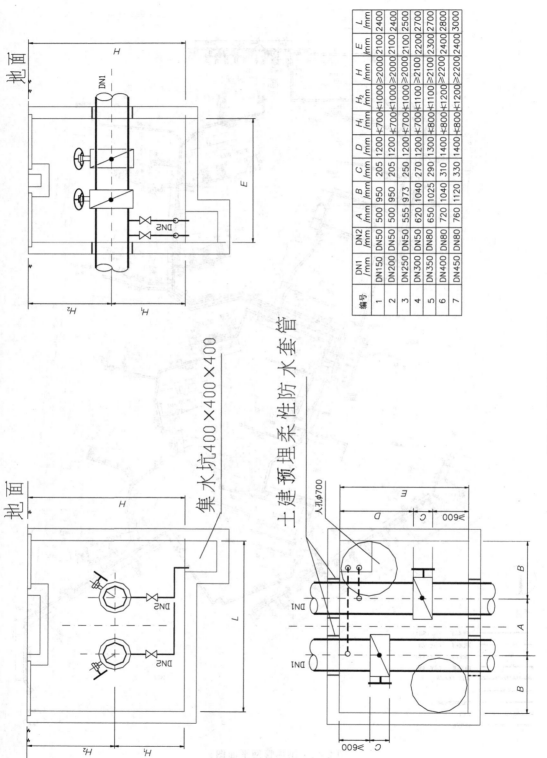

编号	DN1 /mm	DN2 /mm	A /mm	B /mm	C /mm	D /mm	H_1 /mm	H_2 /mm	H /mm	E /mm	L /mm
1	DN150	DN50	500	950	205	1200	<700	<1000	≥2000	2100	2400
2	DN200	DN50	500	950	205	1200	<700	<1000	≥2000	2100	2400
3	DN250	DN50	555	973	250	1200	<700	<1000	≥2000	2100	2500
4	DN300	DN50	620	1040	270	1200	<700	<1100	≥2100	2200	2700
5	DN350	DN80	650	1025	290	1300	<800	<1100	≥2100	2300	2700
6	DN400	DN80	720	1040	310	1400	<800	<1200	≥2200	2400	2800
7	DN450	DN80	760	1120	330	1400	<800	<1200	≥2200	2400	3000

图 2-43 阀门检查井安装图

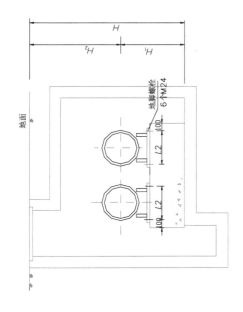

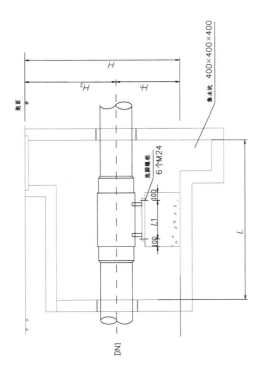

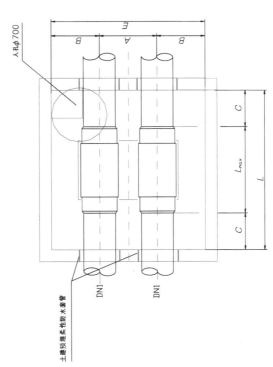

编号	DN1 /mm	A /mm	B /mm	E /mm	C /mm	L_{max} /mm	L /mm	H_1 /mm	H_2 /mm	H /mm	L_1 /mm	L_2 /mm
1	DN150	500	750	2000	490	1420	2400	≤700	≤1000	≥2000	430	150
2	DN200	500	800	2100	485	1530	2500	≤700	≤1000	≥2000	470	300
3	DN250	555	822.5	2200	485	1530	2500	≤700	≤1000	≥2000	470	350
4	DN300	620	840	2300	510	1580	2600	≤700	≤1100	≥2100	470	420
5	DN350	650	875	2400	510	1580	2600	≤800	≤1100	≥2100	470	420
6	DN400	720	890	2500	530	1640	2700	≤800	≤1200	≥2200	500	400
7	DN450	760	920	2600	530	1640	2700	≤800	≤1200	≥2200	500	400

图 2-44　套筒补偿器井安装图

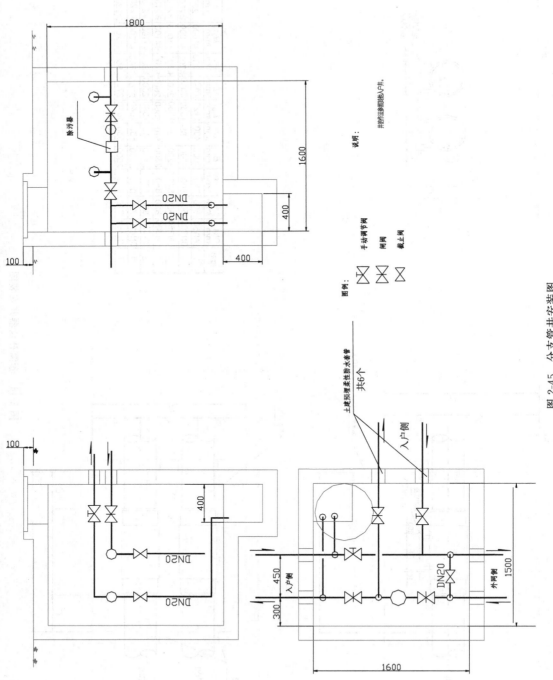

图 2-45 分支管井安装图

说明：

井的法兰连接他入井。

图例：

手动调节阀
闸阀
截止阀

土建预埋柔性防水套管
共6个
入户侧

入户侧

外网侧

DN20

DN20

DN20

c. 一期冬季空调热负荷：4024kW（水蒸气量为 5.71t/h，0.40MPa）。取同时使用系数为 0.95。

d. 二期冬季空调热负荷：2200kW，水蒸气量为 3.14t/h。取同时使用系数为 0.95。空调总用热量：$\sum Q = 6224$ kW。

e. 消毒所需水蒸气量：0.3t/h，0.6MPa。取同时使用系数为 0.70。总用汽量：$\sum G = (1.98+1.5) \times 0.85 + 0.17 \times 1.0 + (5.71+3.14) \times 0.95 + 0.3 \times 0.7 = 11.75(\text{t/h})$，其中二期用汽量为 4.26t/h。

（3）燃油水蒸气锅炉房及其辅助设备

根据上述用热量，本锅炉房选用 3 台水蒸气锅炉，单台额定蒸发量为 4t/h，额定压力为 1.0MPa。其中，先安装 2 台，预留二期 1 台锅炉位置。锅炉辅助设备有锅炉水处理设备、给水箱（兼软水箱及凝结水箱）、分汽缸、排污扩容器、冷却取样器、炉水加药设备、换热器、热水泵等。锅炉房主要设备材料如表 2-5 所示。

表 2-5　锅炉房主要设备材料

编号	名称	参数及规格	单位	数量	备注
B-B-1,2,3	水蒸气锅炉	蒸发量：4t/h；水蒸气压力：10MPa；燃料：0# 柴油；耗量：244kg/h；功率：14kW；热效率：90.2%	台	3	锅炉自带给水泵
HP-B-1,2,3,4	卧式热水泵	流量：206m³/h；扬程：28m；转速：1450r/min；功率：22kW，380V	台	4	工作压力：1.0MPa；备用一台
P-B-1,2	立式定压水泵	流量：10m³/h；扬程：45m；转速：2900r/min；功率：2.2kW，380V	台	2	工作压力：1.0MPa；备用一台
EH-B-1,2,3	立式汽-水换热器	换热量：2200kW；二次热水 50℃/60℃；蒸汽量：3000kg/h；蒸汽压力：0.4MPa	台	3	工作压力：1.0MPa
O1-1-1	室外储油罐	15m³	台	1	
D01-B-1	日用油箱	1m³	台	1	
OP-B-1,2	输油泵	流量：1.5～2m³/h；扬程：7～12m；转速：2900r/min；380V	台	2	工作压力：1.0MPa；备用一台；电机为防爆电机
OP-B-3,4	回油泵	流量：1.5～2.5m³/h；扬程：17～12m；转速：2900r/min；380V	台	2	工作压力：1.0MPa；备用一台；电机为防爆电机
WS-B-1	全自动钠离子软水器	处理量：13.2t/h；进水压力：0.25MPa	台	1	
WST-B-1	不锈钢凝结水箱	公称容积：10.0m³；有效容积：12m³；外形尺寸 $L \times W \times H = 2000 \times 3000 \times 2000$	台	1	

当设在板式换热器初级端的电动二通阀随空调热负荷的变化调节流量时，锅炉热水循环系统通过设在板式换热器初级端供回水总管上的压差旁通控制阀平衡和稳定流量。

空调热水供给系统连接板式换热器的次级端，空调热水循环泵为定流量泵，并与板式换热器匹配，共 4 台（其中 1 台备用）。空调热水的供回水温度为 60℃/50℃。除了为满足必需的水蒸气源要求而设置的水蒸气锅炉外，其余均选用热效率较高的热水锅炉作为热源，从而避免因制得的水蒸气再换热为热水而产生的效率损失。

图 2-46 为燃油锅炉房热力系统图；图 2-47 为燃油锅炉房供油系统图；图 2-48 为锅炉房管道平面图。

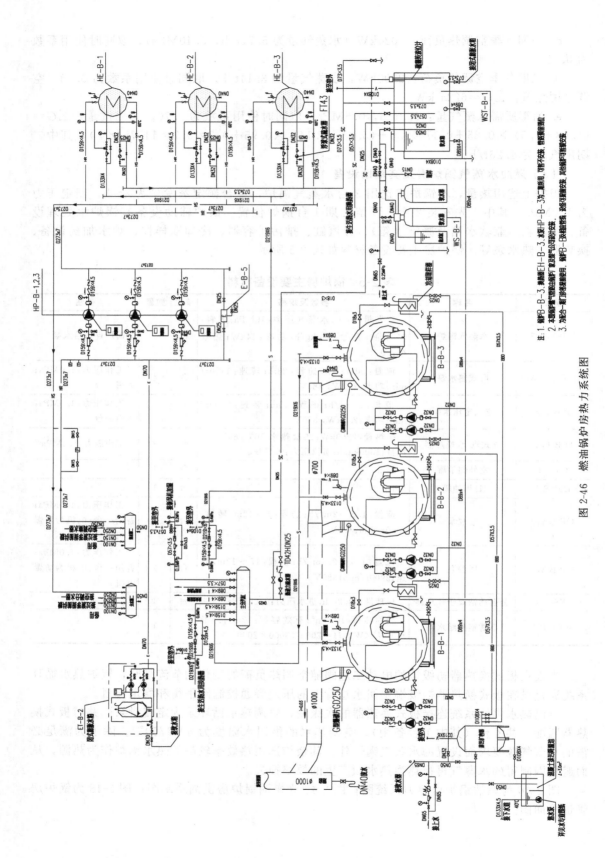

图 2-46 燃油锅炉房热力系统图

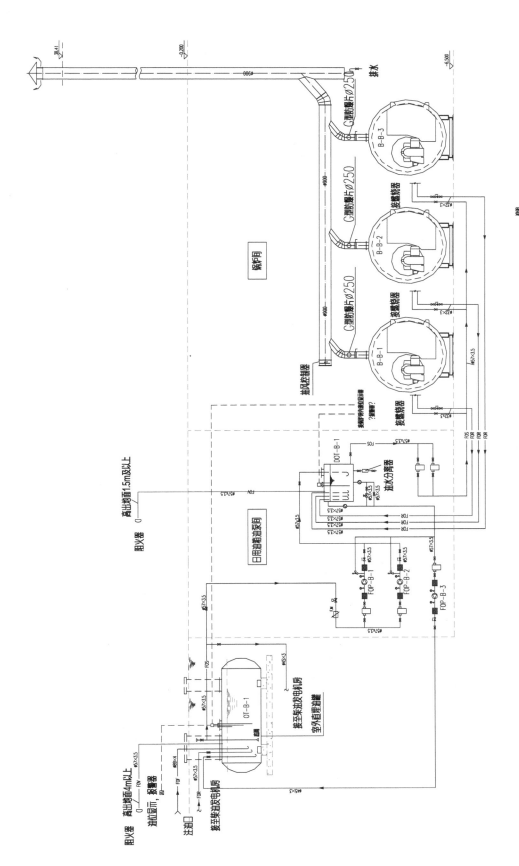

图 2-47　燃油锅炉房供油系统图

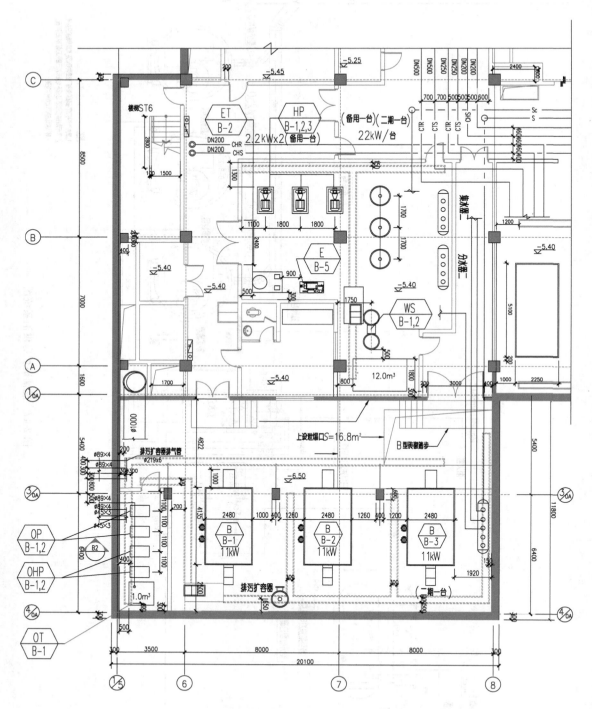

图 2-48　锅炉房管道平面图

第3章 通风工程设计

3.1 通风系统设计

3.1.1 通风方式及系统简介

通风是采用自然或机械方法使风没有阻碍，可以穿过、到达房间或密封的环境内，以产生卫生、安全等适宜空气环境的技术。也就是更换空气，用通风的方法改善室内空气环境。

通风工程设计包含通风系统、除尘系统、净化系统及防排烟系统等设计内容。

通风方法是指获取能量的通风动力，有自然通风和机械通风。通风方式指主要通风机的工作方式，分为压入式、抽出式和混合式。

按通风的范围不同，通风方式还可分为全面通风和局部通风。

（1）自然通风

以热压或风压为动力的自然通风是应用广泛的一种方式。自然通风是依靠风压、热压使空气流动，具有不使用动力的特点，如图3-1所示。其缺点是通风量与室外气象条件密切相关，难以人为控制。

图 3-1　自然通风示意图

（2）机械通风

依靠风机提供的风压、风量，通过管道和送、排风口系统可以有效地将室外新鲜空气或经过处理的空气送到建筑物的任何工作场所，还可以将建筑物内受到污染的空气及时排至室外，或者送至净化装置处理合格后再排放。这类通风方法称为机械通风，如图3-2所示。它是通过风机作用使空气流动，从而使房间通风换气的方法。

（3）全面通风

全面通风是对整个房间进行通风换气，用送入室内的新鲜空气把房间里的有害物质浓度稀释到国家卫生标准的允许浓度以下，同时把室内被污染的污浊空气直接或经过净化处理后

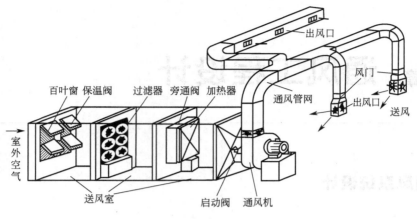

图 3-2　机械通风示意

排放到室外大气中去。全面通风能够改善整个房间的室内环境，但耗费风量大，比较浪费能源。例如，某实验室全面通风如图 3-3 所示。

（4）局部通风

局部通风是采用局部气流，使人员工作的地点不受有害物质的污染，以提供良好的局部工作环境，如图 3-4 所示。局部通风具有通风效果好、风量节省等优点。它适用于大型车间，尤其是大量余热的高温车间，在全面通风无法保证室内所有地方都达到适宜程度时所采用。但局部通风设计需要精确计算，否则无法保证通风程度。局部通风分局部送风和局部排风两种形式。局部送风是向局部工作地点送风，使局部地带有良好的空气环境，如图 3-5 所示。局部排风是在集中产生有害物的局部地点设置捕集装置，将有害物排走，以控制有害物向室内扩散，如图 3-6 所示。

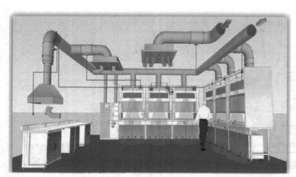

图 3-3　全面通风

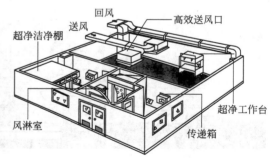

图 3-4　局部通风

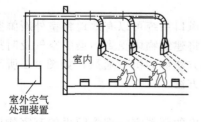

图 3-5　局部送风

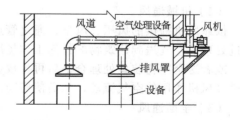

图 3-6　局部排风

3.1.2 通风系统的选择

（1）全面通风

按照对有害物控制机理的不同，全面通风可分为稀释通风、单向流通风、均匀流通风及置换通风等方式。

① 全面通风设置条件

a. 放散热、水蒸气或有害物质的建筑物，当不能采用局部通风，或采用局部通风后达不到卫生标准要求时，应辅以全面通风或采用全面通风。

b. 设计全面通风时，宜尽可能采用自然通风，以节约能源和投资。当自然通风达不到卫生或生产要求时，应采用机械通风，或自然与机械的联合通风。

c. 民用建筑的厨房、厕所、浴室等宜设置自然通风或机械通风进行局部通风或全面通风。

② 全面通风设计原则

a. 散发热、湿及有害气体的房间，当发生源分散或不固定而无法采用局部排风，或者设置局部排风仍难以达到卫生要求时，应采用或辅以全面通风。

b. 同时放散热、水蒸气和有害气体，或仅放散密度比空气小的有害气体的生产厂房，除设置局部排风外，宜在上部地带进行自然或机械的全面排风，其换气量不宜小于每小时一次换气。当房间高度大于 6m 时，排风量可按每平方米地面面积 $6m^3/h$ 计算。

c. 全面通风包括自然通风、机械通风或自然通风与机械通风联合使用等多种方式。设计时应尽量采用自然通风，以达到节能、节省投资和避免噪声干扰的目的。当自然通风难以保证卫生要求时，可采用机械通风或机械通风和自然通风的联合方式。

d. 设置集中供暖且有排风的生产房间，应首先考虑自然补风的可能性。对于换气次数小于 2 次/h 的全面排风系统或每班运行不到 2h 的局部排风系统，可不设机械送风系统补偿所排风量。当自然补风达不到室内卫生条件、生产要求或在技术经济上不合理时，宜设置机械送风系统。

e. 要求清洁的房间，当周围环境较差时，送风量应大于排风量，以保证房间正压；对于产生有害气体的房间，为避免污染相邻房间，送风量应小于排风量，以保证房间负压。一般送风量可为排风量的 80%～90%。

f. 冬季全面通风进行空气平衡和热平衡计算时，应视具体情况考虑如下因素：允许短时间温度降低或间断排风的房间，其排风在空气热平衡计算中可不予考虑；稀释有害物质的全面通风的进风，应采用冬季供暖室外计算温度消除余热、余湿。

g. 全面通风可采用冬季通风室外计算温度。

③ 全面通风气流设计原则　进行气流组织设计时，应符合下述原则。

a. 排风口应尽量靠近有害物源，或有害物浓度较高的区域，以便有害物被迅速排出。

b. 送风口应尽量靠近操作地点。送入通风房间的清洁空气应先经过操作地点，再经污染区域排至室外。

c. 在整个通风房间内，应尽量使送风气流均匀分布，减少涡流，避免有害物在局部地区积聚。

d. 全面通风的进、排风应使室内气流从有害物浓度较低的地区流向较高的地区，特别是应使气流将有害物从人员停留区带走。

④ 机械送风系统的送风方式应符合如下要求：

a. 放散热或同时放散热、湿和有害气体的房间，当采用上部或下部同时全面排风时，宜送至作业地带；

b. 放散粉尘或密度比空气大的水蒸气和气体，而不同时放热的房间，当从下部排风时，宜送至上部地带；

c. 当固定工作地点靠近有害物放散源且不可能安装有效的局部排风装置时，应直接向工作地点送风。

⑤ 当采用全面通风消除余热、余湿或其他有害物时，应分别从室内温度最高、含湿量或有害物浓度最大的区域排出，且其风量分配应符合下列要求：

a. 当有害气体和水蒸气的密度比空气小，或在相反情况下会形成稳定的上升气流时，宜从房间上部地带排出所需风量的 2/3，从下部地带排出所需风量的 1/3；

b. 当有害气体和水蒸气的密度比空气大，且不会形成稳定的上升气流时，宜从房间上部地带排出所需风量的 1/3，从下部排出所需风量的 2/3。

从房间上部排出的风量，不应小于每小时一次换气。当排出有爆炸危险的气体或水蒸气时，其风口上缘距顶棚应小于 0.4m。从房间下部排出的风量，包括距地面 2m 以内的局部排风。

⑥ 机械送风系统室外进风口的位置应符合下列要求：

a. 应设在室外空气比较洁净的地方；

b. 应尽量设在排风口的上风侧（指进、排风口同时使用季节的主导风向的上风侧），且应低于排风口；

c. 进风口与排风口设于同一高度时的水平距离不应小于 20m，当水平距离小于 20m 时，进风口应比排风口至少低 6m；

d. 进风口的底部距室外地坪不宜低于 2m，当布置在绿化带时不宜低于 1m；

e. 降温用的进风口宜设在建筑物的背阴处。

（2）局部通风

局部通风系统分为局部送风和局部排风两大类，它们都是利用局部气流使局部工作不受有害物的污染，形成良好的空气环境。

① 局部送风　对于面积很大、操作人员较少的空间，用全面通风的方式改善整个空间的空气环境，既困难又不经济，同时也是不必要的。例如，某些高温车间，没有必要对整个车间进行降温，只需向局部工作地点送风，在局部地点形成良好的空气环境，这种通风方法称为局部送风。

② 局部排风　局部排风系统结构如图 3-7 所示，它由局部排风罩、风管、净化设备及风机组成。风机向机械排风系统提供空气流动的动力。为了防止风机的磨损和腐蚀，通常把它放在净化设备的后面。

③ 局部排风的设计原则

a. 局部排风罩应尽可能包围或靠近有害物源，使有害物源局限于较小的局部空间。应尽可能减小吸气范围，便于捕集和控制。

b. 排风罩的吸气气流方向应尽可能与污染气流运动方向一致。

c. 已被污染的吸入气流不允许通过人的呼吸区。设计时要充分考虑操作人员的位置和活动范围。

d. 排风罩应力求结构简单、造价低，便于安装和维护。

e. 局部排风罩的配置应与生产工艺协调一致，力求不影响工艺操作。

f. 要尽可能避免和减弱干扰气流和穿堂风、送风气流等对吸气气流的影响。

g. 根据工艺及有毒气体散发状况，采用不同的排风罩。除受工艺条件限制外，均应优先考虑密闭罩。

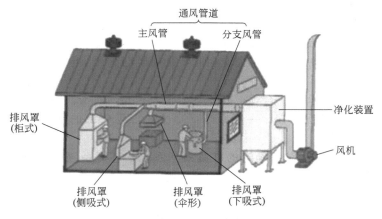

图 3-7　局部排风系统结构示意图

h. 局部排风系统的划分应考虑生产流程、同时使用情况及有害气体性质等因素。对于混合后可能引起燃烧、爆炸、结聚凝块或形成毒性更强的有害物的情况，应分设排风系统。

i. 局部排风系统排出的空气在排入大气之前应根据下列原则确定是否需要进行净化处理：排出空气中所含有害物的毒性及浓度；考虑周围的自然环境及排出口方位；直接排入大气的有害物在经过稀释扩散后，应满足当地排放标准。

3.1.3　通风系统的设计步骤与方法

通风系统也像其他系统一样，设计的好坏直接影响系统的造价和使用效果。设计出优良的通风系统，除了要掌握通风的有关理论知识外，还要掌握其设计步骤、方法和注意事项。

对于不同的场合，所要求的系统是不同的，其设计的具体步骤也会有所差异。但就一般情况而言其设计的大致步骤和方法是基本相同的，大致如下。

① 仔细阅读设计任务书和已提供的相关资料，如工艺资料、建筑资料等，了解设计要求。

② 根据设计需要收集设计原始资料。除了已经提供的资料外，还要收集其他设计资料，如当地室外设计计算参数，工艺特点，与通风除尘有关的工艺参数，工作班次，冷、热、电源情况，当还不太熟悉有关设计规范时还要查看设计规范等。必要时还要到现场与已有类似系统的地方进行实地考察。

③ 方案确定，即确定提出可行性方案。对这些方案作经济技术比较，从中选择确定可靠、简单、经济的方案。要根据要求控制的有害物种类及危害性、散发点及散发量、法定控制标准、可行的技术及设备、允许的现场空间和条件、运行和维护的方便性、捕集的有害物的处理及可能的投资和运行费用等技术和经济综合指标来确定通风方案。

④ 针对所确定的方案划分系统，进行系统布置。

系统划分的一般原则如下。

a. 对送风参数要求相同或相近的可作为一个系统。

b. 对排除的有害物可用同一种净化或回收设备的可作为一个系统。

c. 可以不做空气处理或净化的可作为一个系统。

d. 同一运行时间、同一流程的可作为一个系统。

e. 下列情况应单独设系统：

ⅰ. 两种或两种以上的有害物混合后会产生燃烧、爆炸、腐蚀、凝结等危害或可能性的；

ⅱ. 散发危险性物质的，要求防止交叉感染的；

ⅲ．有其他特殊要求的。

但并不是说满足了上述原则的就可作为一个系统，这里还有系统规模适度的问题。过于庞大的系统无论从运行控制还是从经济性的角度看都是不合适的。系统的划分还与风管的合理走向有关，有时系统所处理的要求完全相同，且规模也不大，但由于现场或设备布置很分散，也不宜合为一个系统。

通风系统送风口布置间距应合理，办公室 2.5～3.5m，商场、娱乐厅 4～6m。

回风口应根据具体情况布置，一般原则：a. 人不经常停留的地方；b. 房间的边和角；c. 有利于气流流动的组织。

⑤ 通风量设计计算　针对所确定的方案划分系统，进行系统的风量与热量平衡计算，确定送风参数及各系统所需的送风量，预选择风机。

⑥ 气流组织设计　气流组织形式一般分为上送风下回风、上送风上回风、下送风上回风三种方式。根据气流形式、送风口安装位置以及建筑装修等方面的要求，可以选用不同形式的送风口。回风口位于房间上部时，吸风速度取 4～5m/s。回风口位于房间下部时：若不靠近人员经常停留的地点，取 3～4m/s；若靠近人员经常停留的地点，取 1.5～2m/s；若用于走廊回风时，取 1～1.5m/s。

⑦ 风管设计计算　在确定了系统的风量、风口及设备位置后，要设计通风管道来将它们连成系统。风管设计不仅要给出各段风管的尺寸，还要计算出系统的总阻力，以便选择通风机。

⑧ 选择风机计算　选择风管材料，选定风机型号，根据设计流量和阻力计算的结果就可以按照产品样本选择风机。

⑨ 绘制施工图　通风工程施工图包括：通风系统平面图、剖面图，系统轴测图和设备、构件制作安装详图。

⑩ 编写设计、施工说明书　通风设计和施工说明一般应包括：设计所依据的有关气象资料、卫生标准等基本数据；通风系统的形式、划分及编号；图例符号的含义；图中未标明或不够明确，需特别说明的一些内容及统一做法的说明和技术要求。

⑪ 进行工程概预算　根据通风工程主要设备及风管规格和数量进行概预算。工程设计完毕后，整理设计文档、存档。总而言之，通风系统可按如下流程图进行设计，如图 3-8 所示。

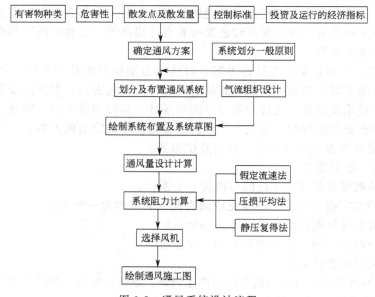

图 3-8　通风系统设计流程

3.1.4 通风系统设计注意事项

在设计中应当注意的事项很多，但从大的方面来看主要有如下几项。

① 设计前应尽量全面掌握与设计有关的各种情况，如在各交点处综合其标高，看是否有矛盾之处，及时发现，将问题在安装之前解决。

② 送风应力求缓慢、均匀，充分利用自然动力，如置换通风。

③ 采用局部通风时，排风罩应优先考虑密闭罩，不能密闭时应尽量靠近污染源，并尽可能减小吸气范围。尽可能采用定型排风罩，如无定型罩可选时，可以遵照靠近污染源、减小吸气范围、保持罩口风速均匀的原则自行设计排风罩，其排风量按照"控制风速法"或"流量比法"计算。

④ 为使设计的系统可靠，在设计那些特点突出、工艺专业性强、情况特殊的系统时，要查阅专门的设计资料，充分掌握相关行业标准，了解可能出现的特殊情况，吸取成功经验。必要时要进行实地考察。

⑤ 划分系统时应遵循系统的划分原则，即划分时要考虑有害物性质、处理的难易程度、系统阻力平衡、运行调节等因素。需要回收原材料的系统，当污染物物理化学性质不同时不能合为一个系统。当两种污染物混合后会发生燃烧、爆炸、凝结或产生新的有害物时，不能合为一个系统；工作班次不同、不便于运行调节或不利于系统阻力平衡时也不宜为一个系统。

⑥ 设计时要考虑系统的可安装性、可检测性、可调节性、可维护性。

3.2 除尘系统设计

除尘是从含尘气体中去除颗粒物以减少其向大气排放的技术措施。这些颗粒物来自含尘工业废气或产生于固体物质的粉碎、筛分、输送、爆破等机械过程，或产生于燃烧、高温熔融和化学反应等过程。去除这些颗粒物需要在尘源处设置捕集罩，通过风管及风机将其排至除尘器中，去除颗粒物，然后排至大气环境中。因此，除尘为局部排风方式的特例，其主要任务是防止工业污染物粉尘对人体健康和环境的危害。改进生产工艺和燃烧技术可以减少颗粒物的产生。已经产生的粉尘和烟尘的控制必须依靠除尘器设备及除尘系统的优化设计。

3.2.1 除尘系统组成

除尘系统设计是关系到除尘效果好坏、运行费用高低、管理方便与否、排放能否合格的关键环节。

除尘系统由集气吸尘罩、进气管道、除尘器、排灰装置、风机、电机、消声器和排气烟囱等组成。它是利用风机产生的动力，将含尘气体从尘源经抽风管道进入除尘设备内净化，净化后的气体经排气烟囱排出，回收的粉尘由排灰装置排出。例如，电炉除尘工艺流程如图3-9所示。

除尘系统有以下分类方法：按其规模和配置特点，可分为就地除尘系统、分散除尘系统和集中除尘系统；按除尘器的种类，可分为干式除尘系统和湿式除尘系统；按设置除尘器的段数，可分为单段除尘系统和多段除尘系统；按除尘器在系统中的位置，可分为正压式除尘系统和负压式除尘系统。

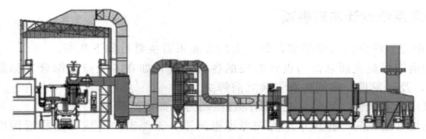

图 3-9　电炉除尘工艺流程

3.2.2　除尘器的选择

除尘器是把粉尘从烟气中分离出来的设备。除尘器的性能可用处理的气体量、气体通过除尘器时的阻力损失和除尘效率来表达。同时，除尘器的价格、运行和维护费用、使用寿命长短和操作管理的难易也是考虑其性能的重要因素。除尘器是锅炉及工业生产中常用的设施。除尘器按捕集机理可以分为以下几种。

① 干式机械除尘器　依靠机械力将尘粒从气流中除去，主要指应用粉尘惯性作用、重力作用而设计的除尘设备。如沉降室、惯性除尘器、旋风除尘器等高浓度的除尘器等，其结构简单，设备费和运行费均较低，但除尘效率不高。主要针对高浓度粗粒径的粉尘分离或捕集。

② 湿式除尘器　依靠水力亲润来分离、捕集粉尘颗粒的除尘装置。含尘气体通过喷淋液的液滴空间时，因尘粒和液滴之间碰撞、拦截和凝聚等作用，较大尘粒因重力沉降下来，与洗涤液一起从塔底排走。如喷淋塔、洗涤器、冲击式除尘器、文氏管等。在处理生产过程中发生的高浓度、大风量的含尘气体场合采用较多。对较粗的亲水性粉尘的分离效率比干式机械除尘器要高，但其易产生水资源的二次污染。

③ 颗粒层除尘器　以不同粒度的颗粒材料堆积层为滤料来阻隔过滤气体中所含粉尘的设备。主要用在建材、冶金等生产过程中的排尘点，经常用于过滤浓度高、颗粒粗、温度较高的含尘烟气。

④ 袋式除尘器　该过滤器是以纤维织造物或填充层为过滤介质的除尘装置。含尘气流通过过滤材料，尘粒因惯性、接触和扩散等机理作用而被拦截和捕集。袋式除尘器的用途、形式、除尘风量规模和作用效率各方面都有宽阔的范围，主要用在捕集微细粉尘的场所，既在排气除尘系统上应用，又在进风系统上应用。净化高温气体时，可用玻璃纤维作过滤材料。按照从滤布上清灰方法的不同，可分为三种形式：间歇清洁型是暂时停止工作，用敲打或用振荡器清除积灰，也可用压缩空气反向吹洗；周期清洁型是几组袋式除尘器，按顺序每隔一定时间停止一组地工作，然后进行清理；连续清洁型是用不断移动的气环反吹或用脉冲反吹空气方法清除积尘。用脉冲方式清除积尘的称为脉冲式除尘器。袋式除尘器的缺点是对通过的气体不起冷却作用，占地面积较大；优点是装置简单，除尘效率高，回收的干粉尘能直接利用。近年来，由于新型滤材的不断开发，纤维过滤技术的发展也随之加速，新产品不断出现，应用领域也日益扩大。

⑤ 电除尘器　它是利用强电场使气体发生电离，气体中的粉尘也带有电荷，并在电场作用下与气体分离被收集于电除尘器中。这种除尘器的除尘效率高，阻力低，维护和管理方便。它在捕集细小的粉尘颗粒方面与袋式除尘器有异曲同工之效。静电除尘器消耗的能量比其他除尘器少，气流压力损失一般为 $10\sim50mmH_2O$（$1mmH_2O=9.8Pa$），除尘效率高达

90%～99.9%，适用于去除粒径 0.05～50μm 的尘粒，可用于高温、高压的场合，能连续操作。其缺点是设备庞大，投资较高。

除尘器的工作好坏，不仅直接影响除尘系统的可靠运行，还关系到生产系统的正常运行、车间厂区和周边居民的环境卫生、风机叶片的磨损和寿命，同时还涉及有经济价值物料的回收利用问题。因此，必须正确地设计、选择与使用除尘器。选择除尘器时必须全面考虑一次投资和运行费用，如除尘效率、压力损失、可靠性、一次投资、占地面积、维修管理等因素，根据烟尘的理化性质、特点和生产工艺的要求，有针对性地选择除尘器。除尘器选型依据如下。

① 根据除尘效率的要求　所选除尘器必须满足排放标准的要求。不同的除尘器具有不同的除尘效率。对于运行状况不稳定或波动较大的除尘系统，要注意烟气处理量变化对除尘效率的影响。正常运行时，除尘器的效率高低排序如下：袋式除尘器、电除尘器及文丘里除尘器、水膜旋风除尘器、旋风除尘器、惯性除尘器、重力除尘器。

② 根据气体性质　选择除尘器时，必须考虑气体的风量、温度、成分、湿度等因素。电除尘器适合于大风量、温度<400℃的烟气净化。袋式除尘器适合于温度<260℃的烟气净化，不受烟气量大小的限制，当温度≥260℃时，烟气应冷却降温后方可使用袋式除尘器。袋式除尘器不宜处理高湿度和含油污的烟气。易燃易爆气体的净化（如煤气）适合用湿式除尘器。旋风除尘器的处理风量有限，当风量较大时，可采用多台除尘器并联的方式。当需要同时除尘和净化有害气体时，可考虑采用喷淋塔和水膜旋风除尘器。

③ 根据粉尘性质　粉尘性质包括比电阻、粒度、真密度、黏性、憎水性和水硬性、可燃性、爆炸性等。比电阻过大或过小的粉尘不宜采用电除尘器，袋式除尘器不受粉尘比电阻的影响；粉尘的浓度和粒度对电除尘器效率的影响较为显著，但对袋式除尘器的影响不显著；当气体的含尘浓度较高时，电除尘器前宜设置预除尘装置；袋式除尘器的形式、清灰方式和过滤风速取决于粉尘的性质。湿式除尘器不适合于净化憎水性和水硬性的粉尘；粉尘的真密度对重力除尘器、惯性除尘器和旋风除尘器的影响显著；对于吸附性大的粉尘，易导致除尘器工作面凝结或堵塞，因此不宜采用干法除尘。粉尘净化遇水后能产生可燃或有爆炸危险的混合物时，不得采用湿式除尘器。

④ 根据压力损失与能耗　袋式除尘器的阻力比电除尘器的阻力大，但从除尘器整体能耗来对比，两者能耗相差不大。

⑤ 根据设备投资和运行费用。

⑥ 节水与防冻的要求　水资源缺乏的地区不适合采用湿式除尘器；北方地区存在冬季冻结的问题，尽可能不使用湿式除尘器。

⑦ 粉尘和气体回收利用的要求　粉尘具有回收价值时，宜采用干法除尘。当粉尘具有很高的回收价值时，宜采用袋式除尘器。当净化后的气体需要回收利用或净化后的空气需要再循环利用时，宜采用高效袋式除尘器。

3.2.3　除尘系统的设计方法

除尘系统设计方法与通风系统设计方法基本相同，除尘工程设计步骤可参考以下做法。

（1）设计准备

针对具体设计任务，收集相关设计原始资料及相关设计标准、污染物排放标准等资料，了解工艺生产的流程、要求及环境污染的状态。

（2）确定粉尘源控制及捕集方式

在充分了解生产过程及其对环境污染影响的基础上，确定污染源控制方案，主要包括污染源控制位置及数量的确定，系统的划分，污染源捕集、净化方式的分析及比较，确定最佳净化方案。

（3）进行集气吸尘罩设计

在分析比较的基础上，从现有的密闭集气吸尘罩、柜式集气吸尘罩、外部集气吸尘罩、吹吸式集气吸尘罩、屋顶集气吸尘罩等捕集方式中，选取适合工艺生产及要求，不影响生产操作过程的捕集方式，进行集气吸尘罩的设计。吸尘罩的尺寸设计应根据污染源控制的范围及大小确定。常用集气罩如图3-10所示。

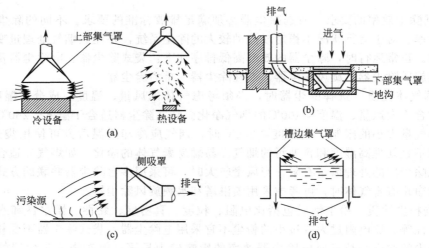

图 3-10　常用集气罩示意图

（4）排风量的确定及计算

排风量的确定是关系到除尘系统控制效果的关键环节，排风量的确定取决于生产过程产生污染量的多少。不同的生产过程需要的排风量不同，例如燃料燃烧过程排烟量、冶炼设备排烟量、碾磨破碎设备排风量、运输设备排风量、给料和料槽排风量及木工设备排风量等，可查《简明通风设计手册》《除尘过程设计手册》等资料。

（5）选择除尘器

根据环境污染排放标准及污染物含尘浓度、粉尘源的特性等因素选择适当的除尘器。除尘器选型方法和流程如图3-11所示。

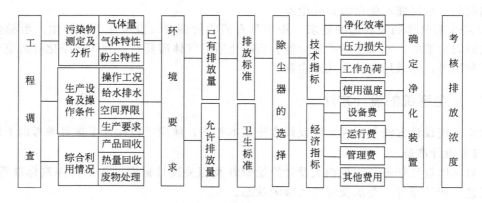

图 3-11　除尘器选型方法和流程

（6）绘制除尘系统计算草图

为便于计算可在图中注明节点编号和各管段的风量、长度、局部阻力系数等计算参数，分析管网的结构特性，建立各环路的组合关系，从主环路即最不利环路开始进行管网压力损失计算。除尘系统计算草图如图3-12所示。

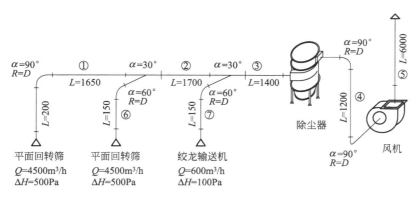

图3-12 除尘系统计算草图

（7）选择合理的空气流速

管道内气体流速的确定是含尘气体管段设计的关键技术问题。管道内的气体流速应根据粉尘性质确定。气体流速太小，气体中的粉尘易沉积，影响除尘系统的正常运转；气流速度太大，压力损失会成平方增长，粉尘对管壁的磨损加剧，使管道的使用寿命缩短。

垂直管道内的气体流速应小于水平管道和倾斜管道的气体流速，水平管道和倾斜管道内的气体流速应大于最大尘粒的悬浮速度。在除尘系统中，管道内各截面的气流速度是不等的，气流在管道内的分布也是不均匀的，并且存在涡流现象。在除尘系统中，管道内的气流速度应能够吹走风机前次停转时沉积于管道内的粉尘。因此，一般实际采用的气流速度为理论计算气流速度的2～4倍，甚至更大。除尘器后的排气管道内气体流速一般取8～12m/s。袋式除尘器和电除尘器后的排气管内气体流速应低些，其他除尘器应高些。除尘系统采用砖或混凝土制作的管道，管道内的气体流速常比钢管小，垂直管道如烟囱内气体流速取6～10m/s。含尘气体在管道内的速度也可以根据工程经验取得。

（8）进行管网阻力平衡计算及计算系统总压力损失

根据各管段的风量和选定的流速确定各管段的管径，计算各管段的摩擦损失及局部压力损失。压力损失计算应从最不利的环路即距风机最远的排风点开始进行计算，除尘系统要求两支管的压力损失不超过10%，以保证各支管的风量达到设计要求。如并联支管的压力损失超过规定值，应进行压力平衡计算，具体调整方法与通风管网压力损失平衡方法相同。同时，计算系统总压力损失。

（9）选择风机

根据系统总压力损失和总风量选择风机。风机的选型设计根据除尘器的风量、系统阻力、地区大气压力和烟尘温度进行。首先计算风量，风量主要是除尘系统的烟囱排放量，不同的设备有不同的排放量，风量的选择要根据吸尘罩的大小来计算。风机由电动机带动，为空气流动提供动力。为了防止风机的磨损和腐蚀，一般把它装在除尘设备的后面。

（10）绘制除尘工程施工图

除尘工程施工图包括：除尘系统平面图、剖面图，系统轴测图和设备、构件制作安装详图。各施工图表达内容及绘制要点与通风工程基本相同。除尘系统设计流程如图3-13 所示。

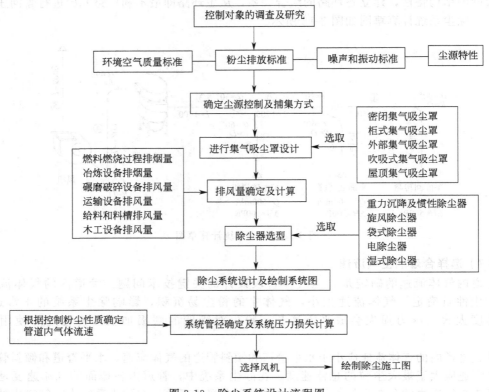

图 3-13　除尘系统设计流程图

3.2.4　除尘系统设计要点

（1）含尘气体管道的设计要点

除尘系统中，除尘器以前的含尘气体管道（除尘管道）可按照枝状管网或集合管管网布置。管道的三通管、弯管等容易积尘的异形管件附近，以及水平或小坡度管段的侧面或端部应设置风管检查孔。当管道直径较大时，可设置人孔。为解决较长水平管道的粉尘沉积问题，可在水平管道上每隔一定距离设置压缩空气吹刷喷头，必要时用以吹起管道底部沉积的粉尘。

① 含尘气体管道支管宜从主管的上面或侧面连接；连接用三通的夹角宜采用 15°～45°，为平衡支管阻力，也可以采用 45°～90°。

② 对粉尘和水蒸气共生的尘源，应尽量将除尘器直接配置在吸尘罩上方，使粉尘和水蒸气通过垂直管段进入除尘器。必须采用水平管段时，风管应向除尘器入口构成不小于 10°的坡度，并在风管上设置检查孔，以便冲洗黏结的粉尘。

③ 对于磨琢性强、浓度高的含尘气体管道，要采取防磨损措施。除尘管道中异形件及其邻接的直管易发生磨损，其中以弯管外侧 180°～240°范围内的管壁磨损最为严重；对磨损不甚严重的部位，可采取管壁局部加厚措施；对磨损严重的部位，则需加设耐磨材料或耐磨衬里。耐磨衬里可用涂料法（内抹面或外抹耐磨涂料）或内衬法（内衬橡胶板、辉绿岩板、铸铁板等）施工。

④ 通过高温含尘气体的管道和相对湿度高、容易结露的含尘气体管道应设计保温措施。通过高温含尘气体的管道必须考虑热膨胀的补偿措施，可采取转弯自然补偿措施或在管道的适当部位设置补偿器；相应的管道支架也应考虑热膨胀所产生的应力。

⑤ 除尘管道宜采用圆形钢制风管，其接头和接缝应严密，焊接加工的管道应用煤油检漏。除尘管道一般应明设。当采用地下风道时，可用混凝土或砖砌筑，内表面用砂浆抹平，并在风道设清扫孔。对有爆炸性危险的含尘气体，应在管道上安装防爆阀，且不应地下敷设。

（2）除尘器的设计要点

① 处理相对湿度高、容易结露的含尘气体的干式除尘器应设保温层，必要时还应采取加热措施。

② 用于净化有爆炸危险的粉尘或气体的干式除尘器，宜布置在系统的负压段上。除尘器上应有防爆阀门。对于处理爆炸下限小于或等于 $65g/m^3$ 的有爆炸危险的粉尘、纤维和碎屑的干式除尘器，必要时，干式除尘器应采用不产生火花的材料制作，如果采用袋式除尘器需配备防静电滤袋及防爆电磁阀。

③ 用于净化有爆炸危险的粉尘的干式除尘器，应布置在生产厂房之外，且距有门窗孔洞的外墙不应小于 10m；或布置在单独的建筑物内时除尘器应连续清灰，且风量 $<1500m^3/h$，储灰量 $<60kg$。

④ 用于净化爆炸下限大于 $65g/m^3$ 的可燃粉尘、纤维和碎屑的干式除尘器，当布置在生产厂房内时，应同其排风机布置在单独的房间内。

⑤ 有爆炸危险的除尘系统，其干式除尘器不得布置在经常有人或短时间有大量人员逗留的房间（如工人休息室、会议室等）的下面，如同上述房间贴邻布置时，应用耐火的实体墙隔开。

⑥ 在北方地区选用湿式除尘器时，应考虑供暖或保温措施，防止除尘器和供、排水管路冻结。

⑦ 在高负压条件下使用的除尘器，其结构应有耐负压措施，且外壳应具有更高的严密性。

⑧ 含尘气体经除尘器净化后，直接排入室内时，必须选用高效除尘器，保证排入室内的气体含尘浓度不超过国家卫生标准的要求。

（3）输排灰装置和粉尘处理的设计要点

① 对除尘器收集的粉尘或排出的含尘污水，根据生产条件、除尘器类型、粉尘的回收价值和便于维护管理等因素，必须采取妥善的回收或处理措施；工艺允许时，应纳入工艺流程回收处理。

② 湿式除尘器排出的含尘污水经处理后应循环使用，以减少耗水量并避免造成水污染。

③ 在高负压条件下使用的除尘器，应设置两个串联工作的卸灰阀，并保证这两个卸灰阀不同时开启卸尘。

④ 除尘器与卸尘点之间有较大高差时，卸尘阀应布置在卸尘点附近，以降低粉尘落差，减少二次扬尘。

⑤ 输灰装置应严密不漏风。刮板输送机和斗式提升机应设断链保护和报警装置。

⑥ 大型除尘器灰斗和储灰仓的卸灰阀前应设插板阀和手掏孔，以便检修卸灰阀。

（4）通风机和电动机的设计要点

① 流过通风机的气体含尘浓度较高，容易磨损通风机叶轮和外壳时，应选用排尘风机

或其他耐磨风机，或采用预防磨损的技术措施。

② 处理高温含尘气体的除尘系统，应选用锅炉引风机或其他耐高温的专用风机。

③ 处理有爆炸危险的含尘气体的除尘系统，应选用防爆型风机和电动机，并采用直联传动方式。

④ 除尘系统通风机露天布置时，对通风机、电动机、调速装置及其电气设备等应考虑防雨。电动机和电控设备的防护等级最低要求为 IP55。

⑤ 除尘系统通风机应设消声器。

⑥ 在除尘系统的风量呈周期性变化或排风点不同时工作引起风量变化较大的场合，应设置调速装置，如液力耦合器、变频变压调速装置等，以便节约能源。

⑦ 湿式除尘系统的通风机机壳最低点应设排水装置。需要连续排水时，宜设排水封，水封高度应保证水不致被吸空；不需要连续排水时，可设带堵头的直排水管，需要时打开堵头排水。

（5）排风管和烟囱的设计要点

① 分散除尘系统穿出屋面或沿墙敷设的排风管应高出屋面 1.5m，当排风管影响相邻建筑物时，还应视具体情况适当加高。

② 集中除尘系统的烟囱高度应按大气扩散落地浓度计算，并符合大气污染物综合排放标准中有关排放浓度和排放速率的要求。

③ 所处理的含尘气体中 CO 含量高的除尘系统，其排风管应高出周围物体 4m。

④ 除尘系统的排风口设置风帽影响气体顺利地向高空扩散时，排风管可不设风帽，采用防雨排风管，防止雨水落入通风机内。

⑤ 穿出屋面的排风管应与屋面孔上部固定，屋面孔直径比风管直径大 40～100mm 并采取防雨措施。对穿出屋面高度超过 3m 或竖立在地面上的排风管，需用钢绳固定，并设拉紧装置。

⑥ 两个或多个相邻的除尘系统允许用一个排气烟囱排放。

⑦ 排风管和烟囱应设防雷措施。

（6）阀门和调节装置的设计要点

① 对多排风点除尘系统，应在各支管便于操作的位置装设调节阀门、节流孔板和调节瓣等风量、风压调节装置。

② 除尘系统各间歇工作的排风点上必须装设开启、关断用的阀门。该阀门最好采用电动阀或气动阀，并与工艺设备联锁，同步开启和关断。

③ 除尘系统的中、低压离心式通风机，当其配用的电动机功率小于 75kW 且供电条件允许时，可不装设仅为启动用的阀门。

④ 除尘系统的设备相邻布置时，应考虑加设连通管和切换阀门，使其互为备用。

（7）测定和监控的设计要点

① 对多排风点除尘系统，应在各支管、除尘器和通风机入、出口管的直管段和排气烟囱气流平稳处，设置风量、风压测定孔。在除尘器入口、出口管以及需要测量粉尘浓度的支管直管段气流平稳处，应设置直径不小于 80mm 的粉尘取样孔。凡设置粉尘取样孔的地方，不再重复设置风量、风压测定孔。

② 根据实际需要并结合操作条件，除尘系统可采用集中控制或与有关工艺设备联锁。一般除尘系统应在工艺设备开动之前启动，在工艺设备停止运转后关闭。自动化水平高的除尘系统可将除尘系统电气控制设备与相应的工艺设备实行程序控制，便于操作人员掌握，但此时仍需在通风除尘设备旁装设控制开关。

③ 对大型除尘系统，可根据具体情况设置测量风量、风压、温度和粉尘浓度等参数的仪表。

④ 对大型集中除尘系统，必要时可设置监控系统，当排放参数超标时，发出报警信号。

⑤ 中型除尘器应设计检测电源。

（8）机房和检修设施的设计要点

① 除尘系统设计中，应考虑留有一定的检修平面和空间、安装孔洞、吊挂设施、走台、梯子、人孔和照明设施等，为施工、操作和检修创造必要的条件。

② 对大型集中除尘系统，必要时可以设置机房、仪表操作室等，对系统进行集中操作管理。

③ 设备和管道穿过平台时，需预留孔洞，孔洞四周设高出平台 50mm 的防水凸台，孔洞直径比管道直径大 20～80mm。管道穿平台处容易腐蚀，必要时可在防水凸台上加 200mm 高的一段金属防水套管。

④ 大、中型除尘器的地面应有检修电源和水源。

3.3 净化系统设计

空气净化也称为空气过滤，它是指针对室内的各种环境问题提供杀菌消毒、降尘除霾、消除有害装修残留以及异味等整体解决方案，控制房间或空间内空气达到室内卫生标准或生产工艺要求，改善生活、办公条件，增进身心健康。室内环境污染物和污染来源主要包括有害气体、霉菌、颗粒物等。空气的含尘浓度是指单位体积空气中所含的尘埃数量，单位体积的含尘量可用单位体积含尘的质量来计算，这种计算方法称为质量浓度，单位是 mg/m^3。也可用单位体积空气里含有各种粒径的尘埃颗粒总数来确定空气的含尘浓度，这种方法称为颗粒浓度，单位是粒/L。还有一种是粒径颗粒浓度，就是单位体积空气中所含某一种粒径范围的尘埃颗粒数，单位为粒/L 或粒/m^3。

就室内的空气净化而言，可分为两方面：以围绕人体健康为中心的空气净化；以工业生产为目的的空气净化，主要是满足产品及物品质量管理的要求。对处理空气中颗粒物而言，空气净化系统主要针对空气中微细颗粒物，其浓度低（$\mu g/m^3$），颗粒粒径肉眼可见，而除尘系统则是针对高浓度（mg/m^3）粉尘，颗粒粒径通常为 $1\mu m$ 以上，净化除尘二者浓度相差 3 个数量级。因此，空气净化系统实际上是除尘系统的特例，它应归属于通风工程。另外，空气净化主要采用过滤式除尘器，并且是一次性使用。此特点与工业除尘系统不同，工业除尘器因粉尘量大需要不断清灰，反复使用。

3.3.1 空气净化系统组成及分类

空气净化系统是由处理空气的空气净化设备、输送空气的管路系统和用来进行生活或生产的洁净环境三大部分构成。空气净化系统可大致分为以下几类。

（1）室内局部尘源净化系统

对于发尘量大、排气量大和可回收的局部尘源可采用局部排风设备将其集中处理后再循环的方法，如图 3-14 所示。

（2）室内有害气体净化系统

对于不回收而且产生有害气体的局部污染源采用局部排风装置将其处理到符合环保排放标准后方可排出室外，如图 3-15 所示。

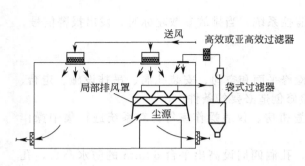

图 3-14　室内局部尘源净化系统

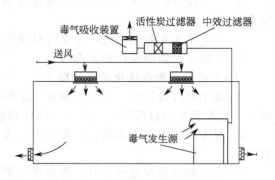

图 3-15　室内有害气体净化系统

（3）室外尘源过滤净化系统

将室外尘源通过空气过滤器进行净化，达到室内卫生标准后，送入房间的空气净化系统，如图 3-16 所示。

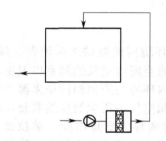

图 3-16　室外尘源过滤净化系统

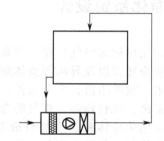

图 3-17　空气净化与舒适性空调相结合系统

（4）空气净化与舒适性空调相结合系统

舒适性空调系统通常对两部分来源的空气进行净化：一是对室外吸入的新鲜空气，习称为新风进行净化，由于它常常受到室外环境如尘埃的污染；二是由空调区抽回来的室内再循环空气，习称为回风进行净化，因为回风会受到室内人员、建筑材料、生产过程等的污染。空气净化与舒适性空调相结合系统如图 3-17 所示。

3.3.2　空气净化机理及净化装置

（1）空气中微粒净化机理与空气过滤器

空气过滤器是通过多孔过滤材料的作用从气固两相流中捕集粉尘，并使气体得以净化的设备。它把含尘量低的空气净化处理后送入室内，以保证洁净房间的工艺要求和一般空调房间内的空气洁净度。

空气过滤器按其作用原理的不同，大致可分为三种类型：金属网格浸油过滤器、干式纤维过滤器（包括纤维过滤器和纤维纸或滤布过滤器）和静电过滤器。过滤器的过滤作用与机理如表 3-1 所示。

空气过滤器一般用于洁净车间、洁净厂房、实验室及洁净室，或者用于电子、机械和通信设备等的防尘，有粗效过滤器、中效过滤器、高效过滤器及亚高效过滤器等类型，如表 3-2 所示。各种型号的过滤器有不同的标准和使用效能。

表 3-1　过滤器的过滤作用与机理

序号	作用	机理	说明
1	重力作用	尘粒在纤维间运动时,在重力作用下沉降在纤维表面上	只对较大粒径(如粒径大于 5μm)的尘粒起作用
2	惯性作用	尘粒随气流运动,逼近滤料时,在惯性作用下,尘粒来不及随气流改变流向而被捕获	惯性作用的大小,随尘粒直径和过滤风速的增大而增大
3	扩散作用	气体分子做布朗运动时,空气中的细微尘粒随之运动。当尘粒围绕纵横交错的纤维表面做布朗运动时,在扩散作用下,有可能与极细的纤维接触而附着在纤维上	尘粒越小,过滤风速越低,扩散作用就越明显
4	接触阻留作用	对非常小(亚微米级)的尘埃,可以近似认为没有惯性;它随气流流线运动,当流线紧靠细微尘粒的表面时,尘粒与纤维表面接触而被阻留下来	接触作用往往与惯性作用同时存在,或在低速时与扩散作用同时存在。尘粒尺寸大于纤维网眼而被阻留的现象,称为筛滤作用
5	静电作用	含尘空气经过某些纤维料时,由于气流摩擦,可能产生电荷,从而增加了吸附能力	静电作用与纤维材料的物理性质有关

表 3-2　空气过滤器分类

过滤器类型	额定风量下的效率/%	额定风量下初阻力/Pa	通常提法	备　注
粗效	粒径≥5μm,80>η≥20	≤50		
中效	粒径≥1μm,70>η≥20	≤80		效率为大气尘计数效率
高中效	粒径≥1μm,99>η≥70	≤100		
亚高效	粒径≥0.5μm,99.9>η≥95	≤120		
高效 A	η≥99.9	≤190	高效过滤器	A、B、C 三类效率为钠焰法过滤效率;D 类效率为计数效率;C、D 类出厂要检漏
高效 B	η≥99.99	≤220	高效过滤器	
高效 C	η≥99.999	≤250	高效过滤器	
高效 D	粒径 0.1mm,η≥99.999	≤280	超高效过滤器	

注:高效过滤器 D 类效率以过滤 0.12μm 的尘粒为准。

（2）空气中气态污染净化机理与活性炭过滤器

气态污染物过滤器用来清除空气中的气态污染物。气态污染净化的方法有吸附净化、光催化净化、非平衡等离子体净化、负离子净化及臭氧净化等。在通风和空调领域,气态污染物过滤器使用活性炭作为主要过滤材料。活性炭材料中有大量肉眼看不见的微孔,其中绝大部分微孔的孔径在 $5\sim500\text{Å}$ （$1\text{Å}=0.1\text{nm}$）之间,单位材料中微孔的总内表面积可高达 $700\sim2300\text{m}^2/\text{g}$。根据材料的处理方法,活性炭吸附分"物理吸附"和"化学吸附"。习惯上人们把没有明显化学反应的吸附称为物理吸附,这种吸附主要靠的是范德瓦耳斯力。物理吸附难以有效地清除所有化学污染物。在有些场合,人们对活性炭材料进行化学处理以增强它们对特定污染物的清除能力。经化学处理而使材料与有害气体产生化学反应的吸附称为化学吸附。活性炭靠范德瓦耳斯力吸附气体分子,材料上的化学成分与污染物起反应,生成固体成分或无害的气体。进行化学处理的主要方法是在活性炭中均匀地掺入特定的试剂,所以经化学处理的活性炭也称为"浸渍炭"。在使用过程中,活性炭过滤器阻力不变,但重量

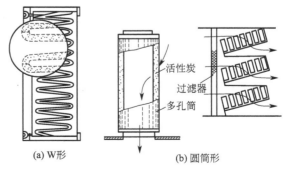

(a) W形　　　　　　(b) 圆筒形

图 3-18　活性炭过滤器构造

会增加。

空气中的某些有毒、有异味的气体，可以采用活性炭过滤器进行吸附处理。活性炭一般由木材、果核、椰子壳等加工而成。在正常情况下，它所能吸附的物质重量，约为其自身重量的 $15\%\sim20\%$，当吸附量达到这种程度时，就应该进行更换。为了防止活性炭过滤器的过滤层被堵塞，活性炭过滤器的入口前应设置其他类型空气过滤器。活性炭过滤器构造如图3-18 所示。家用空气净化器如图 3-19 所示。

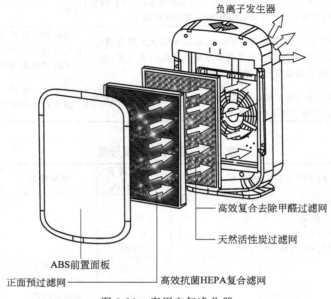

图 3-19 家用空气净化器

活性炭过滤装置的设计要点如下。

① 活性炭过滤装置的构造设计应满足加装活性炭与再生操作方便，空气通过活性炭层时分布均匀的要求。

② 气流经活性炭层的面风速宜保持在 $v=0.1\sim0.5\text{m/s}$。

③ 污染气体与活性炭的接触时间宜保持在 $\tau=0.20\sim0.40\text{s}$。

④ 活性炭层厚度 $H(\text{m})$，可按式(3-1)确定：

$$H=\frac{V}{F}=\frac{Gv}{KL}=\frac{ZcL\times3.6v}{xmKL} \tag{3-1}$$

式中，V 为活性炭的容积，m^3；F 为过滤装置横截面积，m^2；G 为活性炭的质量，kg；v 为空气通过炭层时的面风速，m/s；K 为活性炭的填充率，kg/m^3；L 为风量，m^3/s；Z 为再生周期（累计吸附时间），h；c 为污染物的浓度，g/m^3；m 为活性炭的再生效率，一般 $m=95\%$；x 为吸附比，$x=$污染物（g）/活性炭（kg）。

3.3.3 室内外粉尘源及发尘量

（1）大气尘浓度

空气洁净技术中的大气尘的概念和一般除尘技术中的灰尘的概念是有所区别的。空气洁净技术中的大气尘是通过光电的方法测得的大气尘的相对浓度或者个数，同时包括固态微粒和液态微粒。

大气尘埃是空气净化的直接处理对象。在洁净技术中，最常用的是以大于 $0.5\mu\text{m}$ 的微粒数量为准的计数浓度，以最干净的同温层（距地表 10km）来说，这样的微粒约有 20 粒/L，很干净的海面上空约有 2600 粒/L。陆地上计数浓度差别极大，可近似分为三种典型的地区类型，即"城市型"（污染地区）大气尘浓度、"城郊型"（中间地区）大气尘浓度和"农村型"（清洁地区）大气尘浓度，其值分别为 3×10^5 粒/L、2×10^5 粒/L、10^5 粒/L，最高约为 10^6 粒/L。

（2）室内尘源及发尘量

室内发尘量主要包括人和建筑表面、设备表面以及工艺发尘。设备的产尘以转动设备尤为突出，电动机（尤其是带炭刷的电机）、齿轮转动部件、伺服机械部件、液压和气动启动器开关或人工操作的设备，都会由于移动（转动）的表面之间的摩擦而产生微粒。但实践证明，人的发尘量是最主要的，人稍许动作或进出洁净室，洁净室含尘浓度均可成倍增高。洁净室的灰尘主要来源于人，占 80%～90%；来源于建筑物是次要的，占 10%～15%；来源于送风的就更少了，成为尘源的工艺设备原则上不能进入洁净室（或者在局部排风罩内和回风口处运行）。纸张的发尘量较大，应特别注意，特别是揉纸产尘量极大，所以洁净室内用纸和纸的种类应加以限制。

人的发尘量由于动作的千变万化而变化很大，但静止时的发尘量一般来说容易测准，人静止时的发尘量可取 10^5 粒/(min·人)。当然，人的发尘量和服装有很大关系。甚至和服装的洗晾、吹淋等也有很大关系。根据实际使用情况和实验测定，尼龙绸洁净工作服发尘量最少，棉的确良洁净工作服的发尘量比尼龙绸大。如果在尼龙绸衣服内加穿一件棉的确良工作服，则可使尼龙绸工作服的发尘量进一步降低。从服装形式上看，全套型（上衣和裤子连在一起，帽子和袜子另备）洁净工作服比分装型洁净工作服发尘量小一些。此外，洁净工作服不宜揉洗，洗后应在洁净环境中晾干。

人动作时的发尘量相当复杂，人静止（或基本静止）时的发尘量和激烈活动时的发尘量大约相差 10 倍。一个人在室内的活动不可能都是激烈活动，如果取这些动作的平均，可以认为一个人在室内活动时的发尘量为其静止（或基本静止）时的 5 倍，即 5×10^5 粒/(min·人)。

3.3.4　空气过滤器的选择及计算

（1）过滤效率和穿透率

在过滤器的许多特性中，过滤效率是比较重要的指标。它是指在额定风量下，过滤器前后空气含尘浓度之差与过滤器前空气含尘浓度之比的百分数。过滤器效率是衡量过滤器捕集灰尘能力的指标，从空气过滤和净化的最终效果来看，可以用穿透率来评价过滤器的好坏。所谓穿透率是指过滤后空气的含尘浓度与过滤前空气的含尘浓度之比的百分数。

（2）过滤器面速和滤速

过滤器面速是指过滤器的断面上所通过的气流速度。面风速是反映过滤器的通过能力和安装面积的性能指标。所谓滤速，即指滤料面积上通过的气流速度，滤速主要反映滤料的通过能力，特别是滤料的过滤性能。一般高效和亚高效过滤器的滤速取为 2～3cm/s，中高效过滤器的滤速取为 5～7cm/s。

（3）过滤器阻力

过滤器阻力一般由两部分组成：一是滤料阻力；二是过滤器的结构阻力。

（4）容尘量

过滤器的容尘量是指过滤器的最大允许沾尘量，当沾尘量超过此值后，过滤器阻力会变大。过滤器积尘后阻力的增加值与固体尘粒的大小有关。一般规定过滤器的容尘量是指在一定风量作用下，因积尘而阻力达到规定值（一般为初阻力的 2 倍）时的积尘量。过滤器达到其容尘量时的阻力，称为过滤器终阻力。

国家标准《空气过滤器》（GB/T 14295—2019）规定：粗效过滤器的初阻力为 50Pa，终阻力为 200Pa；中效过滤器的初阻力为 80Pa，终阻力为 300Pa。

3.3.5　空气净化系统设计内容及步骤

空气净化系统设计内容及步骤可归纳如下。

① 根据空气净化系统的具体要求，确定系统的送风量。

② 确定净化系统处理前尘源浓度及处理后尘源的允许浓度。

③ 根据净化系统的组成及要求，计算所需过滤器的过滤效率。如图 3-20 所示为空气过滤净化系统。

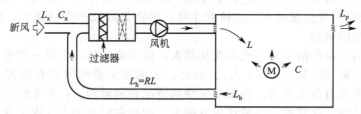

图 3-20　空气过滤净化系统

设房间的送风量为 L（m^3/h），其中新风量为 L_x（m^3/h），回风量为 L_h（m^3/h）。

则风平衡方程为：

$$L = L_x + L_h = L_x + RL \tag{3-2}$$

粉尘颗粒质量平衡方程为：

$$K(L_x C_x + RLC) + M = C(RL + L_p) \tag{3-3}$$

因此

$$K = \frac{C(RL + L_p) - M}{L_x C_x + RLC} \tag{3-4}$$

所需过滤器的过滤效率如下：

$$\eta_{js} = (1 - K) \times 100\% \tag{3-5}$$

④ 根据计算所需空气过滤器的过滤效率选择空气过滤器或活性炭过滤器，实际选择过滤器的过滤效率应大于计算所需过滤器过滤效率。

⑤ 根据净化系统的过滤风速，计算空气过滤器或活性炭过滤器的阻力；或由空气过滤器或活性炭过滤器样本确定空气过滤器或活性炭过滤器的过滤阻力。空气过滤器或活性炭过滤器的阻力宜按照终阻力计算。

⑥ 根据空气净化系统所包含全部设备及管路特性，确定空气净化系统的总压力损失。

⑦ 根据空气净化系统的风量及总压力损失选择风机，或校核所选风机的余压是否满足系统阻力的要求。

3.4　防排烟系统设计

防排烟设施是高层民用建筑保障人民生命财产安全不可缺少的消防安全设施。防排烟系统由送排风管道、管井、防火阀、门开关设备、送排风机等设备组成。防烟系统的目的是在火灾发生时，采用机械加压送风方式或自然通风方式，防止烟气进入疏散通道；排烟系统的目的是在火灾发生时，采用机械排烟方式或自然通风方式，将烟气排至建筑物外，保护建筑室内人员从有害的烟气环境中安全疏散及撤离。烟气是有害气体，通风系统的作用就是消除有害气体对人体的危害，因为防排烟设计与通风系统设计目的是相同的，防排烟设计可视为通风工程设计的延续，或在建筑火灾应急时刻的一个应用实例。建筑物防火排烟的概念如图3-21所示。

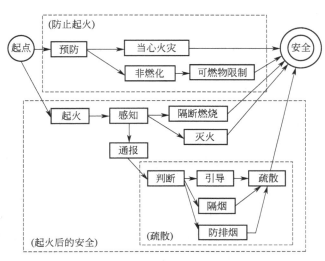

图 3-21　建筑物防火排烟的概念

3.4.1　防火及防排烟基本知识

（1）火灾的定义及其特点

火灾的定义是在时间和空间上失去控制的燃烧所造成的灾害。火灾的特点主要如下：起火因素多；火势蔓延迅速；疏散困难，易造成伤亡事故；扑救困难。

（2）建筑耐火与防火间距

建筑的耐火设计，目的在于防止建筑物在火灾时倒塌和火灾蔓延，保障人员的避难安全，并尽量减少财产的损失。建筑耐火等级的划分是建筑防火技术措施中最基本的措施之一，我国的建筑设计规范把建筑物的耐火等级分为一级、二级、三级、四级。一级最高，耐火能力最强；四级最低，耐火能力最弱。

防火间距是一幢建筑物起火，对面建筑物在热辐射的作用下，即使没有任何保护措施，也不会起火的最小距离。影响建筑物之间防火间距的因素很多，如热辐射、热对流、方向、风速、燃烧性能、其开口面积大小、相邻建筑物高度、消防车到达时间及扑救情况等均影响建筑物之间的防火间距。

（3）防火分区的定义及分类

① 定义　所谓防火分区是指采用具有一定耐火能力的分隔设施（如楼梯、墙体等）在一定时间内将火灾控制在一定范围内的单元空间。当建筑某空间发生火灾时，火焰及热气流会从门窗洞口或从楼板墙体的烧损处以及楼梯间等沿井向其他空间蔓延扩大，最终将整幢建筑卷入火海。因此建筑设计中要合理地进行防火分区，不仅能有效地控制火灾发生的范围，减少火灾损失，同时可以为人员安全疏散、消防扑救提供有利条件。

② 分类如下。

a. 竖向防火分区，是指用耐火性能较好的楼板及窗间墙（含窗下墙），在建筑物的垂直方向对每个楼层进行的防火分隔。

b. 水平防火分区，是指用防火墙或防火门、防火卷帘等防火分隔物将各楼层在水平方向分隔出的防火区域。它可以阻止火灾在楼层的水平方向蔓延。防火分区应用防火墙分隔。如确有困难时，可采用防火卷帘加冷却水幕或闭式喷水系统，或采用防火分隔水幕分隔。

防火分区的划分，从消防角度看越小越好，但从使用功能角度看则越大越好，应遵循以下原则：

① 火灾危险性大的部分应与火灾危险性小、可燃物少的部分隔开，如厨房与餐厅。

② 同一建筑使用功能不同的部分、不同用户应进行防火分隔处理，如楼梯间、前厅、走廊等。

③ 高层建筑的各种竖井，如管道井、电缆井、垃圾井，其本身是独立的防火单元，应保证井道外部火灾不得侵入，内部火灾不得外传。

④ 特殊用房，如医院重点护理病房、贵重设备的储存间，应设置更小的防火单元。

⑤ 使用不同灭火剂的房间应加以分隔。

⑥ 防火分隔物分为两类：a. 固定式，如内外墙体、楼梯、防火墙等；b. 活动式，如防火门、防火窗、防火卷帘、防火水幕等。

（4）防烟分区的定义及分类

防烟分区是指用挡烟垂壁、挡烟梁、挡烟隔墙等划分的可把烟气限制在一定范围的空间区域。防烟分区是为有利于建筑物内人员安全疏散与有组织排烟而采取的技术措施。防烟分区使烟气集于设定空间，通过排烟设施将烟气排至室外。防烟分区范围是指以屋顶挡烟隔板、挡烟垂壁或从顶棚向下突出不小于500mm的梁为界，从地板到屋顶或吊顶之间的规定空间。常见建筑中使用从顶棚下突出不小于0.5m的挡烟梁或用有机玻璃制作的挡烟垂壁等来划分防烟分区。

防烟分区一般根据建筑物的种类和要求不同，按其用途、面积、楼层分类。

① 按用途分类　对于建筑物的各个部分，按其不同的用途，如厨房、卫生间、起居室、客房及办公室等，来划分防烟分区比较合适，也较方便。国外常把高层建筑的各部分划分为居住或办公用房、疏散通道、楼梯、电梯及其前室、停车库等防烟分区。但按此种方法划分防烟分区时，应注意对通风空调管道、电气配管、给排水管道等穿墙和楼板处，应用不燃烧材料填塞密实。

② 按面积分类　在建筑物内按面积将其划分为若干个基准防烟分区，这些防烟分区在各个楼层一般形状相同、尺寸相同、用途相同。不同形状和用途的防烟分区，其面积也宜一致。每个楼层的防烟分区可采用同一套防排烟设施。如所有防烟分区共用一套排烟设备时，排烟风机的容量应按最大防烟分区的面积计算。

③ 按楼层分类　在高层建筑中，底层部分和上层部分的用途往往不太相同，如高层旅馆建筑，底层布置餐厅、接待室、商店、会计室、多功能厅等，上层部分多为客房。火灾统计资料表明，底层发生火灾的机会较多，火灾概率大，上部主体发生火灾的概率较小。因此，应尽可能根据房间的不同用途沿垂直方向按楼层划分防烟分区。防烟分区划分方法及原则如下。

a. 每个防烟分区的面积不能大于500m²。

b. 防烟分区应该设置在同一防火分区内，且不能跨越防火分区。

c. 防烟分区采用防烟挡板或者突出结构楼板的主体梁不能低于500mm。

d. 每个防烟分区应设置排烟口，排烟口应设置在分区中心位置。

e. 防烟分区的最远点的水平距离不应超过 30m。

f. 每个排烟系统设有排烟口的数量不宜超过 30 个。

g. 防火墙的排烟管道上应设排烟防火阀，并与排烟风机联动。

3.4.2　防烟设计的基本原则和具体的防烟措施

① 防烟设计的基本原则　就是阻止烟气进入疏散通道，保证疏散安全。多层建筑一般不设防烟设施，高层建筑、重要的公共建筑、地下室建筑或无窗建筑在其重要部位设防烟设施。

② 具体防烟措施　在建筑物内的防火分隔区范围内采取以下措施：a. 先假定火灾时的空气压力分布；b. 然后布置进风口和排烟口位置；c. 进行各种形式的组合；d. 采用自然或机械排烟等方式，经过分析比较选最优方案。设计中封闭所有房间烟气可能流通的通道，如风道、孔洞等，目的是让烟气从排烟口排除。为了使烟气不能进入楼梯间，维持楼梯间内的压力，常在楼梯间外设置前室，并把进风口放在楼梯间内。

设防烟分区是为有利于建筑物内人员安全疏散与有组织排烟而采取的技术措施。借助防烟分区，使烟气集于设定空间，通过排烟设施将烟气排至室外。设置防烟分区主要是保证在一定时间内，使火场上产生的高温烟气不致随意扩散，并进而加以排除。

3.4.3　机械加压送风防烟系统

设置机械加压送风防烟系统的目的，是在建筑物发生火灾时提供不受烟气干扰的疏散路线和避难场所。因此，加压部位必须使关闭的门对着火楼层保持一定的压力差，同时应保证在打开加压部位的门时，在门洞断面处有足够大的气流速度，能有效阻止烟气的入侵，保证人员安全疏散与避难。

（1）机械加压送风防烟系统的组成

机械加压送风防烟系统由下列三部分组成。

① 对加压空间的送风　通常是依靠通风机通过风道分配给加压空间中必要的地方。这种空气必须吸自室外，且不应受烟气的污染。加压空气不需要做过滤、消声或加热等任何处理。

② 加压空间的漏风　任何建筑物空间的围护物都不可避免地存在着不严密的漏风途径，如门缝、窗缝等。因此，加压空间和相邻空间之间的压力差，必然会造成从高压侧到低压侧的渗漏。加压空间与相邻空间之间的严密程度将决定渗漏风量的大小。

③ 非加压部分的排泄　空气由加压空间渗入相邻的非加压部分，必须使空气与烟气顺利地流至建筑物外。如果没有设置必要的排泄途径，则加压空间和相邻部分之间将难以维持正常的压力差。一般由机械排烟系统或可开启外窗的自然排烟系统相配合。

（2）机械加压送风防烟系统的基本要求

① 机械加压送风风机可采用轴流风机或中、低压离心风机，其安装位置应符合下列要求。

a. 送风机的进风口宜直接与室外空气相连通。

b. 送风机的进风口不宜与排烟机的出风口设在同一层面。如必须设在同一层面时，送风机的进风口应不受烟气影响。

c. 送风机应设置在专用的风机房内或室外屋面上。风机房应采用耐火极限不低于 2.5h 的隔墙和 1.5h 的楼板与其他部位隔开，隔墙上的门应为甲级防火门。

d. 设常开加压送风口的系统，其送风机的出风管或进风管上应加装单向风阀；当风机不设于该系统的最高处时，应设与风机联动的电动风阀。

② 加压送风口的设置应符合下列要求。

a. 楼梯间宜每隔 2～3 层设一个常开式百叶送风口；合用一个井道的剪刀楼梯应每层设一个常开式百叶送风口。

b. 前室应每层设一个常闭式加压送风口，火灾时由消防控制中心联动开启火灾层的送风口。当前室采用带启闭信号的常闭防火门时，可设常开式加压送风口。

c. 送风口的风速不宜大于 7m/s。

d. 送风口不宜设置在被门挡住的部位。

e. 只在前室设机械加压送风时，宜采用顶送风口或采用空气幕形式。

③ 送风管道应采用不燃烧材料制作。当采用金属风道时，管道风速不应大于 20m/s；当采用内表面光滑的混凝土等非金属材料风道时，不应大于 15m/s。

④ 当加压送风管穿越有火灾可能的区域时，风管的耐火极限应不小于 1h。

⑤ 送风井道应采用耐火极限不小于 1h 的隔墙与相邻部位分隔，当墙上必须设置检修门时应采用丙级防火门。

⑥ 当系统的余压超过最大压力差时，应设置余压调节阀或采用变速风机等措施。

⑦ 超过 32 层或建筑高度超过 100m 的高层建筑，其送风系统和送风量应分段设计。

⑧ 前室均设机械加压送风的剪刀楼梯间可合用一个机械加压送风风道，其风量应按两个楼梯间的风量计算，送风口应分别设置。

⑨ 封闭避难层（间）的机械加压送风量应按避难层（间）净面积每平方米不少于 $30m^3/h$ 计算。

⑩ 电梯井的机械加压送风量可根据电梯井的缝隙量及烟囱效应大小，进行模拟计算或按每层送风量为 $1350m^3/h$ 计算。

⑪ 机械加压送风应满足走廊-前室-楼梯间的压力呈递增分布，余压值应符合下列要求。

a. 前室、合用前室、消防电梯前室、封闭避难层（间）与走道之间的压差应为 25～30Pa。

b. 封闭楼梯间、防烟楼梯间、防烟电梯井与走道之间的压差应为 40～50Pa。

注：当走道和前室同时设有机械加压送风或前室（合用前室）设有机械加压送风，而防烟楼梯间采用自然通风方式时，可不受本条限制。

3.4.4 机械排烟系统

（1）排烟设置部位的确定和排烟方式

机械排烟，就是使用排风机进行强制排烟。它由挡烟壁（活动式或固定式挡烟壁）、排烟口（或带有排烟阀的排烟口）、防火排烟阀门、排烟道、排烟风机和排烟出口组成。

据有关资料介绍，一个设计优良的机械排烟系统在火灾时能排出 80% 的热量，使火灾温度大幅降低，从而对人员安全疏散和扑救起着重要作用。为了确保机械排烟系统在火灾时能有效地发挥作用，设计时应对机械排烟部位的确定、防烟分区的划分、排烟口的位置、风道的设计等，进行认真考虑与分析。

根据《高层民用建筑设计防火规范》（GB 50045—2017）的规定，对一类建筑和高度超过 32m 的二类建筑的下列走道和房间设置机械排烟设施：

① 长度超过 20m，且无直接天然采光或设固定窗的内走道。

② 虽有直接采光和自然通风，但长度超过 60m 的内走道。

③ 面积超过 $100m^2$ 及高度在 12m 以下，并且不具备自然排烟条件的室内中庭。

④ 地下室各房间总面积超过 $200m^2$ 或一个房间面积超过 $100m^2$，且经常有人停留或可

燃物较多的房间。但设有窗井等采用可开窗自然排烟措施的房间除外。

机械排烟可分为局部排烟和集中排烟两种方式。局部排烟方式是在每个需要排烟的部位设置独立的排烟风机，直接进行排烟；集中排烟方式是将建筑物划分为若干个区，在每个区内设置排烟风机，通过排烟风道排烟。局部排烟方式投资大，而且排烟风机分散，维修管理麻烦，所以很少采用。采用时，一般与通风换气要求相结合，即平时可兼作通风排气使用。

（2）机械排烟系统排烟量的计算

根据《高层民用建筑设计防火规范》（GB 50045—2017）规定，排烟量的计算按如下要求进行。

① 当排烟风机担负一个防烟分区（包括不划分防烟分区的大空间房间）时，应按该防烟分区面积每 $1m^2$ 不小于 $60m^3/h$ 计算；当担负两个或两个以上防烟分区时，应按最大防烟分区面积每 $1m^2$ 不小于 $120m^3/h$ 计算。一个排烟系统可以担负几个防烟分区，其最大排烟量为 $60000m^3/h$，最小排烟量为 $7200m^3/h$。

② 室内中庭的排烟量根据其体积大小，按 4～6 次换气计算。当室内中庭体积大于 $17000m^3$ 时，其排烟量按体积的 4 次换气计算；当室内中庭体积小于 $17000m^3$ 时，其排烟量按体积的 6 次换气计算。但必须注意，按规定计算出来的总风量，不应小于相邻档次按其最大体积计算出来的总风量。

③ 带裙房的高层建筑防烟楼梯间及其前室、消防电梯前室和合用前室，当裙房以上部分能采用可开启外窗自然排烟措施时，其裙房以内部分如不具备自然排烟条件的前室或合用前室，应设置局部机械排烟设施，其排烟量按每 $1m^3$ 不小于 $60m^3/h$ 计算。

选择排烟风机，应附加漏风系数，一般采用 10％～30％。排烟系统的管道应按系统最不利的条件考虑，也就是按最远两个排烟口同时开启的条件计算。

（3）机械排烟系统的基本要求

① 排烟系统的布置应满足以下要求。

a. 走道与房间的排烟系统宜分开设置，走道的排烟系统宜竖向布置，房间的排烟系统宜按防烟分区布置。

b. 排烟气流应与机械加压送风的气流合理组织，并尽量考虑与疏散人流方向相反。

c. 机械排烟系统与通风和空气调节系统宜分开独立设置。当有条件利用通风和空气调节系统进行排烟时，必须采取可靠的防火安全措施，如设有在火灾时能将通风和空气调节系统自动切换为排烟系统的装置。

d. 为防止风机超负荷运转，排烟系统竖直方向可分成数个系统，但是不能采用将上层烟气引向下层风道的布置方式。

e. 每个排烟系统设有排烟口的数量不宜超过 30 个。

f. 独立设置的机械排烟系统可兼作平时通风排气使用。

g. 需要排烟的地下室房间，应同时设有进风系统（机械进风或自然进风），进风量不宜小于排烟量的 50％，并应组织合理的气流使烟气顺利排出。

h. 净空高度超过 12m 的室内中厅，竖向的排烟口应 2～3 层设一排烟口或者分段设置。

② 排烟口的布置应满足以下要求。

a. 当用隔墙或挡烟垂壁划分防烟分区时，每个防烟分区应分别设置排烟口。

b. 排烟口应尽量设在防烟分区的中心部位，排烟口至该防烟分区最远点的水平距离不应超过 30m。

c. 排烟口必须设置在距顶棚 800mm 以内的高度上。对于顶棚高度超过 3m 的建筑物，排烟口可设在距地面 2.1m 的高度上，或者设置在地面与顶棚之间 1/2 以上高度的墙面上。

d. 为防止顶部排烟口处的烟气外逸，可在排烟口一侧的上部装设防烟幕墙。

e. 排烟口的尺寸可根据烟气通过排烟口有效断面时的速度不小于 10m/s 进行计算。排烟速度越高，排出气体中空气所占的比例越大。因此，排烟口的最小面积一般不应小于 0.04m^2。

f. 同一分区内设置数个排烟口时，要求做到所有排烟口能同时开启，排烟量应等于各排烟口排烟量的总和。

g. 排烟口均设有手动开启装置，或与感烟器联锁的自动开启装置，或消防控制中心远距离控制的开启装置等。除开启装置将其打开外，平时需要一直保持闭锁状态。

手动开启装置宜设在墙面上距地板面 0.8～1.5m 处，或从顶棚下垂时距地面 1.8m 处。

③ 排烟风道的设计及布置应满足以下要求。

a. 排烟风道不应穿越防火分区。竖直穿越各层的竖风道应用耐火材料制成，并宜设在管道井内或采用混凝土风道。

b. 排烟风道因排出火灾时烟气温度较高，除应采用金属板、混凝土等非金属非燃烧材料制作外，还应安装牢固，排烟时温度升高不变形、不脱落，并应具有良好的气密性。

c. 排烟道构造和施工要求如下。

ⅰ. 混凝土砌块等非金属材料排烟道，灰缝必须饱满，防止漏烟。通过闷顶的部分，必须勾缝或抹水泥砂浆。

ⅱ. 排烟风道外表面与木质等可燃构件的距离不应小于 15cm，或在排烟道外表面包有厚度不小于 10cm 的保温材料进行隔热。

ⅲ. 排烟道穿过挡烟墙时，风道与挡烟隔墙之间的空隙应用水泥砂浆等非燃烧材料严密填塞。

ⅳ. 排烟风道与排烟风机的连接，宜采用法兰连接，或采用非燃的软性连接。

ⅴ. 需隔热的金属排烟道，必须采用非燃烧保温材料，如矿棉、玻璃棉、岩棉、硅酸铝等材料。

④ 烟气排出口的设计及布置应满足以下要求。

a. 烟气排出口的材料，可采用 1.5mm 厚钢板或用具有同等耐火性能的材料制作。

b. 烟气排出口的设置，应根据建筑物所处的条件（风向、风速、周围建筑物以及道路等情况）考虑确定，既不能将排出的烟气直接吹在其他火灾危险性较大的建筑物上，也不能妨碍人员避难和灭火活动的进行，更不能让排出的烟气再被通风或空调设备等吸入。此外，必须避开有燃烧危险的部位。

c. 当烟气排出口设在室外时，应防止雨水、虫鸟等侵入，并要求在排烟时坚固而不脱落。

3.4.5 防排烟系统的设计内容及步骤

防排烟系统的设计方法：进行防排烟设计时，首先要了解清楚建筑物的防火分区，并且合理划分防烟分区。防烟分区应设在同一防火分区内，其建筑面积不宜过大，一般不超过 500m^2。然后，再确定合理的防排烟方式和进一步选择合理的防排烟系统，继而确定送风道、排风道、排烟口、防火阀等位置。

防排烟系统设计的主要内容及步骤可归纳如下：

① 根据建筑设计确定该建筑物分属高层建筑的类别，明确防排烟的设计要求；

② 确定防排烟部位，划分防烟分区，凡能设置自然排烟者提交建筑专业设计人员综合考虑；

③ 划定机械防排烟的部位，确定技术方案，估算加压送风量，提出送风道及排烟道的断面、风口和风机的设置要求，与其他专业协调；

④ 绘制方案设计图；

⑤ 进行防排烟系统的计算；

⑥ 提出竖风道、排烟道及墙上留洞的具体要求，供建筑、结构设计人员综合设计；

⑦ 提出自控设计要求，供电气专业设计人员综合设计；

⑧ 绘制施工图。

防排烟系统的设计步骤框图见图 3-22。

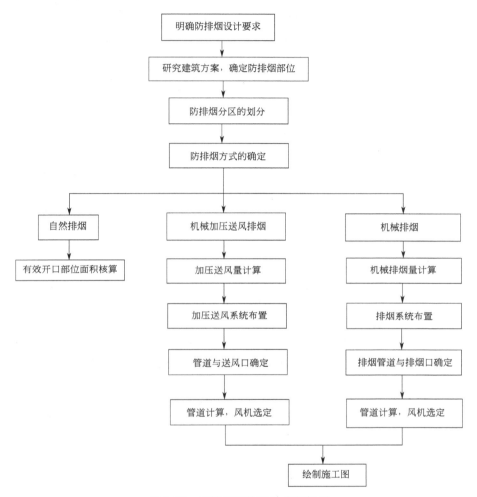

图 3-22　防排烟系统设计步骤框图

3.4.6　防排烟设计注意事项

在防排烟设计时，应注意以下相关事项。

① 对高层建筑的加压送风系统，其送风机可以分段设置，一般宜每隔 20 层左右设一台送风机。

② 防烟楼梯间及其前室宜分别设置送风竖井（管），防烟楼梯间每隔二三层设一个送风口、前室或合用前室每层设一个送风口。

③ 正压送风机宜优先采用离心风机，一般在屋顶上，但必须设防护罩。

④ 屋顶的通风机应设在混凝土或钢架基础上。

⑤ 排烟风机不应装设调节阀，且有备用电源，并能自动切换，以防空气倒流。

⑥ 正压送风机引入口应设单向阀，正压送风机吸入口、排烟风口设在室外时，应考虑防雨水、虫鸟侵入的措施。

3.4.7 通风与空气调节系统防火防爆设计要点

通风与空气调节系统设计时，应考虑防火防爆等问题，防火防爆设计要点如下。

① 空气中含有易燃、易爆物质的房间，其送排风系统应采用相应的防爆型通风设备；当送风机设在单独隔开的通风机房内且送风干管上设有止回阀时，可采用普通型通风设备，其空气不应循环使用。

② 通风、空气调节系统，横向应按每个防火分区设置，竖向不宜超过五层。当排风管道设有防止回流设施且各层设有自动喷水灭火系统时，其进风和排风管道可不受此限制。垂直风管应设在管井内。

③ 下列情况之一的通风、空气调节系统的风管道应设防火阀。

a. 管道穿越防火分区的隔墙处。

b. 穿越通风、空气调节机房及重要的或火灾危险性大的房间隔墙和楼板处。

c. 直风管与每层水平风管交接处水平管段上。

④ 厨房、浴室、厕所等的垂直排风管道应采取防止回流的措施，或在支管上设置防火阀。防火阀的动作温度为70℃。

⑤ 通风、空气调节系统的管道等应采用不燃烧材料制作，但接触腐蚀性介质的风管和柔性接头可采用难燃烧材料制作。

⑥ 管道和设备的保温材料、消声材料和黏结剂应为不燃烧材料或难燃烧材料。穿过防火墙和变形缝的风管两侧各2.00m范围内应采用不燃烧材料及黏结剂。

⑦ 风管内设有电表面加热器时，风机应与电表面加热器联锁。电表面加热器前后各800mm范围内的风管和穿过设有火源等容易起火部位的管道，均必须采用不燃保温材料。

⑧ 排烟道、排风道、管道井应分别独立设置；其井壁应为耐火极限不低于1h的不燃烧体；井壁上的检查门应采用丙级防火门。

⑨ 建筑高度不超过100m的高层建筑，管道井应每隔2~3层在楼板处用相当于楼板耐火极限的不燃烧体作为防火分隔；建筑高度超过100m的高层建筑，应在每层楼板处用相当于楼板耐火极限的不燃烧体作防火分隔。

⑩ 管道井与房间、走道相通的孔洞，其空隙处应用不燃烧材料填塞密实。

3.5 通风工程设计实例

3.5.1 锅炉房通风设计

① 工程概况：该工程锅炉房设置在靠建筑外墙的地下一层，上部为室外绿地，锅炉房建筑面积为202m²，层高为5.5m。锅炉房内设有3台燃气水蒸气锅炉，单台额定蒸发量为3t/h；同时，考虑锅炉不间断运行，设有一套供油系统，设置备用室外储油罐和日用油箱间及油泵。

② 锅炉房单独设置机械通风系统，用于锅炉运行时满足锅炉燃烧空气量要求及停炉时通风换气要求。

③ 通风量计算

a. 控制因机组及烟道等表面散热引起机房内温度上升所需的空气量：

$$V_{a1} = \frac{V_g H_2}{C_a \rho (t_{a2} - t_{a1})} \tag{3-6}$$

式中，V_g 为进入机组燃气量，蒸汽锅炉为 758m^3（标）/h；H_2 为燃气低热值，kJ/m^3（标）；C_a 为空气 $t_{a2} \sim t_{a1}$ 之间的平均定压质量比热容，取 1.0kJ/(kg·℃)；ρ 为空气 $t_{a2} \sim t_{a1}$ 之间的平均密度，kg/m^3；t_{a2} 为机房内的温度，一般取 40℃；t_{a1} 为大气温度，夏天取 32℃，冬天取 10℃。

冬天时，三用：

$$V_{a1} = \frac{2268 \times 0.01 \times 8400/0.24}{1.0 \times 1.2 \times (40-10)} = 22050 (m^3/h)$$

夏天时一用二备：

$$V_{a1} = \frac{758 \times 0.01 \times 8400/0.24}{1.0 \times 1.2 \times (40-32)} = 27635 (m^3/h)$$

两者取大者。

b. 燃烧所需空气量：

$$V_{a2} = V_g V_{a0} \alpha \beta \tag{3-7}$$

式中，V_{a0} 为理论空气量，m^3（干空气）/m^3（干燃气），一般取 3.5m^3（干空气）/m^3（干燃气）；α 为过剩空气系数，一般取 1.15；β 为温度、湿度校正系数，一般取 1.2。

$$V_{a2} = 3 \times 758 \times 3.5 \times 1.15 \times 1.2 = 10983 (m^3/h)$$

c. 人体环境卫生所必需的新鲜空气量：

一般取 0.5m^3/(人·min)。锅炉房人员暂定为 6 人，30m^3/h，即 30×6=180（m^3/h）。

送风机风量即是锅炉房所需空气量：

$$V_a = 27635 + 10983 = 38618 (m^3/h)$$

现选用锅炉房送风量：38618×1.05=40549（m^3/h）；排风机风量：锅炉使用时排风量按照排除因机组及烟道等表面散热引起机房内温度上升所需的空气量 27635m^3/h 来计算，同时应满足锅炉房事故通风换气次数不小于 12 次/h。

则风机排风量为：27635×1.1=30399（m^3/h）

锅炉不使用时排风量（$F=214m^2$，$H=5.0m$，换气次数 10 次/h）：

$$214 \times 5.0 \times 10 = 10700 (m^3/h)$$

排风机风量：10700×1.1=11770（m^3/h）

则锅炉房排风机使用双速风机。锅炉房通风平面图如图 3-23 所示。

3.5.2　移动式卸料机除尘系统设计

（1）工程概况

本项工程设计对象为矿石卸料码头卸料机，卸料机抓斗容量：40t/次；矿石料斗尺寸：10000mm×8000mm×5000mm；主要物料：矿石；卸料机工作时间：3200h/a。卸料机装置如图 3-24 所示。卸料机工作时，卸料机抓斗移动到货船料仓抓料；提起转移至轨道式移动料斗上方，从料斗上部落料槽围板开口处，进入料斗上方；抓斗打开，矿料落入料斗；料斗下部排料到输料皮带并运至堆场场。在抓斗卸料至料斗过程中，扬起大量粉尘，造成料斗周围环境空气中粉尘浓度大幅超过环境浓度标准要求，加之自然风力输送粉尘的作用，造成周围空气环境污染。因此，需对其进行粉尘控制及净化治理。

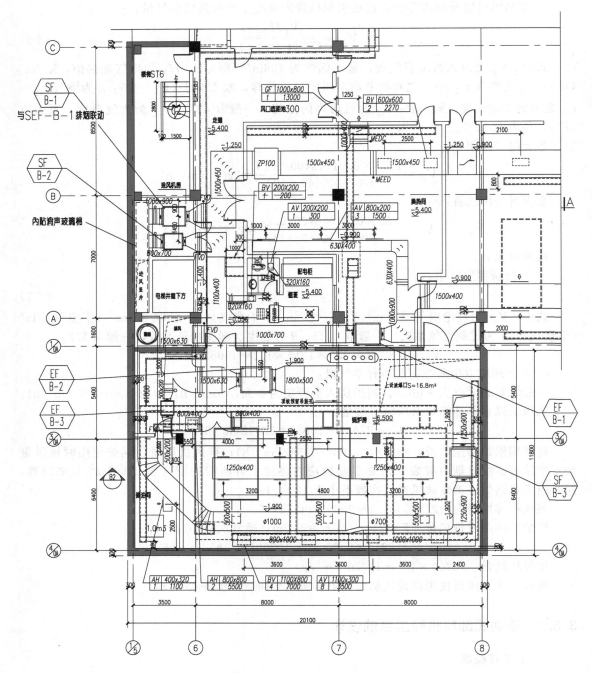

图 3-23　锅炉房通风平面图

（2）控制风速的确定方法

　　控制风速（也称为吸捕速度）是指正好克服该尘源散发粉尘的扩散力再加上适当的安全系数的风速。它是影响捕尘效果和系统经济性的重要指标。只有当吸气罩在该尘源点造成的风速大于吸捕速度时，才能使粉尘吸入罩内。吸捕速度与尘源的性质以及周围气流的状况有关。

　　本工程算例，根据卸料粉尘的具体情况，选取吸捕速度 $v_a = 0.25\text{m/s}$。

图 3-24　卸料机装置

（3）吸风量的确定方法

本工程卸料粉尘控制为条缝罩，$L=10\text{m}$，$x=4\text{m}$，按吸气量计算公式表进行计算得：

$$Q=3.7v_aLx\times3600=3.7\times0.25\times10\times4\times3600=133200(\text{m}^3/\text{h}) \tag{3-8}$$

风机风量的选择：

$$Q_f=1.1Q=1.1\times133200=146520(\text{m}^3/\text{h})$$

本工程假设气体含尘浓度为 $12\text{g}/\text{m}^3$（根据排放浓度，按捕集效率 99.99% 反向推算），查表得：$K_{fd}=20.83$；$K_d=43.70$。

$$\Delta p=(K_{fd}+K_dc_iQ/F)V=(20.83+43.70\times0.012\times146520/1040)\times2.7$$
$$=255.72(\text{mmH}_2\text{O}) \tag{3-9}$$

故过滤介质总压力损失为 $255.72\text{mmH}_2\text{O}$（$1\text{mmH}_2\text{O}=9.8\text{Pa}$）。

（4）控制系统压力损失的确定方法

控制系统的压力损失为过滤介质总压力损失与系统设备及管路沿程压力损失和局部压力损失之和。

$$\Delta p_f=1.1(\Delta p+\Delta p_{lm}+\Delta p_{jb}) \tag{3-10}$$

管路水力计算按流体力学计算公式进行，计算过程简略，风机全压选取 2900Pa。

（5）卸料尘源控制系统设计

根据含尘气体处理风量 $150000\text{m}^3/\text{h}$，选用 10 台 PL 单机过滤除尘器，将每 5 个单机过滤除尘器组成一个模块化过滤机组，各单机可实现独立停机、清灰振打，可自动逐次启动，以减少启动电流量。每个模块化过滤机组设置一套螺旋输灰器。根据空间位置和除尘工艺配置，在料斗进料口两侧端各设置由 5 台袋式过滤除尘单机组成的模块化过滤机组。各除尘器单机收尘落入螺旋输送器后，再落入输料皮带，然后再落入输料皮带运输机，将物料输送到目的地。

粉尘控制系统按轨道式移动料斗除尘和配管要求，进行专门配套设计。移动式卸料机粉尘治理措施工艺流程如图 3-25 所示。

空气幕设置在抓斗进、出口两侧和围板上部的长侧，利用气幕和围板将落料槽空间密闭。空气幕采用双层吹气射流，吹气射流气流由布袋过滤除尘净化后的排气气流供给，吹气射流气流量可通过阀门进行调节，吹气射流动力由过滤除尘机组风机提供。空气幕吹气总管

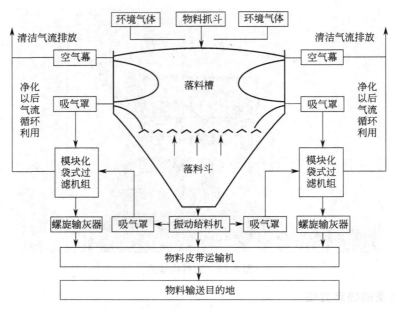

図 3-25　移动式卸料机粉尘治理措施工艺流程

采用等静压送风设计，单侧除尘机组各单机共用送、排风总管。与料斗连成一体的总管与各单机出风管用软管连接。落料槽长侧上沿设置抽气罩，抽取料斗扬起的含尘气体。吸气罩采用与落料槽连成一体的共用总管，总管与各单侧除尘机组单机进气管采用软管连接。振动给料机采用密闭罩排风，排风点就近接入过滤除尘机组。除尘系统设计排放浓度低于 120mg/m^3，排尘量低于 8.5kg/h。除尘器排放气体满足排放标准要求。作业环境设计要求：含尘浓度低于 10mg/m^3；噪声低于 90dB（A）（8h 接触噪声/工作日）。尘源控制不逸出含尘气体，移动料斗轨道车附近空气环境满足卫生标准要求。

移动卸料机除尘装置立面图如图 3-26 所示。

3.5.3　上海某金融中心防排烟设计

（1）工程概况

上海某金融中心为国际一流设施和一流管理水平的智能型超高层综合建筑，其中心塔楼地上 101 层，地面以上高度为 492m，地下 3 层，裙房 4 层，地块面积 30000m^2，建筑占地面积 14400m^2，总建筑面积 379600m^2；避难层面积为 18424m^2；1～6 层为低区，6 层以上为高区；B2F 为地下停车场，6～78 层为标准办公层，79～89 层为酒店客房，90 层以上为观光层。该金融中心结构体系基本上为钢筋混凝土结构和钢结构，能容纳 2 万人。

（2）大楼筒体内疏散设计

① 筒体内设有两座直通疏散首层，楼梯可进行两方向疏散，并各设有前室。采用前室加压送风，办公室、走廊之间的前室排烟方式，防止烟雾侵入楼梯前室或楼梯间区。

② 确保疏散通道的安全　高层部分的疏散通道以高封闭性、高耐火性的钢筋混凝土筒体外周墙与办公室部分分开。采用楼梯前室电梯井的加压送风，办公室、走道之间的排烟前室的排烟措施，使疏散通路形成加压状态，确保了疏散通路的安全性。根据这种走道、前室顺序逐渐增加压力的方式，既可防止烟雾侵入疏散通路，又可防止发生混乱。另外，使用电梯井加压方式加压，可防止火灾时烟雾侵入电梯井，扩散到其他非火灾层。

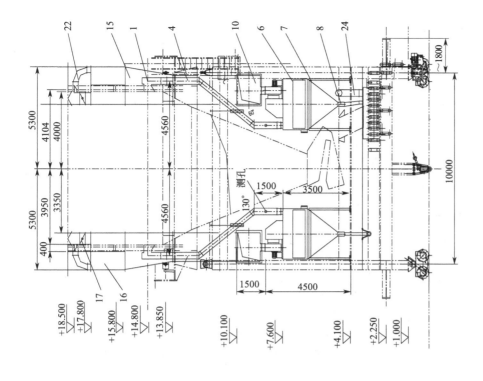

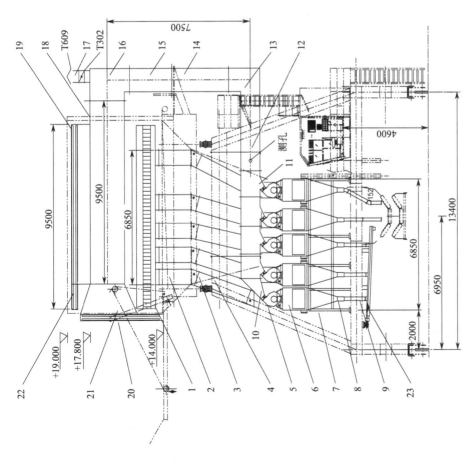

图 3-26　移动卸料机除尘装置立面图

1—方形储料仓;2—梯形储料仓;3—集灰斗;4—水平钢支架;5—倾斜钢支架;6—布袋除尘器;7—除尘器集灰斗;
8—除尘器卸灰阀;9—落灰管;10~16,18~20—加工风管构件;17—排风帽;21—垂直条形吹风口;
22—水平条形吹风口;23—螺旋除灰器;24—振动器

③ 中间避难场所　即使万一自动喷水灭火设备控制初期灭火的效果不明显，火灾蔓延到疏散通路，但因疏散通路被防火分区分隔并设有防火门，所以火灾蔓延得再快也要到着火后的 45～60min 以后。在此时间内，分节层内的所有滞留人员都可到达中间避难场所。通过在中间避难场所的一时避难，可以防止匆忙疏散时与下层楼梯所引起的混乱。在室内人数较多的包括共享空间层、观览平台层、宴会层在内的所有人员，疏散开始 20～35min 后都能到达各避难场所。通过中间避难场所避难后，再按消防队的指示到达地上。所以，即使在发生万一的情况下，也可确保疏散的安全性。

（3）大楼筒体内的加压与排烟系统设置

① 加压排烟的风量、压差的设计数据　一般情况下，门的前后如有 2Pa 的压差即可防止烟雾侵入。所以，办公室和走道、前室和走道都保证了有 2Pa 以上的压差系统（但一定要控制在疏散人员能推开门的 100Pa，约 10kgf/m^2 的压力范围以内）。

② 加压防烟　由于疏散时许多层的疏散楼梯的门都开放，所以造成加压效益低，故不在楼梯间加压，而在火灾发生层的疏散楼梯前室处加压，防止烟雾侵入疏散楼梯。

在冬季容易发生烟囱效应，由于有使建筑物下部的烟雾通过电梯井，高速度地抽到建筑物上部的危险性，所以用电梯井内送风加压方式来防止烟雾侵入井内。

③ 加压防排烟系统的启动方法　通过操作走廊墙面所设置的手动按钮，使办公室入口的防火门关闭并和走道之间形成一个前室。当加压防烟机和排烟机同时启动时，从火灾发生室出来的烟气通过本前室吸入并排出。经疏散楼梯前室的加压后，再通过已经过二次加压的走廊而进来的空气与烟混合，来降低前室内烟气的温度。以往的吸排烟方式是当烟气温度达到 280℃时关闭防火阀，使得排烟机不能继续运转。但在本设计中，可通过降低烟的温度使排烟机能保持长时间运转，并能长时间阻止烟雾侵入筒体区域。

④ 防烟分区　即使万一排烟设备不能工作或排烟系统启动较慢时，也不会在疏散所需时间范围内因为烟而影响疏散行动。总之，为了拖延烟雾从上往下的时间，将办公室的防烟分区尽可能放大，故每一分区间隔为 1850～2275m^2。防烟分区间隔与防火分区间隔是一致的。

⑤ 设置小分隔出租房间时　设置小分隔出租房间，在筒体外周设置内走廊时，使用排烟机把内走廊部分的烟排出（换气次数为 6 次/h）。大楼筒体内加压与排烟设置示意见图3-27。

（4）该金融中心通风及排烟方式

大楼筒体内、外通风及防排烟设计方式和风量设计标准如表 3-3 所示。

表 3-3　大楼筒体内、外通风及防排烟设计方式和风量设计标准

房间名称	通风方式	风量设计标准			
		排风	送风	排烟	补风
地下车库	机械送风、机械排风	6 次/h	6 次/h	6 次/h	＞50％排风
电气室	机械送风、机械排风	按热量计算	通风排风量		
厨房	机械送风、机械排风	40 次/h	30 次/h	60 次/h	＞50％排风
开水间	自然送风、机械排风		10 次/h		
仓库	自然送风、机械排风			按计算	
消防电梯前室	正压送风			30Pa	
办公层公共走廊	正压送风			25Pa	
疏散楼梯间	正压送风			50Pa	
避难广场	正压送风			30m^3/(m^2·h)	
疏散电梯井	平时:机械送风、排风 消防:正压送风				

房间名称	通风方式	风量设计标准			
		排风	送风	排烟	补风
办公室	平时:机械送风、排风 消防:机械排烟、机械补风			6 次/h	>50%排风
大于 500m 空间	平时:机械送风、排风 消防:机械排烟、机械补风			按烟羽(缕)计算	>50%排风
小于 500m 空间	平时:机械送风、排风 消防:机械送风、自然排风			60m³/(m²·h)	

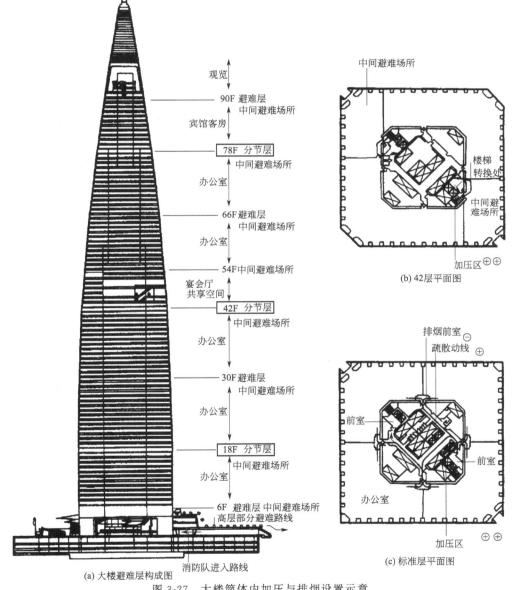

图 3-27 大楼筒体内加压与排烟设置示意

（5）办公层空调通风兼排烟系统工作原理

大楼办公层设空调通风兼排烟系统，其排烟工作原理如图 3-28 所示。在正常情况下，空调系统正常运行时，FD、SFD、HFD 为常开阀门，SMD 为常闭阀门。在各分节层内，若某层确认火灾后，火灾由智能探测器（烟感报警器）报警或手动按钮输入报警，消防中心接到报警将启动该排烟分区的排烟程序：本层该排烟分区内的空调系统的回风支路将切换到排烟支路，即 RA 支路将切换到 SE 支路进行排烟，保证人员安全撤离。该排烟分区排烟 SE 支路的电动排烟阀 SMD 由消防中心打开，平时该排烟分区的排风风机也将切换为排烟模式进行排烟。为防止送风助燃、火势蔓延，关闭空调机组，送风停止：送风机将停止运行，新风支路 OA 停止送风，送风管及新风管的温度达到 70℃时，普通防火阀 FD 将自动熔断关闭。当烟气超过 280℃时，排烟支路 SE 上的 HFD 可自动熔断关闭，也可由消防中心强制关闭信号，回风支路 RA 上的 HFD 将自动熔断关闭。

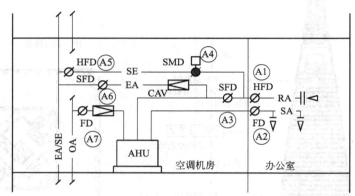

图 3-28　空调通风兼排烟系统工作原理

（6）防排烟系统

该大楼设计的安全疏散通道，采用层层烟控措施，用控制烟气蔓延办法达到人员安全疏散的目的。下面简述该大楼逃难路线，说明烟气控制设计方法。

当办公室着火时，烟雾探测器发出警报，经消防控制中心确认后，此时空调风机一律停止使用，外区的内走廊的排烟风机启动，以及与其连接前室排烟风机同时启动。办公室窗户是密封的，有 1% 的开启率，保证了办公室处于零压状态。办公人员必须在 2min 之内撤离现场到外区内走廊。外区内走廊有 $550 \text{m}^3/\text{h} \times 4$ 排烟量，及其前室 $650 \text{m}^3/\text{h} \times 4$ 排烟量。办公室和外区内走廊、外区内走廊和前室之间均保持 25Pa 以上压差（但一定要控制在疏散人员能推开门的 100Pa，约 $10 \text{kgf}/\text{m}^2$ 的压力范围以内）。

疏散人员到达内区内走廊后，内区内走廊为正压送风，两台 $16100 \text{m}^3/\text{h}$ 风机维持有 25Pa 正压力。火灾开始 10min 之内，一部分人员由于习惯于涌向客梯前室，4 部客梯仍可使用 10min。每个电梯井送入 $1350 \text{m}^3/\text{h}$ 正压送风量。估计每层最多只能疏散 10% 的人员。10min 之后各电梯由消防队员控制，大部分人员均要由安全楼梯间向下撤离。楼梯间前室为两台正压送风机，每台风量为 $18600 \text{m}^3/\text{h}$，前室的正压维持在 50Pa 左右，比内区走廊大 25Pa。在起火后 5～7min 之内所有人员除了从电梯撤走外均要进入楼梯间，楼梯间是整幢大楼最安全的地方。但是，它是密闭空间，宽度为 2.5m，不设新风系统，只能过人，不允许停留。如果一个楼梯间出了问题，还可以转移至另一个楼梯间。疏散人员继续进入下一个避难层中，避难层中有通风换气设备（消防用电），往上走是没有出路的（因为本工程不设置直升机停机坪）。避难层仅作楼梯间人员太拥挤时暂时缓冲之用，最后在消防人员疏导下离开大楼。大楼内 2 万多人必须在 1h 之内撤离现场，此时所有防排烟风机均停止运行。

大楼防排烟总系统简图如图 3-29 所示。

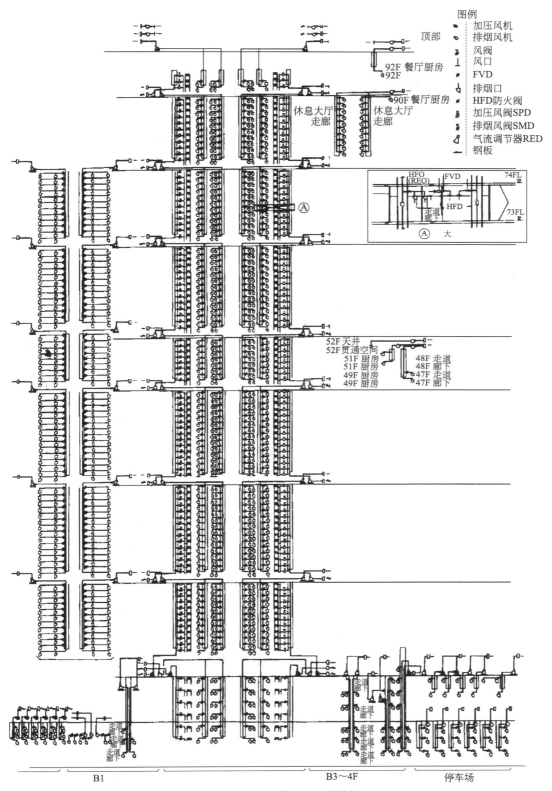

图例

加压风机
排烟风机
风阀
风口
FVD
排烟防火阀
HFD防火阀
加压风阀SPD
排烟风阀SMD
气流调节器RED
钢板

顶部

92F 餐厅厨房
92F

90F 餐厅厨房

休息大厅
走廊

休息大厅
走廊

HFO
(REO)   FVD   74FL

走道
廊下   HFD

73FL

Ⓐ   大

52F 天井
52F 贯通空间
51F 厨房
51F 厨房   48F 走道
49F 厨房   48F 廊下
49F 厨房   47F 走道
                 47F 廊下

走道
廊下
走道
廊下
走道
廊下

走道
廊下
走道
廊下
走道
廊下

B1   B3～4F   停车场

图 3-29   大楼防排烟总系统简图

第4章 空调工程设计

4.1 空调规划与设计

4.1.1 空调系统组成及分类

（1）空调系统组成

空调技术随着经济的发展飞速提高，目前空调已成为现代化建筑不可缺少的设施之一。空调系统由冷热源系统、冷媒输送系统即空调水系统、空气分布系统即空调风系统及控制系统四部分组成。空调冷、热源系统由制冷机、冷却塔、冷却循环水泵、锅炉、热交换器及热水循环泵组成；冷媒输送系统由集水器、分水器及冷冻循环水泵组成；空气分布系统由空调机组、风机盘管及风管组成。

空调系统工作的目标是实现室内温度、湿度、气流速度及洁净度四个参数的控制，使其满足生活或生产的需求。对于空调房间而言，主要起能量转换作用的为冷媒输送系统和空气

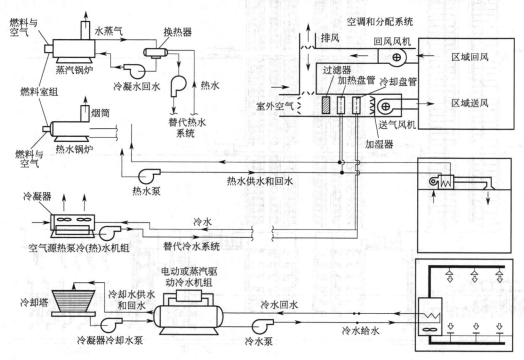

图 4-1 完整的空调系统组成示意

分布系统，即通常所谓的空调水系统和空调风系统，二者可以单独工作，也可以联合工作。空调用户的风系统与水系统构成空调系统的末端装置系统，末端装置系统与空调机房冷热源动力系统组合构成完整的空调系统，如图 4-1 所示。

（2）空调系统分类

空调系统组成及分类如图 4-2 所示。

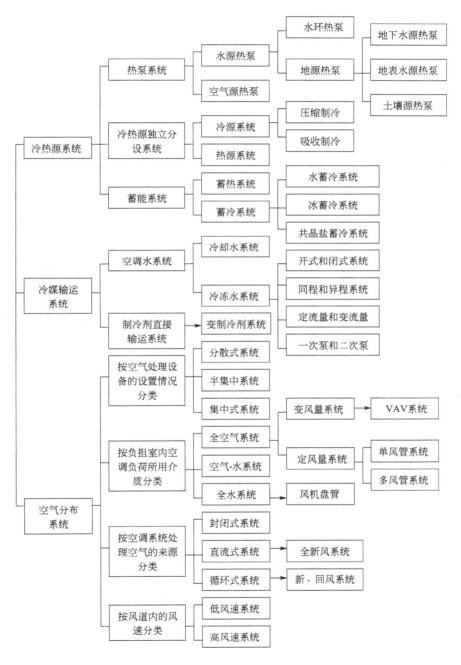

图 4-2　空调系统组成及分类

4.1.2 空调系统的选择

（1）空调系统的优化选择

空调方案的优化要求对各种制冷和空调方式进行具体研究，量化计算，选出最合适的方案，绘出方案图。对于不同用途的民用建筑需要采用不同的方案。在方案设计阶段，很难得到详细的建筑数据，空调系统的冷负荷采用估算的方法来完成。在方案优化过程中，对常用制冷方式和空调系统进行量化，量化是针对几个主要因素进行评分。对于不同的空调工程，诸因素的考虑有轻重缓急，用因素权重系数可反映工程中各因素的主次地位，以达到优化选择的目的。

① 从各种空调系统中选择出最适合于拟建工程的系统时，通常选择需要的项目，把各项目的资料编制出来，相互比较综合做出判断取得结果，然后确定空调系统。在编制各项目的资料时，通过计算得出的详细定量资料越多，各项目编制的资料就越丰富。也就是说，客观的资料越多，被选定的系统就更有说服力。

② 空调系统的比较

a. 集中方式和个别方式

集中方式就是冷、热源设备被集中管理，从集中的设备室把冷水、热水送到各个空调设备。个别方式是把主要的冷、热源设备装在空调机（包括空调机组）中，每个空调机及空调机组能够独立地进行供冷、供暖。集中方式和个别方式空调系统的比较见表 4-1。

表 4-1 集中方式和个别方式空调系统的比较

项目	集中方式空调系统			个别方式空调系统
	封闭式	直流式	混合式一次回风	个别独立型
图式	注：L→O 表示风机温升			
特征	全部为循环空气，系统中无新风加入	全部为新风，不使用循环空气	除部分新风外使用相当数量的循环空气（回风）在 AHU（空气处理机组）前混合	各房间的空气处理由独立的带冷热源的空调机组承担
应用	无人居留的空调系统	室内有有害气体不能循环使用的空调系统	普通应用最多的全空气空调系统	整体或分体的柜式或窗式机组（单元式）空调器

b. 全空气方式

全空气方式是作为供给室内热量的热媒只使用空气。在内部空调区域中来自人体和照明器具等的发热量是 $25\sim35\text{kcal}/(\text{m}^2 \cdot \text{h})$（$1\text{kcal}\approx4.18\text{kJ}$）。若把冷房时的送风温度差定为 $10℃$ 左右，风量也要达到 $10\sim15\text{m}^3/(\text{m}^2 \cdot \text{h})$ 的程度。当换气次数为 $4\sim6$ 次/h 时，作为办公室空气流量是最适宜的。但是，在外围空调区域中从玻璃面进入的热负荷每个单位面积都很大，对日照调整等的处理不加限制时则送风量就会很大，风道也很大，输送动力也相应增加。所以，可采用 VAV（可变风量）方式。

c. 空气-水方式

空气-水系统是由空气和水共同来承担空调房间冷、热负荷的系统，除了向房间内送入经处理的空气外，还在房间内设有以水作介质的末端设备对室内空气进行冷却或加热。空气-水方式习惯上称为风机盘管加独立新风系统，是目前应用广泛的一种空调系统方式，室内的冷、热负荷和新风的冷、热负荷由风机盘管与新风系统共同承担。

建筑内区常年具有稳定的冷负荷，适合于全空气定风量空调系统运行。周边区采用风机盘管系统，可以实现末端单独调节，满足全天或全年的负荷变化和分朝向调节要求，周边区的各朝向可以采用同一个供水系统。整个房间的新风量和新风负荷由内区的全空气系统担负。在冬季，周边区转为供热，而内区仍然供冷，这就可以充分利用室外空气的天然冷源，用调节室外新风与室内空气的混合比来调节送风温湿度，既节约了能源，又可免去制冷设备的冬季运行。

在春、秋两季，内区系统可以加大新风比直至全新风运行。这是一种较好的系统组合，应作为首选设计方案，再进行各种空调方式的比较。对于各评价项目要做到定量化，应充分地进行比较研究后，选定空调系统。

（2）能源、热源系统的比较

在空调中使用的热源系统如下。①只能单独供给冷源的系统。②只能单独供给热源的系统。③冷源和热源由一台设备供给；通过变换在同时间内只能供给冷源或者热源的系统。④用一台装置同时能供给冷源和热源的系统。对于季节性空调和全年性空调热源供给的方法是不同的。由于热源系统与空调方式和空调的运转方法有直接关系。所以，选择适用于空调设计的热源系统是必要的。热源系统通常是从建筑物外面获得能源，通过热源装置进行热交换，用对空调系统合适的好的热媒供给空调机和空调机组等。除石油、燃气等以外，利用热泵的时候，能够把大气、地下水、河水、海水、地热以及在建筑物内部发生的热作为热能来源。冷源系统多数情况是采用电动的往复式或者是离心式冷冻设备。但是，如果电力供给有限制的时候，则要用燃气或者石油，通过锅炉得到水蒸气或高温水使冷源系统运转。

吸收式冷冻机，不管是选用直燃式还是设置有锅炉的方式，为了消除夏季运转时设备周围的热气（有时达 $40 \sim 45$℃）需要有充分的换气量。选择热源系统必须把电气设备费、建设费以及噪声、振动与能源安全性等内容包括进去，经过比较确定。

（3）换气系统的选择

对于换气，可以大致分为维持人类健康的换气和除去在生产过程中产生物质等的工业换气。一般而言所谓换气设备，就是把室内污染了的空气或者不适合于居住的空气换成更新鲜、更清洁空气的更换设备。需要用机械设备换气的场合，有以下几种。

① 在以人为对象的居室中，对于人们的呼吸和燃烧要求，应保持比正常情况低 0.5%～20.5%以上的氧气量，并把 CO_2 浓度控制在 0.1%以下。

② 为了除掉或者稀释在室内发生的热、水蒸气、有害气体以及浮尘，补给洁净的空气。

③ 在室内有开放型燃烧器具时，则要以燃烧为对象补给室外空气。

④ 在室内有局部发生恶臭、热、尘埃及有害气体等的地方，通过局部换气进行排除。

⑤ 设置气流以遮断有害气体，或者是对对象物给予适当的气流进行干燥等。

从众多的空调系统中选择最佳的空调方式，认真做好空调设计的每一个环节，使空调系统安全、经济、有效运行是非常重要的工作，一个优良的空调设计需要周密、仔细地进行设计及不断总结设计中存在的问题和经验教训。

空调系统在实际运行中经常存在如下问题。

① 设计基本数据计算或选用不当，导致空调系统存在过冷或过热现象。

② 空调房间气流组织考虑不周，气流输送不到所需地点。

③ 空调系统设计失误，导致送风口结露、空调箱凝结水排不出箱外及空调箱风机带水

等问题。空调水系统水泵扬程选得过高，造成空调运行调节困难、能耗增大及易产生振动噪声。

④ 风机选择或风管设计存在不足，导致运行参数远远超过设计要求，使室温温度过低，设备运转噪声及振动过大等问题。

⑤ 冷热源设备容量选择不合适，导致长期低负荷运行或出力不足，较难满足用户需求。

⑥ 与建筑设计配合欠佳，导致管道安装相互碰撞，管道与装修及结构梁发生矛盾等问题。

因此，学习空调工程设计方法，认真做好设计的每一个环节是必不可少的，在设计中必须科学、认真地对待设计中的每一个问题，使空调系统安全、经济运行，满足要求。

4.1.3 空调系统设计内容及步骤

一项空调工程成功与否，涉及多方面因素，正确的设计与计算是最重要、最关键的一环。对于设计者而言，除要求具有一定的理论基础外，还应对空调工程设计前的准备、空调工程设计的内容及步骤和有关设计文件有较详尽的了解。空调设计详细步骤可参考如下。

（1）空调工程设计前的准备工作

① 熟悉国家标准和有关规范　除了国家颁布的标准和规范外，还有一些地方性的法规和规定。一切设计方法和内容均应遵循国家标准和规范的规定。即便在不能套用标准和规范的特殊情况下，也应尽量与之接近。

② 熟悉工程情况和土建资料

a. 弄清该建筑物的性质、规模和功能划分。这是恰当选择空调系统和分区的依据，也是选择空调设备类型的依据之一。

b. 弄清该建筑物在总图中的位置、周边建筑物及其周围管线敷设情况，以作为计算负荷时考虑风力、日照等因素及决定冷却塔安装位置、管道外网设置方式的参考。

c. 弄清建筑物内的人员数量、使用时间等，以作为计算负荷及划分系统的依据。

d. 知晓建筑物层数、层高及建筑物的总高度，看其是否属于高层建筑。现行的规范规定：十层及十层以上的住宅、建筑高度超过 24m 的其他民用建筑，应遵守高层民用建筑设计防火规范的条款。

e. 明确各类功能房间、走廊、厅堂的空调面积，各朝向的外墙、外窗及屋面面积；明确外墙、屋面的材质结构，外围框与玻璃的种类和热工性能；了解掌握室内照度和电动机、电子设备及其他发热设备的发热量，为计算负荷做准备。

f. 设备层、管道分布、管井及机房面积、位置等布置的准备工作。

g. 明确防火分区的划分、防烟分区的划分及防火墙的位置，以及火灾疏散路线，便于设计防烟排烟系统及决定防火阀的安装位置。

h. 明确其他工种如配电、室内给排水等设计要求及条件，了解各工种工作内容及各工种间协调，减少今后施工中的矛盾。

i. 对建筑物周围环境也应有所了解：了解建筑物是开敞的还是被楼群包围的，周围环境的背景噪声水平，被楼群包围时计算负荷要考虑阴影区；了解建筑物有无水面、沙地、停车场及比该建筑低的建筑物屋顶，这些都能反射太阳辐射热给高层建筑增加太阳辐射热量；了解建筑物周围有无工厂、锅炉房、厨房，这可能对设计室外进风口有一定影响；了解可能提供的中央机房与空调机房位置、冷却塔位置和设备层的安排情况及相关热力站等情况；了解甲方（业主）对空调的具体要求，考虑其合理性并提出修改参考意见；了解对工艺、洁净等特殊环境要求。

（2）进行建筑物空调负荷计算

明确建筑物所在地室外空气计算参数和建筑物中各类不同使用功能的空调房间的室内空气设计参数要求，按建筑图对建筑围护结构参数及空调设计参数进行负荷计算。

进行空调负荷计算时，需要根据设计建筑物所处地区，查取室外空气冬、夏季气象设计参数；根据设计建筑物的使用功能，确定室内空气冬、夏季设计参数；根据建筑物的外围护结构的构成，计算外墙、屋面、外门、外窗的传热系数等参数；根据建筑物的内外围护结构的构成，计算内墙、楼板、外门、外窗的传热系数等参数。根据建筑物的使用功能，确定在室人员数量、灯光负荷、设备负荷、工作时间段等参数，计算建筑物在最不利条件下的空调冷热湿负荷。

施工图设计时，空调负荷应按照冷负荷系数法或谐波反应法进行计算。在进行初步设计只需做粗略估算时，可按选择夏季空调设备用的冷负荷指标（或经验数据）进行概算。

（3）确定最佳空调方案，并与相关专业协调及配合设计

通过技术经济比较，选择并确定适合所设计建筑物的空调系统方式、冷热源方式以及空调系统控制方式，并与建筑专业确定冷热源机房、空调机房、风井、水管井的大小及位置。

例如，对于常见的裙房为营业厅、高层为客房的高层综合建筑空调：冷源可采用电压缩制冷；热源采用外网水蒸气热交换器；冷热源设在地下室；冷却水塔设在裙房屋顶；膨胀水箱设在最顶层；营业厅根据具体要求，可采用全空气空调系统或风机盘管加新风系统；客房采用风机盘管加新风空调系统。空调冷热源、风、水系统示意见图 4-3。

（4）选择空调系统并合理分区

这是空调工程设计整体规划的关键一步。空调系统的选择和分区，应根据建筑物的性质、规模、结构特点、内部功能划分、空调负荷特性、设计参数要求、同期使用情况、设备与管道选择布置安装和调节控制的难易等因素综合考虑，经过技术经济比较后来确定。在满足使用要求的前提下，尽量做到一次投资省、系统运行经济并减少能耗，特别应注意避免把负荷特性（指热湿负荷大小及变化情况等）不同的空调房间划分为同一系统，否则会导致能耗的增加和系统调节的困难，甚至不能满足要求。负荷特性一致的空调房间，规模过大时宜划分为若干个子系统，分区设置空调系统，这样将会减少设备选择和管道布置安装及调节控制等方面的困难。

（5）确定空气处理方案和选择空气处理设备

根据计算的空调热湿负荷以及送风温差，确定冬、夏季送风状态和送风量；根据设计建筑物的工作环境要求，计算确定最小新风量；根据空调方式及计算的送、回风量，确定送、回风口形式，布置送、回风口，进行气流组织设计。

根据空调系统的空气处理方案，并结合焓湿（i-d）图，进行空调设备选型设计计算，确定空气处理设备的容量及送风量，确定表面式换热器的结构形式及其热工参数。

（6）进行空调水、风系统设计

布置空调水管道，进行水管路系统的水力计算，确定管径、阻力等，确定水泵的流量、扬程及型号；布置空调风管道，进行风道系统的水力计算，确定管径、阻力等。

水系统设计包括管路系统形式选择、分区布置方案、管材管件选择、管径确定、阻力计算与平衡、水量调节控制、管道保温及安装要求、水泵和冷却塔等设备的选择等。

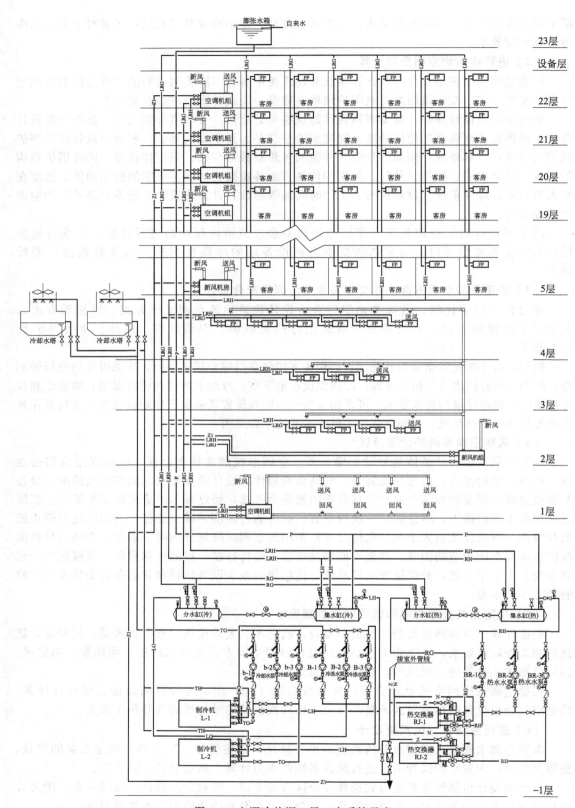

图 4-3　空调冷热源、风、水系统示意

风管系统设计包括风管布置、风管形状、各段截面的尺寸的确定，根据风道系统的水力计算确定风机的流量、风压及型号。通风管道是空调系统的主要组成之一，正确设计风管系统非常重要，它关系到整个系统的造价、运行的经济性以及运行效果。

（7）进行冷、热源机房设计

根据空调负荷，确定冷源（制冷机）或热源（锅炉）的容量及型号，进行空调冷、热源机房设计。

（8）确定空调系统的电气控制要求

根据空调系统的规模及要求，确定合理、经济的控制方案，并与电气设计人员密切配合，精心设计。

（9）进行防排烟系统设计

（10）空调设备及其管道的保冷与保温、消声与隔振设计

（11）进行工程图纸绘制，整理设计与计算说明书

空调工程设计文件是设计者思想及计算结果的图文表现形式。施工者将依照此文件来组织实施施工安装，同时它也是工程概预算以及工程完工验收的依据，还是其他工种设计施工时进行协调配合的依据。成套文件完成后，应留档案备查。一项工程的设计，按照其设计深度的不同，可分为方案设计、初步设计和施工图设计三个阶段。每一阶段的设计文件内容均有不同，但都应必须符合国家统一相关规定及有关建筑工程设计文件编制深度的规定。

空调设计流程如图4-4所示。

正确完成空调设计仅仅是空调设计成功的第一步。设计者应牢记：空调系统的设计、施工、调试、运行、维护每一步都必不可少，只有每一环节均良好实施，方可保证空调系统的功能性、可靠性。

4.1.4　空调系统设计分析与工作总结

（1）运转数据的分析

在空调设备的实际运转中，往往主要是通过读取压力计、流量计、电流表、累计功率表、湿度计、风速计、开度计等计量器类的指示值，以鉴定运行状态。温度计、压力计通常都应安装。另外，如果在各系统或者各设备上设置流量计或热量计等，则在能源的分配或节能管理工作中都是十分有用的。运转数据通常需要列出以下各项目。

① 系统运行初期确认室内环境是否良好。

② 在系统方面或者室内环境条件方面，所确定的给定值若下降时的改善措施。

③ 状态是正常的，但通过进一步改善条件等把设备效率、节省能源上的给定值进一步提高后的调整方案。

④ 根据数据分析出一般的倾向，或者根据分析对导出的评价函数进行模拟，在理论上求出改善条件或给出调整运转制度的依据。

⑤ 为今后的计划、设计积累资料。

在读取数据时必须是通过测定仪表进行测定，其精度、读取方法、数据记录方法等都要事先充分了解。在大规模楼房中做记录的实例，很多都是通过电子计算机进行处理的。数据分析（或者解析）要做的内容如下：a. 一旦有建筑物本体蓄热量的影响时就开始用预冷（热）运转的方法；b. 确定冷冻机或热泵高效率运转的条件；c. 冷水温度变化时对室内温度及湿度的影响；d. 热回收热源系统中的吸热、放热蓄热和平衡运转状况；e. 室外空气（节能循环）的导入风量和室内温湿度变化，节约能源的程度等。其中，也有组合运转特性和室

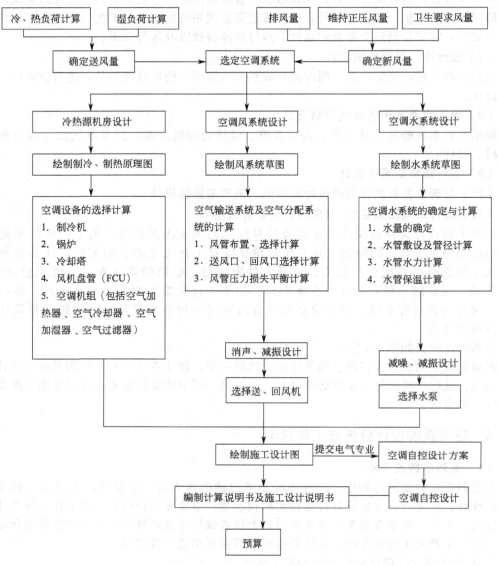

图 4-4 空调设计流程

内温湿度的影响等。数据分析的方法和有效利用对今后设计及运行决策具有重要作用，对数据进行多方面研讨及总结，可积累设计资料与经验，提高设计能力和水平。

（2）设计数据的分析

在设计工程过程中，参考各种数据分析，把设计计算结果的冷房负荷、暖房负荷、显热比、送风温度差、冷风量、热风量、锅炉等的热源出力、泵扬程、风机静压、盘管列数、风道的阻力损失、配管的阻力损失、空气等流体的管内流速等，按各类建筑物归纳出来，作为今后设计资料的一部分。当建筑物的种类、规模具备一定特点时，如果用标记表示出来，则能防止单纯的计算错误。在实际设计中，因为每个建筑物条件不同而要进行各部分详细计算时，若把计算结果换算成每个单位数值，与过去的资料进行比较，也能用于对设计的评价，可以简化设计流程。

4.1.5　空调系统设计常见问题分析与设计注意事项

（1）空调水系统的常见问题分析

① 空调水系统采用定流量运行不利节能。

② 冷冻水和冷却水流经不运行机组的旁通问题。

③ 冷却水泵扬程选择偏大。

④ 空调冷机房管道支架的隔振问题。

⑤ 空调水管道穿过伸缩缝处未设膨胀节。

⑥ 空调水系统平衡未做好，既未做平衡管，又未设计平衡阀。

⑦ 高层建筑高度在 100m 左右，空调水系统静压大于 1.0MPa 时，系统没有采用竖向分区，循环水泵采用压入式，导致设置在地下室的设备承压过大。

（2）空调风系统及通风设计常见问题分析

① 室内装修影响空调设备制冷效果的正常发挥。

② 变配电机房、电梯机房、浴室、更衣室未设机械通风系统。

③ 地下多层机械停车库，应视建筑功能按每辆 $300\sim500\text{m}^3/\text{h}$ 指标计算排风量。有的设计往往只按 6 次换气次数计算排风量，未进行比较与分析。

④ 风管穿过防火分区处及重要或火灾危险性大的房间隔墙处，未设防火阀。

⑤ 公共建筑厨房排油烟管道在与垂直排风管连接处，未设置 150℃ 防火阀。

⑥ 柴油发电机房的储油间没有设排风系统。

⑦ 对工业厂房，没有了解工艺布置格局；对一些散热、有水蒸气或有害物质的工艺点，没有考虑局部排风与事故排风装置。

⑧ 化学实验楼排毒系统风管没有选用耐腐蚀材料。

（3）防排烟设计的常见问题分析

防排烟设计中一般存在以下常见问题。

① 地下室新风补风机进风管上未设 70℃ 防火阀。

② 建筑高度超过 50m 的一类公共建筑，楼梯间与前室不能采用自然排烟方式，而有的设计采用了自然排烟方式。

③ 消防排烟系统与排风系统合用时，联锁互换关系未做到位。

④ 内走廊机械排烟口距最远点距离超过了 30m。排烟口与安全出口距离小于规范规定的下限值 1.5m。

⑤ 防火阀未靠墙或风井布置。

⑥ 对剪刀梯构造不够清楚，正压风口设置层数不正确，造成其中一个楼梯间没有正压送风系统。

⑦《高层民用建筑设计防火规范》对排烟口、正压风口、正压风井、排烟井的风速有上限值的规定，而有的设计没有对风速进行校核，超过规定的上限值。

⑧ 排烟口应有手动和自动开启装置，往往缺少手动开启装置。

（4）人防地下室通风设计中存在的常见问题

① 接入扩散室的风管接法有侧壁和后墙之分，具体做法应按规范 GB 50038—2005 执行，但往往做得较随意。

② 在人防防护单元中用于平时的排烟（风）井，没有采用带集气室的可实行战时转换的排气井，而是采用临战封堵措施，造成较多的需临战封堵口部，不符合规范 GB 50038—2005 要求等。

③ 二等人员掩蔽所人防防毒通道换气次数没有校核，往往小于规范规定的下限值30次。

④ 扩散室的防爆波活门未按人防清洁通风量选取，掩蔽人数超过800人的防护单元的防爆波活门的型号往往偏小。

（5）其他设计中存在的常见问题

① 主要设备技术数据不完整，图纸设计及施工说明表达不清晰，材料规格、设备型号没有明确，给设备选型、材料选购造成不便，对后续招投标工作造成误差，势必也会给安装、使用带来一系列问题。

② 风机、空调末端如变风量设备布置时没有考虑维修、操作距离。旧版规范、作废图集没有及时更新。

③ 对噪声级有要求的建筑，其空调设备靠自然衰减不能达到允许噪声标准时，应设置消声器或采取其他消声措施，系统消声量应通过计算确定，而有的设计未做好这方面的工作。

④ 对空调实际使用中今后将碰到的管理收费问题未做细致考虑，如各出租、出售办公室及功能不同的场所，有必要考虑能量计量的未设计能量计量仪器。

⑤ 大型商场不设新风补充与排风系统或有考虑新风补充但未考虑机械排风系统。大型风冷热泵机组及空调循环水泵设置在裙房架空层中或距离住户过近，其运转噪声及振动对住户产生不良影响。对有腐蚀气体的房间，如室内游泳馆，管道未考虑防腐措施。

⑥ 有交叉、遮盖、反弯的通风管道系统部分没有剖面图，施工时导致无法正常下料施工。详图不够，如缺走道中风管与空调水管竖向的位置标高剖面详图；缺集水器与分水器详图、制冷主机基础详图、空调水泵基础详图等。

⑦ 空调冷热源形式选择未做全面细致的比较，选择了不适宜建筑功能特性的空调冷热源主机。如燃烧液化石油气的溴化锂空调机组、锅炉等设置在地下室；直燃溴化锂空调机组与柴油发电机共用一个烟囱，导致烟气反流及直燃溴化锂空调机组频繁报警停机；变风量空调机组送风区域太大，集中回风困难，影响空调效果。

⑧ 膨胀水箱膨胀管上设置止回阀，导致制冷机停机后系统中水温回升或供暖时水温上升、压力升高，膨胀水箱失效，系统中法兰、三通爆裂。新风设计进风口设置位置不合理，进风口设置在厕所、厨房旁边。

（6）空调工程设计应注意事项

① 空调设计参数确定应合理，空调冷热负荷及水力计算应正确，应采取必要的节能措施。

② 气流组织及送回风口选择应正确。

③ 有温湿度精度要求及洁净要求的工艺性空调要有可靠的调节手段。

④ 空调机组的凝结水排放、风机盘管的凝结水管道设计应合理。

⑤ 空调系统保温材料的选择应经济、合理。

⑥ 空调送风系统应设有与服务环境相适应的消声措施，通风系统应设有消声隔振措施。

⑦ 地下室内各种房间、卫生间、厨房、实验室及变配电室等设施散热量大，可能散发有害气体、刺激性气体或不良气味的场所，应设有合适的通风设施。

⑧ 设有通风系统的场所要有合理的通风气流组织，其送、排风的组织和流向应保证有害气体和不良气味尽量少向周围环境扩散。

⑨ 空调水系统设计中应注意以下几个问题：

a. 水系统的排气与排水。为了防止管道内存留空气影响空调效果，在立管最高点以及每层建筑物内的风机盘管供回路和新风机组供回水管末端均设自动排气阀。如支管环路太长而使管路转弯较多时，或为躲避其他管而上下转弯时，应在转弯的最高点设自动排气阀。考虑检修和清洗方便，在自动排气阀前加截止阀和 Y 型过滤器。水系统的最低点（集水器或制冷机水管路最低点）应设排水阀，以便检修或改装时能使管路系统中的水全部排出。

b. 空调水路的补偿。在长度超过 40m 的直管段上应设补偿器，在高层建筑空调水立管上设置专门的伸缩器，这一点尤为重要。同时在空调水管底部设置固定托座，在楼层中间隔数层设置固定支架，并在两个固定支架之间应考虑设伸缩器。在固定托座与其上部相邻的固定支架间，也应设有伸缩器。

c. 空调水系统凝结水的排放。风机盘管机组和空调机组等冷凝水的泄水管，按就近排放原则设计，且顺水流方向保持不小于 0.01 的坡度。泄水管宜采用镀锌钢管或塑料管，并应进行防结露验算或进行保温处理。

d. 空调水系统管路的减振。除了在系统中的设备下采用隔振台座外，还应在设备与空调水管连接处设柔性接头，管路的吊架应用弹簧式。

e. 系统的仪表阀门及使用。在机组外接管口附近设有压力表和温度计，也应在冷温水、冷却水主管道上设置流量计，以利于掌握机组负荷情况。水流的开关阀门应采用外形尺寸小、密封性能好的节能型阀门，安装位置高且经常开关或要求自动开关的阀门宜采用电动阀，分多环路供水的系统应在连接集水器的各回水总管上安装平衡阀。水泵出口宜选用微阻缓闭型止回阀，在主要设备与重要控制阀前应装水过滤器。

f. 对于并联的冷却塔，一定要安装平衡管。

g. 应注意空调水系统各环路的布局，尽量使系统先天平衡，各环路也应设置平衡阀等装置。

4.2 空气处理过程及选择

4.2.1 空气处理方式与设备

空调的核心任务就是将空气处理到所要求的送风状态，然后送入空调区域以满足人体舒适标准或工艺对室内温度、湿度、洁净度及气流速度的要求。欲达到此目的，需要对空气进行加热、冷却、加湿、减湿及净化等处理。每种处理过程存在不同的方法及处理设备，每种设备都具有不同的优、缺点及适用场合，在设计中应根据工程的特点及具体条件与状况，通过技术及经济分析，选择合理的处理方案。空气处理方式与设备分类如图 4-5 所示。

4.2.2 空气处理的各种途径

在空调系统中，空气经过不同的处理途径，可以得到同一种送风状态。采用 i-d 图很容易确定空气处理方案，同时各种处理设备前后的空气状态参数在 h-d 图上也可以确定。

湿空气的基本处理过程，采用 h-d 图，不仅大幅方便了工程运算，而且可以直观形象地反映空气状态热湿交换的变化过程。

一个空气状态点如 "A"，它可以出现多种过程的变化，如图 4-6 所示。图中 t_1 为空气的露点温度，t_s 为空气的湿球温度，A 点表示空气的初状态点，空气的处理过程如下：A1、A2、…、A11、A12。又根据过程的热湿比 ε 的不同可划分为 Ⅰ～Ⅳ 四个不同象限。

A1～A12 各种处理过程的内容和一般采用的处理方法见表 4-2。

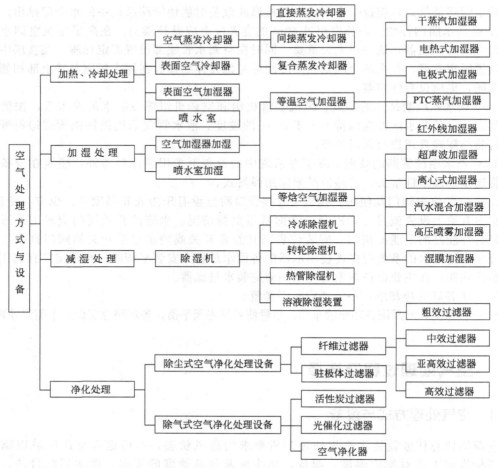

图 4-5　空气处理方式与设备分类

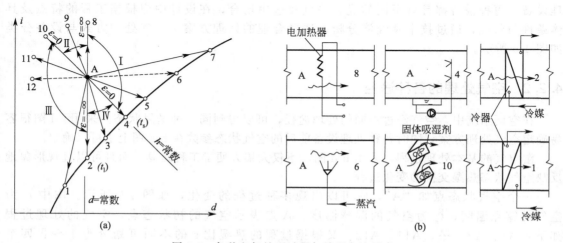

图 4-6　各种空气处理过程与处理方法示意

表 4-2 各种空气处理过程的内容和处理方法

过程线	象限	热湿比 ε	状态变化	处理方法
A1	Ⅲ	$\varepsilon > 0$	减焓降湿降温	喷淋温度低于 t_1 的冷水; 空气冷却器(表面温度低于 t_1)
A2	$d =$ 常数	$\varepsilon = -\infty$	减焓等湿降温	喷淋平均温度稍低于 t_1 的冷水; 干式空气冷却器(表面温度稍低于 t_1)
A3	Ⅳ	$\varepsilon < 0$	减焓加湿降温	喷淋水温为 t 的冷水($t_1 < t < t_s$)
A4	$h =$ 常数	$\varepsilon = 0$	等焓加湿降温	喷淋循环水(绝热加湿)
A5	Ⅰ	$\varepsilon > 0$	增焓加湿降温	喷水温度:$t_1 < t < t_A$(t_A 为 A 点的空气干球温度)
A6	Ⅰ	$\varepsilon > 0$	增焓加湿等温	喷水室:水温 $t = t_A$,喷低压水蒸气
A7	Ⅰ	$\varepsilon > 0$	增焓加湿升温	喷水室:水温 $t > t_A$,喷过热水蒸气
A8	$d =$ 常数	$\varepsilon = +\infty$	增焓等湿升温	空气表面加热器(水蒸气、热水、电)
A9	Ⅱ	$\varepsilon < 0$	增焓降湿升温	冷冻降湿(热泵)
A10	$h =$ 常数	$\varepsilon = 0$	等焓降湿升温	固体吸湿剂吸湿
A11	Ⅲ	$\varepsilon > 0$	增焓降湿升温	喷淋温度稍高于 t_A 的液体除湿剂
A12	Ⅲ	$\varepsilon > 0$	增焓降湿等温	喷淋温度等于 t_A 的液体除湿剂

一次回风系统处理过程和计算方法见表 4-3。

表 4-3 一次回风系统处理过程和计算方法

冷却处理方式		用淋水室处理空气	用表冷器处理空气
系统图示			
i-d 图上的表示			
夏季过程及计算	处理过程	$W \atop N$ $\diagdown$ 一次混合 $\rightarrow C$ 冷却干燥(淋水室) L 二次加热(或风机温升) $\rightarrow Q \overset{\varepsilon}{\rightsquigarrow} N$	$W \atop N$ $\diagdown$ 一次混合 $\rightarrow C$ 冷却干燥(表冷器) L 二次加热(或风机温升) $\rightarrow O \overset{\varepsilon}{\rightsquigarrow} N$
	耗冷量计算/kW	$Q_0 = G(i_C - i_L)$	$Q_0 = G(i_C - i_L)$
	二次加热量计算/kW	$Q_2 = G(i_O - i_L)$	$Q_2 = G(i_O - i_L)$
冬季过程及计算	处理过程	$W' \xrightarrow[\text{(加热器)}]{\text{一次加热}} W'_1 \atop N' \diagdown$ 一次混合 $\rightarrow C'$ 绝热加湿(淋水室) $L' \xrightarrow[\text{(加热器)}]{\text{二次加热}} Q' \overset{\varepsilon}{\rightsquigarrow} N$	$W' \atop N' \diagdown$ 一次混合 $\rightarrow C' \xrightarrow[\text{(加热器)}]{\text{二次加热}} O'_1$ 等温加湿(干蒸汽加湿器) $\rightarrow O' \overset{\varepsilon'}{\rightsquigarrow} N'$
	一次加热量计算/kW	$Q_1 = G_W(i_{W1} - i_W)$	$Q_1 = G_W(i_{W1} - i_W)$
	二次加热计算/kW	$Q_2 = G(i_O - i_L)$	$Q_2 = G(i_{O1} - i_C)$
	加湿量计算/(g/s)	$W = G(d_L - d_C)$	$W = G(d_O - d_{O1})$
式中符号		G_W——新风量,kg/s;G——总风量,kg/s;W——余湿量,g/s;i——焓值,kJ/kg;d——含湿量,g/kg	

二次回风系统处理过程和计算方法见表 4-4。

表 4-4　二次回风系统处理过程和计算方法

冷却处理方式		用淋水室处理空气	用表冷器处理空气
系统图示		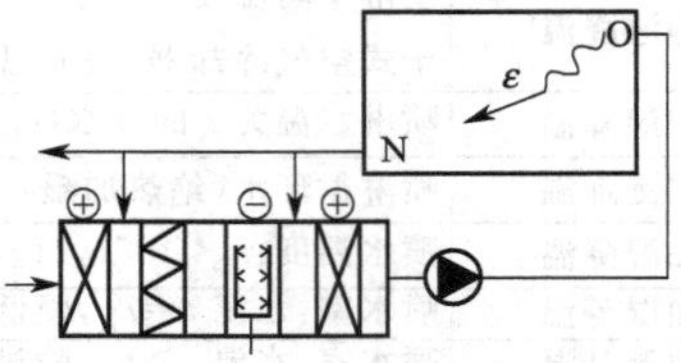	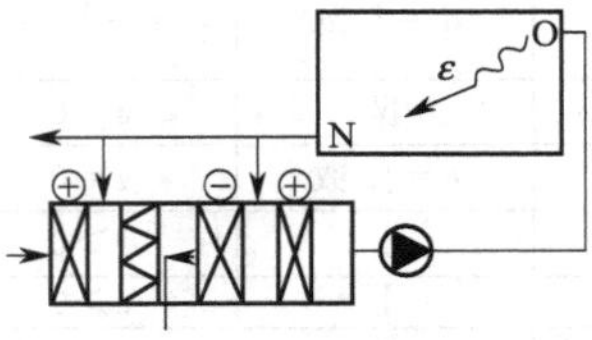
i-d 图上的表示		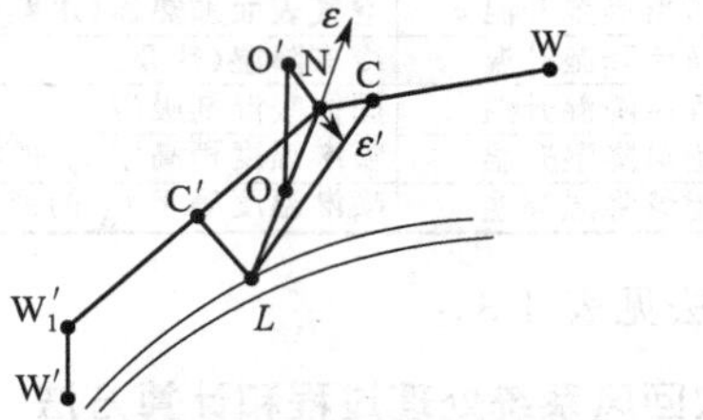	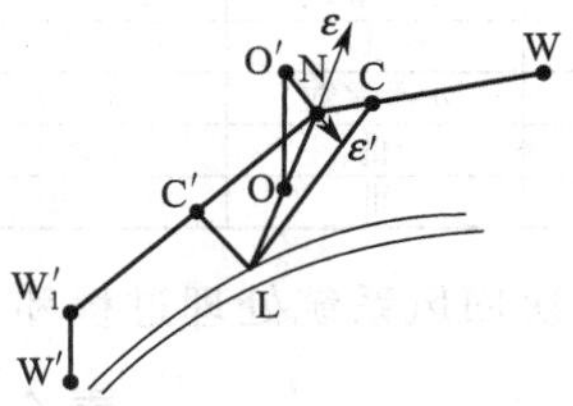
夏季过程及计算	处理过程	$\text{W} \atop \text{N}$ ——一次混合—— C ——冷却干燥(淋水室)—— L ——二次混合—— O —ε→ N	$\text{W} \atop \text{N}$ ——一次混合—— C ——冷却干燥(表冷器)—— L ——二次混合—— O —ε→ N
	耗冷量计算/kW	$Q_0 = G_L(i_C - i_L)$	$Q_0 = G_L(i_C - i_L)$
	二次加热量计算/kW	$Q_2 = G(i_O - i_{C1})$	$Q_2 = G(i_O - i_{C1})$
冬季过程及计算	处理过程	W'——一次加热——W_1'——一次混合 (N)——C'——绝热加湿——L'——二次混合 (N)——二次加热——O'—ε'→ N	W'——一次加热——W_1'——一次混合 (N')——C'——等温加湿——L'——二次混合 (N)——二次加热——O'—ε'→ N'
	一次加热量计算/kW	$Q_1 = G_W(i_{W1} - i_W)$	$Q_1 = G_W(i_{W1} - i_W)$
	二次加热量计算/kW	$Q_2 = G(i_O - i_{c1})$	$Q_2 = G(i_O - i_{C1})$
	加湿量计算/(g/s)	$W = G(d_L - d_C)$	$W = G(d_L - d_C)$
式中符号		G_W——新风量,kg/s;G——总送风量,kg/s;W——余湿量,g/s;i——焓值,kJ/kg;d——含湿量,g/kg	

4.3　空调风系统设计

4.3.1　风管的分类与规格

　　风管是中央空调系统必不可少的重要组成,空调送风和回风、排风、新风供给、正压防烟送风、机械排烟等系统均要用到风管。风管系统的设计正确与否,关系到整个空调系统的造价、运行的经济性以及运行的效果。风管系统设计的基本任务如下:布置合理的管线;确定风管的形状及各段截面的尺寸;通过阻力计算来选择风机。

（1）按风道形状分类

① 圆形风道　圆形风道具有强度大、相同断面积时消耗材料少于矩形风管及阻力小等优点。但由于它占据的有效空间较大，不易与建筑装修配合，而且圆形风道管件的放样、制作较矩形风管困难。因此，在普通的民用建筑空调系统中较少采用，一般多用于除尘系统和高速空调系统。

② 矩形风道　短形风道具有占用的有效空间少、易于布置及管件制作相对简单等优点，广泛地用于民用建筑空调系统。为避免矩形风道阻力过大及产生噪声，其宽高比宜小于 6，最大不应超过 10。

（2）按风道材料分类

① 金属风道　这类风道材料主要包括普通薄钢板（黑铁皮）、镀锌薄钢板（白铁皮）及不锈钢板。钢板厚度一般为 0.5～1.5mm。金属风道的优点是易于加工制作，安装方便，具有一定的机械强度和良好的防火性能，气流阻力较小，因而广泛用于通风空调系统。

② 非金属风道　常见的主要有无机玻璃钢风道、塑料风道、纤维板风道、矿渣石膏板风道等。与金属风道相比，它具有耐腐蚀、使用寿命长、强度较高的优点。

③ 土建风道　通常有两种：一种是混凝土现浇制成；另一种采用砖砌体制成。土建风道结构简单，随土建施工同时进行，节省钢材，经久耐用。但是，土建风道的缺点如下：a. 施工质量不好时，风道的漏风情况极为严重，影响风系统的正常使用；b. 风道内表面经常由于抹灰不平而比较粗糙，使空气在其内流动时阻力增大，风机能耗增加；c. 施工管理不善容易导致风道堵塞；d. 需要保温时存在一定问题或施工困难。因此，土建风道主要用于不太重要的房间的空气输送及防排烟通风。

（3）按风道内的空气流速分类

① 低速风道　风道内空气流速 $v \leqslant 8\text{m/s}$。由于风速较低，与风机产生的主噪声源相比，风道系统产生的气流噪声可以忽略不计。因此，它广泛用于民用建筑通风空调系统。

② 高速风道　风道内空气流速 $v = 20 \sim 30\text{m/s}$。在这样高的风速下，应考虑风道系统产生的气流噪声，采取有效的消声措施。

4.3.2　风管的布置

当气流组织及风口位置确定以后，接下来的任务就是布置风管，通过风管将各个送风口和回风口连接起来，为风口提供空气流动的渠道。布置风管时要考虑的因素如下。

① 尽量缩短管线，减少分支管线，避免复杂的局部构件，以节省材料和减小系统阻力。

② 要便于施工和检修，恰当处理与空调水管道、消防水管道系统及其他管道系统在布置上可能遇到的矛盾。

4.3.3　空调风系统管路的阻力计算

（1）风管压力损失的计算

风管压力损失计算的根本任务是解决下面两类问题。

① 设计计算　在系统设备布置、风量、风道走向、风管材料及各送、回或排风点位均已确定的基础上，经济合理地确定风道的断面尺寸，以保证实际风量符合设计要求；计算系统总阻力，最终确定合适的风机型号及选配相应的电机。

② 校核计算　改造工程及施工中经常遇到下面情况，即在主要设备布置、风量、风道

及尺寸、风道走向、风管材料及各送、回或排风点位置均为已知条件的基础上，核算已有及其配用电机是否满足要求，如不合理则重新选配。

风管压力损失的计算有假定流速法、压损平均法及静压复得法三种。

（2）风管系统设计步骤

① 确定送风口及回风口的形式、位置、个数，以及末端最大风量和系统最大风量。

② 确定风机及其他空调设备的位置，划分空调区域，布置好送回风走向、风阀与风口等附件。

③ 按各末端最大风量累计值乘以同时使用系数 0.9 后初选风道尺寸。

④ 校核送风管变径处比摩阻值。送回风管段的比摩阻应小于或等于 1Pa/m。

⑤ 按末端最大风量和风速限制值配置支风管、末端下游送风管、软管、送风静压箱和送风口。

⑥ 进行风管道的阻力计算，并选择适合的风机。

进行设计时，首先要选定系统最不利的管路作为计算出发点，然后根据风量和所选定的管内风速计算这一最不利管路各部门管段的断面尺寸，并尽可能采用标准管径；接着就可以计算出各管道阻力和系统总阻力，并选定风机参数。最后按系统阻力平衡的原则，确定其他分支管段的管径，且使各并联支管间的阻力平衡（通常它们之间的阻力差不大于 15%）在不可能通过调整分支管管径使阻力平衡时，利用风阀进行调节。风管系统设计时应注意以下问题。

① 通风管道所用材料和断面选择，除了最常用的薄钢板（镀锌或不镀锌的）风管外，硬聚氯乙烯塑料板、玻璃钢板材料也可做成通风管道。布置风管时要考虑尽量缩短管线，避免复杂的局部构件，减少分支管线，节省材料，减少系统阻力。

② 风管系统设计应便于施工、运行调节和检修。为了便于系统调节，干管上分支节点前后一般应留测压孔。当风管设在吊顶、阁楼、技术层内，或金属风道装设在地下时应考虑必要的入孔和足够宽的检修通道。

③ 通风弯管部分设计应该采用大的曲率半径，使阻力减小。风道断面扩大时，渐扩管的扩张角尽量小于 20°；风道断面缩小时，渐缩管的收缩角应尽量小于 45°。

④ 管道保温。一般情况下，需保温的管道如下：空调器的送、回冷水管，空调器送风管，可能在外表面结露的新风管。保温材料的选择应注意：a. 热导率小，价格低。b. 尽量采用密度小的多孔材料，吸水率低且耐水性能好。c. 抗水蒸气，透气性好。d. 保温后不易变形并具有一定的抗压强度。e. 保温材料不宜采用有机物和易燃物；保温结构要合理。保温层要严密防止空气中的水蒸气渗入保温层内部而结露。

4.3.4 空调风系统风机的选择方法及步骤

选用风机时，首先根据所需要风机的风量、全压这两个基本参数，就可以通过风机的无量纲性能表确定风机的型号，这时可能不止一种产品满足要求。随后再结合风机用途、工艺要求、使用场合等，选择风机的种类、机型以及结构材质等以符合所需的工作条件，力求使风机的额定流量和额定压力尽量接近工艺要求的流量和压力，从而使风机运行时使用的工况点接近风机特性的高效率区。具体原则如下。

① 在选择通风机前，应了解国内通风机的生产和产品质量情况，如生产的通风机品种、规格和各种产品的特殊用途，新产品的发展和推广情况等；还应充分考虑环保的要求，以便择优选用风机。

② 根据通风机输送气体的物理、化学性质的不同，选择不同用途的通风机。如输送有

爆炸性和易燃气体时应选防爆通风机；排尘或输送煤粉时应选择排尘或煤粉通风机；输送有腐蚀性气体时应选择防腐通风机；在高温场合下工作或输送高温气体时应选择高温通风机等。

③ 在通风机选择性能图表上查得有两种以上的通风机可供选择时，应优先选择效率较高、型号较小、调节范围较大的一种，当然还应加以比较，权衡利弊后决定。

④ 如果选定的风机叶轮直径较原有风机的叶轮直径偏大很多时，为了利用原有电动机轴、轴承及支座等，必须对电动机启动时间、风机原有部件的强度及轴的临界转速等进行核算。

⑤ 选择离心式通风机时，当其配用的电机功率小于或等于 75kW 时，可不装设仅为启动用的阀门。当排送高温烟气或空气而选择离心锅炉引风机时，应设启动用的阀门，以防冷态运转时造成过载。

⑥ 对有消声要求的通风系统，应首先选择效率高、叶轮圆周速度低的通风机，且使其在最高效率点工作，还应根据通风系统产生的噪声和振动的传播方式，采取相应的消声和减振措施。通风机和电动机的减振措施，一般可采用减振基础，如弹簧减振器或橡胶减振器等。

⑦ 在选择通风机时，应尽量避免通风机并联或串联工作。当不可避免时，应选择同型号、同性能的通风机联合工作。当采用串联方式时，第一级通风机到第二级通风机之间应有一定的管路连接。

⑧ 所选用的新风机应充分考虑利用原有设备、适合现场制作安装及安全运行等问题。

4.3.5 空调风系统设计的要点

在进行风系统设计时应注意以下几点。

① 科学合理、安全可靠地划分系统。考虑哪些房间可以合为一个系统，哪些房间宜设单独系统。

② 风道断面形状应与建筑结构配合，并争取做到与建筑空间完美统一；风道规格应尽量按国家标准选用。

③ 风道布置要尽可能短，避免复杂的局部管件。弯头、三通等管件要安排得当，与风管的连接要合理，以减少阻力和噪声；同时，还要考虑便于风系统的安装、调节、控制与维修。

④ 空调风系统新风入口应选在室外空气较洁净的地点，为避免吸入室外地面灰尘，进风口底部距室外地面不宜低于 2m（绿化地带时不宜低于 1m）。当新风入口与排风口同时存在时，应使新风口位于主导风向的上风侧，新风口宜低于排风口 3m 以上，且水平距离不宜小于 10m。

⑤ 空调风系统布置好后，应在适当的部位设置风管阀门，以便调节。此外，还应预留某些测量装置如观察孔、压力表、温度计、风量测定孔和采样孔的位置。

4.4 空调水系统的设计

4.4.1 空调水系统的组成及形式

（1）空调水系统的组成

空调系统的水系统包括冷却水系统和冷冻水/热水系统（一般采用单管制，夏天循环冻水，冬天循环热水）。图 4-7 为闭式空调水系统组成，它由冷水机组、冷水管路、空调末端装置、调节阀及膨胀水箱等组成。空调夏季运行时，需要冷水（冷冻水）系统和冷却水系统联动、协调工作才能取得预期的制冷效果。

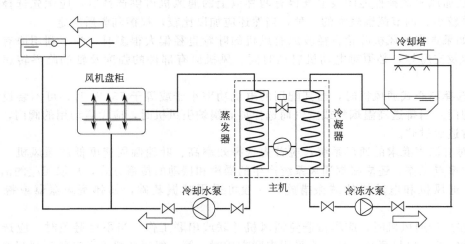

图 4-7　闭式空调水系统组成

（2）空调水系统的形式

空调水系统包含冷水（习惯称为冷冻水）和冷却水两部分，根据配管形式、水泵配置、调节方式等的不同，可以设计成各种不同的系统形式，见表 4-5。

表 4-5　空调水系统的形式

系统形式	开式系统	闭式系统	同程式（顺流式）	异程式（逆流式）	两管制	分区两管制
图示						
特征	管路系统与大气相通	管路系统与大气不相通或仅在膨胀水箱处局部与大气有接触	供水与回水管中水的流向相同，流经每个环路的管路长度相等	供水与回水管中水的流向相反，流经每个环路的管路长度不等	供冷与供热合用同一管网系统，随季节的变化而进行转换	分别设置冷、热源并同时进行供冷与供热运行，但输送管路为两管制，冷、热分别输送
优点	与水蓄冷系统的连接相对简单	氧腐蚀的概率小，不需要克服静水压力，水泵扬程低，输运能耗少	水量分配比较均匀；便于水力平衡	不需设回程管道，不增加管道长度；初投资相对较低	管网系统简单，占用空间少，初投资低	能同时对不同区域（如内区和外区）进行供冷和供热；管路系统简单，初投资和运行费省
缺点	系统中的溶解氧多，管网和设备易腐蚀，需要增加克服静水压力的额外能耗，输送能耗高	与水蓄冷系统的连接相对复杂	需设回程管道，管路长度增加，压力损失相应增大；投资高	当系统较大时，水力平衡较困难，应用平衡阀时，不存在此缺点	无法同时满足供冷与供热的要求	需要同时分区配置冷源与热源

系统形式	三管制	四管制	定流量	变流量	单式泵(一次泵)	复式泵(二次泵)
图示	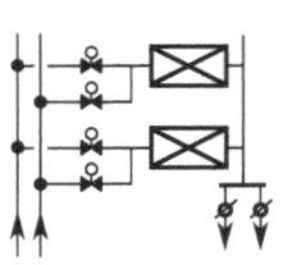	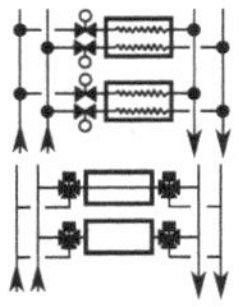	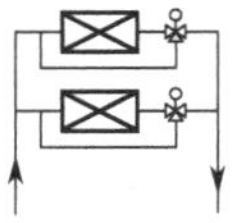	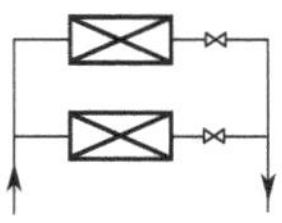	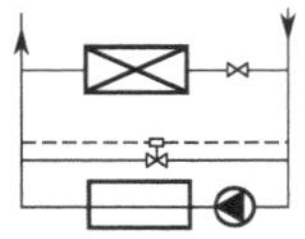	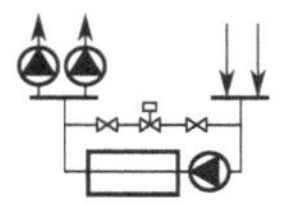
特征	分别设供冷与供热管路,但冷、热回水合用同一条管路	供冷与供热分别设置两套管网系统,可以同时进行供冷或供热	冷(热)水的流量保持恒定,通过改变供水温度来适应负荷的变化	冷(热)水的供水温度保持恒定,通过改变循环水量来适应负荷的变化	冷、热源侧与负荷侧合用一套循环水泵	冷、热源侧与负荷侧分成两个环路,冷源侧配置定流量循环泵即一次泵,负荷侧配置变流量循环泵即二次泵
优点	能同时满足供冷与供热要求;管道系统较四管制简单;初投资居中	能满足同时供冷或供热的要求,没有混合损失	系统简单,操作方便,不需要复杂的控制系统	输送能耗随负荷的减少而降低,可以考虑同时使用系数,使管道尺寸、水泵容量和能耗都减小	系统简单,初投资低;运行安全可靠,不存在蒸发器结冻的危险	能适应各区压力损失悬殊的情况,水泵扬程有把握可能降低;能根据负荷侧的需求调节流量,确保冷水机组出水温度稳定,能节约一部分水泵能耗
缺点	冷、热回水流入同一管路能量有混合损失,占用建筑空间较多	管路系统复杂,占用建筑空间多,初投资高	配管设计时,不能考虑同时使用系数;输送能耗始终处于额定的最大值,不利于节能	系统相对要复杂些;必须配置自控装置;单式泵时若控制不当有可能发生蒸发器结冰事故	不能适应各区压力损失悬殊的情况;在绝大部分运行时间内,系统处于大流量、小温差的状态,不利于节约水泵的能耗	总装机功率大于单式泵系统;自控复杂,初投资高;易引起控制失调的问题;在绝大部分运行时间内,系统处于大流量、小温差的状态,不利于节约水泵的能耗

4.4.2　空调水系统的划分与设计原则

（1）空调水系统的划分

空调水系统设计中遇到的第一个问题就是如何合理而正确地划分空调管路系统中的环路和选用合适的管路系统形式。

空调水系统的环路划分应该遵循满足空调系统的要求、节能、运行管理方便、节省管材等原则,按照建筑物的不同使用功能、不同的使用时间、不同的负荷特性、不同的平面布置和不同的建筑层数正确划分空调水系统的环路。其划分原则见表 4-6。

表 4-6　空调水系统环路的划分原则

序号	依据	划分原则
1	负荷特性	①根据建筑不同的朝向划分不同的环路; ②根据内区与外区负荷特点的不同划分不同的环路
2	使用功能	①按房间的功能、用途、性质,将基本相同者划为一个区域或组成一个系统; ②按使用时间的不同进行划分,将使用时间相同或相近的房间划分为一个系统
3	空调房间的平面布置	根据平面位置的不同进行分区设置

序号	依据	划分原则
4	建筑层数	① 在高层建筑中，根据设备、管路、附件等的承压能力，水系统按竖向分区（如低区、中区、高区）以减少系统内的设备承压； ② 为了使用灵活，也可按竖向将若干层组合成一个系统，分别设置管路系统； ③高层建筑中，通常在公共部分与标准层之间设置转换层，因此设计中空调管路系统常以转换层进行竖向分区

但是，还有一点值得注意，空调水系统的分区应和空调风系统的划分相结合，在设计中同时考虑空调风系统与水系统才能获得合理的方案。

（2）空调水系统的设计原则

空调水系统设计主要原则如下。

① 空调水系统应具备足够的输送能力。例如，在中央空调系统中通过水系统来确保流过每台空调机组或风机盘管空调器的循环水量达到设计流量，以确保机组的正常运行。

② 合理布置管道。管道的布置要尽可能地选用同程式系统，虽然初投资略有增加，但易于保持环路的水力稳定性；若采用异程系统时，设计中应注意各支管间的压力平衡问题，异程系统各回路的阻力应进行仔细计算，工程中各并联回路间的阻力差应控制在小于 15%。

③ 确定系统的管径时，应保证能输送设计流量，并使阻力损失和水流噪声小，以获得经济合理的效果。众所周知，管径大则投资多，但流动阻力小，循环泵的耗电量就小，使运行费用降低。因此，应当确定一种能使投资和运行费用之和最低的管径。同时，设计中要杜绝大流量、小温差问题，这也是空调水系统设计的经济原则。

④ 设计中，应进行严格的水力计算，以确保各个环路之间符合水力平衡要求，使空调水系统在实际运行中有良好的水力工况和热力工况。

⑤ 空调水系统应能满足中央空调部分负荷运行时的调节要求。

⑥ 空调水系统设计中要尽可能多地采用节能技术措施。

⑦ 空调水系统选用的管材、配件要符合有关的规范要求。

⑧ 空调水系统设计中要注意便于维修管理，操作、调节方便。

4.4.3 空调冷水系统的承压与定压

（1）空调冷水系统的承压

标准型电动压缩式冷水机组承压能力一般为 1.0MPa；换热器的工作压力也是 1.0MPa；吸收式冷水机组承压能力一般为 0.8MPa。因此，当水系统的静水压力大于标准型冷水机组的承压能力时，应对冷水系统进行竖向分区，或采用工作压力更高的加强型机组。

竖向分区原则如下。

① 系统静水压力 $p_s \leqslant 1.0$MPa 时，冷水机组可集中设于地下室，水系统竖向可不分区。

② 系统静水压力 $p_s > 1.0$MPa 时，竖向应分区。一般宜采用中间设备层布置热交换器的供水模式；冷水换热温差宜取 $1 \sim 1.5$℃；热水换热温差宜取 $2 \sim 3$℃。

对于高层建筑，根据设备、管道及配件等的承压能力，沿建筑物高度方向上空调水系统一般可划分为低区、中区和高区。

图 4-8(a) 所示为高、低区合用冷、热源设备冷水系统图。低区采用冷水机组直接供冷，同时在设备层设置板式换热器，作为高、低水压的分界设备，使静水压力分段承受。但值

得注意的是，高区水系统采用经热交换后的二次水，其水温将比一次水温要高 1.5～2℃。若一次水温度为 7℃时，则二次水温将为 8.5～9℃。这样，末端空气处理设备的供冷能力也会下降。以 FP-6.3 风机盘管为例，当进水温度由 7℃提高到 8.5℃时，其冷量大约下降 17％。因此，在同样标准层负荷情况下，必然要求高区的空气处理设备变大或增多，风机盘管的型号每增大一个规格，其造价便相应提高。图 4-8(b) 所示为高、低区分设冷热源设备的冷水系统图。图 4-8(c) 中，中区系统的水泵及机组的压力较大，这时应选择更高压力等级的设备。

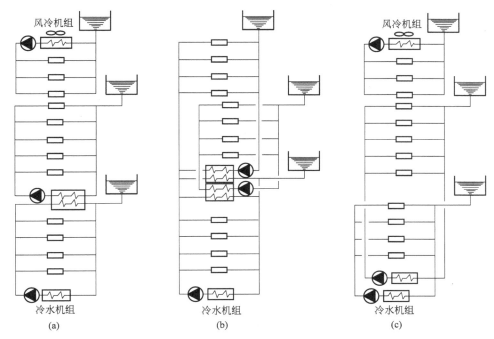

图 4-8　水系统竖向分区的方式

（2）空调冷水系统的定压

常用的定压方式有膨胀水箱定压、补给水泵定压（图 4-9）和定压罐定压（图 4-10）。

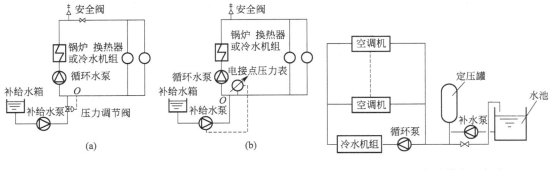

图 4-9　补给水泵定压方式　　　　图 4-10　定压罐定压方式

（3）设备布置

在多层建筑中，习惯上把冷、热源设备都布置在地下层的设备用房内；若没有地下层，则布置在一层或室外专用的机房（动力中心）内。

在高层建筑中，为了降低设备的承压，通常可采用下列布置方式。

① 冷热源设备布置在塔楼外裙房的顶层（冷却塔设于裙房屋顶上），如图 4-11（a）所示。

② 冷热源设备布置在塔楼中间的技术设备层内，如图 4-11（b）所示。

③ 冷热源设备布置在塔楼的顶层，如图 4-11（c）所示。

④ 在中间技术设备层内布置水-水换热器，使静水压力分段承受，如图 4-12 所示。

⑤ 当高区超过设备承压能力部分的负荷不太大时，上部几层可以单独处理，如采用自带冷源的单元式空调器，如图 4-12（b）所示。

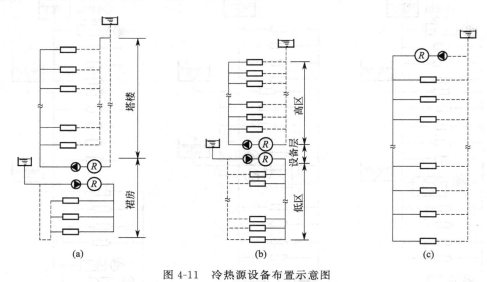

图 4-11　冷热源设备布置示意图

4.4.4　一次泵水系统中泵的设计及选择

一次泵系统分为一次泵定流量冷水系统和一次泵变流量冷水系统。一次泵变流量系统也有两种方式：第一种方式为冷源侧定流量加负荷侧变流量冷水系统；第二种方式为冷源侧和负荷侧均变流量冷水系统，冷源侧与负荷侧采用同一个变频泵。

一次泵定流量冷水系统如图 4-13 所示。其为末端装置水管上设置三通阀的一次泵定流量系统，无变频泵。一次泵定流量冷水系统的特点是通过蒸发器的冷水流量不变。因此，蒸发器不存在发生结冰的危险，当系统中负荷侧冷负荷减少时，一部分水流量与负荷成比例地流经末端装置，另一部分从三通阀旁通，以保证冷量与负荷相适应，此种调节方式目前较少采用。或通过减小冷水的供、回水温差来适应负荷的变化，或通过制冷机加机或减机方式来适应负荷的变化。此时水泵仍按设计流量运行，所以在绝大部分运行时间内，空调水系统处于大流量、小温差的状态，不利于节约水泵的能耗。

一次泵冷源侧定流量加负荷侧变流量冷水系统如图 4-14 所示。负荷侧配置变频泵，冷水机组配置自动截止阀，冷水机组和水泵的台数不必对应，启停可分开控制。旁通管上多了一个控制阀，当负荷侧冷水量小于单台冷水机组的最小允许流量时，旁通阀打开，使冷水机组的最小流量为负荷侧冷水量与旁通管流量之和，最小流量由流量计或压差传感器测得。变频水泵的转速一般由最不利环路的末端压差变化来控制。一次泵冷源侧定流量加负荷侧变流量冷水系统是目前空调工程中应用最广泛的水系统。

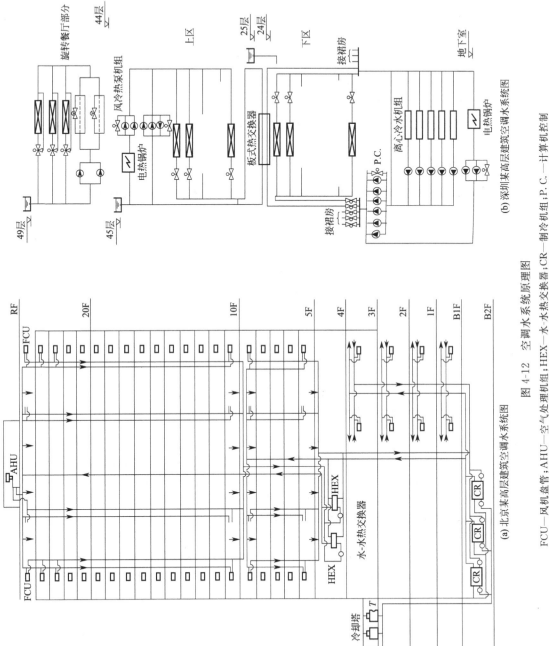

图 4-12　空调水系统原理图

FCU—风机盘管；AHU—空气处理机组；HEX—水-水热交换器；CR—制冷机组；P.C.—计算机控制

(a) 北京某高层建筑空调水系统图

(b) 深圳某高层建筑空调水系统图

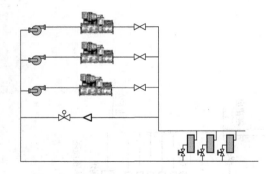

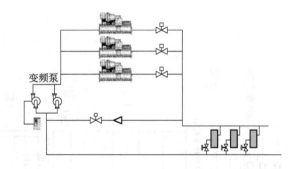

图 4-13　一次泵定流量冷水系统　　　　图 4-14　一次泵冷源侧定流量加负荷侧变流量冷水系统

一次泵冷源侧定流量加负荷侧变流量冷水系统的配置和设计要求如表 4-7 所示。

表 4-7　一次泵冷源侧定流量加负荷侧变流量冷水系统的配置和设计要求

项　　目	系统配置和设计要求
冷水循环泵	冷水泵应根据整个系统的设计阻力(包括冷水机组、末端、阀门、管路等)及设计流量选择
旁通管与压差旁通阀	旁通管和压差旁通阀的设计流量为最大单台冷水机组的额定流量
冷水机组的加机	以系统供水设定温度 T_{sh} 为依据,当供水温度 $T_{sl} > T_{sh}$ 误差死区,并且这种状态持续 $10\sim 15\mathrm{min}$ 时,另一台冷水机组就会启动
冷水机组的减机	以旁通管的流量为依据,当旁通管内的冷水从供水总管流向回水总管,并且流量达单台冷冻机设计流量的 $110\% \sim 120\%$,如果这种状态持续 $10\sim 20\mathrm{min}$ 时,控制系统会关闭一台冷冻机
水泵控制	水泵与冷水机组一一对应,联动控制
压差旁通阀控制	负荷侧流量变化时,根据压差变化,调节压差旁通阀的开度,从而调节旁通水量

一次泵水系统循环水泵应考虑备用和调节。因此,一般选用多台。但为了减少造价和占地面积,对于空调水系统,循环水泵的台数一般是根据冷水机组的台数来确定,或一一对应,或水泵台数比冷水机组多一台。循环水泵的流量应大于系统的设计流量,考虑到各种不利因素,经常增加 10% 的余量。循环水泵的扬程,应等于给定流量的水在闭合环路内循环一周所要克服的阻力损失 $\sum \Delta H$ 再加上 10% 的储备量,即 $H = 1.1 \sum \Delta H$。

根据水泵与冷(热)水机组连接方式的不同,一次泵冷水系统可分为先串后并和先并后串两种形式。先串后并连接方式如图 4-15 所示,其特点是水泵与冷水机组启停一一对应,水系统结构简单,但水泵和冷水机组不能互为备用。先并后串连接方式如图 4-16 所示,其特点是水泵和冷水机组可互为备用,机房内管路较简单,但需在水泵和冷水机组之间增加截止阀。

一次泵冷源侧和负荷侧均变流量冷水系统(一次泵变流量冷水系统)是冷源侧与负荷侧采用同一个变频泵,通过变频泵改变系统水流量,此时应注意冷水的变频及其流量变化范围应考虑制冷机的运行安全要求。其系统形式如图 4-17 所示。

一次泵冷源侧和负荷侧均变流量冷水系统的配置和设计要求如表 4-8 所示。

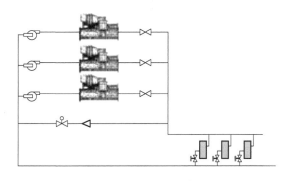

图 4-15　先串后并连接方式　　　　　　　　图 4-16　先并后串连接方式

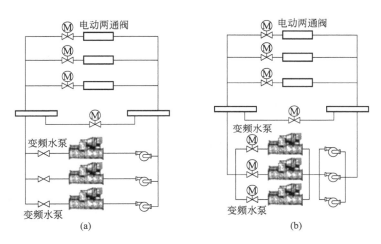

图 4-17　一次泵冷源侧和负荷侧均变流量冷水系统

表 4-8　一次泵冷源侧和负荷侧均变流量冷水系统的配置和设计要求

项目	系统配置和设计要求	备注
冷水机组	冷水机组的最大流量,考虑蒸发器最大许可的水压降和水流对蒸发器管束的侵蚀	流量范围为额定流量的30%～130%为佳,最小流量宜小于额定流量的45%
	冷水机组的最小流量,影响到蒸发器换热效果和运行安全性等	
	允许流量变化率:推荐的机组允许流量变化率是至少每分钟25%～30%,以确保冷水机组出水温度稳定	允许流量变化率:机组所能承受的每分钟最大流量变化。一般来说,这个值越大越好
	不同机组蒸发器的压降对流量的影响:在多台机组并联连接的系统中,尽量选择蒸发器在设计流量下水压降基本相同或接近的机组	在设计流量蒸发器的压降不同的机组并联运行时,实际的流量会偏离机组选型时的设计流量,这种情况会增加系统控制的复杂性,导致系统不稳定
冷水循环泵	冷水循环泵应根据整个系统的设计阻力(包括冷水机组、末端、阀门、管路等)及设计流量选择	
流量测定装置	目前常用的流量测定装置有两种: ①在冷水机组回水干管上安装流量计测量流量; ②使用压差传感器测量蒸发器两侧的压降,根据机组的压差-流量待性得到流过蒸发器的流量	准确的流量测量是一次泵变流量系统成功的关键。通常高精度的流量计采用电磁流量计,其校准后的精度可达到±0.5%,而且校零次数少

项目	系统配置和设计要求	备注
旁通管的设计	旁通管的流量是最小单台冷冻机的最小允许流量	旁通管的作用是保证冷水机组的蒸发器流量不低于其最小流量
旁通阀的选择	阀门的流量和开度应为线性关系,并且在设计压力下不渗漏	
负荷调节	负荷侧盘管的水阀做成"慢开"型的,分别启停多个盘管的水阀时,系统水流量波动应比较平稳	正确的负荷调节方法与水系统设计同等重要
冷水机组加机	以系统供水设定温度 $T=\infty$ 为依据:当系统供水温度 $T_{si}>T_{ss}+$ 误差死区,并且这种状态持续 $10\sim15min$ 时,则开启另一台机组	当冷水机组加减机时,若蒸发器的规格不同,则要注意不同机组蒸发器的压降对流量的影响
	以压缩机运行电流为依据:若机组运行电流与额定电流的百分比大于设定值(如 90%),并且持续 $10\sim15min$ 时,开启另一台机组	这种控制方式的好处是可以维持很高的供水温度精度,在系统供水温度尚未偏离设定温度时,便可加载机组
冷水机组减机	以压缩机运行电流为依据:每台机组的运行电流与额定电流的百分比之和除以运行机组台数减 1,如果得到的商小于设定值(如 80%),那么一台机组就会关闭。例如,3 台机组运行电流为满负荷电流的 50% 时,可以关闭一台机组	

4.4.5 二次泵水系统中泵的设计及选择

二次泵系统主要是在负荷侧和冷源侧分别设置水泵,并在负荷侧和冷源侧之间的供回水上设置平衡管。平衡管的作用是平衡一次水系统和二次水系统水量。当末端负荷增大时,回水经冷源侧与冷水机组相对应的泵称为"一次泵",负荷侧水泵称为"二次泵"。冷水机组、一次泵和旁通管构成一次环路。一次泵系统为定流量,保证冷水机组定水量运行,一次泵的扬程只用于克服一次环路的总阻力。二次泵为变流量系统,二次泵可根据各个环路阻力选择水泵型号,也可选用不同形式的供水方式。二次泵克服了一次泵系统按最大阻力环路选择水泵扬程的弊端,同时也保证了冷水机组定流量运行,防止蒸发器发生结冰事故,确保冷水机组出水稳定。二次泵通常根据系统最不利环路的末端压差变化为依据,通过变频调速来保持设定的压差,进行流量调节以适应负荷变化,达到节约水泵能耗的目的。二次泵系统在系统负荷大、分区较多及负荷变化大的情况下采用。

图 4-18 为一种常见的二次泵分区供水变流量系统。冷水输送环路可以根据各区不同的损失设计成独立环路,进行分区供水。因此,这种系统形式适用于大型建筑物中各空调分区供水管作用半径相差悬殊的场合。

图 4-19 为一种二次泵并联运行,向各区集中供冷水的系统示意。该系统适用于大型建筑物中各空调分区负荷变化规律不一,但阻力损失相近的场合。

冷水输送环路的变水量控制一般有两种方法:一是改变二次泵的运行台数,其台数控制常用压差控制法;二是改变二次泵的转速。水泵调速方法分为分级调速和无级调速两类,一般多采用无级调速。二次泵变流量不会影响冷水机组的运行,但是流量变化太大将可能影响空调水系统的运行。这对于一些空调负荷稳定的房间或水力平衡较差的系统,将会造成部分房间供冷量不足。

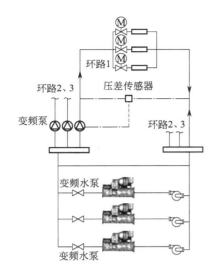

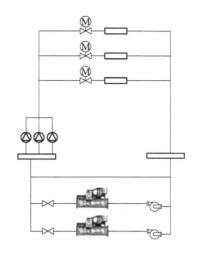

图 4-18　二次泵分区供水变流量系统　　　　图 4-19　二次泵并联运行的变流量系统示意

① 一次泵的选择：泵的流量应等于冷水机组蒸发器的额定流量，并附加 10% 的余量。泵的扬程为克服一次环路的阻力损失，其中包括一次环路的管道阻力和设备阻力，并附加 10% 的余量。

一次泵的数量与冷水机组台数相同。当多台冷水机组与一次泵之间并联接管时，每台冷水机组与水泵的连接管道上应设自控阀，自控阀应与冷水机组联锁。当冷水机组和对应冷水泵停机时，其阀门应当关闭，以保证流经运行机组的水量稳定。

② 二次泵的选择：泵的流量按分区夏季最大计算冷负荷确定。

二次泵的单泵容量应根据该环路最频繁出现的几种部分负荷值来确定，并考虑水泵并联运行时的修正值。当选用台数大于三台时，一般不设用泵。

二次泵的扬程应以能克服所承担分区二次环路中最不利的用冷设备、管道、阀门、附件等总阻力为选择的基准。水泵的扬程还应有 10% 的余量。二次泵变流量水系统的配置和设计要求如表 4-9 所示。

表 4-9　二次泵变流量水系统的配置和设计要求

项目	系统配置和设计要求	备注
冷水循环泵	一次泵的扬程：克服冷水机组蒸发器到平衡管的一次环路的阻力	平衡管管径一般与空调供、回水总管管径相同，其长度超过 2m，减少水管弯头处湍流现象
平衡管	平衡管流量一般不超过最大单台冷水机组的额定流量	
冷水机组的加机	①以压缩机运行电流为依据：若机组运行电流与额定电流的百分比大于设定值(如 90%)，并且持续 10~15min，则开启另一台机组。 ②以空调负荷为依据：测量负荷侧的流量和供、回水温差，计算空调负荷。若空调负荷大于冷水机组提供的最大负荷，且此状态持续 10~15min，则开启另一台冷水机组	
冷水机组的减机	①以旁通管的流量为依据：当旁通管内的冷水从供水总管流向回水总管，并且流量达到单台冷冻机设计流量的 110%~120%，如果这种状态持续 10~15min，则关闭一台冷水机组。 ② 以空调负荷为依据：测量负荷侧的流量和供、回水温差，计算空调负荷，若减少某台冷水机组后，剩余机组提供的最大负荷满足空调负荷要求，且此状态持续 10~15min，则关闭该台冷水机组	

4.4.6　空调冷冻水系统压差调节阀的选择计算

为保证空调冷冻水系统中冷水机组的流量基本恒定，冷冻水泵运行工况稳定，一般采用的方法如下：负荷侧设计为变流量，控制末端设备的水流量，即采用电动二通阀作为末端设备的调节装置以控制流入末端设备的冷冻水流量。在冷源侧设置压差旁通控制装置以保证冷源部分冷冻水流量保持恒定。但是，在实际工程中，由于设计人员往往忽视了调节阀选择计算的重要性，一般只是简单地在冷水机组与用户侧设置了旁通管，其旁通管管径的确定以及旁通调节阀的选择未经详细计算，这样做在实际运行中冷水机组流量的稳定性往往与设计有较大差距，旁通装置一般无法达到预期的效果，为将来的运行管理带来了不必要的麻烦。以下就压差调节阀的选择计算方法并结合实际工程做简要分析。

（1）压差调节装置的工作原理

压差调节装置由压差控制器、电动执行机构、调节阀、测压管以及旁通管道等组成，其工作原理是压差控制器通过测压管对空调系统的供回水管的压差进行检测，根据其结果与设定压差值的比较，输出控制信号，由电动执行机构通过控制阀杆的行程或转角改变调节阀的开度，从而控制供水管与回水管之间旁通管道的冷冻水流量，最终保证系统的压差恒定在设定的压差值。当系统运行压差高于设定压差时，压差控制器输出信号，使电动调节阀打开或开度加大，旁通管路水量增加，使系统压差趋于设定值；当系统压差低于设定压差时，电动调节阀开度减小，旁通流量减小，使系统压差维持在设定值。

（2）选择调节阀应考虑的因素

调节阀的口径是选择计算时最重要的因素之一，调节阀选型如果太小，在最大负荷时可能不能提供足够的流量；如果太大又可能经常处于小开度状态，调节阀的开启度过小会导致阀塞的频繁振荡和过度磨损，并且系统不稳定，而且增加了工程造价。

通过计算得到的调节阀应在 10%～90% 的开度（开启度）区间进行调节，同时还应避免使用低于 10% 的开度。

另外，安装调节阀时还要考虑其阀门能力 P_V（即调节阀全开时阀门上的压差占管段总压差的比例），从调节阀压降情况来进行分析。选择调节阀时必须结合调节阀的前后配管情况，当 P_V 值小于 0.3 时，线性流量特性的调节阀的流量特性曲线会严重偏离理想流量特性，近似快开特性，不适宜阀门的调节。

（3）调节阀的选择计算

调节阀的尺寸由其流通能力所决定，流通能力是指当调节阀全开时，阀两端压力降为 10^5 Pa，流体密度为 $1g/cm^3$ 时，每小时流经调节阀的流体体积。

压差旁通调节阀的选择计算方法如下。

（1）确定调节阀压差值（Δp）

（2）计算调节阀需要旁通的最大流量和最小流量

对于单机组空调机系统，根据末端用户实际使用的最低负荷就可以确定最小负荷所需的流量，从而确定最大旁通流量，其公式为：

$$G = (Q - Q_{min}) \times 3.6/(c_p \Delta T) \tag{4-1}$$

式中，G 为流量，m^3/h；Q 为冷水机组的制冷量，kW；Q_{min} 为空调系统最小负荷，kW；c_p 为水的比热容，$c_p = 4.187kJ/(kg \cdot ℃)$；$\Delta T$ 为冷冻水供回水温差，一般为 5℃。

根据实际可调比：

$$R_S = 10(P_V)^{1/2} \tag{4-2}$$

即可算出调节阀的旁通最小流量。

（3）计算压差调节阀所需的流通能力 C

$$C = 316G(\Delta p/\rho)^{-1/2} \tag{4-3}$$

式中，ρ 为密度，g/cm^3；G 为流量，m^3/h；Δp 为调节阀两端压差，Pa。

根据计算出的 C 值选择调节阀，使其流通能力大于且最接近计算值。

（4）调节阀的开度以及可调比的验算

根据所选调节阀的 C 值，计算当调节阀处于最小开度以及最大开度时其可调比是否满足要求。根据计算出的可调比求出最大流量和最小流量，与调节阀在最小开度及最大开度下的流量进行比较，反复验算，直至合格为止。

4.4.7　冷水循环水泵的选择

（1）冷水循环水泵选择要点

空调冷水系统中常用单级单吸离心泵，它的结构形式有立式和卧式两种，立式占地面积比卧式小。

水泵选择应综合考虑节能、低噪声、占地少、安全可靠、振动小、维修方便等因素。选用水泵时，水泵的实际运行条件应与泵的工作条件相符。

注意水泵吸水方式的选择，若采用灌注式吸入方式时，应该注意生产厂家样本上给出的泵的吸入性能和水泵的吸入管段是否满足要求。水泵吸水管和出水管上的附件也应满足要求。

水泵的变流量调节主要有两种方式：通过改变调节阀开启度的大小进行调节和改变水泵转速的变速调节。后者的节能效果较前者显著。

（2）冷水循环水泵性能曲线的选择

冷冻循环水泵的工作特性曲线有平坦型、陡降型和驼峰型三种。如选两台泵，一用一备，则应选择平坦型水泵，以使空调水系统运行工况变化从而导致流量变化时，泵的扬程变化较小，系统水力稳定性好。水泵并联运行的目的是增加流量。而陡降型水泵并联时流量增加有限，此时可选平坦型水泵。选泵时还应注意使水泵长时间工作点位于高效区。循环水泵的并联曲线应比较平坦。

（3）冷水系统的补水量（膨胀水箱）

水箱容积计算：

$$V = a\Delta t V_s \quad (m^3) \tag{4-4}$$

式中，V 为膨胀水箱有效容积（即从信号管到溢流管之间高差内的容积），m^3；a 为水的体积膨胀系数，$a = 0.0006 L/℃$；Δt 为最大的水温变化值，℃；V_s 为系统内的水容量，m^3，即系统中管道和设备内总容水量。

水系统中总容水量见表 4-10。

表 4-10　水系统中总容水量　　　　　　　　　单位：L/m^2

系统形式	全空气系统	空气-水空调系统
供冷时	0.40～0.55	0.70～1.30
供暖时	1.25～2.00	1.20～1.90

95～70℃供暖系统：

$$V = 0.031V_c \tag{4-5}$$

110～70℃供暖系统：

$$V=0.038V_c$$

130～70℃供暖系统：

$$V=0.043V_c$$

式中，V_c 为系统内的水容量，L。

膨胀水箱的底部标高至少比系统管道的最高点高出 1.5m，补给水量通常按系统水容积的 0.5%～1% 考虑。膨胀箱的接口应尽可能靠近循环泵的进口，以免泵吸入口内液体气化（汽化）造成气蚀。

4.4.8 空调冷凝水系统设计

（1）水封的设置

不论空调末端设备的冷凝水盘是位于机组的正压段还是负压段，冷凝水盘出水口处均需设置水封，水封高度应大于冷凝水盘处正压或负压值。在正压段设置水封是为了防止漏风，在负压段设置水封是为了顺利排出冷凝水。

（2）泄水支管设计

冷凝水盘的泄水支管沿水流方向坡度不宜小于 0.01；冷凝水的水平干管不宜过长，其坡度不应小于 0.003，且不允许有积水部位。当冷凝水管道坡度设置有困难时，应减小水平干管长度或中途加设提升泵。

（3）冷凝水管材选择

冷凝水管处于非满流状态，内壁接触水和空气，不应采用无防锈功能的焊接钢管；冷凝水为无压自流排放，若采用软塑料管会导致中间下垂，影响排放。因此，空调冷凝水管材应采用强度较大和不易生锈的镀锌钢管或排水 PVC 塑料管，管道应采取防结露措施。

（4）冷凝水的水管管径选择

冷凝水管管径应按冷凝水的流量和管道坡度确定。一般情况下，1kW 冷负荷每小时约产生 0.4～0.8kg 的冷凝水，在此范围内管道最小坡度为 0.003 时的冷凝水管径可按表 4-11 进行估算。

表 4-11 冷凝水管的管径选择表

冷负荷/kW	<7	7.1～17.6	17.7～100	101～176	177～598	599～1055	1056～1512	1513～12462	>12462
管道公称为直径 DN/mm	20	25	32	40	50	80	100	125	150

（5）冷凝水的排放

冷凝水排入污水系统时，应有空气隔断措施，冷凝水管不得与室内密闭雨水系统直接连接，以防臭味和雨水从空气处理机组冷凝水盘外溢。为便于定期冲洗、检修，冷凝水的水平干管始端应设扫除口。

（6）冷凝水排水系统常遇到的问题及解决办法

① 由于冷凝水排水管的坡度小，或根本没有坡度而造成漏水；或由于风机盘管的集水盘安装不平，或盘内排水口堵塞而盘水外溢。

② 由于冷水管及阀门的保温质量差，保温层未贴紧冷水管壁，造成管道外壁冷凝水的

滴水。还有的集水盘下表面有二次凝结水滴水。

③ 尽可能多设置垂直冷凝水排水立管,这样可缩短水平排水管的长度。水平排水管的坡度不得小于1/100。从每个风机盘管引出的排水管尺寸,应不小于DN20。而空气处理机组的凝结水管至少应与设备的管口相同。在控制阀和关断阀的下边均应附加集水盘,而且集水盘下要保温。

4.5　空调冷却水系统设计

空调冷却水用于电动冷水机组中水冷冷凝器、吸收式冷水机组中冷凝器和吸收器等设备中。通过冷却水系统将空调系统从被调房间吸取的热量和消耗的功释放到环境中去。除冷水系统外,采用水冷式冷凝器的制冷系统的运行费用主要由两个方面构成:一个是制冷压缩机的耗电费用;另一个是冷却水的费用。所以,合理地选用冷却水源和冷却水系统对制冷系统的运行费用和初投资有重大意义。

4.5.1　空调冷却水系统的形式

常用冷却水系统的水源如下:地表水(河水、湖水等)、地下水(深井水或浅井水)、海水、自来水等。空调冷却水系统的形式主要有直流式冷却水系统、循环式冷却水系统及混合式冷却水系统三种。空调冷却水系统的形式比较见表4-12。

表 4-12　空调冷却水系统的形式比较

系统形式	图示	特点	使用场合
直流式冷却水系统	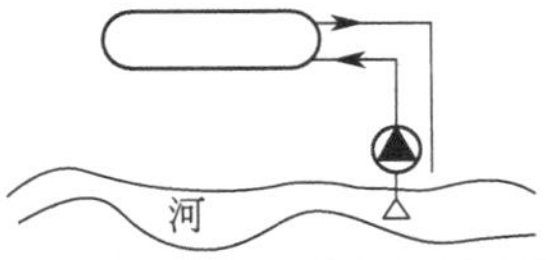	①冷却水经设备使用后直接排掉,不再重复使用; ②是最简单的冷却水系统	①适用于有充足水源的地方,如江河附近,且大型空调冷源用水量大的场合; ②一般不采用自来水作为水源
混合式冷却水系统	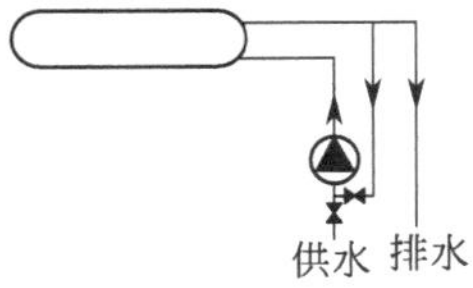	①经冷凝器使用后的冷却水部分排掉,部分与供水混合后循环使用; ②增大冷却水温升,从而减少冷却水的耗量	用于冷却水温较低且系统较小的场合
利用喷水池的冷却水系统	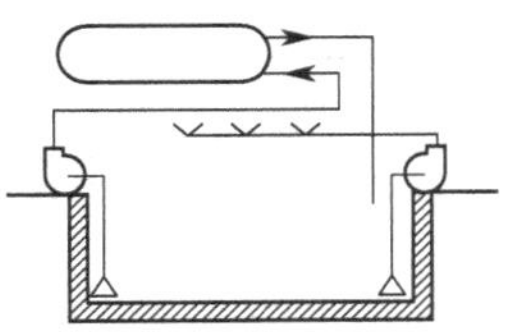	①在水池上部将水喷入大气中,增加水与空气的接触面积,利用水蒸发吸热的原理,使少量的水蒸发而把自身冷却下来; ②结构简单,但占地面积大,一般$1m^2$水池面积可冷却水量约为$0.3\sim1.2m^3/h$	宜用在气候比较干燥的地区的小型空调系统中
机械通风冷却塔循环系统	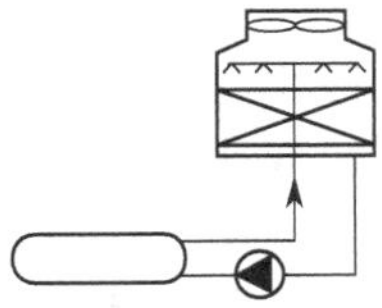	①冷却塔出来的冷却水经水泵压送到冷水机组中的冷凝器,再送到冷却塔中蒸发冷却; ②冷却塔的极限出水温度比当地空气的湿球温度高$3.5\sim5℃$	是目前空调系统中应用最广泛的冷却水系统

直流式冷却水系统是指升温后的冷却回水直接排出，不重复使用。直流式冷却水系统主要适用于有充足水源的地方（如江河附近），且大型空调冷源用水量大的场合。

循环式冷却水系统是将来自冷凝器的冷却回水先通过蒸发式冷却装置，使之冷却降温，然后再用水泵送回冷凝器循环使用，这样只需补充少量新鲜水即可。与直流式冷却水系统相比，循环式冷却水系统可以节约能量和水资源，且降低运行费用。

4.5.2 冷却水系统设计

与冷水系统一样，冷水机组运行时要求其冷却水应保证一定的流量。当多台冷水机组并联运行时，通常冷却水泵、冷却塔及冷水机组采用一一对应的运行方式，从而选择台数。在管道连接时，对冷却水泵而言，既可采用与冷水机组一一对应的连接方式（图4-20），也可采用冷却水泵与冷水机组独立并联后通过总管相连接的方式（图4-21）；而对冷却塔而言，考虑到冷却塔通常远离冷冻机房，因而一般是冷却塔全部并联后通过冷却水总管接至冷冻机房。在水系统处于低负荷时，有以下两种情况是设计中应考虑到的。

（1）设备运行台数不变，但各设备均在部分负荷下运行

这时各冷却塔如果按满负荷运行，其出水温度将低于设计值，对冷水机组来说，过低的冷却水逆水温度也同样是不利于其正常运行的。因此，为保证满足设计的冷却水温度，这时应采取以下措施。

① 当每组冷却塔中有多个风机时，通过回水温度控制风机的运行台数。

② 当每组只有一个风机时，则在冷却水供、回水总管上设置旁通电动阀，通过总回水温度调节旁通量，保证冷却水进水温度不变。

③ 改变风机转速，降低冷却能力。

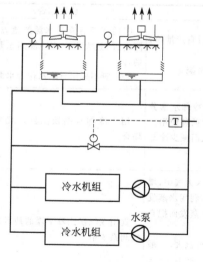

图4-20　冷却水系统-1

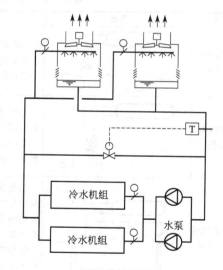

图4-21　冷却水系统-2

（2）空调负荷降至设计值的50%时

这时冷水机组、冷却泵及冷却塔都应停止一台运行，并且停止运行的冷却塔进水管电动蝶阀应关闭，否则此塔将旁通部分未能正常冷却的水量，从而造成冷水机组供水温度过高。

在上述两种低负荷情况中，如果都采用旁通阀作为进水温度的调节手段，则水泵超流量的状况将比较严重，导致水泵始终处在超流量状态下工作。因此，要求选配水泵电机时应考虑这一因素。

4.5.3 冷却塔的分类及选择

（1）冷却塔的分类

冷却塔的类型很多，目前冷却塔产品大至可分为以下几种。

① 按外形可分为圆形塔和方形塔。

② 按空气流动方向可分为逆流塔和横流塔。

③ 按冷却水进、出水温差可分为标准型、中温型和高温型（工业用）。

④ 按噪声等级可分为普通型、低噪声型和超低噪声型。

⑤ 按集水盘深度可分为标准型和深水盘型。

（2）冷却塔的选择

根据冷却水量和冷却水供、回水温度及温差便可以选择冷却塔。冷却塔的性能与冷却水的进、出口温度关系很大。从热平衡观点看，对既定的冷却塔，温差越大，处理水量越小。

另外，选择冷却塔时，还应考虑以下因素。

① 周围环境对噪声的要求。如果要求严格时，可选用超低噪声冷却塔；冷却塔夜间也需要运行时，也可选择变转速风机冷却塔，在夜间，风机低转速运行。

② 对美观要求较高时，宜选用方形塔。方形塔可组合使用，调节方便，有利节能运行，但投资较高，颜色应与主体建筑协调。

③ 保证良好的通风条件，合理组织冷却塔的气流。

④ 防止漂水对周围环境的影响。

⑤ 考虑有无防火要求。

4.5.4 冷却水泵的选择

应根据冷却水量和系统阻力选择冷却水泵。

冷水机组要求的冷却水量 G 取决于冷水机组冷凝器的散热量和冷却水供、回水温差。按热平衡公式计算：

$$G=\frac{Q_k}{1000\times3600c\,\Delta t} \tag{4-6}$$

$$Q_k\approx Q_0+Q_1 \tag{4-7}$$

式中，Q_k 为制冷机制冷量，kW；Q_0 为计算冷负荷，kW；Q_1 为附加冷负荷，kW；c 为水的比热容，kJ/(kg·℃)；Δt 为冷却塔进出水温差，℃。

冷凝器的散热量也可进行估算：

① 对于水蒸气压缩式制冷：

$$Q_k=(1.2\sim1.3)Q_0 \tag{4-8}$$

② 对于双效溴化锂吸收式制冷：

$$Q_k=(1.75\sim1.85)Q_0 \tag{4-9}$$

冷却水的供、回水温差，对于不同机型、不同生产厂家的产品不完全一样。对水蒸气压缩式制冷机，供、回水温差一般为 5℃。双效溴化锂制冷机的供、回水温差，有的产品为 5.5℃，也有的为 6℃ 等。因此，冷却水量应查阅冷水机组生产厂家提供的产品技术资料。

冷却水泵的扬程如下：

$$\Delta H_1=k\,\Delta H=k(h_1+h_2+h_3+h)\quad(\text{m}) \tag{4-10}$$

式中，k 为安全系数，$k=1.05\sim1.15$；ΔH 为冷却水系统的阻力，m；h_1 为冷凝器的阻力，m；h_2 为管网及构件的阻力之和，m；h_3 为冷却塔布水装置要求的水压，m；h 为冷却塔集水盘至布水装置的垂直高度，m；ΔH_1 为要求水泵的扬程，m。

选择水泵时，应考虑其工作点处于高效率下运行，尽可能降低设计装机功率和运行能耗。

冷却水的水量损失一般包括：蒸发损失、漂水损失、排污损失和泄漏损失等。其中，蒸发水量损失是随空调负荷变化而变化的，排污损失可以人为控制。根据相关资料，当采用电动制冷时，冷却塔的补水量取冷却水量的 1%～2%；采用溴化锂吸收式制冷机组时，冷却塔的补水量取冷却水量的 2%～2.5%。制冷机冷却水量估算见表 4-13。

表 4-13　制冷机冷却水量估算

活塞式制冷机/(t/kW)	0.215
离心式制冷机/(t/kW)	0.258
吸收式制冷机/(t/kW)	0.3
螺杆式制冷机/(t/kW)	0.193～0.322

冷却水系统的补水量（补水管）包括：①蒸发损失；②漂水损失；③排污损失；④泄水损失。

当选用逆流式冷却塔或横流式冷却塔时，空调冷却水的补水量应为：电动制冷 1.2%～1.6%；溴化锂吸收式制冷 1.4%～1.8%。

还应综合考虑各种因素的影响，因蒸发损失是按最大冷负荷计算的，实际上出现最大冷负荷的时间是很短的，空调系统绝大多数时间是在部分负荷下运行的。如果把上述补水量适当减少一点，绝大多数时间都能在控制的浓度倍数下运行，很短时间内即使水质超出要求的范围，也不会对系统产生危害。

综上所述，建议冷却水系统的补水量取为循环水量的 1%～1.6%。电制冷、水质好时，取小值；溴化锂吸收式制冷、水质差时，取大值。

一般采用低噪声逆流式冷却塔，离心式冷水机组的补水率约为 1.53%，溴化锂吸收式制冷机的补水率约为 2.08%。如果概略估算，制冷系统补水率为 2%～3%。

4.5.5　冷却水系统设计注意事项

冷却水系统设计时应注意以下事项。

① 电动冷水机组的冷凝器进、出水温差一般为 5℃，双效溴化锂吸收式冷水机组冷却水进、出口温差一般为 6～6.5℃。因此，在选用冷却塔时，电动冷水机组宜选普通型冷却塔（$\Delta t=5℃$），而双效溴化锂吸收式冷水机组宜选中温型冷却塔（$\Delta t=8℃$）。

② 冷却塔运行时的噪声应遵循《工业企业噪声控制设计规范》（GB/T 50087—2013）的规定，其噪声不得超过表 4-14 所列的噪声限制值。

表 4-14　噪声限制值　　　　　　　　　　　　　单位：dB(A)

厂界毗邻区域的环境类别	昼间	夜间	备　注
特殊住宅区	45	35	高级宾馆和疗养区
居民、文教区	50	40	学校与居民区
一类混合区	50	45	工商业与居民混合区
商业中心、二类混合区	60	50	商业繁华区与居民混合区
工业集中区	65	55	工厂林立区域
交通干线道路两侧	70	55	每小时车流 100 辆以上

③ 空调冷却水系统中宜选用逆流式冷却塔，当处理水量在 $300m^3/h$ 以上时，宜选用多风机方形冷却塔，以便实现多风机控制。

④ 由于冷却水进水温度过低，将会引起溴化锂吸收式冷水机组结晶等故障。因此，设计溴化锂吸收式冷水机组的冷却水系统时，应在冷却塔供、回水管间设置一旁通管，可以使部分冷却水不经冷却塔，以保证冷却水进水温度不会过低。

⑤ 在冷却塔下方不另设水池时，冷却塔应自带盛水盘，盛水盘应有一定的盛水量，并设有自动控制的补给水管、溢水管和排污管。

⑥ 多台冷却塔并联时，为防止并联管路阻力不等、水量分配不均匀，以致水池发生漏流现象，各逆水管上要设阀门，借以调节进水量；同时，在各冷却塔的底池之间，用与进水干管相同管径的均压管（即平衡管）连接。此外，为使各冷却塔的出水量均衡，出水干管宜采用比进水干管大两号的集管，并用45°弯管与冷却塔各出水管连接，见图4-22。

⑦ 寒冷地区冬季使用的冷却塔应有防冻技术措施，主要防冻措施如下。

a. 室内设置辅助水箱，如图4-23所示。停机时，室外冷却塔及管路中的水完全流回室内辅助水箱中。

b. 将电表面加热器或水蒸气表面加热器置入冷却塔水槽中。

c. 冷却水侧用乙二醇水溶液。

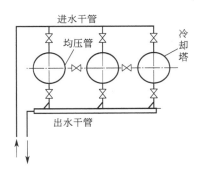

图 4-22　多台冷却塔并联布置

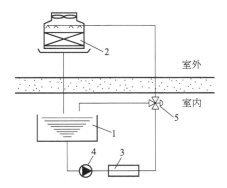

图 4-23　室内设置辅助水箱的原理图
1—集水箱；2—冷却水塔；3—制冷机；
4—冷却水泵；5—三通阀

4.6　空调热水系统设计

空调热水系统的功能是为全年性空调系统输配热量，以满足末端装置、空调机组的热负荷要求或满足热水型吸收式冷水机组热动力的要求。因此，在空调系统设计中，热水系统的设计是一项不可忽视的设计内容。

4.6.1　空调热水系统的形式

空调热水系统形式同冷水系统一样，也分为单级泵与双级泵水系统、定流量与变流量水系统、开式与闭式水系统、同程式与异程式水系统等。本节主要介绍热水系统形式的特殊性问题。

（1）二管制的冷热水管路系统

由于二管制空调冷、热水系统简单、布置方便、节省投资，因此目前空调工程中常采用冷、热水共用的二管制系统。冷、热水系统的切换宜采用手动方式在总供、回水管上或集水器、分水器上进行切换，也可以采用电动阀切换。冷、热水共用一套系统时，其系统管径、阀门的配置均按夏季冷水工况确定，而冷、热水循环水泵的选择却存在两种情况：一是冷热水循环泵不分别设置，冬、夏季合用一组循环泵，如图 4-24 所示；二是冷、热水循环泵分别设置，夏季用冷水循环泵，冬季用热水循环泵，如图 4-25 所示。

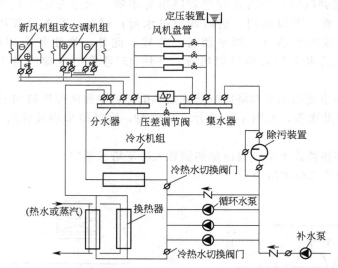

图 4-24　冷热水循环水泵不分别设置的冷热水管路共用系统

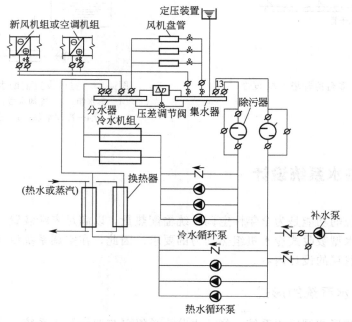

图 4-25　冷、热水循环水泵分别设置的冷、热水管路系统

目前空调设计中，冷水温度常取 7℃/12℃，其温差 $\Delta t_c = 5℃$，而风机盘管或表面冷却

器与表面加热器共用的空调机组中的热水温度为 60℃/50℃，其温度差为 $\Delta t_h = 10℃$。因此，在夏季与冬季共用循环水泵时，应注意循环水泵的运行流量匹配问题。其关键是校核冬季循环水泵运行时的工作点效率是否在高效工作区，如果是在高效工作区，冬季与夏季可共用循环水泵，否则应另设热水循环泵。

一般情况下，在夏季负荷与冬季的热负荷之比（K）为 0.5 时，夏季冷水的流量和冬季的热水流量才相等。此时，冬夏季一套循环水泵才可以 100% 冬夏共用。当冬季的热水流量远远小于夏季冷水的流量时，供热时可投入部分循环泵运行。但此时，循环水泵的扬程可能会出现偏大的问题，使合用泵的耗电量增加。因此，在这种情况下，冷、热水循环泵分别设置是合理且必要的。有文献建议：$0.4 \leqslant K \leqslant 0.6$ 范围内，可以冬夏共用一组循环水泵；$K > 0.6$ 时，应冷、热水分别设置循环水泵。

（2）四管制的冷热水管路分别设置的独立系统

由于四管制管路系统复杂、初投资高、管路布置较复杂和占用建筑空间较多，故目前在空调系统中很少采用。只有在少数的高级旅游宾馆中，同时要求供冷和供热时，才选用四管制系统；供冷、供热的供、回水均分别设置，冷、热水管路为两套独立系统，如图 4-26 所示。

（3）冷热水管路混合设置系统

为了防止寒冷地区的新风机组供热盘管在冬季出现冻裂问题，常采用冷热水管路混合设置系统，即新风机组（或空调机组）的热水管路与冷水管路分开设置的独立系统，以便向新风机组提供温度较高（95℃/70℃）的热水，风机盘管（或空调机组）的热水管路与冷水管路共用，冬季提供 60℃/50℃ 的热水，这种系统如图 4-27 所示。

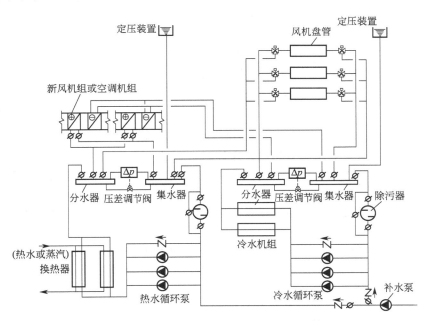

图 4-26　冷热水管路分别设置的独立系统

热水循环泵选择时先确定换热器热负荷 Q，然后根据汽-水换热器设计供回水温差 dT，质量流量 $m = Q/dT$，用质量流量除以热水平均温度下的密度换算成体积流量，再用体积流量乘以附加系数来确定热水循环泵的流量。热水循环泵的扬程要根据换热器的阻力以及热水管道的阻力乘以附加系数来确定，然后依据所需流量及扬程选择热水

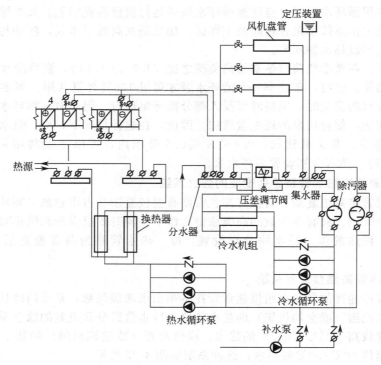

图 4-27　冷热水管路混合设置系统

循环泵的型号。

4.6.2　空调热水系统设计内容及步骤

① 确定热水系统形式。空调热水系统的形式如前所示，根据工程实际情况，选择经济、合理的系统形式。

② 确定空调热水系统与热源的连接方式。空调热水系统与热源的连接方式主要取决于热源的形式、热源位置、热水系统用热特点等因素。目前常见的热水系统与热源的连接方式有空调热水系统与独立的热源连接和空调热水系统与集中供热热网相连接两种形式，连接方式又分直接连接、间接连接两种。

根据具体工程的实际条件及系统设备的承压能力，确定采用何种空调热水系统与热源的连接方式。

③ 确定空调热水系统主要设备型号及台数。空调热水系统设备主要包括锅炉、热交换器及循环设备。根据系统所承担的负荷大小及特性，确定选择何种设备及台数。

④ 绘制空调热水系统草图。

⑤ 进行热水管路阻力计算，确定管路管径。

⑥ 确定空调热水系统设备规格及外形尺寸、重量等参数。

4.7　空调冷热源设备机房的设计

在空调系统能耗中，冷热源装置的能耗占有相当大的比例，冷热源设备选择关系到工程的投资、运行费用及能源消耗，合理地选用和运行冷热源装置对于整个建筑物的节能及经济性具有十分重要的意义。

空调冷热源设备机房设计时应考虑：①用户要求；②水源资料；③气象条件；④地质资料；⑤发展规划。设备位置布置及间距应满足使用方便及规范要求。某制冷机房设计三维视图如图 4-28 所示。

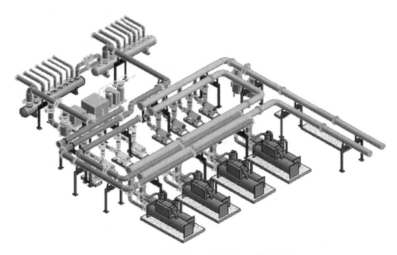

图 4-28　某制冷机房设计三维视图

4.7.1　空调冷热源的分类及特征

常用空调冷源设备按其制冷原理不同，分为压缩式和吸收式两大类。压缩式冷水机组，根据其压缩机类型不同，可分为活塞式、离心式和螺杆式三种；根据其冷凝器或冷却方式不同，又可分为水冷式和风冷式。吸收式冷水机组根据其获取热量的途径不同，分为水蒸气热水式和直燃式两种。

选择空调冷源设备应考虑以下因素：建筑物的用途；各类冷水机组的性能和特征；当地水源（包括水量、水温和水质）、电源和热源（包括热源种类、性质及品位）；建筑物全年空调冷负荷的分布规律；初投资和远行费用；对氟利昂类制冷剂限用期限及使用替代制冷剂的可能性。

在充分考虑上述几方面因素之后，选择空调冷源设备时，还应注意以下几点。

① 对大型集中空调系统的冷源，应选用结构紧凑、占地面积小及压缩机、电动机、冷凝器、蒸发器和自控元件等都组装在同一框架上的冷水机组。对小型全空气调节系统，宜采用直接蒸发式压缩冷凝机组。

② 对有合适热源特别是有余热的场所或电力缺乏的场所，宜采用吸收式冷水机组。

③ 制冷机组一般以选用 2～4 台为宜，中小型规模宜选用 2 台，较大型可选用 3 台，特大型可选用 4 台。机组之间要考虑其互为备用和切换使用的可能性。同一站房内可采用不同类型、不同容量的机组搭配的组合式方案，以节约能耗。并联运行的机组中至少应选择一台自动化程度较高、调节性能较好、能保证部分负荷下高效运行的机组。选择活塞式冷水机组时，宜优先选用多机头自动联控的冷水机组。

④ 选用电力驱动的冷水机组时，当单机空调制冷量 $Q>1163\mathrm{kW}$ 时宜选用离心式，$Q=582\sim1163\mathrm{kW}$ 时宜选用离心式或螺杆式，$Q<582\mathrm{kW}$ 时宜选用活塞式。

⑤ 电力驱动的制冷机的制冷系数（COP）比吸收式制冷机的热力系数高，前者为后者的三倍以上。能耗由低到高的顺序如下：离心式、螺杆式、活塞式、吸收式。但各类机组各有其特点，应用其所长。

⑥ 选择制冷机时应考虑其对环境的污染、产生的噪声与振动等因素，要满足周围环境的要求，还要考虑氟利昂对大气臭氧层的危害程度和产生温室效应的大小，特别要注意制冷剂氟利昂的禁用时间表。在防止污染方面吸收式制冷机有着明显的优势。

⑦ 无专用机房位置或空调改造加装工程可考虑选用模块式冷水机组。

⑧ 尽可能选用国产机组。我国制冷设备产业近十年得到了飞速发展，绝大多数的产品性能都已接近国际先进水平，特别是中、小型冷水机组，完全可以和进口产品媲美，且价格上有着无可比拟的优势。因此，在同等条件下，应优先选用国产冷水机组。

4.7.2 空调冷热源的选择与评价

冷热源在集中式空调系统中被称为主机，表明它是空调系统的心脏。其造价和能耗均占空调系统总造价和总能耗较大的比例，其设计合理与否，直接影响着空调系统的使用效果、运行的经济性等。

冷、热源系统设计选型，需遵循一个统一、两个选择和三个原则。所谓一个统一，是指能源的终端用户利益与社会和国家利益之间的协调统一；所谓两个选择，是指能源形式的选择和能源利用方式（即设备类型）的选择；所谓三个原则，是指合理利用能源资源的原则、减少对环境影响的原则和技术经济合理可行的原则。

进行方案设计，首先应考虑空调工程的使用性质和具体使用要求，然后因地制宜，全面分析，按初投资、年运行费、能源供应、环境影响等因素，进行综合评价，选择能源结构合理、能源利用率高、对环境影响最小的设计方案。

方案比较是一项影响因素多、专业技术强且复杂的工作。方案设计中必须综合考虑和运用诸多方面的技术知识，主要包括：国家的能源资源状况，国家的能源政策、法规和能源建设方针；相关设计标准、规范；提高能源利用率、节约能源的技术措施；各种冷、热源形式，各种能源转换设备的种类、工作原理、性能特点及其适用场合；冷、热源设计方案比较中采用的评价准则和指标；能源利用及冷热源设备的运行与环境的关系、保护环境的设计措施；冷、热源系统设计和冷、热源设备开发的新思路、新成果等。

因此，冷、热源系统的设计是一个多目标决策的过程。

4.7.3 空调冷热源的选型原则及常用组合方式

影响空调冷热源方案决策的因素很多，要选择一个最优的设计方案，设计人员应综合考虑各种因素的影响，否则将导致设计决策的不合理。一般情况下，影响冷热源方案选择的目标（因素）往往是相互矛盾的。例如，燃气直燃式冷热水机组对环境的影响较小，通常能满足环保要求。但是，燃气的价格比较高，因而这种机组的运行费用高。所以，很难找到各目标同时最优的方案。在空调冷热源方案选择过程中，需要在各目标之间进行适当分析，要协调矛盾，权衡利弊，进行综合考虑。在这一过程中，专家的经验和观点、用户的要求和意愿等起着很重要的作用。但是，这些经验和观点（如某种冷机可靠性好、运行维护简单等）往往具有模糊性。为了把这种模糊性加以解析化和定量化，使冷热源方案优选建立在科学的基础上，首先需要了解冷热源要考虑的决策依据及常用组合方式。

空调冷热源方案设计是一个普遍性与特殊性相结合的问题，应在考虑具体设计特定条件的基础上，对符合要求的各备选方案在总体上进行比较。显然，对不同方案进行比较时的依据也是影响方案设计决策的重要因素。一般情况下，选择冷热源方案时应考虑以下因素。

① 初投资。不同冷热源方案的初投资有较大差别，在选择方案时应进行仔细分析与比较。

② 运行费用。空调系统的运行费用包括运行能耗、运行管理费、设备维修费等。空调运行能耗在建筑能耗中占有很大的比例；空调运行过程中的管理人员工资、设备故障维修费等都是应该在冷热源选择时考虑的因素。

③ 环境影响。为了解决环境污染问题，保护环境也已成为我国的一项基本国策。因而，将对环境的影响作为空调冷热源的一项决策依据是很有必要的。

④ 运行的可靠性、安全性，操作维护的方便程度，使用寿命。

⑤ 机房面积，燃煤锅炉房要求的储煤、渣面积，储油条件等。

⑥ 增容费。各城市根据其发展情况以及地理位置，对不同能源设定不同的增容费，而且数量一般也比较大，因此也是重要的考虑因素。

综上所述，可将空调冷热源方案的影响因素归纳为经济性因素、使用特性、对建筑的影响、社会效益等四个方面。其中，经济性因素以总费用年值表示，使用特性包括冷热源设备的可靠性、安全性、维护管理的方便程度等三个方面，对建筑的影响以冷热源设备所需机房面积表示，社会效益包括冷热源设备的能耗及其对环境的影响两个方面。总费用年值，冷热源设备的可靠性、安全性、维护管理的方便程度，机房面积，能耗，CO_2 排放量和 CO、NO_x、SO_2、烟尘的综合污染指数等多个因素，构成了空调冷热源方案的评价目标集。显然，总费用年值、能耗、CO_2 排放量、综合指数等四个因素是定量目标，其余因素则是定性目标。

空调冷源、热源的具体形式很多，并且均有各自的特点。经过分析，排除明显不合理的组合方案，得到总体上可行的空调冷热源方案如下。

① 冷水机组供冷＋余热（废热）或热网供热。

② 冷水机组供冷＋天然气或人工煤气供热。

③ 水蒸气（热水）溴化锂吸收式冷水机组供冷＋燃煤锅炉供热。

④ 水冷电动冷水机组供冷＋燃煤锅炉供热。

⑤ 水冷电动冷水机组供冷＋燃油（气）锅炉供热。

⑥ 水冷电动冷水机组供冷＋电锅炉供热。

⑦ 风冷电动冷水机组供冷＋燃煤锅炉供热。

⑧ 风冷电动冷水机组供冷＋燃油（气）锅炉供热。

⑨ 燃油（气）直燃式溴化锂吸收式冷热水机组供冷、供热。

⑩ 燃油（气）直燃式溴化锂吸收式冷热水机组供冷＋燃油（气）锅炉供热。

⑪ 空气源/水源/地源热泵冷热水机组供冷、供热。

⑫ 空气源/水源热泵冷水机组供冷＋燃油（气）锅炉供热。

4.7.4 空调冷热源机房布置及设计方法

空调冷热源负荷是确定冷热源的总装机容量、选择冷热源形式的主要依据。除方案设计或初步设计阶段可使用冷（热）负荷指标进行必要的估算外，应对空调区进行逐项逐时的冷（热）负荷计算以确定空调冷（热）源的负荷。

冷热源机房设备布置及设计流程如图 4-29 所示。

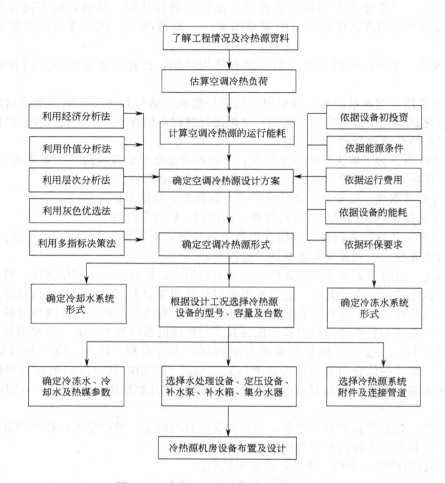

图 4-29 冷热源机房设备布置及设计流程

4.8 空调工程设计实例

4.8.1 上海某金融中心空调设计

(1) 建筑概况

上海某金融中心系一幢以办公为主,集商贸、宾馆、观光、展览及其他公共设施于一体,具有国际一流设施和一流管理水平的智能型超高层综合建筑。其塔楼地上 101 层,地面以上高度为 492m,地下 3 层,裙房 4 层,地块面积 30000m²,建筑占地面积 14400m²,总建筑面积 379600m²;1~6 层为低区,6 层以上为高区;B2F 为地下停车场,1~2 层为大堂,3~5 层为会议中心,6~78 层为标准办公层,79~89 层为酒店客房,90 层以上为观光层。其结构体系基本上为钢筋混凝土结构和钢结构,供电设计容量为 37.5MV·A。

(2) 空调冷、热负荷

本工程冷负荷采用谐波反应法计算,计算总冷负荷为 61904kW,冷指标 164 W/m²(建筑面积）；办公部分冬季空调计算热负荷为 30479kW，热指标 80W/m²（建筑面积），装机冷负荷为 52744kW，装机冷指标为 139W/m²，负荷率（同时使用系数）为 0.85。各楼层负荷计算结果如表 4-15 所示。

表 4-15　各楼层负荷计算结果

分区	楼层	建筑面积/m²	空调面积/m²	内部冷负荷/W	总冷负荷/W	建筑面积冷指标/(W/m²)	空调面积冷指标/(W/m²)	内部热负荷/W	总热负荷/W	建筑面积热指标/(W/m²)	空调面积热指标/(W/m²)
低区	B3～6F	116993	95049	19425895	19425895	166	204.4	15025501	15025501	128.4	158.1
高1区	6～18F	36600	28487.8	4851596	5342227	146	187.5	2045471	2814775	76.9	98.8
高2区	19～30F	36600	27691.6	5619194	6019906	164.5	217.4	2915545	3542999	96.8	127.9
高3区	31～42F	36600	29274.7	5206576	5684131	155.3	194.2	2321873	3066136	83.8	104.7
高4区	43～54F	36600	28774.7	6661513	7261762	198.4	252.4	4746814	5638836	154.1	196
高5区	55～66F	36600	27761.6	5304209	5659222	154.6	203.9	2263889	3175850	86.8	114.4
高6区	67～78F	36600	27069	3405384	3760398	102.7	138.9	2147283	2803499	76.6	103.6
高7区	79～89F	28675	21129	5280000	5280000	184.1	249.9	1332000	1332000	46.5	63
高8区	90～101F	13388	7218	3470000	3470000	259.2	480.7	100000	100000	7.5	13.9
总计		378656	292455.4	59224367	61903541	163.5	211.7	32898376	37499596	99	128.2

由表 4-15 可知：标准层办公区外部负荷即外围护结构冷负荷仅占总负荷的 8%～10%，大部分为内部负荷即人员负荷、设备负荷及外气冷负荷，外部负荷相对固定不变，而内部负荷可调节，随运行工况变化较大。因此，在设计中，采用合理分区及便于运行调节等措施，对节省空调能耗意义重大。

（3）冷、热源系统

空调冷源采用 7 台高压离心式冷水机组、3 台水蒸气双效吸收式冷水机组，单台制冷量为 1200RT（4220.4kW），其中 2 台预留以备将来发展需要，合计供冷能力 12000RT（42204kW），将来冷负荷增至 15000RT（52755kW），实际装机容量指标 111W/m²，发展装机容量指标 139W/m²。冷水机组均安装在地下 2 层冷水机房内。

热源由 6 台燃气水蒸气锅炉提供 56.7t/h 水蒸气，每台锅炉容量为 9.6t/h，6 台燃气水蒸气锅炉安装在 B3 层，生产 0.8MPa 的高压水蒸气进入高压分汽缸；一部分高压水蒸气直接供吸收式制冷机组和塔楼空调；另一部分高压水蒸气经减压阀组减压，由 0.8MPa 的高压水蒸气减为 0.2MPa 的低压水蒸气；低压水蒸气进入低压分汽缸，供低区空调系统等。

高区空调热源由锅炉房高压水蒸气提供，高压水蒸气在各设备层减压为低压水蒸气。一部分供空调末端加湿器；另一部分提供 6 层、18 层、30 层、42 层、66 层及 78 层板式汽-水热交换器所需水蒸气，板式汽-水热交换器将水蒸气交换成 50～43℃ 热水，以供预热盘管机组及周边四管制立式风机盘管冬季供暖使用。

79～88 层由锅炉房单独提供高压水蒸气热源。

（4）空调水系统

由于超高层水系统需满足设备承压能力的需要，所有空调末端所用冷冻水均采用二次冷水系统，二次冷冻水由设于各设备层的水-水换热器进行热交换。

① 一次冷冻水系统　冷冻水系统为二次泵变流量系统，冷水机组制取6~13℃一次冷冻水，一次冷冻水泵将一次冷冻水（6~13℃）抽送至6层、18层、30层、42层及89层板式水-水热交换器，热交换成7~14℃二次冷冻水后返回冷水机组。

② 二次冷冻水系统　空调二次冷冻水系统分低层、中层1、中层2及高层四个分区，原则上每12层为一分区，共计9个分区，分区最低承压为1.0MPa，最高承压为2.5MPa，各分区设3台板式水-水热交换器，4台二次冷冻水泵，三用一备。低层区由一次冷冻水经设在地下二层的板式水-水热交换器交换成二次冷冻水系统，间接供给B3~5层空调冷冻水；中层1区由一次冷冻水经分别设在6层、18层及30层的热交换器热交换成3个二次冷冻水系统，间接供给6~42层空调冷冻水；中层2区由一次冷冻水经设在42层的热交换器进行热交换，分别供43~58层、59~77层及78~89层二次冷冻水，高层区（90层以上）由中层2区二次冷冻水经89层板式水-水热交换器热交换成三次冷冻水（8~15℃），间接供给90层以上所需空调冷冻水。

③ 空调热水系统　空调热水系统原则上每12层划分为一个水系统，由汽-水热交换器供给各区空调所需50~43℃热水，共计9个分区，每分区设2台板式汽-水热交换器及4台热水循环泵。各分区热水由热水循环泵经回水器、热交换器抽送至分水器，供各区立式风机盘管所需热水，热水立管为异程式设置，水平干管为同程式布置，每分区最高点设置集气阀。空调冷、热水系统原理如图4-30所示。空调水主要设备有板式换热器39台，水泵58台，集水器和分水器25台，分汽缸1台，开式膨胀水箱13台，闭式膨胀水箱4台。6层、18层、30层、42层、54层、66层、78层、89层为设备层，空调水系统设备均集中设于设备层。空调末端设备包括空调机、风机盘管等。根据功能不同，水系统采用两管制和四管制两种形式，加湿系统采用水蒸气加湿和电加湿两种形式。

④ 冷却水系统　冷却水系统由8台冷水机组、8台冷却水泵及8台冷却水塔构成，冷却水塔设在裙房四层，冷却水泵将冷凝器中的水抽送至冷却水塔降温后返回冷凝器，实现制冷工质逆卡诺循环，以便制取冷冻水。冷却水温度差为6℃（32~38℃），冷却水系统各配置1套水处理设备。

（5）空调风系统

低区共有空调机约66台，分体式空调机8台，风机盘管179台，风机227台。大楼空调送风采用变风量末端控制系统（VAV），根据温度传感器采集室内数据与设定温度比较，由自控系统自动调节末端送风量，达到室内温度恒定。新风/排风采用定风量CAV系统，定风量控制器根据风量设定值与风量测量值之偏差，比例调节末端风阀，控制末端新（排）风量，以减小风量偏差，从而保证大楼各区域足够的新风和换气次数。室外新风经预处理或直接进入空调箱和回风混合，通过盘管系统换热后送入空调区域，吊顶回风管道和排风系统并联，通过阀门调节回、排风比例。

高区楼层内设新风系统、空调回风系统、排风系统、排烟系统、加压送风系统，共有空调机组376台，通风机296台。整个高区设计空调送风系统分为8个区，大部分机组集中设于设备层，按设备层分布进行区域划分。空气处理采用新、回风混合及新风加风机盘管形式。整个高区送风形式除91层、92层大面积采用及97层部分采用地板送风以外，其他层均采用顶部送风方式。

空调送回风系统设计要点如下。

① 新风由竖井内立管引入，进空调机组与办公室空调回风混合处理后送出；大部分空调机组设置在设备层，送、回风由各立管送入各相应的楼层，回风管与新风管各设置定风量控制器进行调节，以控制二者混合比例。回风和空调区域排风系统并联，通过阀门调节回、排风比例。空气处理系统运行方式见图4-31。

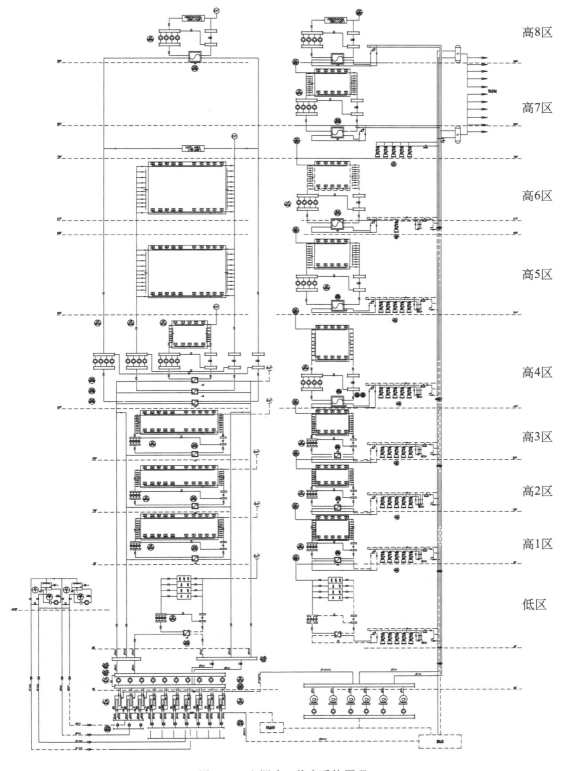

高8区

高7区

高6区

高5区

高4区

高3区

高2区

高1区

低区

图 4-30　空调冷、热水系统原理

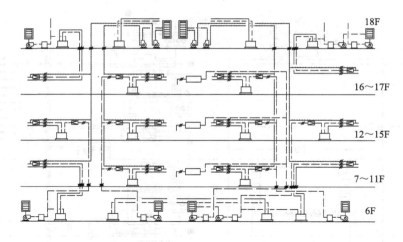

图 4-31　空气处理系统运行示意图（6～18 层）

② 办公室空调区采用单风道变风量送、回风加新风集中空调系统，每层均设 4 台空调机组，分别供核心筒外四个分区，周边区另设四管制立式风机盘管供冬夏季使用，以抵消外围护结构冷、热负荷。每台空调机组设 VAV 控制器供给各 VAV 静压箱，然后由软管送至各送风口，各区在吊顶内设一个集中回风口，将吊顶内各回风口的回风集中排至空调机组。一层空调风管平面图如图 4-32 所示；二层空调风管平面图如图 4-33 所示；五层空调风管平面图如图 4-34 所示；六层、七层空调风管平面图如图 4-35 所示；78 层空调风管平面图如图 4-36 所示；79 层空调风管平面图如图 4-37 所示；85 层空调风管平面图如图 4-38 所示；86 层空调风管平面图如图 4-39 所示；空调水系统原理图如图 4-40 至图 4-42 所示；空调风管系统原理图如图 4-43 所示。

③ 每 12 层设置集中式新风系统和排风系统，向各层空调系统补充新风和排风，排风系统火灾时兼作排烟系统，排烟系统单设专用排烟风道及远程控制阀和手动常闭防火排烟阀。

④ 入口大厅、店铺通道采用地板送风空调方式，宾馆公共部分各区域设定风量空调系统，周边区另设四管制立式风机盘管，走廊及通道设吊顶式新风机组，新风入口处设空气过滤器；会议室采用单风道变风量空调送、回风系统，承担人员及照明等热负荷，周边区另设四管制立式风机盘管，承担外围护结构冷、热负荷；宾馆客房部分采用四管制风机盘管加新风系统，管理部采用四管制风机盘管加新风系统；厨房采用全新风空调系统，以防窜味及油烟黏结表面冷却器；警备室、锅炉监控室采用风机盘管加新风空调系统，防灾中心采用分体式空调系统，各设备层设置无新风空调系统；电气室、电梯机房采用通风换气加供冷专用空调机组空调系统；观光设施采用地板送风空调系统，周边区地板下设置冬季防冷气流专用暖气片。

通风换气系统：各空调机组兼作过渡季通风换气系统，由设在各设备层离心排风机排风，走廊及卫生间、工具间等设专用排风系统，每 12 层划分为一个分区系统。为防止超高层建筑楼梯间产生烟囱效应，在电梯井设常开的正压送风系统，以抵消烟囱效应，机械加压送风量按每层 1350m³/h 计算，该系统火灾时兼作防烟正压送风系统。通风系统原理图如图 4-44 所示。

4.8.2　上海某商业广场空调设计

（1）建筑概况

该工程建筑面积为 $1.36×10^5m^2$，建筑高度333m，主体高度为245m。地上60层，地下3层，其中裙房10层。地下室为商场、车库及设备用房，1～6层为大型商场，7～10层为餐饮、娱乐、会议等功能，11层为设备层，12～29层为酒店式公寓，30～57层为超豪华的五星级宾馆，58～60层为高级俱乐部。

（2）空调冷热源

根据负荷计算，选用3台1200RT（4220.4kW）及2台700RT（2462kW）的离心式冷水机组。冷水机组设于地下三层冷冻机房内，冷水机组的冷水供回水温度为5℃/12℃，冷却水供回水温度为32℃/38℃。

热源为水蒸气锅炉，设置在裙房十层。空调热水由水蒸气经板式换热器换热而得，供回水温度为60℃/50℃。裙房部分的换热器设在裙房九层，设两台板式换热器，每台换热量为2326kW；主楼低区（27层以下）的换热器设置在11层设备层内，设两台板式换热器，每台换热量为2151kW；主楼中区（28～46层）的热水换热器设在28层设备层内，设两台板式换热器，每台换热量为1105kW；高区（47～60层）的热水换热器设在47层设备层内，设两台板式换热器，每台换热量为407kW。

（3）空调水系统

本工程空调水系统采用冷、热水四管制系统，以满足空调同时供冷、供热的要求。冷水采用大温差、二次泵系统，一次泵定流量、二次泵变流量运行。图4-45和图4-46分别为空调冷水系统和热水系统原理图。

冷水系统分为高、中、低三个区，27层以下为低区，28～46层为中区，47～60层为高区。中区设两台板式换热器，每台换热量为1250kW；高区设两台板式换热器，每台换热量为698kW；中区冷水板式换热器设置在中区设备层28层内，以满足空调水系统的承压要求，二次水供回水温度为6.5℃/13.5℃。高区冷水板式换热器也设置在中区设备层28层内，换热后的二次水供回水管道至47层设备层进行分配。

（4）空调风系统

① 地下一层商场、门厅、2～6层商场、中餐厅、西餐厅、大中型会议室、会议酒吧、多功能厅、舞厅、游泳池、休息厅、宾馆大堂、宾馆商场、37层中庭等房间，由于空间较大，使用周期参差不齐，负荷变化较大，故原则上按分区设置低速风道空调系统。

② 游泳池的空调系统采用顶送顶回低速风道空调系统，采用四管制空调机组。在过渡季节和夏季主要考虑除湿，冬季除空调机组送热风外，地面采用低温热水地板辐射供暖系统。

③ 裙房部分一些独立的小房间，主楼部分宾馆客房、套房（包括总统套房）等，采用四管制风机盘管加新风的空调系统。卧式风机盘管设在吊顶内，室外新风经新风机组处理到室内焓值后，由新风管道送到空调房间。裙房部分每层设有独立的新风机组；11～57层客房部分的新风竖向分三个系统，每个系统设有两台新风机组，12～27层、29～46层、48～57层各为一个系统，新风机组分别设于11层、28层、47层设备层内，在各客房内设置新风立管。新风处理后，由各个立管分别送入空调机房内。

④ 主楼最上面三层（58～60层）俱乐部采用变制冷剂流量（VRV）空调系统，室外机设于屋顶上，每层设置一台新风机组，新风机组的冷热水由集中空调系统中的高区供给。大楼自控中心、电话机房、电梯机房等均设有独立的空调系统。总统套房等高级房间，其卫生

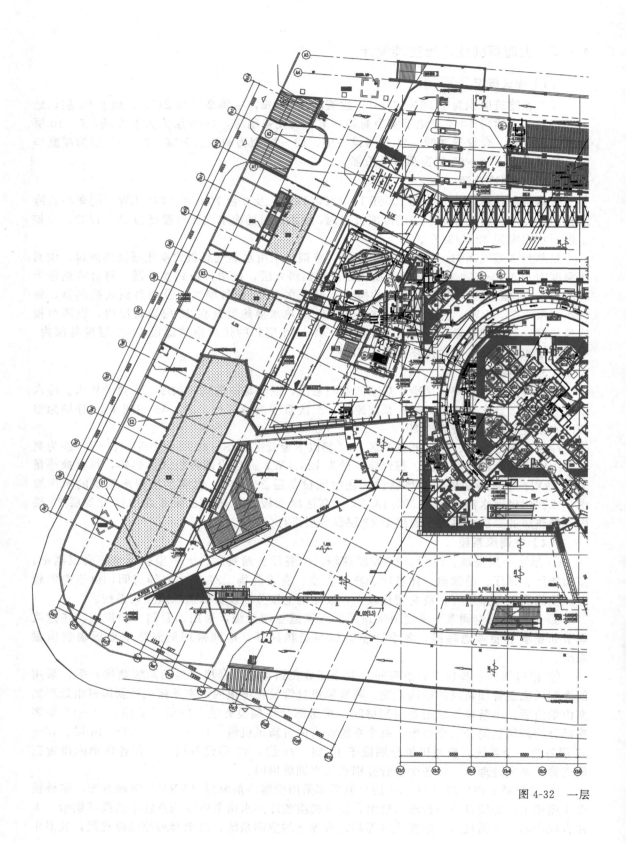

图 4-32 一层

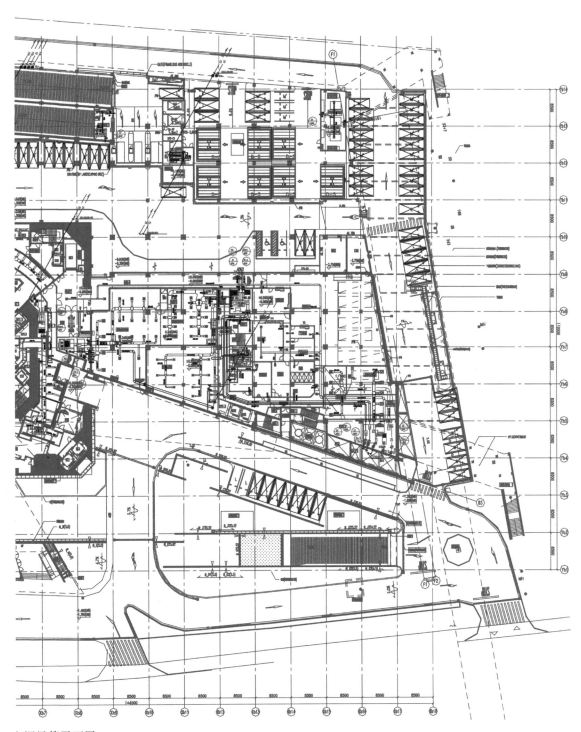

空调风管平面图

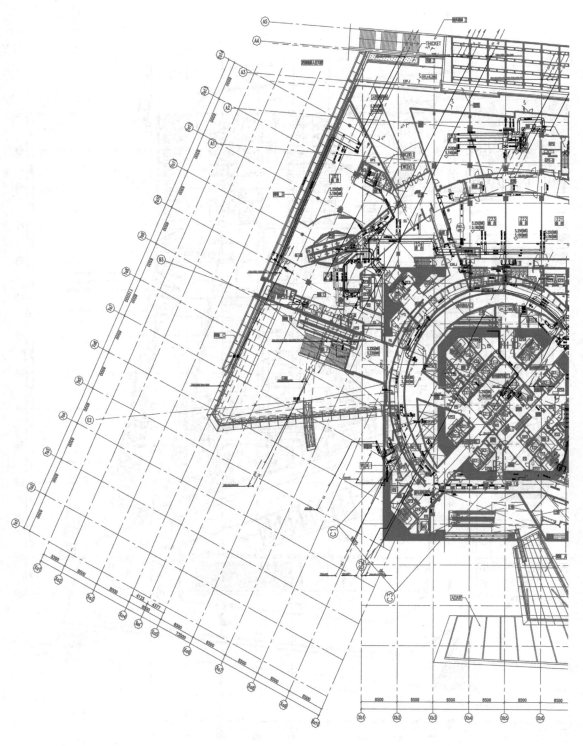

图 4-33 二层

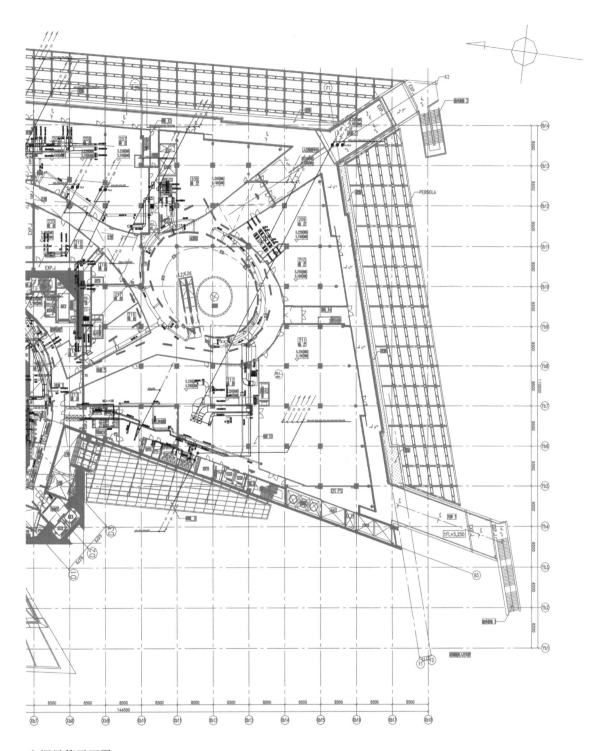

空调风管平面图

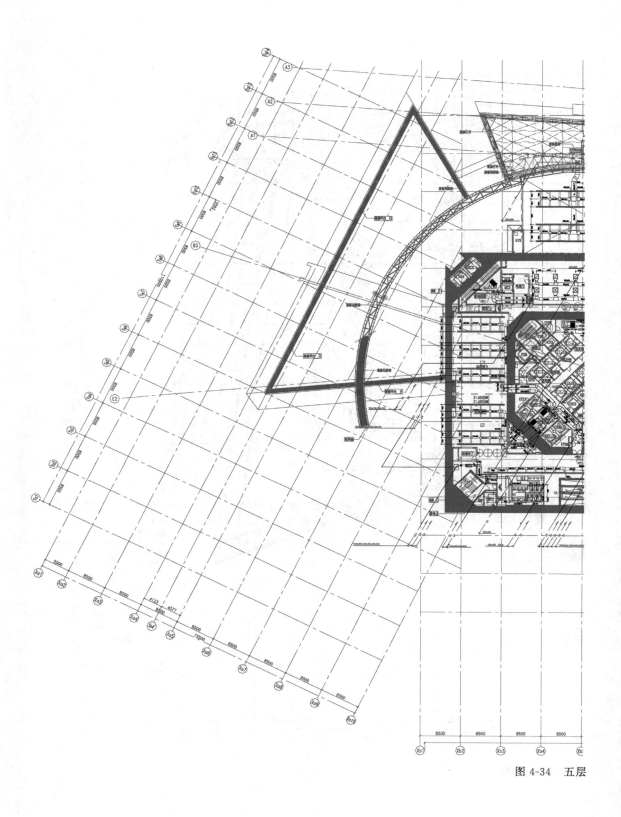

图 4-34 五层

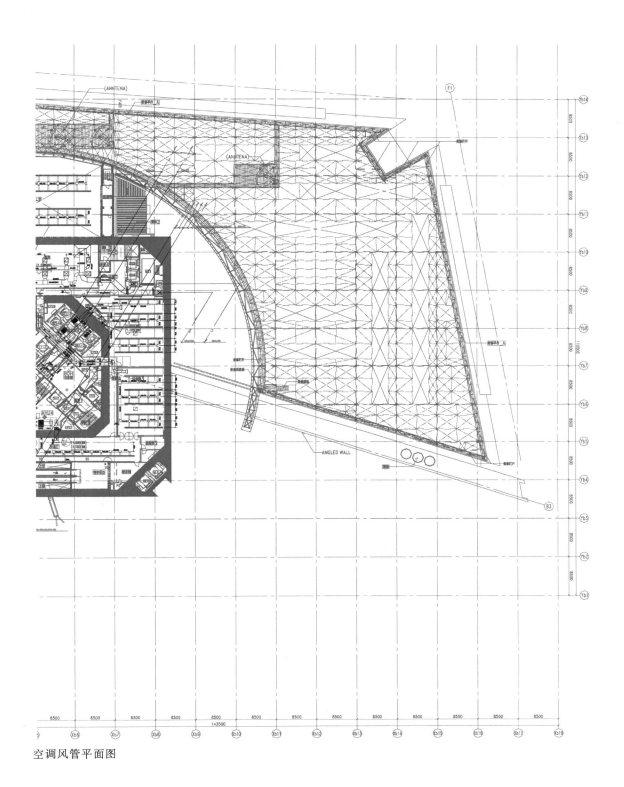

空调风管平面图

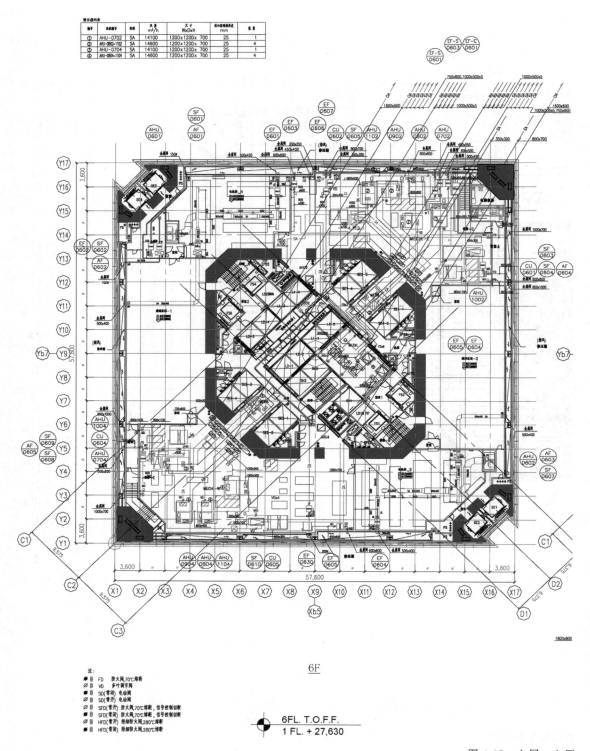

6F

6FL. T.O.F.F.
1 FL. + 27,630

图 4-35 六层、七层

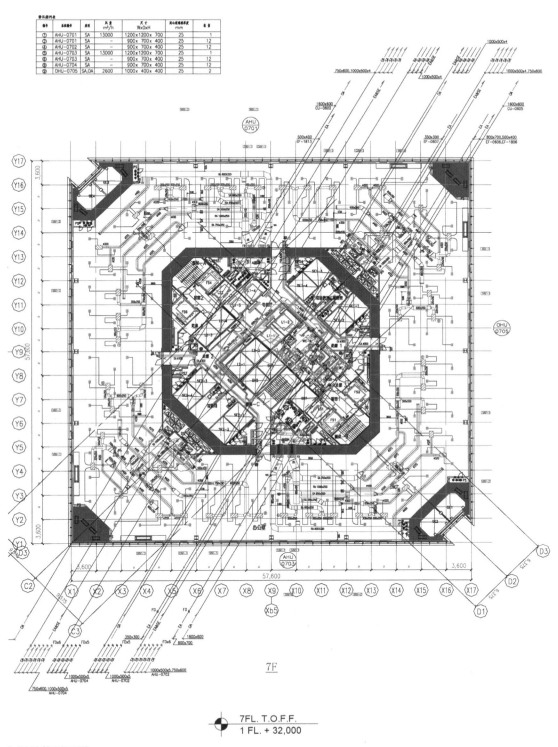

静压箱列表

编号	系统编号	类型	风量 m³/h	尺寸 WxDxH	离心玻璃棉厚度 mm	套量
①	AHU-0701	SA	13000	1200x1200x 700	25	1
②	AHU-0701	SA	—	900x 700x 400	25	12
④	AHU-0702	SA	—	900x 700x 400	25	12
⑤	AHU-0703	SA	13000	1200x1200x 700	25	1
⑥	AHU-0703	SA	—	900x 700x 400	25	12
⑦	AHU-0704	SA	—	900x 700x 400	25	12
⑧	OHU-0705	SA,OA	2600	1000x 400x 400	25	2

7F

7FL. T.O.F.F.
1 FL. + 32,000

空调风管平面图

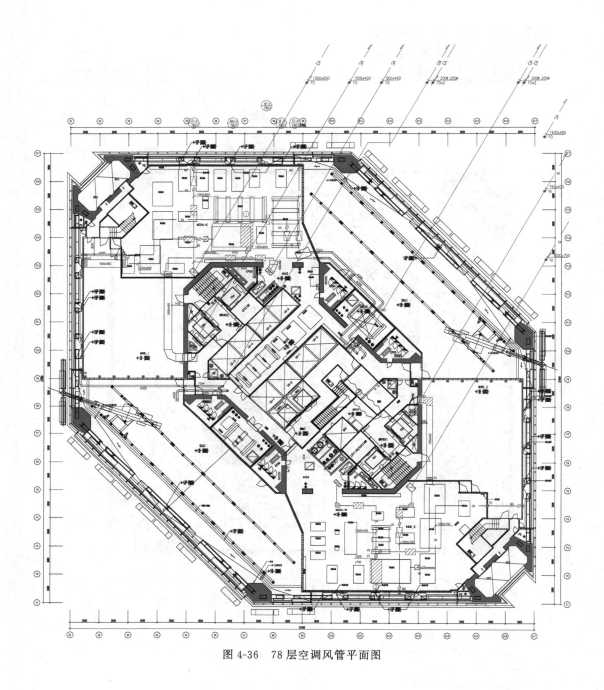

图 4-36　78 层空调风管平面图

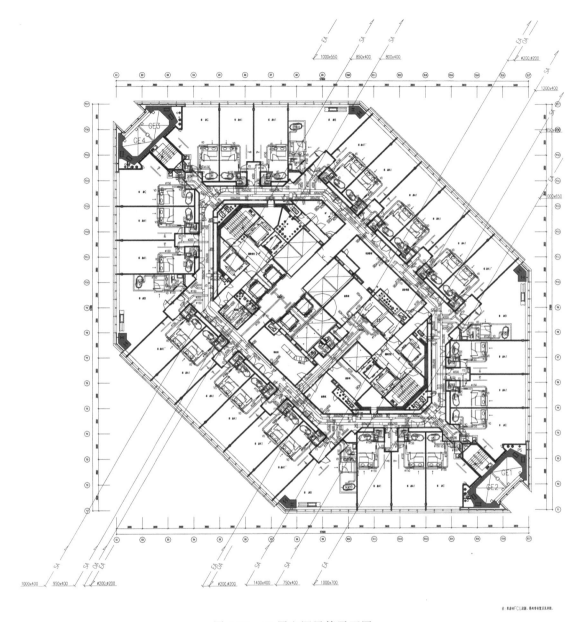

图 4-37　79 层空调风管平面图

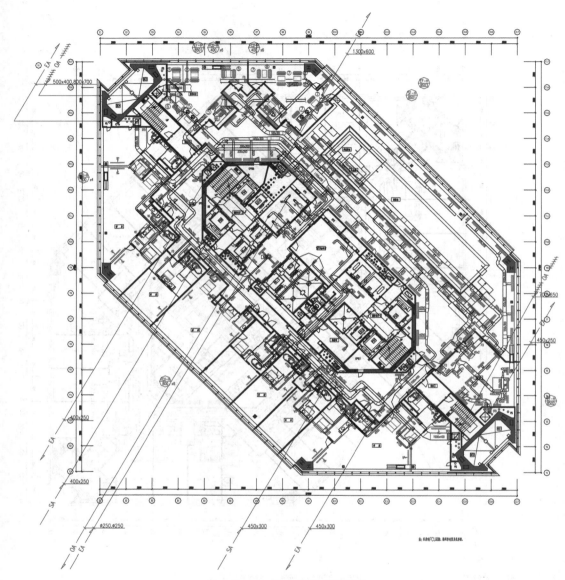

图 4-38　85 层空调风管平面图

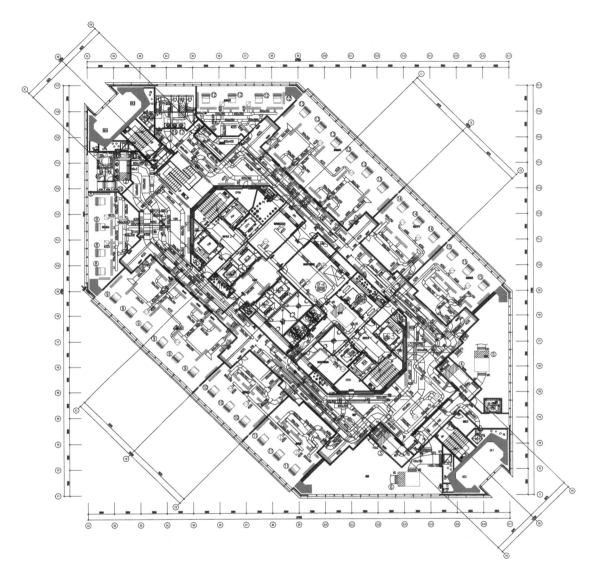

图 4-39   86 层空调风管平面图

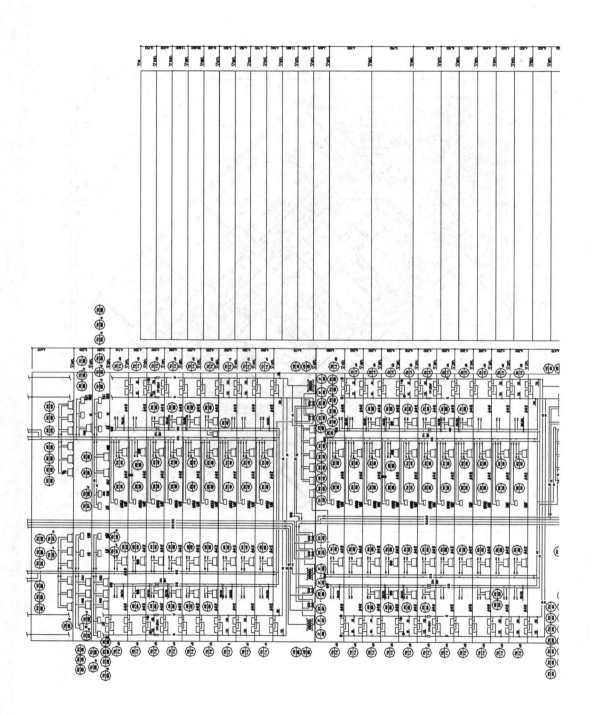

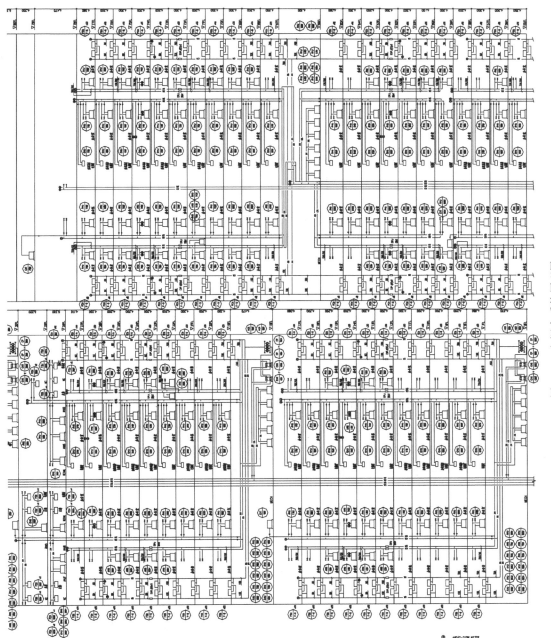

图 4-40 空调水系统原理图 -1

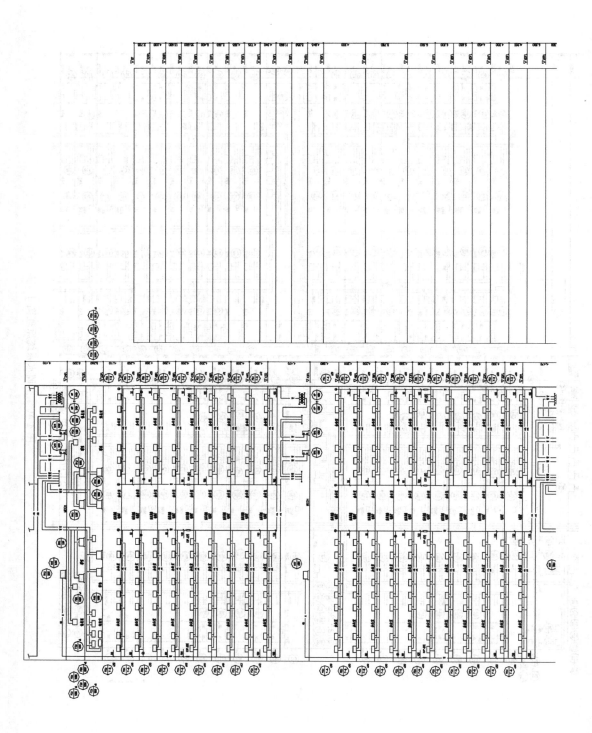

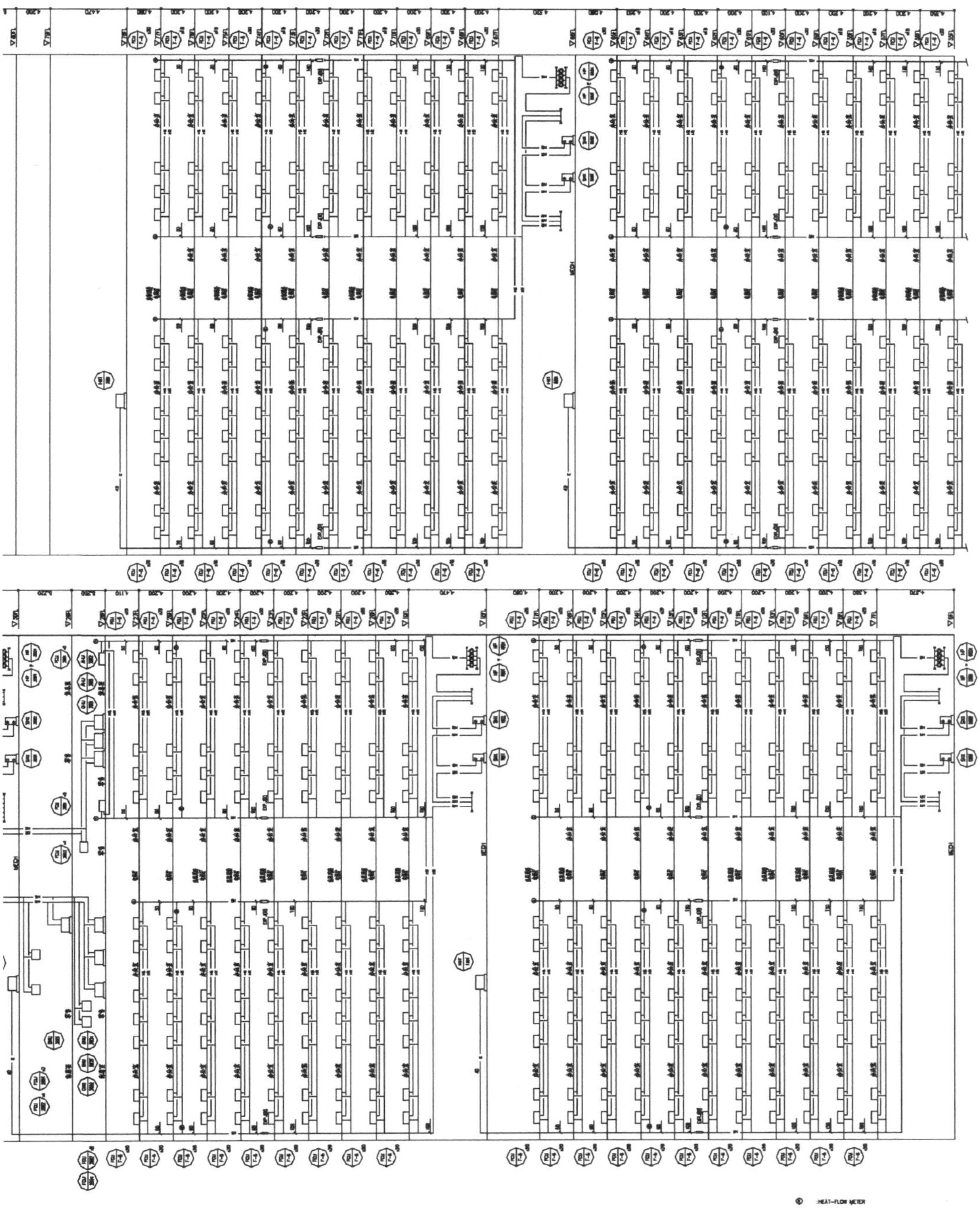

图 4-41　空调水系统原理图-2

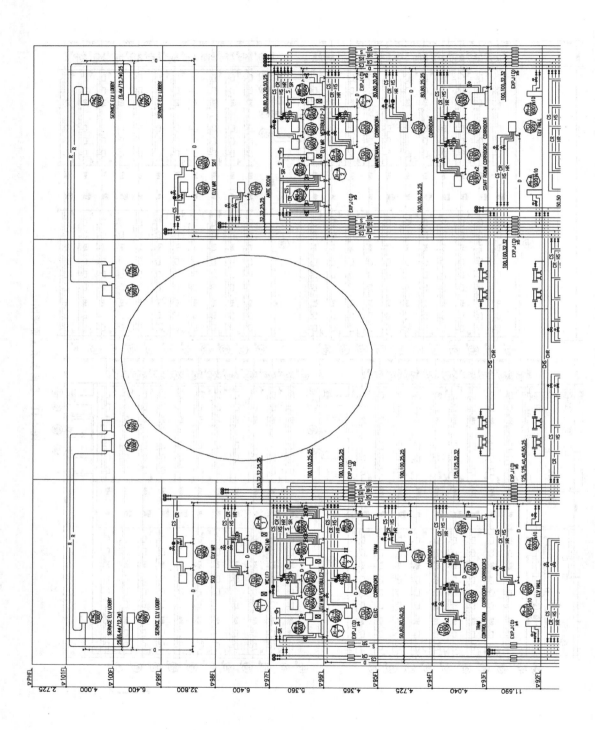

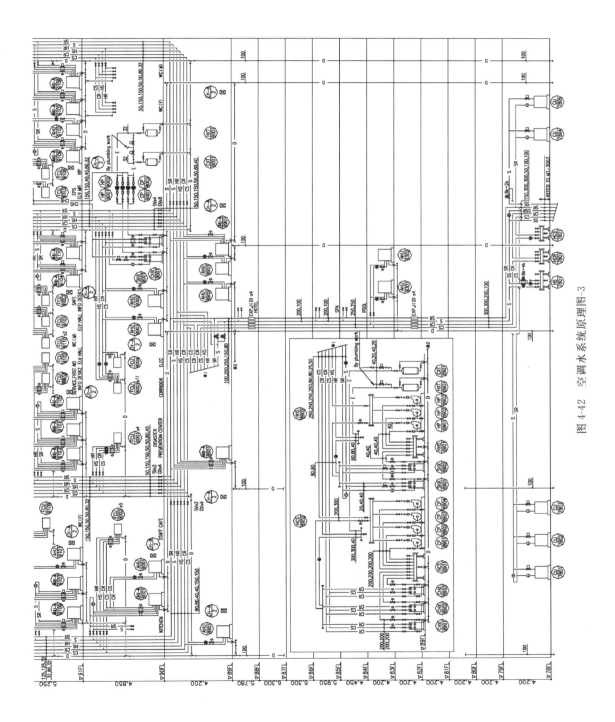

图 4-42　空调水系统原理图-3

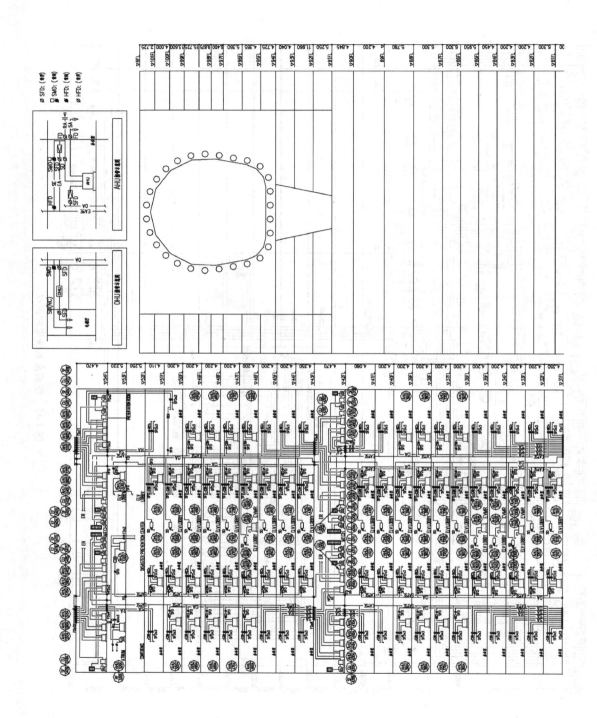

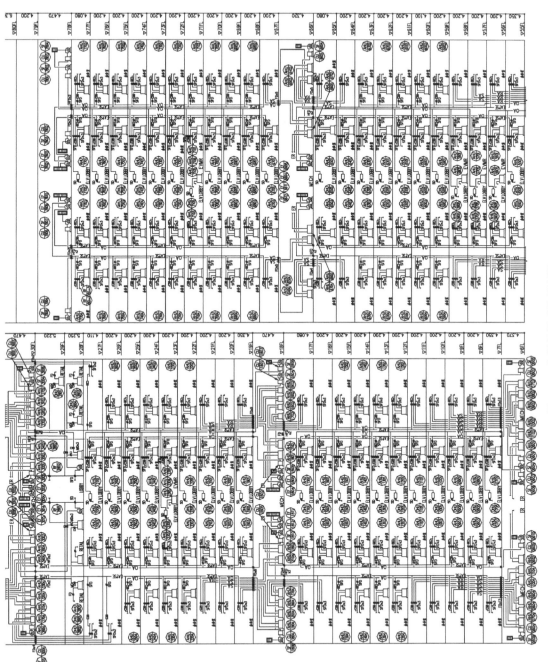

图 4-43 空调风管系统原理图

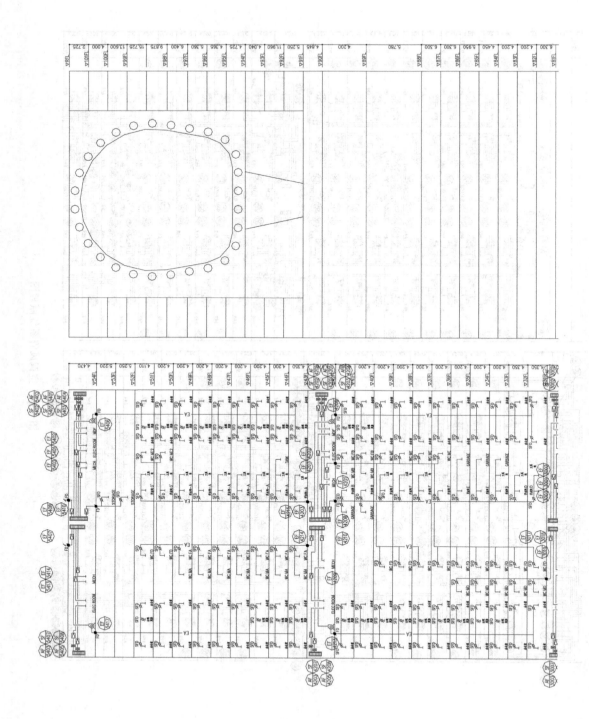

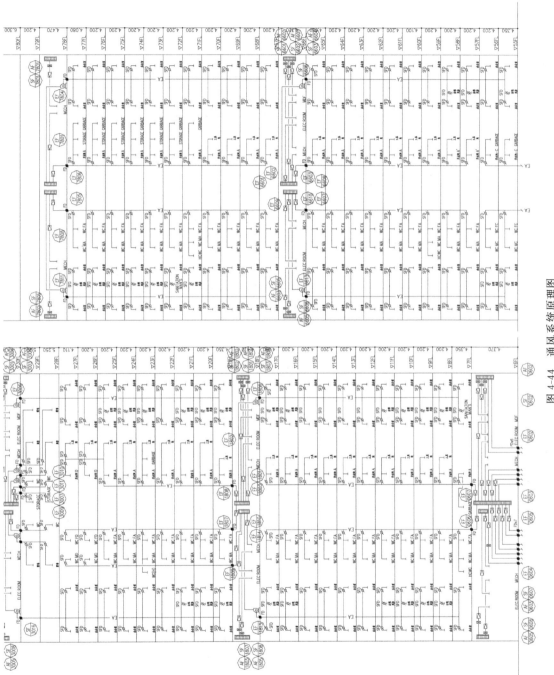

图 4-44　通风系统原理图

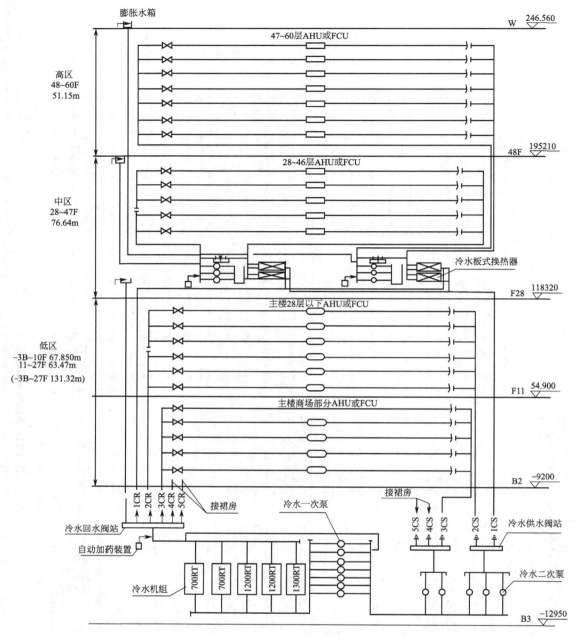

图 4-45　空调冷水系统原理图

间内设置电热地板辐射供暖系统。

（5）通风系统

① 新风与排风。商场、餐厅、会议室等各类人员密集的场所除设置空调系统外，均独立设置排风系统；主楼和裙房十层以下部分的新风大部分在空调机房就地吸入，主要通过卫生间排风。

② 各厨房设置排油烟系统，炉灶上方设置油烟过滤器。油烟通过垂直管井至裙房屋顶经油烟净化装置处理后进入风机箱、消声器排至室外。

③ 污水处理间的排风排至裙房屋顶。

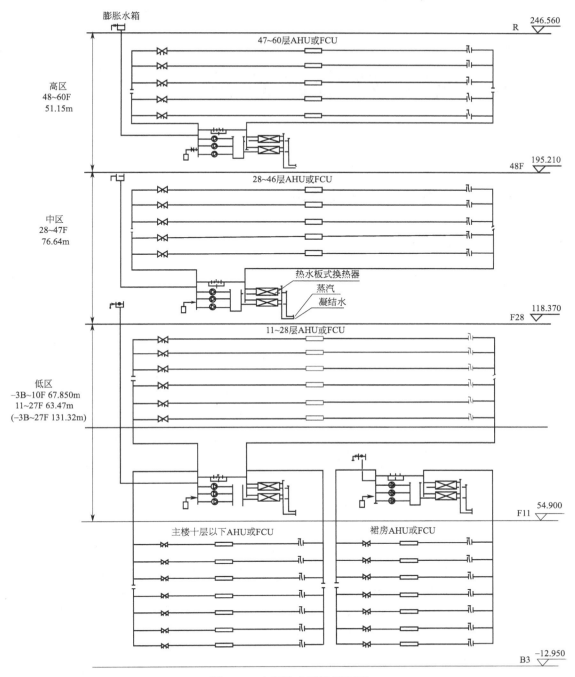

图 4-46　空调热水系统原理图

第5章 综合办公建筑空调设计

5.1 综合办公建筑的构成及特点

5.1.1 综合建筑的分类

所谓综合建筑物，就是在同一栋建筑物内，有两个以上建筑用途的空间同时存在的建筑物。通常综合建筑分主楼及裙房两部分，如图5-1所示。通常主楼用于办公用途；裙房用于商业店铺、超市、餐饮店、银行等用途。

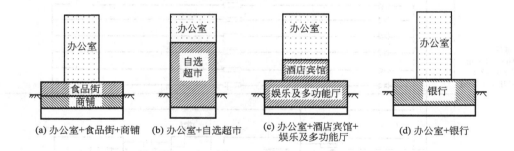

(a) 办公室+食品街+商铺 (b) 办公室+自选超市 (c) 办公室+酒店宾馆+娱乐及多功能厅 (d) 办公室+银行

图 5-1　综合建筑示意图

综合建筑分类一般如下。

① 按使用方式分为单位自用办公（写字）楼和出租写字楼。自用办公楼的使用管理模式比较一致，而出租写字楼在使用时间、性质与管理上与自用办公楼有诸多不同。

② 按用途可分为专用写字楼和综合写字楼两类。专用写字楼除了一批业务空间（办公室、会议室）外，还有导入空间、余暇空间和装置空间，而综合写字楼除了商务办公业务之外，还有餐饮、居住、购物、娱乐等多种功能。

③ 写字楼按规格可分为大、中、小三类。小规模写字楼建筑面积在 $3000 \sim 6000m^2$ 以下，中等规模写字楼建筑面积在 $5000 \sim 20000m^2$ 之间，大规模写字楼建筑面积一般在 $20000m^2$ 以上。

④ 写字楼按功能可分为普通办公建筑和新型智能办公建筑。普通办公建筑就是常见的传统办公建筑，它有类似于宾馆客房的标准办公间，每个办公间内有若干个人员，组成一个或几个职能部门。内部设施一般有电话、办公桌、文件柜等，并配有个人计算机。而智能办公建筑则是建筑、环境、楼宇设备、物业管理等多方面技术的集成，含有多种内部发热设备，如计算机、个人照明系统等，对室内环境不仅有温湿度要求，而且对声、光、色及室内空气品质也有要求，以使工作人员在满意的环境中高效率地工作。

5.1.2 办公建筑的构成

办公建筑是指各级政府部门、各类企事业单位办理正常公务的场所。它是由办公室组成的建筑物,办公用建筑物的类型有小规模的专用办公用建筑物和包括有接待室、会议室、服务员室、办公设备室、食堂、会议室和店铺等的大规模办公建筑物(或称为综合楼建筑)。

通常办公建筑的组成如图5-2所示。它由不同的部门构成,如果从空调角度看,不管其部门的规模和等级如何,基本上都有共同的固有性。在空调系统设计时应考虑空调负荷,并结合各个建筑物的热负荷、特性研究负荷内容,选择适用每个组成部分的设备系统。

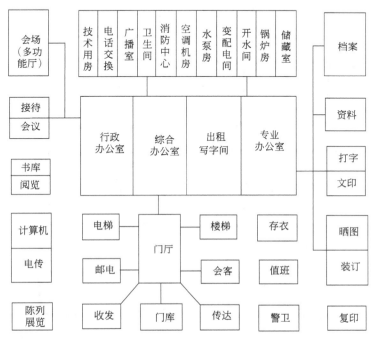

图 5-2 办公建筑的组成

办公建筑的结构形式如图5-3所示。其大致可分为独立式办公室及大空间办公室两大类。独立式办公室层高比较低,通常需要风机盘管加新风空调系统;对于核心筒式的大空间办公室,由于其层高及进深都比较大,通常选择全空气空调系统。办公建筑人员相对于商业建筑而言比较容易确定,通常可以按单位面积人员指标来计算人员冷热负荷。办公室人员定额可参见表5-1。

表 5-1 办公室人员定额

室别	面积定额/(m²/人)	附注
一般办公室	3.5	不包括过滤
高级办公室	6.5	不包括过滤
会议室	0.8	无会议桌
	1~8	有会议桌
设计绘图室	5.0	
研究工作室	4.0	
打字室	6.5	按每台打字机计算(包括校对)
文印室	7.5	包括装订、储存
档案室		按性质考虑、确定

室别	面积定额/(m²/人)	附注
收发传达室		一般 15~20m²
会客室		一般 20~40m²
计算机房		根据机型及工艺要求确定
电传室		一般 10m²
厕所	男:每 40 人设大便器一个,每 30 人设小便器一个;女:每 20 人设大便器一个,每 40 人设洗手盆一个	

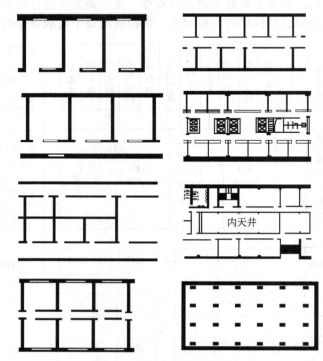

图 5-3　办公建筑的结构形式

5.1.3　办公建筑的特点

（1）建筑特点

办公建筑多为钢筋混凝土的框架结构,采用自重轻的轻型墙体材料作为外围护结构,较多采用了玻璃幕墙作为建筑立面装饰。在建筑平面上,普通办公建筑具有类似宾馆客房加走廊的平面布置。而新型高级写字楼或智能建筑的业务空间一般采用大开间开启式布置,柱间距较大,除了经理室和各部门负责人办公室有时用封闭式隔断间隔外,一般用书架、文件柜或屏风隔成不封闭的单独工作空间（工作单元）。在建筑层高上,普通办公建筑最多也只是有吊顶要求,所以层高较低。而新型写字楼的层高一般较大,约 4m。它由吊顶或架空地板形成办公和通信设备的布线空间,写字间净高为 2.6m 左右。由于配线的需要,楼内竖井增多,竖井面积可高达标准层面积的 2%左右。

（2）使用特点

自用办公楼的使用性质与使用时间全楼大体一致,所以整幢楼可选用同样的空调系统和设备,管理也比较方便;而出租写字楼的空调系统必须考虑其系统分区、使用时间、计量和租金管理等诸多因素。

由于专用写字楼有不同性质和种类的空间，而这些空间在使用和负荷分布上各有特点，因此空调设计中应充分加以考虑。综合写字楼除了商务办公之外，还有餐饮、居住等多种功能，因此空调系统要着重考虑系统分区、运行时间差异和安全等因素。

对于小规模写字楼，一般可采用全分散式空调系统，空调设备本身最好带有自动调节装置，以满足其使用灵活之需。中等规模的写字楼的标准层平面，一般要分"内部区"和"周边区"，采用集中或半集中空调系统。大规模写字楼的空调系统应着重考虑能源的合理使用，尽量采用各种节能与能量回收措施。

（3）功能特点

办公建筑的规模范围通常是从几百平方米的小规模建筑物到十几万平方米的大规模建筑物，其规模存在巨大差异。因此，对于包括热源、能源输送和热交换装置的全部设备系统不能一概而论，一般是以办公空间为主体，对于包括这些辅助空间的建筑物来说，都是同类型的楼房，可以按基准单位办公空间的集合区段处理系统和按空调路线等的辅助设施空间、店铺等不同区段综合地进行处理。

办公用建筑物的空调设备，根据规模、综合性、等级、使用单位的要求等是不相同的。由于外部的采光面积（玻璃窗）较大，容易受外部气象条件的影响，所以根据使用目的要求在中规模以上的办公用建筑物中，多数设备系统的基本形式为外围和内部系统分开或者按综合程度区分系统。

5.2 综合办公建筑的负荷特性及设计标准

5.2.1 综合办公建筑的负荷特性

综合办公建筑外部负荷复杂，并且使用时间变化多样。综合办公建筑通常由办公及商业运行建筑组成，它们负荷的使用时间相差较大，办公建筑一般为 8 小时工作制，而商业建筑通常需运行至夜间 12 点之前，有些商业建筑甚至可能需 24 小时运行。

对于单纯的办公建筑部分应将内部负荷特性大致相同的房间归纳为一个空调系统，即应按所谓负荷特性进行负荷分区。将具有同一负荷特性的多室归纳成一个区域进行空调规划。在大多数场合能够忽视一个区域内的各办公室的温度偏差，如果出于某种目的，不能容许这种偏差，则可采用风量控制、水量控制或者再冷、再热等附加措施。对于综合办公建筑，应以其用途和内部负荷的种类为原则，根据需要分别设置适应于负荷特性的空调系统。

在中大规模的建筑物中，特别是超高层建筑物，由于风压和成本的关系，多采用密闭窗，在过渡季节利用外气调节室内的温湿度比较困难。另外，由于照明的增加和办公器具的设置等，室内发生的热量有增加的倾向，在全年需要冷却的时间有逐渐延长的趋势。另外，在过渡季节室外的气温变动较大，传热负荷、外气负荷反复在冷、暖房之间，为了使室内的温湿度状态保持恒定，在这个时期，需要冷热双源。当建筑物采用密闭窗时，在冬季，特别是过渡季都连续地需要冷源和热源。在过渡季和冬季必须要有冷热双源，因此同时考虑冷热负荷对综合办公建筑是非常必要的。

5.2.2 综合办公建筑空调负荷估算指标

空调设计冷负荷的取值不仅直接影响到建筑物空调系统的初投资和规模大小，而且与建筑空调全年或期间的能耗也密切相关。只有按照合理设计负荷选用的空调设备，才能保证有效地根据空调系统运行期间负荷结构的变动情况，使系统在高效率状态下运行，最大限度地提高能源的利用率。相反，当设计负荷取值不合理时，依此选用的设备除了增加初投资和运行管理费外，因其长期在低负荷率状态下运行，势必会造成能源的浪费，即使空调设备具有负荷自动调节功能，也会因其调节范围有限而无法保证系统长期在高效率状态下运行，仍然会使能耗增加。

因此，办公建筑空调系统冬夏季的负荷应尽量通过计算确定，冬季按稳定传热计算，夏季可按现行的冷负荷系数法或谐波反应法计算。当不具备计算条件时，可参考下列方法之一估算。

① 空气调节房间的冷负荷包括由外围护结构传热、太阳辐射热、空气渗透、人员散热、室内其他设备散热等引起的冷负荷，再加上室外新风带来的冷负荷。估算时，可以外围护结构和室内人员两部分为基础，把整个建筑物看成一个大空间，按各朝向计算其冷负荷，再加上全部人员散热量（每位在室人员按 116W/人计算），然后将该结果乘以新风负荷系数 1.5，即为估算建筑物的总冷负荷。

② 根据国内现有的一些工程冷负荷指标，办公楼取值为 $85\sim100\mathrm{W/m^2}$，需要注意如下。

a. 该指标为总建筑面积的冷负荷指标。建筑物的总建筑面积小于 $5000\mathrm{m^2}$ 时，取上限值；大于 $10000\mathrm{m^2}$ 时，取下限值。

b. 按该指标确定的冷负荷即为制冷机的容量，不必再加系数。

c. 由于地区差异较大，上述指标以北京地区为准，南方地区可按上限取值。

d. 使用空调系统时，冬季热负荷可按下述方法估算：北京地区为夏季冷负荷的 $1.1\sim1.2$ 倍，广州地区为夏季冷负荷的 $1/4\sim1/3$。

5.3 综合办公建筑空调方式及特点

5.3.1 综合办公建筑空调方式

办公建筑形式较多，应根据房间使用功能、使用时间、维护管理、能量节约等方面加以系统分区，选用适当的空调方式。

空气-水系统（风机盘管加新风系统）以其布置灵活、调节方便、节约建筑空间和投资费用低等特点，在空调工程中被广泛采用。大多数写字楼均采用这种空调方式。

对于核心筒结构式的大空间办公建筑，由于其开间较大，风机盘管往往需接多个风口送风。因此，对风机盘管的余压要求较高。但由于风机盘管加新风系统易漏水、过渡季不能用全新风和风机盘管余压等缺点，对于此类办公楼空调设计多采用全空气方式。全空气系统的优点如下：

① 可以充分进行换气，室内卫生条件好；

② 如有回风机时，在过渡季可以增加新风量，制冷机可以少开或停开，甚至以全新风运行；

③ 由于空气处理设备是集中布置的，系统简单，维护管理方便，空气可集中过滤和净化，宜采取消声隔振措施，使用寿命长。

全空气单风道系统又可分为定风量系统和变风量系统。现代办公楼夏季冷负荷为常规办公楼的 $1.3\sim3.4$ 倍。办公室自动化机器设备发热量为 $10\sim40\mathrm{W/m^2}$，甚至更大；照明负荷为 $20\sim30\mathrm{W/m^2}$。大型办公楼（建筑面积超过 $10000\mathrm{m^2}$）周边区往往采用轻质幕墙结构，这与低层建筑常用的重结构外墙的热工性能差别很大。由于热容较小，室外空气温度的变化会较快地影响室内，使室内温度昼夜波动较明显。所以，周边区空调负荷、负荷的变化幅度以及不同朝向房间的负荷差别很大，一般冬季需要供热、夏季需要供冷。内部区由于不受室外空气和日射的直接影响，室内负荷主要是人体、照明和设备发热量，全年基本上是冷负荷，且变化较小；为满足人体需要，通风量比较大。为适应以上不同负荷的特点，办公建筑可选用表 5-2 所示的空调方式。

表 5-2　大型办公建筑的空调方式（建筑面积> 10000m²）

编号	内部区	周边区
1	变风量、定风量单风道	双水管风机盘管（或诱导器）
2	变风量、定风量单风道	定风量单风道、变风量带表面加热器
3	各层机组、各层柜式空调机组	双水管风机盘管（或诱导器）
4	各层机组（热泵）	水热源单元式热泵

办公楼空调系统的划分和控制设备的布置应考虑到办公室内部灵活分隔的可能性以及不同工作时间的需要。分层分区的空调系统的控制特别适用于以出租办公室为主体的建筑物。

为了适应现代办公建筑的特点，也可采用分散式空调系统或个别空调方式。所谓分散式空调系统是根据租户的要求，在每个用户租用的最小建筑面积内保证有一台以上的空调箱，即分层空调方式或各层分区空调方式。空调箱可布置在核心区空调室，或内部区和走廊之间的柱或墙壁内。对空调箱的维护管理只局限在空调室或公用的走廊内。分层空调方式也可采用多区空调机组，空调机内有两组盘管：一组全年供冷，供内区以消除办公设备等的发热量；另一组冷热切换，服务于周边房间。

在全空气系统中，特别是智能化办公楼中的应用，可考虑采用下送风空调方式。而在众多的空调方式中，下送风空调方式具有空气品质良好、调节方式灵活、节能潜力巨大和配合形式方便等特点。

热泵是一种能从低温热源吸取能量并升至较高温度的设备，是一种夏季能供冷而冬季又能供暖的设备。由于它能够充分利用和回收各种低品位热能，同时由于城市环境的要求，不允许写字楼设置锅炉房，在没有区域集中供冷供热的条件下，采用热泵机组就是最佳的选择。所以，国内近年在长江中下游地区已广泛使用。

智能化写字楼相对于传统写字楼而言，夏季冷负荷增大而冬季热负荷减小，加之有常年供冷的内部区和现代化办公区，又有冷暖交替比较频繁的周边区，所以很适合各种热泵空调机组的应用。

热泵空调可实现分散和个别两种空调要求。分散空调适合于写字楼的工作特点和使用方式（如分别出租和晚间个别加班），满足各类人群对环境条件的不同需求。例如，周边区采用窗式或壁挂式热泵机组，作为建筑结构的一个组成部分布置在窗下，每台机组均可独立控制。又如，按楼层或分区设多元空调机，这种空调机内有两组盘管：一组全年供冷，供内部区消除现代化办公设备发热量之用；另一组冷热切换，有多个送风管，同时供 5～6 个区域（一般至少有一个送风管全年送冷风）。

近年来国外提出了末端可调变风量系统（TRAV）的概念。以往 VRV（变风量）系统的风机用来保证风道内恒定的静压，它由主风道内的静压控制器控制，不受末端装置的控制。房间温度变化后首先调节 VRV 末端装置，如果系统中有多个末端装置动作，会引起风道静压改变，此时再调节风机入口导叶或风机转速。而 TRAV 则采用先进的计算机软件，根据末端装置实际风量变化直接控制送风机，并保证风道的压力平衡。这种方式很适合写字楼内部区负荷变动，以及各类人群自主调节风量的使用条件。

为创造特殊环境的全新空调方式，近年来国外写字楼中出现了"香味空调"和"森林浴空调"等新颖的空调方式，为终日从事紧张脑力劳动的白领工作者营造一个能充分发挥才干、提高工作效率的良好环境。香味空调有三种形式：一是在全空气系统的送风道内用香味发生机间歇脉冲式地喷入香水，使满室幽香；二是在室内单独设置香味发生机，有壁挂式、机上设置式等几种设置方式；三是通过自然蒸发向室内散发香味。在写字间内多用有沉静效果和活性化效果的香型，如柠檬、薰衣草、薄荷等香型。而森林浴空调是在写字楼中开辟一间休息室，周壁绘上森林风光的巨幅壁画，空调系统加入植物香型的香水和负离子，立体声音响放送轻柔的背景音乐和鸟鸣声，进入休息室宛如置身于大森林中，使人的身心得以彻底放松。

5.3.2 设备组成要素和设备特点

在办公用建筑物中使用的有关冷、暖设备系统与组成，是由对外装置→能源装置→能源输送装置→对室内热交换装置→向室内输送装置→室内设备等环节构成的供给系统和与此相反流动的输出系统及热回收、再循环等的热交换、循环回路组成。

所谓的对外装置，就是导入外气、向外排气、对外热交换的设备等；所谓的能源装置，就是冷源和热源设备即冷冻机、锅炉、热泵等装置；所谓的能源输送装置就是一回路配管类；所谓的对室内热交换装置就是把一回路的高压、高温热媒，交换成二回路用的具有安全压力和安全温度热媒的各种减压装置、热交换装置类；所谓的向室内输送装置就是二回路配管类；所谓的室内设备则是房间空调机组或者送风口类。

当办公建筑物的规模较大时，多数情况是全部需要设置供给侧的装置，在质量方面多数场合要求设置高精度装置。通过周密地计算，选定和组合系统中的每个组成设备，便形成了大规模办公楼室内的规划。当办公楼建筑物是中、小型建筑物时，则要省略这些组成要素的一部分，即热源输送装置和热交换装置等。尤其在小型建筑物中，多数场合要选用快装式空调机这样的设备，即把各种要素都紧凑地组合在一起的装置。除了这样的供给系统以外还有排气系统，形成回流排出回路。

（1）冷热源装置

在密闭窗较多的大型办公楼建筑物的高层办公室内，全年需要同时进行冷、暖供应的时期较长。在这期间要全年备有包括冷却和加热外气用的冷热源装置。冷、热两种能源的需要量随季节而变化，所以对于机种的选定和其组合的选定就成为冷热源规划的要点。根据每个季节的最大负荷（设备容量）、最小负荷（设备容量调节范围的下限），按全年不同月需要量的计算等，选定总容量、机械组合、年限的运转计划。在含有能源装置计划的各部分计划中，还需要研究安全性、性能稳定性、经济性、货源、对周围环境的影响、将来需要增加容量的措施等。

（2）能源输送装置、热交换装置、向室内输送装置

能源输送装置，是把在冷、热装置中被加热或者冷却的媒体，高效率地分配到建筑物各处的装备。一般来说是一回路配管设备。因此，能源输送装置要选定高效率热媒、温度、压力，并且以选定适用于本装置要求的高效率输送方式为目的。当办公建筑物是大规模楼房时，根据热源设备的配置（位置设置在屋上、设置在中间层、设置在地上或者地下、设置在屋外等）决定能源设备需要的压力和能源输送装置内的压力。另外，在大型办公用建筑物中，高层部分的负荷变动较大，需要有能对应负荷变动的系统。在系统选定时要研究的项目如下：能源设备的布置及压力平衡、负荷变动的适应性和部分负荷的对应性等。在单体建筑物内，不具备能源装置，而接受区域供给热的时候，往往在能源输送中需要升压、减压和检查等装置。

热交换装置是把高效率的一次输送压力、温度，按"对室内输送"的要求，在安全而且容易调节的范围内进行热交换的装置，也就是水-水热交换器、水蒸气-热水热交换器、减压装置、空调机等。对于热交换器的种类，现在使用多管型的较多，除此以外还有螺旋管型和金属板型。但今后将更多地采用小型轻量、大容量、结构简单的金属板型热交换器。对于热交换器的规格，是把一回路及二回路的热媒、温度、压力、负荷变化等充分研究之后，考虑性能、安全性、经济性及耐久性等方面因素进行选定。

"向室内输送的装置"，是向室内输送热和空气等的装置。内部的热媒性质及温度、压力的范围，在重视室内人员安全的基础上，其性能应该是有足够的容量和迅速地把热媒送至对负荷反应速度快的室内装置中，其回路及自动调节装置要选定高精度的设备。对于以水为热媒的系统，均可以采用变流量、定流量的容量调整方法。对于以空气为热媒的系统，也同样可以采用变风量的容量调节方法。在经济性要求较高的办公用建筑物中，以上提到的设备要素都布置在室内是有问题的，但基本上要选用高温、高压、高效率的能源装置，分支也要少，要求与居室隔开布置，并且要充分研究地震、火灾等灾害时的安全，防止对室内产生振动，在支架方面要采取防振措施。要妥善可靠地确保其他能源输送装置即高压配电设备（电气设备）、扬水管（给排水设备）等共同的能源输送空间。把"向室内输送的装置"设置在居室负荷中心附近的做法，对空间的利用、运行效率都是妥当的，必不可少的热交换装置要设置在这两者接点的位置。

（3）室内装置

室内装置是维持主要使用部分环境的装置，是与室内人员关系最大的装置。充分地研究、掌握室内需要的条件，即用途、状态、温湿度、使用时间、安全度等，是做好这部分规划的第一步。在这些所提供的条件中不仅是对现状的要求，也应该包括对将来的预测，以对应办公用建筑物一般居室等的主要用途部分（主要是高层部分）、店铺等辅助用途部分（主要是低层部分）、其他用途部分（附属室、机械设备室）等各类房间的用途，选定各自对应的设备热源系统。

① 房间面积分割与设备的相互关系　办公用建筑物的综合用途部分——店铺部分，每个店铺由独立的室构成，然而，作为主要用途部分的一般办公室等，多数是使用大房间，按不同负荷设置共用空调装置，按划分的大区设置空调系统。在这种场合，设置的设备系统与间隔壁的关系很重要，被隔开房间相互之间的空间负荷状态相同，如果仅是视觉间隔，则不需要按小设备单位分区。但是，间隔的必要性有增加的倾向，如果考虑随时随地都有可能增加间隔时，则要预先在每个以一定基准划定的小区划分单位，按设备单位完善设置送风口、吸风口，或者是设置个别空调设备和照明用的电气及其他设备，并且希望在使用上要确保灵活性。

② 室内温湿度条件的选定　以往是以舒适性为中心，选定一定的温湿度条件作为空调的室内条件。最近的倾向是根据办公室内容、时间、日照影响、个人差别等，在每个小区的范围内要求能够进行任意调节，特别是工作人员少的房间，如为办公楼服务的工作人员室、会议室等，正在要求扩大这种个性化控制的做法。具体就是要对空调机组、诱导机组的冷、热水量或者风量，双风道 VAV 方式的末端风量等进行调节。调节方法如下：利用恒温器自动调节，改变恒温器的设定进行间接调节（手动调节），或者采用混合方法（区域自动＋个别手动等）。应根据实际需要选用各种组合方式。

③ 外部负荷的多样性和外围区域的空调系统　空调负荷有外部负荷、内部负荷及外气负荷。这些负荷中的外部负荷，受外部气象的影响，即每天的气温、日照量等的影响，每时每刻负荷量都在改变。在组成外部负荷的日照和传热负荷中，日照是全年经常性的室内热取得，传热是根据空气的内外温差产生的热贯流。这个热贯流是按不同季节对应外气温度，交替产生得热和失热负荷。

办公用建筑物室内装置的设置，主要是应考虑外部负荷变动较大（由于外壁开口窗的影响）及在过渡季要求设置空调的场所，有同时需要冷却和加热的性质，对此最根本的解决办法就是要分设内、外区系统。在中、小型建筑物中，内、外区使用共同的空调装置进行空调规划时，在计算负荷量变化的工作中要认真校对，必须认真地进行机器设备容量的选定和做出调节及规划。

④ 地上部分内部负荷和内部空调系统　在地上主要用途部分的内部，由于受外部气象的影响，如果采用前面论述的外围部分空调系统，进行处理时，若能对应内部人员、照明、办公器具等发热负荷进行运转则是较好的解决方案。在这个场合存在的问题是作为附属室的接待室、会议室等，在使用时间和不使用时间有内部负荷差的影响（人员流动产生的外气量的不足，热的处理，或者还有烟的排出等）或者产生房间之间的温度差和换气量的不足等。在外围区空调系统则通常采用空调机组、诱导机组等。如今提高内部小区域的调节机能，正在作为新的课题被提出。

通常均匀的负荷状态也会在实际中出现意外的情况，在不同的场所，每个部门科室、公司、多数场合人员的密度是不同的，在只对应个别室负荷设定风量的场合，在照明负荷较少的地方换气次数也少［3次/(m² • h)左右］，对于较小的开间则出现换气量不足的现象。因此，希望对热负荷较小的小开间（可以假定为小间），要多设定送风量。对应内部负荷密度不同的设备系统，则可以采用 VAV 方式、局部设置小型空调机等方式。前者是只有冷房负荷的纯内部区用的系统，后者是在外围区采用和热交换并用的系统。除此以外，在大规模办公用建筑物中，还要考虑加班等部分使用的运转工况。

⑤ 办公用建筑物空调系统的基本型及设备系统　根据以上论述，把大、中型办公楼的一部分室内空调系统归纳后可看出，外围区各个面的空调系统和内区系统的组合可以说是空调系统的基本型。除此之外，也有用小型密闭式配管机组和双风道方式的内外处理方式。另外，如果是中、小型办公用建筑物，则要根据费用和使用方面的要求尽量把装置简化，而采用组装型空调机等。这时，在性质和数量不同的外部负荷条件下一概使用这个方式是没有道理的，要在深刻理解的基础上，用心地进行最大、最小和变化范围的计算，研究全年各个季节的负荷特性，选定机器设备容量。不管何种办公用建筑物，从小型到大型都是能自由地选择设备系统的建筑物，应该按照建筑物的用途、负荷性质及其他实际情况规划空调设备。

5.4　综合办公建筑规划与设计要点及注意事项

5.4.1　规划与设计要点

① 综合办公建筑空调系统，可按照每个组成设备任意选择及进行组合设计，其空调设备系统计划应有较高的灵活性，应认真进行负荷计算，分析已有条件，计划出符合实际的全系统平衡较好的设备设计方案。

② 对于新风引入口、排风口等对外装置，设计时应注意不可产生相互干扰，不要在送、排气口附近形成短路。注意关注排出的废气、排出的热量对外界环境的影响。

③ 对于独立办公、层高较低的办公建筑，首先可考虑采用风机盘管加新风空调系统；对于大空间建筑，可考虑采用全空气系统。

④ 对于单纯的办公楼建筑，空调水系统可考虑采用一次泵水系统；而对于大型综合办公建筑，可考虑采用二次泵水系统。通常对于主楼办公区，采用一次水泵供水，对于裙房等商业区域采用二次水泵供水，以便满足不同水力作用范围的需求。设置二次泵系统时，应在集水器与分水器之间设置平衡管，以便使系统水量平衡。

⑤ 确定冷热源容量时，应分析全年负荷的最大值、最小值、平均值等各不同时刻的负

荷，经过分析后掌握各不同时刻、方位及气候的负荷变化和移动量，进行研究，选定设备容量、台数、自动控制方式，应注意不要出现设备容量选择过大的现象。

⑥ 确定冷热源容量时，应根据未来发展的需求，考虑容量的变化情况，应有一定的预留容量及空间。

⑦ 不能盲目地依靠经验去追求节能和节省资源，过度地节能、节省资源会造成投资的增大和维修工作量的增加，对此问题必须重视及注意。

⑧ 热交换装置设计时应选择安全的热媒和使用范围，热交换装置尽量布置在靠近负荷中心的位置，应选择容易操作及使用的设备。

5.4.2 规划与设计注意事项

① 分区问题　按建筑体型可将办公建筑空调系统分为外区、内区，也可按朝向分区，或根据房间用途、标准高低、负荷变化以及使用时间等特点划分系统。对于超高层办公建筑，设备层设在避难层，且空调系统按垂直方向分区时，设备层应作为分区的依据。分区太多会使设备的一次投资增加，但是合理分区可以节省运行费用。

② 过渡季的问题　过渡季时外区可以不用冷、热源，但内区仍需降温，这时应将室外空气直接送入内区降温，既节能又简单，或考虑采用一台小容量的制冷机。

③ 加班问题　个别办公室或某一层需要节假日加班，为此最好不要设太大的集中空调系统，而是采用分层机组或每层再分成2～3个小的空调系统。冷、热源选机组时不要全用大机组，而要配搭一个小的冷水机组，以便在小负荷运行时可开小冷水机组，使其能在高效率点运行，以利节约能源。

④ 特殊房间的个别控制问题　如经理室等这类少数小房间内最好采用风机盘管系统，以便于单独控制。

⑤ 设备选择问题　一般小型办公楼（≤3000～6000m²）可用整体机组；大型办公楼多采用集中冷源、新风集中处理的分层机组。对出租办公楼，由于业务性质对空调的要求不一、业主不同、室内隔墙的位置经常变更，空调负荷也不一样。因此，设计出租办公楼时，对设备容量要考虑到大负荷与小负荷都能适应，系统分配上要灵活机动，送、回风口最好在每个跨间均匀分布。

⑥ 对于其他问题应注意冷水管的保温及凝结水的排放问题，应防止管道及设备振动产生噪声，做好消声及减振设计工作。

5.5　综合办公建筑空调设计实例

5.5.1　安徽省某大厦空调设计

（1）工程概况

此工程为安徽省某大厦空调设计，其建筑面积52000m²，高度177.5m，主楼地上43层，裙房地上5层，地下2层，局部设有夹层。地下2层为设备用房、人防兼汽车库；地下1层为汽车库、自行车库、变配电所、发电机房；首层为营业大厅、金库以及办公入口大堂；主楼2层及4.5m裙房为代保管库、办公室等；主楼3层及9.00m裙房为餐厅、厨房、电算中心；主楼4层及13.20m裙房为会议室、办公室；主楼5层及17.40m裙房为多功能厅、大会议室、健身房及活动室等；主楼6层为办公及室外网球场；主楼7～38层为写字楼，其中 15 层、24 层、32 层为避难层；39 层部分为设备用房。

（2）室内设计参数

室内设计参数见表 5-3。

表 5-3　室内设计参数

房间名称	夏季		冬季		新风量	噪声声级 /dB（A）	换气次数 /（次/h）
	温度/℃	相对湿度/%	温度/℃	相对湿度/%			
办公室	26	＜60	20	≥40	30m³/（h·人）	40	
多功能厅	24	＜65	22	≥40	25m³/（h·人）	40	
营业大厅	25	65	20	≥40	25m³/（h·人）	45	
餐厅		65	22	≥40	25m³/（h·人）	40	
汽车库							6
变电所	＜35						
冷冻机房							4
水泵房	—						4

（3）冷热源

① 冷源　该建筑采用三台 600RT（2110kW）离心式冷水机组，供给 7℃/12℃ 的冷冻水，冷冻机房设在地下 2 层。

② 热源　采用两台燃油锅炉供给 60℃/50℃ 的空调热水至冷冻机房内的空调分集水器。

（4）空调系统设计

该建筑空调水系统设计采用二次泵空调水系统，一次泵供办公主楼，二次泵供裙房。为解决冷冻机组承压问题，竖向分为高低两个区，低区为 15 层以下，高区为 15 层以上。冷热水自冷冻机房分两路供水管出机房，一路供水管供给 15 层以下各层，另一路送至 15 层，在 15 层内经板式热交换器交换之后，供给高区冬季、夏季空调使用。

一次水的温度：夏季 7℃/12℃，冬季 60℃/50℃。

二次水的温度：夏季 8℃/13℃，冬季 63.5℃/53.5℃。

二次水采用变频水泵，根据负荷的变化调整水泵转速。

高、低区系统均采用膨胀水箱定压，高区的膨胀水箱设在 39 层，低区的膨胀水箱设在 15 层。其底部高于换热器 1.5m，冷却塔设在裙房屋面，采用三组组合式冷却塔。

（5）空气处理末端设计

一层营业大厅、多功能厅、写字楼入口大堂、金库等为全空气系统，其中营业大厅采用喷口侧送风方式，其他均为散流器送风。交换机房、电算中心、代保管库及 38 层高级写字间均为独立的 VRV 冷暖空调系统。其他写字间为风机盘管加新风系统。新风机房竖向分段设置，新风机房分别设在 6 层、15 层、20 层及 32 层。每个机房内设 2 台新风机组，分别向下 4 层、向上 4 层经竖井送新风。各层新风管布置在走廊吊顶内，支风管送至各写字间。风机盘管为卧式暗装，散流器送风。

（6）通风及防排烟系统

地下 1、2 层汽车库设通风系统及独立的排烟系统，写字楼内走廊设排风口及排烟口，写字楼分段设内走廊排烟系统及合用前室、防烟楼梯间加压送风系统，风机设在 15 层、24 层、避难层内及 39 层屋面。

空调送风系统原理图如图 5-4 所示；空调冷热水系统原理图如图 5-5 所示；防排烟系统原理图如图 5-6 所示；15 层换热站原理图如图 5-7 所示。

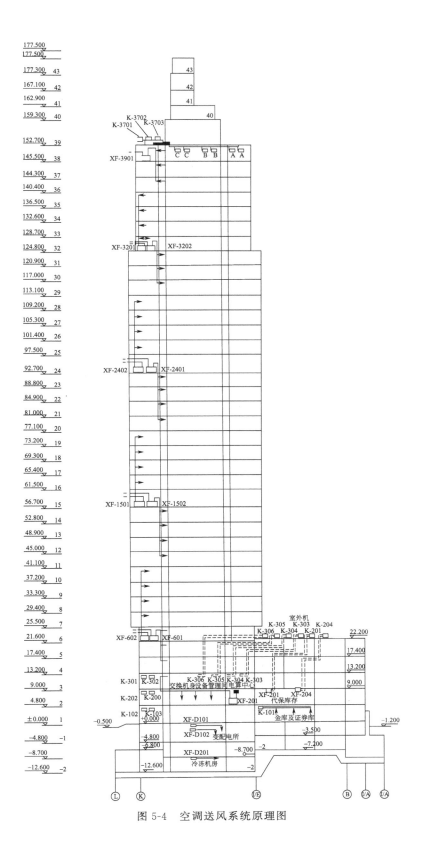

图 5-4　空调送风系统原理图

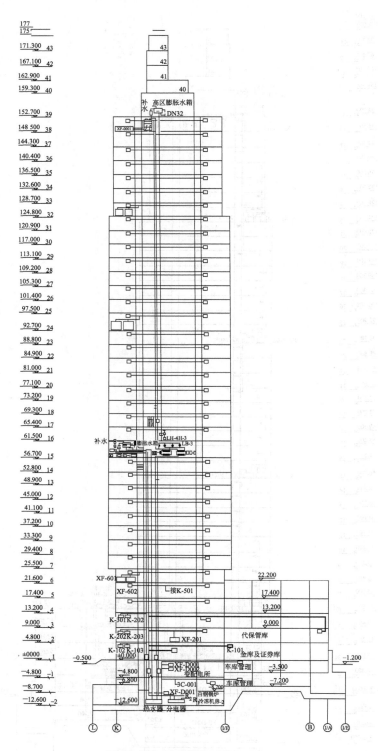

图 5-5　空调冷热水系统原理图

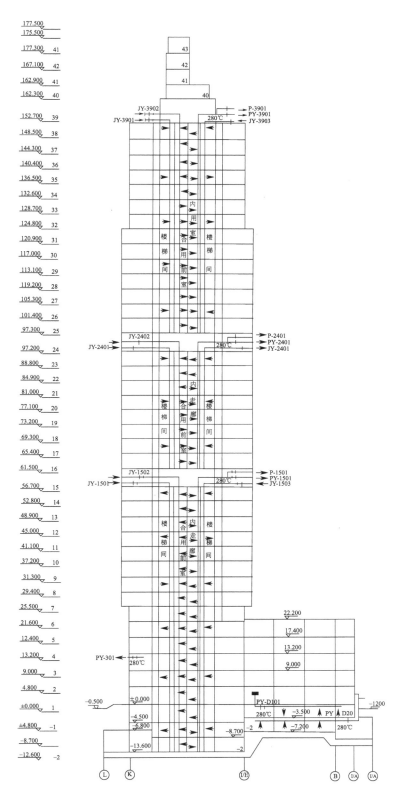

图 5-6 防排烟系统原理图

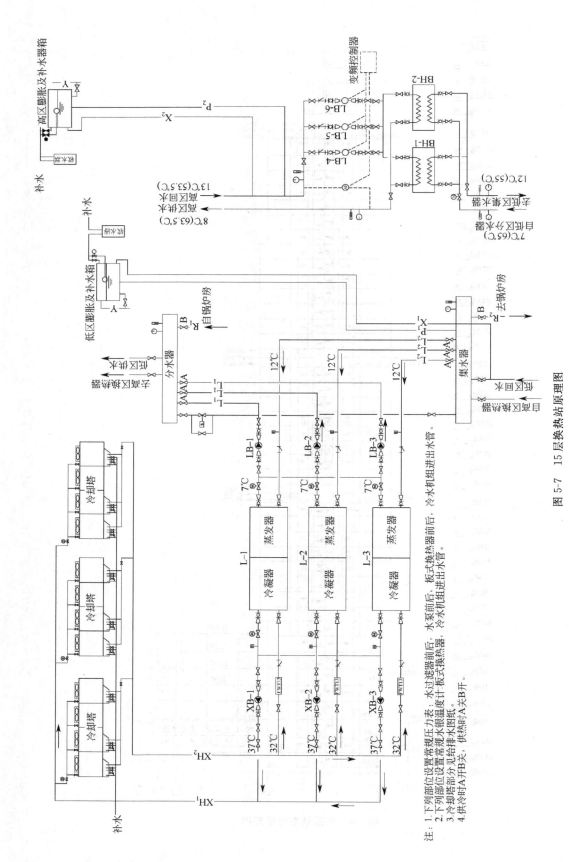

图 5-7 15 层换热站原理图

注：1. 下列部位设置常规压力表：水过滤器前后，水泵前后，板式换热器前后，冷水机组进出水管。
2. 下列部位设置常规水银温度计：板式换热器前后，冷水机组进出水管。
3. 冷却塔部分见给排水图纸。
4. 供冷时A开B关，供热时A关B开。

5.5.2　上海某办公楼建筑空调设计

（1）工程概况

此办公楼项目为上海某区的办公楼项目，其用地面积为 84022.2m²，建筑占地面积为 25169.26m²，总建筑面积为 276341.26m²，容积率为 2.32。主要功能以办公建筑为主，局部沿街办公楼一层设置多功能展览厅，标准办公楼采用高效、简洁的中心核心筒平面，形成环形大空间办公室。

（2）工程设计特点

此工程设计在确保室内舒适性的前提下，紧密结合运营维护需求，尽可能实现节能。其冷冻水系统设计采用二次泵变流量系统，冷冻水由一次泵从制冷机房送至每栋楼地下室的二次泵，一次泵定频，二次泵变频。根据实际负荷调节二次泵冷冻水流量以便节省水泵输送能耗。此办公楼为中心核心筒形式的大空间办公室建筑，其进深较大。因此，工程设计依据朝向及进深划分区域分别计算负荷，内区采用单风道变风量末端将空气送至内区各部位，外区采用带热水盘管的并联式风机动力型变风量末端将空气送至外区各部位，采用集中回风口方式回风，即空调风系统设计采用变风量系统，可减少送风风机的动力能耗，其新风系统设计采用转轮热回收技术。为了节省运行能耗，采用免费冷却技术，即冷却塔免费供冷技术，它是在正常空调水系统条件下增设部分管路与设备，室外湿球温度达到一定参数后，关闭制冷机组，用流经冷却塔的循环冷却水向空调系统供冷实现节能。各层全空气空调机组设于所在各层内，新风机组设于屋面，采用全热回收措施，以办公楼内 CO_2 浓度控制变风量运行。

此工程设计共 10 栋办公楼，依据租赁情况可分三个部分：第一部分由 1～5 号办公楼组成；第二部分由 7、8 号楼组成；第三部分由后期 6、9 号等办公楼构成。因此，冷源据此情况也分为三个部分，分别设于不同的冷冻机房内。

（3）空调冷热负荷

空调系统主要技术经济指标见表 5-4。

表 5-4　空调系统主要技术经济指标

项目	1号楼	2号楼	3号楼	4号楼	5号楼	6号楼	7号楼	8号楼	9号楼
建筑面积/m²	17635	37105	17523	17464	17500	17500	35276	20020	17480
总冷负荷/kW	1922	4112	1810	1800	1800	1970	3295	2441	1805
冷负荷指标/(W/m²)	109.0	110.8	103.3	103.1	102.9	112.6	93.4	121.9	103.3
总热负荷/kW	1390	2921	1150	1125	1125	1395	2096	1487	1150
热负荷指标/(W/m²)	78.8	78.7	65.6	64.4	64.3	79.7	59.4	74.3	65.8

其冷负荷指标在 93.4～121.9W/m²；热负荷指标在 59.4～79.7W/m²。

（4）空调冷热源及设备选择

① 此工程项目办公建筑的特点是建成后将用于出租，租户间相互独立，所以独立性是其冷源设计的核心。根据建筑所在区域和租赁情况，本项目的总冷源划分为三部分，分设于两个冷冻机房内。所有冷冻系统均采用高效冷水机组。

② 第一部分（1～5 号）办公楼设 3 台 900RT（3165kW）和 1 台 500RT（1759kW）变频离心机组；第二部分（7、8 号楼）办公楼设 2 台 950RT（3341kW）离心制冷机组和 1 台 400RT（1407kW）螺杆机组；第三部分（6、9 号楼）后期办公楼设 2 台 500RT（1759kW）

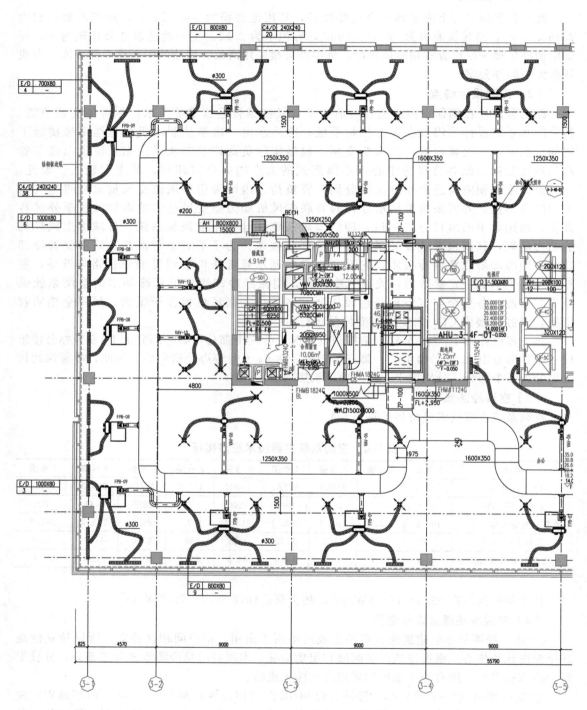

图 5-8　标准层（3号

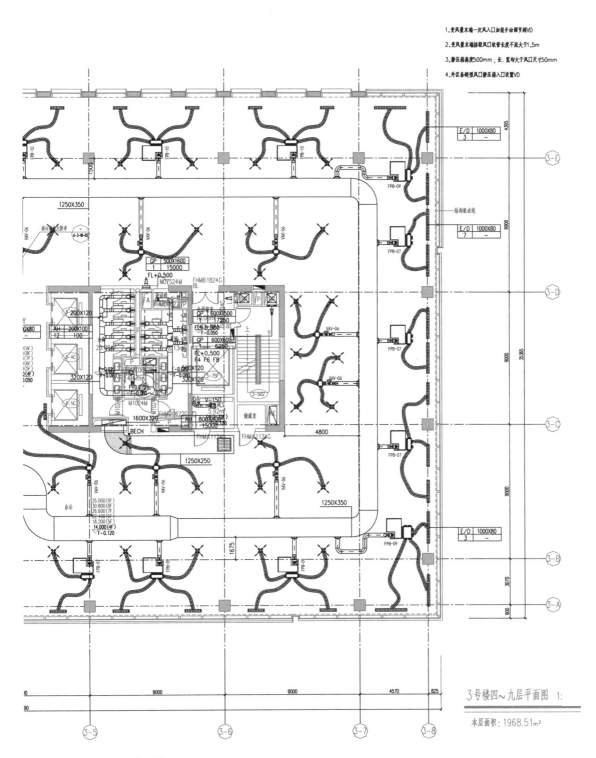

1. 变风量末端一次风入口加装手动调节阀VD

2. 变风量末端接驳风口软管长度不应大于1.5m

3. 静压箱高度500mm，长、宽均大于风口尺寸50mm

4. 外区各缝型风口静压箱入口设置VD

3号楼四~九层平面图 1:

本层面积：1968.51m²

楼四层至九层）空调平面图

变频离心机组。

③ 此工程为节约能量，各冷源系统冬季均采用两台板式热交换器。过渡季空调运行时，冷却塔里的冷却水通过板式热交换器获得免费的冷冻水供冷，以节省能耗。

（5）空调系统形式

① 空调水系统设计

a. 此工程项目由 10 栋单体组成，各单体距冷热源机房的距离不尽相同。因此，设计中考虑采用二次泵变流量系统。所有冷冻系统均采用一次泵定频，二次泵变频。一次泵负担机房侧压力损失，二次泵负担自系统压力损失，以节省空调水系统输送能耗。

b. 冷冻水供回水温差为 6℃，循环水量比常规 5℃ 温差的系统减少 16.7%，大幅节省空调水系统输送能耗。

c. 90℃/70℃ 热水由锅炉热水泵从锅炉房采用异程管路（加设静态平衡阀）送至位于每栋楼地下室的热交换机房，通过 2 台板式换热机组产生空调热水 60℃/50℃，然后通过 3 合空调循环水泵（二用一备）输送至各建筑内的空调末端。

② 空调风系统设计

a. 大空间办公层均采用 VAV 系统，每层设置空调机组。外区采用设置热水盘管的并联式风机动力型变风量末端，内区采用单风道变风量末端。

b. 转轮热回收新风处理机组放置于每栋楼屋顶，新风进行预处理后由竖井送至各层空调机组。

c. 回风主管设置 CO_2 探测器，根据室内人员情况调节空调机组新风量。

（6）通风、防排烟及空调自控设计

① 通风及防排烟系统设计　通风系统依据相关设计规范及技术措施设计，防排烟系统根据《高层民用建筑设计防火规范》进行设计。以下为本项目部分特殊情况下的设计规则。

a. 走道或回廊设置排烟措施，建筑中单元面积小于 $100m^2$ 的房间不设排烟系统。

b. 1～7 号楼和 9 号楼大空间办公室面积超过 $500m^2$，排烟量按换气次数 6 次/h 计算（8 号楼大空间展厅按《建筑防排烟技术规程》相关公式计算），设置机械排烟系统，补风为机械补风。由于二次装修阶段将进行房间分隔，故排烟风机风量增大至 $33000m^3/h$，以满足分隔后房间的排烟量需求。

c. 8 号楼回风管兼用排烟管，回风支路根据着火点做启闭控制。PAU-8-R-0_2 空调箱兼作补风风机。竖向新风管消防时转换为补风风管（AHU 新风管），回风管设置 MED 排烟防火阀作为消防工况关闭。在补风风管上侧装 GP 风口（低位设置），如大于 $500m^2$ 的区域排烟，开启当层及上层 GP 风口将风补至走道。如走道排烟则不开启。

② 空调自控系统设计　此工程中央空调设备监控系统采用甲级标准，按《智能建筑设计标准》（GB 50314—2015）的要求实施。

a. 测量、计算并显示大楼空调系统负载段的实际用冷（或热）量。

b. 空调冷热源采用机组群控方式，实现优化控制运行。

c. 所有通风设备的运行状态控制、监控及故障报警；变频风机的转速控制。

d. 新风机组将新风送至每台 AHU 和未来独立租户，各 AHU 的新风量由房间 CO_2 浓度传感器控制的新风支路风阀调节。新风机组在送风主管上的压力传感器控制下变频控制，以保持所需的送风主管静压和由过滤器的阻力造成的压降。

e. VAV 箱分内外区设置。由于外区负荷受围护结构和太阳辐射的影响，外区 VAV 箱内设有热盘管，在冬季加热送风以补偿热量损失。

3 号楼四层至九层空调平面图如图 5-8 所示；风系统局部原理图如图 5-9 所示。

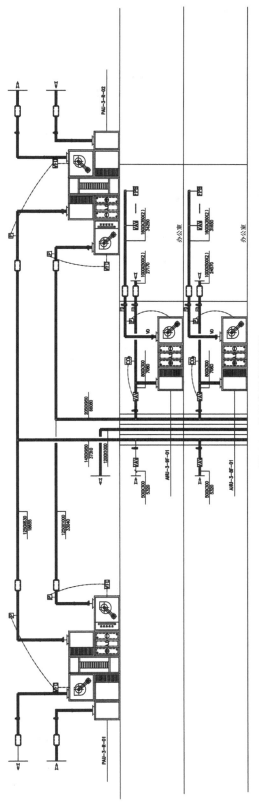

图 5-9　风系统局部原理图

第6章 商业建筑空调设计

6.1 商业建筑的分类及构成

商业建筑是一个流动人员众多的公共场所，室内空气的温湿度、洁净度和新鲜空气量等，对顾客和商场职工的身体健康影响很大。因此，商业建筑的空气环境和品质越来越受重视。

6.1.1 商业建筑的分类

商业建筑的种类繁多，通常根据使用功能的不同可分为以下几大类。

① 高级大型综合商场类，如百货商场、超级市场、商城、购物中心、地下商业街等。

② 专业商行类，如食品店、日杂店、药店、服装店、书店、金银珠宝城、眼镜钟表楼等。

③ 菜市场类，如蔬菜市场、集贸市场、肉类市场、土产市场等。

④ 金融证券交易类，如金融中心、证券交易中心、信贷抵押交易处等。

⑤ 速冻保鲜制品类，如肉类保鲜场、蛋制品加工坊、速冻食品场等。

按其商业经营的主要内容通常还可分为：①百货商场；②商业中心及自选超市；③商店；④饮食店。

6.1.2 商业建筑的构成

商业建筑通常由引导部分、营业部分及辅助部分构成。商业建筑的构成如图 6-1 所示。商业建筑的营业厅部分一般均是大空间结构形式，其空调设计应考虑全空气空调系统。

（1）百货商场

百货商场经营内容多种多样的，通常有一般商品售货部、各类电气商品售货部、售食品部、游戏场、饮食店铺，以及各种文化教室、美容室、理发室、诊疗所、宴会厅、小剧场、文娱活动场等各类公共活动场所。大型百货商场经营成千上万种商品，规模大，顾客多，一般多设计为多层营业大厅，建筑面积可达上万平方米；中型百货商场主要经营日用百货和热门商品，规模为几千平方米；小型百货商店经营日用百货，一般仅有一个营业厅，规模为几百平方米。百货商场除营业大厅外，还配备有仓库，作为管理、加工等用房。

（2）商业中心及自选超市

从建筑物用途的观点看，商业中心与百货公司是一样的，但是经营的商品是以日常生活用品为主，设有高档商品，一般由经营者自己决定经商内容。因此，空调装置的等级应比百

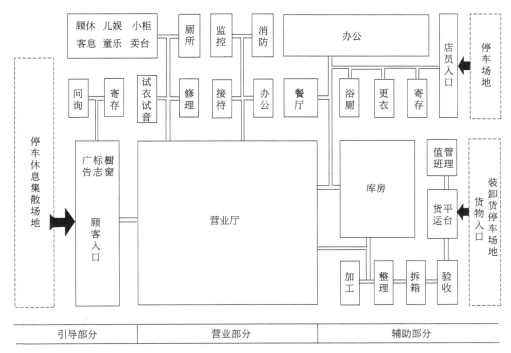

图 6-1　商业建筑的构成

货公司稍低些。但是，必须设置可以满足所要求的有灵活性的装置容量、风道、配管等。自选超市比商业中心的建筑物等级更低，经营物品也是日用品、衣服类、食品及冷冻、冷藏食品，因此多数采用组装型空调机。

（3）商店

商店的空调从本质上讲和一般空调没有什么变化，重要的是要充分掌握商品的特征。就商店来说有较大规模的建筑物，也有 $50m^2$ 以下小规模的建筑物。另外，从形式上分有独立商店、楼内商店和地下街商店等各种各样的商店。对于 $300m^2$ 以下的小规模独立的商店，进行空调设计时应注意以下几点：①不能造成商品变质；②不能减少陈列商品的空间；③不可过度地增加运转经费；④空调装置要便于使用。

（4）饮食店

饮食店的空调主要应以客席为对象进行考虑设计。由于厨房设置有各种发热体，为了防止操作人员在高温下作业降低工作效率，应考虑供冷。对于客席空调而言，它与一般空调没有区别，但对其进行设计时应注意以下几点：①人体及饭菜的潜热负荷较大；②人员高峰次数及营业时间；③对于允许吸烟的场所及部位应给予相应的考虑及采取必要措施。

6.2　商业建筑的特点及负荷特性

6.2.1　商业建筑的特点

（1）商业建筑通常具有的特点

① 空间较大、货柜和陈列摆设多样、人流多，应合理安排顾客流动路线和货物进出路线，避免交错混杂。

② 营业部位的设置应根据商品特性安排，贵重商品一般设在楼上，日用商品设在最方便的地方，笨重商品安排在底层或地下层。

③ 有些商场、商店和其他用途的建筑组合在一起，或附设在某些建筑之中。如大型购物中心，不仅有百货商场，而且有自助食堂、电影院、游乐场、美容院、游泳池和展览厅等建筑。

④ 营业大厅要求宽敞，且有良好的通风、采光设施，对大中型商场还应设空调系统。柜台平面布置应有较大的灵活性，以适应经营商品变换的需要。

⑤ 因人流集中，应特别注意安全消防措施等。

（2）商业建筑对暖通空调的特殊要求

① 考虑到商业建筑中以人体散热和照明设备散热为冷热负荷的主要构成因素。因此，在设计时准确计算人体和照明设备的散热量极为重要。

② 由于很多商场的货架柜台与店铺为开间组合，有时要重新划分，营销品种也会更换排列，这就要求空调系统和风口布局能适应这些灵活变化。

③ 结合商场的各种专营商店、饮食业、自选市场、健身娱乐中心等，要根据不同营业时间划分空调系统和设置通风换气措施。

④ 经营货物品种繁多，商品种类与商场形式变化较多，商场人员密度和照明负荷也有很大差别，故空调方式及设备应具有多种灵活性以适应各种要求。

⑤ 特殊售货厅、商品展销会场、展览厅等由于人员拥挤，有的地方在冬季也要降温，如南方地区在冬季也有可能要进行供冷运转，在北方则可以引入大量室外冷空气来达到降温的目的。另外，当室内人流众多时要考虑充足的新风量。同时，春秋过渡季希望用全新风来调节商场室内温度。

⑥ 商场办公室设在商场外的居多，由于工作时间与售货厅堂不同，因此必须另设空调系统。

⑦ 为防止室外空气对空调场所的干扰，商场主要进出口应设置冷热空气幕。

⑧ 由于商业建筑人员进出频繁且易燃物多，故对高层商业建筑和地下商场等应配置防火排烟设备，做好建筑防火排烟系统的设计。

6.2.2　商业建筑的负荷特性

商业建筑由于商品种类多，而且销售与货场交替布置，人员密度变化大，因而负荷呈多样性变化。故应注意空调机的容量和分区问题，设备布置应灵活，可适应负荷的变化。

商店负荷与其他建筑物负荷的不同点主要是侵入外气负荷较大。在商店内，由于客流的出入门的开闭次数是很多的，并且敞开型店铺也多。于是，侵入外气的负荷就很大，其影响对小规模店铺更为显著。因此，控制门或者开口部分侵入外气的负荷是非常重要的。

商场空调负荷主要分三个方面：外围结构的传热，外窗的太阳辐射热，人体散热、照明等设备发热负荷。现在不少商场，外围结构上的外窗很少，有些商场周边是办公等用厨房。因此，外围结构占总负荷比例非常小。空调负荷的大部分是人体散热和照明负荷。正确计算人员总数和计算照明负荷是保证商场总负荷估算正确的关键。

因为商业建筑中人员密度高，在过渡季和冷暖房时期，皆需要导入相当量的外气。对于一般售货部分，在过渡季及冬季，要导入 $30m^3/(m^2 \cdot h)$ 外气量，在夏季也要导入 $10\sim20m^3/(m^2 \cdot h)$ 的外气量。对于中间层，当外气温度约为 5℃ 以下时，才需要进行供暖。比这个温度高的场合，多数需要用外气供冷，希望充分地导入风量。另外，在冬季和过渡季只用外气进行供冷的限度是外气温度在 10℃ 以下的场合，温度再高时只用外气是不能完全达到要求的，多数场合要开动冷冻机。

对人体、对商品都要求向百货商场内供给洁净空气。对导入外气进行过滤是理所当然的，二氧化硫（SO_2）气体或者氮的氧化物（NO_x）等污染物质也要除掉。选用的过滤器必须具备这些性能，应选用高质量的空气净化装置。在百货商场回气系统中可设置容易维修的简单过滤器。对于食堂或者食品售货部等场所，则要设置单独的系统进行全外气量的换气。不得不用再循环空气时，要注意与邻近售货部的空气平衡，同时要使用活性炭过滤器进行过滤。

6.2.3 商业建筑空调设计标准

目前国内商业建筑室内设计参数的选定，主要参考有关商场（店）和书店的卫生设计标准，《工业建筑供暖通风与空气调节设计规范》（GB 50019—2015），有关民用空调建筑节约用电实施办法以及设计手册和国内外有关资料。对于一般性商业建筑，室内温湿度条件一般以表 6-1 为基准。客人只短时间在店内停留，夏季店内温度偏低些效果较好。但是，若考虑到长时间在店内工作人员的健康，则不希望把温度降低得很多，应该把温度提高些，把湿度降低。商业建筑的人员密度参见表 6-2；商业建筑的照明负荷参见表 6-3；商业建筑的其他负荷参见表 6-4。商业建筑的分区不是按方位，而是按表 6-5 中的用途进行分区。

表 6-1 商业建筑的室内温湿度条件

项目	温度/℃	湿度/%
夏季	26	55
冬季	22	50

注：为防止玻璃窗结露，多数场合不设置加湿装置。但是，家具收货部除外。

表 6-2 商业建筑的人员密度

楼层或售货场	人员密度/(人/m²)	楼层或售货场	人员密度/(人/m²)
一层	0.6~1.0	特价售货场	2.0
二层以上	0.3~0.5	食堂	1.0
地下层（食品售货场）	1.0	美术品售货场	0.3

表 6-3 商业建筑的照明负荷

楼层或名称	照明负荷/(W/m²)	楼层或名称	照明负荷/(W/m²)
一层	50~100	最上层	39~100
基准层	40~100	办公室	40~50

表 6-4 商业建筑的其他负荷

位置名称	负荷/(W/m²)
商品陈列橱	7~10
插座	3~5
自动扶梯	7.5~11

表 6-5 商业建筑的分区

按用途分区	注意事项
一般售货场	在各层应有灵活性
办公室	多数布置在建筑物的外圈部分,采用外圈供气方式
展销场	应可排除全部空气的可能
地下食品场	应可排除全部空气的可能
特价品售货场	人体负荷特别多
水产品、食物	注意空气量平衡

商业建筑室内噪声一般要求不超过 60dB（A），出售音响设备的柜台不超过 85dB（A），要充分考虑空调系统消声措施，特别要注意回风管段的消声。商业建筑室内空气洁净度，按国家标准规定可吸入颗粒物要求 $\leqslant 0.2mg/m^3$，细菌 $\leqslant 6000$ 个 $/m^3$，按此规定要求两级过滤处理。应合理设计商业建筑内外区域的空调系统，使商场各层和每层的内外区温湿度分布均匀，才能达到国家规定的温湿度标准，尽可能减小竖向及平面区域温差。

6.2.4 商业建筑空调负荷估算指标

商业建筑空调负荷主要由以下五部分组成：①人体负荷；②照明负荷；③新风负荷；④建筑负荷；⑤设备负荷。由于商业建筑一般建于建筑物密集地区，建筑物往往相连，加上外窗较少。因此，建筑负荷在商业建筑空调负荷中所占比例较小。设备负荷主要有食品冷藏陈列柜和加工设备及自动扶梯。商业建筑主要负荷为人体、照明和新风。商业建筑人体负荷与客流量密切相关。我国实地统计结果表明，峰值人流量一般为 $1\sim1.7$ 人 $/m^2$，平均人流量为 $0.5\sim1$ 人 $/m^2$。商业建筑人体散热量、散湿量见表 6-6。

表 6-6 商业建筑人体散热量、散湿量

空气温度/℃	20	21	22	23	24	25	26	27	28	29	30
散热量/W	167	166	166	166	166	166	166	166	166	166	166
散湿量/(g/h)	134	140	150	158	167	175	184	193	203	212	220

商业建筑照明负荷通常取 $30\sim70W/m^2$，地下层、第一层和标准高的商场一般取 $50W/m^2$。要求特别高的第一层可取 $70W/m^2$，标准层和一般标准的商场可取 $35W/m^2$。

当最小新风量和人流量确定之后，系统总的新风量即已确定，然后通过计算可确定新风负荷。目前国内商场设计新风量取值多为 $8\sim12m^3/(h\cdot 人)$，与国外推荐值大致相同。

商业建筑的建筑负荷远远小于人体、新风、照明负荷，一般占总负荷的 $1\%\sim7\%$，可取 $5\%\sim15\%$。无屋顶和大面积玻璃外窗的可取低值，反之取高值。

商业建筑内设备的负荷应根据实际情况加以确定。作为估算，商品陈列柜按陈列柜的占地面积计算，一般为 $6\sim12W/m^2$，自动扶梯为 $7.5\sim11kW/台$。

商业建筑在方案设计阶段往往需要粗估空调负荷的供冷量。有条件时，应尽量根据具体资料进行计算；当无计算条件时，可参照表 6-7 进行估算。由于商场空调制冷负荷与该商场建筑物大小、结构、形状、地区和所处的地段等因素有很大关系，故表 6-7 中给出的数值有上、下幅度，对闹市繁华区应取上限值。

表 6-7 空调制冷负荷概算值

建筑物名称	普通空调系统/(W/m²)	节能空调系统/(W/m²)	换气次数/(次/h)	荧光灯照明/(W/m²)
百货商场	$209\sim244$	$175\sim198$		
一层	$279\sim314$	$233\sim256$	$6\sim9$	40
二层以上	$186\sim233$	$151\sim186$		

6.3 商业建筑暖通空调方式及特点

6.3.1 集中空调方式

商业建筑集中空调方式大致分为集中方式、各层机组方式、与集中风道并用的各层机组、空调机组方式、组装机组方式、天棚吊装小型热泵机组等多种形式。

集中方式又可分为全空气系统和与末端装置（柜式空调机组和风机盘管）结合使用的空气-水系统。大中型商业建筑目前大多采用集中式空调系统；小型商店通常采用局部式空调系统。集中式空调系统中采用的空调设备主要有组合式空调机组、柜式空调机组（不带冷源）和风机盘管等，近年来又出现了风冷单元式空调机、屋顶空调机和水源热泵机组等新设备。局部式空调系统一般采用窗式空调器、分体式空调器、柜式空调器（自带冷源）等，近年来又增加了 VRV 系统。集中式全空气系统如图 6-2 所示。

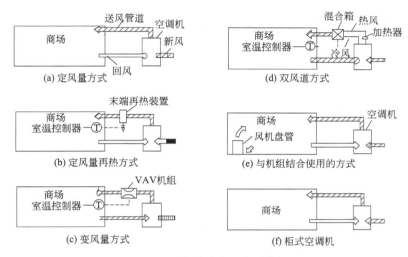

图 6-2　集中式全空气系统

（1）集中方式

集中式全空气空调系统是最经济的方式，它是将组合式空调机组等空气处理设备设置在空调机房内，通过送风管和空气分布器（风口）送风，然后通过回风管与回风口回风，或在机房墙壁、门、吊顶设集中的回风口回风的空调系统。但是，风道占用的空间较大，在不发生臭气、售货扬也不太变动的场合，采用这种方式较好。集中式全空气系统如图 6-3 所示。其主要优点如下：维护管理方便；能满足较高的室内环境参数要求，可以用两级过滤，使商场含尘浓度和细菌总数符合卫生标准；过渡季可以用全新风送风；易于采用变风量节能措施。

集中式全空气系统的缺点如下：由于风道尺寸大，所占空间也多；送风动力大，与空气-水方式比较耗电多；空调机房较大，难以设置。

（2）各层机组方式

由于商场需要设置尽量多的售货面积，在各层尽量压缩设备室的面积是普遍要求。分区数量增加，风道数量也应增加，尤其是一些商场的布局需要改变，原有空调系统就不能满足需要了。由于把空调机房集中在一个地点的做法已不能适应新的需要，所以逐渐采取把各个空调机房设在尽量靠近送风区域的地点以缩短风道长度的各层机组方式。如图 6-4 所示，将冷水、热水或水蒸气从地下室的冷热源机房用配管送到各空调机组。

这种方式即为与末端机组结合使用的空气-水方式，又称为各层机组空调方式或半集中式空调系统。由于输送冷、热水的动力与输送具有同样热量的空气所需的动力相比要少得多，所以这种空调方式从节能上看是有利的。如果在各层能设置回气处理、外气处理、排气处理时，则能对应售货场的变更并对空气进行处理。

末端机组多采用柜式空调机组，近年来国内已推出多种类型的柜式空调机组，如薄型吊

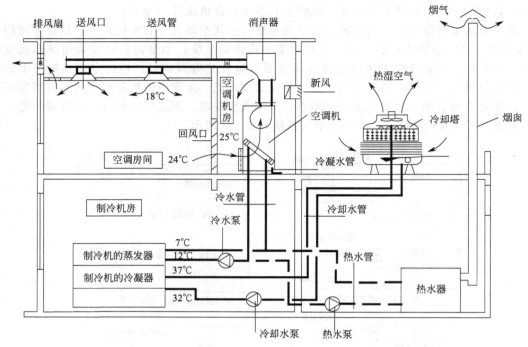

图 6-3 集中式全空气系统

挂式,立式,卧式,带初/中效过滤器的机组,带表面加热器、二次冷却水表面加热器、加湿器的机组,变频调速机组等。使机组具有机房占地面积小、布置灵活方便、噪声低、可变风量有利于节能等优点。但过去多数产品风压较小,无法采用两级过滤,机组噪声影响较大,使其应用范围受到一定限制。

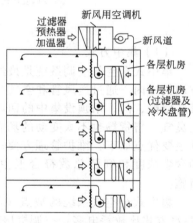

图 6-4 各层机组空调方式

另一种末端机组为风机盘管。风机盘管加新风机组系统可减少机房面积,减少建筑空间。但风机盘管机组的过滤能力与去湿能力差,无法满足室内卫生要求,同时水管多,漏水可能性大,凝结水管排放困难,不利于装修,维修也不方便。因此,不适用于大中型商场。

作为与末端机组结合使用的各层机组方式具有以下共同优点。

① 对于大负荷房间,风道尺寸可做得较小,从而减少风道空间。

② 用一台机组可组成一个小的分区,故分区极为方便。如果通过手动操作,则可经济地进行个别控制。

其缺点如下。

① 附设的过滤器性能较低,对商场内空气净化作用不够。

② 机组噪声较大。

③ 因必须设置水配管,故可能发生漏水现象,危害商品和建筑装修。

④ 由于必须对机组的过滤器进行清扫,所以当设置大量机组时,维修是很麻烦的。

因此,柜式空调机组适用于一些较小的被分隔的商店中,而风机盘管在商场中尽量少用，可适当用在商场周边的辅助房间内。

（3）与集中风道并用的各层机组

如图 6-5 所示，把全部再循环空气集中在屋顶上，进行统一净化，能够设置优质的空气过滤器，并且可以用外气供冷和全面换气。但是从防灾方面看，风道竖井的防火、排烟等在设计和施工时要充分地注意。

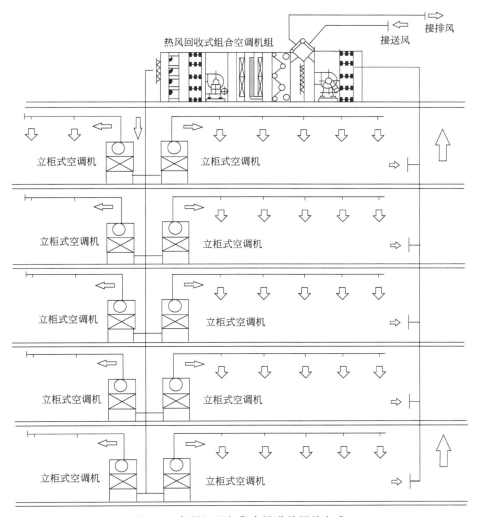

图 6-5　各层机组与集中风道并用的方式

（4）空调机组方式

这种方式不能单独采用，可以与各层机组方式或者集中方式并用。也有用作除去内部发热的场合，但主要在建筑物的外围区使用。

（5）组装机组方式

除前面所讲的各层机组方式以外，对使用时间不同的室（例如监视室、值班室、配电室、屋顶餐厅等）或者由于规模小设计条件不同的场合（例如出售花的花房）等采用组装机组方式。

（6）天棚吊装小型热泵机组

近年来出现的风冷单元式空调机是一种大中型整体空调设备，其送风、制冷、加热、空气净化、电器控制等设备组合于卧式箱体中，为风冷整体卧式机组。因其大多安装于屋顶，所以又称为屋顶式空调机。主机直接产生冷气，用风管送至室内，无须冷却塔和水泵系统。该机组具有许多特点，如制冷量大，制冷回路简化，可靠性强，结构紧凑、安装在屋顶不占用有效空间，连接送回风管道极其方便，调试维修简便，采用计算机控制，能保证较高的温控精度和自动化控制程度等。目前较多用于商场改造工程。

水源热泵是近年来发展的一种新型空调装置。它是以水为热源，可进行制冷/制热循环的一种热泵型整体式水-空气空调装置。它在制热时以水为热源，而在制冷时以水为排热源。以水作为热源的优点如下：水的质量热容大、传热性能好，传递一定热量所需的水量较少，换热器的尺寸可较小。另外，用水作为热源也不存在蒸发器表面结霜的问题，所以在易于获得温度较为稳定的大量水的地方，水是理想的热源。

目前商业建筑所采用的水源热泵空调系统多数是水环路热泵系统。它用一个循环水环路作为加热源和排热源。当环路中水的温度由于水源热泵空调机的放热（制冷运行时）而超过一定值时，环路中的水将通过冷却塔将热量排放至大气；当环路中水的温度由于水源热泵空调机的吸热（制热运行时）而低于一定值时，通常使用加热装置对循环水进行加热。在装有多台水源热泵空调机的建筑物中，有的以制冷工况运行，有的以制热工况运行，而控制系统的作用就是保持环路中的循环水温在一定范围内。如图 6-6 所示，水源热泵空调系统由许多并联式水源热泵空调机组加上双管封闭式环流管路组成。系统的主要部件如下：①冷却设备（通常用冷却塔配上水-水换热器或者用封闭式冷却塔）；②加热设备（通常采用备用换热器或锅炉）；③空气分离器；④膨胀水箱和补水；⑤循环水泵；⑥水源热泵空调机。

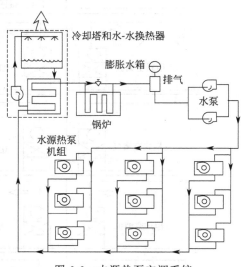

图 6-6　水源热泵空调系统

水源热泵空调系统以其节能和经济等优势而广泛适用于新建和改建的商业建筑。

6.3.2　局部空调方式

局部空调方式在小型商业建筑中使用最广。所谓局部方式，即指制冷机设于箱体内，并把该机组设在室内进行空调的方式。局部方式有以下优点。

① 由于空调机组内自带制冷机，只在使用时间内开动，从而实现节能。

② 自带恒温控制器，可灵活地进行个别控制。

③ 操作简便，不必设集中的空调机房。

局部方式的缺点如下。

① 由于内设制冷机，一般噪声振动较大。

② 除热泵方式之外的装置，用于供暖尚需电加热或另设一套供暖系统，故一次投资和运行费用较高。

③ 不能利用新风冷却和对空气进行加湿处理，过滤效果差，空气处理质量不如集中式空调系统。

④ 使用寿命比大型机器短，故障率较高。

因此，对目前有些商店需要增设空调，又限于机房和管道难以布置时，可采用局部系统。

对于商店的空调方式，在大规模商店中与一般建筑物采用的方式差别不大，对于小规模的店铺则应采用易于设置和管理的方式，多数采用组装方式。供暖时，则采用与表面加热器或者热泵的组合方式。根据店铺的规模或者种类，可以采用组装式直吹机组，但空气分布不大好。在衣料商品店等则要考虑防止由于气流作用使商品变色、变质，通过改变风道方式，合理设置送风口。这时也要根据商店的种类或者商店的等级，处理噪声和除尘。在食品店中，有敞开式货台时，空调设计应注意不要形成冷态通道。

另外，为了减少从出入口外气侵入的影响，也要考虑利用空气幕。但是，必须同时考虑不应对顾客产生不快的感觉。还应注意对邻近处不应产生噪声和排热等公害。

近年来一些商店使用柜式空调机（自带冷源）等局部方式的趋势正在逐渐上升，即使较大的商场中也是如此，即把柜式空调机用作单风道定风量方式的空调机。根据大型商场的负荷，设置几台大型柜式空调机，在各层楼进行空调。冬季加热的热源，仍集中设置在地下室内。

长期以来，几十万千瓦以上的空调系统一般都采用集中式空调系统。而日本大金公司在20世纪80年代初率先试制成功了VRV可变制冷剂流量系统，向传统中央集中式空调系统发出了挑战。VRV系统将制冷剂作为热输送介质。其传送的热量约205kJ/kg，几乎是水的10倍和空气的20倍。采用一台室外机带数台（最多达30台）室内机方式。室内机里有蒸发器和风机，共有6种款式19个型号可供用户任意选择。室外机内有压缩机和风冷冷凝器以及变频控制器等，以其模块式的结构形式灵活组合。室外机与室内机之间通过两根制冷剂管道相连。室内机中的电子膨胀阀能随室内负荷的变化连续调节制冷剂流量；室外机中的变频调节器可在部分负荷和全负荷之间改变制冷剂流量。室外制冷剂管道最长可达100～150m，故室内机和室外机之间的高差达50m，适用于1000～10000m^{2}的房间。因此，其在中小型商业建筑中具有广泛的应用前景。

6.3.3　商业建筑暖通空调的特点

商业建筑种类繁多，因此决定了空调方式的多样性，其主要特点归纳如下。

① 商业建筑冷热负荷计算中，人体发热和灯光负荷成为主要考虑的因素。因此，准确地统计客流量及计算人体和照明设备的散热量是合理选择冷、热源设备的基本保证。

② 对于大中型商业建筑，为了满足室内较高的空气品质参数，便于维护管理和运行调节，易于采用变风量和过渡季全新风等节能措施，也适宜采用集中式全空气系统。

③ 在集中式全空气系统方面，目前国外商业建筑中广泛采用变风量VAV方式。该系统具有节能、可独立控制大型商场内各个部位温度、布置灵活和安装方便等优点，适用于大中型商业建筑，尤其是商业建筑中需要重新分隔和布置的场合。

④ 为了节省空调机房和风道的占用空间，可灵活布置空调机组，以满足商场内布局的不断变化。还可采用与末端机组结合使用的空气-水集中空调系统方式。末端机组多采用柜式空调机组，可采用各层机组方式。除在个别商场辅房内可使用风机配管外，通常在大中型商场不宜采用风机配管，以避免因风机盘管漏水而危害商品和建筑装修，以及产生维护管理不便等问题。

⑤ 对于商场改造工程，当屋顶为平屋顶或有阳台时，宜采用屋顶式空调机。它具有结构紧凑、节省空间、安装和调试维修方便、自动化控制精度高等优点，不必设置冷却塔和冷却水系统，制冷系统简单，可靠性好。

⑥ 由于水源热泵具有高效节能、应用灵活、节省投资和维护管理方便等特点，并能使用户分别独立核算电费、维修费、保养费等，因此适用于新建和改建的商业建筑空调。

⑦ 局部式空调系统适用于中小型商业建筑，目前主要采用柜式空调机，或把柜式空调机接送风道用作单风道定风量方式的空调机。它可在各层分别设置，具有使用灵活、操作简便、节省占地和节能等特点，其应用趋势正在逐渐增强。

⑧ VRV 系统具有节省能耗和占地面积、设计和施工安装方便、控制灵活、适用范围广等优点，在中小型商业建筑中有广泛的应用前景。

6.3.4 商业建筑空调设备的选择

（1）冷冻机
经常选用的空调设备大部分是离心式冷冻机。但是，选用吸收式多用冷冻机的做法也在逐渐增加。冷冻机在过渡季和轻负荷时也要考虑运转，按 2 台以上的分组即可。对于食品冷冻和冷藏可选用往复式冷冻机。

（2）锅炉
根据锅炉效率优劣和紧凑性，多数选用钢板制造的锅炉。在不需要高压水蒸气的场合，也可以选用铸铁制的组合锅炉。

（3）空气过滤器
在百货公司内，商品的纤维、纸屑、客人带进来的尘埃及毛发等很多，所以空气过滤器最好选用自动卷绕干式过滤器和电集尘器的组合装置。在回风口内衬金属网，清除烟头、纸屑或者边角料等垃圾。

（4）空调机
通常使用工厂生产的处理空气的空调机组。但是，要考虑空气冷却器、表面加热器散热片的堵塞，采用散热片间距较大的换热器时，应该避免叶片生锈。

（5）风道
高速风道的主风道风速宜选取 15～25m/s；支风道的风速宜选取 7～15m/s。在百货公司中，容许噪声级可以稍稍高些，高速风道送风口部分的消声箱采用比较简单的结构即可。

（6）排烟设备
不管什么样的建筑物都重视排烟设备，特别像百货公司那样人员不固定而又很集中的场所，根据法规要求必须设置完善的排烟设备，通常是在着火的同时空调设备要停止运行。排烟设备的好坏，排烟风道或者安装排烟口部分的气密性，排烟机吸入侧风道的形状与尺寸等非常重要，要特别注意施工质量。

（7）自动控制
百货公司空调装置的自动控制，不要求设置高标准的控制设备，梅雨季节选用再加热方式进行调节即可。但是，要注意温湿度信号发生器的安装位置。对于办公用建筑物那样的墙壁、柱等，因被售货场所陈列商品所隐蔽，不能放置信号管。信号管可以安装在回风道上。

6.3.5 商业建筑空调的气流分布

（1）售货部
原则上送风口应设置在天棚上，至少每隔一定间距设置一个，在每个窗户侧最好再增加一个。横向送风方式，由于售货处的摆设、间隔变更等有可能破坏气流的分布。应尽量多设置吸风口，占地面积比较大的场合，在天棚内设置回风箱排气效果也比较好，可起到减轻室内负荷的作用。

将百货公司的吸风口像办公大楼那样安装在壁面下部时，应该注意的事项是在回风口栅的前面不能做室内装修，也不能堆积商品，所以应该设置在稍高的壁面上。在不妨碍使用的情况下，设置在较低壁面上时，为防止投入烟头或纸屑等，应设置金属网。

（2）办公室

百货公司的办公室，多数设置在建筑物的外围部分。在窗外侧设置送风口或者空调机组以及在天棚上设置悬挂式小型热泵机组等。

（3）一层总入口（大门）

一层总入口宜设置空气幕，尤其在暖房时很有必要。但是，利用空气幕的风速完全遮断侧风，在实际上是比较困难的。所以，需要在建筑物上设置遮挡场。百货公司大门空气幕的风速，为了不吹乱头发或者产生不快的感觉，采用 2.5～3m/s 左右较符合实际情况。

（4）食堂、厨房

为了给食堂、厨房的工作人员造就好的工作环境，把面包烤箱烟囱进行局部冷却即可。抽风罩的排气量和送进厨房的风量、局部冷却用的风量必须取得平衡。另外，食堂的室内气流应尽量避免流入厨房。希望厨房要有充足的换气（40～80 次/h）。另外，在供气系统中需要设置空气过滤器。根据厨房要求，为了冬季作业开始时的供暖，或者为了保持饭菜的温度，往往在外气的供气系统中设置空气表面加热器。

（5）地下食品店

不应使各种食品的气味通过楼梯或者电梯等上升到一层。考虑空气量的平衡时，气流组织应该由一层流向地下室。

（6）展销表演场

展销表演场要求有多种使用方法，在地方特产展销活动中有时要设置表演场地，此时应设置全面换气系统。

6.4　商业建筑的规划与设计及注意事项

6.4.1　商业建筑的规划与设计

（1）冷热源

商业建筑冷热源应根据建筑规模选择冷冻机，大规模市场选用离心式或者吸收式冷冻机，中等规模时使用冷风机组，小规模时使用组装机组。锅炉也要对应规模选用铸铁制热水锅炉和立式锅炉等。

（2）气流分布

一般由于天棚较高，应该选用具有充分到达距离的风动型或者叶轮格子型的垂直送风方式。但是，在冷冻、冷藏食品售货场，必须注意不破坏敞开式展销场空气幕的气流。横向送风方式在多段展销场或由于装饰等多数场合要遮断气流，所以最好不采用这种方式。在市场入口部分最好设置空气幕。

（3）换气

为了排除天棚内热气而设排气装置，对厕所、仓库、表演场、鱼肉售货场、蔬菜场等都要设置排气装置。

（4）消声和除臭

在货场内，取较高的容许噪声等级（噪声系数为 40～50）是不存在问题的。但是，在附近有住宅时，则需要对冷却塔、排风机等进行消声，并且要考虑售货场除臭的排气装置。

（5）饮食店的规划与设计

饮食店的空调主要应以客席为对象进行考虑，但因厨房有种种发热体，故为了防止在高温下作业降低效率，应进行供冷。对于客席的空调，和一般空调没有什么差别。对于大房间式饮食店应该采用集中空调方式；对于单室式饮食店，也要根据使用频度或者同时使用率等确定空调方式，选用个别方式较好；对于小规模的饮食店，和一般商店一样可采用组装式空调机。

为防止由厨房来的烟气或者臭气等侵入客席，客席处静压应稍稍高于厨房较好。然而，如果正压过大，客席被污染的空气流入厨房也有可能造成污染。另外，考虑臭气或者吸烟量较多等，如果可能，希望采用全外气方式。在采用再循环方式时，要彻底地把这些有害物除掉。在以气氛为主要经营目标的高级饮食店中，应特别注意噪声的影响。其他饮食店空调则可以按一般楼房空调方式考虑。

（6）厨房的规划与设计

在厨房中有各种器具，产生热、烟、臭气、水蒸气和油雾等，应设置抽风罩排出。厨房的换气次数大致为 40～80 次/h。因此，风道占用的空间较大，在建筑规划时必须确保需要。不仅是风道本身占用的空间，维护检修也要有一定的空间。在规划时，厨房的面积、器具的情况尚不清楚时，可以根据客流量定额面积算出厨房面积的比例，根据换气次数概略计算出风量，确定风道、排气机等规划。厨房的排气风道附着油和垃圾，非常容易产生火灾，在设置油过滤器的同时，需要进行随时清扫，为此应在天棚上设置清扫风道的检查口。

6.4.2　商场空调系统设计要点及注意事项

（1）商场暖通空调设计的特殊性问题

① 在售货场陈列的商品是多种多样的，商品种类和商场形式的变化也是较多的，而商场人员的密度和照明负荷也有很大差别，所以空调方式和设备也应具有各种灵活性以适应各种要求。

② 综合性的商场，有时有饮食店、各种商店、文化娱乐中心等。应根据一般售货情况和特点、不同的营业时间，划分空调通风系统和设置通风换气装置。

③ 对于特殊售货场、举办物品展销的会场等，在冬季有的地方也要降温。也就是在南方地区，冬季有可能进行制冷运转；在北方地区，可以引入室外冷风以达到降温目的。另外，当室内人员比较多的时候要考虑进入充分的新鲜空气量，同时在春秋季也希望能够用室外新风进行商场内制冷降温。

④ 商场办公室设置在商场外面的情况一般较多，由于其空调时间和一般售货商场不同，必须考虑另外的系统。通常采用风机盘管系统。

⑤ 为防止从主要进出口侵入室外空气，商业建筑物在冬季应设置热风幕，以防止冷风从大门侵入室内。夏季多采用普通空气幕。

⑥ 由于商业建筑人员频繁进出，而且易燃物品也较多，故必须遵守相关建筑设计防火规范，以及高层民用建筑设计防火规范等。对高层商业建筑和封闭性的地下商场等，应配置排烟等防灾设备。

（2）商场空调系统设计要点及注意事项

① 由于商场人员众多，设计时应考虑到一旦发生火灾，防灾措施必须可靠。应严格执行有关消防设计规范，根据建筑防火分区，对高层建筑中的商场及某些四周无窗或地下的商场等，应设置防排烟等系统。

② 在地下商场，如设置塑料、日用品、食品等易产生气味的商品柜台时，应加强通风换气装置，以排除异味。

③ 对大型商场，由于部门很多，使用的时间也有差异，设计通风空调系统时，从系统的划分到运行管理，均应充分考虑使用时的灵活性。如果采用 6 排管高余压的立式空调柜机，则可节省珍贵的商场面积。

④ 商场空调系统设计时，应充分考虑节约能源；有条件的单位可设置全热交换器，以减少能量的消耗。大中型商场采用换热器回收排风能量在许多情况下具有较大的经济效益；同时，利用商场排风充当风冷热泵机进风也是一种经济且节能的方式。

⑤ 商场室内温湿度的考虑要注意以下三个方面：

a. 顾客的舒适快感温湿度；

b. 售货员长期在商场工作的温湿度要求；

c. 某些商品保管上的温湿度要求。

⑥ 商场空调系统设计时，应充分考虑商场负荷特性问题。系统设计中应注意：a. 排风量应小于新风量，考虑商场局部排风（如厕所）及满足大门空气幕部分室内空气外逸，防止室外空气渗入。排风量一般取新风量的 90%。b. 商场含尘量较大，空调系统回风口处应设初效过滤器，新风引入处也应设置尼龙滤网。

⑦ 理想的设计除有供暖通风空调系统外，还应该在上部设置单独排除商场污浊空气的排风系统，以便在春秋季节使用。因为目前绝大多数设计有空调系统的商场，为了节电，整个系统在春秋季及冬天不使用，造成室内空气污染，使用上部设置的排风系统，利于商场的换气。

⑧ 商场中由于各层的楼梯相同，有的在商场中间还设有自动扶梯。由于热空气上升的结果，使上部各层一般比下部温度要高 3～4℃。为了使各层温度均匀，如果是一个整体空调系统，则要通过调节各层的送风、回风量，减小各层温度差异。如果每层设计一套空调系统（送、回风每层自成系统），则可通过自动控制，有效控制各层温度分布比较均匀。

⑨ 设计空调系统时，要考虑使用全新风的可能，在过渡季使用室外新风来降低商场内的温度，达到节能目的。在保持商场舒适环境的前提下，充分利用外界自然资源缩短空调机组的运行时间，可节约能源、延长空调使用寿命。

⑩ 空调系统新风入口要注意加设防冻保护阀，以防冬季夜间冻坏空调器中的表面加热器（或表面冷却器）。设计时，将新风密闭多叶阀门的启闭与风机的启停联锁，并应有当热媒温度下降到下限时能关闭风机的低温保护措施等。

6.5　商业建筑空调设计实例

6.5.1　上海某商业广场空调设计

（1）工程概况

某大型商业广场总建筑面积 63940m²。该工程地上部分共九层，建筑面积 50990m²，其中一至四层为商场，五层为娱乐及餐饮，六层以上为办公场所。地下部分共一层，建筑面积 12950m²，作为停车库及设备用房。整座大楼的商场、餐饮、办公等设集中式的中央空调系统，夏季供冷、冬季供暖，个别用房设置独立的分体式空调。厨房、设备用房、车库等设置机械通风系统，以保证其室内污染空气合理排放。

（2）空调系统

① 冷热负荷计算　计算方法：按逐时冷负荷综合最大值计算，见表6-8。

表6-8　热负荷计算表

房间名称	冷负荷指标/(W/m²)	热负荷指标/(W/m²)	空调面积/m²	冷负荷/kW	热负荷/kW
一、二层商场	320	85	11901	3810	1012
三、四层商场	250	85	11063	2766	940
五层餐饮娱乐	350	85	5326	1864	452
小计				8440	2404
六～九层办公	170	95	6125	1041	582
多功能厅	218	90	2436	531	219
小计				1572	801

② 空调方式及系统划分

a. 商场、餐厅等大空间用房采用全空气单风道低速送回风空调系统。由于人员密集，为满足卫生要求，提高空气品质，空调机组采用初/中效二级过滤，并配离子净化设备。

b. 办公室、会议厅等采用风机盘管加新风系统。

（3）冷热源选型

根据空调冷热负荷及大楼使用功能，会同业主方进行了投资及运行费用比较，最终确定如下冷热源形式。

① 办公区采用3台风冷螺杆式热泵机组，设在商场屋面。单台制冷量为629kW，输入功率为183kW。冷冻水供回水温度为7℃/12℃，其相应配备4台冷冻水泵（一台备用），水泵设在地下一层设备用房。冬季供暖也采用风冷热泵机组，热水供回水温度为45℃/40℃。系统采用闭式膨胀水箱定压。

② 商场及餐饮娱乐区夏季采用电制冷机组，考虑空调使用时间不同，冷水机组容量采用三大一小配置。大机采用离心式冷水机组，单台制冷量为2462kW（700RT），输入功率为467kW；小机采用螺杆式冷水机组，单台制冷量为914kW（260RT），输入功率为164kW。冷冻水供回水温度为7℃/12℃，冷却水供回水温度为32℃/37℃，冷却塔设在商场屋面，其相应配备4台冷冻水泵及冷却水泵（三大一小）。冬季采用两台燃气常压热水锅炉，单台锅炉供热量为1400kW。燃料可根据情况采用煤气或天然气。一次热水供回水温度为90℃/70℃，经板式换热器换热，提供空调供暖热水，其热水供回水温度为65℃/55℃。机组设置在地下一层机房，其相应配备三台热水循环水泵（一台备用）。系统采用闭式膨胀水箱定压。

由于使用时间的差异，商场、办公空调采用不同的主机和系统，均采用闭式空调水系统。每个系统设置多台主机及水泵，可根据空调负荷大小，开启或关闭主机和水泵。商场区与餐饮娱乐区空调水系统分开设置，以利控制不同时间使用。夏季商场空调循环水泵的水输送系数为36.9，大于规范要求的30。冷水机组、锅炉、换热器、水泵进出口均设温度计、压力表，锅炉用煤气管道、补水装置设流量计。空调机房均靠近负荷中心。冷冻机房及锅炉房等用电量大的设备均靠近变配电所。商场及餐厅过渡季采用全新风通风方式。空调、通风系统均设置自动控制系统，与大楼设备自控（BA）系统连接。

图6-7为商场西侧一层空调风管平面图；图6-8为商场东侧一层空调风管平面图；图6-9为商场西侧二层空调风管平面图；图6-10为商场西侧四层空调风管平面图；图6-11为商场

空调水系统流程图；图 6-12 为锅炉房热力系统图；图 6-13 为裙房空调水系统立管图。

6.5.2 北京某商业广场空调设计

（1）工程概况

此工程为北京某商业广场，它是一栋集商业、餐饮、高档写字楼于一体的现代化多功能大厦。此商业广场占地 17000m²，总建筑面积 120000m²，地下 3 层，地上 23 层，其中裙房 8 层。主要建筑功能布置如下：地下 3 层为冷冻机房、库房、人防工程等；地下 2 层为汽车库；地下 1 层为商场、职工餐厅、快餐厅及部分设备用房，包括变电所、自备发电机房、水泵房及供地下 1 层和地上 1 层的空调机房，局部设夹层作自行车库；1～5 层为大型商场；6 层为餐饮、娱乐区；7～22 层为写字楼，其中 7 层部分为计算机中心和机房；8 层部分为多功能厅和会议室；23 层为设备层。

（2）负荷计算

此工程标准层设计采用人均面积为 5m²/人，新风指标采用 35m³/(h·人)。标准层办公设备及照明负荷为 58W/m²。其中，照明为 23W/m²。单位建筑面积冷负荷指标为 134W/m²；单位空调面积冷负荷指标为 184W/m²；单位建筑面积风机盘管冷负荷指标为 87W/m²；单位建筑面积风机盘管耗电量指标为 1.86W/m²。商场和写字楼冷负荷数据见表 6-9，其中商场部分的空调冷负荷占全楼负荷的 58.7%。

表 6-9　商场和写字楼冷负荷数据

楼层	建筑面积 /m²	空调面积 /m²	人员密度 /(人/m²)	空调负荷 /kW	新风量 /(m³/h)	新风比 /%	装机负荷 /kW	装机负荷指标 /(W/m²)	送风温度 /℃
地下 1 层	—	3000	1	602	28800	27.4	1000	334	13.6
1 层	6500	4414	1.25	1109	52968	26	1739	394	13.6
2 层	7163	5670	0.8	1124	48984	24	1807	319	13.6
3 层	7163	5670	0.8	1124	48984	24	1807	319	13.6
4 层	5638	4360	0.8	919	37668	24	1478	338	13.6
5 层	5638	4360	0.8	919	37668	24	1478	338	13.6

考虑到商场的负荷高峰（一般在节假日）与写字楼的负荷高峰不在同一时间出现，因此经过分析，对总冷负荷乘以系数 0.8 进行修正，以减小装机容量。

（3）冷热源设计

① 冷源　空调计算冷负荷为 16000kW，选用 3200kW 离心式冷水机组 5 台。冷冻水供回水温度为 7℃/12℃，冷却水供回水温度为 32℃/37℃。冷冻水泵、冷却水泵、冷却塔与冷水机组一一对应。

② 热源　热源为市政热网设在附近地区的热交换站提供的 85℃/60℃ 热水。其中，一路经冷冻站内的板式交换器交换出 60℃/50℃ 的二次热水供给风机盘管，另一路直供给该楼的空调机组、新风机组和暖风幕。

（4）空调水系统设计措施

① 系统最大静压力为 0.9MPa，循环水泵扬程为 0.25MPa，系统最大工作压力合计为 1.15MPa，空调水系统为一次水系统。因此，要求各种设备承压≤1.6MPa。

② 风机盘管水系统为二管制，冬、夏季切换使用。冬季供热时，由冷冻机房内的热交换器向分水器供 60℃ 热水，50℃ 回水由集水器回至热交换器。该水系统的循环由两台热水循环泵（$Q=180m^3/h$，$H=150kPa$）完成。冬季冷冻水泵不启动。

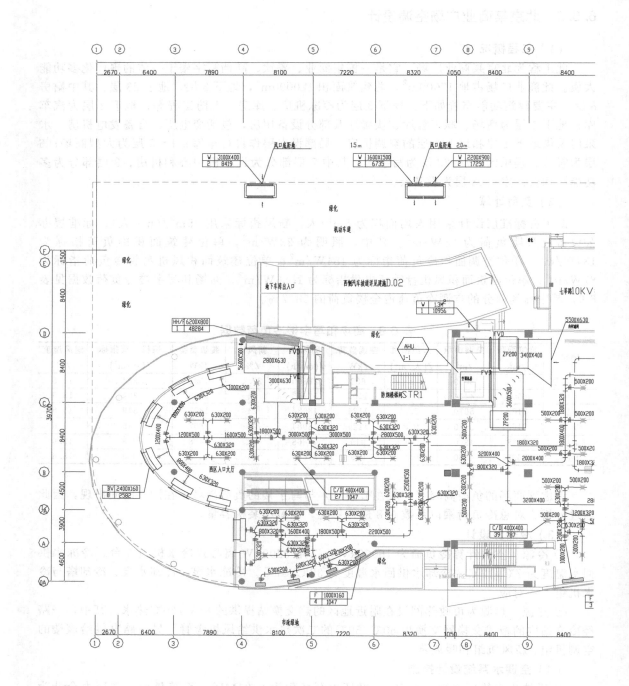

图 6-7　商场西侧一层

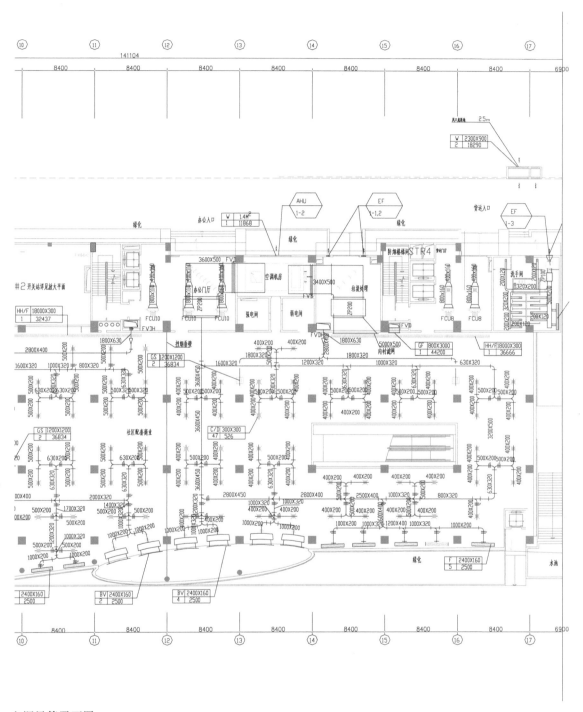

空调风管平面图

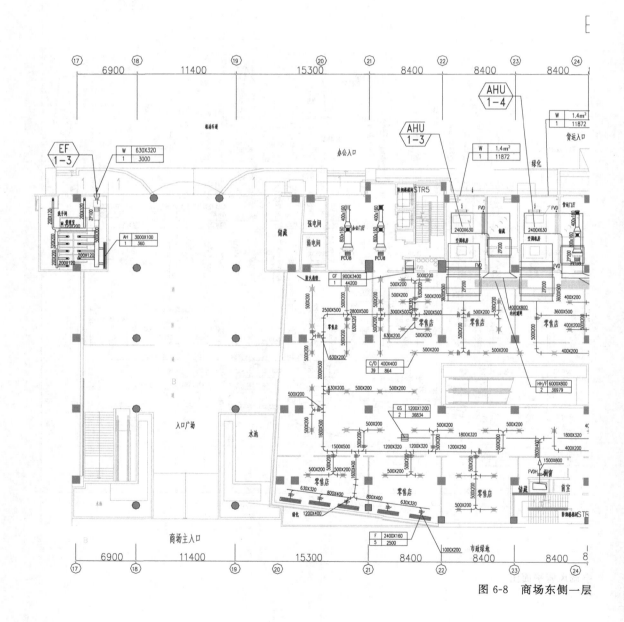

注：1.商场内风管、风口布置均为概念性设计，待装修时，再进行二次设计。
2.防烟楼梯间加压送风详M531～M533。
3.空调机房接管详见空调机房详图。
4.零售店隔断均为半高设置（不与吊顶封闭）。
5.风管标高待二次装修时再定。

图 6-8 商场东侧一层

空调风管平面图

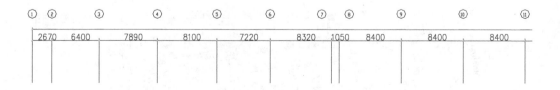

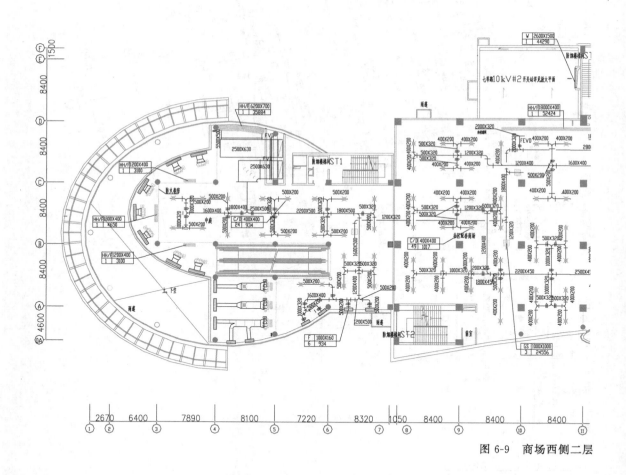

图 6-9　商场西侧二层

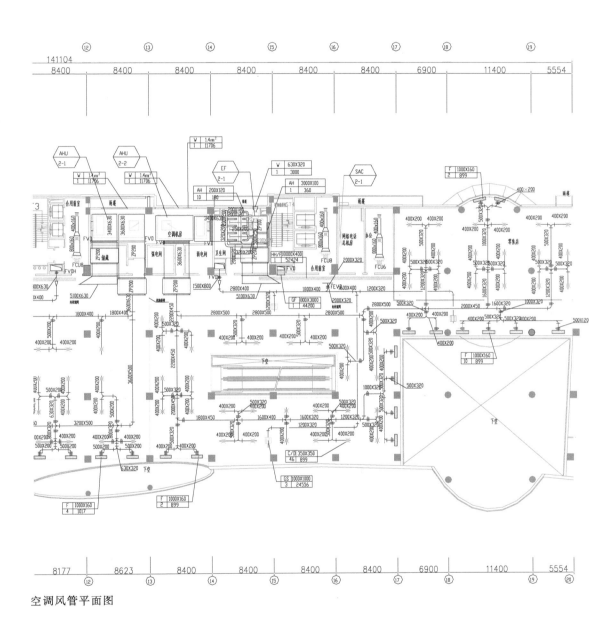

空调风管平面图

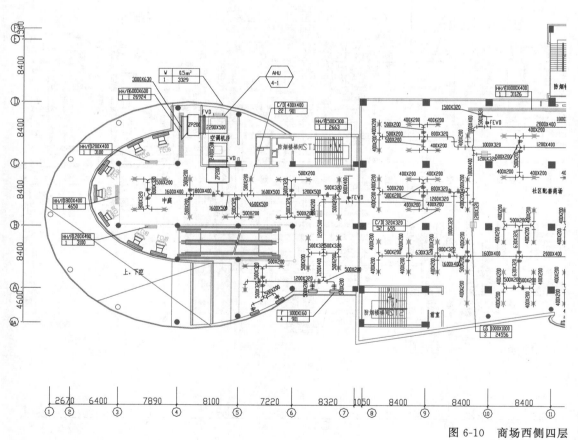

图 6-10　商场西侧四层

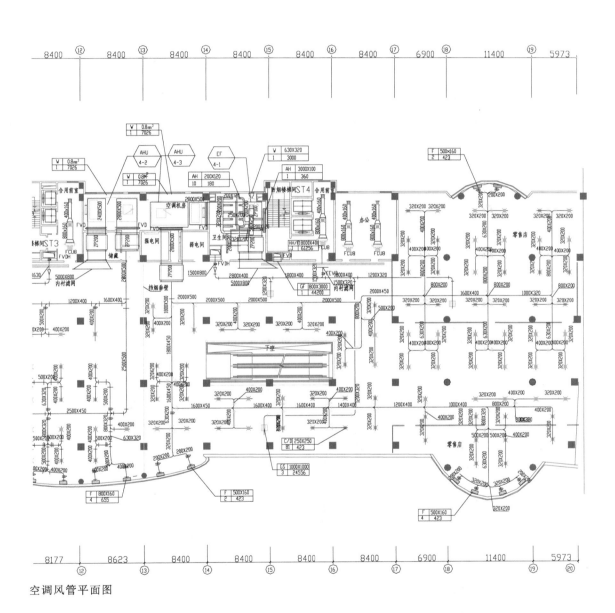

空调风管平面图

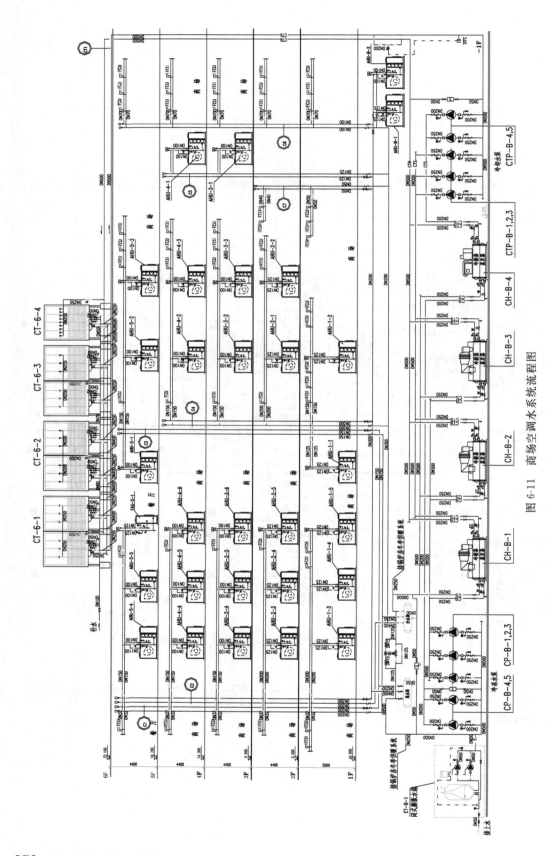

图 6-11 商场空调水系统流程图

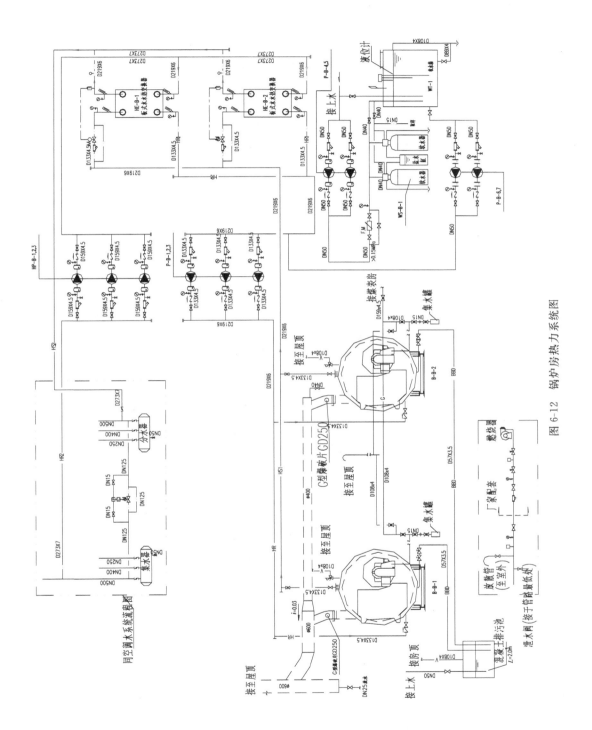

图 6-12 锅炉房热力系统图

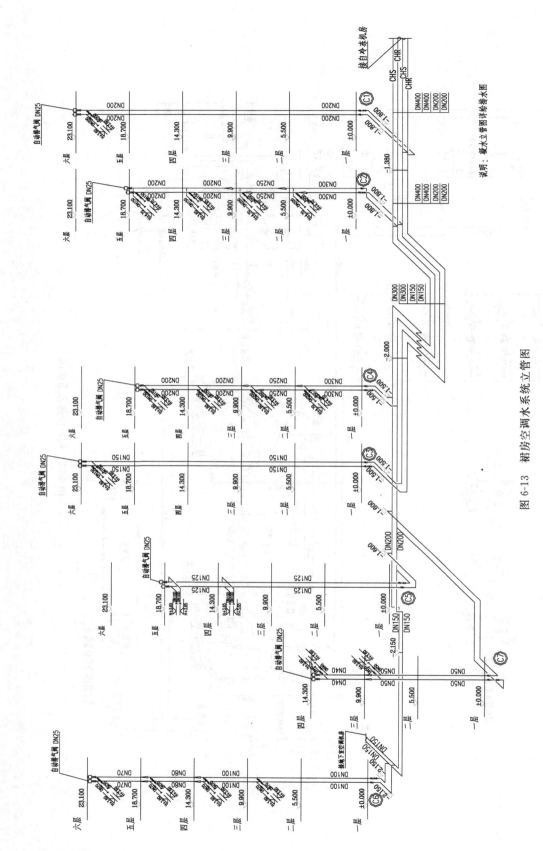

图 6-13 裙房空调水系统立管图

③ 冷冻水经分水器分别接风机盘管系统和空调机系统。以不同区域划分环路，各环路为异程式，每层分环路均为同程式。在各环路及每层环路的回水管上均设有平衡阀以调节流量的分配。各管井内的立管均相应地加大管径或不做变径处理，以便考虑今后做修改的可能性。

④ 空调水系统由设在塔楼顶设备层内的膨胀水箱定压，系统充水及补水均使用软化水直接补入膨胀水箱内，膨胀管引入冷冻机房的集水器上。

⑤ 水系统的调节采用变流量的调节方式，即在集水器与分水器之间设有压差调节阀，以调节旁通流量。空调自控系统可根据建筑的实际冷负荷，自动调节冷水机组、水泵、冷却塔的运行台数。

（5）空调风系统设计

根据各场所的使用功能及建筑条件要求大厦采用不同的空调方式。

① 商场部分采用全空气双风机系统。为提高商场的空气品质，空调箱设粗、中效两级空气过滤器。另外，还有加热段、表冷段、送风机段、回风段等。本系统配置双风机，为过渡季节充分利用低焓值的室外空气消除室内余热提供了必要手段。由于机房面积有限，设计时根据各机房的形状、大小，选用非标准产品。空调机房每层按防火分区分别设置。单台机组最大风量为 $40000m^3/h$，气流组织以上送上回为主，部分采用上送侧回。送风口采用方形散流器。每个散流器配置一个 $600mm \times 600mm \times 500mm$（长×宽×高）的静压箱，以利于稳定气流及消声。静压箱与主风管采用柔性消声软管连接。

② 写字楼部分采用风机盘管加新风系统。新风系统设有高压喷雾加湿装置。6～8 层写字楼采用高静压卧式风机盘管顶送顶回。考虑今后装修的变化采用新风口直接送入室内的做法。在过渡季单独开启新风系统，将新风送入室内。新风机房每层按防火分区分别设置。9～22 层为写字楼标准层。风机盘管采用立式明装方式，布置在窗台下，供水管及凝结水管布置在其下层的吊顶内。新风由设在 8 层和 22 层的 4 台新风机组供给。每个系统负担 7～8 个楼层，每台处理风量为 $50000m^3/h$。新风被处理到室内参数的等焓值点，再经土建竖井风道送至各层，由设在走廊吊顶内的风管侧送至各写字间，走廊仅在电梯间处设送风口，每层支管上均设有防火阀。

③ 地下 1 层餐厅及 5 层的中、西餐厅采用风机盘管加新风系统，新风不做加湿处理。

④ 变电所根据工艺要求，设置了直流式全新风空调系统，共设了 10 台风量分别为 $2000m^3/h$ 的吊顶新风机组。

⑤ 计算机房为全年恒温恒湿空调，采用独立恒温恒湿机组，地板下送风、上回风。

⑥ 多功能厅采用风机盘管加新风系统。气流组织为侧送上回，新风机组设有高压喷雾加湿装置。

（6）通风系统设计

① 地下 3 层人防设有两个平战结合的送风系统，并设有集中除湿装置，库房和冷冻机房设有各自的送排风系统。其中，冷冻机房引入 1 层商场的空调排风作为夏季降温之用。

② 地下 2 层为汽车库，根据防火分区划分为 5 个机械排风系统，车库补风采用车道自然进风的形式。

③ 地下 1 层的变配电所、水泵房及淋浴室、厕所均有各自的排风系统。

④ 厨房油烟通过炉灶上部设置的带油烟过滤器的排烟罩，经排风机排至室外。各厨房排风量大于新风补给量，使厨房保持负压，避免厨房的气味外逸。5 层的高档中西餐厅设餐厅排风系统，以避免厨房的污染。

⑤ 写字楼部分设有集中排风系统，房间空气经门排至走廊，再由走廊内的排风口经土建竖井及设备层内的排风机排至室外。排风量为新风量的 60%，以维持房间正压。

⑥ 塔楼中心处卫生间设有集中排风系统，每层卫生间排风经吊顶上的散流器排至排风竖井，再由楼顶设备层的风机抽至室外排放。

（7）防排烟系统设计

① 人防采用密闭防烟措施。

② 库房平时排风系统兼作排烟系统，平时排风口为常开的防火多叶排烟口。当某一防烟分区着火时，双速离心排风机由低速调至高速，除着火的防烟分区的排烟口仍开启外，其他防烟分区的排烟口通过电信号关闭以保证排烟量。送、排风机的入口均设 280℃防火阀。

③ 地下 2 层车库，排烟系统兼用于平时排风。当烟气温度达到 280℃时，排风机入口处的防火阀关闭，同时风机停止运转。

④ 地下 1 层商场、内走道及大于 $50m^2$ 的房间均设独立的机械排烟系统。

⑤ 变电所采用卤代烷灭火剂 1301 气体消防。在送排风系统管道上均设有防火阀、电动阀或密闭阀，由消防中心控制，当火灾发生时，关闭这些阀门，同时风机停止运转，以保证消防气体的使用。灭火后，打开排风机，将 1301 气体排除。

⑥ 地下商场采用机械排烟与自然排烟相结合的方式。机械排烟系统通过竖向排烟风道担负 2～5 层商场部分防火分区的排烟，风机置于 5 层的排烟机房内。

⑦ 各层内走廊的排烟系统同卫生间平时排风系统合用。排烟口为常闭多叶排烟口，其位置能保证与内走廊最远点水平距离不超过规范规定的 30m 要求。火灾时，由消防控制室遥控打开着火层排烟口（也可手动），及时排除烟气，保证人员疏散，每层卫生间排风支管上均设有防火阀。系统最大排烟量为 $13600m^3/h$。

⑧ 不带外窗的防烟楼梯间及其前室、消防电梯合用前室均设置了机械加压送风系统。风机设在楼顶设备层和裙房屋顶。楼梯间每 2 层设一固定常开百叶风口，前室加压送风口为常闭多叶送风口，火灾时，打开着火层及其上下层的加压送风口。

（8）自控系统

本工程设有楼宇自控系统，空调自控作为楼宇自控的一部分，采用如下控制方式。

① 新风机组、组合式空调器均由设在每个机房内的 DDC 控制器控制；

② 风机盘管采用室内温控器（带三速开关）控制设在回水管上的电动二通阀；

③ 水机组各项运行参数经 ISN 接口进入自控系统，运行台数根据实际负荷的情况自动控制。

空调水系统原理图如图 6-14 所示；空调送风平面布置图如图 6-15 所示。

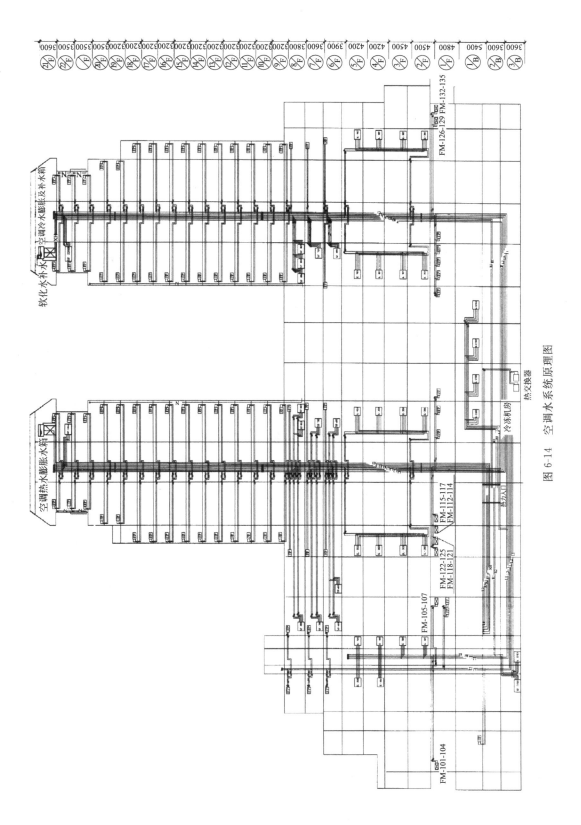

图 6-14　空调水系统原理图

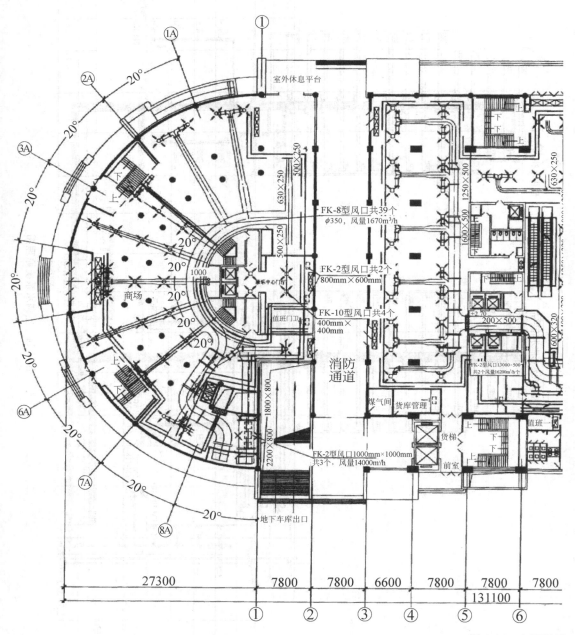

图 6-15　空调送风

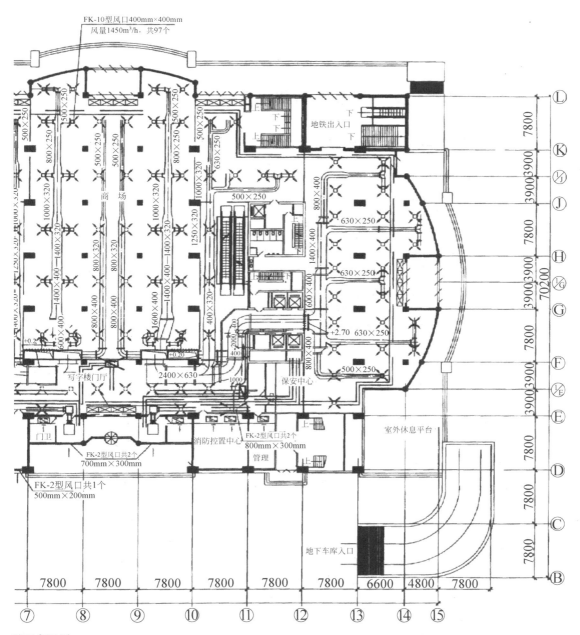

FK-10型风口400mm×400mm
风量1450m³/h，共97个

500×250
500×250
500×250
500×250
500×250
800×250
500×250
800×250
630×250
500×250
1000×320
1000×320
1000×320
1000×320
1000×320
1250×320
500×250
800×400
800×320
800×320
1400×320
1400×320
1400×320
1400×400
400×320
800×400
800×400
1600×400
1400×400
400×320
2000×400
800×400
600×400
600×400
600×400

商场

地铁出入口
下
下
下
下
上

800×400
630×250
630×250
1400×400
630×250
600×400
+2.70 630×250
500×250

写字楼门厅
+0.2
+0.20
2400×630
1000
保安中心

门卫
消防控置中心
管理
上
上

FK-2型风口共2个
800mm×300mm

FK-2型风口共2个
700mm×300mm

FK-2型风口共1个
500mm×200mm

室外休息平台

地下车库入口

7800 7800 7800 7800 7800 7800 6600 4800 7800

⑦ ⑧ ⑨ ⑩ ⑪ ⑫ ⑬ ⑭ ⑮

7800 Ⓛ
3900 Ⓚ
3900 Ⓙ
3900 Ⓙ
7800 Ⓗ
3900 Ⓖ
3900 Ⓖ
7800 Ⓕ
3900 Ⓕ
3900 Ⓔ
7800 Ⓓ
7800 Ⓒ
7800 Ⓑ
70200

平面布置图

第**7**章 住宅及宾馆建筑空调设计

7.1 住宅及宾馆建筑的功能及负荷特性

7.1.1 住宅建筑的功能及负荷特性

住宅建筑大致可分为两大类：独立住宅及公寓住宅。

（1）独立住宅的功能

独立住宅又称为独户住宅或别墅。其空调设备按照等级，采用不同的方式和运转条件，有全面空调方式和局部空调方式。对室内环境、设备性能设计等需要业主提出详细需求，根据要求的条件，采用不同的空调方案。高级住宅的空调设备，多数方式是对全部房间采用集中供暖及供冷相结合的系统。虽然集中空调方式具有一定的优点，但是在规划上也不能忽视分散式空调方式的简便性、经济性。

独立住宅空调运行费用会占生活费用很大的比例。因此，节省能耗是非常必要的，在有条件的情况下，应首先考虑太阳能利用等节能技术。

（2）公寓住宅的功能

在进行公寓住宅的空调和供暖规划及计划时，应根据规模和种类，选择相应的系统形式。对于城市区域的住宅区，应根据长远地防止公害、节能及能源的有效利用、安全和管理等要求，以综合利用废热及节能减排为主导方向进行区域供暖、区域供冷的规划和设计。公寓住宅建筑多数设置分散式空调设备，大多数空调、暖气设备都是居住者入住以后安装的。因此，在空调设备规划中，应根据实际情况考虑预留能源、空间和设置系统的可能。

（3）独立住宅的负荷特性

独立住宅的热负荷由结构体的传热系数 k 值、渗透换气或者强制换气的换气量、不同结构的储热容量、连续运转或者间歇运转等决定。

另外，建筑物的形态、有无遮阳设施、玻璃窗的大小对热负荷均有影响。多数独立住宅都没有遮阳设施，在 6～8 月射入室内的日照量一般不太多。白天，在居室内几乎不用照明灯，室内的发热体有人体、电视机和其他用电器具等。所以，室内围护结构基本冷负荷较小。除高级住宅外，多数都不考虑用强制办法向室内导入外气，只考虑门窗渗透冷风热负荷。如果室内外温差假定为 20℃，独立住宅平均热负荷约为 100～110W/m²。

（4）公寓住宅的负荷特性

公寓住宅除端部的居室外，其他居室对应地板面积与外墙比例比独立住宅小。因此，公寓住宅单位面积的冷、暖负荷也小。一般公寓住宅的冷负荷约为 70～140W/m²，热负荷约为 50～70W/m²。公寓住宅建筑物一般为混凝土或砖混结构，在暖房启动时围护结构体存在储热负荷。因此，在选定设备时要留有一定的余量。

7.1.2 宾馆建筑的功能及负荷特性

（1）宾馆建筑的功能

宾馆建筑是现代建筑的一个重要组成部分，也是一个国家文明发达的标志之一。世界上不同国家宾馆建筑的等级标准各不相同，表7-1列出了一些国家宾馆建筑的等级划分。我国宾馆建设标准分为四级。其中一级为最高标准级别，相当于国外的五星豪华级；四级为最低标准级别，相当于国外二星级与一星级。我国各级宾馆各部分建筑面积指标如表7-2所示。宾馆的等级决定了暖通空调的设计标准，根据我国宾馆建筑所划分的四个等级，相应地也将空调划分成四个级别与其对应，按照宾馆级别划分的空调等级标准要求如表7-3所示。

表 7-1　一些国家宾馆建筑的等级划分

国别	级别
法国	豪华级、四星级、三星级、一星级
意大利	豪华级、一星级、二星级、三星级、四星级
捷克	豪华级、A 级、B 级、C 级
美国	一级、二级、三级、四级、五级
中国	一级、二级、三级、四级

表 7-2　我国各级宾馆各部分建筑面积指标　　　　单位：m^2/套

分项名称	一级	二级	三级	四级
综合建筑面积	84~100	76~80	68~72	50~60
客房面积	46	41	39	34
公共面积	6	5	3	2
餐厅面积	11	10	9	7
行政面积	9	9	8	4~6
机房面积	9	8	7	2~4

表 7-3　按照宾馆级别划分的空调等级标准要求

级别	空调性能特征
一级空调	对温度、相对湿度、噪声、新风量、居住停留区的风速均有严格的规定
二、三级空调	1. 对室温有较严格的规定； 2. 相对湿度、噪声、新风量、居住停留区的风速仅满足最低的卫生舒适要求
四级空调	1. 对室温、噪声有一定要求； 2. 供给满足最低卫生要求的新风量

一般来说，宾馆中各功能用房按用途大致可分为客房、公共用房、康乐中心用房和管理服务用房四大部分。

客房既是宾馆建筑的重要组成部分，也是宾馆经营的主体。客房面积约占一般宾馆建筑总面积的30%~45%。客房类型分为套间、单人间、双人间（标准间）和多人间。高级客房一般为套间，低级客房则多为多人间。一、二级宾馆内一般还设有特别级别的"总统套间"。客房内一般均附设卫生间，客房区用房还包括楼层服务台、楼层会客区、开水/冰水间等。

公共用房包括门厅、电梯厅、四季厅等大空间厅堂，餐厅、酒吧、宴会厅、多功能厅、美食街等餐饮用房，商店、邮政、银行、复印、电传、交通售票、医疗保健、美容、理发等营业用房，以及各种出租会议室、接待室、各部门的业务管理办公室等。公共用房往往是宾馆经营收益最高的部门。

康乐中心用房由健身房（包括球类馆、游泳池、桑拿浴、按摩室等）、娱乐室（包括保龄球、台球、棋牌类活动室、游戏机室等）以及舞厅、音乐厅、夜总会等组成。康乐中心也是现代化宾馆中不可缺少的重要组成部分，是反映宾馆等级标准的重要标志之一。

管理服务用房由机械、设备管理用房和后勤服务用房组成。机械、设备管理用房包括消防监控室、保安监控室、电梯监控室、楼宇控制室等各中央控制值班室，制冷、供热、供水、消防供水、空调电梯、变配电、给排水处理等设备机械用房，电话机房、音乐播放室和计算机房等。后勤服务用房则包括洗衣房、库房、冷库、各餐厅相应的厨房和粗加工车间等，花房，各工种的维修工作用房，车库、司机休息室，各倒班员工宿舍，职工食堂、更衣室和会议室等。管理服务用房也是宾馆不可缺少的一个重要组成部分，其中空调机房、制冷机房、锅炉房、泵房等是布置空调制冷及供暖设备的重要之地，是为整个宾馆建筑各功能房间提供舒适环境的重要保证。

大型高级宾馆基本功能分析图如图 7-1 所示。一般宾馆基本功能分析图如图 7-2 所示。宾馆建筑餐厅部分的组成如图 7-3 所示。

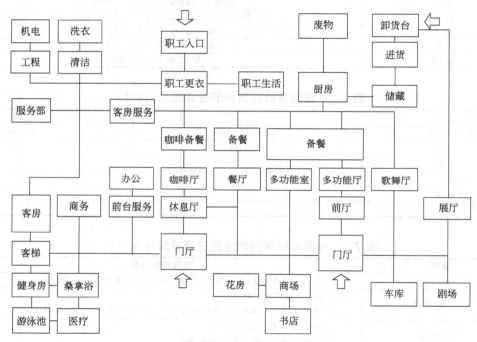

图 7-1　大型高级宾馆基本功能分析图

（2）宾馆建筑的负荷特性

① 设计条件　宾馆建筑各种房间采用的室内温湿度条件可参考表 7-4。在国际级饭店中，考虑外国人的住宿，室内温度的设定，夏季要比一般使用的温度低 1～2℃，冬季则要比一般使用温度高 2～3℃。在大都市宾馆建筑中，一般窗在密闭状态使用，根据房间的方位，在 4～5 月、10～11 月间有时也需要进行供冷，设计上要注意。在这几个月中室内的设计温度可以定为 22～24℃。

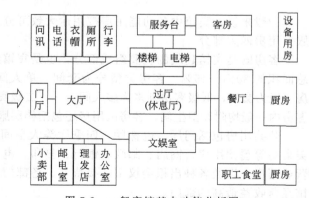

图 7-2　一般宾馆基本功能分析图

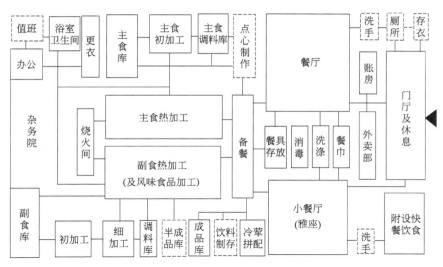

图 7-3　宾馆建筑餐厅部分的组成

表 7-4　宾馆建筑室内设计温湿度条件

房间名称	夏季		冬季	
	温度/℃	湿度/%	温度/℃	湿度/%
客房	25～27	50～60	22～25	40～50
一般公用设施	26～27	50～60	20～22	40～50
宴会厅	24～28	60～80	20～22	40～50
热食厨房	27～29		18～24	
冷食厨房	24～26		18～22	
面包房	24～26		20～22	

宾馆中各房间内人员密度设计可参考表 7-5。大规模饭店的宴会厅，要注意入场人员的变动范围。

表 7-5　宾馆建筑通常各房间人员密度设计

房间名称	人员密度/(人/m²)	房间名称	人员密度/(人/m²)
单人间客房	一般一室一人	一般餐厅	1.5～2
双人间客房	一般一室两人	酒吧	5
中小宴会厅	1.5～2	休息厅	8～10
大宴会厅	1～2	连环走廊	10
婚宴餐厅	2～4	理发室、美容室	2～3

宾馆建筑室内照明负荷设计可参考表 7-6。宾馆建筑照明负荷一般变化范围较大，照明负荷规划时应与建设单位沟通及商谈。附属于宴会厅、会议厅、婚礼厅的摄影室一般照度比较高，根据具体场所也可设置聚光灯照明等。

饭店内各空调房间的换气量是根据负荷计算得出的，但对于宴会厅、会议厅、酒吧间、美容室、饭厅（特别是使用烤箱、油炸食品的场所）等处的臭气、吸烟量的排除，要慎重地考虑和决定换气量。尤其在饮食部分，除空调系统外还设置有换气系统，则在风量的设定、运转时建筑物内气流的平衡上，规划时必须努力做好。在表 7-7 中列出了宾馆建筑各个房间冷风侵入量及换气次数设计参考值。在客房设有浴室的场合，向客房的外气（冷风）导入量要与浴室排气量取得平衡，特别要注意饮食部门的风量平衡，以饭菜味等不流入其他房间为原则决定送排气量。

宾馆建筑的主要厨房器具的发热量较多，夏季厨房内的温度上升较大，多数场合是恶化了环境，如果有条件最好设计局部冷却。对于无法进行局部冷却的场合，则需要设计换气量不低于 60 次/h。另外，在决定厨房内换气量时，还必须按照法规的规定，根据厨房内使用的燃气量，对换气量进行校对。

表 7-6 宾馆建筑室内照明负荷设计参考值

房间名称	照明负荷/(W/m²)	房间名称	照明负荷/(W/m²)
客房	10～20	一般餐厅	20
中小宴会厅	30	酒吧	10
大宴会厅	40～150	休息厅	5～10
婚宴餐厅	20	连环走廊	20～40
照相厅	200	理发室、美容室	20～30

表 7-7 宾馆建筑各房间冷风侵入量及换气次数设计参考值

房间名称	冷风侵入量/[m³/(m²·h)]	换气次数/(次/h)
客房	100～160	6～10
浴室	—	＞15
中小宴会厅	10～15	10
大宴会厅	10～30	10～15
婚宴餐厅	5～8	6～10
一般餐厅	8～10	10
酒吧	10	10～15
休息厅	5	6～10
连环走廊	5	6～15
理发室、美容室	8～15	6～15
一般办公室	5～8	6～10
主厨房	—	60～100
配餐室	—	15
锅炉房	—	15

② 热工特性和负荷密度 宾馆的热负荷特性比一般建筑物复杂。客房部分主要是容易受方位的影响，公共部分则是内部负荷（照明、人体）的比例较大。再者是各部分的使用时间不同。在大都市宾馆中，多数场合咖啡厅 24 小时营业，酒吧间也营业到零点左右。

宾馆客房，其外壁必须全部直接通外气，在中规模以上的宾馆中，根据客房的不同按方位分区是重要的。一般客房面向南北和面向东西，在夏季最大负荷日的一天各个时刻，负荷特性有很大的不同，对于热的处理，东西朝向比南北朝向有明显的优越性。

内部负荷的密度，根据选址条件、规模、营业方针等，是不同的。因为较难预测，容易造成热源设备容量过大。为防止这个问题而设置储热槽，这是防止设备容量过大的一个方法。

③ 宾馆建筑空调设计标准 宾馆建筑空调属于舒适性空调，涉及热舒适标准与卫生要求的室内设计计算参数有温度、湿度、新风量、风速、噪声声级和室内空气含尘浓度。上述参数设计标准的高低，不但从使用功能上体现了工程的等级，而且是房间冷、热负荷计算和空调设备选择的根据，是估算全年能耗，考核与评价建筑物能量管理的基础，同时又是空调管理人员进行节能运行和设备维修的依据。因此，需要一个科学合理的统一标准。

宾馆建筑空调设计标准的确定，应综合考虑人体的热舒适感和经济性两方面因素。旅游宾馆是为旅客提供居住、餐饮、娱乐、开会交流的场所，故其室内环境标准应从满足各种人员要求考虑。

经验表明，在上海、广州地区，如果把设计计算温度夏季取高 1℃，冬季取低 1℃，则意味着空调工程投资额将降低 6% 左右，运行费用减少 8% 左右。因此，在确定标准时还应考虑经济原则，避免产生设计计算参数时选用标准偏高的倾向。

④ 宾馆建筑空调负荷估算指标　宾馆建筑空调冷负荷主要由围护结构的传热（通过建筑物外墙、屋顶、玻璃窗、楼板、地面等进入的热量）、照明、人体和设备散热等所形成。在进行方案设计和初步设计及工程报价时可采用负荷估算指标。所谓空调负荷估算指标是指折算到建筑物中每一平方米空调面积所需的制冷系统或供热系统的负荷值。

国内宾馆建筑空调冷负荷指标估算值如表 7-8 所示。

表 7-8　国内宾馆建筑空调冷负荷指标估算值

房间名称	冷负荷估算指标/(W/m^2)	房间名称	冷负荷估算指标/(W/m^2)
客房	80～110	大会议室（不允许少量吸烟）	180～280
酒吧、咖啡厅	100～180	理发室、美容室	120～180
西餐厅	160～200	健身房、保龄球房	100～200
中餐厅、宴会厅	180～350	室内游泳室	200～300
商店、小卖部	100～160	舞厅	200～350
中庭、接待厅	90～120	办公室	90～120
小会议室（允许少量吸烟）	200～300		

7.2　住宅及宾馆建筑空调规划与设计

7.2.1　住宅建筑空调规划与设计

住宅的空调规划及设计的基本方针如下。

① 确保系统安全及使用方便（包括防灾规划），同时应考虑及减少设备对人员健康及环境的影响。

② 防止及尽可能减少空调设备所产生的振动、噪声、余热、异味及有害气体，以免对生活造成不利影响。

③ 应考虑空调设备的维护、检查、增设及更新等因素，对主体结构不会构成危害及破坏。

④ 应选择经济及使用寿命长的空调设备及产品。

在进行住宅建筑空调规划及设计时，还应注意以下内容。

① 应在考虑及明确住宅的种类及使用情况条件下，进行空调的规划及设计。

② 对于空调系统方案的选择应与建设单位协商及征求业主的意见，合理选择经济及节能的空调系统。

③ 在选择及使用机械设备和空间面积时，除考虑具体的配套系统中采用的设备外，还要考虑维护检修、设备更新和使用方便等因素，确定空间高度及面积。

④ 选择系统使用的能源时，应研究运转操作容易程度、能源获得的难易程度、全年或全月的运转费等因素，将综合研究结果作为选定系统所采用能源的依据。

7.2.2　宾馆建筑空调规划与设计

（1）宾馆建筑空调方式及特点

空调系统按空气处理设备的设置情况分为集中式系统、半集中式系统和全分散式系统。集中式是指所有的空气处理设备（包括风机、表面冷却器、表面加热器、加湿器、过滤器等）均设在一个集中的空调机房内。半集中式除了集中空调机房（主要处理室外新风）外，还包括分散放在被调房间内的二次设备（也称为末端装置或设备），其中多半设有冷热交换装置，如风机盘管等。风机盘管主要由风机与冷热交换盘管组成，它的功能主要是在空气进入被调房间之前对从集中处理设备来的空气再进行一次处理；或者新风由新风机组集中处理，而房间内回风由风机盘管处理，组成风机盘管加新风的半集中式空调系统。全分散式没有集中空调机房，而是完全采用组合式设备向各房间进行空调，自带制冷机组的空调机组方式就属于这一类，如各种房间空调器等。集中式和半集中式系统也可统称为中央空调，而全分散式系统也称为局部空调。

通过对宾馆采用集中供冷的中央空调和采用房间窗式空调器的局部空调在能耗、造价方面的比较证明，从 30 间客房起中央空调的耗电明显降低，大约节电 30%。从造价比较看，20～30 间客房的窗式空调造价稍低于集中供冷的中央空调；40 间客房时，二者造价相当；但从 50 间客房起，中央空调造价明显降低，约比窗式空调低 12%～30%。综合耗电、造价两因素，《公共建筑节能设计标准》（GB 50189—2015）规定，当客房规模超过 40 间时应采用冷水机组集中供冷的中央空调，当雅间小餐厅数量较多或 KTV 单间设置较多时，同样以采用中央空调为宜。因此，在宾馆建筑中应优先采用中央空调方式。但是，在某些高层宾馆建筑中，如消防中心、计算机房等要求 24 小时运行空调和维持一定温度湿度的房间，由于中央空调一般属间歇性运行，满足不了上述房间的室内温湿度的要求，故对这一类房间一般可单独设局部空调系统来满足其要求，或者除用中央空调外再设分体式空调机组作为备用。

另外，在高层宾馆建筑中有些房间受到建筑布局的限制或结构梁过高，冷水管道无法通过，或者因管路过长而空调负荷又不大时，也可采用局部空调方式。再者如电梯机房，因设备发热量较大和机房屋顶受太阳辐射热的影响而室温较高，需要空调，但因受到膨胀水箱安装高度的限制而不能利用中央系统供冷，这时可选用局部机组进行空调。因此，在现代宾馆建筑中，通常选用中央空调与局部空调相结合的空调方式。

在宾馆建筑所采用的中央空调方式中，又以采用半集中式空调为数较多，这是因为宾馆建筑中数量最多的是客房，而客房的空调方式几乎公认应首选风机盘管加新风的半集中式空调系统。该系统的主要优点如下：

① 与集中式全空气系统比较，可节省空间，从而可满足宾馆建筑层高所限的要求；

② 布置灵活，各房间能单独调节控制，房间不住人时可关掉机组，不影响其他房间的使用；

③ 节省运行费用，运行费用与单风道集中式系统相比约低 20%～30%，而综合投资费用大体相同，甚至略低；

④ 机组定型化、规格化、易于选择安装。

客房常用的风机盘管有以下四种形式：

① 卧式暗装型，一般安装在客房过厅的吊顶内（如图 7-4 所示）；

② 立柱式明装型，一般安装于客房一角的地面上［如图 7-5(a) 所示］；

③ 柜式明装型，一般安装于客房靠墙的地面上［如图 7-5(b) 所示］；

④ 立式明装型，一般安装于窗下地面上，类似于供暖房间的散热器位置（如图 7-6 所示）。

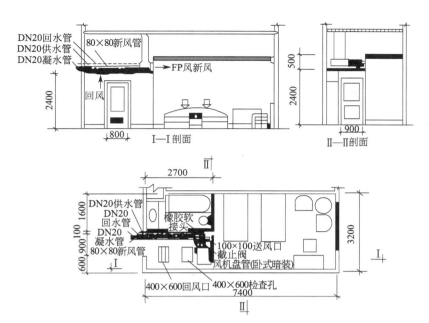

图 7-4　卧式暗装风机盘管安装布置图

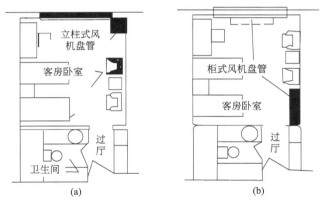

图 7-5　立柱式和柜式风机盘管安装布置图

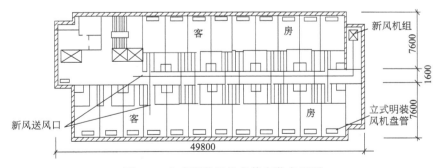

图 7-6　立式明装风机盘管安装布置图

　　四种形式中前两种应用较多,除上述四种常用形式外,还有立式暗装、卧式明装等多种形式。

　　风机盘管一般分高、中、低速三档。选择风机盘管时,按中速档容量选择机组较为合适，这是由于考虑到人体的舒适感范围比较宽，为满足不同人员对温湿度的不同要求，有一个适当的灵活调节范围是必要的，而且机组使用一段时间后，阻力增加，风量减少，性能下降。因此，在客房空调设备处理能力上应留有安全系数。另外，中档的噪声声级比高速档大约可低 3dB(A)。

采用卧式暗装风机配管的客房空调，还需将新风经过新风机组集中处理后，再经过新风机组集中处理后，再通过新风干管送入各房间。新风干管一般均布置在客房外的走廊吊顶内，新风送入客房的方式一般有三种，如图 7-7 所示。

① 从外走廊的新风系统干管，经支管送到客房内小走廊的吊顶内。在风机盘管开启时，新风被吸入风机盘管，经风机随室内循环风一起送入客房。

② 新风支管接到风机盘管的回风箱内，适用于风机盘管设有回风箱的情况。回风箱是把小走廊吊顶所设的回风口封闭式地接到风机盘管，这样保证了空调循环风的风路合理，不会与卫生间吊顶空间、客房外走廊吊顶空间等的空气相串通。

③ 新风支管直接接到风机盘管的送风口旁，也就是直接送入客房中。

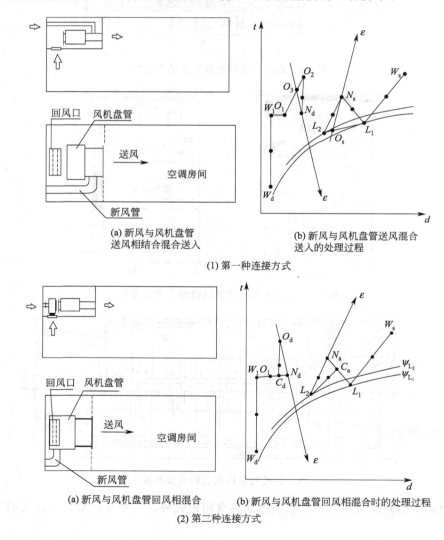

(a) 新风与风机盘管
送风相结合混合送入

(b) 新风与风机盘管送风混合
送入的处理过程

(1) 第一种连接方式

(a) 新风与风机盘管回风相混合

(b) 新风与风机盘管回风相混合时的处理过程

(2) 第二种连接方式

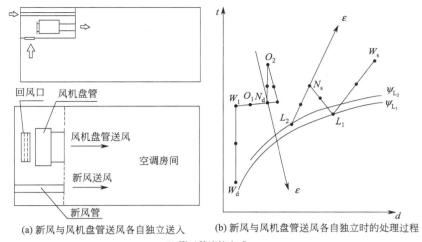

(a) 新风与风机盘管送风各自独立送入　　　　(b) 新风与风机盘管送风各自独立时的处理过程

(3) 第三种连接方式

图 7-7　新风与风机盘管连接方式示意图

　　第一种、第二种方式较简单，但存在明显的缺点，即新风实际供给量受风机盘管转速高低的制约。另外，因为新风量占据了风机盘管的一部分送风量，所以削弱了风机盘管实际处理室内回风的能力。当风机盘管停止工作时，新风较容易从循环风进入风机盘管的途径逆行，从回风口倒入客房小走廊，这样会把回风过滤器滤下的粉尘和纤维又吹回到室内空气中，而新风从回风口压出后从客房内小走廊很快进入了卫生间作为排风排走，没有到达客房内，无法起到更换客房内污浊空气的作用。所以，除了标准较低的宾馆以外，都宜采用第三种方式。第三种方式在实际工程中为了美观的需要，一般是把风机盘管送风口的双层百叶送风口加长，其后相连的是风机盘管送风管和新风支管两部分，从外观看还是一个风口。

　　宾馆中风机盘管系统大多采用两管（供、回水管各一根）系统。这是由于我国以季节性空调为主，一般用双水管夏季供冷水，冬季供热水，较为经济合理。只有窗户基本不能开启、标准高和全年要求空调且冷却和加热工况交替频繁或同时要求冷却和加热的建筑物才用三管（一根供冷水、一根供热水、共用一根回水管）系统或四管（冷、热水各有一组供、回水管）系统。为了使系统阻力平衡，使水力工况稳定，水系统宜采用同程式，但也有采用异程式的，即用平衡阀来平衡系统阻力。由于开式水系统比闭式水系统耗电量大（据统计表明，在 50m 高层建筑中约大 1.3 倍），所以开式系统只适用于低层建筑，高层宾馆建筑大多数采用闭式系统。

　　国内以往设计的宾馆大部分采用定水量系统，即在风机盘管的供水（或回水）管上设置电动位三通阀控制室温，因而在各种负荷下系统的制冷水流量都是恒定的。这种系统简单，操作方便，无须复杂的自控设备。但这种系统存在以下三方面问题。

　　① 供冷水设计温差一般为 6～7℃，在定流量情况下，大部分运行时间内实际温差仅为 0.5～1℃，在这种低温差、大流量的情况下运行，浪费了输送动力。

　　② 水系统的流量不能根据负荷变化自动调节，它比根据负荷需要、考虑同时作用系数下的流量所确定的管径一般要大 1～2 号左右，增加了初投资。

　　③ 当房间负荷变化时，三通阀关闭的数量和程度也在改变。因此，水系统的流量和水力工况也随之而变化，并非定水量系统。

　　因此，从节能的目的出发，目前国内不少宾馆，特别是外资或合资宾馆较多地应用变水量系统。

　　在变水量系统中，风机盘管上装设电动双位两通阀，控制室温在部分负荷时，一部分风机盘管上的两通阀间歇关闭，系统总阻力增大，流量减小，此时可通过自控装置减少水泵的供水量，只按实际上需要量供给。这样变流量水系统水泵所消耗的功率就可随系统所需冷量的减少而降低，因而节省了能量。

供冷水变流量系统可分为一次泵变流量系统和一、二次泵变流量系统。一次泵系统具有系统简单、控制装置少、管理方便等特点，因而在中小型工程中应用较广。一次泵系统的缺点是水泵扬程高，电能消耗大，只有当负荷减少到使旁通水量基本达到一台水泵流量时，才能停下一组冷水机组和水泵的工作，在此期间，水量在旁通管流过，水泵的电耗没能节省。一、二次泵变流量系统比一次泵变流量系统在节能和灵活性方面更具有优点。整个系统由制冷水输配方面的二次泵系统和制冷水制备方面的一次泵系统两部分通过一根旁通管相连接。系统运行时，一次泵部分是定流量的，二次泵部分是变流量的。两个系统水路相通，但回路互相独立，两组水泵分别克服各自回路的阻力，因而每组水泵的扬程均比一次泵系统的水泵低，功率也因之降低。在部分负荷运行时，一次泵与二次泵台数组合也很灵活。二次泵在水量调节上有多台水泵并联分别投入的方式，形成阶梯调节，也有采用变速水泵调节转速的运行方式。由于一、二次泵变流量系统较为复杂，且投资大，所以目前只应用在一些标准较高的大型工程中。

风机盘管系统冷水管道通常要做好保温，一般用外表面贴有铝箔的玻璃纤维保温瓦，或用岩棉等材料外包玻璃布并刷漆或涂料。调节阀门应倒装，阀门的凝水应滴入水盘，并通过坡度为1％的凝水排水管就近排至卫生间或排出，至于风机盘管壳体内产生的凝水，则可通过选择合适的调节方法予以避免。总之，风机盘管系统凝结水的排放问题应引起高度重视，一旦漏水，将会严重破坏建筑内装修。

宾馆建筑的公共用房如餐厅、商场和多功能厅等场所，一般都是采用全空气低风速单风道系统。这些建筑一般面积较大，负荷较大，人员较密集，并且有较高的空间可利用，管道布置一般有困难。宴会厅系统新风百分比较大，采用全空气系统可以在过渡季节充分利用室外空气的自然冷量。常用送回风方式有只设送风道而不设回风道的方式和设有送、回风道的方式两种。

对于一些负荷变化和人流变化均较大，而开间又较大的场所，如康乐中心、旋转餐厅、多功能厅等可采用变风量系统。由于这种系统调节风量的方法有多种，又没有再热损失，非峰值负荷时的送风量随时减少，节约了能量。根据测定，当风量为满负荷设计风量的50％时，可节约电能约26.5％。因而全年的送风电力消耗比定风量方式少得多，节能效果显著。但目前这种方式的初投资较高，约是风机盘管方式的2.5倍。因此，没能推广使用。相信在不久的将来，变风量方式的应用会日渐增多。

为了满足一些宾馆建筑过渡季或冬季内部区供冷、周边区供暖的要求，往往将上述空调方式组合起来使用。如内部区采用变风量或单风道集中方式，外部区用双水管风机盘管加新风半集中方式。夏季周边区与内部区同时供冷；过渡季或冬季，周边区供暖，内部区则根据室外空气参数和室内温度要求供冷或通风。

除上述空调方式外，目前还有一种水源热泵系统，属于半局部方式，用同一系统按照不同房间的不同要求分别供冷或供热。这种系统夏天内部区和周边区均供冷；冬天，当周边区有热负荷、内部区有冷负荷时，周边区的机组按热泵运行，内部区的机组可按制冷机运转；在过渡季，建筑物向阳房间需要供冷，而背阴的房间则要供热，或者内部区的人体、照明等发热量较大时，如有1/3机组供冷，就有足够的热能供暖。对于中等以下规模的综合楼，低层是商场和小餐厅等发热量较大的公共场所，高层是写字楼和公寓等建筑物，因有热回收价值，为了节能采用这种系统较为合适。

总之，宾馆建筑的空调方式较多，设计时应根据不同房间的用途、规模、使用要求、环境要求、投资及节能来选择确定经济、适用、合理的空调系统。

综上所述，宾馆建筑的功能繁多，各种用房有其自己的特点，使用空调的班制又有所不同，从而决定了空调的复杂性和多样性，现归纳其主要特点如下。

① 客房部分由于各房间来自室外的传导负荷依房间朝向不同而有很大差异，各房间的使用时间也不同步，另外受房间层高所限，因此宜采用风机盘管加新风空调系统。当餐厅雅间或小餐厅数量和KTV单间设置较多，且净高较低时，为了避免受到室外干扰或串声，又不希望在门或墙上开回风口或回风口布置有困难的，为使室内空气独立循环，也可应用风机盘管加新风系统。对于负荷大和负荷变化幅度大的高层宾馆建筑周边区，非常适合采用风机盘管加新风系统。

② 公共场所、餐饮及康乐部分由于使用时间较为集中，空调高峰负荷出现在使用时间；内热负荷（人体、灯光、饭菜等的散热量）所占的比重较大；使用时单位面积的人员密度高，要求供给的新风量较多。因此，一般采用低速单风道的全空气空调系统。

③ 对于一些负荷变化和人流变化均较大，而开间又较大的场所，如康乐中心、旋转餐厅、多功能厅等宜采用变风量空调系统。为了适应过渡季或冬季内部区供冷、周边区供暖的要求，或对于低层是商场等发热量较大的公共场所，而高层是公寓等建筑物，为了回收热能、节约能耗，宜选用水源热泵系统。当空调房间总面积不大或建筑物中仅个别房间有空调要求时，或使用班制特殊，所在位置较独立等场合，可采用窗机、小型分体机和柜式机组等局部空调机组。

④ 对于风机盘管加新风系统，新风送入客房的方式宜采用新风支管一直接到风机盘管送风口旁直接送入客房的方式。水系统宜采用闭式、两管制、同程式、一次泵变流量方式。水系统设计安装中应注意保温和凝结水排放、防漏等实际问题。水路系统竖向分区应根据设备和管道附件的承压能力来定。

（2）宾馆建筑热源容量的确定

在确定热源设备的时候，尤其在推断同时负荷率的时候，分区占有重要的因素。在大规模的饭店中，因为公共部分的组成较复杂而设置储热槽，根据最大负荷时一天的负荷特性和储热槽的容量及运转时间，确定热源设备容量。对于一般小规模的饭店，设备储热槽多数场合在土建上有困难，单位面积的热源容量也比大规模的饭店大。报告热源容量的程序通常按如下规定进行。

① 根据统计的资料等，掌握热源容量的概略值。
② 计算每个部分的最大负荷。
③ 分析各部门的使用时间带及使用率、负荷特性。
④ 绘制成最高负荷时一日的负荷特性图。
⑤ 在使用储热槽的场合，根据最高负荷的负荷特性及储热槽容量、运转时间等确定热源设备容量。
⑥ 在不使用储热槽时，根据一天内的最高负荷确定热源容量。

热源的设备容量取决于宾馆的规模。中规模以下宾馆，厨房器具不使用水蒸气时，在暖房负荷中加入供热水负荷作为热源设备容量即可。如果有可能把热水负荷按不同时间计算出，推断热源设备的同时使用负荷，通过确定热源设备容量能够防止热源设备容量过大的现象发生。在大规模的宾馆中，在厨房、洗涮、水蒸气淋浴处等使用水蒸气的场合，其容量也要加算以确定热源设备容量。

（3）分区和空调方式

在宾馆建筑中大致需要如下分区：①客房部分；②公共部分；③管理部分。在客房和管理部分中需要根据方位分区；对于公用部分则要根据使用目的、使用时间带分区。特别是饮食部分，负荷特性和密度各不相同，需要把区域细划分。

7.3 住宅及宾馆建筑空调设备构成要素及装置的要点

7.3.1 住宅建筑空调设备构成要素及装置的要点

（1）独立住宅

独立住宅中采用有代表性的空调方式，包括：风冷热泵式空调机组方式；处理外气空调机加空调机组方式；风冷热泵式空调机方式；和风道并用的组装方式等。

对于高级住宅，多数是利用空冷热泵式冷热水设备制备冷水或者热水，作为空调机组内供水系统。暖房负荷和冷房负荷需要用一台机组供给。但是，当夏季和冬季的负荷大致平衡时，辅助表面加热器只是在升温时使用，平时则不需要。设备设置在屋顶上的方式较多，不用设备室。运转的时候，冷热水设备启停的时间间隔需要取 4~5min，要在设备附近设置兼用于储热用的调节水槽。除用于夏季和冬季的切换以外，需要进行遥控运转，使运转容易进行。因为使用热泵，运转中热水温度最高为 45℃，一般为 38~42℃ 左右。因此，要以 42℃ 的热水温度为条件，选定空调机组的尺寸。风冷热泵式空调机组方式如图 7-8 所示。

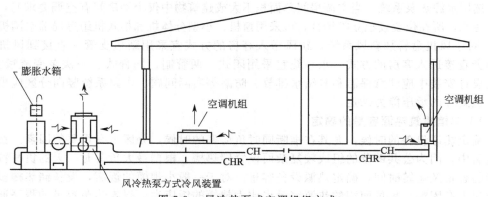

图 7-8　风冷热泵式空调机组方式

图 7-9 所示的是利用冷水塔的水冷制冷机组和热水锅炉制备冷、热水，供空调机用水的方式。主要适用于寒冷地区或者暖房负荷比冷房负荷大的场合，供热水系统等则需要热水锅

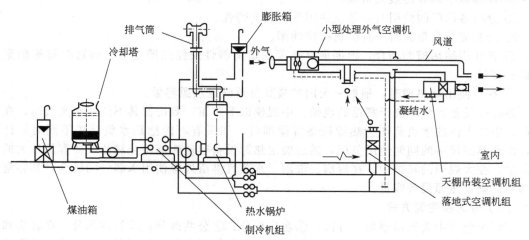

图 7-9　处理外气空调机加空调机组方式系统

炉，冷房时则要以冷水专用设备等为条件，选定热源设备。热水温度可以取 50～80℃，放热器类设备能充分发挥其能力。

图 7-10 所示的是设置处理外气的小型空调机，但这要根据室内环境条件决定。所以，在高级住宅中大致都要设置，在中级住宅中设置较少。

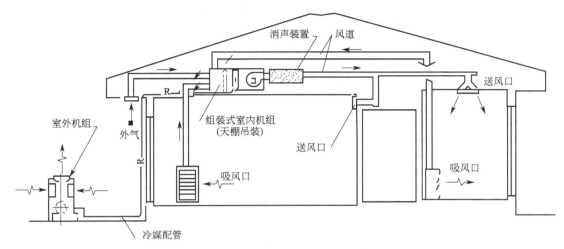

图 7-10　风冷热泵式空调机方式

使用空冷热泵组装机组（和风道并用）的方式也屡屡出现。但是，由于是用一台供应数室，要注意回风环路在室内的交叉。多数已经进行各室的温度控制，在没有设置个别控制的场合；则要在送风口处用电表面加热器进行再加热控制温度或者设有带手柄的调风门调节风量。图 7-11 是这种方式的系统图。

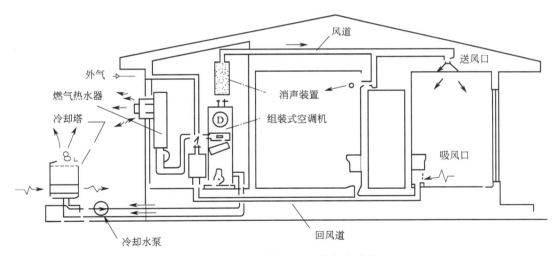

图 7-11　和风道并用的组装方式系统

也有采用热水锅炉和水冷组装机组的方式。但是，一般倾向于多采用组装机组和风冷室外机组的组合方式，很少有使用冷却塔的。必须根据设备对水质的要求管理水质。风道并用空冷（全冷）组装式系统如图 7-12 所示。

有代表性的个别方式，是被普遍应用的强制给排气（FF 式）暖风机，这是将冷房机组进行组合的形式，多数是利用空冷热泵式空调机（分开式）形式的 2 个机种；房间空调机（包括

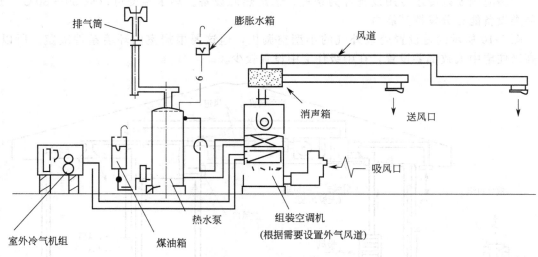

图 7-12 风道并用空冷（全冷）组装式系统

热泵式）近年来有很大改进，能进行设定温度的微调节。轻负荷时的间歇运转，降低了室内、室外机器的运转噪声。分开式室内冷气设备＋直接供暖方式系统如图 7-13 所示。地板热水辐射供暖系统如图 7-14 所示。地板加热板与热风加热并用的暖房方式如图 7-15 所示。

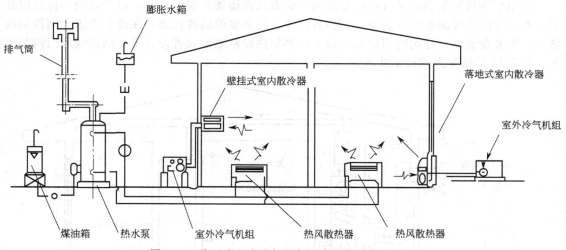

图 7-13 分开式室内冷气设备＋直接供暖方式系统

（2）公寓住宅

在我国北方地区，目前对于公寓住宅冬季一般多采用集中区域供暖方式，夏季采用用户自行安装分散式空调系统的方式。而在南方地区，通常冬季不设置供暖系统，但也有部分用户自行安装燃气式热水地板辐射供暖系统，在夏季，大多数采用分体式空调。部分住户采用分户式集中空调系统，如图 7-16 所示。

7.3.2　宾馆建筑空调设备构成要素及装置的要点

（1）冷热源装置

选择冷热源装置时需要根据无公害、节能、安全性、建设费用、运行费用、施工性质、维护

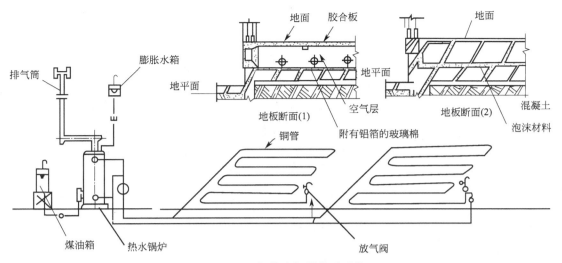

图 7-14   地板热水辐射供暖系统

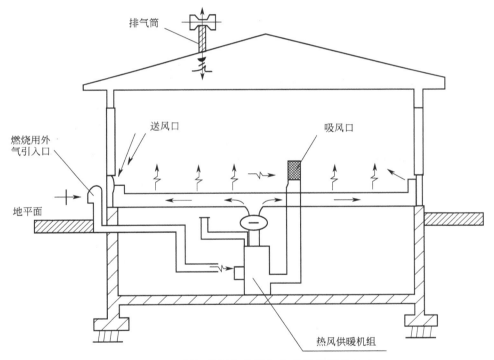

图 7-15   地板加热板与热风加热并用的暖房方式

管理等条件慎重地进行研究决定。客房系统和公用系统，由于使用时间带和负荷特性等不同，希望把热源装置系统分开设置。但是，如果能利用储热槽，则可以把热源装置合用为一个系统。

　　在饭店中多数是设置水蒸气锅炉，以供热水、供厨房用汽。如果夏季时锅炉运行，为了能定期进行检修，希望能设置 2 台以上的热源锅炉。吸收式冷冻机一般在夏季也要求锅炉运转，使锅炉室的条件恶化，如果能把设置的冷冻机容量与冬季暖房负荷相同，则能削减契约电力，是有利的。总面积为 15000～20000m² （客房数为 200～300 间等级）的饭店，如果不使用电动机驱动的冷冻机，而使用吸收式冷冻机时，配电用的电压不取 20kV，可以取普通高压 6kV。由于不需要建造特高压配电室，能削减建设费用和电气设备费用。

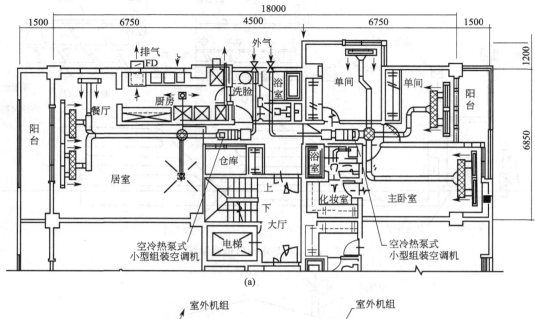

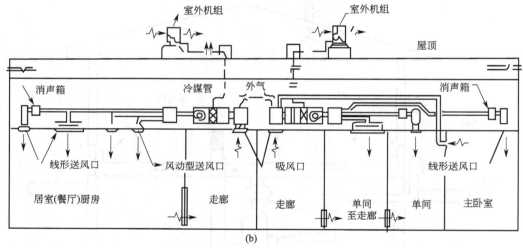

图 7-16　分户式集中空调系统住户内设备及风管布置示意（室外机组设置在屋顶）

冷热源装置一般设置在低层，必须防止噪声和振动传播到公共部门或者客房部门。当运入、运出设备时，应确保饭店营业正常进行，服务通道不受影响。对于超高层（30层以上）的饭店，采取把冷热源装置设置在上层的做法，则有利条件较多。但是，在这个场合要特别考虑处置好设备的防振、耐振动、防声等问题。

（2）室内装置

① 客房　在客房室中，一般是设置个别机组（空调机组、诱导机组等），设计成在每个客房都能调节温度、启停机组的方式。在各室设置个别机组的场合，进行规划时要特别注意下列几点。

a. 在客室内合理布置风机盘管，如图7-17所示。如果将风机盘管布置在房内床附近，就有可能使室内居住人员感觉到令人不快的气流。尤其是在商业饭店中，客室面积较小的场合，更要注意。另外，要注意的是如果风机盘管设备选择过大，也容易产生令人不快的气流。

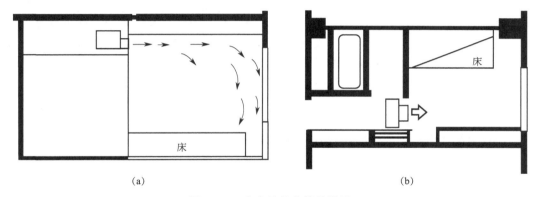

(a)   (b)

图 7-17   客房风机盘管的设置

b. 设备布置要能容易地进行检查和更换。尤其在天栅内设置的场合，要设检查口，并且要能容易地取出机组。设置机组部分的天栅要单独安装，应该做成能卸下来的结构。

c. 要适当地配置机组主体和送风口、吸风口的相互位置和高度，不要有折弯的风道。风道的急扩大、急缩小、变形都是噪声产生的原因，设计时需要注意。

d. 在寒冷地区，为防止产生冷气流个别机组可布置在窗户侧。此外，把机组布置在客室时，比较好的方式是在窗侧地上放置的方式。在客室中采用空调机组方式时，要与风道并用，保证室内不要产生负压，将各室排气量平衡的外气经过一级处理后导入室内。饭店内客室的噪声等级按就寝时能保持在 NC35 以下为标准选定空调机组。

② 公共部分   正厅、门廊、休息室，因客流出入频繁，需要使室内保持正压，防止外气侵入。另外，这个房间多数都设有排风装置，这时就成为大空间的空调，要考虑好送风气流应到达的距离。在休息室和门廊中，要注意规划布置好枝形吊灯等照明器具和送风口相互间的位置，不要因为送风口位置欠妥而吹动照明器具。

在公用部分中，饮食部分（大宴会厅、中小宴会厅、饭厅、酒吧间等）的室内压力平衡要妥善解决，这些部分的臭气不可流入其他部门，为此要研究布置好送风口和吸风口的位置。在大宴会厅、中小宴会厅、会议室中，容易产生吸烟对室内空气的污染，换气次数宜选取 10～150 次/h。在吸烟人数较多的场合，应在天棚上设置排气口。

在大规模饭店的大宴会厅中，举办宴会时在室内设小卖部为客人服务的做法较多，在这种场合要事先安排好适当的位置。另外，举办宴会时，多数情况要燃蜡烛，要使蜡烛的火苗既不被吹灭又不摇摆，座位区的气流速度应在 0.25m/s 以下，应把送风口和吸风口的位置按这个要求布置。一般的大宴会厅是无窗户的，内部充满烟、雾气的场合较多，外部壁面对室内条件的影响较小，外部负荷也比内部负荷小。对于这种情况，排风吸入口应设置在天棚上，对室内有摆设装饰的宴会厅也不会有影响。

③ 管理部分   工作人员各室，多数设置在地下部分是一般的做法，这些房间也需要进行空调，同样要认真考虑送风口和吸风口的布置。饭店的主厨房与其他部门不同，需要进行大量换气，要特别注意送风口和吸风口的布置。尤其在厨房的天棚内，配管和风道等错综复杂，天棚高度多数也只有 2.2～2.4m 左右，所以要把送风口的风速控制在较缓慢的状态，不要使室内人员有令人不快的气流感。选定向下型送风口的场合，要采用非气流型送风口，出口风速也要控制在 1.5m/s 以下。

（3）输送、热交换装置

热媒，可以使用水蒸气和热水。在饭店中，水蒸气配管由空调设备室直到管理部分为止，在营业部门（公共部分和客室部分）内，采用不设配管的空调规划较好。在水蒸气配管中，疏水器和膨胀接头等附件较多，这些东西需要进行检修、管理，规划时应尽量避免这些工作在营业部分进行。另外，在高层饭店中，在最上层等设置有热交换器、储水箱等装置的场合，对于设置的高压水蒸气立管，规划时要尽量地把配管竖井布置得远离客房。设置减压阀时，要充分考虑消除减压阀噪声的影响。

与空调机组等室内的末端机组连接的冷、热水配管的流速，干管选取 3m/s 以下，支管取 1m/s 以下。

（4）集中控制装置

在大规模饭店中，各部分的使用时间带是复杂多样的，应对设备进行程序控制，以达到经济运转的效果。另外，锅炉、冷冻机等热源装置，大部分都是 24 小时运转，对这些设备的控制也应采用自动化方式。

在饭店中，分区的数目比一般的建筑物多，确认是否把各区维持在最舒适的温湿度是困难的，需要把运转、监视控制集中化，利用少数人进行操作。

另外，对营业部门的温湿度，为了能经常地进行校验，应至少要在每个区设置温湿度计测量装置。

7.4   住宅及宾馆建筑空调设计和施工要点及注意事项

7.4.1   住宅建筑空调设计和施工要点及注意事项

（1）独立住宅空调设计和施工的注意事项

① 户式中央空调系统设计时除考虑负荷及热水等功能外，还应重点考虑新风、加湿及微细颗粒物 $PM_{2.5}$ 的过滤。厨房的空调系统布置采用水系统时，应保证水系统的热稳定性。

② 一般要尽量减少水泵和风机的动力费用，并且不要发生噪声和振动。要设法降低水泵的扬程和风机的静压。为了节省能源住宅必须做隔热及保温处理。

③ 在每个房间应设置有效的温度调节器，若能设置时间继电器则可以达到节能的目的。

④ 即使是集中方式处于不需要供热的时间带中，也应设定遥控机构（包括时间继电器），以方便地启停热源设备。

⑤ 热水锅炉或者组装锅炉中，配管的寿命大致为 7～10 年，但要进行更新，还要注意设备的布置。

（2）公寓住宅空调设计和施工要点及注意事项

① 公寓住宅空调水系统的设计必须考虑计量问题，实现按户计量，这就要求每个用户只能是空调水系统的一个独立分支。住宅建筑空调水系统的典型形式是以单元为单位的同程式立管系统，然后并联接入各用户，用户室内为水平同程式系统。

② 必须要确保厨房的给气和排气。厨房的排气量，在小住宅中为 $350m^3/h$ 以上，一般住宅应确保每个厨房有 $400\sim600m^3/h$ 的排气量。浴室、厕所的排气大多需要设置排风道，采用在同层横向敷设从外壁直接排出的方式，对节省空间和防灾是有利的。一般这种风道可以贯通横梁。

③ 热水配管、冷水配管、冷媒配管及燃气、供热水、排水等各种管道的横向敷设管道，原则上的做法是在混凝土底板上的两层地板内进行处理。尤其是分开出售的住宅，要做到分区明确，将来的设备更换工作应该对上下层无影响，所以要在两层地板内配管。

④ 由于住宅建筑中央空调系统的冷热负荷经常变化，必须考虑冷热源设备在部分负荷

时的容量调节；冷热水和冷却水循环水泵、冷却塔与冷热主机联锁，并根据空调终端负荷进行变频运行。住宅小区中央空调系统庞大、运行复杂，设计中应设有完善的自动控制系统，特别是主机房部分，最好能做到无人值守。

7.4.2　宾馆建筑空调设计和施工要点及注意事项

（1）客房部分

① 在设有风机盘管空调机组的客房中，要充分搞清楚渗透风负荷。风机盘管控制方式应以满足宾馆等级和用户的要求为原则。风机盘管回水出口处一般应设置手动或自动排空气阀，应防止凝结水漏水或外溢。

② 根据浴室的排气量，要在走廊壁面上设置送风口，向室内送风，取得风量平衡，确保客房内不形成负压，但这时要注意外气的影响。浴室、厕所的排气风道，要注意防止相互影响。特别是采用公用竖井风道时，在分支部分至少要设置 2 个弯头，与吸风口相接。

③ 风道、配管的检查口，要设置在便于进行检查的地方。在垂直竖井中，必须在走廊侧能进行检查的位置设置检查孔。

④ 客房吊顶中的配管和风道，只能设置本室使用的部分，其他房间或者公用的送排风道、配管等，不可通过客房的天棚。空调机组用的冷、热水配管，浴室、厕所的排风道等使用的竖井，不可与其他系统的送、排气风道或者冷却水干管、水蒸气配管的竖井共用，否则噪声容易传到客房内。

⑤ 超高层饭店浴室的排气，要十分注意布置风道使各个室排气量均衡，同时要在不发生噪声的前提下，设置风量调节机构。

⑥ 客房异味和 CO_2 气体一般要从卫生间排除。卫生间排风系统设计风量可按换气次数 $5\sim8$ 次/h 计算。送入室内的新风量应大于排放量的 20%，以防止室外空气渗透。

（2）饮食部分

对厨房要做到不产生极端的负压，考虑送风量的平衡。在厨房采用自然送风的方式是不可靠的，必须采用机械换气方式。

大宴会厅等在一天中有时要交替使用几次。为了能把前次使用中的臭气尽快地排出，要采取能以全外气方式运转的风道系统、控制方式和送风机容量。

（3）其他注意事项

在饭店中，对于噪声的控制规划，不管如何慎重地进行都不会显得过分。特别重要的是，在初步设计的建筑规划时就要认真考虑。例如，各种机械设备的配电室、主要管线竖井、风道空间、电梯竖井等的布置或者设备的隔声等，都要同建筑设计者进行详细协商。

热源设备、风扇式泵、配管、风道等的振动和噪声，为了不传播到客房和其他部分，要做完好的防振基础、防振接头，设置消声和隔声装置。

多数饭店在夏季也要运转锅炉，故锅炉室天棚部分的绝热措施必须认真考虑。在这种场合不可把烟囱布置在客室附近。

从厨房排气口排出的臭气，不要从外气导入口再侵入室内，对进气口和排气口位置要认真研究。一般臭气容易在表面上滞留，厨房的排气口尽量设置在较高地方。为了不影响外气的导入或者影响周围建筑物，排气口最好选用向上排出的形式。厨房的排风机应设置在风道末端，使排气风道内保持负压。

7.5 住宅及宾馆建筑空调设计实例

（1）工程概况

本工程为江西省九江市某五星级大酒店，地下一、二层为汽车库和设备用房，一至六层为酒店大堂、商店、餐厅、娱乐厅、酒吧、办公室、会议室等。地上为 26 层，地下为 2 层，地上建筑面积约为 $40728m^2$，其中一至六层裙房建筑面积约为 $14873m^2$，七层以上客房建筑面积约为 $22074m^2$，地下车库、设备用房建筑面积约为 $13200m^2$。建筑高度为 99m。

整座酒店的大堂、客房、餐厅、酒吧、娱乐厅、商务办公室、会议室等设冷暖两用集中式的中央空调系统，保证室内空气舒适、卫生、新鲜。个别用房设置独立的分体式空调。厨房、设备用房、车库等设置机械通风系统，以保证其室内污染空气合理排放。

（2）室外气象资料

当地纬度 $29°$；经度 $119°39'$；海拔高度 4.5m；冬季大气压力 102540.0Pa；夏季大气压力 100580.0Pa。

冬季：空调室外设计干球温度 $-3.0℃$；通风室外设计干球温度 $4.0℃$；供暖室外计算干球温度 $0.0℃$；平均室外风速 2.9m/s。

夏季：空调室外设计干球温度 $34.5℃$；通风室外设计干球温度 $32.0℃$；空调室外设计湿球温度 $28.5℃$；平均室外风速 2.9m/s。

（3）室内设计参数

室内设计参数见表 7-9。

表 7-9　室内设计参数表

房间名称	冬季		夏季		新风量 /[m^3/(h·人)]	噪声/dB
	温度/℃	相对湿度/%	温度/℃	相对湿度/%		
客房	21～23	40	23～25	≤55	50	≤40
办公室	20～22	40	24～26	≤60	30	≤40
会议室	20～22	—	23～25	≤60	30	≤40
娱乐厅	20～22	—	23～25	≤65	30	≤40
餐厅	20～22	—	23～25	≤65	25	≤45
走道	19～21	—	24～26	—	18	≤45
商店	20～22	—	24～26	≤65	20	≤45
游泳池	27～29	65～75	27～29	65～75	25	≤55

（4）空调冷热源

① 空调冷热负荷　根据软件计算得本工程夏季逐时冷负荷综合最大值：1～6 层裙房 3930kW，7～26 层客房 2150kW。所以夏季空调总冷负荷为 6080kW。考虑同时使用情况，取 $n=0.9$，则 $Q=5472kW$。

冬季空调热负荷为 4850kW，取同时使用系数 0.9。

其他用热量汇总

生活热水所用水蒸气量 4.1t/h，水蒸气压力 0.6MPa（由水专业提供），取同时使用系数 0.85。

新风水蒸气加湿用汽量 0.4t/h，水蒸气压力 0.2MPa，取同时使用系数 1.0。

厨房用汽量 0.4t/h，水蒸气压力 0.3MPa，取同时使用系数 0.9。

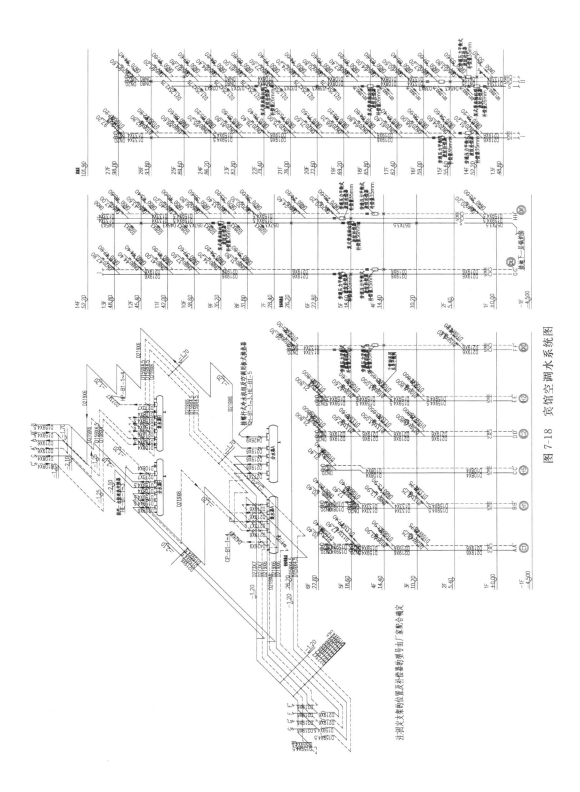

图 7-18　宾馆空调水系统图

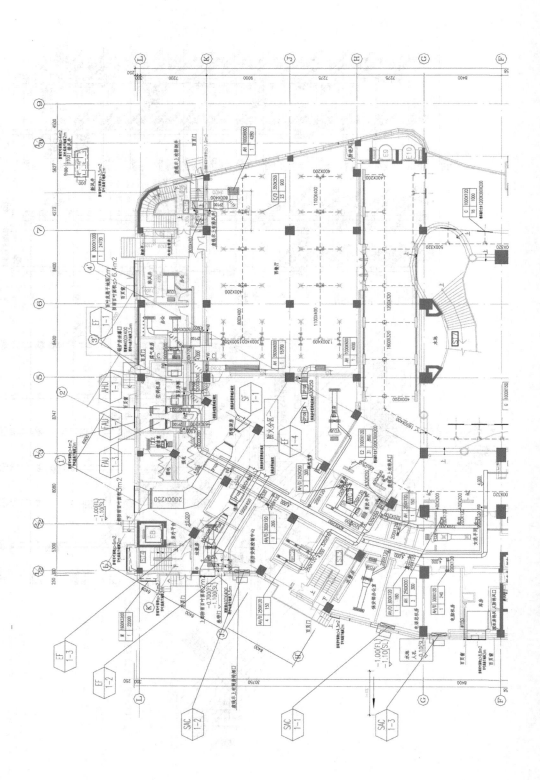

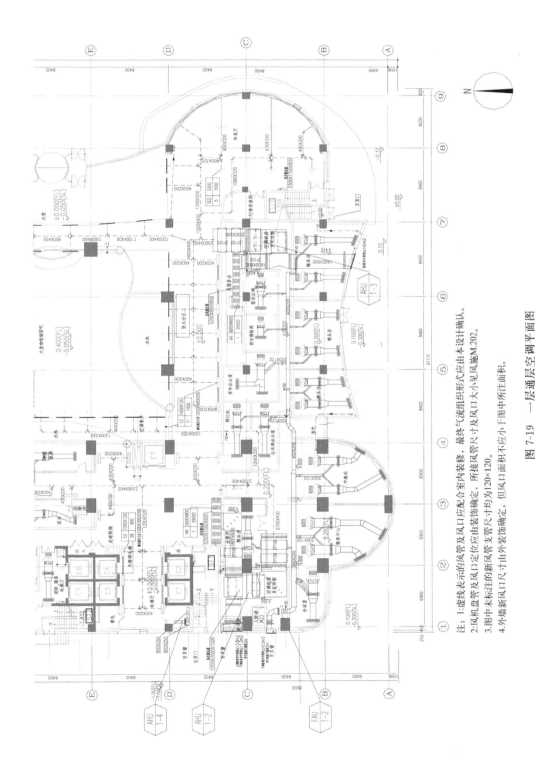

注：1．虚线表示的风管及风口应配合室内装修，最终气流组织形式应由本设计确认。
2．风机盘管及风口定应由装饰确定，附接风管尺寸及风口大小见风施M.202。
3．图中未标注的新风管支管尺寸均为120×120。
4．外墙新风口尺寸由外装饰确定，但风口面积不应小于图中所注面积。

图7-19　一层通层空调平面图

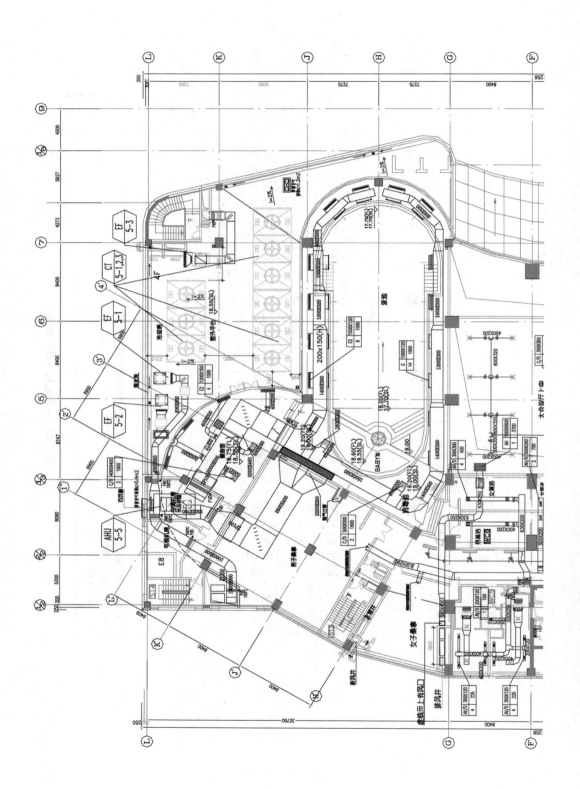

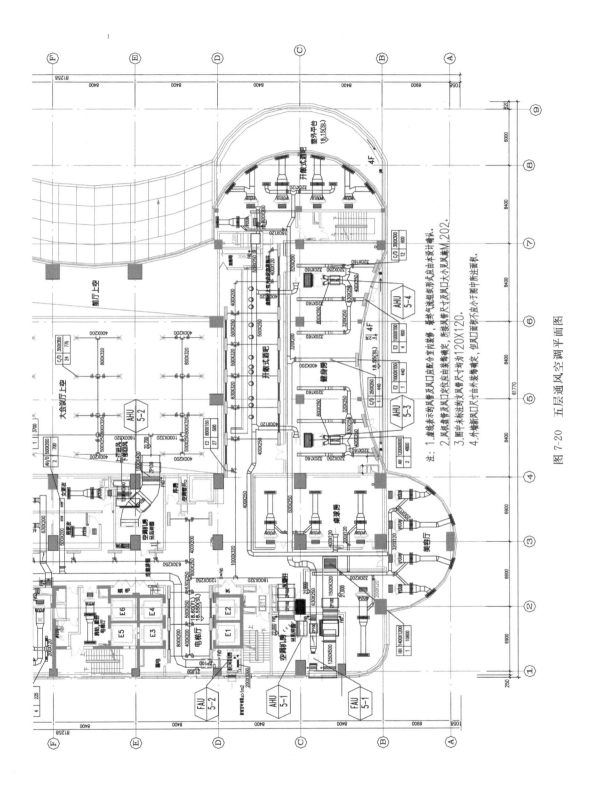

注: 1.虚线表示剖面风口应配合室内装修，最终气流组织和形式应由本设计确定。
2.风机盘管及风口定位应由本表确定，形接风管尺寸及风口大小见风速M.202。
3.图中未标注的风管支管尺寸均为120X120。
4.外墙新风口尺寸由外装专业确定，但风口面积不应小于图中所注面积。

图 7-20　五层通风空调平面图

洗衣房用汽量 2.2t/h，水蒸气压力 0.8MPa，取同时使用系数 0.8。

游泳池加热水用汽量 6.8t/h，水蒸气压力 0.8MPa，取同时使用系数 0.8。

总用汽量：$\Sigma Q = 4.1 \times 0.85 + 0.4 \times 1.0 + 0.4 \times 0.9 + 2.2 \times 0.8 + 6.8 \times 0.8 = 11.445$(t/h)；

选取热网热损失系数 1.06，则 $\Sigma Q = 12.1$t/h。

② 冷源　根据空调冷负荷及宾馆常年使用特点，选择 3 台水冷螺杆式冷水机组，单台制冷量为 1860 kW，冷冻机房设在地下一层。冷冻水供回水温度为 7℃/12℃，冷却水供回水温度为 32℃/37℃，冷却塔设在裙房屋面。冷冻水经水泵通过分水器分别送至主楼与裙房两部分使用。冷冻水采用单级泵输送；同时，设一台板式水-水换热器用于过渡季免费供冷，即利用冷却塔散热带走室内空调余热量。

③ 热源　采用蒸发量为 4t/h 的燃油水蒸气锅炉 3 台，水蒸气压力为 1.0MPa，燃料为 0# 柴油。空调供暖与生活热水分别通过汽-水热交换器提供，空调供暖热水供回水温度为 60℃/50℃。锅炉房设在地下一层靠近外墙及室外地坪处。

主要设备及材料见表 7-10。

表 7-10　主要设备及材料

编号	名称	参数及规格	单位	数量	备注
CH-B-1,2,3	螺杆式冷水机组	冷量 1860kW，冷冻水 7℃/12℃，冷却水 32℃/37℃，功率 342kW，冷媒 R22，COP 值 5.5	台	3	工作压力 1.6MPa
CT-7-1,2,3	方型横流冷却塔	冷却能力 460m³/h，冷却水 32℃/37℃，进风湿球温度 28.5℃，功率 3×5.5=16.5 (kW)，380V	台	3	运行质量 9.5t
CP-B-1,2,3,4	卧式冷冻水泵	流量 358m³/h，扬程 34m，转速 1450r/min，功率 55kW，380V	台	4	工作压力 1.6MPa，备用一台
CTP-B-1,2,3,4	卧式冷却水泵	流量 430m³/h，扬程 28m，转速 1450r/min，功率 55kW，380V	台	4	工作压力 1.0MPa，备用一台
HP-B-1,2,3,4	卧式热水泵	流量 128m³/h，扬程 28m，转速 1450r/min，功率 18.5kW，380V	台	3	工作压力 1.6MPa，备用一台
P-B-1,2	立式加压水泵	流量 10m³/h，扬程 25m，转速 2900r/min，功率 2.2kW，380V	台	2	工作压力 1.0MPa，备用一台
OP-B-1,2	输油泵	流量 1.5～2.5m³/h，扬程 17～12m，转速 2900r/min，380V	台	2	工作压力 1.0MPa，备用一台
B-B-1,2,3	水蒸气锅炉	蒸发量 4t/h，水蒸气压力 1.0MPa，燃料 0# 柴油，耗油 244kg/h，功率 14kW，热效率 90.2%	台	3	
EH-B-1,2,3	立式汽-水换热器	换热量 1450kW，二次热水 50℃/60℃，水蒸气量 2300kg/h，水蒸气压力 0.4MPa	台	3	工作压力 1.0MPa
EH-B-4	空调用板式水-水换热器	换热量 1800kW，一次冷却水 6℃/11℃，二次冷水 8℃/13℃，水流阻力 0.7MPa	台	1	工作压力 1.6MPa
OT-1-1	室外储油罐	15m³	台	1	
DOT-B-1	日用油箱	1m³	台	1	
AHU-1-1	西餐厅用组合式空调箱	风量 22800m³/h，机外静压 400Pa，系统冷量 168kW，初效 G4，中效 F7，风机功率 11kW，380V	台	1	工作压力 1.6MPa
FAU-1-1	一层吊挂式新风机组	风量 1800m³/h，机外静压 420Pa，系统冷量 24.3kW，初效 G4，风机功率 1.1kW，380V	台	1	工作压力 1.6MPa

图 7-18 为宾馆空调水系统图；图 7-19 为一层通风空调平面图；图 7-20 为五层通风空调平面图；图 7-21 为 14～22 层通风空调平面图。

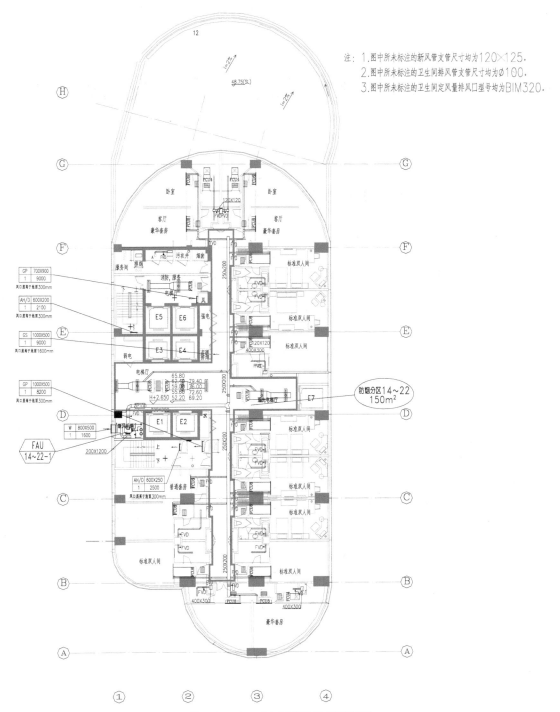

注：1.图中所未标注的新风管支管尺寸均为120×125。
2.图中所未标注的卫生间排风管支管尺寸均为Ø100。
3.图中所未标注的卫生间定风量排风口型号均为BIM320。

图 7-21 14～22 层通风空调平面图

第 8 章　高层及超高层建筑空调设计

8.1　高层及超高层建筑的功能和特点

8.1.1　高层及超高层建筑的功能

高层建筑是伴随着社会的进步和经济技术的发展而发展的，它表现了城市建设的时代特征。近年来我国的高层建筑无论是在规模上还是在建设速度上都是前所未有的，其中一些高层建筑已达到或接近世界一流水平。在我国，民用建筑按地上层数或高度分类应符合下列规定。

① 住宅建筑按层数分类：一层至三层为低层住宅，四层至六层为多层住宅，七层至九层为中高层住宅，十层及十层以上为高层住宅。

② 除住宅建筑之外的民用建筑高度不大于 24m 者为单层和多层建筑，大于 24m 者为高层建筑（不包括建筑高度大于 24m 的单层公共建筑）。

③ 建筑高度大于等于 100m 的民用建筑为超高层建筑。但根据世界超高层建筑学会的新标准，300m 以上为超高层建筑。

高层及超高层建筑除了为主要功能服务的主建筑物外，一般还需有辅助的建筑物。这些辅助的建筑物大多布置在塔楼下面的裙房内，称为公共用房，其内容视具体需要而定，通常有商店、体育运动俱乐部、餐厅、洗衣房等。为了节约用地，高层建筑常设置地下室，以作设备用机房，如制冷机房、空调机房、锅炉房、水池、水泵房、污水处理房、变压器室、高低压配电室、停车场（库）等。在塔楼最高层，还必须有水箱、电梯机房与风机房等。高层及超高层建筑低区、高区和用途布置如图 8-1 所示。

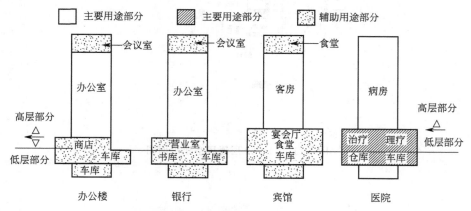

图 8-1　高层及超高层建筑低区、高区和用途布置示例图

8.1.2 高层及超高层建筑的特点

高层建筑在建筑方式上通常采用轻型墙体结构，如采用玻璃幕墙等。因此，墙体结构要比低层结构轻得多。为了减少交通噪声对室内的影响和减少大气污染，高层建筑多数采用密封窗。因此，即使在过渡季也要供冷。窗的面积也比低层建筑大得多，且多采用双层玻璃窗。高层建筑层高较低，有些只有 3m 左右。

由于高层建筑本身建筑物高，四面无其他建筑物屏挡。因此，各个方向的外表面都会受到太阳辐射热，还要受到前面建筑物屋顶传来的辐射热的影响。在冬季，高层建筑尚有因外面有效辐射而产生的附加热损失。这些环境变化也增加了相应的空调负荷。

由于高层建筑物热容小，室内蓄热能力相应降低，室外气温的变化及太阳辐射的变动传入室内的延迟时间变短，不同朝向房间的负荷差别较大，有外墙的房间和内部区房间的负荷也不相同。因此，空调系统和设备应适应室内负荷变化的要求，具有良好的调节性能。

随着建筑高度的递增，建筑周围漩涡气流加大。风速的变化对围护结构传热有显著影响，超高层建筑的窗玻璃的传热系数可增加 15%；风速增加，负荷增加，在实际计算时，每 10 层作为一个竖向区域，对放热系数要进行修正。建筑高度增加，由于热压产生的烟囱效应也较明显，它对空调通风换气及排烟效果会产生不可估计的影响。

高层建筑层数较高，低层部分的空调设备承受的水静压力高。当工作压力超过低层部分空调设备所能承受的压力时，应对该建筑的水系统在竖向分区，同时在竖向分区内可再按南北分区，这样可分别操作，以适应南北方向的夏季空调负荷和冬季供暖负荷的不同。

高层建筑水、气、电所需的设备多，应该将这些设备合理安置，如：为制冷机房服务的变配电应靠近制冷机房；而空调系统为节约管道和风道所占用竖井的空间，一般应将设备层设置在地下层和屋顶层。若层数高，则在中间层再考虑设备层，使设备布置达到经济、合理；通常将产生振动的、发热的、重的设备如制冷机、锅炉、泵等设置在地下室，将空调机组和热交换器等分区用的设备分散放在上、中、下设备层。一些重要房间需要进出方便，如保安室、消防控制中心和煤气表房等，则应设置在底层房间内。另外，高层建筑还应注意建筑物周围环境噪声、大气质量和污水处理等问题。

超高层建筑物一般都是大规模的建筑物，所以呈现出超高层建筑物和大规模建筑物混合的特征。超高层建筑物多数场合分为高层部分和低层部分。对于超高层建筑物来说，人、物及能源等上下方向的动作路线是很重要的，为此所设置的空间也很巨大，风道、管线等在竖井中必须综合布置好。当把这个问题与上述水压问题统一考虑时，就必须把设备室布置在上、下层及中间层。

高层建筑面临的问题是高层建筑物的给水排水和消防灭火设备问题以及将要论述的空调问题，范围有所不同。不能都顾及。在空调规划方面要考虑的特殊问题主要如下：

① 水的压力较大，是否超过了设备和材料的耐压限度？

② 建筑物结构柔性化之后，设备和材料是否要考虑耐振动措施？

③ 烟囱效果增大，渗透风量增加，是否对建筑物内的压力分布产生很大影响？

④ 由于建筑物周围气流速度增大，是否引起风害？是否对正厅或者进、排气口的空气流入有很大影响？

⑤ 从水槽或者从储热槽抽水需要的动力是否节能？或者在造价上是否存在问题？

8.2 高层及超高层建筑空调方式及特点

8.2.1 高层建筑空调方式

高层建筑空调系统分类如表 8-1 所示。目前经常使用的空调方式有单风道定风量方式、单风道变风量方式、风机盘管加新风方式。

表 8-1 高层建筑空调系统分类

分类			名称	
集中系统	全空气系统	单风道系统	定风量系统	有末端再热器
				无末端再热器
			变风量系统	有末端再热器
				无末端再热器
		双风道系统	定风量双风道系统	
			变风量双风道系统	
			多区域机组系统	
			各层机组系统	
			连接风道的柜式空调机系统	
	空气-水系统		风机盘管机组加新风系统	
			诱导系统	
			辐射冷暖系统	
	全水系统		风机盘管系统	
局部系统			自带制冷机组系统:窗式空调器、组合式空调器	
			柜式空调器	

单风道定风量方式是全空气系统中常用的方式,一般用于高层建筑的公用部分,如门厅、中庭、餐厅、宴会厅等。该空调方式的优点是:有集中的空调机房,运行管理方便;由风机引起的振动噪声可在机房内进行处理,不致影响使用场所;送风量大,换气充分,特别是设置了回风风机,过渡季可采用全新风。其缺点是风道截面大,增加建筑高度,一般送风机功率全年不变,不利于节能。

单风道变风量方式是指普通的 VAV 方式,每个送风口或每隔几个送风口设置一个变风量装置,根据室温来控制风量,非高峰负荷时送风量的减小使功率消耗大幅节省,所以这种方式的节能效果很好。但因目前变风量装置的成本较高,在国内高层建筑空调中用得还不普遍。不过随着装置成本的不断降低,变风量系统将会在高层建筑中得到推广、使用。

风机盘管空调系统是高层建筑广泛采用的空调方式。由于风机盘管机组体积小,布置安装方便,所占建筑空间小且能个别控制,除了大面积场所如餐厅、多功能厅采用集中处理外,其他场所如客房、办公室、商场、娱乐场所等基本上均采用风机盘管系统。目前国内外高层宾馆、医院病房及高层办公楼绝大部分也采用风机盘管加新风系统。

高层建筑空调方式应根据不同的建筑形式、建筑物使用功能、时间及空调负荷的特点等进行选择。

对于同一座高层建筑物内平面和竖向房间的负荷差别很大,各房间用途、使用时间和空调设备承压能力等均不相同,而且存在整个建筑物空调容量很大的情况。为使空调系统既能保持室内要求参数,又能经济管理,就需要将系统分区。高层建筑的核心部分是维系整个建筑物活动的关键,一般设置电空调系统的分区主要考虑室内设计参数、负荷特性、建筑物高度、房间使用功能和使用时间、空调设备的容量和节能管理方面等因素。

① 室内设计参数。一般将室内温湿度参数、洁净度和噪声等要求相同或相近的房间划为一个系统，如旅馆客房和其他公用房间（餐厅、舞厅、健身房等）应分别考虑空调系统。

② 负荷特性。对于大型建筑物来说，周边区（进深 4m 左右的区域）受室外空气和日射的影响大，冬、夏季空调负荷变化大，内部区由于远离外围护结构，室内负荷主要是人体、照明、设备等的发热，可能为全年冷负荷。因此，可将平面分成周边区和内部区，周边区也可按朝向分区（平面面积大时），根据各区负荷变化特点分别进行空调。

③ 建筑物高度。在高层建筑中，根据设备、管道、配件等的承压能力，沿建筑物高度方向上划分为低区、中区和高区。通常热交换器、水泵、冷水机组等耐压在 981kPa 左右，故一般 30 层以下（100m 以下）的建筑中水系统不分区，30 层或 100m 以上的超高层建筑在竖向可分成 2～3 个区。

④ 房间功能和使用时间。按建筑物各房间的用途、功能和使用时间分区。如办公楼建筑可按办公室、会议室、食堂、门厅等设置不同的空调系统；旅馆建筑中，客房是全天使用的，而其他房间如餐厅、会议室、舞厅等则非全天使用，应划为不同的空调系统；对医院来说，把洁净度要求相同的房间分为一个区，可按门诊室、手术室、病房、办公室分别设置空调系统。空调分区不仅能有效地满足各种性质、用途房间的使用要求，节省建筑空间，而且有利于减少空调能耗和便于管理。

设备层是指建筑物的某层，其有效面积的大部分作为空调、给水、电气、电梯等机房设备间。对于高层建筑物，因考虑到空调设备的耐压大小及风道（新风、排风、正压送风、排烟）、设备尺寸所占用的空间，除了用地下层或屋顶层作为设备层外，有必要在中间层设置设备层。风道从中间设备层向上、向下分区布置，可以减少系统风道占用的建筑面积和空间。设备层的具体位置不完全由空调方式而定，还应结合大楼使用功能、建筑高度、平面形状、电梯布局（高、低速竖向分区）、给排水和热水供应系统的布置、防火排烟等因素综合加以考虑。也可把避难层兼作设备层。设备层的设置原则如下：

- 20 层以内的高层建筑，宜在上部或下部设一个设备层；
- 30 层以内的高层建筑，宜在上部和下部设两个设备层；
- 30 层以上的高层建筑，宜在上、中、下分别设置设备层。

高层建筑空调水系统按供、回水管管数来分有双管制、三管制和四管制三种系统；按其中循环水的循环方式来分有开式和闭式两种；按循环水流动途径来分有同程式和异程式两种系统；按系统中水泵设置方式来分有一级泵系统、二级泵系统及一级泵与二级泵混合式系统三种；按用途分有冷却水系统和冷冻水系统。

高层建筑空调水系统的特点是水静压力大，设备承压高，同时系统规模也大，负荷变化大，所以应该在平面和竖向适当分区，注意节省水系统的输配电耗，考虑水系统的水质处理问题。

开式水系统与闭式水系统相比，有更多的缺点和限制，其中最大的问题是水泵扬程高，所以开式系统在空调系统特别是高层建筑空调中不常使用。但是，近年来由于能源紧张和空调技术的发展，国内外不少工程采用蓄冷的空调方式，相应的水系统需采用开式系统。高层建筑的低层区公用部分，如餐厅、酒吧、舞厅、门厅、茶室、商场等区域，使用时间相对集中，负荷又大，如采用蓄冷池，不但可以利用晚间用电低峰的负荷，而且由于建筑高度低，所要增加的提升扬程不多，从而减少制冷设备、配电设备的容量以及机房面积等，不仅节省投资，而且使用灵活方便。所以，一个系统究竟采用开式还是闭式系统，还与所采用的空调方式和设备情况有关。在两种情况均可使用时，推荐使用闭式系统。

一级泵系统和二级泵系统是目前两种常用的空调水系统，后者由于能显著地节省空调冷冻水循环和输配电耗而在高层建筑空调系统中得到越来越广泛的应用。一级泵的扬程只需克服一次环路的阻力损失，即包括一次环路中蒸发器、过滤器、阀门及管路等的阻力。其阻力的主要组成是蒸发器，所以一次环路的总阻力大约只有 1.2~1.3bar（1bar＝0.1MPa），一级泵扬程一般小于 1.5bar 就满足要求。二级泵的扬程应按二次环路中最不利环路进行水力计算后确定。对于 100m 左右的高层建筑，如采用闭式系统，则二级泵扬程一般为 2.0~3.0bar。在冷冻水输配环路中，有时候各个环路的压力损失相差较大，例如高层建筑的低层区和裙房部分，一般靠近冷冻机房，管路比较短，压力损失小。此时压力损失小的环路可以直接由一级泵供水，压力损失大的环路则由二级泵供水。这样，整个系统变成了一级泵和二级泵混合式系统，其中一级泵的扬程适当提高，二级泵的扬程相应地可降低一些。

同程式水系统在高层建筑闭式水系统中被广泛应用。由于经过每一环路管路的长度相同，故基本上不需要做阻力平衡。高层建筑的垂直立管通常采用同程式，水平管路系统范围大时也应尽量采用同程式。但空调水系统不像供暖系统那么容易失调，因为空调系统末端设备阻力都比较大，一般要达 0.08~0.16bar。相反干管阻力要小得多，当末端阻力与干管阻力之比达 3：1 时，采用异程式问题不大。目前工程中常通过设置平衡阀来解决系统的水力平衡问题。

高层建筑一般均是大型民用建筑，整个建筑的空调容量很大，各房间用途各异，负荷特点及使用规律也差别较大。另外，由于高层建筑总高度较高，产生的水静压力可能超过设备和管道的承压能力，为了使空调系统既能满足各房间的使用要求，又便于运行调节、节省能量，并降低系统中的水静压力，有必要对大型建筑物的空调冷冻水系统进行合理的平面和竖向分区。考虑到负荷特点、使用规律及空调参数要求上的差别，一般宜将裙房与主楼的冷冻水系统分开设置，或划分成一个系统、两个环路。有时大型建筑物的主楼在平面上可以划分为周边区和核心区。由于周边区和核心区负荷特点上的差别，其冷冻水系统也应划分为不同的系统。另外，由于日射随朝向而变，所以周边区还可根据朝向划分为不同的系统。竖向分区主要的考虑因素是耐压问题，而关键问题是阀门和接头，一般以 0.6MPa 或 1MPa 来选择。一般高层建筑 100m 以下时，水系统竖向可不分区，因为目前设备的承压能力均能达到 1MPa 表压，但 100m 以上超高层建筑的水系统竖向必须分区。高区水系统可以采用两种方法与集中供冷系统耦合。一种方法是在中间层设置水-水板式热交换器。该方法系统简单，保持闭式循环，运行费用较低，但高区的冷冻水温提高，并且板式热交换器的价格也较高。另一种方法是应用多级提升的办法，即在中间层设置中间水箱，冷冻水先从集中冷源打入中间水箱，再从中间水箱打入高区系统。这种方法系统也比较简单，可避免设置中间板式水-水热交换器，且冷量传递无"温度损失"。但采用此法时，水系

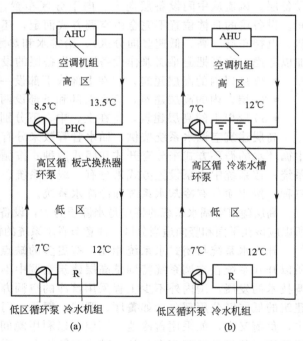

图 8-2　高区水系统与集中冷源的耦合

统必须是开式循环，所以高区系统的水泵扬程高，运行费用大。有关两种方法参见图 8-2。

空调系统经常在部分负荷状态下运行，相应地系统实际需水量和输配电耗也经常性地小于设计值，并随空调负荷按一定比例变化。为了适应空调系统这种负荷的变化，维持室内所

需的温度，避免出现"过冷"或"过热"的情况，需要对空调水系统进行调节。一般空调工程中，水系统的能耗约占总能耗的 15％，所以应根据工程的规模和特点，在综合比较一次性投资和经常运行费用关系的基础上，选择一个合理的调节方法。空调水系统的运行调节方法与末端装置的调节方法有关，空调末端装置（如风机盘管）一般采用三通阀和二通阀调节。当采用三通阀时，水系统是定流量系统；当采用二通阀时，水系统是变流量系统。系统的变流量一般通过节流调节、旁通调节和采用二级泵系统等方法实现。

高层建筑空调水系统各种运行调节方法的能耗比较如图 8-3 所示。由图 8-3 可知，旁通调节方法能耗最高。二级泵系统中二级泵采用台数调节或变速调节，水系统的耗电量最低，从而显著地节省水系统的输配电耗。

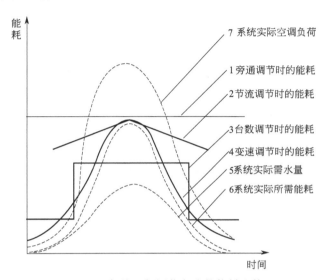

图 8-3　各种运行调节方法的能耗比较

高层建筑空调水系统的节能措施如下。

① 采用变水量系统节能效果明显。

② 水泵特性曲线和管路特性曲线越陡直，水泵变流量节能效果越好。

③ 水泵台数并联控制，不仅节能效果较显著，而且初投资也较低，目前工程中广泛采用。适当增加二级泵的台数是经济的，也是可行的。

④ 大中型空调系统一般采用 4～6 台制冷机为宜，应尽量使制冷机组处在全容量 40％～80％范围内高效运行，离心式冷水机组容量低于 30％时容易喘振。

⑤ 冬、夏季冷、热水温差不同（冬季 $\Delta t = 10 \sim 15℃$，夏季 $\Delta t = 5℃$），所以应采用不同的循环水量，分设冷水泵和热水泵，特别是冬季使用期较长的地区，更显得经济、节能。水输送系数（输送能量与水泵消耗功率之比）供冷时不得小于 30，供暖时不得小于 200。

⑥ 水系统应按照水阻力大小分设不同的环路。

8.2.2　高层建筑空调的特点

综上所述，高层建筑种类繁多，空调方面有许多特点，现归纳为以下几个方面。

① 高层建筑的建筑形式（如墙身、窗、层高等）和周围环境（噪声、空气污染、太阳辐射热等）对空调的负荷和空调方式均产生影响。因此，在设计高层建筑空调时，一定要考虑高层建筑的建筑形式和周围环境条件的特点。

② 高层建筑空调的负荷受风速变化、热压和风压的影响，另外还受太阳有效辐射的影响。因此，在计算高层建筑空调负荷时应考虑上述因素的影响，并加以修正。

③ 高层建筑中由于受层高限制和造价等原因，主要采用风机盘管加新风空调方式；而高层建筑中的公用部分，如门厅、中庭、餐厅、宴会厅等则多采用单风道定风量全空气空调方式。

④ 变风量空调方式、末端为风机动力箱（FPB）的全空气系统、水环热泵系统、VRV系统、多分区空调系统等是近年来发展起来的新型空调方式，在高层建筑空调中有着广泛的应用前景，只是目前价格较高，设计和使用经验还较少，使其应用推广受到一定限制。相信随着工程设计和应用技术的发展，会很快摸索出经验，使之在高层建筑中得到广泛应用。

⑤ 高层建筑空调的水系统较为复杂，考虑到建筑物的空调容量较大，各房间用途各异，负荷特点及使用规律也差别较大，再者由于高层建筑总高度增加，产生的水静压力可能超过设备和管道的承压能力。因此，应对大型高层建筑的空调冷冻水系统进行合理的平面和竖向分区。平面上通常将裙房与主楼的冷冻水系统分开设置或划分成一个系统、两个环路。大型建筑物的主楼在平面上可划分为周边区和核心区。周边区还可根据朝向划分为不同系统。对100m以上的超高层建筑的水系统竖向必须分区。高区水系统可以采用在中间层设置水-水板式热交换器和多级提升法两种方法与集中供冷系统耦合。

⑥ 高层建筑空调水系统按其循环水的循环方式分为开式和闭式系统；按系统中水泵设置方式分为一级泵和二级泵系统及一级泵与二级泵混合式系统；按供、回水流动途径分为二水管、三水管和四水管系统；按循环水流动途径分为同程式和异程式系统；按用途分为冷却水系统和冷冻水系统。对于普通高层建筑，一般可采用闭式、一级泵、二水管、异程式冷冻水系统；而对于要求较高、规模较大的高层建筑，则需要采用闭式、二级泵（或一、二级泵混合式）、四水管、同程式冷冻水系统。

8.2.3 超高层建筑空调的特点

（1）空调水系统

随着建筑高度增加，空调水路系统设备及管件承压要求提高，必须经过梯级板式热交换换热方式把冷热水送至最高层。高层建筑高度在100m以下，空调水系统承压小于1.6MPa时，水系统在竖向只设一个区即可，空调水管道、空调设备均可采用1.6MPa的工作压力。而超高层建筑高度在100m以上时，空调水系统承压一般大于1.6MPa，水系统在竖向需设多个分区，以保证空调水管道、空调设备可采用1.6MPa的工作压力。

当超高层建筑高度较高时，为了减少分区数量，空调水管道、空调设备可采用2.1MPa的工作压力。竖向分区的主要目的是降低管道、设备工作压力，减少管道、设备的初投资。超高层建筑空调系统大多采用四管制水系统，而较多的高层建筑空调系统采用二管制水系统。

（2）负荷计算

随着建筑高度升高，大气透明度、太阳辐射强度也增大，室外风速随着建筑高度递增，围护结构外表面放热系数加大。对于超高层，随着高度增加，风速、室外气温均产生变化，对空调、供暖负荷均产生不可忽视的影响，在空调负荷计算时需要考虑这些影响。

（3）热压问题

超高层建筑的电梯竖井由于热压作用而产生抽风现象，在冬季，此现象将影响低区的舒适性。需要采取竖井加压等措施解决此问题。

（4）消防及防排烟

建筑高度升高、层数增加导致疏散困难，对防排烟措施要求高，且建筑本身由热压造成的烟囱作用较大，对空调通风、换气、排烟效果有影响。超高层建筑由于高度产生的风速影响及安全等原因，一般较少采用可开启外窗。因此，各层平面一般采用机械排烟系统。消防楼梯间、前室分段设机械正压送风系统。

8.3 高层及超高层建筑空调规划与设计

8.3.1 空调设备室的位置和空气分布特性

如图 8-4 所示，是高层及超高层建筑物空调设备室布置一般形式，在最下层部分设置热源装置（包括储热槽）和低层部分用的空调设备。高层部分是在 20～30 层设置空调设备室，把送风系统上、下分配。在最上层是否设置主空调机室，做法有图 8-4（a）～（c）和图 8-4（e）～（g）的差别。如图 8-4（e）～（g）所示，将在建筑物中部的设备室称为中间设备室，一般在这附近也设置水压用的中间水箱和电梯设备室。

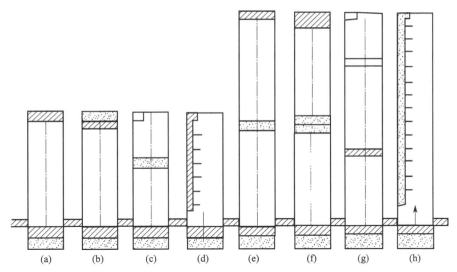

图 8-4　高层及超高层建筑物空调设备室布置一般形式

楼房高层化以后，竖风道在火灾时将助长烟气的蔓延，必须完备设置防烟防火门。为了避免危险应该采用各层的空调方式，风道完全是横向布置，如图 8-4（d）、（h）。这种方式的风机动力小，并且各层的租赁者能够容易做到根据不同情况控制运转工况。另外，在集中管理的场合，除了能减少维护管理的工作量之外，由于空气混合和均匀化效果好，能够在全系统中做到空气质量均匀化，具有能减少外气导入量等优点。

8.3.2 热源装置的布置

热源装置的布置涉及负荷位置（空调设备）、噪声、振动等对建筑物内、外的影响，对外热交换器的位置（冷却塔或者利用空气热源热泵场合的蒸发兼冷凝器等）、烟囱构造及位置等因素，要经过综合考虑后再确定。如图 8-5 所示，是冷、热源装置典型布置（区域冷暖房方式或者小型热泵组装机组方式的分散布置场合除外)。

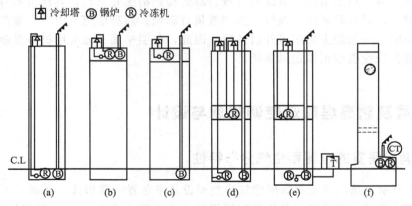

图 8-5　冷、热源装置典型布置

(1) 地下层集中布置型

在中、高层楼房中,一般都采用在地下层集中布置型,对于防噪声、防振、设备的维修和更换、燃料储藏和补给等各方面都是有利的。但是,在 20 层以上时,此类型在解决耐压方面有困难 [图 8-5(a)]。

(2) 屋顶集中布置型

这种方式可以消除锅炉排气的处理或者锅炉耐压方面的困难,并对使用空气热源热泵方式比较有利。但是,在防声、防振、减振方面以及对设备的搬运、安装和维护管理等方面都是不方便的 [图 8-5(b)]。

(3) 热源分散布置型

在屋顶集中布置的方式中,从防灾方面考虑,应该把锅炉及其附属设备布置在地下层,提高安全性 [图 8-5(c)]。

① 分散布置在中间层　图 8-5(f),多数场合适用于 30 层以上的超高层建筑物,并且多数都是把锅炉设备设置在地下室 [图 8-5(d)]。

② 分散布置在其他楼栋　把锅炉和冷却塔分散布置在其他楼栋,对解决水压力和防灾都有利,但必须注意避免噪声对高层部分的影响 [图 8-5(e)]。

(4) 集中布置在其他楼栋

把全部热源装置设在其他楼栋,或者布置在离开塔楼的低层部分,有利于设备搬运、安装、维护管理、检修等。但是,如前所述重要的是要注意噪声或者排气的影响 [图 8-5(f)]。

以上布置是基本型,要考虑和空调机室的关系,周围环境或者建筑物高度,利用能源问题、建筑结构及其用途和分区、维修动作路线、卫生及与电气有关的设备间等。应综合进行研究,解决与空调有关的设备间布置。

8.3.3　高层及超高层建筑空调设计要点及注意事项

高层及超高层建筑空调设计要点如下。

① 高层及超高层建筑空调方案设计要统筹解决设计的可靠性与可行性、调节性与操作性、经济性与安全性等问题,设计规划要合理。应合理设计供暖系统,全面优化空调通风性能。

② 在设计循环水泵时,要综合考虑冷负荷和扬程来进行设计,通过控制变频泵速对定

速泵数量加以控制，保证其在常规使用条件下能够保持良好的运行状态。同时应客观准确地进行系统阻力及水力平衡计算，为空调循环水泵型号的选择提供准确依据，挑选合适的空调循环水泵，避免空调循环水泵型号选择不合理。另外，选择空调循环水泵应关注夏季和冬季循环水流量的差异。所以，在暖通空调设计上需要分别对冷水泵和热水泵进行设计，如果采用一台循环水泵，势必造成能源浪费。

③ 应综合多方面情况，认真、细致、系统地进行冷热负荷计算，同时在计算完成之后还需要进行检验，以此来保证计算结果的准确性，避免出现空调装机容量过大的现象。

④ 应正确处理及解决空调水系统的承压及定压问题，合理地进行竖向系统分区，合理地划分水系统并进行详细计算和分析是非常必要的。水系统竖向分区应使空调系统运行经济、安全、可靠。

⑤ 旁通管道作为供回水总管的重要构成，其管道性能会对供回水总管的应用效果产生直接影响。为了稳定空调系统内冷水机组的水量，可将旁通管道设置在供回水管上，设计合适的调节阀来控制实际压差。在设计旁通管道时，需要根据冷水机组水量，合理设计最大水流量。

在高层及超高层空调水系统设计、规划中，应注意以下几点。

① 采用大温度差减少循环水量，按一般的水温（冷水 5~8℃，热水 40~45℃）将空调机盘管的利用温差取 15℃ 左右是可行的，这样就可以减少水泵的动力和缩小配管管径。

② 在变流量控制设备的方法中，控制水泵转速的方式是更好的节能方式。但是，要注意成本的增大和水压的减小。

在高层及超高层空调风系统设计、规划中，除充分考虑防火灾问题以外，还应注意以下几点。

① 冬季热空气容易向上层部分移动，使下部的暖房效果变坏。这是由于烟囱效应的影响，应该根据需要并对应季节对风机的静压进行调节。

② 通过导入室外空气的空气调节阀或者建筑物低层部分各处的缝隙，容易侵入大量的室外空气，负荷比预计的要大。因此，需要选用高性能的空气调节阀。

③ 应该与排烟系统综合地进行设计和系统控制。

8.4 高层及超高层建筑空调设计实例

（1）工程概况

该工程为上海某超高层建筑空调设计，其总建筑面积约 300000m²，总高 420.5m。该建筑地下 3 层，49000m²，为停车、机械设备、员工办公用房；裙房有 6 层，37000m²，为商场、餐饮、会议用房；塔楼共 88 层，1 层、2 层为门厅和机械设备用房，3~50 层为标准办公层，51 层、52 层为机械设备，53~87 层为宾馆（其中 53~57 层及 86 层、87 层为宾馆公用区，58~85 层为宾馆客房），88 层为观光层，在 88 层以上还有 4 层机械设备层。

（2）空调系统设计

① 空调冷热负荷　空调室内设计参数如下。

办公：夏季 $t=24℃$，相对湿度（RH）$=50\%$，冬季 $t=24℃$，$RH=30\%$。

客房：夏季 $t=24℃$，$RH=50\%$，冬季 $t=24℃$，$RH=40\%$。

该建筑空调冷热负荷如表 8-2 所示。

表 8-2　建筑空调冷热负荷

名称	建筑	夏季		冬季	
	面积/m²	设计冷负荷/kW	负荷指标/(W/m²)	设计热负荷/kW	负荷指标/(W/m²)
地下室	49000	3060	62.5	3435	70.1
裙房	37000	7616	206	2276	61.5
办公	125000	11814	94.5	5500	44
宾馆	78000	8725	112	5663	72.6
总计	289000	31215	108	16874	58.8

② 建筑空调冷冻、冷却水系统　空调冷水系统分低、中、高三个分区。低区为办公，服务于地下室、裙房、办公 21 层以下，工作压力 2.1MPa，供冷量 16111kW，异程式定流量系统，末端装设电动阀和平衡阀，在供、回水之间装设压差旁通。中区为办公，服务于办公 22～51 层和宾馆，工作压力 2.8MPa，供冷量 15103kW。高区为客房区，分为宾馆客房区和公用区两部分。宾馆公用区：服务 52～57 层、86～屋顶 4 层，冷水通过 51 层的板式换热器与办公高区的一次冷水热交换获得，工作压力 2.1MPa，供冷量 6125kW，异程式定流量系统，装设压差旁通；宾馆客房区：服务 58～85 层客房，冷水通过 51 层的板式换热器与办公高区的一次冷水热交换获得，工作压力 2.1MPa，供冷量 2643kW，异程式定流量系统，装设压差旁通。空调水、风系统原理图如图 8-6 所示。

冷却水系统分为制冷机冷却水系统和楼层冷却水系统，服务于各楼层租户水冷式整体空调机组。制冷机冷却水系统为定流量一次水系统，冷却塔设于裙房顶，工作压力 1.05MPa，进、出水温度 37.7℃/32.2℃，为开式系统。楼层冷却水系统（即二次水系统），按高程分为上、下两区，为闭式系统，二次水通过设于制冷机房内的板式换热器与来自冷却塔的一次冷却水进行热交换，一、二次水均为定流量系统。一次水供、回水温度 32.2℃/37.7℃，冷水侧工作压力 1.05MPa。下区：服务于 26 层以下，二次水供、回水温度 33.3℃/39.4℃，冷水侧工作压力 2.1MPa；上区：服务于 27 层以上，二次水供、回水温度 33.3℃/39.4℃，冷水侧工作压力 2.8MPa。

制冷机房内共配置了 8 台离心式冷水机组和 2 台板式换热器（用于免费供冷）以及配套水泵，这 10 台设备每 5 台为一组，各自独立供应办公低区和办公高区；锅炉房内配置 4 套燃油/燃气两用锅炉；储油罐 2 只，每只储油 19400L，直埋于地下；热交换间配置了 6 台汽-水换热器配套热水泵，2 台为一组，分别供应地下室、裙房和办公低区。

③ 空调风系统　空调风系统按建筑地下室、裙房、办公、宾馆分区，另外又将办公、宾馆分为高、低两区。办公低区：服务 3～26 层，集中新风空调机组加各层空调机组方式，新风空调机组设于 2 层；办公高区：服务 27～50 层，集中新风空调机组加各层空调机组方式，新风空调机组设于 51 层；宾馆公用低区：服务 52～57 层，集中新风空调机组加各层空调箱方式，新风空调机组设于 52 层；宾馆客房低区：服务 58～71 层，集中新风空调机组加风机盘管方式，新风空调机组设于 52 层；宾馆客房高区：服务 72～85 层，集中新风空调机组加风机盘管方式，新风空调机组设于屋顶 1 层；宾馆公用高区：服务 86～88 层，全空气集中空调机组方式，集中空调机组设于屋顶 1 层。

楼层排风系统及楼梯间、前室的加压送风、走廊排烟系统也按上述方法进行分区。

（3）标准办公层空调设计

① 标准办公层空调平面　图 8-7 为办公 40 层空调平面图，也是一个标准的办公层空调平面图。该层建筑面积 2500m²，其中核心筒区 730m²，走廊 160m²，空调面积 2000m²；办公区空调面积 1600m²，层高 4m，吊顶高 2.7m，180 人，新风 6210m³/h。标准办公层空调系统示意图如图 8-8 所示。

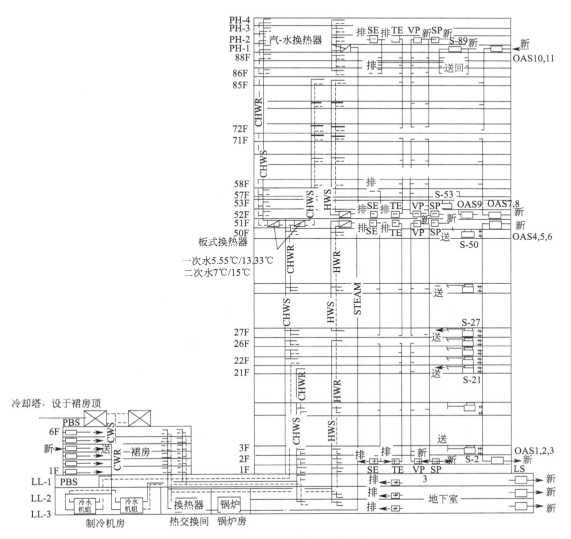

图 8-6 空调水、风系统原理图

CHWS/CHWR—冷水供/回水管；LS—新风空调机组；HWS/HWR—热水供/回水管；STEAM—水蒸气管；
SP，VP—楼梯间、前室加压送风；SE/TE—排烟/排风；
CWS/CWR—冷却水供/回水管；PBS—塑料管；OAS—办公自动化系统

② 空调冷、热负荷　夏季设计冷负荷：围护结构 60kW，照明动力 60kW，人员 22kW，室内总负荷 142kW；新风冷负荷 96kW。冬季设计热负荷：围护结构 60kW；新风热负荷 32.9kW。

③ 空调系统　本层的内外区是以外墙线向内 4.2m 处来划分的。内、外区采用一套全空气系统，空调方式为一次风变频调速空调机组加末端串联型 FPB（风机动力箱）。

a. 一次风空调机组：一次风空调机组设计风量 28482 m^3/h，冷量 142.8kW，风机全压 1000Pa，输入功率 15kW。变频调速。风系统侧参数：回风与经冷却处理的新风混合后为 $t=23℃$，T_s（湿球温度）为 14.7℃；送风为 $t=8.8℃$，T_s 为 8.05℃。水侧参数：水量 15.8m^3/h，供、回水温度 5.55℃/13.33℃；一次风通过低速环形主风管送至末端串联型 FPB；回风经吊顶由空调机房处的回风管送回至空调机组。

b. 新风：新风由设于 51 层的新风空调机组冷热处理后经低速风管送至各层空调机房，在

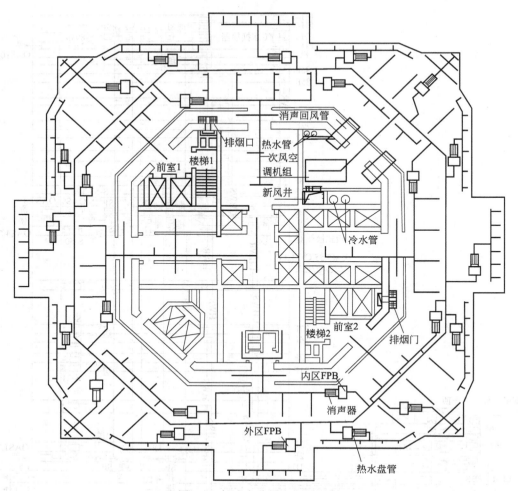

图 8-7　标准办公层空调平面图

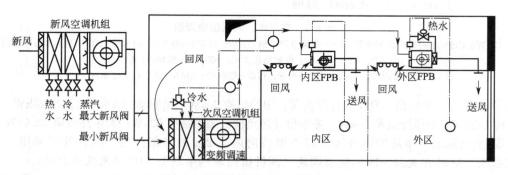

图 8-8　标准办公层空调系统示意图

各层空调机房内设置最大和最小新风阀。空调系统平时运行时只打开最小新风阀（定新风量），当消防中心接到某层火灾报警后，该层一次风空调机组的风机及最小和最大新风阀关闭，排烟系统启动；着火层的上一层和下一层的最大和最小新风阀打开，回风阀、排风阀关闭，以保持非着火区正压。新风送风参数如下：夏季 $t=15℃$，$T_s=14.9℃$，冬季 $t=11.1℃$。

　　c. 串联型 FPB 末端装置：FPB 的一次风入口装有风速测定装置和电动风阀，由房间感温元件通过 DDC 控制一次风量；FPB 内的小风机连续运转，将一次风与室内回风混合后通过风管送至室内；外区的 FPB 配有热水盘管。供热季提供温度 82.2℃/65.5℃ 的热水，以抵消外区的热负荷；内区的 FPB 不配热水盘管，全年供冷运行。

d. 排烟系统：本层内走廊长 100m，各房间与走廊之间采用防火墙分隔。此外，设有 2 处集中排烟口，每个排烟口的排烟量 7254m³/h，排烟风机设于 51 层机械设备层。

e. 排风系统：本层设有厕所排风、配电间排风、垃圾间排风、走廊排风，总排风量 4734m³/h。楼梯间、前室加压送风系统：每个加压风口的风量是楼梯间为 3400m³/h，前室 1 为 1440m³/h，前室 2 为 306m³/h。

f. 热水系统：本层仅外区 FPB 型机组需供应热水，设计采用同程式，在 FPB 型机组的接管上安装闸阀、过滤器、平衡阀、电动阀；由房间内的感温元件通过 DDC 控制电动阀的开度以最终控制室温。

第9章 医疗建筑空调设计

9.1 医疗建筑的功能及空调特性

9.1.1 医疗建筑的功能

20 世纪末，医疗模式的转变，促使现代化医疗建筑应具备的条件也发生了转变，即从建筑场地、建筑、建筑设备、医疗配套设备、医院卫生等条件，向更高条件转变。因此，医疗建筑应该具有以下特点：①满足医疗功能要求；②满足绿色环保要求；③满足人性化要求；④满足智能化要求。

医疗建筑从我国医疗体系来讲可分为市级、区级和街道级三级；从医院的性质来分，有综合性和专科性两大类。图 9-1 为市级综合性医院的构成，有门诊部、住院部和诊疗部三大部门。门诊部对外服务面最广，绝大多数患者在门诊部诊断、治疗或入院，它的人流量大、疾病种类多，且不同病种的患者混杂在一起；住院部主要由护士站和病房组成，它既是病人治疗与康复的场所，又是病人生活起居的地方；诊疗部是全院的诊断治疗中心，也是医药、器械供应中心，包括手术、理疗、放射、检验、机能诊断、同位素、中心消毒、器材与敷料供应、制剂及配发药等。医院建筑中三大部门既各自分工明确，又

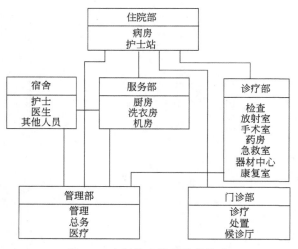

图 9-1 市级综合性医院的构成

互相密切联系，通常是分幢式建筑，有通廊连接，人流、物流分明、合理。

医疗建筑与其他建筑相比，其使用功能十分复杂。随着医疗技术的不断进步，诊疗设备的不断完善，医院功能将进一步增多，医疗建筑要求具有更大的灵活性，特别是诊疗部和门诊部，一般要求大跨度、大层高、大开间和大进深，以允许自由分隔。为便于解决相应的辅助系统及配管系统的变动，国外的医疗建筑已经大量采用夹层（或吊顶）和管井技术。随着国内人民生活水平的提高，大开间的普通病房已不能满足许多病人和家属的要求，高级病房需求量日益增加。另外，先进的护理对某类病人的特殊监护作用已成为治疗某些疾病必不可少的手段，各类特别监护室不断地出现在医疗建筑中。医院空调要为病人的诊断、治疗和康复提供良好的环境，并有利于医疗效果，保障医护人员的健康，维持好治疗设备的性能等。从此目的出发，医院空调应具有下列特点。

① 确保满足医疗要求的室内空气环境。医院最主要的服务对象是病人，不同的病人对室内空气环境要求不同。最适宜的空气温湿度能使病人的代谢量降到最低，促使早日恢复健康，这对生理调节机能降低的危重病人尤为重要。而空气洁净度级别则是病人免受污染的保障。对于现代化的医疗技术来说，空调所创造的合适的室内温湿度和洁净度已成为一种重要的技术保障。

② 确保满足医疗要求的感染控制对策。医院中人是最大的发尘源及发菌源，污染途径主要针对鼻、口与皮肤。其中，直接感染是指别人呼气、咳嗽及喷嚏直接飞入呼吸道引起的感染；而间接感染是指附着病源菌的尘埃被人吸入引起的感染。除了医院在管理上确定常规的对策外，还要求空调系统对微生物的污染及其引起的交叉感染做出系统性对策。

③ 确保满足医疗要求的空气净化能力。空气净化能力反映在室内的洁净度级别，是指用合适的空气过滤、合理的气流组织和有效的压力控制等措施表现出来的综合能力。在医院中大多数场合主要是控制微生物，由于细菌、病毒不可能单独存在，必须依附于悬浮粒子，形成活的生物粒子，因此采用低阻、亚高效空气过滤器，不仅可保证送风气流的无菌，而且可大幅降低初投资和运行费用。对于医院空调中的非净化空调系统，也应提出较高的空气过滤要求。医院空调系统至少应设置两级过滤，第二级过滤器的效率必须是中效以上的。

④ 确保满足医疗要求的系统安全性和可靠性。由于系统的服务对象主要是病人，不允许出现任何差错，系统的安全性与可靠性是必然的要求。系统的安全性还需要对新风口设置提出更高的要求，对可导致环境污染的排风提出处理的要求。为了防止污染，降低室内细菌和尘埃浓度，还对室内新风量、换气次数、室内外压差以及末级空气过滤器等有一定的要求。不仅要创造室内高品质的环境，而且还要保护室外的环境。

9.1.2 医疗建筑空调的特性

把医院的空调同一般建筑物的空调进行比较时，可以认为有如下特点：
① 空气的净化和除菌；
② 建筑物中的气流调节；
③ 医疗上必要的室内温度、湿度的调节。

9.2 医疗建筑空调的负荷特性与空调规划及设计

9.2.1 医疗建筑空调的负荷特性

（1）医疗建筑空调设计标准

人体和环境之间经常进行热量和水分的交换，以达到体内代谢的调节。但是，在医院的患者中，这种代谢多数表现出异常和不稳定。因此，室内环境必须根据各种病人的要求设定。例如，代谢激烈的甲状腺患者，要求室内有促进放热的温湿度；维持体温比较困难的重病患者则需要室内有相反的条件。另外，在空气中悬浮细菌的寿命受相对湿度的影响很大，相对湿度为50%的时候，细菌死得最快，比这个高的湿度和比这个低的湿度时，细菌残留的比例都会增加。

医院空调的设计参数主要指空气温度、相对湿度、气流速度、洁净度以及室内空气品质。医院空调不仅仅是一种环境的控制手段，而且是一种确保诊断和治疗疾病、减少污染、降低死亡率的技术措施。由于医院各室功能差异很大，因此所要求的室内设计参数也不同。医院各主要科室空调设计的室内温湿度要求见表9-1。

表9-1 医院各主要科室空调设计的室内温湿度要求

房间名称	夏季		冬季		换气次数/(次/h)	
	干球温度/℃	相对湿度/%	干球温度/℃	相对湿度/%	进风	排风
病房	26～27	45～50	22～23	40～45	每床40m³	每床40m³
诊室	26～27	45～50	21～22	40～45	1.5	2
候诊室	26～27	45～50	20～21	40～45	2	2
急救手术室	23～26	55～60	24～26	55～60		
手术室	23～26	55～60	24～26	55～60		
ICU特别监护室	23～26	55～60	24～26	50～55		
恢复室	24～26	55～60	23～24	50～55		2
分娩室	24～26	55～60	24～26	50～55	6	5
婴儿室	25～27	55～60	25～27			
中心供应室（管理室）	26～27		21～22		2	2
各种试验室	26～27	45～50	21～22	45～50		
红外线分光器室	25	35	25	35		
X射线、放射线室	26～27	45～50	23～24	40～45	2	3
动物室	25～27	45～50	25～27	30～40	8～15	8～15
药房	26～27	45～50	21～22	40～45	1	1
药品储存室	16	<60	16	<60	3	3
管理室	26～27	45～50	21～22	40	2	2

（2）医疗建筑空调负荷估算指标

医院属于高能耗建筑，医院负荷包括暖通空调、给排水、电力照明以及医务所需的负荷等。其中，医务所需的负荷为院内最大负荷，约占全年负荷消耗的25%～38%。过去只注意一些高压灭菌釜、消毒器、热管道的传热和泄漏等会转化成空调负荷，现在大型的诊疗设备、新型的医疗设施（如水疗康复室）、大型计算机系统、一些生物洁净室系统的风机发热等，都已成为不可忽视的空调负荷，大幅改变了医疗建筑空调负荷的组成及比例。随着我国医院现代化的发展，这些负荷的组成及各组成的比例已逐渐接近国外。表9-2给出了国外一些大型综合医院允许的空调负荷指标，从中可看出医疗建筑空调负荷明显高于一般的民用建筑。

表9-2 国外一些大型综合医院允许的空调负荷指标

科室名称	面积/m²	照明/(W/m²)	煤气/(W/m²)	人员密度指标/(人/m²)	冷负荷指标/[W/(m²·h)]	热负荷指标/[W/(m²·h)]
手术室					314～756	296～814
诊疗室	35～50	50～100		0.2～0.3	227	209
病房					163	209
消毒室					378	372
候诊室					256	198

9.2.2 医疗建筑空调方式及特点

（1）医疗建筑空调方式

空调系统可分为集中式、半集中式和分散式三种形式。哪一种空调形式最适合医疗建筑，不能一概而论，因为医疗建筑各部门功能不同，对空调的要求不同，难以统一选择。与其他建筑相比，医院空调系统更复杂、方式繁多，在设计、施工和管理各方面难度大一些。

（2）医疗建筑空调特点

医疗建筑各科室功能差异较大，决定了空调系统的复杂性和多样性，现归纳其主要特点如下。

① 医疗建筑空调与一般舒适性空调不同，对不同区室的温湿度和压力有特定的要求（医疗需求条件）；严格要求不同区室内及彼此之间的空气流动控制（气流原则）；通风及换气对空气中臭气物、微生物、病毒、有害化学物质、辐射污染物质的允许量有明确规定（法规和安全要求）；需要根据同区室的环境条件进行精确控制（人命关天与风险控制）。因此，医疗建筑空调除了需维持区室内的温湿度外，还需要有包括确保区室内空气洁净度、气流分布和压力平衡等在内的综合对策。

② 医疗建筑空调负荷高于一般民用建筑，医院内所需的新风量大、要求高。医院各部门所需的最小送风量必须满足：空调负荷计算所需的送风量；维持室内压力平衡；满足室内洁净要求的换气次数。空调新风量应大于该室所需的新风量。

③ 医疗建筑空调主要有全空气和空气-水两种系统。通常在高洁净度区域采用全空气系统，在一般区域特别是在病房，绝大多数采用的是风机盘管加新风系统的空调方式，这对空调负荷的处理有利，但会带来污染方面的问题。为了解决这一问题，应做好风机盘管及管道的防凝结水、防漏水工作，加强风机盘管的过滤，方便过滤器的清扫。全空气系统可克服空气-水系统所存在的问题，但在设计中需注意要合理分区，尤其在门诊部，不仅室外负荷有很大不同，而且室内负荷（医疗仪器）也有很大不同；要考虑各空调系统的空气平衡，要注意气流分布；对空调机组内空气过滤器的污染要进行有效的控制；医疗建筑通常采用定风量方式来维持空气及压力平衡，但对病房，在确保其压力平衡和换气量的前提下，从节能的角度可以推荐采用变风量（VAV）方式。

④ 空调系统应慎重分区，主要考虑医院的功能及负荷的特点；应根据所要求的空气洁净度分区，避免在管道末端设置高性能过滤器，将不同的区域或房间合并为同一个系统；不同区域不要合在一起回风；应根据各区室不同的使用时间分区，一些特殊性区室应作为独立区域。

⑤ 医疗建筑各区室内气流设计的六个原则如下。

a. 为使感染污染物、病原体或细菌的风险降低，气流的安排必须由病菌较少的房间流向病菌较多的房间。

b. 会发生污染或产生病菌的房间的空气必须消毒或除臭后全部直接排至室外。

c. 会发生污染或产生病菌的房间的空气，不能再流向任何其他房间。

d. 不能让已污染或有病菌的空气进入特定用途房间，房间内必须保持正压。

e. 会发生污染或产生病菌的房间必须保持负压。

f. 既会发生污染或产生病菌，又不能让已污染或有病菌的空气进入特定用途的房间，与走廊间必须有缓冲室，且该室必须以气锁控制门的开关。

⑥ 医院洁净手术室与工业洁净室的空调系统既有相同之处也有不同之处。它不像工业生产那样，生产物件的加工精度受温湿度影响，也不同于工业洁净室；其局部人员密度较高，走动频繁，整个手术过程动作复杂且变化很大。虽然手术室的温湿度有一定要求，但最终还是针对人而言，应该考虑切口的感染率及切口的愈合率，同时也应考虑病人、医护人员的舒适感。

⑦ 采用空气净化用空气过滤器的过滤网时，应注意以下几点。

a. 特别要求医疗室所使用的空气过滤网的性能必须是达到99.97%效率（计数法）的产

品，应安装于传染性生化柜及放射线作业区的排气处，且其安装方式必须便于拆装。

b. 空气过滤网与其支架间不能有泄漏，否则有害气体会渗入风管系统中，使效率较高的空气过滤网失去效力。

c. 必须安装压力计读取空气过滤网系统前后压力降，以判定这些空气过滤网是否要更换。

d. 维护区必须要有高效率空气过滤网及适当的设备，避免因维护保养不当而使污染物进入其他区域。

e. 由于高效率空气过滤网很贵，因此必须将其寿命、更换成本考虑在其运行预算中。

f. 安装时，风管开口、检修口及终端扩散头必须密封，以防止污染物入侵，造成空气过滤网的寿命缩短。

9.2.3 医疗建筑空调规划和设计

在进行医院空调系统规划和设计时，应着重解决好下列问题：

① 气流组织要从空气污染少的地方（或者从维持污染少的地方）流向污染更多的地方。

② 对发生的污染尽量就近与周围空气一起排出室外。

③ 对于再循环空气，必须在污染扩散不到的场所设置回风口。

同时，应对医院空调做深入分析，从而保证医院各部门对空气有以下需求。

① 对于放置特殊测定仪器的房间要保证一定的温度和湿度。

② 要保证医院各部门的最小送风量，保证医院各部门的换气量，还要保证室内气压与室外气压相平衡。

③ 根据医院不同部门对空气质量要求的实际情况，保证各部门空气的洁净度。

在进行医院空调系统规划和设计时，换气、空气净化、空调方式和分区等问题应重点考虑。

（1）换气

医院各房间的换气量，除了根据负荷计算出的减湿空气量之外，还要考虑为了提高室内的洁净度需要的全面换气次数和为了稀释室内的有害气体或者臭气所需的空气量。另外，不同性质的房间要求有不同的条件，手术室或分娩室等房间，室内的气压要稍高些，避免周围含有粉尘或者细菌的空气进入；相反，像暗室或者解剖室那样的房间，室内气压要控制得低些，防止污染空气流出。在这些场合，要注意供气量和排气量的平衡及送排风口的位置。

医院内过去设置通风换气装置仅是排除有害物质或有害气体，适当改善卫生条件。随着人民生活水平的不断提高，医院内某些部门仅设置通风系统已不能达到使用要求，而需要设置空气调节系统。空调系统能控制室内的温度、湿度、气流、洁净度、压力差等各种参数，它不仅能给患者提供舒适的环境，而且已发展为治疗疾病、减少感染、降低死亡率的一种技术保障。洁净室的应用，在治疗白血病、烧伤等方面获得了可喜的效果。在洁净手术室中，由于降低了切口的感染率，给患者减少了不少痛苦及可能发生的后遗症。

由于医疗部门使用要求不同，设计空调系统前必须首先了解各部门甚至各房间的要求，并应防止相互干扰及污染。空调系统特别是风道不宜过大或过长。风道过大或过长，势必使用不够灵活或者互相串通，难免互相干扰或污染。对有较高洁净要求的房间，最好设置独立系统，这样房间内的尘菌不会经风道相互渗透，使用上也方便。对于像手术室这样的部门，还应了解手术的全过程及医疗仪器的布置位置，以便更好地确定送、回风方式及风口布置位置。空调系统是耗能很大的建筑设备，因此应考虑尽量利用水蒸气或热水作为能源，少用电表面加热器等耗电量大的电器设备。

由于空调机房往往就近布置，其动力部分的噪声将影响周围房间的使用，必须很仔细地解决好空气或固体的振动传递，做好消声、隔振措施。

在医院内，除了空调系统以外，供气、排气系统也比较多，必须注意这些系统在建筑物内产生的空气流动。这种情况不仅要在每个区域内考虑，而且要注意介于各区域之间场所（走廊、楼梯等）的风量平衡和在夜间一部分系统停止运行时气流的变化等。

（2）空气净化

医院内空气的洁净度，除了对粉尘量有严格要求外，浮游的微生物数量也是重要的条件。此类微生物的大小是从最小直径为 $0.008\mu m$ 到最大直径 $1.5\mu m$，长度为 $15\mu m$ 以下（螺旋杆菌）。其大部分是附着在粒径为 $4\sim28\mu m$（平均直径为 $12\mu m$）的粉尘或者绷带纱布上。因此，采用空气过滤器除掉粉尘的同时，就是除掉微生物。一般空气过滤器的微生物去除率同尘埃的去除率相同，甚至有更高的去除率。

根据使用目的，医院各房间对洁净度的需求是不同的，必须对各个房间分别选用空气过滤器。例如，按照美国有关标准规定，在手术室、分娩室、婴儿室等高洁净度区域中，最少应设置两级空气过滤器，在空调机的上流侧设置第一级（效率不得低于 25%，NBS 灰尘观察法），在下流侧设置第二级（效率不得低于 90%）。

（3）空调方式和分区

医院的空调方式，需要按照医院的特殊性进行选定。

① 全空气方式　这种方式的送风量较多，如果集中设置高效率空气过滤器，可以提高室内的洁净度，但如果分区不适当，各种房间的空气将进行混合。因此，应该采用所谓的区域空调机组方式。在病房、诊疗室等需要进行个别控制时，可以采用 VAV 空调方式或者末端加热方式。但是，VAV 方式要增加送风量，如果对医院内重要的气流或者换气量有干扰时则不适用。

② 水-空气方式　这种方式能对室内的空调机组进行个别控制，其优点是不产生房间的空气交流。但是，对室内机组的维护管理较麻烦，其过滤器效率也较低。据有关报告记载，冷房时在结了露的冷却盘管的表面上或者在冷凝水盘上有细菌繁殖。

③ 其他　在医院内，不同使用目的或者不同使用时间的区段较多，在确保运转或者管理方面的灵活性的前提下，也可以考虑采用组装式空调机。这时，需要选用空气过滤和加湿性能好、噪声小、耐用的产品。另外，在寒冷地区的候诊室、诊疗室，希望采用地板加热暖房方式。

医院分区时应该考虑以下几点。

a. 对空气的净化度要求有差异。

b. 防止不同区段的空气交流。如果把传染病室和一般病室、细菌检查室和一般检查室归纳成一个系统，再循环空气将使各房间的空气混合，在必须这样做的场合，则要对有污染空气的房间设置独立的排气系统，在这个房间不取用再循环空气。

c. 不同的使用时间。应考虑以下时间段：住院部（病室）和病室有关的服务室，24 小时连续使用；手术室及其附属室，随时使用；急救室、分娩室，随时使用（夜间也同样）；红外线光谱仪室、动物实验室、停灵室等特殊室，24 小时连续使用。上述以外的诊疗部、门诊部、管理部，除休息日外昼夜使用。

9.2.4　医疗建筑空调规划和设计要点

医疗建筑一般采用集中式空调系统，根据各功能分区不同的特点采用不同的空调形式。病房、门诊、医技科室、办公室等采用风机盘管（多联机室内机）加新风系统。医疗建筑内的中庭、医疗街、大会议室或多功能厅等大空间房间建议采用独立的一次回风全空气系统，应避免交叉感染。各部门空调设计及规划要点如下。

（1）中央诊疗设施

① 各种诊疗室　以门诊患者诊疗为主的各科（内科、外科、小儿科、妇产科、耳鼻咽喉科等）的诊疗室或者处置室，都是并列单室，希望采用能个别控制的空调方式。总候诊室或者各科候诊室，多数是与建筑物的正厅或者走廊直接连接，空调和换气易产生不良现象，特别要注意冬季清晨的暖房。对于候诊室，最好采用能充分确保换气量的全风道方式。另外，除吸烟室外都要禁止吸烟。冬季门诊室室温最好比候诊室高 2～3℃，夏季则高 1℃ 左右。有中间候诊室的门诊室要注意送、回风口的位置。

② 检查室　在检查室中有冷藏库、恒温器、高压锅、干热灭菌器、喷灯等发热器具，要设置强制排气用的抽风罩。因此，在负荷计算和确定风罩时要调查清楚。检查室的换气次数取 10 次/h 以上，以便污染源直接排气，并使室内形成一定的负压。紧急检查室的火焰光度计要采用局部排气式的，并在室内设置冷风机。临床化验室的各测定仪器的散热部件也需局部排气，并采用接受式排气罩。

在化学检查室中，使用腐蚀性气体时，应安装耐腐蚀性风道或者连接于风机上的化学抽风罩。在检尿室或者生物化学检查室中，设有排出恶臭和产生气体的排气装置等。在检查部门，通风系统的供气、回气和排气的平衡比较困难。

根据实际情况，对排气罩的风量补充有设专门供气系统的做法，把外气经过一定的处理，或者把办公室等内空气污染较少的空气净化后送入。

在处理细菌的房间中，应注意气流分布，要把作业空间的气流控制得最小。例如，在作业台附近的气流速度应为 0.1～0.2m/s 左右。室内应控制为负压，使细菌不扩散到室外，不可利用循环空气。有传染病细菌的排气，要用高效率的 HEPA 过滤器过滤。为了杀死捕捉的细菌，有的做法是在过滤器处设置电热线。心电图或者脑电波检查室，在风道分支部分要设置消声装置，清除噪声和振动。

③ X 射线室和放射室　在检查和治疗中，使用放射线的场合越来越多。在这些房间中，患者穿的衣服较少，应该能独立地控制室温，需要设置末端表面加热器或者室内空调机组。放射性同位素（RI）诊疗部，在工作时间内，向空气中散发的放射性同位素，可由通风排气稀释。排气量可按低于法定允许浓度来计算。一般换气次数取 10 次/h 以上，室内采用全新风单独排气并维持负压。排气系统的风管用喷涂聚氯乙烯树脂的钢板制作。在体外计测室由于设备发热量大要设置冷风机组。

因为 X 射线室和放射室有臭气放出，室内应为负压，不可使用室内再循环空气。另外，不要使放射线通过送风口、排风口及风道漏到室外，在贯穿墙壁部分的前部设铅制挡板，并且要设置 2～3 个弯头。

④ 各种治疗室　在理疗方法中，使用光绕或者振荡槽的房间，为了恢复功能，会备有运动练习室等。这里一般没有空气污染，患者是裸体运动，需要对室温进行调节。

有关水疗的房间要发生如同浴室一样多的水蒸气量，因此需要有 30～40 次/h 左右的换气量。另外，其排气风道内壁因有冷凝水，需要考虑风道的排水和防腐。

（2）中央手术部分

在综合性医院中，会集中在一处设置外科、产科、眼科等各种手术室，在这里有供给中心、麻醉库、恢复室、控制室等，多数场合都归属中心手术部门管理。在中心手术室中，每一个或者两个手术室附设洗手室和小消毒室，希望以此为单位设置独立的空调系统。在多数手术室使用一个送风系统的场合，通过把表面加热器和加湿器分开，能做到个别调节温湿度。冷源也要和其他一般室分开，要能经常独立使用。

① 供给中心　在中心手术部门，应对使用的器具或者材料进行消毒灭菌，整理收藏。其内部由洗净部、灭菌部和已经消毒好的材料放置场所组成。室内的空气必须有组织地从清洁场所流向污浊场所。因为有高压高温灭菌器（如高压锅）等，如果不组织有效排气，冷房时的温湿度将升高。

② 恢复室　这是对手术完后的患者采取必要的处置，使经过手术的患者进行恢复的场所。所以，应该有接近手术室的温湿度，根据房间的目的要求，要注意不应产生空调强气流或者噪声和振动。

③ 手术室　医院中的手术室是对空气洁净度要求最高的部门，需要采用特殊的技术。在最近的医学中，脑、心脏等主要内脏器官或者股关节置换等大手术技术取得了进步。但是，这时作为防止感染的重要因素则是应配备有重要作用的无菌室。

a. 一般手术室。一般手术室的换气次数是 15～30 次/h，应避免吹风的感觉。调查结果表明，在室内要求高洁净度的位置，采用 100％的外气进行供气的方式效果较好。不管哪种场合，都应对供气设置两段或者三段空气过滤器，其最末段要求设置 HEPA 过滤器等级的高性能过滤器。

在简单的手术室中，多数采用标准组装型空调机。这时，必须另外设置性能好的空气过滤器。但是，必须调查清楚内藏的送风机是否有足够的机外静压。另外，当外气量的比例较大时，在标准组装型空调机中，有时出现其压缩能力和送风量不平衡的现象。这时，要把送风量的一部分返回到吸入侧，同外气混合再冷却即可。但是，当外气温度降低，吸入的空气温度较低时，使组装空调机的运装产生障碍，则需要设置表面加热器。

一般手术室的空调机可以采用处理空气空调机组或者现场组装型空调装置。但其冷水源可以用冷水箱或者专用制冷机组，将其与医院其他系统用的冷源分开。

b. 无菌手术室。无菌手术室是将生物洁净技术应用于手术室中的。根据其洁净方式和空气流动状态，有如下分类。洁净方式：全室方式；FM 方式。空气流动状态：垂直层流方式；水平层流方式。在设计中要充分明确其用途，通常从使用方法看似乎垂直层流方式最好。

图 9-2 为无菌室的各种形式。全室方式是室内全部都是洁净区域，工作人员的移动等比较方便。然而，FM 方式在已有的房间也是容易安装的构造，对比之下全室方式的造价和运转费用都非常高。另外，FM 方式的缺点是洁净区域受到限定，并且使室内的噪声升高（50～60dB）。

当把气流维持成层流时，能将微粒搬运起来的速度在清洁区域中大致如下：水平流为 0.5～0.6m/s，垂直流为 0.25～0.45m/s。水平流速比垂直流速大，这是因为水平流可以维持长距离的层流流线。

造成这种气流速度的送风量，折合成换气次数大致为 280～350 次/h。为了维持等级为 100 的洁净度，就需要这么多的换气次数。但是，在实际中，室内工作人员所穿的衣服和呼吸产生的微粒子或者浮游细菌也很多，通过使用无菌服或者呼吸面罩，更能降低感染率。

无菌手术室的空调，因为循环空气量大，在全室方式中，只需把导入的外气与一部分循环空气混合，即可经空调机进行温度处理。在采用 FM 方式时，则在清洁区域的外室设置空调机。

（3）妇产科

妇产科由分娩部、育儿部和病房组成，应采用独立系统。特别是阵痛室或分娩室等多在夜间使用，故包括热源在内均需单独使用。

在婴儿室中，对于温度和细菌抵抗力很弱的婴儿要 24 小时都停留在室内，室温要稍微提高些，不准与其他部门的回气混合向室内供气，全室都要保持正压。气流不要吹到婴儿附

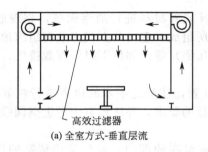
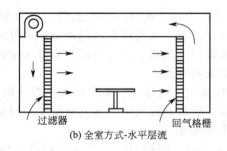

(a) 全室方式-垂直层流　　　　　　　　(b) 全室方式-水平层流

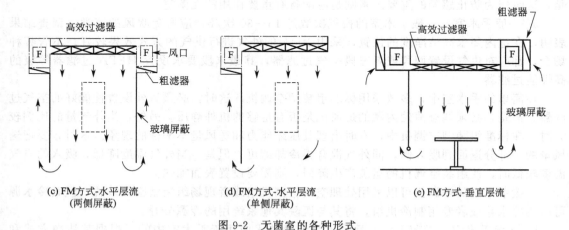

(c) FM方式-水平层流　　　　　(d) FM方式-水平层流　　　　(e) FM方式-垂直层流
(两侧屏蔽)　　　　　　　　(单侧屏蔽)

图 9-2　无菌室的各种形式

近，送风口和吸风口必须按这个要求布置，并要充分注意送、回风口的风量、风速、安装位置及室内温差。妇产科各室除病房外都要采用全空气系统。空调系统采用单风道方式或者是水-空气方式，但必须是 24 小时运转。

早产婴儿可以放入保育器中（早产婴儿保育器）。但是，要经常取出育养，因此要把房间的温度设置成与保育器差不多的温度。

（4）住院部

这部分空调方式和饭店、学校等多室建筑物是相同的，但作为医院的特有问题，必须考虑防止交叉感染。采用有回气的全面换气方式时，应尽量按区段设置送风系统，隔离病房和有臭气排出的场所，不可取用回气。在防止互相感染时，要特别注意防止当空调停止时多层病房通过风道发生的交叉感染。各层风道支管上应安装全闭锁密闭阀门。为维持走廊与病房同水平的洁净度，对厕所、污物处理间等各室要进行充分排气。对传染病病房，要采用独立的排气系统，并使室内形成负压。

如果采用水-空气方式，全用新鲜空气（外气）送风时，能防止交叉感染。但是，由于室内机组对空气的净化能力较低，在地面上产生的纱布尘埃等，易附着在盘管内或者在室内飞散。希望选用效率高和尘埃保持量多的过滤器。

室内空调机组的位置，可以布置在窗下面和吊在走廊天棚上。设在窗下时，室内人员不会感到来自玻璃窗面的辐射和对流的不舒适，室内的气流也比较好。但是，过于接近地面则气流要产生噪声，由于患者日用品的放置，将影响送风口的功能。从这点出发，采用吊在天棚上的方法较好。但是，如果不注意，送风气流会吹到地板上，或者在暖房时要产生上、下温度差，这是较难解决的问题。

（5）管理部

管理部的洗涤室或者厨房和饭店等的空调方式相同，需要有足够的换气次数。但是，因为是医院，要注意换气时不要产生污染空气的扩散。

（6）呼吸道感染门诊及病房

对于呼吸道感染门诊及病房污染区、半污染区应设置排风通顶竖井，对确定的被污染的空气排放前要进行物理消毒杀菌，并经高效过滤器无害化处理及达到排放标准后于屋面高空排放，排风口高出上人屋面 3m 以上。

（7）空调水系统

一般来说，医疗建筑项目内的洁净手术部门空调水系统采用四管制系统，其余区域均采用两管制系统。

（8）空调水系统分区

空调水系统横向按照使用功能（使用时长、特殊功能区域等）在分集水器处分为不同的环路，一般按照病房、门诊、净化、急诊等环路划分，可在分集水器处独立控制。

（9）各管路水力平衡及调节

集水器各空调支路、各层回水分支干管处建议设置静态水力平衡阀。风机盘管回水支管上建议设置动态平衡电动两通阀，新风空调机组回水支管上建议设置动态平衡电动调节阀。

9.3　医疗建筑空调设计原则及施工注意事项

9.3.1　医疗建筑空调设计原则

医疗建筑各部门功能不同，对空调的要求也不同，应依据功能特点及要求，选择适当的空调系统。在医院空调设计中应遵循以下原则。

① 空调分区要合理。首先针对医院各部门及各房间的功能、室内空调的设计参数、设备概况、卫生要求、使用时间、空调负荷等进行详细调查研究、反复比较后，才能合理地将系统分区，以便能确保各室要求的参数，减少不同区域间的不利影响，也便于管理与维护，降低运行费用。一般来说，有高洁净度要求或严重污染的房间，或者独立的并自成体系的区域等最好单独成为一个系统。如手术室空调多采用独立全空气集中式单风道系统，温度应控制在 23~25℃，相对湿度控制在 45%~60% 较适宜。

② 空调方式选择要恰当。医院空调方式除了能确保各室特殊的温湿度与洁净度要求外，还对系统的初投资、运行费用、室内噪声和振动、污染的排除能力等有很大影响。空调方式的选择还特别强调其使用方便、维修量少、可靠性高，尤其是手术室、新生儿室、特别监护室等。

③ 空调系统应灵活且有备用。系统的灵活性主要表现在对医疗技术的变革和诊疗设备更新的适应能力方面。为了适应医院建筑平面布置的更改、室内负荷的变化以及建筑的改建或扩建需要，空调系统应具有灵活性并留有余量以作备用。

④ 空调系统的消声减振要求高。医院大多数科室对消声减振要求高，否则会影响病人的康复，干扰医护人员正常的医疗工作，严重时甚至要影响一些精密的诊疗设备。消声减振问题应综合考虑系统的分区、系统形式的选择、设备的选用、机房的设计等。

⑤ 空调系统应有节能措施。医院空调的同时使用系数较低，有的部门（如病房等）需要全天运行，有的部门（如手术室、紧急处理室等）需要随时运行，造成空调负荷相差较

大。一些部门需要提前供热或供冷，延迟停止供热或供冷，造成系统季节转换的复杂性。一般来说，医院空调的新风量通常较大，一些科室需要全新风。这些都要求在系统设计时考虑相应的节能对策。

⑥ 空调系统大小要适宜。医疗建筑各个科室功能差异很大，运行时间也各不相同。因此，空调系统不宜过大和过于集中，但也不必过多采用分散式系统。一般以采用集中供给冷热源，分区布置系统为佳。要注意各空调区域能互相封闭的原则，否则很容易通过管道或区间无组织的空气流动引起交叉感染。

⑦ 空调系统应考虑合理的排风系统。医院中许多房间均需设置通风排气系统，目的是排除臭味、粉尘、有害气体、余热及散发的致病菌。

9.3.2 医疗建筑空调施工注意事项

对于手术室、隔离病房、分娩室等要求高洁净度的空调系统施工，必须注意下列事项。

① 在安装空气过滤器的部分必须保证不漏，并且要有容易安装和拆卸的构造和所需要的空间。

② 供气送风机的吸气管段内部是负压，从风道和外壳或者与空调机连接处的缝隙容易吸入外部被污染的空气，必须安装严密。根据实际需要还可以使用密封剂。

③ 风道或者送风口、回风格子如果被污染，必须做到能清扫。必须避免使用容易积灰尘的构造或者细菌容易繁殖的吸湿性材料（毛毡、石棉等）作内衬材料。

④ 重要房间的空调系统是独立的，多数场合是护士进行操作，因此要设置按钮等以便简单操作控制其运转。

⑤ 手术室、无菌病房等，由于停电会导致出现紧急情况，应设置备用电源，事故时要能自动切换。

⑥ 因为可能有重病患者存在，施工时要保证质量，避免在运转中出现设备噪声、振动和送风的空气流等。

9.4 医疗建筑空调设计实例

（1）工程概况

本工程为上海市某区级综合医院，总建筑面积约为 32000m²，由医疗综合大楼、体检行政楼、传染病门诊楼、后勤综合楼等组成。其中，医疗综合大楼建筑面积为 27095m²，共有 300 张病床，地下 1 层，地上 10 层，总高度为 39.9m；体检行政楼建筑面积为 2850 m²，共 5 层；传染病门诊楼建筑面积为 450m²，共 2 层；后勤综合楼建筑面积为 1370m²，共 4 层。

（2）通风换气次数及通风量

通风换气次数及通风量见表 9-3。

表 9-3 通风换气次数及通风量

房间名称	排风		送风		备注
	方式	换气次数/(次/h)	方式	换气次数/(次/h)	
地下车库	机械	6	自然	—	
冷冻机房、换热机房	机械	6	机械	5	
锅炉房	机械	计算确定	机械	计算确定	采用防爆风机

房间名称	排风		送风		备注
	方式	换气次数/(次/h)	方式	换气次数/(次/h)	
变配电房	机械	A	机械	A	
水泵房	机械	6	自然	5	
煤气表房	机械	12	自然	—	采用防爆风机
厨房	机械	30～60	机械	B	
卫生间	机械	10～15	自然	—	
空调服务区域	机械	C	机械	—	空调送新风

注：A为根据设备的发热量计算通风量；B为补风量为排风量的80%；C为排风量为送风量的80%～90%。

（3）冷热源、水蒸气源

① 冷热源　根据业主要求，医疗综合大楼设计集中空调系统，冷冻机房及锅炉房设于大楼地下一层；体检行政楼采用变制冷剂流量多联分体式空调系统；传染病门诊楼冷热源采用空气源热泵机组，机组设于门诊楼屋顶；后勤综合楼内职工食堂采用变制冷剂流量多联分体式空调系统；其余部分均采用分体式空调器。

a. 医疗综合大楼夏季空调冷负荷为3957kW（1125RT），冷负荷指标150W/m²。选用三台制冷量均为1407kW（400RT）的螺杆式冷水机组为本大楼冷源，单台机组制冷量能满足病房区及急诊区夜间负荷用量。冷冻水系统的供回水温度为7℃/12℃，冷却水系统的供回水温度为37℃/32℃。冷却塔设于综合大楼屋顶。

b. 医疗综合大楼冬季空调热负荷值为2376kW，热负荷指标为90W/m²，生活用热负荷为1600kW。冬季用热负荷共计3976kW。故选用两台燃气热水锅炉作为本大楼生活用热及冬季空调用热热源，锅炉燃料采用城市煤气，耗气总量为1500m³（标）/h，供气压力为700mmH₂O（6864.5Pa）。热水锅炉单台额定产热量为2100kW，供回水温度为95℃/70℃，锅炉房内设置水-水板式换热器，换热器一次水由锅炉提供，二次水供冬季空调用热，冬季空调供回水温度为60℃/50℃。

c. 医疗综合大楼手术中心另外设置两台风源热泵机组作为备用的独立冷热源，其单台制冷量为160kW，夏季冷冻水供回水温度为7℃/2℃，冬季热水的供回水温度为45℃/40℃。

d. CT（电子计算机断层扫描）、MR（磁共振成像）等医技用房采用变制冷剂流量多联分体式空调系统。

e. 传染病门诊楼夏季空调冷负荷估算值为77kW（22 RT）。根据该门诊楼的使用特性，采用两台涡旋式风冷热泵机组作为门诊楼冷热源，单台机组制冷量为34kW。

② 水蒸气源　医疗综合大楼锅炉房内还设置两台燃气水蒸气锅炉，提供中心供应消毒、食堂及冬季空调加湿所用水蒸气。单台燃气水蒸气锅炉额定蒸发量为0.5t/h。

（4）空调系统

① 医疗综合大楼空调系统

a. 大厅、一次候诊区、药房区、输液区等大空间区域采用全空气系统，单风道低速送风。

b. 病房、诊室、办公室等小空间用房采用风机盘管加新风系统。

c. 医技用房采用变制冷剂流量多联分体式空调系统。

d. 门诊手术室、手术中心及产科手术室均设计净化空调系统。门诊手术室两间合用一套空调系统；手术中心每间手术室独立设计空调系统，新风采用三级过滤集中供给；产科手术室设计全新风直流式空调系统。

e. 中心供应、ICU、分娩室、NICU（新生儿重症监护室）等根据医疗工艺要求分别设置净化空调系统。

f. 解剖室采用直流式空调系统。

② 传染病门诊楼空调系统

a. 发热门诊区采用净化风机盘管加新风系统。

b. 消化及肝炎门诊区采用普通风机盘管加新风系统。

c. 120急救中心采用分体式空调器。

d. 体检行政楼采用变制冷剂流量多联分体式空调系统，除多功能厅采用新排风全热交换热机组外，其余各楼层分别设置新风机组。

e. 后勤综合楼职工食堂采用变制冷剂流量多联分体式空调系统，新风由全热交换机组提供。

f. 所有空调箱的进风段均设有初、中效两级过滤，同时设有二次水蒸气加湿装置，以对冬季室内空气进行加湿。

（5）空调水系统

① 医疗综合大楼空调水系统按照内外区可分为内区空调水系统及外区空调水系统即区域两管制系统；按照使用功能又可分为门诊区空调水系统、急诊区空调水系统、病房区空调水系统、分娩区空调水系统（早期供暖）、手术室空调水系统。

② 医疗综合大楼洁净手术室空调箱内设置两套换热盘管，分别接自大楼集中空调水系统和备用热泵机组所供空调水系统。两套盘管既可满足洁净手术室部空调四管制水系统的要求，也可作为互备使用。

③ 医疗综合大楼空调水系统采用一次泵系统，主机侧定流量运行，负荷侧变流量运行。

④ 传染病门诊楼空调水系统采用一次泵系统，主机侧定流量运行，负荷侧变流量运行。

⑤ 为避免系统的水力失衡，医疗综合大楼各空调水系统的末端支路均设置压差控制阀门。

（6）手术室净化空调系统

该项目手术室处于医院主楼的顶部第二层，其上还有一个设备层。它主要由8间手术室组成，其中3间为Ⅰ级洁净手术室，另外5间为Ⅲ级洁净手术室。

风系统方案：烧伤病房、呼吸道传染病房采用直流式（全新风）空调系统，空调箱设有三级过滤、干水蒸气加湿等功能（并设有变频控制），气流组织为上送下回（上送上回、侧送下回），空调箱设置在各楼层机房内。无菌室（细胞室）等有较高净化要求的房间，采用带高效过滤送风口的净化风机盘管，气流组织为上送下回（上送上回）。

整个手术部采用新风独立集中加循环AHU（空气处理机组）的处理方式，即系统配置一台共用的新风AHU，其中在新风出口前设置直冷式除湿机。每个Ⅰ级手术室单独配置一台循环AHU，其他Ⅲ级及Ⅲ级以下的手术室、ICU及辅助房间可以2~3间合用一台循环AHU。其中，循环AHU只对回风进行显热处理，由新风来承担所有的湿负荷。新风AHU将新风处理到14℃以下后经直冷式除湿机进行近似的等焓除湿得到干燥新风，再送入每个洁净系统，与每个循环AHU的出风混合后一起送入各个洁净房间。

新风机组设置G3＋F7＋H10级别的三级过滤网，循环空气处理机组设置G4＋F8过滤网，新风管上设置电动双位定风量阀，并与空调机组联动。当手术室处于值班状态时，可暂停循环机组的运行，节省院方的运行成本。为了确保室内的洁净度，洁净区域均采用净化送风口，手术室采用下回风口，装有F6级别的中效过滤网，以防止回风的二次污染，其他房间采用下回风或上回风的形式，根据需求装F6级别的中效过滤网或尼龙过滤网。

手术室、术前准备间、清洗间、污物存放间、石膏间设置机械排风系统。手术室及各辅助用房排风系统均为独立设置，手术室的排风系统设置 F8 级别的中效过滤网，洁净辅房排风系统设置 F5 级别的中效过滤网。排风系统设有止回阀及手动风量调节阀（正负压手术室排风系统设置定风量调节阀）。排风机均选用低噪声类型。

（7）通风系统

① 地下车库设计机械排风系统，车道自然补风。

② 地下室冷冻机、水泵房设有机械通风系统。

③ 地下室变配电间设有机械通风系统。

④ 地下室锅炉房设有运行、停运及事故通风系统。

⑤ 厨房间设有灶台排风装置，油烟经净化后由屋顶高空排放。

⑥ 卫生间、洗涤间设有机械排风系统。

⑦ 空调房间设有适量排风装置。

⑧ 煤气表房设置机械通风系统。

⑨ 传染病发热诊室设置独立排风系统，排风经高效过滤器过滤后至屋顶高空排放；传染病消化门诊区及肝炎门诊区也分别设置独立排风系统，排风由屋顶高空排放。

⑩ 解剖室、太平间、污物间等均设置独立排风系统，并配置高效过滤器，排风至屋顶高空排放。

⑪ 部分实验室、个别科室根据工艺要求设置独立排风系统，排风经处理后高空排放。

⑫ 根据医疗工艺要求对不同区域进行相应的压力控制。

（8）环保措施

① 采用高效率、低噪声、低振动的空调、通风设备。

② 所有设备（防排烟专用风机和风机盘管除外）的运转部分均采用减振基础、弹性支吊架、软接头等。

③ 在适当部位安装消声器以降低空调通风系统的噪声。

④ 所有空调机房围护结构内侧贴吸声材料。冷热源机房控制室采用隔声门和隔声玻璃窗，机房开向公共区域的门应采用防火隔声门。

⑤ 设于地下室的机械排风系统排风口部尽量避开人行通道，并保证一定的排放高度。

⑥ 设于室外的空调通风设备，根据周围环境的要求进行适当的隔声处理。

⑦ 冷水机组采用环保型制冷剂。

⑧ 空调水系统采取新型防垢除垢设备。

⑨ 锅炉设置专用烟囱，废气出主楼屋顶至高空排放。

⑩ 将冷却塔布置于主楼屋顶，同时选用低噪声和低漂水率的机型，以减少其噪声和废气对周围环境的影响。

⑪ 厨房灶台排风经灶台排风罩的油烟过滤器后，再经静电油烟过滤器处理后排至室外高空。

⑫ 解剖室、太平间、污物间等均设独立排风系统，配置异味吸附器或高效过滤器，排风至屋顶高空排放。

⑬ 净化空调系统的新风采用粗、中、低阻亚高效三级过滤系统。

⑭ 对于有高度危险性的区域采用负压控制，其排风系统入口设置高效过滤排风口，出口于屋顶高空排放。

⑮ 排风机原则上设在管路末端，使整个管路为负压。

（9）节能措施

① 提高建筑围护结构的保温隔热性能，减少空调供暖运行时的冷热损失。

② 空调负荷采用计算机逐项逐时计算确定。

③ 选用低噪声、高效率的各类设备，禁止采用淘汰产品。选用设备的性能系数满足节能标准要求。

④ 风管和水管的绝热材料和厚度符合节能规范的要求，空调供冷水管与风管设置隔汽层与保护层。

⑤ 除了为满足必需的水蒸气源要求而设置的水蒸气锅炉外，其余均选用热效率较高的热水锅炉作为热源，从而避免因制得的水蒸气再换热至热水而产生的效率损失。

⑥ 空调冷却水循环系统均采用大温差供回水温度，可减小输水管径、减少经常性的输送动力。

⑦ 空调冷热水系统的输送能效比（ER）分别为 0.02248 及 0.006147。

⑧ 冷却塔的风机采用变频调速控制方式，根据出塔水温控制风机转速。

⑨ 全空气处理空调系统，在过渡季可全新风机械通风运行，自然冷却。

⑩ 地下车库的机械通风系统采用室内空气污染浓度控制启停方式。

⑪ 对于排热用设备机房的机械通风系统，采用室内空气温度控制启停方式。

⑫ 由自控系统在机房和空调通风系统中设置必要的仪表和计量设备，对主要的机电设备进行自动控制和监测。

（10）自控

本工程设有 BAS 自动控制系统，对主要的机电设备进行控制和检测。

① 风机盘管空调区域的温度控制：由安装在风机盘管回水管上的双位电动阀，根据该区域室内温度进行自动开关控制；同时，控制器上设有手动三速开关，可以人工控制。

② 新风系统送风温度的控制：其空调送风管内设置风道型温度感应器，根据送风温度控制回水管处的比例式电动调节水阀的开度来控制水量，以达到控制送风温度的目的。

③ 全空气低速风道系统空调区域的温度控制：其空调回风管内设内置风道型温度感应器，根据回风温度控制回水管处的比例式电动调节水阀的开度来控制水量，以达到室温控制的目的。

④ 所有空调箱的二次水蒸气加湿器设置调节装置在冬季运行时，根据空调回风湿度或新风送风湿度来调节加湿量。

⑤ 所有空调器的新风入口设置电动双位联动风阀。

⑥ 水-水热交换器的回水管上设有电动三通调节阀，根据设定的水温来调节供水量的大小。

⑦ 每台冷却塔的进出水管上设置远程控制的双位电动阀门，操作人员可在机房内加以控制。该电动阀门与冷水机组联锁，开启冷水机组前需打开相应的电动阀门，停止冷水机组运行后再关闭其相应的电动阀门。

⑧ 螺杆式冷水机组冷却水进出总管处设置一个电动温控旁通调节阀，根据冷却水的进水温度调节旁通流量。

⑨ 空调冷热水的供回水总管处分别设置电动压差旁通调节阀，根据供回水压差调节旁通流量。

⑩ 对于冷水机组和水-水热交换器，由 BAS 控制系统进行台数控制，根据实际负荷的要求，优化各系统设备的运行状态，从而达到节能的效果。

（11）其他要点

① 空调通风风管均采用镀锌钢板制作，法兰连接。钢板厚度及法兰大小按照国家验收规范选定。

② 水蒸气管和水蒸气凝结水管均采用无缝钢管，焊接连接。

③ 空调冷却水管和膨胀管均采用无缝钢管，焊接或法兰连接，也可采用卡箍连接。

④ 保温材料。空调用冷热水管和上水管及膨胀管均采用 B1 级难燃橡塑发泡材料保温，其热导率不大于 0.0365W/mm，并用专用胶水粘接。

⑤ 空调送回风管除净化系统外均采用阻燃型夹筋铝箔覆面的玻璃棉板材保温，其密度为 48kg/m³，保温厚度为 30mm。

⑥ 水蒸气管和水蒸气冷凝水管均采用 50mm 厚阻燃型夹筋铝箔覆面的离心玻璃棉管瓦保温，其密度为 64kg/m³，铝箔胶带封缝。

⑦ 水-水热交换器采用密度为 48kg/m³ 的离心玻璃棉保温，厚度为 70mm，采用保温钉固定。

图 9-3 为门诊一层空调平面图；图 9-4 为医院二层空调平面图；图 9-5 为医院六层至八层空调平面图；图 9-6 为手术室空调平面图。

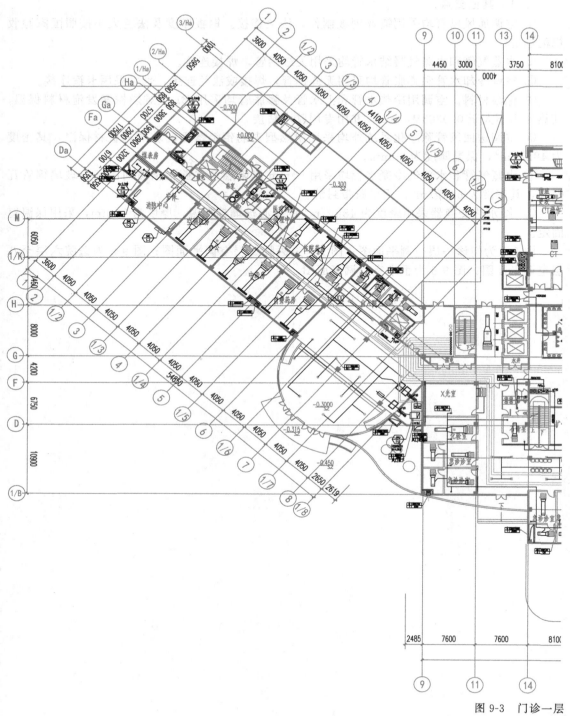

图 9-3 门诊一层

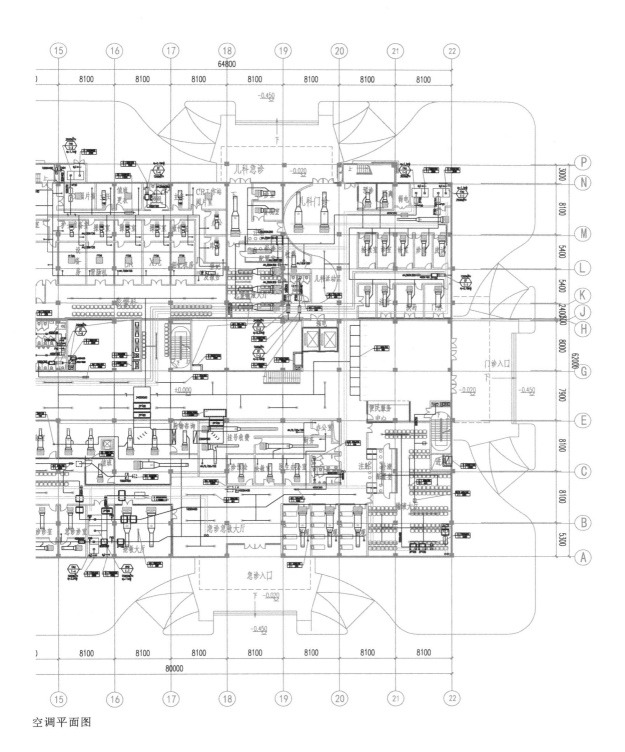

空调平面图

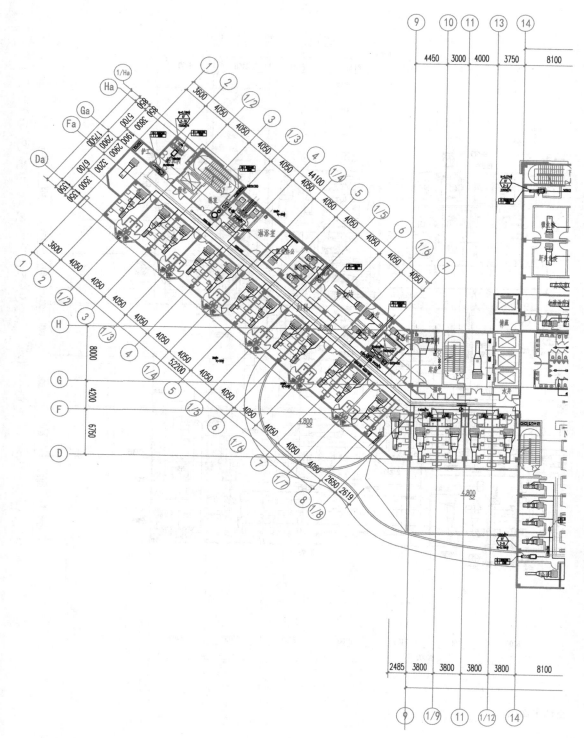

图 9-4 医院二层

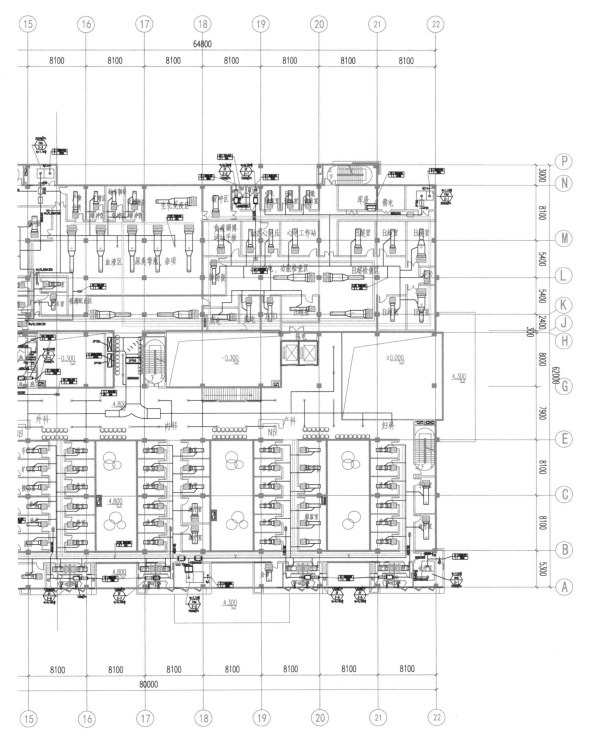

空调平面图

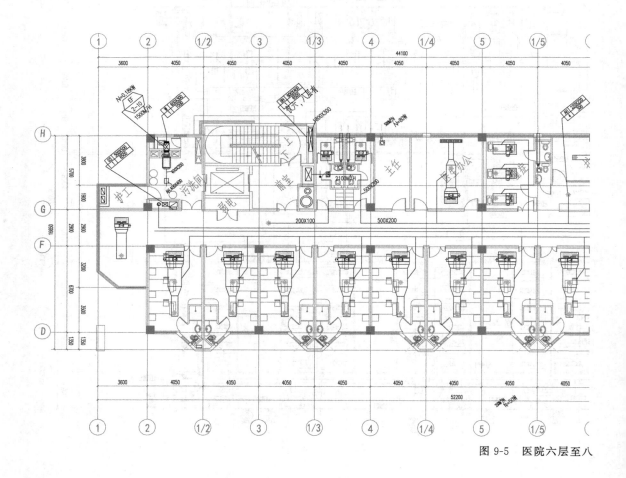

图 9-5 医院六层至八

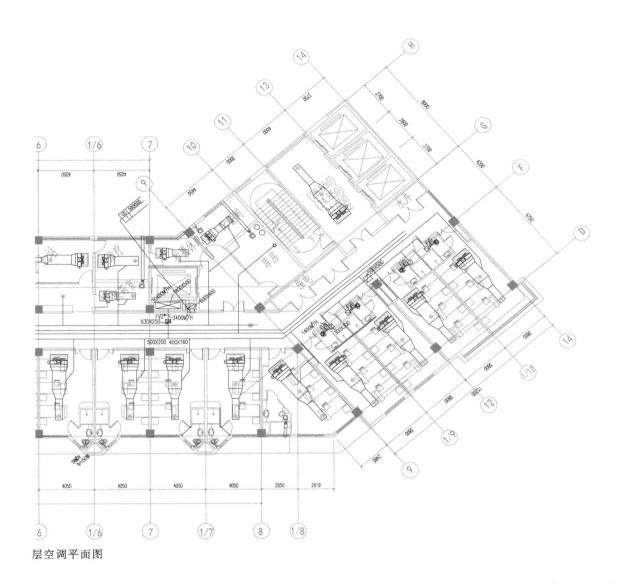

层空调平面图

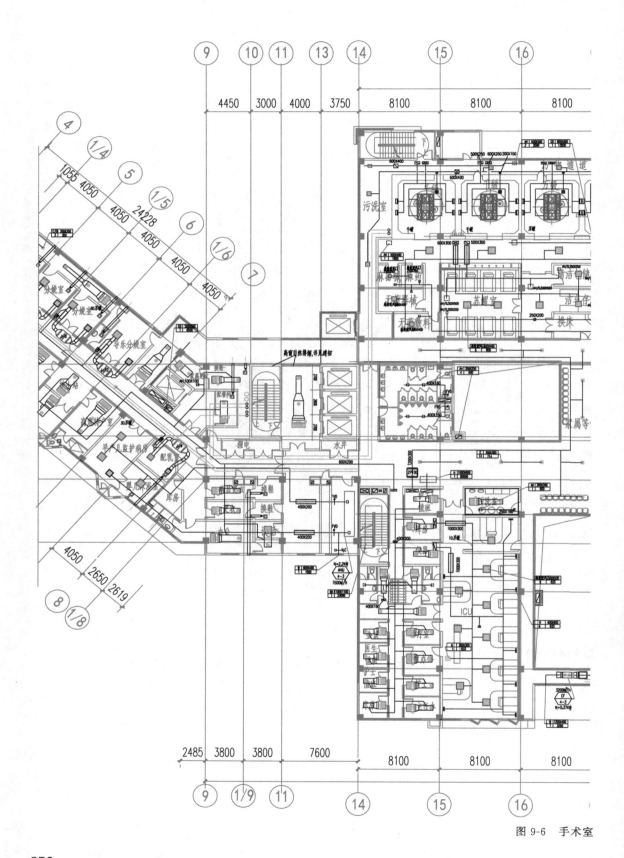

图 9-6　手术室

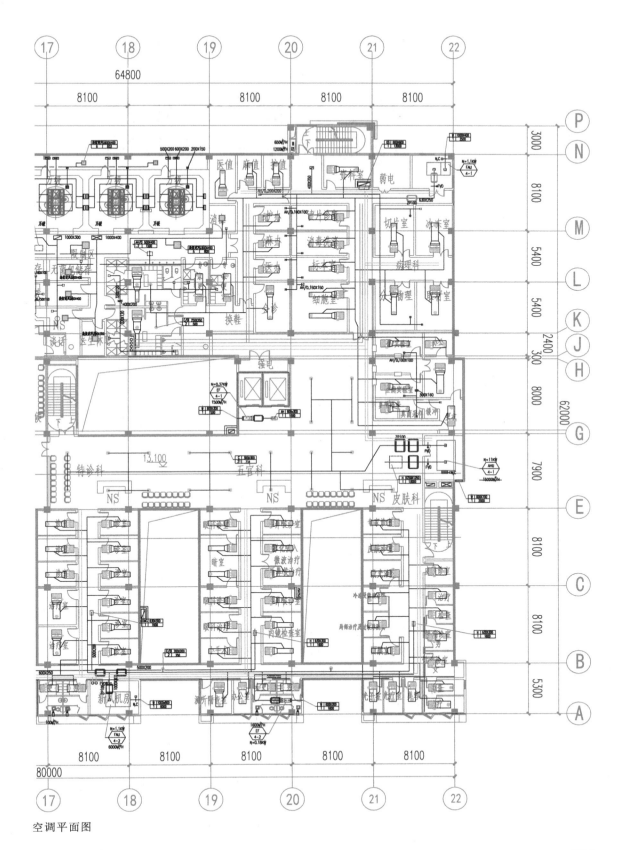

空调平面图

第10章 交通、体育和娱乐及大空间建筑空调设计

10.1 火车站等交通设施建筑空调规划与设计

10.1.1 火车站等交通设施建筑的功能及构成

火车站、汽车站等交通设施建筑物，根据上下车站的高度和站前广场等周围的关系，大致有四种类型，即桥上车站、高架车站、地面车站和地下车站，并且根据周围入口、乘降人员和列车次数等，具有多种多样规模的建筑物，有大规模终点站和通勤车站。另外，车站建筑物在规划时，首先要考虑的是旅客的流动，从站前广场到乘车场所经的路线需要的时间应最短，而且在这个时间内要给旅客创造方便的条件。因此，车站建筑物的构造和设施是以旅客的流动线为中心，通常大致分为下列四种。

① 客流线路设施：上下车站台、大厅、中央大厅、检票口等。

② 旅客设施：候车室、厕所、食堂、小卖店、邮局、电话室和临时逗留处。

③ 接客设施：售票室、问询处、手提物件寄存室。

④ 车站业务设施：车站业务室、运转办公室（乘降场上）、信号设备室、各附属室等。

上述设施的配置，要结合旅客的流动线，设置接客设施和旅客设施，车站业务设施可以邻接子接客设施或单独设置。根据车站规模及当地情况，对应旅客流动线和乘降场（站台）的长度。上述设施是沿各自的流动线设置，于是从全车站来看就具有分散配置的特点。

对应于这些车站建筑物各设施的空调，以前主要是以售票室等职员的居室和要求空调的设备室为对象，对于旅客及对应的流动设施，则以停留时间短等为理由，在一部分候车室等不设置空调。然而由于要求改善地下车站等环境及对防灾的要求等，人们又重新看到了规划空调的必要性，已经呈现积极地进行空调规划的倾向。

地上车站建筑物要设置空调的各室如下：车站工作的各业务室及候车室等冷暖房及中央大厅、厕所等。对于要设置空调的各种设施，本质上可以按多室建筑物的空调特点进行考虑。但是，在车站的布局上，需要进行空调（空气调节）的对象是分散的，尤其各自的使用条件不同等，故对于中规模以下的车站，主要使用窗挂式空调机和组装型空调机或者在每个区域设置单独的空调系统。在停车场、公共汽车终点站及汽车隧道等汽车运行的场所，为了防止汽车排气中含有的有毒气体污染空气或者防止排烟对视线的影响，需要设置换气装置。

对于大规模的车站，在每个要进行空调的建筑群中一般是采用单风道方式，与空调机组的水-空气方式和利用组装型空调机的单独方式并用系统的集中控制方式。

10.1.2 火车站等交通设施建筑的负荷特性

夏季空调冷负荷由人体散热散湿负荷、照明负荷、设备负荷、围护结构负荷和新风负荷等组成。

① 人体散热散湿负荷 客运站的设计客流量是影响其空调负荷的一个至关重要的因素，它直接决定了站内乘客的散热散湿量，间接决定了客运站内各类售检票设备、自动扶梯等发热设备的设置数量，也决定了整个环控系统的最小新风供给量。因此，人体热湿负荷计算的关键在于确定客运站内的客流量。然而，实际运行中的客流量可能与设计客流量相差较大。

② 照明负荷 由于整个客运站几乎为 24 小时连续使用，而且在进站厅及站台层还会设置紧急疏散指示牌以及各种广告灯箱，照明系统的散热量是不容忽视的。

③ 设备负荷 这类负荷基本是由客运站公共区域所有用电设施产生的，包括自动扶梯、垂直电梯、自动售检票机、电力设备以及监控信息设备等。它也是客运站区别于其他公共建筑的特点之一。

④ 围护结构负荷 围护结构负荷包括通过屋顶、外墙等外围护结构的瞬时传热以及日射得热，出入口的对流换热等。

⑤ 新风负荷 为保证健康、舒适的候车环境，必须向客运站内提供足够的新风，而客运站内人员流动量大且波动显著，新风负荷也随之波动，给负荷计算带来难度。

通常，在火车站空调负荷中，新风负荷和人员负荷在大型铁路客运站空调负荷中占据百分比最大，而且与之密切相关的就是人员数和室外气象参数。因此，科学地设计客流量，可根据室外温度变化采用新风逐时负荷计算法计算新风负荷；同时，在冷水机组选型时应综合考虑客流量和室外气象参数对冷负荷的影响。

各类环境因素对车站站厅负荷按影响作用的大小排序依次如下：客流变化＞室外空气温度＞室外空气相对湿度。

10.1.3 火车站等交通设施建筑的空调范围及方式

（1）与车站有关的各室及候车室

设置冷暖房设备（团体候车室用换气）采用的方式，原则上是与车站工作有关的各室采用风道方式或者空调机组方式，站台运转事务室则采用单独的组装机组方式。另外，一般的候车室可根据实际情况，选用组装机组方式或者单风道方式等。

（2）中央大厅

在检票口以内，原则上要设置冷暖房设备。但是，考虑车站的布局和地区的特性等，可采用冷暖房或者其他换气方式，系统则采用单风道方式。

（3）设备室等

ATC（列车自动控制装置）室、信号设备室，采用单独的组装机组方式。要求控制室内温湿度不产生急剧变化时，按照必要性设置双风道式空调设备系统。

（4）冷、热源设备

① 冷冻机 根据需要的容量及现场条件，选用往复式或者离心式冷冻机，根据实际情况也可以采用吸收式冷冻机等，并且希望尽量设置复数设备。

② 锅炉 选用水蒸气或者热水锅炉，考虑夏季负荷，希望能按 2 台以上进行分组。燃料以重油为主，根据实际情况还可以使用煤油。

（5）控制

空调的控制方法，原则上是采用电气控制方式，在需要综合动作和遥控的场合则采用电子控制方式。另外，主要动力设备的启停及运转状态的监视，原则上要采用集中控制。

（6）火车站等交通设施建筑的空调规划及设计要点

① 要结合土建情况采用合适的系统形式。在土建配合阶段应考虑好系统房间的布置，使管线尽可能短而直。

②在设计计算过程中要严格按照要求来进行计算选型，选择最合适的设备。

③ 应合理地布置车站通风空调系统设备用房，设备用房应结合实际情况灵活布置。通风空调系统需要及时排除余热余湿，确保通风空调系统能够提供舒适的热环境条件。

④ 通风空调系统应当具备火灾报警与排烟等功能。通风空调系统的设计应遵循分类和安全等原则。

⑤ 在大中型铁路车站中央空调系统设计过程中，必须对中央空调系统的具体运行特点进行全面掌握和了解。

⑥ 大中型铁路车站的建筑面积本身就比较大，能耗也比较高。因此，在开展中央空调系统设计时，必须要重视节能技术的充分应用及优化设计。通过对中央空调智能节电系统进行科学合理设计，有利于提高中央空调系统的运行效率，降低运行耗电量。

10.2 体育建筑空调规划与设计

10.2.1 体育建筑的功能及特点

（1）体育建筑的功能

体育馆是城市主要公共建筑之一，也是开展各种体育运动和体育竞赛的活动中心。对于一座现代化的体育馆，不但要求建筑美观和各种体育设施完善，还要求舒适卫生的环境条件，即合适的室内空气温度、湿度、风速、新风量和噪声标准等。例如篮球赛、排球赛等，运动员活动量较大，比赛场区的风速不能太小，一般应达 0.5m/s 左右，而观众席只为 0.3m/s 左右；乒乓球和羽毛球比赛时，风速不能太大，否则会将球吹偏，影响运动员比赛。又如室内游泳池，其空气温度不能太低，风速不能太大，相对湿度不能过高。又因游泳池内水分不断蒸发，馆内余湿量较大，如不采取通风措施加以排除，在冬季就会使围护结构表面结露。再如当进行冰球比赛时，为了防止冰面起雾和围护结构结露的问题，也必须采取通风和空调的方法加以解决。因此，供暖通风和空气调节在体育馆中是必不可少的。

体育馆按规模可分为大、中、小三类。体育馆总面积为 2000~5000m² 为小型；总面积在 5000~10000m² 为中型；总面积在 10000m² 以上为大型。体育馆按功能可分为多功能（综合性）和单一功能两类。多功能体育馆又称为综合体育馆，一方面是指其比赛大厅具有多种功能，既可进行多种体育项目的比赛（如各种球类、体操、拳击等），又可进行大型集会等公共活动，还可进行文娱演出（如杂技、舞蹈、音乐、电影等），另一方面是指体育馆内设有各种不同性质的房间，除比赛大厅外，还设有练习馆、各种器械健身房、棋类室、台球室、保龄球馆、电子游戏室、快餐小卖部以及咖啡酒吧厅等（如深圳体育馆）。这些房间均为舒适性空调，平时可作为训练和娱乐场所，以充分发挥体育馆内各种设施的作用，并提高其经济效益。单一功能体育馆则用于专门项目的比赛和使用，如游泳馆、冰球馆、举重馆、体操馆等。

（2）体育建筑的特点

按比赛大厅建筑体型可分为圆形、矩形或方形、椭圆形、多边形等。体育馆除了一般舒适性空调的共性外，还具有以下特点。

① 体育馆的容积一般在 $10000m^3$ 以上，顶棚高度均在 10m 以上，属于高大空间建筑。室内观众和照明等产生的热量向上升，在顶棚下形成热空气层，至少要有 10%～20% 空调风量排至室外。因此，空调所需的风量较大。

② 室内热湿负荷较大，且主要是照明和人体负荷。如在比赛时比赛大厅的照明负荷，中小型体育馆为 $50～70W/m^2$，大型体育馆可达 $100～200W/m^2$，比赛大厅的总冷负荷可达 $230～580W/m^2$。

③ 由于容纳观众较多，因此体育馆建筑所需的新风量和送风量均比一般建筑大，才能满足卫生要求。

④ 由于建筑本身的特征，一般为轻型结构，窗墙比一般较大。因此，应特别注意围护结构表面结露的问题，尤其是屋顶和窗户，必须采取保温措施。室内游泳馆和冰球馆等更应注意结露问题。

⑤ 比赛大厅一年四季都有余热量，在冬季，除了空场预热时送热风外，满场时也需送冷风或等温送风。春秋过渡季应考虑利用全新风的可能性。

⑥ 观众区与比赛区的要求不同，如观众区只要求保证舒适性条件，而比赛区则要满足体育项目所要求的温度、湿度和风速等参数。

10.2.2 体育建筑的负荷特性

（1）体育建筑室内空调设计参数

体育馆空调属于舒适性空调范畴。目前我国对体育馆的空调设计参数尚无统一标准和规定，因此只能按卫生标准和比赛项目的要求，参照国外标准规范和手册的规定，结合我国实际情况和已建成的体育馆的经验加以确定。我国部分已建成的体育馆所采用的室内设计参数见表 10-1。国外一些国家体育馆采用的室内设计参数见表 10-2。

表 10-1　国内部分体育馆采用的室内设计参数

体育馆名称		室内空调设计参数			备注
		温度/℃	相对湿度/%	风速/(m/s)	
北京工人体育馆	夏	28	65	0.2～0.5	乒乓球、羽毛球等小球比赛
北京月坛体育馆、地坛体育馆	夏	26	60	0.2～0.5	
上海体育馆	夏	27	50±5	0.2	冬季不送热风
江苏五台山体育馆	夏	28	60	0.2～0.5	冬季不送热风
山东省体育馆	夏	27	55	小球风速<0.2	
陕西省体育馆	夏	27	55	小球风速<0.2	
河北体育馆	夏	27	55	0.2～0.5	
杭州体育馆	夏	28	65	0.2 左右	冬季不送热风
深圳体育馆	夏	25～26	55	0.2～0.5	冬季无加热
武汉市体育馆	夏	28	60	0.1～0.2	
建议采用	夏	26～28	55～65	<0.5	小球赛时<0.2m/s

表 10-2　国外一些国家体育馆采用的室内设计参数

国别		室内设计参数			备注
		温度/℃	相对湿度/%	风速/(m/s)	
美国	夏季 冬季	23.9～25.6	50～55	0.2～0.25	乒乓球、羽毛球等比赛时要求为 0.15m/s
苏联	夏季 冬季	22～23 19～21	55 35～55	0.2～0.25 0.1～0.15	

国别		室内设计参数			备注
		温度/℃	相对湿度/%	风速/(m/s)	
日本	夏季	26～27	40～60	0.1～0.2	
	冬季	20～22	40左右		

比较表 10-1 和表 10-2 可看出，国外夏季设计温度比国内低，冬季设计温度比国内高。这是因为我国夏季气候炎热，若室内外温差太大，人会感觉不舒服，同时也不经济；而在冬季，人们穿衣较厚，我国有些地区本来就不供暖，因此保持在 16℃ 左右已感到舒适。根据有关资料分析，夏季室内计算温度由 26℃ 提高到 28℃，冷负荷可减少 21％～23％；冬季由 22℃ 降至 20℃，热负荷可以减少 26％～31％。

关于室内风速，比赛场地与观众看台是不相同的。对于划分赛场地，在进行小球（如羽毛球、乒乓球和冰球等）比赛时，其风速不得大于 0.2m/s。当进行其他球类比赛时，比赛场地风速可加大至 0.5m/s 左右。对于观众看台，根据舒适性要求，一般在 0.15～0.3m/s，冬季取下限值，夏季可取上限值。

体育馆内由于观众较多，因此必须保证有足够的新鲜空气量（新风量）。从国内设计情况来看，新风量一般应保证 8～10m³/(h·人) 以上，春秋季可适当增加到 20～30m³/(h·人)，甚至可全部采用新风。按此要求折算，新风比大约在 30％。近年来的设计还有增大的趋势。

关于体育馆内的换气次数，参考我国《工业建筑供暖通风与空气调节设计规范》（GB 50019—2015）规定，高大空间建筑的换气次数≤5 次/h，送风温差在 6～10℃ 之间。目前我国已建成的体育馆的风量均在每人 31～39m²/h，一般至少要取风量为 33m²/(h·人)，换气次数取 4～6 次/h。

（2）体育建筑冷热负荷指标

体育馆有比赛时要容纳的观众可有几千人到上万人以上，即观众密度高达 2～2.5 人/m²，赛场内又有较强的照明，例如大型体育馆比赛时可达 100～200W/m²，中小型体育馆可达 50～70W/m²。因此，在总的冷热负荷中，观众和照明负荷占主要地位，其次是新风负荷，然后才为围护结构的负荷（其比例较小，约占总负荷的 20％以下）。体育建筑冷热负荷指标见表 10-3。

表 10-3　体育建筑冷热负荷指标

序号	房间名称	空调建筑面积/(m²/人)	建筑负荷/(W/m²)	人体负荷/(W/m²)	照明负荷/(W/m²)	新风量/(m³/人)	新风负荷/(W/m²)	总负荷/(W/m²)
1	比赛馆	2.5	35	65	40	15	65	205
2	休息厅	5	70	27.5	20	40	86	203
3	贵宾厅	8	58	17	30	50	68	173

根据经验估算，体育馆一般冷负荷估算指标约在 180～470W/m²，热负荷估算指标约在 120～180W/m²。由于我国幅员广阔，室外气象条件差别较大，又由于体育馆比赛项目要求不同，同时考虑观众人数的变化，从节能角度出发，在体育馆空调设计时应进行系统的负荷计算，千万不能脱离实际情况生搬硬套负荷估算指标。

10.2.3　体育建筑空调系统划分及气流组织设计原则

体育建筑空调系统划分及气流组织在设计时，相关空气调节系统分类方法很多，一般有下列几种。

① 按空气处理设备的设置分，可分为集中式空调系统、分散式空调系统、半集中式空调系统。

② 按处理空调负荷所输送的介质分，可分为全空气空调系统、空气-水空调系统、全水系统和直接蒸发式系统。

③ 按送风管风速分，可分为低速系统和高速系统两种。低速系统的主风管风速不超过15m/s，高速系统主风管风速大于15m/s。

由于体育建筑比赛大厅的特点是容积大、净空高，人员密度高，热湿负荷和送风量以及新风量大，且间歇使用。因此，一般都采用集中式、定风量、单风道、全空气的低速空调系统（集中式空调系统）。集中式空调系统的空气处理设备（过滤器、加热器、冷却器、加湿器、风机等）均集中在空调机房内，用低速风道（风速不超过10m/s）输送空气到比赛大厅等需要空调的地方。而体育建筑中共用房间如贵宾室、练习室、休息室、办公室等，可采用整体式空调机或风机盘管组成空气-水系统。

集中式空调系统又可分为直流式（全新风）、一次回风、二次回风循环的方式。对于多功能体育馆，一般采用一次回风的集中式空调系统，在春秋季要有采用全新风（直流式）的可能性。对于室内游泳池通风，一般采用直流式系统。

为了管理简便、运行合理，应设置简单的空调自动控制和遥测系统，如风阀自动调节、空调器机器露点控制、馆内各区温湿度遥测等。

体育馆空调系统划分原则与一般建筑类似，应遵照下列几点。

① 空调系统要能保证达到所要求的空气温度、相对湿度、风速以及噪声标准。

② 要求初投资和运行费用较为经济。

③ 空调系统便于管理、运行维护简单。

④ 空调系统不宜过大，便于施工和调试。

⑤ 应将有相同要求的区域或房间划为同一系统。例如，体育馆比赛大厅和游泳馆池厅，一般观众区和比赛区分设若干个空调系统，以保证各区所要求的空调参数。

空调机房的布置应遵循以下原则。

① 空调机房的布置应以管理使用方便、占地面积小、管道布置合理经济为原则。

② 空调机房一般设在地下室或底层，应注意隔振和消声措施。由于体育建筑面积和容积大，根据空调系统划分原则，在体育馆比赛大厅内，空调系统应设两个以上。

③ 空调机房一般都与制冷机房分开设置。

④ 空调机房的面积和层高应按空调器、风管、风机及其他附属设备情况而定，并要满足各设备安装、检修、操作和测试的需要；层高不宜小于4m，经常操作的工作面要有不小于1m的距离，需检修的设备旁要有不小于700mm的检修距离。

⑤ 在体育馆内，为便于过渡季能够100%新风运行，比赛间歇休息时间内，应能够排除室内污浊空气。宜采用双风机系统或单风机和排风系统，所采用的空调器一般为卧式组装式。

⑥ 空调机房内部的布置与一般舒适性空调系统相同，空调系统设计时，要采取相应的防火排烟措施。

体育馆内的气流组织形式是空调设计成败的关键之一，也是体育馆空调设计方案中研究和讨论较多的问题。因为它不仅直接影响到建筑物内能否达到预期的空调效果，而且涉及空调设计方案的经济性。由于体育馆比赛大厅的空调方式既要满足观众舒适要求，又要适应各种体育项目比赛时要求的环境条件，同时还应结合建筑体型进行综合考虑。因此，对于比赛大厅的气流组织的设计要求如下。

① 送风气流能在观众区形成均匀的温度场和速度场，使人无吹风感，并尽量避免脑后风。

② 观众看台上部和下部的温差不能太大，建议不超过2℃。

③ 送风气流应满足比赛场地各种体育项目比赛的要求。如羽毛球、乒乓球等小球比赛时风速不超过 0.2m/s（日本要求更严格，为 0.15m/s），其他比赛时风速不超过 0.5m/s。

④ 气流组织设计还应满足节能要求，要做到调节灵活。

为了满足上述要求，目前体育馆比赛大厅的气流组织形式常采用上送下回、侧送下回、下送上回和分区送下回等几种方式。其送风口有喷口、散流器、旋流风口、百叶风口、诱导风口、条缝和孔板等；回风口有地面格栅、百叶风口和蘑菇风口等。

10.2.4 体育建筑空调方式的选择及空调设计要点

（1）体育建筑空调方式的选择

在比赛场地有时要容纳很多观众，即使不容纳观众，为了处理照明负荷等，比赛场地和观众席也要分别设置空调系统。进行比赛时的电力照明负荷，中小规模体育馆的比赛场地为 $50\sim70W/m^2$，大规模体育馆达到 $100\sim200W/m^2$。这些照明负荷以及观众的排热都向上升，在天棚下面形成高温空气层，为了排出这些热空气，用换气筒（通风设备）或者排气风机把 $10\%\sim20\%$ 的空调用风量排到屋外。

与比赛大厅相连的有休息室、走廊、更衣室、壁橱间等，因为和比赛大厅的使用时间相同，故在中、小规模的体育馆中，可以与比赛大厅合用一个空调系统。在多数体育馆中还包括练习场、体育教室、会议室等，这些房间和比赛大厅的使用时间不同，应设置独立的空调系统。对于办公室、管理室等经常使用的房间，与上述各室分开设置热源和空调系统，例如设置空气热源热泵式组装型空调机（或者采用独立型空调机）。

（2）体育建筑空调热源方式的选择

比赛大厅在冬季和夏季的使用频率不太高，此外电动冷冻机每次的运转费用较高，不太合算。因此，较多的方式是使用燃气或者燃煤油型锅炉和吸收式制冷机的组合，或者选用冷、热水发生机。练习场等附属室，当其负荷占全负荷的比例较大（如 30% 以上）时可以与上述的比赛大厅合用一个热源，当负荷比例较低并且全年的使用频率又很高时，则希望分别设置类似组装型空调机的机组形式。在附属室中的练习场多数只要求设置暖气装置。但是，这时应设置组合式室内供暖机或者强制对流式放热器等。

（3）体育建筑空调设计要点

进行空调设计时，应综合考虑建筑体型与规模，容纳观众的数量，使用功能及对环境条件的要求等因素，以便采取相应的供暖通风和空调方案与措施，满足各类体育建筑的各种功能需要。为此，体育建筑空调设计要点如下。

① 室内空调设计参数的确定。

② 空调系统划分原则。

③ 室内气流组织方式与设计计算方法。

④ 冷热负荷的特点与考虑（包括冷热源选择）。

⑤ 节能与热回收。

⑥ 对围护结构的要求。

⑦ 防火与排烟。

⑧ 消声与隔振等。

10.2.5 体育建筑比赛大厅的送风方式

练习场或者竞技场、拳击练习场类似的场地不管面积大小，天棚高度在 4m 以内的场合，可以采用办公楼等一般建筑物的送风方式。天棚超过 4m 的场合，由于热风和冷风的到达距离或者下降度不同，要进行精确计算，验证在夏季不准有风速为 0.5m/s 的冷风到达人体停留区，冬季热风则必须到达人体停留区。但是，在比赛场地容纳观众时，在冬季除预热时间外也需要供冷，这时因为可以用外气供冷，故不存在上述问题。当比赛场地没有观众时，冬季也应有暖房负荷。比赛大厅的气流分布如图 10-1 所示。比赛大厅送风方式比较见表 10-4。

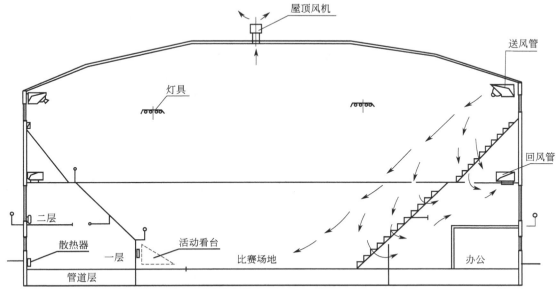

图 10-1　比赛大厅的气流分布

表 10-4　比赛大厅送风方式比较

送、回风方式		特点	特殊考虑
上送下回	散流器顶送座位下回风	①送风均匀；②送风支管较多且布置在顶棚内，冷热损失较大	为改善气流分布，上下层看台可分别采用平、下送散流器，或可调节风速的可调送风口
	旋流风口顶送座位下回风	①诱导比大，送风速度衰减快；②气流流型可调（可调成吹出型和散流型）	比赛场可采用可调型旋流风口，当比赛小球时，调成散流型或关闭；观众区为吹出型旋流风口
	喷口顶送座位下回风	①气流流型可调；②送风管路较简单	喷口角度和风速可调，可满足不同区域要求
侧送下回	喷口侧送座位下回风	①射程长（送风速度 8～10m/s），送风温差可达 8～12℃；②观众区在回流区，温度均匀；③管路短、简单，投资省	①风口角度可调，如冬季向下倾斜一定角度（8°～15°）；②观众席喷口侧送，比赛区顶送（如散流器）
	百叶风口侧送下侧回风	①百叶风口叶片可测；②送风速度不宜太大（<6m/s），否则产生风口噪声	跨度大时，可四周向中间送风或中间向四周送风
下送上回		①节能，部分照明、屋顶负荷直接从上部排走；②空气直接送至观众，易给人带来冷感；③灰尘容易扬起，风口易堵塞；④跃尘输风	座位送风，每个座椅送风量 30～60m³/h，送风温差 2～3℃，但价格较高

向比赛场地送风应注意的事项：在进行乒乓球、羽毛球或者毽球等比赛时，比赛场地（地上 3m 以内）的风速需要限制在 0.15m/s 以内，这时在设计上还要同时满足其他条件的要求则是困难的。在多数情况下，进行类似正式比赛时要停止比赛场地的送风。

体育馆空调除了上述各种送风方式外，其排风与回风也同样重要。由于比赛大厅灯光照明和人体散热量较大，几乎全年室内都有余热；又由于建筑高大，其发热量将聚集在建筑物上部，因此一般在比赛场上部应设排风口排风。比赛大厅回风口的位置对室内气流组织的影响较大，它与送风方式密切相关，如：上送下回风方式，回风口应均匀布置在观众席台阶侧壁和比赛场边上为佳；而侧送下回方式，其回风口应分别设在观众区后部、前部和中部以及比赛场边，其回风量可调节。当夏季送冷风时，应能加大后部回风量，一般从观众区后部回风口带走 70％左右的回风量，以使观众区上下温差减小，不会造成上部观众过热的现象。当冬季送热风预热时，应加大前部回风量，保证热风能送到人逗留区；对于下送方式，回风和排风均设在建筑物上部，以充分排除室内余热量。

10.2.6　室内游泳馆的送风方式

室内游泳馆的气流组织形式按风口位置来分，有上部送风、下部送风、就地送风及侧送和风幕相结合等方式。

① 上部送风　该方式是根据建筑形状将送风口布置在上部，以各种不同角度来适应各个区域的要求。上送下回方式如图 10-2 所示。这种送风方式对有观众席的游泳馆，其观众区空调效果比较满意，但池区效果不太理想。

② 下部送风　对于池区，可在池边地面上设置送风口送风，并可利用窗台下面布置送风口由下向上送风，以抵制下冷气流；对于观众区，可在座位下设送风口或座椅送风。这种送风方式的优点是节省能量，并可把新鲜空气直接送入工作区。下送上回方式如图 10-3 所示。

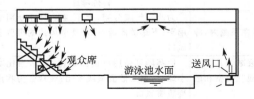

图 10-2　上送下回方式

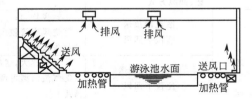

图 10-3　下送上回方式

③ 就地送风　该方式是把送风口设在建筑物的柱子上或利用跳水台空心部分作风道，开侧面风口送风。这种方式可把新鲜空气直接送入所需地点，便于控制空气速度。

④ 侧送和风幕相结合方式　该送风方式是在观众区采用侧送、座位下回风方式；在池区设空气风幕，采用上排风方式。由于在池边设置风幕，阻止了池区潮湿空气进入观众区，使观众区和池区能分区控制，不会造成较大的温差。对于大型比赛性的游泳馆，这是一种值得推荐的送风方式。

对于游泳馆回风口与排风口的设置：观众区回风口应设在座位下台阶侧壁上，基本上为均匀布置；池区的回风口设在近水面附近，以便及时将潮湿的空气带走。当池水用氯消毒时，更应如此设置，切不可使池区的回风通过观众区后排走。为了排除室内烟气和水蒸气（水面蒸发产生并不断上升），排风口应设在屋顶或顶棚上面，可采用机械排风。

10.2.7 体育馆建筑空调特点

体育馆无论是在建筑结构形式和使用功能方面还是空调方式等方面都较有特色，体育馆空调特点归纳如下。

① 体育馆属高大空间建筑，人员密度高，热湿负荷及风量大，新风比例高且间歇使用，故一般采用单风道低速全空气空调系统。

② 体育馆空调属舒适性空调，虽然比赛大厅容积大、净空高，但一般只要求人们活动的范围，即距地面约 2m 的高度内，具有舒适的温度和相对湿度。这样为上部空间利用高速射送风与下部分层空调创造了条件。

③ 体育馆在各种不同的使用场合对空气参数的要求有所不同，如小球比赛时风速要求较小，另外观众人数也随节目内容而异。因此，空调系统的负荷应以最大负荷的情况来考虑，并可通过减少风量或降低送风温差来进行调节。系统布置应适当分区。

④ 比赛场地的气流速度在小球比赛时要求较为严格。因此，在考虑气流组织时，应根据不同球类比赛，调节风口风量的比例，还要设法避免穿堂风和减少厅内外热压引起的进、排风口之间的自然对流。

⑤ 比赛大厅的气流组织，不但要使温度场和速度场给人以舒适感，还要防止观众区产生吹向人后背的"脑后风"，另外也要考虑节能，并保证比赛场地所要求的气流速度。目前所采用的主要气流组织形式有上送下回、侧送下回、下送上回、分区送风等方式。其中采用最多的是喷口送风方式和上送方式，而下送上回方式是最节能的方式，目前正在推广应用。

⑥ 游泳馆的气流组织形式主要有上部送风、下部送风、就地送风、侧送加风幕等方式。对于大型比赛性的游泳馆，侧送和风幕相结合方式是一种值得推荐的送风方式。

⑦ 体育馆场休时，观众休息厅烟雾浓度很大，如不及时排走，将会从入口处逸入比赛大厅，不仅污染大厅环境，还会使厅内空气透明度降低，影响运动员和观众的视线。

⑧ 体育馆一般修建于开敞地带，故必须注意暴露在外的屋顶、外墙、外窗等部分的设计。尤其是屋顶，夏季占有比赛厅外围护结构得热量的大部分，特别是近年来，采用球形节点网架结构，屋顶下部不再设吊顶，势必对大厅内部产生大量的热量。

10.2.8 体育建筑空调系统设计应注意的问题

① 防止结露。为了防止窗面、壁面、天棚面上结露，应对建筑结构进行研究。窗面及框格面的结露一般是不可避免的，建筑上要设置排出水滴的水溜子，把流下的水滴导入排水管排出。另外，采用送热风的方法，能有效地防止在玻璃面上结露。在冬季停止供暖期间内，游泳池水面会产生大量的水蒸气。因此，为了防止在夜间结露，最好不要停止热风供暖。

② 节能措施。为了防止结露，大量地导入外气是有效的做法，但是能源损失也大。可考虑使用太阳能加热游泳池作为地板辐射供暖的热源。

③ 防腐蚀。在室内游泳池使用的风道，不管是送风还是换气，风道都希望使用聚乙烯覆面钢板材料制作。送风口和吸风口也采用聚乙烯涂装防腐材料。在连接供暖用配管时，在从地面立起的场合必须设置防水罩，防止地面水对配管产生腐蚀。

④ 通风、空调及制冷机房与比赛大厅、观众休息厅邻近时，必须采取隔声措施，其隔声能力应使传递到这些场所的噪声比允许噪声标准低 5dB。对其动力设备应采取减振措施。

⑤ 通风或空气调节系统必须采取消声减噪措施；通风口、回风口或排风口传入观众席区域和休息厅的噪声应比室内允许噪声标准低 5dB。主要消声减噪措施如下。

a. 设备选型要注意选用质量好、噪声低的产品，包括通风机、空调器、制冷机、水泵及冷却塔等。

b. 应采用耐火、构造简单且消声效果好的消声器。一般认为体育馆比赛大厅的空调系统风量大，采用室式消声器比较合适，也可采用双层共振阻抗复合式消声器或其他形式的高效率消声器。当采用室式消声器时，平均风速不宜大于 5m/s。消声室的个数，采用 4 个串联即可，若设置过大不仅占地面积大而且效果不显著。

c. 要注意控制通风、空气调节系统的管道风速，主风管为 4～6m/s，支风管 2～3m/s。座位下回风口风速不宜大于 1.5m/s，比赛场地周围回风口风速不宜大于 2 m/s。当采用分区空调的下送风方式时，座位下送风口风速不宜过大。

d. 选用噪声低的风口形式。经实测和使用证明，喷口型送风口产生的风噪声比其他形式的送风口所产生的风噪声略低一些。在同样的送风面积条件下，其喷口的送风速度可提高 1.5 倍。这也许是比赛大厅气流组织设计时通常采用喷口风的原因之一。

e. 对于设有活动升降舞台兼作文艺演出的比赛大厅（如深圳体育馆），在满场混响和观景、背景噪声方面都有具体规定。观景噪声是指空场时各种设备运转情况下的噪声等级，一般为 NR30 或 NR35（NR 通常是指背景噪声），室内噪声控制措施由声学专家进行设计。但通风空气调节系统的声学设计应考虑这些基本因素，并按各倍频带中心频率进行声学衰减量的计算。

f. 当通风、空气调节系统的排气口、送风口、冷却塔等产生的噪声超过室外环境噪声标准时，应设防止噪声扩散的隔声屏。隔声屏构造一般采用 50mm 厚玻璃纤维板，外表面包以镀锌铁皮防水。

⑥ 通风、空气调节系统的安全措施应符合下列规定。

a. 穿越防火分区的送风或回风管道上均应装设防火掩门。

b. 所有设备、风管、消声器、过滤器和保温材料均应采用非燃烧材料。

c. 安装于钢网架屋顶内的通风、空气调节系统的风管应考虑防静电接地措施。

d. 设于体育馆建筑物内的制冷机房，不宜采用氨制冷剂。

⑦ 计算比赛大厅灯光发热量，应考虑不同使用条件时开启的灯具种类、灯具平均耗电系数及灯具位置系数等因素；并根据所采用的气流组织方式，决定计入空调冷负荷中的灯光发热量数值。

⑧ 比赛大厅的空气调节系统设计应符合下列规定。

a. 比赛大厅最小新风量不应小于 $8m^3$/（人·h），多数体育馆设计取值为 $10m^3$/（人·h），且室内稳定状态下的 CO_2 允许浓度应小于 0.25%［人体散发的 CO_2 量可按 $0.02m^3$/（人·h）预算］。

b. 比赛大厅的空调系统宜设置两个以上的多个系统，以便于根据大厅内负荷变化情况调节送风量，达到降低耗电量的目的。

c. 与比赛活动有关的灯光控制室，以及计时计分牌机房、扩声室、电视转播室、器材库等房间，宜单独设置空气调节系统或空气调节装置（如风机盘管加新风系统或者采用分体式空调器等）。

d. 过渡季，空气调节系统应不进行热、湿处理，仅作机械通风使用（即利用室外空气降温的可能性）。

e. 集中式空气调节系统，夏季时宜采用表面式空气冷却器处理空气。

⑨ 比赛大厅的送风方式，应按具体条件（规模、形状、使用功能、观众席人数及当地气象参数等）选定，并应符合下列要求。

a. 比赛大厅的气流组织设计包括观众席区域和比赛场地应进行计算。

b. 空气调节系统风管、风口的设置应考虑经济、适用和美观等因素，而且应安装牢固，便于调节。安装在钢网架内的风管，遇有调节阀或防火阀等的部位，应相应地设置人行道。

为减少空气调节系统的漏风量，最好不要采用砖砌竖井风道，因为使用中堵漏困难。若采用钢筋混凝土作为风道时，其内表面应抹以密实水泥砂浆，使风道内壁光滑、严密不渗漏空气，且压力损失小。建筑风道的下部应设密闭检查门。

c. 当观众席区域采用下送风方式时，应防止尘埃、污物和水进入风口和风管内。地下水位高的地区，不宜设置地沟回风道，如必须设置时，应做好内外防水处理。地沟风道应设置人孔或清扫口。

⑩ 体育馆的供暖系统设计，应注意以下两个共性问题：

a. 各地反映：比赛大厅主席台、贵宾席以及裁判席等部位温度往往偏低，一般要求冬季保持22℃为宜。因此，仅依靠大厅内的空气调节系统是不能达到的。特别是在观众入场以后，大厅内的空调系统逐渐由输送热风转变为输送温风（即凉风）时（由于上部观众席区域温度太高，需要用室外空气降温），下部这些场所，此时空气温度将会更低。因此，需要设置局部散热器来提高这些部位的空气温度。

b. 运动员休息室、检录室、走廊以及比赛场地周围的空气温度也有过低的现象，甚至会影响运动员技术水平的发挥。特别对于体操运动员，衣着单薄，影响更大。为此，希望这些部位保持22～24℃的空气温度为宜。

10.3　影剧院建筑空调规划与设计

10.3.1　影剧院建筑的功能与构成

影剧院对空气环境舒适水平要求很高，特别是在大中城市和气候炎热地区，空调已逐步成为必不可少的配套设施。不但新建影剧院必须安装空调设备，原有影剧院也要加装空调设备。除此之外，随着影剧院的多功能化，如附设游艺厅、咖啡厅、舞厅等，使之成为多样化的综合性文化娱乐场所已是发展的必然趋势，而这些场所有较高的舒适环境要求，因此对空调的要求更高。影剧院建筑的定义、分类、组成示意如图 10-4 所示。电影院有专业性电影院和兼演电影及戏剧的电影院，按客座数量可区分如下。

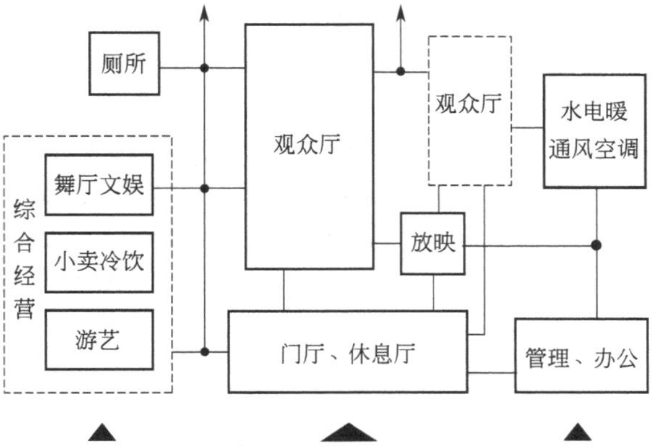

图 10-4　影剧院建筑的定义、分类、组成示意

① 特大型：1201 座以上。

② 大型：801～1200 座。

③ 中型：501～800 座。

④ 小型：500 座以下。

电影院建筑一般由观众厅、休息厅、小卖部、贵宾接待室、门厅、售票房、美工室、放映及其他技术用房（水电、空调、制冷机房等）、管理用房（办公室等）、卫生间等组成。剧场建筑主要由观众使用部分、演出部分、技术设备部分、行政管理部分等组成。

剧场组成及各部分功能关系如图 10-5 所示。

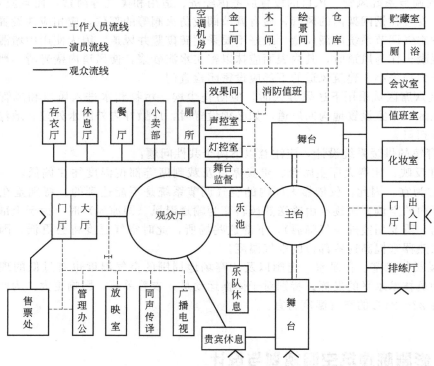

图 10-5　剧场组成及各部分功能关系

10.3.2　影剧院负荷特性及空调设计标准

（1）影剧院建筑的负荷特性

客席部是很多人汇集在一个大空间室内，负荷受这种状况的影响很大。按坐席数计算时，应考虑站立观众为 10%～20% 的余量。剧场或者音乐厅等可以不考虑站立观众。

在室内冷房负荷（人体发热、照明发热及来自壁体的传热等）中，人体发热负荷占 50%～60%。照明负荷较小，约为 5～10W/m²。因为建筑物多数无窗，根据音响要求壁体的绝热性较高，周围被其他各室包围着等原因，传热负荷不多。

由于观众很多，则需要导入大量外气，也就大幅提高了负荷量。冷冻机的容量可以取 0.08～0.1Rt/人（1Rt=3.517kW），但是如果利用预冷作用、高温成层及储热槽等，还能降低些。

关于暖房负荷，由于人体负荷和传热负荷相抵消，装置容量按在使用时间内把外气加热到室温所需要的热量即可。

对于客席部解决由墙壁处产生的冷气流的办法是在侧壁下设置放热器，或者按快感要求也可以只用地板加热板的辐射供暖方式。

大厅的垂直温度分布在不同的客席层有不同的问题。上部层容易产生高温，则上层应设独立系统，送风量也要多些，必须比一层的负荷多。大厅的温度分布，不管送风口和吸风口如何布置，其水平温度分布都不会达到均匀。对于温度分布，应该尽量缩小送风口承担的面积，合理地规划送风口和吸风口的位置即可。座位区域内上下温度差应控制在 1～1.5℃ 以下。为了消除温度差，使座位区的空气流动即可。

（2）影剧院空调设计标准

影剧院建筑室内空气设计参数的确定应综合考虑下列因素：

① 能满足人体舒适感要求的空气温度、相对湿度、气流速度的不同组合；

② 考虑影剧院的级别，与建筑设计标准相适应；

③ 地理位置及室外气象条件；

④ 观众的生活习惯、衣着情况；

⑤ 经济发展水平。

我国国家标准《工业建筑供暖通风与空气调节设计规范》（GB 50019—2015）中规定：民用建筑（影剧院建筑属于此类）冬季空调室内计算温度为 18～22℃，相对湿度为 40%～60%，风速不大于 0.2m/s；夏季空调室内计算温度 24～28℃，相对湿度 40%～65%，风速不大于 0.3m/s。影剧院是人们短时间停留的场所，空调设计应结合具体使用特点，不要盲目套用国外数据或不顾国情而盲目追求高标准。

在人员密集的影剧院等场所，室内空气成分及悬浮尘埃对人体的舒适感及健康有重要影响，因而也是空调设计中确定送风量、新风量以及影响设备造价和能量消耗的重要因素。

以往我国曾普遍规定一般空调房间最小新风量为 30m³/(h·人)。然而考虑到影剧院观众厅等场所人员密集、停留时间较短，为了节能，可适当降低新风量标准。美国有关部门提出当不允许吸烟时，新风量 9m³/(h·人)即可满足要求。如果设备只是在短时间使用，则上述新风量可稍稍降低，在两次演出之间进行稀释。英国有关方面则对允许吸烟的场所采用新风量 14～29m³/(h·人)，不允许吸烟的场所采用 9～17m³/(h·人)。

国内影剧院及集会场所新风量取用标准各有不同，如广州中山纪念堂为 12.5m³/(h·人)，上海人民艺术剧院为 8m³/(h·人)，福州省人民剧场为 14.9m³/(h·人)，成都锦城艺术宫为 10m³/(h·人)等，一般约在 7～15m³/(h·人)范围内。我国确定的电影院和剧场两种建筑设计规范中通常均以新风量 10m³/(h·人)为设计容许标准的下限。

（3）影剧院空调负荷估算指标

影剧院空调负荷有以下一些特点。

① 影剧院一般都是非全天、非连续使用的，观众厅演出时间是有限的，门厅和休息厅观众停留时间则更短。

② 影剧院主要房间（观众厅、休息厅等）是人员密集的场所，人体湿负荷较大，总热负荷中潜热负荷大，热湿比小。

③ 影剧院观众厅往往被包围在其他附属房屋之间，温差传热量和太阳辐射得热量很小且因建筑声学处理的需要，墙壁、顶棚等大量使用吸声材料。因此，围护结构的隔热性能非常好，更减少了建筑围护结构传热的冷热负荷。

④ 冬季由于室内人体和照明设备散热量大，建筑热损失少，所以有可能送冷风。

⑤ 观众厅一般照明负荷较小，国内一般电影院观众厅不计入照明负荷。

⑥ 剧场舞台灯光散热量是主要负荷，不但负荷大且变化大。

⑦ 高大空间的观众厅，室内温度分布是前低后高，特别是冬季更为明显。在垂直方向上也有较大的温度梯度，下部温度低，上部温度高，靠近顶棚形成稳定的高温空气层，即出现温度分层现象。这在一定程度上减轻了夏季冷负荷。

⑧ 由于观众厅、休息厅等人员密集，为满足卫生要求，所需新风量大，因而新风负荷较大，常可达空调总冷负荷的 30%左右。

在进行空调方案设计及技术经济分析时，常需参照已有工程积累的经验数据作为估算指标。单位建筑面积耗冷量：影剧院 $290\sim384\mathrm{W/m^2}$，电影院 $256\sim349\mathrm{W/m^2}$。每座位空调耗冷量：影剧院 $244\sim349\mathrm{W/人}$，电影院 $232\sim290\mathrm{W/人}$。观众厅每人占地面积小于 $0.8\mathrm{m^2}$ 时取上限，大于 $0.8\mathrm{m^2}$ 时取下限。影剧院各房间空调负荷估算指标参见表10-5。

表 10-5 影剧院各房间空调负荷估算指标

序号	房间名称	空调建筑面积 /(m²/人)	建筑负荷 /(W/m²)	人体负荷 /(W/m²)	照明负荷 /(W/m²)	新风量 /(m³/人)	新风负荷 /(W/m²)	总负荷 /(W/m²)
1	观众厅	0.5	30	228	15	8	174	447
2	休息厅	2	70	64	20	40	216	370
3	化妆室	4	40	35	50	20	55	180

10.3.3 影剧院空调方式及特点

（1）影剧院空调方式

影剧院广泛采用带喷水室的空调系统，常见观众厅气流组织方式包括：①顶棚上送风下回风，如图 10-6(a) 所示。②上部喷口送风下回风，如图 10-6(b) 所示。③下送风上回风，如图 10-6(c) 所示。④分区送风下回风形式，如图 10-6(d) 所示。但针对具体影剧院建筑形式采用何种气流组织方式，可采用 CFD 模拟技术对其空气气流分布情况进行较为精确的数值模拟和预测分析，从而得到大空间内速度、温度、湿度、有害物浓度及人体热舒适性 PMV-PPD 等物理量的详细分布状况，为优化设计提供技术依据。求解人体对流换热系数、大空间空气龄、热舒适性指标 PMV-PPD 和吹风感指数 DR 的 CFD-UDF 程序可参考附表4和附表5。

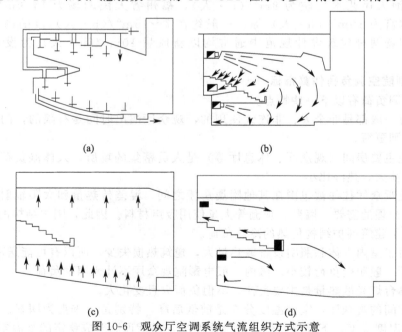

(a)   (b)

(c)   (d)

图 10-6 观众厅空调系统气流组织方式示意

（2）影剧院空调特点

电影院、剧场空调夏季冷负荷、冬季热负荷与其他类型的民用建筑、公共建筑有所不同，具体如下。

① 影剧院一般都是非全天非连续使用的（或间断使用，或集中在部分时间使用）。观众厅演出时间每场只有 1～2h 或 2～3h，门厅、休息厅观众停留时间则更短。

② 影剧院主要房间（观众厅、休息厅等）是人员密集的场所，人体湿负荷较大，总热负荷中潜热负荷较大时，热湿比较小，因而当室温较低时，可以减少潜热量，从而降低或不要再热（夏季），有利于节能。反之，潜热负荷大、热湿比较小时，空气处理过程的机器露点低。因此，就产生了再热的必要。

③ 冬季由于室内发热量大（人体、照明等），建筑耗热量小，所以有可能不需送热风，还可能需送冷风。

④ 观众厅一般照明负荷比较小，每平方米建筑面积约 5～10W。电影院只需在开映前或散场时才开灯照明，这部分负荷更小，放映时间则全部关闭。国内电影院观众厅一般不计入照明负荷。

⑤ 剧场舞台发热则是主要负荷，不但负荷大且变化大。设计时应设法在灯具附近排风，灯光负荷的 40%～60% 可以忽略不计。

⑥ 高大空间的观众厅，地面前低后高，室内温度分布也是前低后高，特别是冬季更为明显。在垂直方向上也有较大的温度梯度，下部温度低，上部温度高，靠近顶棚形成稳定的高温空气层，这就是温度分层现象。这一现象在一定程度上减轻了夏季冷负荷。

⑦ 由于观众厅、休息厅等人员密集，为满足卫生要求所需新风量大，因而新风负荷大，常可达空调总冷负荷的 30% 左右。

10.3.4　影剧院空调冷源

（1）影剧院空调用冷源的选用原则

空调用冷源有天然冷源及人工制冷两类。天然冷源中有实用价值的是深井水和地道风。深井水有可能用来作舒适性空调处理空气用，但由于受水量不足等条件所限，不能大量普遍采用。一般影剧院，夏季利用城市人防地道来冷却空气并送入观众厅等使用场所达到降温通风的目的，这就是地道风的应用。深井水及地道风的利用最突出的特点就是节能、经济。但受到某些条件的限制，不是任何场合都能采用。

人工制冷即采用各种形式的制冷机直接处理空气或制出低温水来处理空气。人工制冷不受任何条件限制，可满足所需要的任何空气环境，工作可靠，调节方便，普遍地被采用。但其造价高、耗电多，运行费用也高。

（2）选择人工制冷方案时应注意的问题

① 影剧院空调应该采用氟利昂压缩式制冷或溴化锂吸收式制冷，而禁止使用以氨作制冷剂的制冷机。因为氨泄漏能引起人员中毒并有爆炸危险。

② 近年来由于各种形式冷水机组的出现，很少再采用制冷压缩机、冷凝器、蒸发器等设备分设的制冷系统。冷水机组设备紧凑，组装成一体，占地面积小，便于安装、运转，应优先选用。

③ 影剧院空调的耗冷量多数在 340～1100kW 范围内，所以在选择制冷机组时其台数为 2 台或 3 台，台数不宜过多，也不宜仅用一台。这样负荷减少时，可以部分机组停止运转，便于制冷量的调节。在需要全部运转时，如果其中一台发生故障，停机检修，仍有一台或两台继续运转，室内空气参数不致波动过大。

④ 集中式空气处理室有时采用直接蒸发式表面空气冷却器处理空气，用氟利昂压缩冷凝机组与作为空气冷却器的蒸发器配套使用较为合适。制冷设备靠近空调室安装，不需另设制冷机房。设备紧凑、系统简单。

⑤ 要求制冷量大的系统，才有必要选用氟利昂离心式制冷机或溴化锂吸收式制冷机。溴化锂吸收式制冷机需要有 0.3MPa 表压以上的水蒸气和 80℃ 以上的热水作热源。

⑥ 影剧院建筑一般为非全天非连续使用的场所，且为舒适性空调，室内参数允许有较大的波动，所以空调系统也无须全天连续运转。空调设备的运转使用主要集中在夏季，每天周期性运转。另外，剧场有可能允许按有"预冷"的方式运转。据此空调系统设计时冷源设备的选择，可以不按最大空调冷负荷来确定制冷量，而采用蓄冷水池的方案来降低所需制冷机容量，对降低空调和制冷系统的造价有一定意义。

10.3.5 影剧院空调设计原则

空调系统设计时应注意影剧院特点和使用要求，一般应考虑下列原则。

① 电影院、剧场空气调节系统一般采用集中式低速单风道系统。因为建筑规模大、换气量大，所以一般采用全空气系统。近年来也有用独立式空调机组系统或大型风机盘管加新风空调系统等。

② 观众厅可采用一个或两个单独的空调系统。前部和后部最好分系统或分区，以适应气流组织的需要或上座率的变化。当观众上座率减少时，观众集中在前部或后部，可停止一个系统或部分区域。同样的理由，按上或按下分系统或分区，也有部分停止送风的可能性。

③ 观众厅空调系统要做良好的消声和隔声处理，空调制冷设备产生的噪声要采取措施，使噪声不超过允许标准。

④ 舞台应设单独的空调系统，以适应不同的空气参数要求。必要时化妆室可与舞台为同一系统。

⑤ 休息厅、接待室、门厅等房间可为一个空调系统。这一系统使用时间可与观众厅系统不同。冬季可能需要送热风。

⑥ 如规模不大的影剧院空调系统合一时，应该能分区控制或分区做再热消声等处理。

⑦ 空气处理设备一般有对空气进行粗效过滤的过滤器，对空气做加热处理的空气表面加热器，对空气进行冷却减湿处理的喷水室、水冷表面式空气冷却器（带喷水或不带喷水）、直接蒸发表面式空气冷却器等。对空气进行加湿处理除喷水外，尚有采用水蒸气加湿器的。

⑧ 空调系统送回风管道可用金属风道及非金属建筑风道，还需装设必要的消声器、调节风门、防火阀、送回风口等。

⑨ 应根据环境情况及环保要求，选择适合的空气过滤器或设置空气净化装置。

⑩ 选择经济及合理的送风方式，并确定正确的送风口和吸风口的位置。

⑪ 噪声的处理。在建筑设计上，已对室内的音响特性做了必要的处理，空调设备不太可能产生噪声。在设计和施工方面都要注意设备的防振和风道系统的消声。观众席的允许噪声级，电影院是 NC30～NC40，会议厅为 NC25～NC40，小剧场为 NC25～NC35，音乐厅为 NC20。

⑫ 影剧院空调系统多采用双风机系统。但在过渡季加大新风量或采用全新风时，通过自然排风或机械排风系统增大从室内排风的量时，还可以采用单风机系统。单风机系统只用一台风机，因而占地面积小，比双风机系统简单、造价低，经常性运转耗电量少，但存在下列问题。

a. 影剧院空调系统风量大，送回风管道长，系统空气阻力大，需要风压高，相应风机转速高，提高了风机的声功率级。对噪声要求较严格的影剧院，增加了消声处理的难度，提高了消声器的造价。

b. 单风机系统不设回风机。而影剧院全年新风量是变化的，过渡季全新风运转。这就要求全年回风量和排风量是变化的，过渡季需要全部排风至室外。设回风机可以适应这种要求。

不设回风机难以由室内大量排风，只有靠提高室内正压，在一定程度上增加通过排风口及开口缝隙的排风量。但是，室内正压过高会带来一系列问题，甚至由于通风门窗缝隙风速过高而发生啸声，也影响人的舒适感。因此，一般较少采用单风机系统。但在过渡季加大新风量或采用全新风时，通过自然排风或机械排风系统能增大从室内排风的量，还是可以采用单风机。

双风机系统可安装送风机、回风机各一台，可以随季节变化，增加新风量直到全新风。而回风机则能适应这种变化，增加由室内向室外的排风量，调节方便，运转灵活且每台风机的风压均降低，风机噪声较低。所以，影剧院多数采用双风机系统。

10.4　图书馆、美术馆、博物馆等大空间建筑空调规划与设计

10.4.1　图书馆、美术馆、博物馆等大空间建筑的功能与构成

表 10-6 中列出了图书馆、美术馆、博物馆的功能和房间组成及对空调的要求。对于收藏库或者重要物品展览场所，可以采用保存用空调。除此之外，多数都采用一般保健用空调。

表 10-6　图书馆、美术馆、博物馆的功能和房间组成及对空调的要求

房间名称	收集资料	整理保管	调查研究	教育普及	其他与管理有关的事项
图书馆	调查研究室、办公室	公开书库 非公开书库 保存书库 研究室 专门业务室	调查、研究室	各种阅览室、研究室、资料室、视听室、目录室、阅览引导场所、讲堂等	馆长室、会议室、办公室、接待室、印刷室、装订室、仓库、消毒室、机械室、值班室、洗手间、休息室、饮茶室、食堂等，其他
博物馆、美术馆	研究室、办公室	保管仓库（收藏库）、整理室、研究室	研究室、实验室、修理室、照明室	各种展览室、资料室、讲堂、视听室等	馆长室、会议室、办公室、接待室、印刷室、装订室、仓库、消毒室、机械室、值班室、洗手间、休息室、饮茶室、食堂等，其他
要求的空调种类	一般保健用空调	保存专用空调	一般保健用空调	一般保健用空调，但重要的展览物品需要设置恒温恒湿空调	一般保健用空调

10.4.2　大空间建筑空调规划与设计

（1）空调的分区

图书馆、美术馆、博物馆的空调应分区设计。图书馆的保存用书库，博物馆、美术馆的收藏库空调，为了确保保存温湿度及空气洁净度，应与其他空调系统分开，设置专用空调系统。

（2）空调设备的组成

收藏库或者特殊展览室的空调系统，可采用全空气方式。为了处理外气中的污染物质和减少外界条件对空调负荷的干扰，可设置处理外气空调设备。另外，在以严密保存为目的的场合，空调机要选用压入式，防止采用抽送系统时在空调机周围漏入未经处理的空气。风道也要采用气密性高、漏风量少的结构。

由于空调机可能在极小的负荷状态运转，往往要在盘管处设置旁通管。在这种场合的压入式空调系统中，有时送风气流要产生分层现象，因此必须研究使气流混合的措施。收藏库要求库内温湿度分布均匀，所以送风量要取大些，送风温度差要选得小些。控制温湿度的检

测部分，应选择响应迅速的装置。冷却减湿、加热、加湿等操作部分的工作量应尽量设法减少。在加湿时，通过精心操作，使温度变化尽量小。采用低压水蒸气喷雾方式较好。

在收藏库内进行熏蒸时，必须设置熏蒸用气体的排气装置或者根据实际情况选用其他除气装置。

（3）空气净化装置

通过使用 NBS 实验法测定的粉尘捕集率在 85% 以上的空气净化装置（种类有电气集尘器或者以直径为 $1\mu m$ 的玻璃纤维为过滤材料的高效率过滤器等），能有效捕集粉尘、烟雾和细菌等。然而，在电气集尘器的电离部分有微量的臭氧发生，所以在换气量少的收藏库等房间中，不使用为好。

对于外气中气体状污染物的处理，可以使用活性炭空气净化装置或者洗涤器等。为了提高活性炭空气净化装置的吸附效率，可把吸附层的厚度做得大些，使气体和活性炭接触时间延长即可。当外气中气体状污染物浓度较高时，用活性炭过滤器做前处理，利用中和反应使有害物质变成无害化的碱性物质或者使用浸过酸性药物的化学药剂过滤器是有效的方式。

10.4.3 大空间建筑空调设计原则

① 对于像体育馆、礼堂等人员较为密集、设备散热量较大的场所，在季节过渡时可以进行空调降温，这时可以采用相应的全空气低速风道双风机系统。该系统可以将室外的新风同一部分回风进行混合，进行过滤、冷却或者加热处理之后进而排送到相应的比赛大厅。对于面积较大的场馆可以进行区域的划分，划分为多个相应的通风空调系统区域，这样能够有效进行空调系统的调节以及能量的控制。在贵宾室、休息室以及其他辅助房间适宜采用相应的风机盘管加新风系统。

② 一般而言，大空间建筑物有着较长的闲置时间，使用率相对较低。在相应的供暖地区，为了达到节能目的，可以结合空调送热风与散热器值班供暖的方式。值班供暖温度可以按照 5℃ 或 10℃ 进行考虑，在活动举办期间，可以由空调系统进行热量的补充。

③ 在进行建筑物气流组织选择时，应该依据建筑物的类型和建筑结构形式进行。大部分体育馆以及大型礼堂屋顶结构为网架或者桁架结构，平均层高能够达到 10m，在体育馆的最高处甚至能够达到 25m 以上。在进行体育馆气流组织设计时，一般选择高速射流喷口进行顶送或者侧送，在座椅下或者场地下进行机械回风，在建筑物的顶部进行排风；而在礼堂选择气流组织为喷口、旋流风口或者散流器进行顶送，在建筑场地下进行回风，在礼堂的舞台上空进行排风。

④ 在布置空调机房时要遵循施工简单、维护方便的原则，同时还要追求经济、合理。空调机房是暖通空调系统的核心部分。因此，要对空调机房的位置、面积进行严格控制。每个空调机房所承担的空调系统的面积要控制在 $500m^2$ 以内，不宜过大，这样能够有效控制系统的通风量，满足相应的管道尺寸要求。空调机房的位置应该选择地点为靠近空调房间、外墙，远离那些对于振动以及噪声有着较高要求的房间，同时还要避免设置在建筑物的核心筒位置。机房的高度应该根据空调机组的高度以及相应的检修空间来进行确定，一般净高的范围要在 4~6m。

⑤ 礼堂等建筑有着较高的噪声振动要求。因此，在进行通风空调系统的设计过程中要对消声减振等问题进行重点考虑。其中，暖通空调系统中的冷水机组、风机、空调机组以及水泵是主要的噪声以及振动源。在进行暖通空调的设计过程中应该遵循下面的几个原则。

a. 设备房间要远离那些有较高噪声要求的房间。

b. 选择消声设备要遵循的原则如下：噪声低，质量好，风速较低，同时靠近机房的位置。

c. 设置相应的减振垫以及软接头等。

d. 合理进行风机风压的计算，进而合理确定风管以及风口的风速，这样能够避免由于风速过高产生二次噪声。

10.4.4 大空间建筑空调设计难点

① 高大空间建筑防火难度大，对供暖、通风和空调系统的要求更高。例如，大空间建筑往往需要在主体建筑或裙房内布置燃油或燃气锅炉房、自备发电机房、空调机房和汽车库等一些危险性较大的空间。这方面应在设计中有所体现。

② 大空间建筑往往高度较大，这将加重供暖系统的竖向失调，同时由于系统水静压力较大，直接影响到室外管网的水力工况。其系统的形式及与室外管网的连接与多层建筑有较大差异。

③ 高大空间建筑设计往往需要有单独的热源，以满足空调、供暖、制冷、热水供应等方面的需求。由于用地紧张和其他一些原因，有些大空间建筑需要在地下室内或屋顶上设置锅炉房。从目前发展趋势来看，这种设计方式越来越多，这使得大空间建筑的热源设计变得更为复杂。

④ 大空间建筑的空调设计气流组织因温度梯度较大，需采用合理的送风方式。上送下回方式为从顶棚送风下部回风，现工程多采用可调节风量和射程的风口，提高冬季的送风风速；侧送下回方式送风口高度大多在 3m 左右，需要结合建筑装修设计布置风口位置以达到室内美观，同时需要精确地进行空调气流组织计算。

10.5 交通、体育和娱乐及大空间建筑空调设计实例

（1）工程概况

该工程项目为常州市某大学文体中心空调设计，建筑面积约 10800m^2。建筑共分三层，一层设接待室、办公室、乒乓球室、棋牌室、舞厅、音乐欣赏教室等，二层及三层分别设置比赛场及观众席。

（2）设计参数

① 室外设计参数　夏季空调室外计算干球温度 34.6℃；夏季空调室外计算湿球温度 28.6℃；夏季空调室外日平均计算温度 31.4℃；夏季空调室外计算相对湿度 82%；冬季空调室外计算干球温度 −5℃；冬季空调室外计算相对湿度 75%。

② 室内设计参数　体育馆：夏季温度 ≤27℃；相对湿度 60%。舞厅：夏季温度 ≤25℃；相对湿度 55%；冬季温度 ≥20℃；相对湿度 40%。

（3）冷源及空调系统划分

体育馆及舞厅各设一套制冷系统独立运行，两套制冷系统冷量分别为 660kW、150kW。压缩机为螺杆式制冷机组，冷水供回水温度 7℃/12℃。每套制冷系统各设两台水泵，一用一备，通过循环水泵将冷冻水送至空调机组及风机盘管，系统为闭式水循环，采用定压装置定压。空调机组由设在回风管上的温度传感器，根据回风温度的高低，调节电动两通阀的开度进行控制；风机盘管由室内温控器调节电动两通阀开关控制室内温度。空调系统划分参见表 10-7。

表 10-7　空调系统划分

区域	系统编号	送风量/(m³/h)	新风量/(m³/h)	制冷量/kW	制热量/kW
体育馆	K-1	50000	7500	315	
体育馆	K-2	50000	7500	315	
舞厅	K-3	12000	3600	112	130

（4）气流组织及排风

体育馆采用在屋顶网架内的送风管上开设 12 个圆形喷口侧送风，座位下回风口回风方式；舞厅采用上送上回的送回风方式。

在体育馆屋顶网架内设置 4 台风机，其中 1 台为平时运行，另外 3 台为排烟时运行，总排风量为 40000m³/h。在一层屋顶设置 1 台风机进行排风，排放量为 3000m³/h。

一层通风空调平面图如图 10-7 所示；二层通风空调平面图如图 10-8 所示；三层通风空调平面图如图 10-9 所示；1-1 剖面图如图 10-10 所示；空调风系统图如图 10-11 所示；空调水系统图如图 10-12 所示。

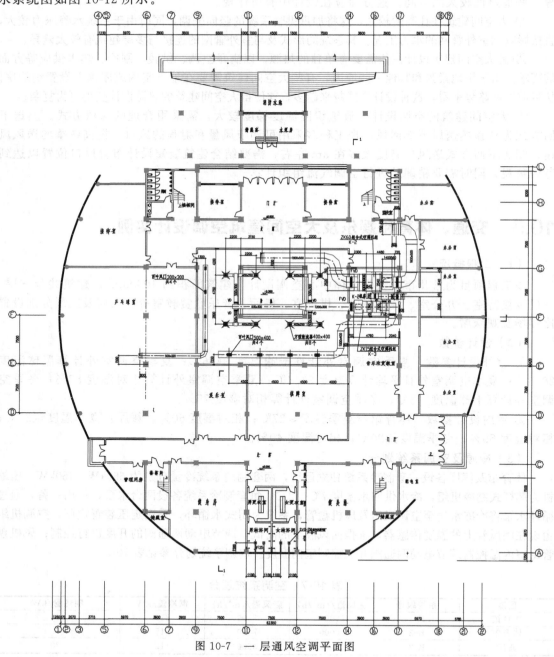

图 10-7　一层通风空调平面图

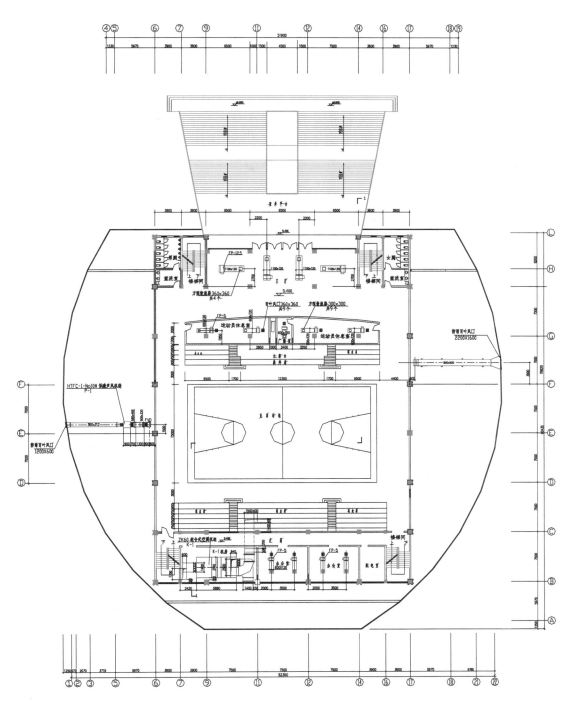

图 10-8　二层通风空调平面图

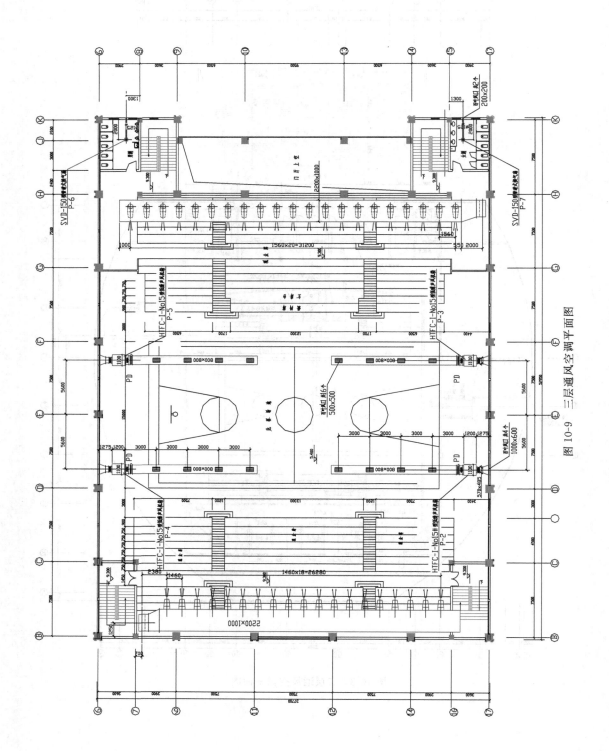

图 10-9 三层通风空调平面图

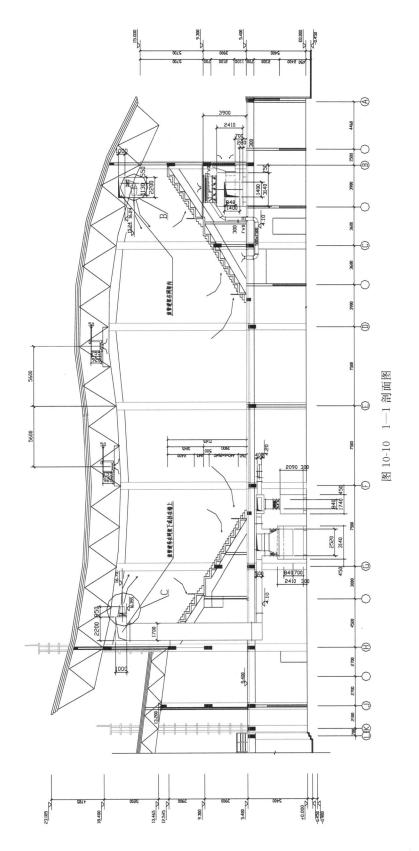

图 10-10 1—1 剖面图

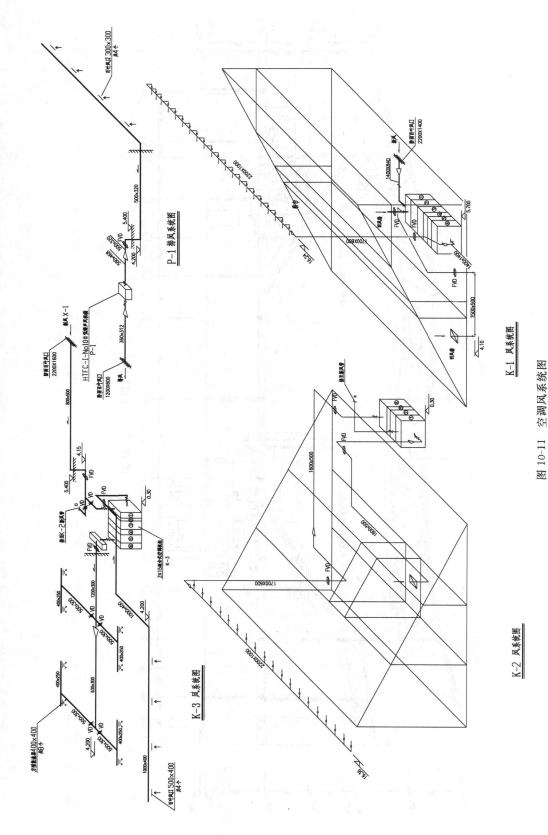

图 10-11 空调风系统图

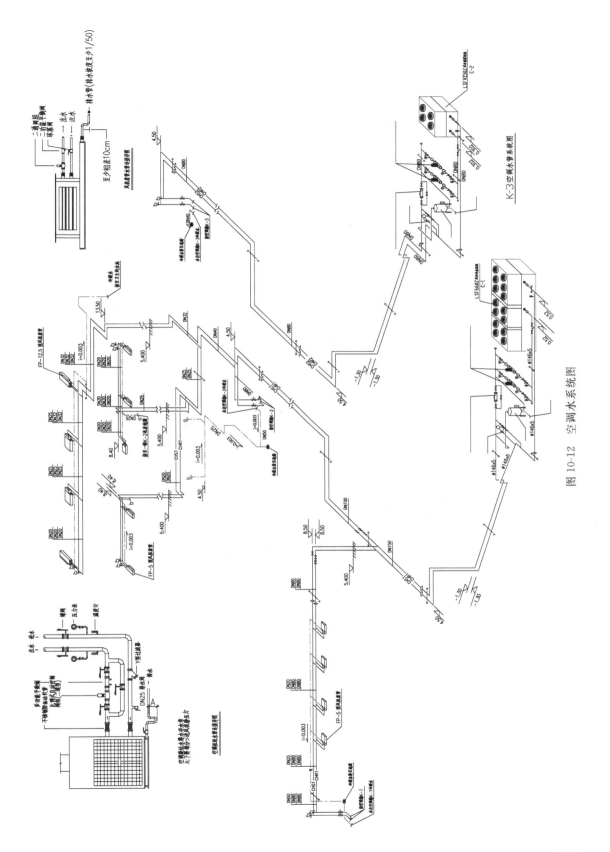

图 10-12 空调水系统图

第11章 工业建筑空调设计

工业建筑空调与民用建筑空调（参见第5章至第10章所述内容）在很多方面存在不同，工业建筑空调属于工艺性空调范畴，是为生产工艺或运行创造必要环境条件的空调系统。工业建筑空调的设计是以保障工艺要求为主要目的，室内人员的舒适性是次要的。工艺性空调设计则主要是保证工艺要求，同时满足室内人员的舒适要求，它可分为一般降温性空调、恒温恒湿空调和净化空调等。其空调室内温湿度参数及其允许波动范围的确定应符合实际工艺生产过程对温湿度的要求，应根据工艺需要并考虑必要的卫生条件确定相关参数。

一般降温性空调：降温性空调对温湿度的要求是夏季人工操作时手不出汗，不使产品受潮。因此，一般只规定温度或湿度的上限，不再注明空调精度。如电子工业的某些车间，规定夏季室温不大于28℃，相对湿度不大于60％即可。

恒温恒湿空调：恒温恒湿空调室内空气的温湿度基数和精度有严格要求，如某些计量室，室温要求全年保持20℃±0.1℃，相对湿度保持50％±5％。也有的工艺过程仅对温度或者相对湿度中的一项有严格要求，如纺织工业某些工艺对相对湿度要求严格，而空气温度则以劳动保护为主。

净化空调：净化空调不仅对空气温湿度提出一定要求，而且对空气中所含尘粒的大小和数量有严格要求。

11.1 工业建筑空调设计

11.1.1 用于原料和产品要求的空调（生产过程空调）

生产过程空调是以提高产品质量、储藏性能及生产性能为目的，通常其有如下条件和要求。

（1）温湿度条件

由于生产过程、机械设备、原料、附属材料等都经常需要改进，因此对于设计条件和各种条件的容许范围，空调设计工作者要和使用者进行充分协商和了解生产过程的具体要求之后再做出决定。

（2）空气清洁度

室内空气中的尘埃、细菌污染产品，损伤研磨面，使加工性能降低，因此必须保证各工艺过程对清洁度的要求。

（3）气流分布

对于纤维等较轻的物品，气流将使棉尘扩散等，往往对生产产生不良影响，必须适当调节气流的方向、速度和气流组织。

11.1.2 用于工作人员的空调（作业空调）

在对空调条件没有特殊要求的生产过程中，空调的目的主要是创造舒适的作业环境。在生产、组装部件较多的精密产品时，可根据以下要求为作业人员创造舒适的环境，且在多数场合具有较好的经济效益。

① 提高作业效率和产量。

② 作业人员不发汗，减少对产品的污染。

③ 密闭建筑物，防止外部尘埃侵入。

④ 建筑物无窗化，日光不能直射，以一定的照度进行稳定作业。

⑤ 减少不合格产品。

11.2 工艺性空调的规划与设计

11.2.1 工艺性空调规划设计中的调查工作

（1）建筑结构

为了减少和稳定空调装置的负荷，要特别考虑屋顶面的绝热和防止来自采光窗的直射日光。当相对湿度高于60%时，在冬季为了防止结露，要考虑设置绝热层。此外，还需研究出入口的构造和位置，减少外气侵入；研究直接与土层连接地板和外面部分的绝热等。

（2）理解作业过程

进行工艺性空调设计需掌握的内容如下：需要空调的理由，连续生产过程的相互关系，房间是否有隔壁，污染空气的排出位置，是否有局部换气，输送机或者小型升降机的开口状况，高温发热部分的位置，作业的位置等。

（3）生产机械设备的发热

调查原有动力机械设备的使用率、平均负荷、设备布置和动力传递形式、发生热量分布、燃烧设备的容量调节法、绝热方法、排烟方法、高温产品的移动方法等，计算出实际负荷。

（4）调查冷、热源

调查及收集冷却水的温度、水量、水质等资料，了解附近空气中有否腐蚀性气体，以及热源、动力源及备用设备等情况。

（5）防止公害措施

调查及了解噪声、排气、排水等有关现场内外的状况。

11.2.2 工艺性空调系统设计要点

工业厂房的工艺性空调要求同时控制温度和湿度，要求空调机组具备加热、加湿、冷却、除湿功能和完善的自控系统。工艺性空调室内环境参数的确定取决于工业产品、测试对象、测试设备的要求。如果精度保证不力，可能直接导致产品废品率上升。由于不同产品要求的环境精度不同和对可靠性的严格要求，往往会加大恒温恒湿系统的复杂性，极大地增加空调系统的初投资和运行费用。厂房工艺性空调系统具有以下特点。

① 设备发热量占空调负荷的比例大，工艺设备运行时间及开启数量不固定。

② 空调显热负荷大且变化大；空调湿负荷主要为工作人员发湿量，设备发湿量很小，

常采用定露点控制。

③ 工作人员少且数量稳定，新风量比例小；选择冷源时要考虑全年具有的制冷能力，包括过渡季和冬季；工艺性空调的制冷时间长，比普通舒适性空调长2～4个月，甚至有的发热量大的内区房间需要全年供冷；要求系统稳定，无论室内、室外干扰量如何变化，空调系统要保证室内温湿度变化在允许范围内。

④ 为保证达到湿度控制精度和使区域内温湿度均匀，工艺性空调对送风换气次数的要求比舒适性空调高很多，根据被控区域不同的精度要求，风系统要采用不同的换气次数。

厂房工艺性空调系统与舒适性空调相比，送风温差小。其室内温湿度控制要求高，要求空调系统稳定，抗室内外干扰能力强；空调机组建议采用单元式恒温恒湿机或组合式空调机组。在空调房间面积较小，空调房间分布分散，无集中冷源，精度和控制要求不严格（室内温度允许波动值＞±1℃）的场合，可以优先采用单元式恒温恒湿机。相反，对于空调房间面积较大，空调房间分布集中，有集中冷源及精度和控制要求很高（室内温度允许波动值≤±1℃）的场合，应优先采用组合式空调机组。工艺性空调系统规划与设计的注意事项如下。

（1）减少负荷措施

空调设备所消耗的动力有时要达到生产用机械设备动力的30％以上，所以常常希望采取减轻负荷的措施。应限定工艺过程对设置空调的要求或者对设备部分加以限定。此外，还要对作业空调进行研究，要根据作业的性质进行分区。当局部排气量较大时，应直接导入这部分需要的外气，以减少空调空气量。

（2）给排气量和供给外气量的平衡

除了为工作人员通风换气外，还要保持室内有适当的压力，防止室内外空气中污染物质的出入；应防止温湿度不同的相邻车间之间的空气流动，要供给需要的外气量以保持给排气量的平衡。

（3）空调方式

在生产大量产品的工厂，为了保持性能稳定和容易维护，在每个温湿度和负荷变化相同的车间，多数采用集中式的空调方式。当尘埃较多又需要调节湿度时，应考虑选用空气洗涤器。对于用途变化较大的车间，为了方便起见多数采用机组型空调机。当室内露点处于7℃以下的低温、低湿情况时，要研究采用冷媒直接膨胀式、盐水式、液体减湿式等方式。

11.2.3 各种工厂空调规划与设计

（1）纤维及棉纺织厂

为改善劳动条件，保护职工健康，提高劳动生产率，并能适应纺织纤维在加工过程中对温湿度的特殊敏感性以保证各工艺过程的正常进行，提高产量和质量，对纺织厂主要生产车间进行空气调节是十分重要的技术措施。其目的在于能排除室内外空气环境因素的干扰，使车间内的空气保持一定的温度、湿度、流动速度和清洁度等，以确保工人操作正常，提高设备生产率，并为工作人员提供舒适的工作环境。

① 纺织厂空气调节的基本方法　纺织厂空气调节的基本方法是采用空调室送风系统。根据对空气进行处理的方式不同，一般又分下列两种方法。

a. 在空调室内进行喷水，利用水滴与空气直接接触的方法来处理空气。

b. 在空调室内设置热交换器，利用冷热媒与空气间存在的温差，通过管壁产生的间接热交换来对空气进行冷却或加热处理。

选择空气处理方式时，原则上应根据室外气象条件、室内温湿度要求与冷热负荷量的大小以及空气被污染的程度等条件来确定。目前国内外纺织厂多数都是采用第一种方法。用这种方法处理空气的空调设备是一种既具有加热、冷却、加湿或去湿功能，又能清洁空气的比较完善的通风和空调设备。采用这类设备可使工厂车间内部具有合理的换气和必需的换气次数，以消除生产过程中不断发散的余热、余湿，并稀释某些有害物质的浓度，使车间工作区空气中有害物质的浓度不高于规定的最高允许限度。

空气调节设备处理空气时应先对其进行加热或冷却，加湿或去湿，或多种不同组合的综合处理，然后用通风机经过送风管道和空气分布器（送风口）输送到车间内。被处理过的空气在与室内空气经过热湿交换和稀释车间有害物质的浓度后，便可根据车间回风的使用情况，部分或全部地由排气风扇排至室外。这样，车间内空气经过连续"新陈代谢"就能够达到一定的温湿度和空气清洁度要求。

② 空调特点

a. 各车间的冷热负荷差异大，冬季有的车间有大量余热，有的车间则余热量较少，甚至缺少热量。

b. 某些设备有较大的工艺排风量和局部排尘风量，在生产过程中不断将车间内的空气排到车间之外，需进行滤尘处理。

c. 不管局部除尘设施多么完善，在纺织生产过程中仍不可避免地有大量灰尘散发到车间空气中去。

③ 空调方式　纺织空调系统应具备通风和空调功能，因此车间通风量应由排尘风量和空调送风量来决定。按车间通风量的全年变化状态，纺织厂空调室送风系统可以分为变风量系统、夏季变风量系统和定风量系统三种类型。

在织布工厂中，湿度较高，采用向室内送饱和空气（室内露点温度）的方式时送风量将很大。所以，可采用在室内喷水雾并用的方式减少送风量。离心加湿机组喷雾较粗大，湿度分布较差，所以只能用于织布准备车间或者小规模工厂。

④ 集棉器和空气过滤器　在混棉车间设置金属网型或者过滤布袋型高容量集棉器，空气可以在室内再循环或者排出。产生尘埃量较多的梳理机和其他设备，都设置有内部集棉排气装置，同样经过风道处理。为了减少风压阻力的增加（随时间变化），在固定网表面的风速要控制在 0.05～0.2m/s 左右。当外气中含有煤烟时，往往纱将被污染，为了防止这种污染，使用效率在 60%（变色法）以上的干式滤材过滤器。

⑤ 空气分布和空气的有效作用　空气分布应均匀。但是，在梳理机等薄棉层部分，气流速度将减小。另外，在精纺车间也应避免送风气流直接吹在拉紧的纱上。在精纺车间，外露的风道一般布置在设备的直角方向，多采用盘型或者天棚型扩散器，设计、施工要做到在风道或者送风口表面不应积存风棉。另外，有时采用把精纺车间内的空气排入前纺或者卷丝车间，利用喷雾器调节湿度，经梳理机或者混棉车间排向室外的简单易行的方式。对于精纺车间来说，从地面到地上 1m 的范围进行空调很重要。

（2）电子、电器厂空调

① 电子、电器厂空调要求及特性　半导体工厂的制造工序对空气的清洁度有严格的要求。作业多数在超净（清洁度为 100）台上进行。在一般的室内清洁度取 1000 左右。建筑物不设置窗户，内部装修按净化车间的标准进行。该车间的冷房负荷较大，在天棚高度为 3m 左右的工厂中，要有 40～60 次/h 的换气次数。使用高效率过滤器时，送风口安装在天棚上，吸风口设置在地板面附近。生产设备的排气量也较多，外气导入量也很大，往往要增加对外气进行处理的装置。

② 装配工序与空调方式　装配工序与制造工序相同，也是要求清洁的作业，对于焊接产生的烟气等要通过排气除掉。但是，对清洁度及温湿度的条件范围则可以稍微放宽些。送风的换气次数为 20～30 次/h，所需要的外气量往往超过送风量的 30%。如图 11-1 所示，采

用在风口处设置高效过滤器的空调方式。

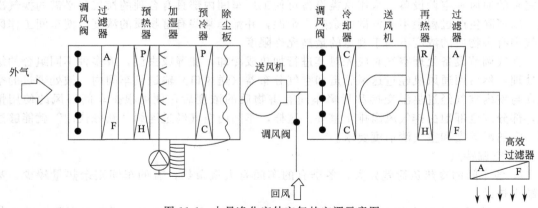

图 11-1　大量净化室外空气的空调示意图

③ 电气设备、电线工厂空调方式　只在空气温度、湿度或者清洁度要求较严格的工序设置个别空调区，其他工序多采用作业空调方式。但是，为了电气绝缘保护、防止发出声音、防止出汗和提高装配精度等，要采用密闭度较好的建筑结构。对应于局部排气要导入足够的外气以保证室内呈正压状态，应在送风机出口侧设置高级空气过滤器。对于天栅较高、坐着的工作者较多的车间，在冬季要重点解决好 1m 以下（从地面起）的暖房问题。

（3）机械工厂空调

① 精密加工工厂　当设置有 $1\mu m$ 以下加工精度的设备时，其设置场所要与一般的工厂隔开，空调也要设置独立系统。温湿度一般取用如下数据：温度（20～26）℃±0.5℃；湿度 50% 以下。

当设备室较小时，应采用组装型空调机，自备独立的冷源也更方便。为了防止空调机的振动经过地板等传给加工机械，要把空调机和加工车间的距离加大，或者进行较好的防振处理。

在加工类似大型齿轮需要经过数日加工的车间中，在加工期间空调设备需要连续地运转，并且要设置备用的冷冻机和水泵设备，还要采用在故障时能立即自动切换的方式。

汽车转向机构的加工和装置等工厂，相比上述恒温工厂要求的条件可以缓和些，但是要以上述的基准进行空调。因为是密闭工厂，切削加工产生的油雾要在室内滞留，在切削机上要安装小型集尘器或者用一般的措施在切削机械部分增加外气的供给量。

② 一般机械和连续铸造工厂　一般机械和连续铸造工厂要设置作业空调，厂房多数采用轻型建筑结构。但是，必须强调屋顶的绝热和墙体的气密性。多数厂房屋顶都比较高，所以要考虑利用下部供气的分层减轻负荷法、局部空调、局部冷却、吊车驾驶室用的局部冷房等方式。空调设计时应有效地向作业者补给外气，保持室内有适当的气压，避免对其他设有空调的部分产生不利的影响。空气的分布尽量采用单风道布置方式比较经济。

（4）制药厂的空调

医药用品关系到人的生命安全，对药品的要求是效力好而无不良反应，防止不纯物、异物及其他物品的污染和混入。必须针对这个目标，进行生产设备设计、确定管理方式及建筑构造、确定空气调节和排气设备等。室内壁采用的装修材料应该是不产生尘埃，也不容易积存飞尘，容易清扫、防水性好的材料，墙角部分要有一定的圆弧，接缝处装修时也要平滑。室内的风道、配管、电气设备配线及与墙壁、楼板、天棚的连接部分施工时要做到有利于防尘、防虫等。从工作人员的出入口通向各工程的动力线要按照清洁度从低等级到高等级的工序进行安排和配置。在各工序之间要有明确的分区，防止流入污染空气。工作人员要进行更衣、换鞋、手指消毒，经过前室进入工作车间。搬入原料容器等时，以无菌以上的等级标准，通过箱式检查通道搬入。其他物品也尽量通过单独的出入口搬入。在有等级差别的区域或者出入口应设清扫衣服用的空气浴或者空气幕。为了防止空气流动使药品间交叉污染，要设置防护罩和隔墙，设立分区供气和有效进行局部排气。制药厂的空调除了特殊的作业场所以外，多数是采用 20～27℃、50%RH 以下的温湿度条件。制药厂空调空气的净化杀菌通常采用如下几种方法。

① 利用氯灭菌水喷雾洗涤。

② 空气过滤器，使用 HEPA 过滤器的净化车间方式，能够同时捕集微细的粒子和菌类，是效果较好的过滤器。

③ 杀菌灯照射。

（5）食品厂的空调

糕点通常采用蔗糖、糖浆等，在稍低的温度下即由流体变成晶体，产品的质量或者保存时间受周围空气温湿度的影响很大。在近代食品工厂中，为了高效率地大量生产，设置有各种机械制造设备，并利用输送机进行输送。

食品厂空调条件多数设定温度为 20℃ 以下和相对湿度为 60% 以下。包装车间的露点要控制在较低数值，因为产品向市场流通后要与外气接触，必须保证包装内部不结露。在工厂内要求一定的清洁度，使用的空气过滤器效率应在 40%～50% 以上（变色法），要防止在冷却盘管上堆积尘埃。设计上，应力求气流分布均匀，要尽量减少空气量。

（6）烟草工厂的空调

为了提高产品质量和生产能力，车间需要进行温湿度调节，尤其是湿度的调节。烟草工厂大致可以分为如下 4 个工序。

① 原料加工　加湿原料烟叶，利用各种机械设备进行调湿、去梗，加入香料或者香味料，再进一步细加工，通过干燥调节含水率。在这道工序中要保持 27～20℃、75% 的温湿度。为了得到高湿度，设置喷雾方式等直接加湿并用的方式。由于粉尘较多，需要设置适当的空气过滤器，采用较多的方法是用冷水喷雾的集中空气洗涤装置。使用蒸气的机械设备将产生很大的热量，要设置排气装置。

② 细切、储存　接续原料加工工序是把烟叶在空调房间外储存一定的时间，得到均一的品质。房间内要保持室温为 26～20℃，相对湿度为 65%～70%。

③ 卷烟　利用高速卷烟机械卷烟。随着制造的高速化，原料和纸的调湿是很重要的，要正确地保持室内为 26～20℃、60%～85% 的温湿度。

④ 包装　把卷好的纸烟用包装机包装成小箱或者木箱，室内要求的温度为 20～26℃，相对湿度为 60%～65%。

（7）印刷厂的空调

① 温湿度条件　当周围空气的相对湿度不符合要求时，往往产生纸卷边、折皱、静电障碍、多色印刷的颜色波动、墨水干燥不良等现象。印刷使用的纸张，其含水率应该与印刷室内空气的相对湿度平衡。进货时应有防潮包装，保管至与印刷室温相平衡之后再打开包装，并且立即送入印刷工序。根据不向种类的印刷方式，采用不同的温湿度条件。尤其是平板印刷，在大尺寸的图表用纸上进行多色印刷时，要求进行更精密的温度及湿度调节。为了能容易地对印刷机械进行调整，必须保持稳定的空调设定条件。

② 空调和换气设备　一般的供气过滤器，应选用效率为 80%～90%（比色法）的中等效率过滤器。在报纸印刷工序或者胶版印刷工序中，为了除掉墨水的烟雾，在排气（回气）中应设置自动旋转型过滤器。在印刷图表用纸的排气（回气）系统中，应设置除掉微粉用的布袋型过滤器，比色法效率要在 85% 以上。有机溶剂气体经局部吸引后回收或者进行燃烧处理。

11.3　净化空调

随着科学技术的发展和人民生活水平的提高，要求采用净化空调的部门越来越多，洁净度要求也各不相同：有的洁净度要求高，如大规模集成电路、超大规模集成电路等；有的洁净度要求次之，如半导体制造等；还有的洁净度可以低一些，如电子仪器部件、光学仪器等。从某种意义上讲，空气净化技术是衡量一个国家科学技术和现代工业发展水平的重要标志之一。

在要求采用净化空调的部门中，影响洁净度级别的因素很多，主要有发尘量、洁净空气的供给和尘埃的消除等。发尘量部位主要是指操作者、加工的物料、装置与设备、四周环境围护等；洁净空气的供给是洁净的重要手段，即对室内外空气进行过滤。另外，在一般工艺操作过程中，可能会产生尘埃，可通过通风换气来清除尘埃。洁净室是否密闭，也是影响洁净度级别的一个因素。

在净化空调工程设计中，最主要的是洁净室方式的选择，这主要涉及是采用全面净化空调方式，还是局部净化空调方式。到目前为止，国内外洁净室方式发展已经历了四代，即全室型、与洁净工作台并用型、洁净隧道型和洁净管道型。

11.3.1　洁净厂房的设计特点

洁净厂房或洁净室设计时首先要了解所设计的洁净室用途、使用情况、生产工艺特点等。例如，设计集成电路生产用洁净室时，则首先要弄清楚产品的特性——集成度、特殊尺寸和生产工艺特点；对洁净室的要求——空气洁净度等级、温湿度及其控制范围、防微振、防静电和高纯物质的供应要求等。其次，要充分了解业主拟采用的生产工艺、工艺设备情况和对工艺布局的设想。在此之后，设计人员应协同业主确定洁净厂房各功能区的划分，确定各类生产工序（房间）的空气洁净度等级和各种控制参数——温度、相对湿度、压差、微振动、高纯物质的纯度及杂质含量；初步选择洁净室的气流流型并进行净化空调系统的初步估算及设计方案的对比、确定；进行洁净厂房的平面布置、空间布置。此时必须首先安排好产品生产区与生产辅助区、动力公用设施区的合理布局，通常是顺应产品的生产工艺流程，在确保产品生产环境要求的情况下做到有利于产品生产的操作、管理，有利于节约能源、降低生产成本。在进行洁净室的平面布局时必须符合国家现行规范中有关安全生产、消防、环保和职业卫生方面的各种要求；在进行洁净室平面布局时应充分考虑人流、物流的安排，尽力做到短捷、顺畅。在空间设计时应充分考虑产品生产过程和洁净室内各种管线、物流运输的合理安排。在确定洁净厂房的平面、空间布置后，对洁净室设计涉及的各个专业提出设计内容、技术要求及设计中应注意的相关问题。

洁净室设计与一般工业厂房设计有类似之处，但也具有自身的特点，主要特点如下。

① 根据洁净室拟生产的产品门类、品种或使用情况，确定所设计洁净室的控制对象及技术要求。如对生物洁净室，其控制对象是空气中的尘粒、微生物；而不同产品或用途的生物洁净室，对空气洁净度等级、空气中含有的微生物种类和浓度、压差等的要求是不同的。又如集成电路生产用洁净室，其控制对象主要是空气中的尘粒；按集成电路的特征尺寸、集成度的不同，对空气洁净度等级、防微振、高纯物质等的要求是不同的，应按具体工厂的产品品种确定。

② 为确保洁净室内所必须的空气洁净度，洁净室设计中涉及的各个专业设计均应采取妥善、可靠的技术措施，以减少或防止室内产尘、滋生微生物，减少或阻止将微粒/微生物或可能会造成交叉污染的物料带入洁净室内，有效地将室内的微粒/微生物排出，以减少或

防止它们滞留在洁净室内。对于因尘粒/微生物或物料的交叉污染会危害产品质量或人身安全时，还应采取安全、可靠的技术措施防止交叉污染，如严格控制不同用途的洁净室之间的静压差，按要求合理地划分净化空调系统以及回风系统，并妥善设计等。

③ 洁净室设计是各专业设计技术的综合，尤其是洁净室的工艺设计、洁净建筑设计、空气净化设计和各种特殊要求的设计技术应密切协同、相互渗透和合理安排。洁净室设计应做到顺应工艺流程、合理选择各类装置和设备，尽力实现人流和物流的顺畅与短捷、气流流型选择得当、净化空调系统配置合理、各种特殊要求的技术措施得当，洁净厂房的平面、空间布置合理，实现可靠、经济地运行。

④ 洁净室设计应确保安全生产和满足环境保护的要求。洁净室的布置和各项设施的设计均必须符合消防、防火的要求，应按国家的有关标准、规范进行设计。由于洁净室内的平面和空间布置特殊、走道曲折等特点，在进行各项技术设施的系统设计、设备配置和材料选择时，应特别注意按规定选用符合要求的系统、设备和材料。

⑤ 随着科学技术的发展，工业产品的更新换代很快，人们对生活质量的要求也越来越高，工业洁净室、生物洁净室的建造技术日新月异。因此，为了提高洁净室建成后的技术与经济效益，在进行洁净室设计时应设法尽可能地考虑一定的灵活性，以便使建成后的洁净室能伴随着科学技术的发展，方便地进行技术改造，适应产品换代或设备更新的要求。近年来，在微电子工业超大规模集成电路生产、医药工厂用洁净厂房设计与建造中，模块式洁净室、隔离装置及微环境（microenvironment）被广泛采用，成为一种能够适应技术发展的灵活、有综合经济性的洁净厂房设计。

11.3.2 净化空调温湿度设计计算参数与设计标准

（1）洁净空调温湿度设计计算参数

洁净室内的计算温湿度，应符合下列要求。

① 满足工艺使用要求。

② 生产工艺无温湿度要求时，洁净室温度为 20～26℃（冬季取下限，夏季取上限），湿度小于 70%。

③ 人员净化室和生活办公室温度为 18～28℃（冬季取下限，夏季取上限）。表 11-1 所示为部分工业部门洁净室温湿度参数，可供设计人员参考。

表 11-1　部分工业部门洁净室内温湿度参数

工业部门	工作类别	温度/℃		相对湿度/%	备注
		夏季	冬季		
机械工业	精密轴承精加工	18～27		40～65	
	高精度外圆及平面磨床	18～24		40～65	
	高精度刻线机	20±(0.1～0.2)		40～65	
光学仪器工业	抛光间、细磨间、镀膜或镀银间、胶合间、照明复制间、光学系统装配及调整间	(22～24)±2		<65	室内空气有较高的净化要求
	精密刻划间	20±(0.1～0.5)		<65	
电子工业	精缩间、翻版间、光刻间	22±1		50～60	室内空气有很高的净化要求
	扩散间、蒸发、纯化、外延	23±5		60～70	
电子计算机房	电子计算机房	(20～23)±(1～2)	(20～22)±(1～2)	50±10	对净化有较高要求
		26±(1～2)			
	数据储存	18～24		40～60	

工业部门	工作类别	温度/℃		相对湿度/%	备注
		夏季	冬季		
医药工业	抗生素无菌分装车间,青霉素、链霉素分装,菌落试验、无菌鉴定、无菌衣更衣室等房间	不大于22(盖瓶塞的工艺操作),不大于25(灌装安瓿等发热大的操作)	20	≤55	
	针剂及大输液车间调配、灌装等属于半无菌操作的房间	25	18	≤65	

④ 运行班次或使用时间不同的洁净室。

⑤ 当洁净室面积太大或房间太多时,宜分成几个净化空调系统,以利于送、回风管道布置和风量、压力的调整。

⑥ 生产工艺要求不能合用的净化空调系统。

（2）洁净厂房洁净度等级标准

《洁净厂房设计规范》（GB 50073—2013）中规定的空气洁净度等级划分见表11-2。对于空气洁净度为100级的洁净室内≥5μm尘粒的计数,应进行多次采样。当其多次出现时,方可认为该测试数值是可靠的。

表 11-2　空气洁净度等级划分

等级	含尘量/(粒/m³)		等级	含尘量/(粒/m³)	
	尘粒>0.5μm	尘粒≥5μm		尘粒>0.5μm	尘粒≥5μm
100 级	≤35×100（3.5）		10000	≤35×10000	≤2500(2.5)
1000 级	≤35×1000	≤250(0.25)	100000	≤35×100000	≤25000(25)

对于控制粒径不是以 0.5μm 为计量标准的某些工艺,可按所要求的粒径和数量,参考空气洁净度级别平均粒径分布曲线图来确定空气相应的级别。

（3）各种房间的洁净度等级

当工艺提不出洁净度等级要求时,可参照表11-3选取。

表 11-3　各种房间的洁净度等级

洁净室类别	行业类别	房间名称	洁净度等级			
			100	1000	10000	100000
工业洁净室	精密工业	精密陀螺、人造卫星,微型轴承清洗检查			O	
		微型轴承测试	O	O	O	
		微型轴承润滑油充填	O	O		
		计算机精密测定	O	O		O
		计算机精密部件			O	O
		微型接点			O	O
	电子工业	光刻、照相制版	O	O	O	
		焊接、扩散	O	O	O	
		蒸发	O			
		点焊	O			
		清洗、加工、组装		O	O	
		印刷制版、复印				O
		烧结、测定扩散炉进料口	O			O
生物洁净室	医疗	一般手术室、无菌手术室	O	O	O	O
		无菌试验、细菌试验	O	O		
		无菌病室(烧伤、器官移植、急性白血病)	O		O	

洁净室类别	行业类别	房间名称	洁净度等级			
			100	1000	10000	100000
生物洁净室	动物试验	无菌动物饲养室	O			
		无特定病原体动物饲养室			O	
		普通动物饲养室				O
	制药工业	更衣、充填密封品			O	O
		干燥、充填、装药			O	
		蒸馏水、针剂、滴眼药制造			O	
		抗生素培养、充填、检查	O	O	O	
		安瓿瓶储存			O	
	食品、养殖	肉食加工、乳制品			O	O
		蟹、鱼养殖			O	O
		酿造工业			O	O

注:"O"表示此项要求的洁净度等级;空白表示此项无洁净度等级要求。

（4）洁净室的构成

洁净室系指对空气洁净度、温度、湿度、压力、噪声等参数根据需要均进行控制的密闭性较好的空间。目前在精密机械、半导体、宇航、原子能等工业中洁净室应用已相当普遍。洁净室的构成如图 11-2 所示。

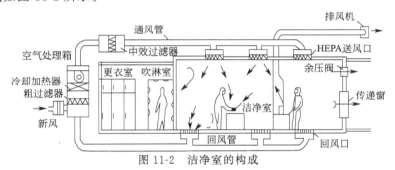

图 11-2　洁净室的构成

根据气流的流动状态分，主要有以下三种气流分布的洁净室：①非单向流洁净室；②单向流洁净室；③矢量洁净室。按受控粒子的性质划分：①工业洁净室，受控粒子为尘埃等非生物粒子的洁净室；②生物洁净室，受控粒子为生物粒子的洁净室。

为实现洁净空间的目标，应该按照图 11-3 所示的四个基本原则进行设计、施工及运行管理。

11.3.3　净化空调的气流组织形式

（1）洁净空调的气流组织

洁净室气流组织应符合以下原则。

① 当产品要求洁净度为 100 级时，选用层流流型；当产品要求洁净度为 1000～100000 级时，选用乱流流型。

② 减少涡流，避免把工作区以外的污染物带入工作区。

③ 为了防止灰尘的二次飞扬，气流速度不

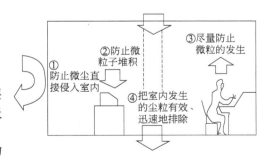

图 11-3　洁净工程设计的四个基本原则

能过大。乱流洁净室的回风口不应设在工作区的上部。宜在地板上或侧墙下部均匀布置回风口。

④ 工作区的气流应均匀，流速必须满足工艺和卫生要求；洁净气流应尽可能把工作部位围罩起来，使污染物在扩散之前便流向回风口。

⑤ 工作设备布置时要留有一定的间隔，为送、回风口的布置和气流的通畅创造条件。气流组织设计时要考虑高大设备对气流组织的影响。

⑥ 洁净工作台不宜布置在层流洁净室内。当布置在乱流洁净室时，宜将其置于工作区气流的上风侧，以提高室内的空气洁净度。

⑦ 洁净室内有通风柜时，宜置于工作区气流的下风侧，以减少对室内空气的污染。

（2）洁净空调系统的基本形式

表 11-4 为洁净空调系统的基本形式。

表 11-4　洁净空调系统的基本形式

形式	特征	适用范围
全室净化	以集中式净化空调系统对整个房间形成具有相同洁净度的环境	适合于工艺设备高大、数量很多且室内要求相同洁净度的场所。这种方式投资大、运行管理复杂、建设周期长
局部净化	采用净化空调器或局部净化设备(如洁净工作台、棚式垂直层流单元、层流罩等)，在一般空调环境中形成局部区域具有一定洁净度级别的环境	适合于生产批量较小或利用原有厂房进行技术改造的场所
洁净隧道	以两条层流工艺区和中间的乱流操作活动区组成隧道形洁净环境	这是全室净化与局部净化相结合的典型，也是目前主要推广采用的净化方式

（3）各种洁净室与空调装置的组合方式

表 11-5 为各种洁净室与空调装置的组合方式。

表 11-5　各种洁净室与空调装置的组合方式

名称及序号	1	2	3
组合方式	局部净化装置与空调系统组合		
图示	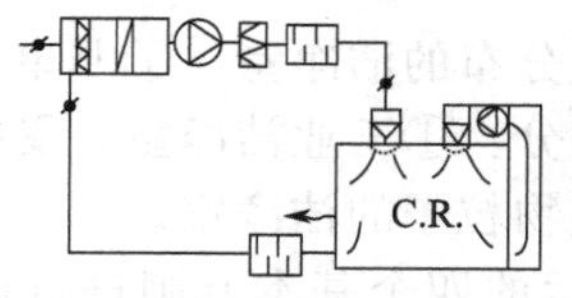	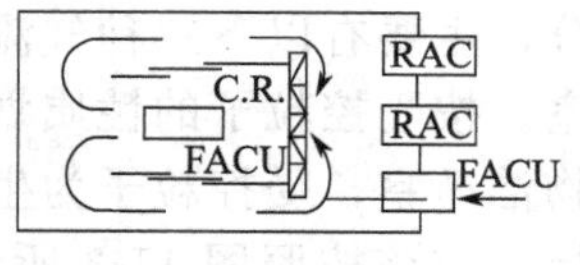	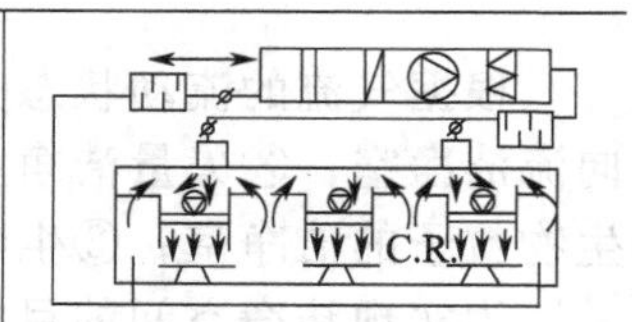
特征及应用	①空气净化系统提供必要的冷、热量和通风换气次数。②自净器可调节风量，以调节室内洁净度。③适宜于室内洁净度要求可变的场合	①空调、净化、新风供给三者可独立作用，也可结合使用。②由 RAC 供冷、热。③过滤器单元（LFCU）及 FACU 可工厂化生产。④适用于单间有洁净要求的房间，如手术室	①在原有净化空调系统中，通过洁净室内增设自净器（风机＋过滤器单元）及围挡，造成工作台空间范围内的高洁净度。②适用于工艺操作点固定，原有空调房间做净化改造的场合
名称及序号	4	5	6
组合方式	非单向洁净室与空调系统的组合		单向洁净室与空调系统的组合
图示	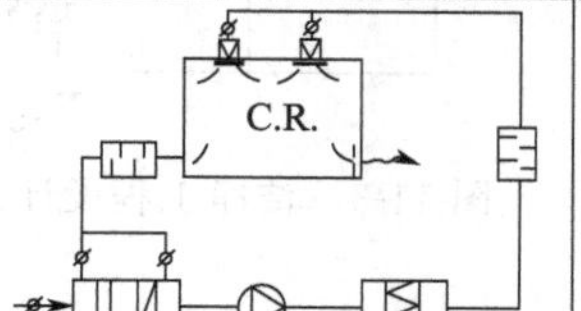	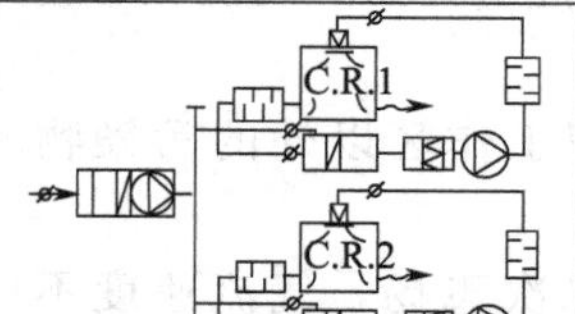	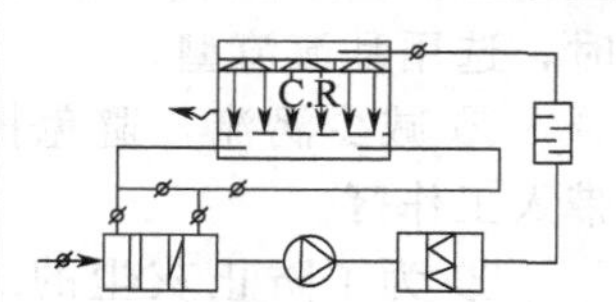

组合方式	非单向洁净室与空调系统的组合		单向洁净室与空调系统的组合
特征及应用	① 采用高效过滤器风口送风,两次回风方式,回风口设粗效过滤器。中效过滤器设在送风机的压出段,根据噪声要求设置消声器,用余压阀控制室内正压。 ② 适用于一般级别的洁净室	① 新风集中独立处理,并自备风机,有利于强化新风的过滤和处理,新风可进行热湿预处理。 ② 适用于各个空调系统设在同一机房内时	适用于附近无法设置机房时
名称及序号	7	8	9
组合方式	单向洁净室与空调系统的组合		
图示			
特征及应用	① 利用多台高效率小风机构成短循环(二次回风),有利于降低风机输送能耗。 ② 应注意控制室内噪声。 ③ 当空调机房与洁净室相距较远时,有显著的经济性	① 采用由过滤器-风机构成的净化单元所组成的装配式洁净室。 ② 可设于原有的车间内,空调机组设在相邻机房内	① 洁净静压箱旁设混风室,二次回风就近循环。柜式空调机组出风进入混风室。送风机可考虑调速。 ② 适用于单间洁净室
图例说明	过滤器 空调箱 冷热盘管 ／ 风管及风阀 风机	消声器 中效过滤器 高效过滤器风口(扩散板) 正压排风	满布高效空气过滤器(孔板风口) 孔板风口 格栅风口

注:C. R. 表示洁净室;FACU 表示火灾自动报警控制装置;RAC 表示房间空调器。

11.4 净化空调气流组织形式选择及设计要点

11.4.1 净化空调气流组织形式选择

选择气流组织形式时应考虑以下几个问题。

① 洁净度等级高于 100 级的垂直层流洁净室,只宜采用顶棚满布高效空气过滤器的送风方式,在安装构造允许的情况下,应尽量加大高效空气过滤器占顶棚面积的百分比,以保证气流分布的均匀性。回风方式宜采用满布格栅地板回风口。

② 垂直层流洁净室采用顶送、相对两侧墙下部均匀布置回风口的送、回风方式,仅适用于两侧墙之间的净距离不大于 5m 的洁净室。

③ 水平层流洁净室送风墙满布高效空气过滤器的送风方式,只在靠近送风墙的第一工作区能达到 100 级的洁净度,空气含尘浓度沿气流流动方向逐渐增加,洁净度则逐渐降低。在同一个房间内,工艺对洁净度有多种要求时,这种气流组织形式较为适用。

④ 垂直层流洁净室中当需要在满布高效空气过滤器的顶棚布置照明灯具时,灯具的形式及布置方式均以不影响送风气流分布为原则。

⑤ 洁净度为 1000 级或 10000 级、室内净高大于或等于 3.5m 的高大洁净室,其送风方

式除表 11-5 中所列的几种形式外，还可采用密集流线型散流器的送风方式。

11.4.2 乱流式洁净室气流组织的设计要点

① 保证正压。这是乱流式气流组织的主要设计要点，所引起的问题较多。保持正压就是确定加压空气量，洁净室内加压空气量主要取决于渗漏风量，通常用换气次数表示加压空气量，在概算时可取 2~3 次/h。加压的基本方法是控制新风与回风比，调节新风量。此外，还有利用风机室和共用回风道的加压方法。

② 控制局部发尘。关键是对局部发尘设备加以围挡和进行局部排风。对于不允许再循环处应该采用直流式。

③ 计算净化空调系统总阻力和正确选择各种风口。

平行流洁净室气流组织的设计要点：严格防止过滤器空气泄漏。主要措施如下：接触式密封（固体密封、液体密封、固液结合密封）；阻隔式密封（框架液槽密封、边框液槽密封、灌胶式密封）；负压密封；双环密封。

11.5 洁净空调系统的设计原则

11.5.1 洁净空调系统设计总原则

洁净空调系统设计总原则如下。

① 面积较大、净高较高、位置集中和消声减振要求严格的洁净室，宜采用集中式净化系统；反之，可采用分散式净化系统。

② 当工艺无特殊要求时，在保证新风量和洁净室正压条件下，要尽量利用回风。当回风含尘浓度较高时，可在回风口或回风管道上设置中效过滤器。

③ 除直流式系统和设置值班风机的系统外，应采取防止室外污染空气通过新风口渗入洁净室内的防倒灌措施。

④ 空气过滤器的选用、布置和安装方式，应考虑下列要求：

a. 初效空气过滤器不选用浸油式过滤器；

b. 中效过滤器集中设置在净化空调系统的正压段；

c. 高效过滤器或亚高效过滤器放置在净化空调系统的末端，即尽量靠近洁净室的风口；

d. 中效、亚高效、高效过滤器按额定风量选用；

e. 在同一洁净室内，设置阻力和效率相近的高效过滤器；

f. 高效过滤器的安装方式简便可靠，易于检漏和更换。

⑤ 送风机可按净化空调系统的总送风量和总阻力值进行选择。中效、高效空气过滤器的阻力宜按其初阻力的两倍计算。各类空气过滤器的效率和阻力见表 11-6。

表 11-6 各类空气过滤器的效率和阻力

项目	计数效率/%	阻力/Pa	项目	计数效率/%	阻力/Pa
初效空气过滤器	<20	≤30	亚高效空气过滤器	90~99.9	≤150
中效空气过滤器	20~90	≤100	高效空气过滤器	>99.97	≤250

⑥ 空气过滤器的滤料和过滤对象如下。

a. 初效空气过滤器。一般采用易于清洗和更换的粗、中孔泡沫塑料或其他滤料，用于新风过滤。过滤对象是粒径大于 $10\mu m$ 的尘粒。

b. 中效空气过滤器。一般采用中、细孔泡沫塑料或其他纤维滤料（如无纺布），用于过滤新风及回风，延长高效空气过滤器使用期限。过滤对象是 $1\sim10\mu m$ 的尘粒。

c. 亚高效空气过滤器，即一般用玻璃纤维纸和棉短纤维纸制作的过滤器。过滤对象为粒径小于 $5\mu m$ 的尘粒。静电过滤器也属于亚高效范畴。

d. 高效空气过滤器。国内已生产的有玻璃纤维过滤纸和合成纤维滤纸制作的过滤器，主要用于过滤粒径小于 $1\mu m$ 的尘粒。

e. 净化空调系统如需电加热时，应用不锈钢管状电表面加热器，位置应布置在高效空气过滤器的上风侧，并应有防火安全措施。

⑦ 洁净空调系统的划分原则如下：

a. 层流洁净室的净化空调系统与乱流洁净室的净化空调系统；

b. 具有初效过滤器、中效过滤器和高效过滤器的高效净化空调系统与只有初效过滤器和中效过滤器的中效净化空调系统；

c. 产生剧毒有害物房间的净化空调系统与一般房间的净化空调系统，产生不同有害物的房间，其回风不能混合的净化空调系统；

d. 回风温湿度很高的净化空调系统与回风温湿度较低的净化空调系统；

e. 运行班次与使用时间不同的净化空调系统。

注：集中式净化空调系统一般不宜过大，面积大的车间应采用多个净化空调系统。

11.5.2 洁净室的正压原则

洁净室的正压原则如下。

① 洁净室必须维持一定的正压。不同等级的洁净室以及洁净区与非洁净区之间的静压差不应小于 5Pa；洁净区与室外的静压差不应小于 10Pa。

② 洁净室正压一般可通过送风量大于回风量和排风量之和的方法来达到。维持洁净室正压所需的风量，要根据围护结构密封性能的好坏来确定。一般按换气次数 $2\sim6$ 次/h 来确定所需的风量。

③ 为了达到洁净室正压，除在送回风干管及新风管上设风量调节阀外，还应采取必要措施。表 11-7 为洁净室正压装置的特点与适用范围。

表 11-7 洁净室正压装置的特点与适用范围

名称	特点	适用范围
回风口上或支风管上装调节阀	结构简单；经济；调节精确度不高	适用于各种洁净室,最好用对开式多叶调节阀
回风口上安装空气阻尼层	结构简单；经济；起一定过滤作用；室内正压有些变化，随着阻尼层阻力逐渐增加而有些上升	①仅适用于走廊或套间回风方式；②阻尼层一般用厚 5～8mm 泡沫塑料或无纺布制作；③阻尼层一般 1～2 个月清洗一次,以维持室内正压不致过高
余压阀	灵敏度较高；安装简单；长期使用后关闭不严	当余压阀全关闭时室内正压仍低于预定值，则无法控制；一般设在洁净室下风侧的墙上
差压式电动风量调节器	灵敏度高,可靠性强；设备较复杂；主要用于控制回风阀和排风阀	当正压低于或高于预定值时,可自动调节回风阀或排风阀,使室内正压保持稳定

④ 为了保证洁净室的正压值，送风机、回风机和排风机一般要联锁。联锁程序为：系统启

动时先启动送风机，再启动回风机和排风机；系统关闭时，先关排风机、回风机，再关送风机。

⑤ 对洁净度要求高的洁净室，为维持室内正压值，防止空气倒灌，宜设置值班风机。

11.5.3　洁净室排风设计原则

洁净室排风设计原则如下：

① 洁净室内产生粉尘和有害气体的工艺设备应设局部排风装置；排风罩的操作口面积应尽量缩小，以减少排风量。

② 局部排风系统在下列情况下应单独设置。

a. 非同一净化空调系统，一般不能共用一个局部排风系统。

b. 排风介质混合后能产生或加剧腐蚀性、毒性、燃烧爆炸危险性的系统。

c. 所排出的有害物毒性相差较大的系统。

③ 洁净室的排风系统设计，应注意处理以下问题。

a. 当局部排风系统停止运行时，为防止空气倒灌，可在风机吸入段设置中效过滤器或止回阀。

b. 含有易燃、易爆物质的局部排风系统，应采取防火、防爆措施。

c. 应注意消声问题。若设置消声器，应设在排风系统的吸入管段上。

d. 有害气体浓度高于国家规定排放指标时，应采取废气处理措施。

e. 洁净室事故排风系统的换气次数应取 15～20 次/h。

事故排风的控制开关，应分别设在室内和室外便于操作的地点，并应同时联锁关闭净化空调系统，室内应设报警装置。

f. 换鞋室、存外衣室、盥洗室、厕所和淋浴室等辅助房间是产生灰尘、臭气和水蒸气的地方，如处理不好，会污染洁净室。应采取必要的通风措施，具体做法如下：送入经过中效过滤器过滤后的洁净空气；或送入洁净室多余的回风或正压排风；同时，在厕所或浴室内采用机械排风。

g. 人员净化室通风换气次数可按表 11-8 选取。

表 11-8　人员净化室通风换气次数

序号	房间名称	送风次数/(次/h)	回风次数/(次/h)	备注
1	门厅			室内宜保持正压
2	换鞋间	≥0.5		室内宜保持正压
3	存外衣室	≥3		室内宜保持正压
4	淋浴室	<8	≥10	对邻室宜保持负压
5	盥洗室	<3	≥5	对邻室宜保持负压
6	厕所		≥5	对邻室宜保持负压
7	洁净工作间	≥5		室内宜保持正压

11.5.4　洁净室噪声设计原则

洁净室内的噪声级应符合下列要求。

① 动态测试时，洁净室内的噪声级不超过 70dB（A）。

② 空态测试时，乱流洁净室的噪声级不大于 60dB（A），层流洁净室的噪声级不大于 65dB（A）。

③ 当房间内的噪声大于 70dB（A）对生产无影响时，噪声级可适当放宽，但不宜大于 75dB（A）。

11.5.5 洁净室供暖设计原则

洁净室供暖设计原则如下。

① 对于 100 级、1000 级、10000 级洁净室，不应采用散热器供暖，100000 级洁净室，不宜采用散热器供暖。

② 值班供暖可利用技术夹道的散热器进行间接供暖；采用间歇运行净化空调系统或值班风机系统进行热风供暖。

③ 所采用的散热器应表面光滑、不易积尘和便于清扫。

11.5.6 净化空调设计计算的一般步骤

① 根据工艺要求确定洁净室的洁净度等级，并确定利用全室空气净化还是局部空气净化，确定气流流型。

② 计算新风量，取下列两项中的大者。

a. 补偿室内排风量和保持室内正压值所需新鲜空气量之和。

b. 保证供给洁净室内每人每小时的新鲜空气量不小于 $40m^3/h$。

③ 计算洁净室的冷热负荷。

④ 计算送风量，取下列三项中的最大值：

a. 为保证空气洁净度等级的送风量；

b. 根据热、湿负荷计算确定的送风量；

c. 向洁净室内供给的新鲜空气量（新风量）。

⑤ 根据送风量、冷热负荷和选择的气流组织形式，计算气流组织各参数。

⑥ 确定空气加热冷却的处理方案，用一次回风还是二次回风。

⑦ 根据工艺要求或气流组织计算时确定的送风温差及室内外计算参数，在 i-d 图上确定各状态点，计算空调器处理风量、洁净室循环风量。

⑧ 计算总冷热负荷，选择空气处理设备。

⑨ 校核洁净室内的微粒浓度和细菌浓度。

11.6 工业建筑空调设计实例

11.6.1 深圳某工厂厂房空调设计

（1）工程概况

本工程为深圳某综合工业标准厂房，厂房建筑面积约为 $3.3×10^4 m^2$，地上为 4 层，地面建筑高度为 27.6m。

（2）设计参数及冷热负荷

① 室内空调主要设计参数见表 11-9。

表 11-9 室内空调主要设计参数

房间名称	室内温度/℃		相对湿度/%		A 声级噪声	新风量
	夏	冬	夏	冬	/dB	/(m³/人)
普通生产车间	25	22	40～70	40～70	≤60	30
电子零件仓库	23±3	23.5±3	35～55	35～55	≤55	30

房间名称	室内温度/℃		相对湿度/%		A声级噪声 /dB	新风量 /(m³/人)
	夏	冬	夏	冬		
十万级无尘室	22±1	22±1	35～55	35～55	≤55	50
办公室	25		55～65		≤45	25
走廊	25	20	55～65	＜30	≤45	25

② 计算冷、热负荷。

a.1层部分。建筑面积约为8896m²，普通集中空调面积约为6097m²，计算冷负荷为2134kW，工艺无热负荷需求。因此，空调冷负荷指标为350W/m²。

b. 夹层部分。建筑面积约为4200m²，普通集中空调面积约为3000m²，计算冷负荷为630kW，冬季无供暖要求。因此，空调冷负荷指标为210W/m²。

c.2层部分。建筑面积约为8896m²，其中普通集中空调面积约为5507m²，计算冷负荷为1817kW；电子零件仓恒温恒湿空调面积约为1268m²，计算冷负荷为317kW；十万级无尘室面积约为1244m²，计算冷负荷为274kW，工艺上无热负荷需求。普通空调冷负荷指标为330W/m²，恒温恒湿空调冷负荷指标为250W/m²，洁净空调冷负荷指标为220W/m²。

d.3层部分。建筑面积约为8896m²，其中：办公区域空调面积约为3011m²，计算冷负荷为542kW，生产区空调面积约为3700m²，计算冷负荷为1332kW。工艺上无热负荷需求。生产区空调冷负荷指标为360W/m²，办公区域空调冷负荷指标为180W/m²。

（3）空调冷源与水系统设计

① 空调冷源　空调系统冷源为3台2110kW（600RT）离心式冷水机组及1台1231kW（350T）螺杆式冷水机组，冷水进出水温度为12℃/7℃，冷却水进出水温度为32℃/37℃，冷水机组设置于4层冷冻机房内。

② 空调水系统　空调水系统（图11-4、图11-5）为一次泵变水量系统，管路采用双管制，通过冷冻机房分（集）水器上的阀门切换来实现冬夏冷负荷调节。系统膨胀水箱设置于4层屋面。供、回水总干管位于顶层，分八路供、回水立管给1～4层空调系统供水（其中4层为预留），通过回水立管的平衡阀调节各个立管内的水流量，供、回水总管及立管为异程式，水平支管为同程式。

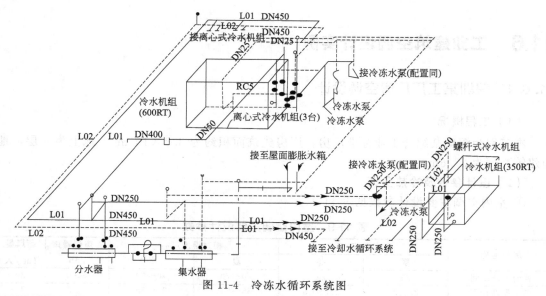

图11-4　冷冻水循环系统图

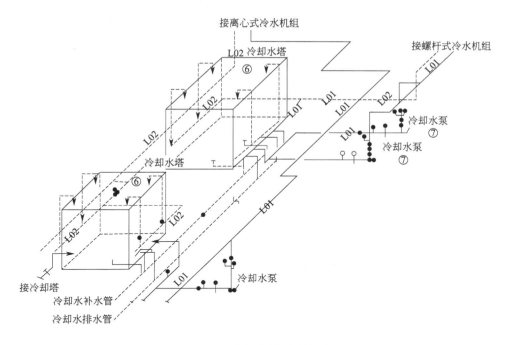

图 11-5　冷却水循环系统图

（4）空调风系统设计

1～3 层各层新风系统分层设置，即新风系统布置为水平形式，附房内设置风柜机房。电子零 件仓于附房内设置恒温恒湿空调，无尘室采用 FFU（风机过滤器单元）加新风机送风，与同层其他风系统分开设置。整个生产区域内空调风系统均采用中低速全空气系统，办公区域采用风机盘管加自然新风方式处理，不另外设置新风处理系统。所有安装新风机组的空调机房外窗均设置铝合金防雨百叶，并加装可拆卸初效过滤网以对新风进行初过滤，并减少新风取风受风雨的影响。

11.6.2　上海某有限公司厂房空调设计

（1）工程概况

本项目为上海某有限公司厂房暖通空调设计，依据建设单位要求，仅在二层车间设置集中空调系统用于夏季降温，一层、三层设置机械通风系统进行全面通风。

（2）室外设计气象参数

夏季通风计算干球温度 32℃；夏季空调计算干球温度 34℃；夏季平均风速 3.2m/s；夏季大气压力 1005.3kPa；冬季通风计算干球温度 3℃；冬季空调计算干球温度 -4℃；冬季平均风速 3.1m/s；冬季大气压力 1025.1kPa。

（3）通风空调系统

① 一层及三层车间均按全面通风换气进行设计，采用机械通风方式，相关系统划分及设备选择见表 11-10。

表 11-10　机械通风系统划分及设备选择

序号	车间名称	建筑面积/m²	换气次数/(次/h)	设计风量 新风量/(m³/h)	设计风量 送风量/(m³/h)	通风方式	设备选择	系统设置
1	金工车间	2932	8	125000	62500	全面通风	轴流风机 2 台	机械送风 S-1、S-2
						全面通风	轴流风机 15 台	机械排风 P1~P15
						全面通风	轴流风机 4 台	机械排风 P28~P31
2	仓库	1720	4	30940	—	全室排风	轴流风机 10 台	机械排风 P16~P25
3	水泵房	38	10	1710	—	全室排风	轴流风机 1 台	机械排风 P26
4	配电间	35	10	1575	—	全室排风	轴流风机 1 台	机械排风 P27
5	卫生间	72	10	4320	—	全室排风	轴流风机 2 台	机械排风 P32、P33
6	三层拉链车间	4800	8	230400	—	全室排风	屋顶风机 12 台	机械排风 P34~P45

② 二层车间空调面积约为 4800m²，空调系统冷负荷约为 792kW，空调冷负荷指标为 165W，选用两台风冷式冷水机组，置于屋面，每台名义制冷量为 401kW。空调系统采用全空气系统，在三层车间设置两台组合式空调机组，每台额定风量为 60000m³/h，通过风管送至二层车间，用于夏季降温。

③ 空调系统冷冻水由置于屋面的风冷冷水机组制备，供回水温度为 7℃/12℃，通过循环水泵送至空调机组，整个系统为闭式水循环，采用定压装置定压。管路系统最高处设置 DN20 自动放气阀，最低处设置 DN20 泄水管并配置截止阀。

（4）设备及系统控制

① 所有送、排风机均单独启停控制，生产时根据需要确定开启的台数。

② 冷水机组自带配电盘及微型计算机，冷冻水循环泵与冷机一对一联锁运行，两台冷水机组及循环泵可互为备用。

③ 组合式空调机组设温度控制，通过安装于回风干管上的温度传感器检测到的温度与温度控制器的设定值相比较，从而调节机组表面冷却器回水管上的电动三通阀的开度，使回风温度维持在恒定的范围内。

④ 空调机组按季节运行，夏季制冷，过渡季及冬季通风机运行，新风送风量可以根据需要调节。

二层空调平面图如图 11-6 所示；送风管路系统如图 11-7 所示。

11.6.3　北京某洁净厂房净化空调改造工程设计

（1）工程概况

本工程为北京某洁净厂房净化空调改造设计，以及一层和二层空调机房、冷冻站改造设计。本工程总冷量（包括改造前的空调系统）$Q_L = 1010kW$；总热负荷量（包括改造前的空调系统）$Q_R = 980kW$。

（2）制冷、供热

本工程原有冷冻站设有两台水冷式冷水机组，单台制冷量为 348kW，共计 698kW。由于本次净化空调的改造，需增加一台水冷式冷水机组，制冷量为 464kW，与原有机组并联，为空调系统提供 7℃/12℃ 冷冻水，并相应增加冷冻水泵、冷却水泵，并更换原有冷却塔。冬季采用外网提供的 95℃/70℃ 热水用于空调系统加热。空调水系统采用两管制变流量系统，夏季供冷、冬季供热。通过设于二层空调机房内的手动调节阀实现冷、热水的季节转换。

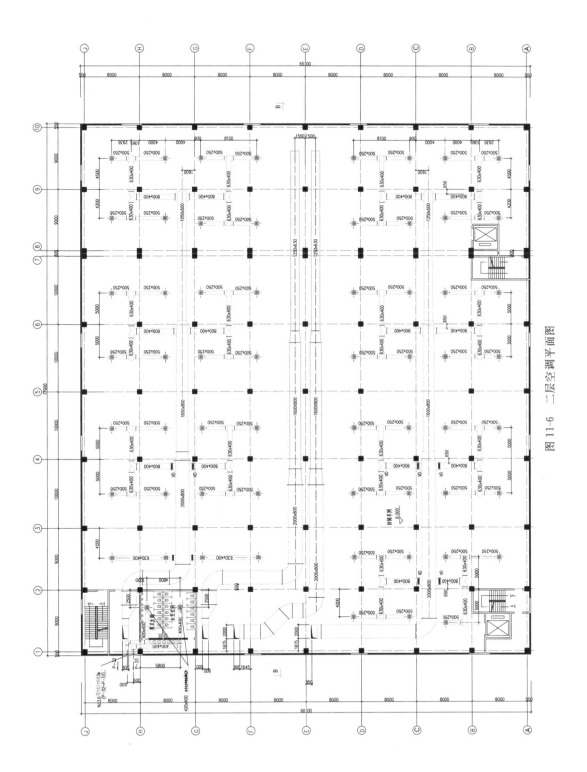

图 11-6　二层空调平面图

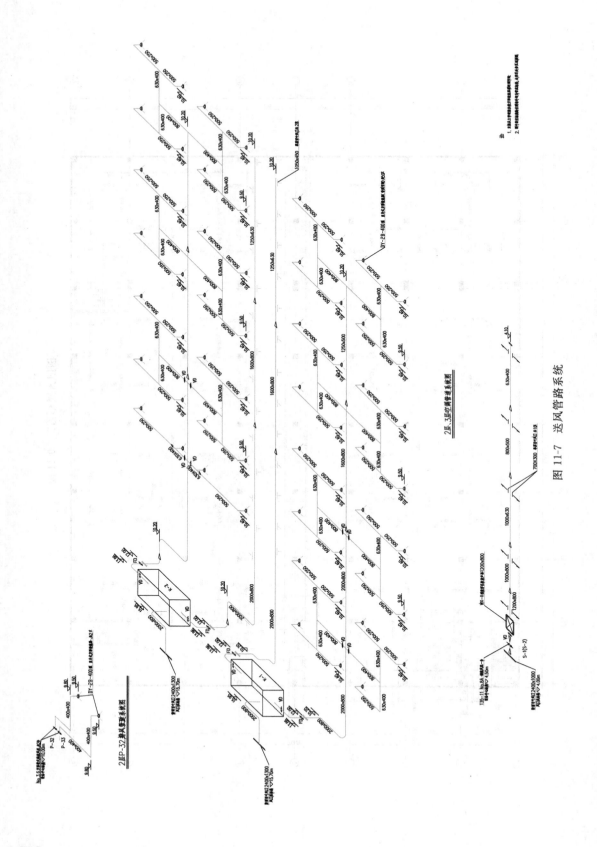

2层、3层空调管道系统图

2层P-32排风送排图

图 11-7　送风管路系统

（3）通风

本工程共设 6 个排风系统、1 个送风系统，详见表 11-11。

表 11-11　通风系统

系统编号	位置	有害物	排风设备	排风量/[m³/(h·台)]	备注
P-1	一层 1 小区	有时有少量有机溶剂挥发物	风机箱	1500	
P-2,P-3	一层更衣间	无	排气扇	300	
P-4,S-1	一层 1 小区过渡区	有时有少量有机溶剂挥发物	风机箱	2000	
P-5,P-6	二层 3 小区	少量乙酸乙酯	风机箱	3500	

（4）防排烟

在所有进出空调机房的风管上设 70℃ 防火阀，防火阀熔断时，联锁关闭空调机组及排风机。

（5）净化空调

① 本工程共设 JK-1～JK-3 系统，共 3 个净化空调系统。JK-1 系统，在原 K-1 系统增加新风预热装置、排风机，并按现有负荷重新配表面冷却器、表面加热器、加湿器。JK-2 系统，为一层 6 小区服务。在二层空调机房更换原有 K-2 系统空调器。JK-3 系统为一层 1～5 小区服务，在一层空调机房内更换原有 K-1 系统空调器。

② 净化空调采用初效、中效、高效三级过滤，以保证室内洁净度要求。JK-2 和 JK-3 系统冬季采用湿膜加湿。

③ JK-1 系统气流组织维持原状，JK-2 系统气流组织为上部喷口侧送，下侧回风并设高余压自净器满足空调区域换气次数要求。JK-3 系统气流组织为高效风口顶送，下侧回风，并设柜式自净器满足空调区域换气次数要求。系统超压由余压阀排向其他房间，各系统均采用全年规定新风比的一次回风系统。相关空调系统负荷详见表 11-12。

表 11-12　净化空调系统负荷

系统编号	服务范围	冷量/kW	热量/kW	加湿量/(kg/h)	新风比/%
JK-1	二层 1～3 小区	145	95	90	40
JK-2	一层 6 小区	310	370	120	25
JK-3	一层 1～5 小区	180	165	60	20

（6）净化空调系统控制

在各个净化房间内及空调机组上设温度、湿度测点；在空调机组供冷和供热回水管、加湿器进水管上设电动二通阀；将测量的温度、湿度数据传到控制室，通过控制室自动调节电动二通阀的开度以调节水量及电表面加热器，并自动调节加湿器加湿量以满足房间的温度、湿度精度的要求；在净化空调机组的新风管道、回风管道、排风管道上设电动风阀，并设联动；各系统风机与对应的 70℃ 防火阀联锁；电表面加热器设无风断电保护。

一层净化空调送风平面图如图 11-8 所示；一层净化空调回风平面图如图 11-9 所示；一层通风、自净器布置平面图如图 11-10 所示；二层空调供冷、供热平面图如图 11-11 所示；冷冻站及屋面设备布置平、剖面图如图 11-12 所示；供冷系统原理如图 11-13 所示。

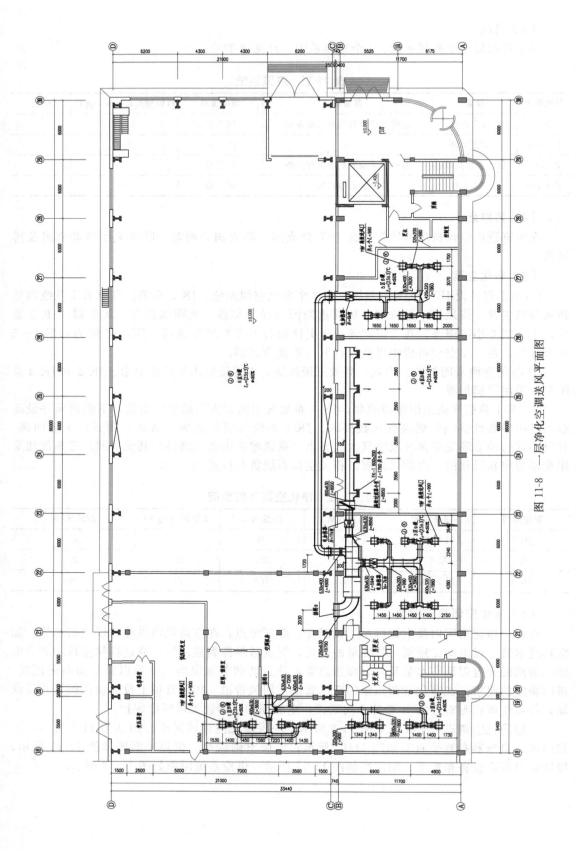

图 11-8 一层净化空调送风平面图

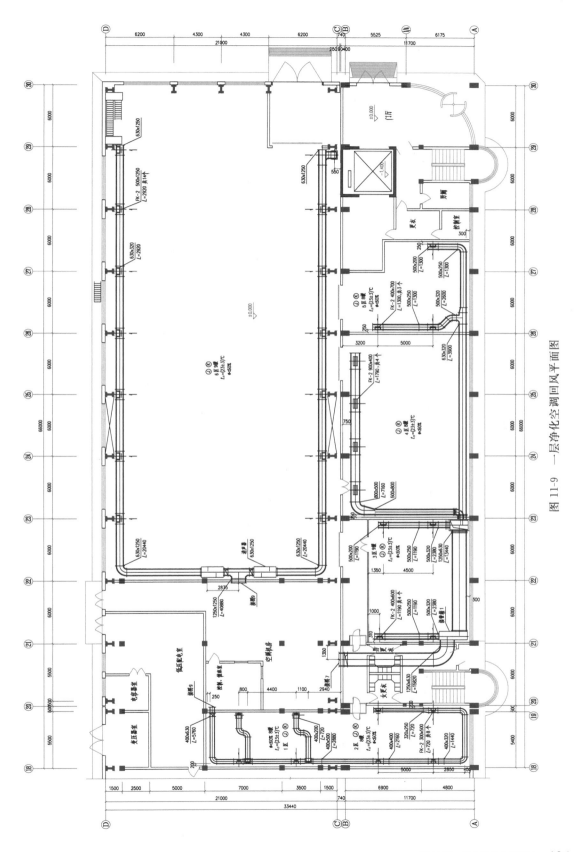

图 11-9　一层净化空调回风平面图

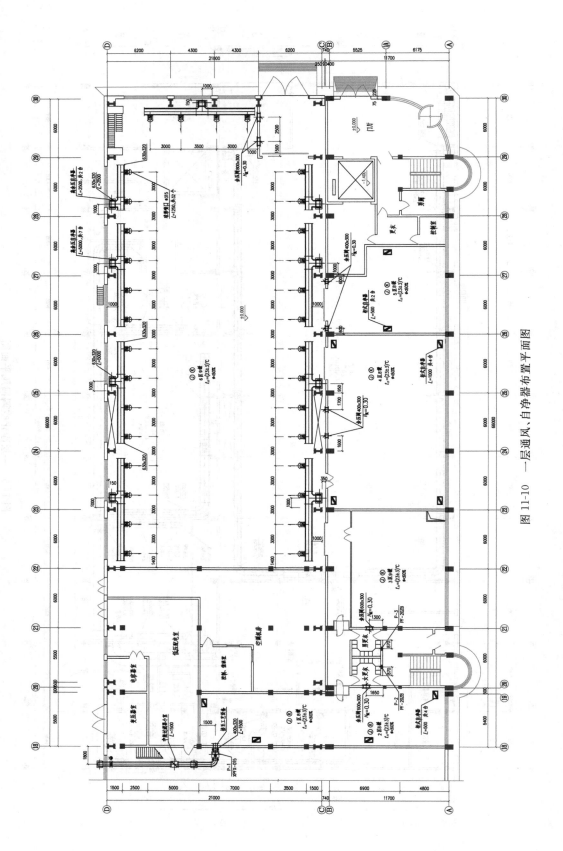

图 11-10 一层通风、自净器布置平面图

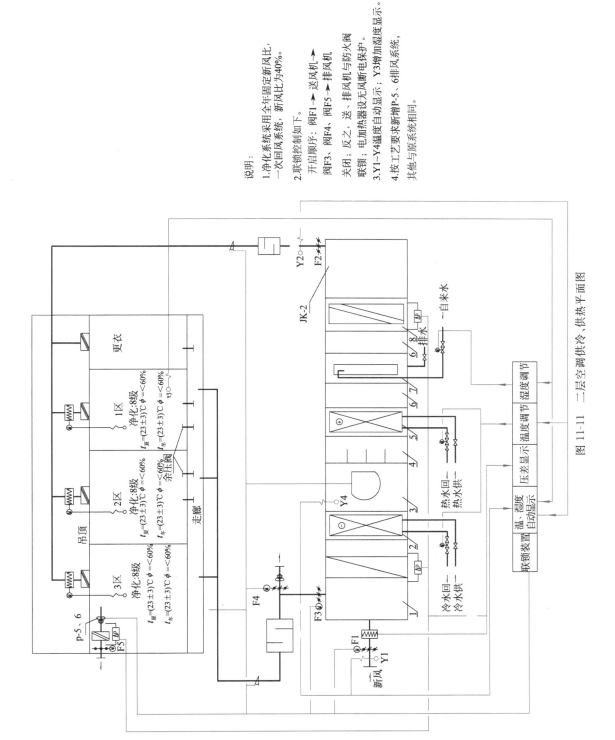

说明：

1. 净化系统采用全年固定新风比，一次回风系统，新风比为40‰。

2. 联锁控制如下。

开启顺序：阀F1→送风机→阀F3、阀F4、阀F5→排风机

关闭：反之，送、排风机与防火阀联锁；电加热器设无风断电保护。

3. Y1~Y4温度自动显示；Y3增加湿度显示。

4. 按工艺要求新增P-5、6排风系统，其他与原系统相同。

图 11-11　二层空调供冷、供热平面图

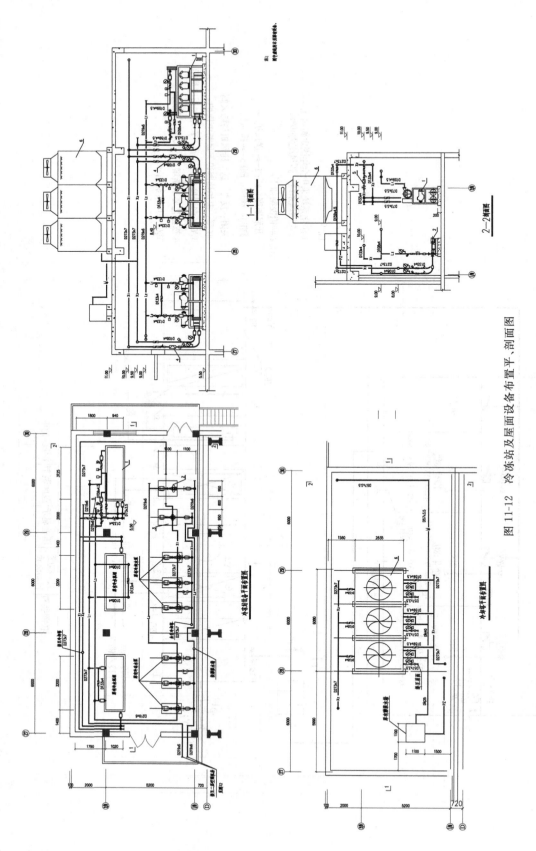

图 11-12　冷冻站及屋面设备布置平、剖面图

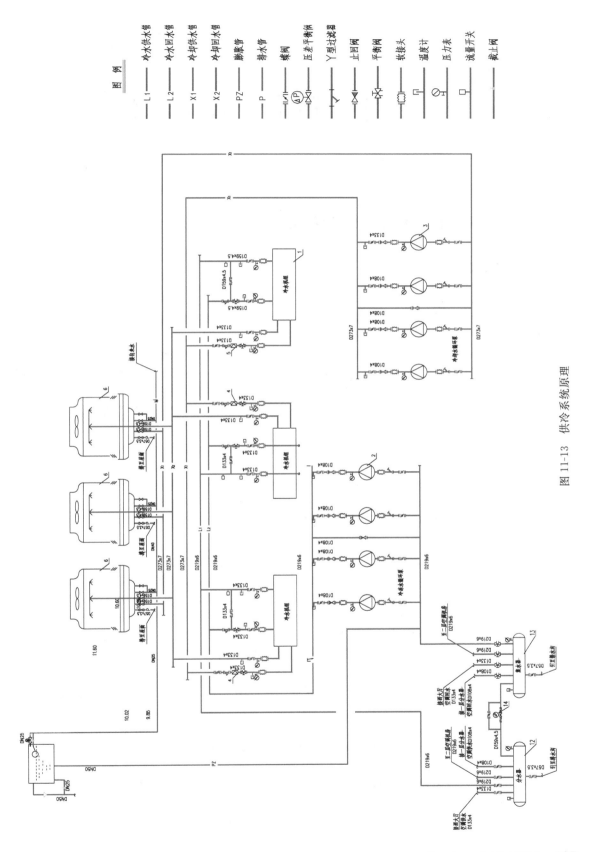

图 11-13 供冷系统原理

第12章 地下建筑空调设计

12.1 城市地下空间的类型及特点

12.1.1 城市地下空间的类型

地下空间通常指地球表面以下岩层或土层中由天然形成或人工开发形成的空间。城市地下空间的开发利用是将现代化城市空间发展向地表下拓展，将建筑物或构筑物全部或部分建于地表以下。城市地下空间的应用范围很广，主要包括地下人防工程、地下商场、地下车库及其交通隧道、地铁车站以及地下科学实验室等建筑空间。一般来说，上述城市地下空间建筑均属于公共建筑范畴，需要对空间进行通风和环境控制：一方面，人们利用地下空间有效缓解城市地面交通日益拥挤的状况；另一方面，利用地下空间与地表空间的隔绝形成保护性屏障，成为城市防灾功能的一部分。因此，可以认为城市地下空间是人类生存和发展空间的延伸。

（1）地下人防工程

地下人防工程即人民防空工程（简称"人防工程"），也称为人防工事，指为保障战时人员与物资掩蔽、人民防空指挥、医疗救护而单独修建的地下（或山岭中的）防护建筑，以及结合地面建筑修建的战时可用于防空的地下室。在战时有三种通风方式：a. 清洁式通风；b. 滤毒式（过滤式）通风；c. 隔绝式通风。

（2）地下商场

随着我国社会经济的发展，地下商场越来越多地出现在城市之中，成为城市商业发展和人民生活的重要组成部分。与地上商场相比，地下商场通常具有如下特点。

① 节约土地资源。地下商场的建设可以实现城市土地资源的充分利用，特别是能够节约地表占地面积。

② 一般来说，地下商场前期投入较少，主要的工程建设是对地下结构的挖掘。特别是当城市地价上涨，地上商场的建设和维护成本上涨时，地下商场的优势进一步得到体现。

③ 拥有其他附属功能。如在地上广场下建设地下商场，可促进消费，创造更多的商业效 益；又如结合地铁车站兴建的配套地下商场，可充分利用地铁车站的客流量创造更多的经济价值。

④ 加强城市防控体系面积。如将人防工程改造为"人防商场"，即在和平时期将地下人防作为地下商场，在创造经济效益的同时又能充分利用地下空间资源，节省了地上的土地资源；在非常时期，可将地下商场恢复成人防工程。

⑤ 和其他地下空间建筑一样，地下商场由于空间相对密闭，更需要通风换气。

（3）地下车库及其交通隧道

地下车库及其交通隧道的应用日益广泛。地下交通隧道通风方式如图 12-1 所示。双层地下交通隧道断面图如图 12-2 所示。

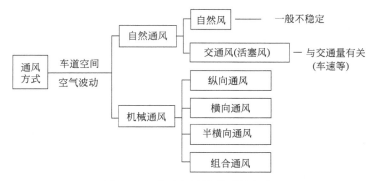

图 12-1　地下交通隧道通风方式

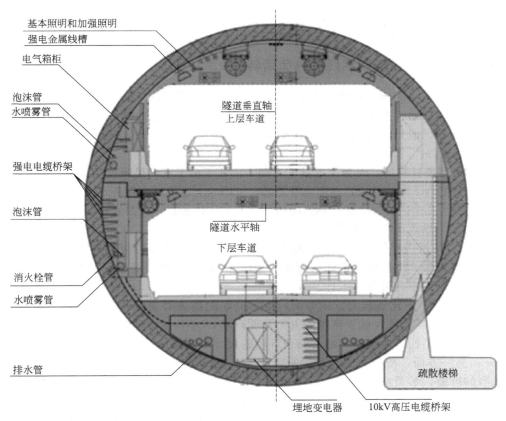

图 12-2　双层地下交通隧道断面图

12.1.2　城市地下空间的特点

地下建筑与地面建筑比较，有以下特点：

① 地下建筑具有防御常规甚至核武器破坏的能力；同时，地下建筑应具有防御毒气的作用。地下建筑在战争时期要比地面建筑有明显的优越性。地面建筑在常规武器或核武器袭击时，大多数被摧毁。与此相反，地下建筑则大多数能保存下来，如设有完善的通风空调等

设备，则可长期地正常使用。

② 地下建筑可以节约用地。地下建筑围护结构冷热负荷均比地面建筑少，有的地下建筑冬季供暖空调耗热量约为地面同类型工程的10%。

③ 地下建筑抗震性能良好。

但是，地下建筑往往存在以下问题。

① 潮湿是地下建筑的特点之一。

② 地下建筑的噪声比地面同类型建筑有所增加。地下建筑多为封闭空间，围护结构的材料目前大部分是混凝土、块石或砖墙，吸声效果差。因此，它比同类型的地面建筑噪声有所增加，尤其是中、高频噪声。由于人耳对中、高频的声音很敏感，所以在地下建筑中明显地感到噪声大。

③ 地下建筑造价一般要比地面建筑高。

12.2　地下建筑的空调负荷特性及设计要点

12.2.1　地下建筑的空调系统冷热负荷特性

关于冷负荷，一般地下室埋在土里的部分在计算逐时负荷时不考虑这部分。因为从地表以下很浅的深度开始，土壤的温度就恒定保持在20℃以下，这对房间的耗热量计算是有利的，可以不计算。但是，如果地下室底部是架空时则要考虑传热，传热系数按照节能技术规范不小于$1.0W/m^2$。

热负荷是需要计算的，因为土壤温度（20℃）常年小于室内供暖设计温度（22℃）。其中的一种方法是把地下室的外墙自地面向下算起，按照地上建筑地面耗热的计算方法（即地面自外墙向内划分为几个区，每个区有不同的传热温差和传热系数，其数值可以查设计手册获得）。

空调系统冷热负荷特性如下。

① 建筑负荷所占比例较小。由于地下商业空间处于蓄热能力较强的土壤和岩石的包围中，热稳定性较强。一般而言，如果商场埋深在1.0m以下时，对于舒适性空调而言，围护结构占总散热量很小，可忽略不计。

② 照明负荷所占比例较大。一方面，地下商场的服务对象是适应了自然光的顾客，他（她）们从自然光环境进入地下商场的人工照明环境，为了会让身处其中的经营者和顾客产生阴暗的感觉和烘托商业氛围，地下商业环境的设计平均照度都比较大，一般设计平均照度≥300lx；另一方面，根据视觉心理学原理，地下商场营业厅在布置、装饰、陈列设计时应采取适当的措施，尽量突出商品，增强商品与背景的对比，以吸引顾客对商品的"注意"。这些措施都会使地下商业环境中的照明负荷增大。

③ 人体负荷。商业环境的人体负荷主要取决于客流密度，对于建在地铁出入口或广场附近的地下商场来说，客流密度变化的规律与一般地下商业空间又有区别，较难确定。地下商场人流密度可按表12-1取值。

表12-1　地下商场人流密度　　　　　　　　　　单位：人/m²

商场经营类型	人流密度	商场经营类型	人流密度
大型综合超市	0.4~0.6	小百货部	0.48
服装部	0.4	精品部	0.25
家电部	0.3~0.5	餐饮部	0.7

④ 新风负荷。按《人民防空地下室设计规范》(GB 50038—2005) 中的规定：平时商场人均新风应大于 $15m^3/h$，过渡季采用全新风时，人均新风量不宜小于 $30m^3/h$。对地下空间舒适感影响最大的莫过于新风，为了强化地下商业环境的舒适感，可适当地加大新风的供给量。

⑤ 负荷组成。综合来说，地下商场与地面商场相比，冷负荷减少并不明显。典型地下商场冷负荷组成见表 12-2。

表 12-2 典型地下商场冷负荷组成

负荷组成	所占比例/%	负荷组成	所占比例/%
人体负荷	约 25	新风负荷	约 45
照明负荷	约 20	其他负荷	约 10

12.2.2 地下建筑的空调设计要点

（1）冷热源的选择

由于地下建筑的造价远高于地面建筑，因此建筑物的层高较低，空间较为紧张。选择冷热源时应在满足建筑总的冷热负荷需求的前提下，优先选用体积小、效率高、噪声低、便于安装的设备。为保证商场内空气质量，应采用带中效过滤器的组合式空调器。

（2）空调方式及气流组织

地下商场一般层高较低，风管敷设空间受到限制，因此集中式全空气定风量空调方式是地下商场通风空调设计中最常用的方案。气流组织一般采用上侧送或顶送，并采用局部集中回风方式，减小回风管的长度和风管安装的空间散流器的送风速度；可适当加大在某些部位让人有明显的吹风感，甚至可以在送风中加入特殊的花香或草香，减轻人们在地下环境中的不适感。

（3）消声隔振

为了改善地下空间的听觉环境，必须将产生噪声源的风机房、电机房、水泵房等布置在远离功能中心和其他需要安静的部位。在建筑上，也应做适当的隔声处理，如风机机座必须设置减振装置，管道系统必须设消声器等。在噪声声量不大的地下环境配备悠扬的背景音乐，也是一个较好的处理方式，可使人们"忘记"设备发出的嗡嗡声。

12.3 地铁站空调规划与设计

12.3.1 地铁车站的选型与车站组成

地铁车站的类型，根据线路走向可分为侧式站台候车与岛式站台候车，根据结构的类型可分为矩形箱式地下建筑和圆形或椭圆形的隧道式建筑，根据建筑布局的形式可分为浅埋式和深埋式。

根据线路走向区分的侧式站台候车和岛式站台候车具有不同的优、缺点，从功能上比较岛式站台候车便于客流在站台上互换不同方向的车次，而侧式站台候车客流换乘不同方向的车次时必须通过天桥才能完成，一旦乘客走错方向，会给换乘带来很多不便；侧式站台候车方式带来的轨道布置集中，有利于区间采用大的隧道或双圆隧道双线穿行，具有一定的经济性。但在城市地下工况复杂的情况下，大隧道双线穿行反而缺乏灵活性，而岛式站台候车方式的两根单线单隧道布线方式在城市地下工况复杂的情况下穿行时则具有较大的灵活性，如图 12-3 所示。

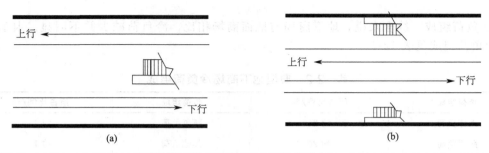

图 12-3　岛式站台（a）和侧式站台（b）

结构类型不同的矩形箱式车站，基本上都是采用地下连续墙后大开挖的现浇钢筋混凝土结构，施工时对周边的环境影响较大，土方量也大，对地面交通也有影响；而圆形或椭圆形的隧道或暗挖车站建筑，基本可采用盾构掘进的方式，土方量减少，同时对周边环境的影响也明显减少。但其技术要求较高，且需更大的盾构掘进机械，如图 12-4 所示。

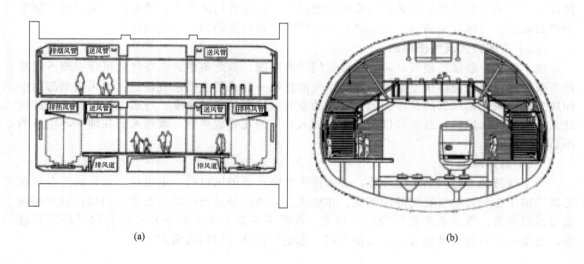

图 12-4　矩形箱式（a）和椭圆形隧道式（b）结构车站

建筑布局形式不同的浅埋式车站，由于车站的埋置深度浅可获得一系列经济效益，如土方减少、技术难度减小、出入口通道客流上下高度减小等，甚至它的售检票大厅也可直接建于地面，大幅节约车站在地下的建设投资成本。建设这种车站的前提是地面下没有各种城市管线通过，也不处于城市主要道路下，并得到地下铁道线路走向的允许。

地铁车站的组成基本上分为两大部分。一是与客流直接有关的公共区域，即站厅层、站台层及出入口通道。站厅层要有足够的公共区域面积，满足高峰时段客流的集散，要有足够数量的售检票设备和其他为公共服务的设施，还要有足够宽度的联系地面的地下通道（出入口及通向站台的楼梯和自动扶梯）；站台层要有足够的站台宽度，要有分布均匀的楼梯、自动扶梯和满足列车编组停靠的有效站台长度。二是涉及车站运行的技术设备用房及管理用房。此外，一般分设于各站台的通信信号系统，应避免产生相互干扰等危害。

12.3.2 地铁站通风和环境控制系统

地下铁道地下线路除在车站出入口和通风道口与大气沟通外，可以认为其基本上是与大气隔绝的。由于列车运行、乘客交换等会散发大量热量，空气湿度大，且有有害气体产生，若不及时排除，隧道和车站内的温度就会升高，乘客无法忍受。因此，必须建立通风系统才能给乘客创造一个舒适的环境。

当列车因非火灾事故阻塞在区间隧道时，停留在车厢内的乘客及向安全地点疏散的乘客会因为没有足够的新鲜空气而难以忍受。因此，要维持车厢内空调的正常运行，同时还需要通风系统为出事地点送、排风。

（1）地铁环境控制特点

地铁工程内部有四个要求不同的环境：①地铁车站的站厅和站台；②地铁车站内的管理用房和设备用房；③区间隧道；④车厢内。上述四个要求不同的环境所要控制的温度、湿度也不一样。通常站厅、站台可作为过渡区，而车厢和管理用房作为舒适区来考虑。区间隧道可由事故风机在夜间抽压风来解决排热问题。地铁环境控制主要特点如下。

① 地下铁道的车站与区间隧道除出入口（地面线和高架线除外）等极少部位与外界相连外，基本上与外界隔绝，只有营造人工气候环境才能满足乘客的要求。

② 由于地铁需要不分昼夜地照明，因此车站和车厢的照度、色调、装饰和布置都成为影响乘客心理的重要因素。

③ 列车各种设备的运行和乘客都将释放出大量的热，若不及时排除，将使车站和区间的温度上升，使乘客在此环境中难以忍受。

④ 地下铁道上的列车及各种设备的运行产生的噪声不易消除，对乘客的影响较大。

⑤ 地铁列车运行时产生"活塞效应"，若不能合理应用，会干扰车站的气流组织，使乘客感到不舒适并影响车站的负荷。

⑥ 当事故发生，尤其是发生火灾事故时，将导致环境恶化，不易救援。应采取有效措施。

由此可见，要建立一个能满足乘客、工作人员生理和心理要求的人工环境，是一项复杂的系统工程，它包括环境中空气的温度和湿度、空气流动速度、空气质量、环境照度、色调、装饰、布置，以及噪声控制、安全措施等诸因素。

通风、空调的任务是采用人工方法，创造和维持满足一定要求的空气环境，包括空气的温湿度、空气流动速度和空气品质等。当列车阻塞在区间隧道内时，能维持车厢内乘客短时间能接受的环境条件；当地铁发生火灾事故时，能提供有效的排烟手段，给乘客和消防人员输送足够的新鲜空气，形成一定的风速，引导乘客迅速撤离现场。

（2）地铁环控系统分类

地铁环控系统一般分为开式系统、闭式系统和屏蔽门系统。根据使用场所不同、标准不同又分为车站环控系统、区间隧道环控系统和车站设备管理用房环控系统。

① 开式系统　开式系统是应用机械或"活塞效应"的方法使地铁内部与外界交换空气，利用外界空气冷却车站和隧道。这种系统多用于当地最热月平均温度低于25℃且运量较小的地铁系统。

a. 活塞通风。当列车的正面与隧道断面面积之比（称为阻塞比）大于 0.4 时，由于列车在隧道中高速行驶，如同活塞作用，使列车正面的空气受压，形成正压；列车后面的空气稀薄，形成负压，由此产生空气流动。利用这种原理通风，称为活塞效应通风。

活塞风量的大小与列车在隧道内的阻塞比、列车行驶速度、列车行驶空气阻力系数、空气流经隧道的阻力等因素有关。利用活塞风来冷却隧道，需要与外界有效交换空气。因此，对于全部应用活塞风来冷却隧道的系统来说，应计算活塞风井的间距及风井断面的尺寸，使有效换气量达到设计要求。全"活塞通风系统"只有早期地铁应用，现今建设的地铁设置活塞通风与机械通风的联合系统。

b. 机械通风。当活塞式通风不能满足地铁排除余热与余湿的要求时，要设置机械通风系统。根据地铁运营系统的实际情况，可在车站与区间隧道分别设置独立的通风系统。车站通风一般为横向的送排风系统；区间隧道一般为纵向的送排风系统。这些系统应同时具备排烟功能。区间隧道较长时，宜在区间隧道中部设中间风井。对于当地气温不高、运量不大的地铁系统，可设置车站与区间连成一起的纵向通风系统。一般在区间隧道中部设中间风井，通常由计算确定。

② 闭式系统　闭式系统使地铁内部基本上与外界大气隔断，仅供给满足乘客所需的新鲜空气量。车站一般采用空调系统，而区间隧道的冷却是借助于列车运行的"活塞效应"携带一部分车站空调冷风来实现。这种系统多用于当地最热月平均温度高于 25℃、运量较大、高峰时间每小时的列车运行对数和每列车车辆数的乘积大于 180 的地铁系统。

③ 屏蔽门系统　在车站的站台与行车隧道间安装屏蔽门，将其分隔开，车站安装空调系统，隧道采用通风系统（机械通风或活塞通风，或两者兼用）。若通风系统不能将区间隧道的温度控制在允许值以内时，应采用空调或其他有效的降温方法。

安装屏蔽门后，车站成为单一的建筑物，它不受区间隧道行车时活塞风的影响。车站的空调冷负荷只需计算车站本身设备、乘客、广告、照明等发热体的散热。此时屏蔽门系统的车站空调冷负荷仅为闭式系统的 22%～28%，且由于车站与行车隧道隔开，减少了运行噪声对车站的干扰，不仅使车站环境较安静、舒适，也使旅客更为安全。

地铁通风空调系统的设计可按上述系统之一设置。但由于气候是周期变化的，也可根据不同季节采用开式或闭式等不同的运行方式。

（3）地铁环控系统示例

① 图 12-5 为车站环境控制系统图。

a. 空调箱（KT-1～KT-4）一共 4 个，每个长 11200mm，宽 4160mm，高 3900mm。东、西端各两个，把混合后的新回风处理到设计值。

b. 新风机（型号 DTFN014A）6 台，每台 $Q=112160 \text{m}^3/\text{h}$，动率（$N$）$=37 \text{kW}$，扬程（$H$）$=823 \text{Pa}$，直径（$\phi$）$=1588$，长度（$L$）$=1450$。提供新风，满足乘客所需的最小新鲜空气量。

c. 排风机（型号 DTFNO16A）4 台，每台 $Q=178220 \text{m}^3/\text{h}$，$N=75 \text{kW}$，$H=719 \text{Pa}$，$\phi=1772$。其兼作站台、站厅层的排烟风机用。

d. 站厅层东西两端各两根送风管，一根回风管，回风管兼作排烟用。站台层东西两端各两根送风管，四根回风管，回风管兼作排烟用。两根上部回风，两根下部回风。

② 图 12-6 所示为车站东端环控机房通风空调平面图。

a. 活塞风道（32～34 轴线左、34～35 轴线右）共两个，以减小列车进出站时的"活塞效应"，减少对空调环境中气流组织的破坏。列车进站时气流从 D5→D7 再从活塞风道排出（D4、D6 关闭），也可从 D5→D4→D1 排出（D2、D3、D6、D7 关闭）。列车出站时就是上述过程的逆过程。

b. 事故风机（SG-3、SG-4）两个，可逆转。型号 HR3LN，$Q=66 \text{m}^3/\text{h}$，$N=110 \text{kW}$，$H=1000 \text{Pa}$，$\phi=1800 \text{mm}$。当发生事故时，事故风机可以排烟也可送风。假定排烟，从 D5→D6 排出（D4、D7 关闭），如果 SG-3 损坏，可从 D5→D4→D2 排出（D1、D3、D6、D7 关闭）。多叶风门（D1～D13）区分如下：事故风机联动风门、事故风机旁的联动风门、活塞风门、排风槽联动风门、排烟风机联动风门、新风机联动风门。

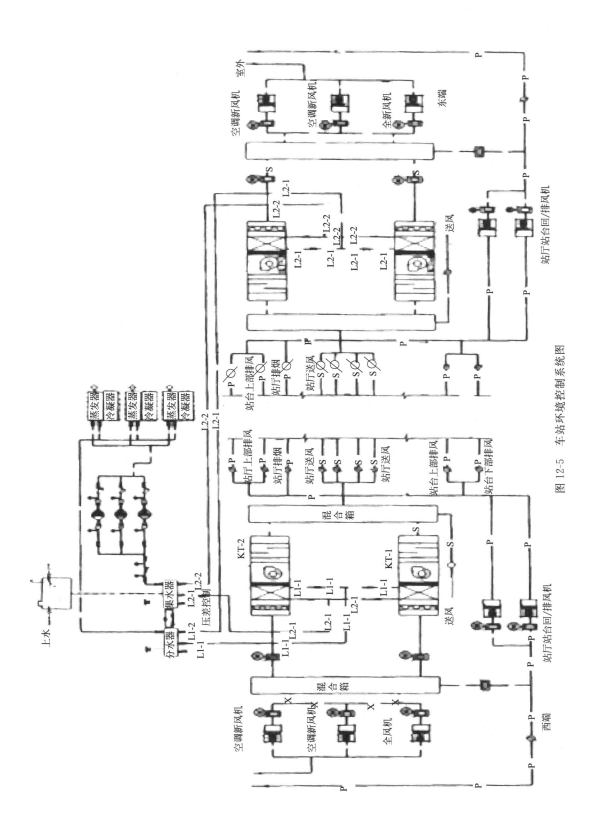

图 12-5 车站环境控制系统图

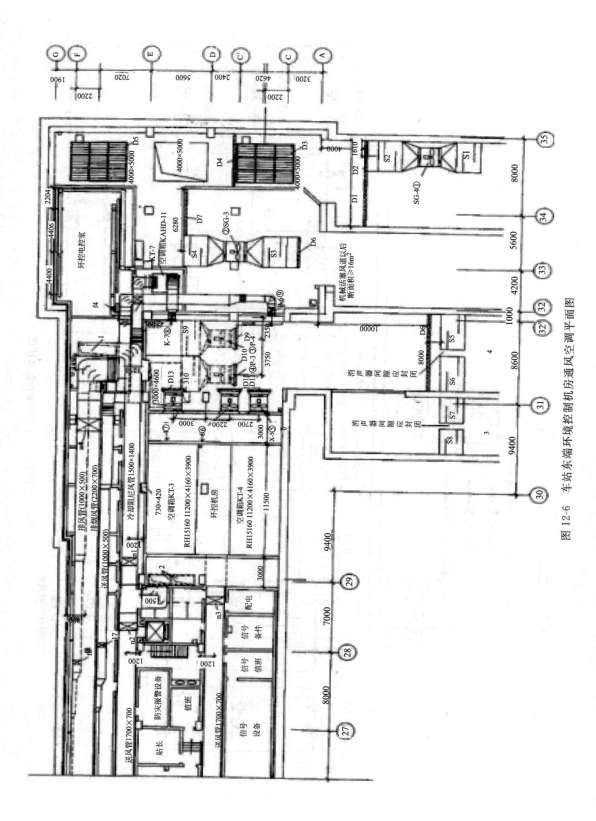

图 12-6 车站东端环境控制机房通风空调平面图

c. 排烟道（31~32 轴线）由排烟风管→排烟风机→多叶风门→消声器→排出。

d. 新风道（30~31 轴线）由新风道→消声器→新风机→吸入混合箱。

e. 小空调箱（KT-7）型号 KAND-116R8F，卧式，长 2420mm、宽 2020mm、高 1945mm，担负车站设备管理用房的负荷。其可构成一个独立的系统。

f. 阻尼风管（1500×1400）在近列车进站处的隧道顶板上开一个 1000mm×3500mm 的风口，冷风从风口送入隧道内，送风温度为 21℃，低于站台层公共区的环境温度。这样做的目的是减缓隧道风的流动速度，同时与之混合，使隧道风的温度降低。这与空气幕的作用相似，用平面射流来减缓非空调环境对空调环境的影响。

12.3.3 地铁站建筑的负荷特性

（1）室内条件

对于候车室等居室，要有冷暖房设备。干球温度在夏季取 26~27℃，相对湿度（RH）在夏季取 50%~55%，冬季取 40%~50%，这是一般的室内条件。

站台和中央大厅一般只设置冷房设备，多数设计干球温度取 27~29℃，相对湿度取 55%~65%。

（2）中央大厅及站台的冷房负荷

在同自然环境隔离的地下构筑物的封闭空间内，对于有多数列车出入和旅客流动的地下站站台和中央大厅，作为特殊的冷房负荷和一般地下构筑物相同，包括为了创造人工环境而产生的照明和外气负荷及由列车发生的负荷等。列车停车产生的热量及从隧道内由列车风带入的热量是非常大的负荷，占站台层全部发热负荷的 70%~80%。

中央大厅及站台的冷房负荷计算应包括：a. 由人体发生的热和二氧化碳；b. 照明发热量；c. 由列车发生的热量；d. 地下壁的吸热；e. 列车风带入的热量。

12.3.4 地铁站建筑的防排烟系统

地下铁道发生火灾时，人员的伤亡绝大多数是被烟气熏倒、中毒、窒息所致，因此通风排烟系统是地下铁道防灾系统的重要组成部分。

地下铁道对外连通的口部相对来说数量比较少，而且地铁隧道狭长、封闭，一旦发生火灾，浓烟很难自然排出，必须设置机械排烟系统。

（1）地铁排烟标准

地铁内主要分为以下防火区域，即车站的站厅和站台与区间隧道、车站管理用房和设备用房。

① 车站站厅和站台的标准。站厅和站台是乘客出入地铁并作短暂停留候车的场所，排烟量按每分钟、每平方米建筑面积计算。防烟分区的建筑面积不大于 750m²。排烟设备耐温 150℃，持续工作 1h。

② 区间隧道标准。区间隧道的排烟量是按其流经隧道断面的流速不小于 2m/s 计算。但其流速也不应大于 11m/s，以免影响乘客疏散。排烟设备耐温 150℃，持续工作 1h。

③ 车站管理用房和设备用房标准。除了因设备特殊要求而按其要求设计外，其余地方的排烟量按每分钟、每平方米建筑面积计算。设备耐温 280℃，持续工作 30min。

（2）防排烟系统与运行

① 系统设置 防排烟系统应按上述区域分别设置。

a. 站厅和站台的排烟系统一般是与正常通风的排风系统兼用。该系统应满足正常排风及火灾时排烟的要求。

b. 区间隧道的排烟系统宜用纵向一送一排的推拉式系统。排烟设施最好与平时的隧道通风兼顾。一般在车站的两个端部各设机房，一台风机对应一孔隧道，两台风机互为备用，也可并联运行。风机为可逆式轴流风机，正转可送风、反转可排烟。反转时的风量与风压应满足排烟要求。

c. 设备管理用房的排烟设计是根据管理用房的要求设置的，应根据相同的使用要求划分在一个系统中。一般与平时排风系统兼用。

② 排烟系统的运行 排烟系统的运行应根据地下铁道防灾系统的指令进行，由防灾中心统一安排。一般是根据不同的火灾地点决定不同的运行方式，主要如下。

a. 车站站台着火时，应在站台排烟，由站厅送风，使站台的楼梯口处形成一股由站厅流向站台的气流。其速度应大于 3m/s，乘客由站台向站厅方向撤离。

b. 站厅着火时，由站厅排烟，站台送风，使站台保持一定的正压。新鲜空气由站厅的出入口进入站厅，乘客迎着新鲜空气流进方向，由出入口向地面撤离。

c. 列车在区间隧道内着火时，应尽可能将列车驶至车站，让乘客撤离。此时由该车站端的风机排烟，并根据站台着火方式选择工作状态。

一旦列车不能驶至车站，出现下列三种情况时，应采取不同的运行方式。

ⅰ. 列车头部着火时：列车因故停留在单线区间隧道内时，乘客不可能从列车的侧向撤出，只能从尾部安全门进入隧道向出站方向的车站撤离。此时由列车进站方向的事故风机排烟，由出站方向的事故风机送风引导乘客迎着新风撤离。

ⅱ. 列车尾部着火时：此时乘客的撤离方向与排烟的运行模式恰好与列车头部着火时相反。

ⅲ. 列车中部的车厢着火时：此时乘客由车头和车尾的安全门同时进入隧道。排烟方式为进站方向的事故风机送风、出站方向的事故风机排烟。从车头安全门下车的乘客迎着气流方向风迅速向车站撤离。从车尾安全门下车的乘客要顺着烟气流动的方向迅速撤到连通两孔隧道的联络通道处，由联络通道进入另一孔隧道，迎着送风方向撤离。虽然有一小段路程乘客的撤离方向与烟气流动的方向相同，有被烟气熏倒的可能，但由于着火的初期，隧道中心区域尚未被烟气侵入，只要有组织地争取在烟气充满隧道前撤离，就不会被烟气熏倒，否则就相当危险。

图 12-7 是上海地铁某车站设备管理用房空调通风及防排烟系统原理图。

12.3.5 地铁站建筑的空调换气方式

地铁站建筑的代表性空调换气方式如图 12-8 所示。

（1）隧道自身作用的换气方式

隧道自身作用的换气方式，是由列车的"活塞"作用（列车风压）进行换气的方式，是最古老的做法，对于比较浅的地铁，一般使用这种方式，它有足够的换气口。如果能满足换

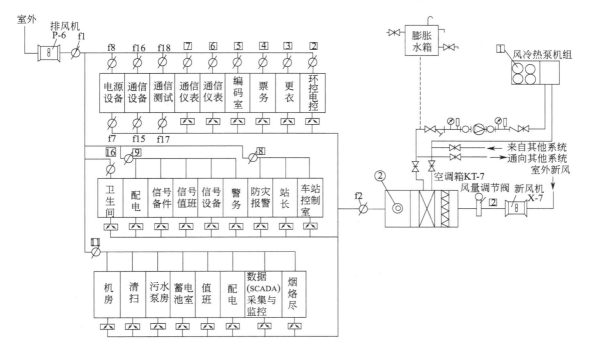

图 12-7　上海地铁某车站设备管理用房空调通风及防排烟系统原理图

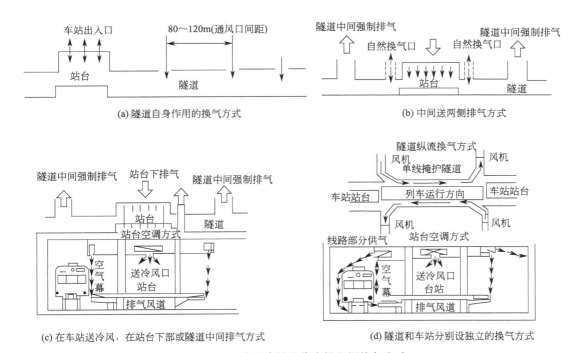

(a) 隧道自身作用的换气方式

(b) 中间送两侧排气方式

(c) 在车站送冷风，在站台下部或隧道中间排气方式

(d) 隧道和车站分别设独立的换气方式

图 12-8　地铁站建筑的代表性空调换气方式

气条件要求，在处理热量方面就不需要费用，可以说是最理想的方式。然而，随着运输量的增加，对应发热量所需要的换气量已经不能解决问题，解决办法是增加换气量或者使用冷

风。但是，设备、风道、配管等所需要的空间受到了限制。对应解决措施的实例是采用天棚吊装式空调机组进行制冷，对隧道是利用自然换气孔进行机械换气和把自然对流型冷却管布置在隧道内，以控制温度上升等。

（2）中间送两侧排气方式

中间送两侧排气方式是被广泛采用的，由车站给气，在车站中间部分进行强制排气的方式。这个方式的优点是可以把供气改成冷房。另外，在单线隧道两端的车站，为了缓和站台上的列车风，也有在车站两端设置换气塔的方式。在这种情况下，当换气口关闭时，根据测定结果，站台上的列车风速由 4.8～6.6m/s 降到 3.4～3.6m/s。

（3）在车站送冷风，在站台下部或隧道中间排气方式

在车站送冷风，在站台下部或隧道中间排气的方式是为了控制夏季温度上升（由于地铁输送量的增加）及为旅客提供服务需要进行冷房时，在车站较多采用的方式，是把成为站台层主要发热因素的列车制动热能尽量从站台下部直接排出，主要目的是减少站台空调负荷。此外，为了提高隔热效果，可在站台和线路之间设置空气幕。在列车风影响不大的终点站等处，采用这个方式是合理的，并且对列车底部设备产生的烟气，也能有效排出。

（4）隧道和车站分别设独立的换气方式

隧道和车站分别设独立的换气方式是在上述方式中增加线路部分的换气，以提高直接排除列车制动热的效率（约为80%），并且也能解决由于列车冷房的排热使线路部分温度上升的问题。另外，在隧道部分（单线护罩式），使用独立的纵流换气方式，减少列车风对站台层的侵入量，以达到减少站台空气负荷的目的。

这个方式在列车发烟时能全部停止供气，把线路部分的换气系统投入排气运转。其特点是通过站台下部排气和邻接隧道换气系统的运用，使站台呈负压，由上层向下送风，防止烟气侵入上层。

综合以上各方式，当由于列车发生火灾、列车故障而长时间停车，或者结合考虑夜间换气时，对于双线隧道应采用第 3 种换气方式，对于深层单线隧道则应采用第 4 种换气方式。

地下站，尤其是站台的空调方式与车站部分和隧道部分关系重大。考虑到防灾等因素，还应对地下站及隧道的构造很好地进行研究。在设计中应注意以下环节。

（1）阻塞通风

列车因非失火的其他故障不能正常行驶而停在区间隧道，称为列车阻塞区间隧道，此时的通风为阻塞通风。列车阻塞区间隧道，乘客被困在车厢里，等候修理或有组织地向安全地点疏散，均需要一定时间才能完成。在这段时间内，列车和乘客仍在散发大量的热。由于列车停止行驶，失去了活塞效应的通风，区间隧道的空气温度因而上升，有时高达 41℃，致使车厢的空调机也难以运行，车厢内的温度迅速升高，乘客在车厢内感到闷热难受。为此应设置阻塞通风系统，给阻塞地点送排风，及时降低区间隧道的温度。阻塞通风的风量按其流经隧道断面的流速不小于 2m/s 计算。在开式运行的条件下，一般应用区间隧道的防排烟系统兼作阻塞通风系统；在闭式运行的条件下，经计算若防排烟系统的风压不足以克服阻塞断面处的阻力，或因气流组织不合适时，则应增加设施。当前香港地铁和广州地铁是根据不同情况采用增设推力风机或在隧道风机前设喷嘴的办法加以解决的。此时车站空调系统正常运行，推力风机吸入车站的空调冷风，通过喷嘴高速喷出，诱导周围的冷空气，利用贴附射流将冷空气送至阻塞地点，或隧道风机吸入车站空调风，通过喷嘴高速喷出，诱导周围的冷空气送至阻塞地点。

（2）消声器

一般在地铁活塞风道、排风道和新风道均要设置消声器，在新风机、排风机、事故风机的出风口也要设置消声器，以减少对地下建筑和地面环境的噪声污染。具体消声量应根据设备本身噪声情况，以及环境要求，选择消声器来确定。

（3）风亭

一般每个车站都要设置数量不等的风亭。它是地铁道与外界交换空气的主要渠道，进排风质量的好坏又直接影响地铁环境，因此风亭的设计就显得十分重要。

地铁的进风亭应设于空气洁净的地方，任何建筑物距通风亭口部的直线距离应大于5m。当进风亭与排风亭合建时，排风口要高出进风口5m。有时由于受规划所限，风亭不能建得太高，进、排风口应相距5m。

（4）隧道通风机

地下铁道隧道通风机需要风量较大，而压头较低，一般风量为40～90m/s，风压为800～1200Pa左右；同时，有正风和反风的要求，多为轴流式风机。

（5）组合风门

由于地铁通风系统的风量较大、运行模式较复杂，需设置大型组合风阀来满足系统运行各种工况的要求。一般都是由多个单元阀门组合而成。

12.3.6　地铁站建筑的空调规划及设计要点

（1）计划、施工上的注意事项

地下站站台冷房负荷的特殊性，主要是车辆设备的发热和列车风热负荷，这些负荷量与车站构造、连接隧道的形状及长度、站台层的空调换气方式等有很大的关系。站台的空调方式，必须在考虑有隧道换气冷房方式的地下铁道全线空气流动特性的基础上，通过军站的实际模型实验或者根据同种类车站的实测值确定。

（2）空调、换气设备的布置

地下铁道的构造特点是站台层在最下层，并且从站台层的宽度×站台层的长度来看基本上呈现细长形状。在这个有限的封闭空间内，由于列车的启动和停止，一小时内有众多的旅客乘降，在车站中心部分，按乘降人员比例要有较多的旅客空间。另外，为了消除旅客心灵上的压迫感，应使环境条件尽量地适应地上的状况，所以在设备的布置上应着重考虑。

与外气接点的地上部分，多数是道路及站前广场等公共场所，换气塔和冷却塔的设置位置受到限制。另外按法规要求，换气量30m³/（m²·h）是最低值，对应特殊负荷要追加外气量。所以，与地上建筑物比较，给排气量较大，换气塔的体型也较大。另外，由于换气塔和冷却塔的配置，使地下站内风道和配管长度变动很大，对设备费（包括土建费）、运转费等影响很大。因此，在做地下站计划时，在考虑该站原始现场条件的基础上，需要给出换气塔和冷却塔的布置计划。

地下站构筑物内的设备室一般不设置在中间层。由于其负荷很大，设备也比较大，布置时应注意如下几点。

① 热源设备　冷冻机等尽量选用小型轻量机种。一般多选用密闭式电动离心式冷冻机，考虑地板荷重应选定复数台。热源的负荷量较少，烟道也比较难布置，则多数采用电力加热或者热泵方式。

② 设备荷重和消声措施　注意地板的容许荷重，如果需要可以设置在梁上面。关于消声、防振动、隔声等措施从选定设备开始就应考虑，设法防止传到设备室以外。

③ 设备安装口　由于地下站的现场条件受限制的因素很多，要预先考虑大型设备的安装口，根据需要加固地板或者采用悬吊式安装。

④ 防灾注意事项　因为是地下建筑物，许多部分与地下街一样，受建筑设计规范和消

防设计规范的规定限制。因此，从计划时起，就要同有关单位及部门充分协商如下问题：

　　a. 紧急避难楼梯的排气方式；

　　b. 研究、决定给气塔、排气塔的相对位置；

　　c. 每个防火灾或安全区（在中央大厅以竖井等分区）的空调、换气系统的分区；

　　d. 中央大厅等排气口的位置，应尽量设置在天棚上或者壁面的上部；

　　e. 对设备和设备形式的研究，应防止带状物烧损及烧损时的蔓延，并且控制烟气不要排到设备室外等；

　　f. 协调设备的控制，包括灾害时的人工控制电气、通信、卫生等应与各设备协调一致并进行综合控制。

　　关于以上各事项，在设计过程中应根据车站规模、现场条件进行充分研究及探讨。

12.4　地下建筑空调设计实例与烟气流动特性模拟

（1）模拟研究问题

地铁站厅排烟对人员安全疏散具有至关重要的作用。通过火灾动力学软件 FDS 数值模拟可研究不同排烟量和挡烟垂壁高度对地铁站厅能见度、CO 浓度的影响；可验证设计排烟量能否满足人员疏散要求；也可检验设置挡烟垂壁能否提高防排烟效果。

（2）地铁站几何体建模

该车站为地下 2 层岛式车站，地下 1 层为站厅层，地下 2 层为站台层。站厅尺寸为 92m×20m×6.8m，站台尺寸为 168m×12m×4.8m。总共设有 4 个出入口通道与地面连接，站厅出口截面积为 6m×4m，地下 2 层站台与站厅通过 3 组楼扶梯连接。车站结构及测点示意如图 12-9 所示，顶板为拱形，且从左到右沿坡度降低。在设置不同工况时，挡烟垂壁设置在站厅出口连接通道处，挡烟垂壁高度分别为 0.0m、1.0m、1.8m。

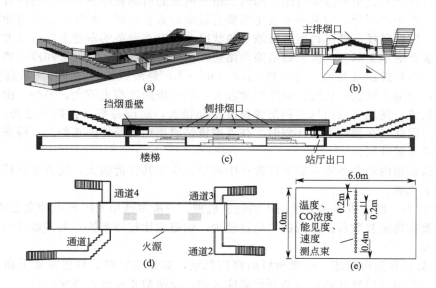

图 12-9　车站结构及测点示意

（a）车站物理模型；（b）车站主视图；（c）车站侧视图；（d）车站俯视图；（e）站厅出口竖直测点布置图

现排烟规范规定排烟口需设置在车站顶部，受装修条件限制车站站厅层排烟方案如下。站厅设置一个防烟分区。车站两端头各设置 1 个排烟口（6.0m 高）——主排烟口（1.8m× 1.2m），侧墙设置 6 个排烟口（3.5m 高）——侧排烟口（0.8m×0.4m）。火灾时同时作用，出入口自然补风。两处排烟口设置高度不同。排烟量为 14.2 m³/s 时，主排烟口排烟量为 5 m³/s，侧排烟口排烟量为 0.7 m³/s。排烟量为 28.4 m³/s 时，主排烟口排烟量为 10m³/s，侧排烟口排烟量为 1.4 m³/s。

火灾场景设置为乘客行李物品火灾，火灾发展过程采用 t^2 热释放速率增长模型。火灾增长系数设置为 0.04689，热释放速率为 2.5MW。在站厅出口连接进站通道处分别设置了竖向测点，测量烟气扩散过程中的能见度、CO 浓度。

（3）烟气沉降理论计算

假设烟气满足理想气体状态方程，可得到站厅烟气高度和温度变化的基本控制方程：

$$-\frac{\mathrm{d}z}{\mathrm{d}t}=\frac{C_i m_p - m_e - m_s}{A_c \rho_s} \tag{12-1}$$

$$\frac{\mathrm{d}T_s}{\mathrm{d}t}=\frac{Q_c - m_p c_p (T_s - T_0)}{A_c \rho_s (H_c - z)} \tag{12-2}$$

式中，z 为烟气层高度，m；t 为时间，s；A_c 为建筑空间的平面面积，m²；ρ_s 为热烟气密度，kg/m³；H_c 为建筑空间顶棚高度，m；C_i 为保守因子，$C_i=1.6$；m_p 为火源产生的羽流进入烟气层的质量流量，kg/s；m_e 为机械排烟质量流量，kg/s；m_s 为烟气逸流质量流量，kg/s；T_s 为烟气温度，K；T_0 为环境温度，K；Q_c 为对流热释放速率，kW；c_p 为空气比热容；kJ/(kg·K)。

通过迭代计算，绘制不同排烟量时烟气层高度随时间变化的曲线，如图 12-10 所示。

由图 12-10 可知：不同排烟量下，烟气层沉降高度随时间的变化趋势一致。在 0～120s 时，由于房间尺寸较大，烟气层形成需要一定的时间，此时烟气尚未发生沉降，烟气层高度保持不变。在 120～360s 时，烟气层高度先快速下降，再趋于平缓，最后烟气层稳定在 3m 左右。这是由于随着烟气沉降，拱顶处平面面积逐渐变大，烟气层需填充空间变大，则烟气层沉降速度变缓，而且火灾烟气在 3m 处发生逸流，通过出入口通道向地上排出烟气。因此，烟气层稳定在溢出高度左右。随着排烟量的增加，烟气层沉降速度变慢，排烟量为 28.4 m³/s 时，360s 左右烟气层方才达到逸出口高度，通过拱形地铁站厅火灾烟气蔓延区域模型程序计算结果表明该设计排烟量满足人员疏散要求。

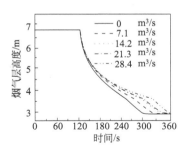

图 12-10　不同排烟量时烟气层高度时间变化曲线图

（4）数值模拟

区域模型结果的准确性高度依赖于羽流模型所预测的羽流进入烟气层的质量流量 m_p 的准确性，并且由于排烟量增加，烟气层界面间交换的质量 m_i 也会增加。对于排烟量较大的情况，区域模型难以准确预测，需要结合实验进行参数修正。

FDS 是由美国国家标准技术局开发的火灾模拟软件。其默认湍流模型采用 Smagorinsky 形式的大涡模拟，燃烧模型采用的是混合分数模型，FDS 通过大涡模拟对连续、动量、能量方程以及压力收敛方程进行求解，可得到温度、压力、气体组分、能见度等参数的空间分布。本书采用火灾模拟软件 FDS 对如图 12-9 所示的地铁站厅进行 9 组工况数值模拟，研究不同排烟量下烟气蔓延特性，验证设计排烟量能否满足人员疏散要求，并且研究不同高度挡烟垂壁对排烟效果的影响。

火灾产生的烟气上升至拱顶顶部，撞击顶棚产生顶棚射流，在拱顶形成烟气层后开始沿着四周侧墙向下沉降。沉降至通道出口高度处，烟气发生逸流，烟气沿着 4 个通道顶棚向地面出口处蔓延。在这一过程中，由于烟气从高大站厅空间向狭小的通道空间逸出，容易在通道出口处形成烟气堆积，导致通道出口处能见度最低，CO 浓度最高，威胁到乘客及工作人员的安全疏散。站厅出口竖直高度能见度、CO 浓度挡烟垂壁对站厅和通道的影响如图 12-11 所示，站厅出口竖直高度能见度、CO 浓度如图 12-12 所示。由图 12-12 可知，在排烟量为 $28.4 \mathrm{m^3/s}$ 时，在通道出口 2m 高度处，能见度大于 10m，CO 浓度低于 50×10^{-6}。通道出口处为整个站厅及通道能见度最低、CO 浓度最高区域，则按照设计排烟量 $28.4 \mathrm{m^3/s}$ 能满足人员安全疏散要求。

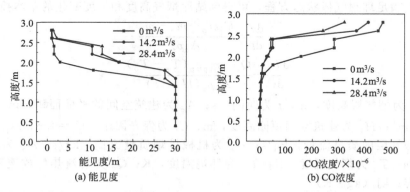

图 12-11　挡烟垂壁高度为 1m 时，站厅出口竖直高度能见度、CO 浓度挡烟垂壁对站厅和通道的影响

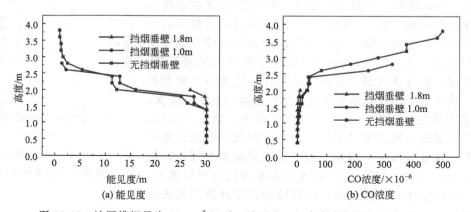

图 12-12　站厅排烟量为 $28.4 \mathrm{m^3/s}$ 时，站厅出口竖直高度能见度、CO 浓度

挡烟垂壁的设置决定了烟气逸流出口高度，不设置挡烟垂壁时，烟气会过早向通道扩散，导致烟气在狭小通道中沉降至危险高度。站厅火灾时，大量人员会从列车穿过站台、站厅，拥堵通过 4 个通道进行疏散。在人员到达通道处时，通道上方烟气已沉降至危险高度，此时进行疏散会有大量人员吸入有毒有害气体，并且由于烟气在通道出口处的堆积，能见度大幅下降，人员无法准确判断往哪个方向疏散，将造成可怕的群死群伤事件。2m 高度处出入口通道不同可燃物产生的能见度、CO 浓度见图 12-13。由图 12-13 可知，设置挡烟垂壁不仅可以阻止烟气向通道的蔓延，而且能提高排烟效果，使通道出口处能见度提高，CO 浓度降低。因为在站厅内机械排烟的过程中，会通过 4 个出口进行补风，挡烟垂壁的设置减小了通道出口处截面积，使通道出口处流入空气流速增大，提高了排烟效率，使得通道出口处逃

生环境改善。挡烟垂壁能提高机械排烟效率。

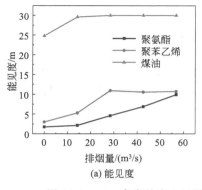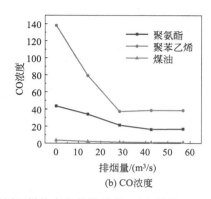

图 12-13　2m 高度处出入口通道不同可燃物产生的能见度、CO 浓度

（5）模拟计算结果

① 通过拱形地铁站厅火灾烟气蔓延区域模型程序计算可知，随着排烟量的增加，烟气层沉降速度变慢；排烟量为 28.4m³/s 时，360s 左右烟气层方才达到逸出口高度。该设计排烟量满足人员疏散要求。

② 通过火灾动力学软件 FDS 对地铁站厅进行数值模拟，模拟结果表明，烟气从高大站厅空间向狭小的通道空间逸出，容易在通道出口处形成烟气堆积，导致通道出口处能见度最低，CO 浓度最高；在排烟量为 28.4m³/s 时，在通道出口 2m 高度处，能见度大于 10m，CO 浓度低于 50×10^{-6}，按照设计排烟量 28.4m³/s 能满足人员安全疏散要求。

③ 通过数值模拟，设置 1.8m 高度挡烟垂壁不仅可以有效阻挡烟气从站厅向通道蔓延，而且可以有效提高排烟效率，改善出口通道逃生环境。

④ 烟气在出入口通道附近发生"烟气拥堵"现象；在整个站厅 2m 高度处，通道处能见度明显均小于站厅高大空间处的能见度，通道处 CO 浓度明显大于站厅高大空间处 CO 浓度。在相同排烟量下，聚氨酯可燃物发生火灾时，出入口通道 2m 高度处能见度最低；聚苯乙烯可燃物发生火灾时，出入口通道 2m 高度处 CO 浓度最大。

第13章 舒适与健康
——环境空气品质控制

舒适度是暖通空调专业关注的主要问题，舒适度包括对室内人员有影响的温度、湿度、空气的流动和辐射源的控制等。此外，异味、灰尘（颗粒状物质）、噪声和振动也是引起人员感觉不适的影响因素。设计良好的暖通空调系统能够通过调整来确保这些参数符合用户、建筑规范以及工程鉴定的要求。另外，还要顾及非环境因素的影响，如室内人员的衣着情况及其活动量等。由于舒适度对室内人员的重要性越来越受关注，所以暖通空调设计人员必须面对的挑战就是要利用一切能够得到的信息和方法来设计出提供舒适环境的供暖、通风及空气调节系统。暖通空调系统不仅要能够保证室内的热舒适性，还必须提供一个清洁、健康、没有异味的室内环境。因此，本章将主要讨论为室内人员提供舒适和健康环境的各种因素。

13.1 热舒适条件与预测

热舒适的定义为对热环境表示满意的意识状态，热舒适的主观感觉与下列因素有关。
① 物理因素：环境空气温度、平均辐射温度、湿度、风速。
② 着衣量：服装的热湿传递性能。
③ 人体活动水平：新陈代谢率。
④ 适应能力和热经历。
⑤ 平均皮肤温度、局部皮肤温度、出汗率。
⑥ 个体差异：不同个体对热舒适的感受是有差异的。

暖通空调的主要目的是为人类提供热舒适的条件。人体与环境热交换及热调节是热舒适的重要条件。本节主要介绍人体与环境热交换及热调节以及热舒适预测。

13.1.1 人体与环境热交换及热调节

（1）人体的能量平衡

人体为一个有机生命体，其与周围环境每时每刻进行热量的交换，人体所获得的能量减去人体所失去的能量等于系统的能量积累。

图 13-1（a）显示了人体与环境之间的热相互作用。体内的总代谢率 M 是该人的活动 M_{act} 所需的代谢率加上将 M_{shiv} 发抖（应发抖）所需的新陈代谢水平。人体产生的一部分能量可能会花费在外部功 W 上。净热量（$M-W$）会通过皮肤表面（q_{sk}）和呼吸道（q_{res}）转移到环境中，并存储任何多余或不足的能量（S），从而导致人体温度升高或降低。人体温度控制系统简化框图如图 13-1（b）所示。

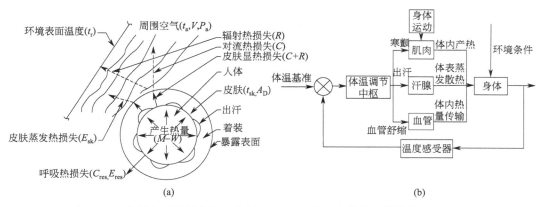

图 13-1　人体与环境的热相互作用（a）和人体温度控制系统简化框图（b）

人体与环境之间的热平衡方程可以被定义如下。

$$M-W=q_{sk}+q_{res}+S=(C+R+E_{sk})+(C_{res}+E_{res})+(S_{sk}+S_{cr}) \tag{13-1}$$

式中，M 为代谢热产生速率，W/m^2；W 为完成的机械功，W/m^2；q_{sk} 为皮肤总热量散失率，W/m^2；q_{res} 为呼吸总热量散失率，W/m^2；$(C+R)$ 为皮肤的显热损失，W/m^2；E_{sk} 为皮肤蒸发热损失的总速率，W/m^2；C_{res} 为呼吸对流热损失率，W/m^2；E_{res} 为呼吸的蒸发热损失率，W/m^2；S_{sk} 为皮肤隔间的储热速率，W/m^2；S_{cr} 为人体核心区中的储热速率，W/m^2。

热量通过几种热交换方式从人体散发到周围的环境：皮肤产生的显热为 $(C+R)$；皮肤产生的潜热 E_{sk} 是来自汗液蒸发的潜热 E_{rsw} 和通过皮肤散发的水分的蒸发潜热 E_{dif}；呼吸过程中显热流为 C_{res}；呼吸期间水分蒸发产生的潜热流为 E_{res}。来自皮肤的显热可能是穿衣服的人的传导、对流和辐射的复杂混合体。但是，它等于在外衣表面（或裸露的皮肤）对流 C 和辐射 R 传热的总和。皮肤的显热和潜热损失通常用环境因素、皮肤温度 t_{sk} 和皮肤湿润度 w 表示。

体内的蓄热率等于内部能量的增加率。可以将身体视为两个热保温区：皮肤区和核心区。可以根据每个隔室的热容量和温度的时间变化率分别求得皮肤隔间的储热速率和核心区中的储热速率：

$$S_{cr}=\frac{(1-\alpha_{sk})mc_{pb}}{A_D}\times\frac{dt_{cr}}{d\theta} \tag{13-2}$$

$$S_{sk}=\frac{\alpha_{sk}mc_{pb}}{A_D}\times\frac{dt_{sk}}{d\theta} \tag{13-3}$$

式中，α_{sk} 为集中在皮肤区的体重分数；m 为人体体重，kg；c_{pb} 为物体的比热容，$J/(kg\cdot℃)$；A_D 为人体体表面积，m^2；t_{cr} 为核心区温度，℃；t_{sk} 为皮肤区温度，℃；θ 为时间，s。

皮肤质量分数 α_{sk} 取决于血流量到皮肤表面与之进行热交换环境的比率 m_{bl}。

热平衡方程式（13-1）左侧的产热量若大于右侧的失热量，导致人体内热量的积蓄，则等式右侧的蓄热 S 为正值，称为蓄热。反之，人体不断散失热量，S 为负值，称为热债。如果人体的产热量等于失热量，则蓄热 S 为零，从动态平衡的角度看，人体正处于热平衡状态。

（2）人体与环境的热交换

人体与环境的热交换主要通过传导、对流、辐射及蒸发这四种方式进行。以下简述这四种交换方式的计算方法。

① 人体体表面积　人体与环境的热交换绝大部分是通过体表皮肤进行的，热交换量与人体的外表面积成一定的线性关系。目前，通常采用以下公式计算：

$$A_D = 0.202 m^{0.425} l^{0.725} \tag{13-4}$$

式中，A_D 为人体体表面积，m^2；m 为人体体重，kg；l 为人体身高，m。

② 皮肤的显热损失　皮肤的显热交换必须通过衣服传递到周围环境，可以用从皮肤表面穿过衣服隔热层到衣服外表面的热传递和从衣服外表面到环境的热传递来描述。衣服外表面的对流和辐射的热损失都可以表示为热传递系数以及衣服外表面的平均温度与适当环境之间的温度差：

$$C = f_{cl} h_c (t_{cl} - t_a) \tag{13-5}$$

$$R = f_{cl} h_r (t_{cl} - t_{mrt}) \tag{13-6}$$

如果辐射热交换用 Stefan-Boltzmann 定律表示（而不是使用 h_r），则可得以下公式：

$$R = f_{cl} h_r (t_{cl} - t_{mrt}) = 3.96 \times 10^{-8} f_{cl} [(t_{cl} + 273)^4 - (t_{mrt} + 273)^4]$$

式中，C 为外表面对流热损失，W/m^2；R 为外表面辐射热损失，W/m^2；h_c 为对流换热系数，$W/(m^2 \cdot K)$；h_r 为线性辐射换热系数，$W/(m^2 \cdot K)$；t_{cl} 为着装人体外表的平均温度，℃；t_{mrt} 为环境的平均辐射温度，℃；f_{cl} 为服装面积系数，无量纲。

式（13-5）和式（13-6）通常结合起来描述这两种机制的总显热交换，分别取决于工作温度和综合传热系数：

$$C + R = f_{cl} h (t_{cl} - t_o) \tag{13-7}$$

$$t_o = \frac{h_r t_r + h_c t_a}{h_r + h_c} \tag{13-8}$$

$$h = h_r + h_c \tag{13-9}$$

式中，t_o 为作用温度，K；h 为综合显热换热系数，$W/(m^2 \cdot K)$。

由式（13-8）可知：工作温度定义为平均辐射温度和周围空气温度的平均值，并由它们各自的传热系数加权。

显热通过衣服的实际传输涉及传导、对流和辐射。通常最方便的是将它们组合成一个由以下定义的热阻值 R_{cl}。

$$C + R = (t_{sk} - t_{cl}) / R_{cl} \tag{13-10}$$

式中，R_{cl} 为衣物的热阻，$m^2 \cdot K/W$；t_{sk} 为人体平均皮肤温度，℃。

由于在计算中包括衣服表面温度通常很不方便，因此，可以将式（13-7）和式（13-10）合并以消除 t_{cl}：

$$C + R = \frac{t_{sk} - t_o}{R_{cl} + 1/(f_{cl} h)} = \frac{t_{sk} - t_o}{R_{cl} + R_{ecl}} \tag{13-11}$$

③ 皮肤蒸发掉的热量　皮肤的蒸发热损失取决于皮肤上的水分含量以及皮肤和周围环境中水蒸气压之间的差值：

$$E_{sk} = \frac{w(p_{sk} - p_a)}{R_{ecl} + 1/(f_{cl} h_e)} \tag{13-12}$$

式中，w 为皮肤湿润度，无量纲；p_{sk} 为在人体平均皮肤温度 t_{sk} 下饱和水蒸气的分压，Pa；p_a 为环境空气中的水蒸气压力，Pa；R_{ecl} 为衣物层的蒸发传热阻力（服装的基本湿阻），$m^2 \cdot Pa/W$；h_e 为蒸发传热系数，$W/(m^2 \cdot Pa)$，类似于 h_c。

皮肤的蒸发热损失是由于温度调节控制机制、分泌的汗液蒸发热损失和水通过皮肤自然扩散所产生热损失的一种综合作用：

$$E_{sk} = E_{rsw} + E_{dif} \qquad (13\text{-}13)$$

调节性出汗引起的蒸发热损失与调节性出汗的发生率成正比：

$$E_{rsw} = m_{rsw} h_{fg} \qquad (13\text{-}14)$$

式中，h_{fg} 为 30℃下水的汽化热，2453.6kJ/kg；m_{rsk} 为出汗率，kg/(s·m²)。

必须润湿身体以蒸发调节汗的部分 w_{rsk} 如下。

$$w_{rsk} = E_{sk} / E_{max} \qquad (13\text{-}15)$$

在没有正常出汗的情况下，由扩散引起的皮肤湿润度约为 0.06。对于较大的 E_{max} 或长时间暴露在低湿度下，该值可能会降低至 0.02，因为外皮的脱水会改变其扩散性特征。在有规律出汗的情况下，0.06 的值仅适用于没有汗水覆盖的皮肤部分。扩散蒸发热损失为：

$$E_{dif} = 0.06(1 - w_{rew}) E_{max} \qquad (13\text{-}16)$$

给定最大蒸发势 E_{max} 和调节汗液产生量 E_{rsw}，可以针对 w 求解以下方程式：

$$w = w_{rew} + 0.06(1 - w_{rew}) = 0.06 + 0.94 E_{rsw} / E_{max} \qquad (13\text{-}17)$$

一旦确定了皮肤的湿润度，就可以根据式（13-12）或以下公式计算出皮肤的蒸发热损失：

$$E_{sk} = w E_{max} = w h_e (p_{sk} - p_a) \qquad (13\text{-}18)$$

总之，以下计算确定 w 和 E_{sk}：对于 $w = 1.0$ 采用式（13-12）确定；采用式（13-14）确定 E_{rsw}；采用式（13-17）确定 w；采用式（13-18）或式（13-12）确定 E_{sk}。

皮肤湿润度 w 的数值为 0.06～1.0。当人体处于舒适状态时，$w = 0.06$；当人体完全被汗液浸湿时，$w = 1.0$。

相对湿度增加，皮肤湿润度 w 增加，导致人体不舒适感增加。在舒适的温度范围内，湿度对人体热感觉与热舒适的影响不大。此结论对空调设计具有指导意义，它表明不需要耗费太多的能耗去控制湿度，可以适当地提高湿度，只要控制空气温度在热舒适范围之内就可以。

如果水蒸气通过皮肤的扩散表示为扩散系数和 t_{sk} 处饱和蒸气压的线性近似值，则可得：

$$E_{sk} = E_{rsw} + E_{dif} = E_{rsw} + 0.00305(256 t_{sk} - 3373 - p_a) \qquad (13\text{-}19)$$

该方程式假设所有产生的汗水都被蒸发掉，从而消除了衣服渗透效率 f_{cl}。该假设适用于活动水平较低或中等的典型室内环境中穿着的普通室内服装。在较高的活动水平（$M_{act} > 3m_{et}$）下大量出汗，即使在最佳舒适条件下也会发生这种情况，此假设可能会限制其准确性。

④ 呼吸损失 在呼吸过程中，人体通过对流以及热量和水蒸气的对流和蒸发，损失了显热和潜热。呼吸道吸入空气，呼吸可能会产生大量热量。因为空气是在环境条件下吸入的，并且在温度仅比 t_{cr} 略低的温度下几乎达到饱和状态。

呼吸造成的总热量和水分损失如下。

$$q_{res} = C_{res} + E_{res} = \frac{m_{res}(h_{ex} - h_a)}{A_D} \qquad (13\text{-}20)$$

$$m_{wres} = \frac{m_{res}(W_{ex} - W_a)}{A_D} \qquad (13\text{-}21)$$

式中，m_{res} 为肺通气量，kg/s；h_{ex} 为呼出空气的焓，kJ/kg（干燥空气）；h_a 为吸入（环境）空气的焓，kJ/kg（干燥空气）；m_{wres} 为肺失水率，kg/h；W_{ex} 为呼出空气的含湿量，kg（水蒸气）/kg（干燥空气）；W_a 为吸入（环境）空气的含湿量，kg（水蒸气）/kg（干燥空气）。

在正常情况下，肺通气率主要是新陈代谢率的函数：

$$m_{\text{res}} = K_{\text{res}} M A_{\text{D}} \tag{13-22}$$

式中，M 为代谢率，W/m^2；K_{res} 为比例常数，$1.43 \times 10^{-6} \text{kg/J}$。

对于典型的室内环境，呼出的温度和含湿量是根据环境条件给出的：

$$t_{\text{ex}} = 32.6 + 0.066 t_{\text{a}} + 32 W_{\text{a}} \tag{13-23}$$

$$W_{\text{ex}} = 0.0277 + 0.000065 t_{\text{a}} + 0.2 W_{\text{a}} \tag{13-24}$$

式中，环境温度 t_{a} 和呼出空气温度 t_{ex} 以 ℃ 为单位。对于极端条件（例如室外冬季环境），可能需要不同的关系表达式。

环境空气的含湿量可以用总压力或大气压品 p_{t} 和环境水蒸气压力 p_{a} 表示：

$$W_{\text{a}} = \frac{0.622 p_{\text{a}}}{p_{\text{t}} - p_{\text{a}}} \tag{13-25}$$

式中，p_{a} 为吸入空气中的水蒸气分压，Pa；p_{t} 为标准海平面大气压，101325Pa。

呼吸不仅从人体带走水分，造成潜热损失，同时也造成对流热损失。对流热损失可由下式计算：

$$C_{\text{res}} = m_{\text{res}} c_{\text{p}} (t_{\text{ex}} - t_{\text{a}}) / A_{\text{D}} \tag{13-26}$$

式中，c_{p} 为空气的比热容，$1005\text{J/(kg} \cdot \text{℃)}$。

呼吸热损失通常用显热 C_{res} 和潜热 E_{res} 热损失来表示。通常使用以下两种近似公式进行计算：

$$C_{\text{res}} = 0.014 M (34 - t_{\text{a}}) \tag{13-27}$$

$$E_{\text{res}} = 0.0000173 M (5867 - p_{\text{a}}) \tag{13-28}$$

式中，p_{a} 以 Pa 表示，t_{a} 以 ℃ 表示。

刘易斯数 L_{e} 是表示热扩散系数和质量扩散系数比的一个无量纲数，这一无量纲数可用于描述对流过程中传热和传质各自作用的相对大小。

$$L_{\text{e}} = h_{\text{e}} / h_{\text{c}} \tag{13-29}$$

刘易斯关系可用于关联式（13-5）和式（13-12）中定义的人体对流和蒸发传热系数。

根据式（13-27）和式（13-28）可计算出呼吸总热量散失率：

$$q_{\text{res}} = C_{\text{res}} + E_{\text{res}} = 0.014 M (34 - t_{\text{a}}) + 0.0000173 M (5867 - p_{\text{a}}) \tag{13-30}$$

⑤ 皮肤总热量损失　皮肤总热量损失（显热加蒸发热）可以表达如下：

$$q_{\text{sk}} = C + R + E_{\text{sk}} = \frac{t_{\text{sk}} - t_{\text{o}}}{R_{\text{cl}} + R_{\text{ecl}}} + \frac{w(p_{\text{skx}} - p_{\text{a}})}{R_{\text{ecl}} + 1/(L_{\text{e}} h_{\text{c}} f_{\text{cl}})} \tag{13-31}$$

皮肤总热量损失也可以通过以下公式计算：

$$q_{\text{sk}} = f_{\text{cl}} h_{\text{c}} (t_{\text{cl}} - t_{\text{a}}) + 3.96 \times 10^{-8} f_{\text{cl}} \left[(t_{\text{cl}} + 273)^4 - (t_{\text{mrt}} + 273)^4 \right]$$
$$+ E_{\text{rsw}} + 0.00305 (256 t_{\text{sk}} - 3373 - p_{\text{a}}) \tag{13-32}$$

将式（13-29）、式（13-31）及式（13-2）、式（13-3）代入人体热平衡定义方程式（13-1）可简化出如下方程式：

$$M - W = f_{\text{cl}} h_{\text{c}} (t_{\text{cl}} - t_{\text{a}}) + 3.96 \times 10^{-8} f_{\text{cl}} \left[(t_{\text{cl}} + 273)^4 - (t_{\text{mrt}} + 273)^4 \right]$$
$$+ E_{\text{rsw}} + 0.00305 (256 t_{\text{sk}} - 3373 - p_{\text{a}})$$
$$+ 0.014 M (34 - t_{\text{a}}) + 0.0000173 M (5867 - p_{\text{a}}) \tag{13-33}$$
$$+ \frac{(1 - \alpha_{\text{sk}}) m c_{\text{pb}}}{A_{\text{D}}} \times \frac{\mathrm{d} t_{\text{cr}}}{\mathrm{d} \theta} + \frac{\alpha_{\text{sk}} m c_{\text{pb}}}{A_{\text{D}}} \times \frac{\mathrm{d} t_{\text{sk}}}{\mathrm{d} \theta}$$

式（13-33）为人体热平衡方程式的具体计算表达式。

（3）人体热调节

人体的代谢活动几乎完全产生热量，必须持续散发和调节热量以维持正常的体温。热量损失不足会导致过热（体温过高），热量损失过多会导致身体降温（体温过低）。皮肤温度高于45℃或低于18℃会引起疼痛。久坐时与舒适相关的皮肤温度为33.1℃至33.9℃，并随着活动的增加而降低。相反，内部温度随活动而升高。大脑在舒适状态下的温度调节中心大约为36.8℃，步行时增加到37.4℃，慢跑时增加到37.9℃。低于约27.8℃的内部温度可能导致严重的心律不齐和死亡，而高于46.1℃的温度则可能导致不可逆的脑损伤。因此，仔细调节体温对于舒适和健康至关重要。

一个静止的成年人约产生102.6W的热量，由于其中大部分是通过皮肤转移到环境中的，因此通常很方便地根据单位皮肤面积的热量产生来表征代谢活动。对于休息的人来说，大约为58.2W/m²，称为1met。

下丘脑控制各种生理过程以调节体温。其控制行为主要与设定点温度的偏差成比例，具有某些积分和微分响应。最重要且经常使用的生理过程是调节流向皮肤的血液：当内部温度升至设定点以上时，更多的血液流向皮肤。皮肤的这种血管扩张可以在极端热量下使皮肤血流量增加15倍[从舒适时的6.03L/(h·m²)到90.4 L/(h·m²)]，以将内部热量传递到皮肤，从而转移到环境中。当体温降至设定点以下时，皮肤的血液流量会减少（血管收缩）以节省热量。最大的血管收缩作用等同于沉重的毛衣的绝缘作用。在低于设定点的温度下，肌肉张力会增加，从而产生更多的热量。在肌肉群位置，可能会增加可见的发抖，这会增加静息产热量至4.5met。

在较高的内部温度下，人体会出汗。这种防御机制是冷却皮肤并增加核心热量散失的有效方法。与其他动物相比，人的皮肤出汗功能及其控制更为先进，并且在高于静息水平的新陈代谢速率下，为舒适起见，这变得越来越必要。汗腺将汗液泵到皮肤表面以蒸发。如果条件适合蒸发，即使出汗率高，几乎不会出汗，皮肤仍可以保持相对干燥。在不利于蒸发的皮肤条件下，汗液必须在汗腺周围的皮肤上散布，直到汗液覆盖的区域足以使汗液蒸发到表面为止。皮肤上被水覆盖的部分的水分收入量与总蒸发支出量的比值被称为皮肤湿润度。人体很容易从汗液中感测到皮肤水分，皮肤水分与温暖的不适和不适感有很好的联系。久坐或稍有活动的人很少感到皮肤湿润度大于25%。除了感觉到皮肤水分外，皮肤润湿还会增加皮肤和织物之间的摩擦力，使穿着衣服的感觉不太愉快，会感觉织物更粗糙。

随着反复的间歇性热暴露，出汗开始的设定点降低，出汗系统的比例增益或温度敏感性增加。但是，长期暴露于热条件下，设定点会增加，可能会减少出汗的生理作用。分泌的汗液比间质液或血浆的盐浓度低。长时间接触热量后，汗腺进一步降低了汗液中的盐分含量，以节省盐分。在表面，汗液中的水蒸发，而溶解的盐和其他成分保留并积聚。因为盐降低了水蒸气压，从而阻碍了其蒸发，所以盐的积累会导致皮肤润湿性增加。温暖的一天后洗澡可以带来一些缓解和愉悦，这与低渗汗液膜的恢复和皮肤湿润度的降低有关。其他对热量的适应措施是在热传递更好的周边区域增加血液流动和出汗。

体温调节对舒适性的感觉起重要作用。例如不同体温的人体手放在相对热或冷（30~37.8℃）的水中30s的热感觉会不同。当人体温过高时，冷水令人愉悦，热水非常不愉快。但是，当人体温过低时，手在热水中感觉愉悦，而在冷水中则不舒服。

13.1.2 热舒适预测

（1）稳态条件下热舒适性预测

为了建立热舒适环境，有必要研究当人体与环境达到热平衡时，环境的物理参数及人体生理参数等众多变量如何组合才能使人感到热舒适。人体在热环境中处于稳定状态且感到热舒适时，必须满足三个条件。第一个基本条件是人体与环境达到热平衡，即热平衡方程式中的人体蓄热项等于零。

人体热平衡方程式的具体计算表达式（13-33）可用于确定 6 个环境参数和个人参数的组合，以优化稳态条件下的舒适度。

当 $S_{cr}=0$ 和 $S_{sk}=0$ 时，产生中性热感觉的环境变量和个人变量的人体热平衡方程式（13-33）可转变如下：

$$M-W=f_{cl}h_c(t_{cl}-t_a)+3.96\times10^{-8}f_{cl}[(t_{cl}+273)^4-(t_{mrt}+273)^4]+E_{rsw}$$
$$+0.00305(256t_{msk}-3373-p_a)+0.014M(34-t_a)+0.0000173M(5867-p_a)$$

$$(13-34)$$

在给定的代谢活动水平 M 下，从热中性来看，平均皮肤温度 t_{sk} 和出汗蒸发热损失 E_{rsw} 是影响热量平衡的唯一生理参数。然而，仅热量平衡不足以建立热舒适性。

当人的活动水平一定时，皮肤温度和出汗量是影响热平衡的生理变量。着衣量一定的人从事某项活动，当环境参数不变时，皮肤温度和出汗量适当组合，可以满足热平衡方程式。人的体温调节系统十分有效，可以在较宽的环境变化中保持热平衡。满足热平衡方程式距热舒适还有很大距离。人体保持热平衡时，仅有一个狭窄的热舒适范围，这就是热舒适的第二、三个条件，即人体平均皮肤温度 t_{sk}、人体实际的出汗蒸发热损失 E_{rsw} 应保持在一个较小的范围内。该范围的限定值随着活动水平的不同而不同，且因人而异。Fanger 进行了受试者实验，通过回归分析确定了人体平均皮肤温度、出汗蒸发热损失与新陈代谢率的如下关系式：

$$t_{sk}=35.7-0.028(M-W) \tag{13-35}$$
$$E_{rsw}=0.42(M-W-58.15) \tag{13-36}$$

在较高的活动水平下，汗水流失增加，平均皮肤温度降低，这两者都会增加人体的热量流失。这两个经验关系将生理和热流方程与热舒适感联系起来。

将式（13-34）中的 t_{sk} 和 E_{rsw} 采用式（13-35）和式（13-36）替代，可得到下式：

$$M-W-0.00305[5733-6.99(M-W)-p_a]-0.42(M-W-58.15)-0.0000173M(5867-p_a)$$
$$-0.014M(34-t_a)=3.96\times10^{-8}f_{cl}[(t_{cl}+273)^4-(t_{mrt}+273)^4]+f_{cl}h_c(t_{cl}-t_a)$$

$$(13-37)$$

式（13-37）就是 Fanger 的热舒适方程式。此热舒适方程式是将热舒适所需的第二、三个条件代入第一个基本条件即热平衡方程式中获得的，这意味着热舒适的三个条件同时得到了满足。因此，满足热舒适方程式的所有变量就可以组合起来形成一个使人感到热舒适的环境。热舒适方程式的理论价值在于它将众多的变量归结到一个方程中，给出了这些变量之间的关系，并且通过对方程中某一变量的偏微分，可以从理论上得出该变量随其他变量变化的规律。它可以为实验提供很好的指导意义。热舒适方程式的实用价值在于它的工程应用的方便性，方程式中除了与辐射有关的温度的四次方外，其他均为简单的线性关系，因而形式简单，可方便、快捷地利用计算机求解并绘出热舒适图。

满足热舒适方程式（13-37）是人在某一环境中感到热舒适的条件之一，但它仅告诉人们如何将各种变量组合从而提供热舒适条件。如果环境的各种有关变量不能满足热舒适方程式，这种环境给人的热感觉究竟如何？Fanger 在热舒适方程的基础上建立了预测平均热感员指数（PMV）。该指数表示大多数人对热环境的平均投票值，PMV 与七级热感觉相对应，即 -3（冷）、-2（凉）、-1（稍凉）、0（中性）、1（稍暖）、2（暖）、3（热）。

人体通过血管收缩或舒张、汗液分泌或者寒战等能在较大的环境变化范围内维持热平衡。在这么宽的范围内，仅有较窄的区间被认为是舒适的。因此，可以合理设想，不舒适程度越大，环境给人体的调节机制造成的负荷就越重。因此，可以认为一定活动水平的热感觉是人体热负荷（L）的函数，人体热负荷为人体内的产热与向环境的散热之差值。人体平均皮肤温度及出汗蒸发热损失保持在舒适范围内时，人体热负荷的计算式如下：

$$L = M - W - 0.00305[5733 - 6.99(M-W) - p_a] - 0.42(M-W-58.15) - 0.0000173M(5867 - p_a)$$
$$- 0.014M(34 - t_a) - 3.96 \times 10^{-8} f_{cl}[(t_{cl} + 273)^4 - (t_{mrt} + 273)^4] - f_{cl} h_c (t_{cl} - t_a) \quad (13-38)$$

在舒适状态时人体的热负荷等于零。在其他环境中，人体的调节机制将改变皮肤温度和出汗量，以便维持身体的热平衡，所以热负荷是人体调节机制生理紧张的一种表示。在一定活动水平下，热感觉与生理紧张有关。

Fanger 通过实验研究及分析，提出人体热感觉和人体热负荷及活动量的函数关系如下：

$$PMV = (0.303e^{-0.036M} + 0.028)L \quad (13-39)$$

将式（13-39）中的 L 用式（13-38）代替，就得出了 PMV 的计算公式：

$$PMV = (0.303e^{-0.036M} + 0.028)\{M - W - 0.00305[5733 - 6.99(M-W) - p_a]$$
$$- 0.42(M-W-58.15) - 0.0000173M(5867 - p_a)$$
$$- 0.014M(34 - t_a) - 3.96 \times 10^{-8} f_{cl}[(t_{cl} + 273)^4 - (t_{mrt} + 273)^4] - f_{cl} h_c (t_{cl} - t_a)\}$$
$$(13-40)$$

从人体皮肤表面通过服装到服装外表面的显热传递是相当复杂的。在人体与服装之间有空气层，服装与服装之间也有空气层。服装织物本身有热阻，而纤维之间的空隙内也含有空气。这里的热传递实际上是包括了传导、对流、辐射三种传热方式在内的复杂过程。服装的基本热阻能反映服装的综合传热特性，包括上述提到的各种空气层及纤维本身的热阻在内。

在稳态条件下，从皮肤表面到服装外表面的显热损失和由服装外表面到环境的对流与辐射热损失之和应相等，即：

$$\frac{t_{sk} - t_{cl}}{R_{cl}} = 3.96 \times 10^{-8}[(t_{cl} + 273)^4 - (t_{mrt} + 273)^4] + f_{cl} h_c (t_{cl} - t_a) \quad (13-41)$$

式中，R_{cl} 为服装的基本热阻，$m^2 \cdot \text{℃}/W$。

将式（13-35）代入式（13-41），可得到服装外表面温度的表达式：

$$t_{cl} = 35.7 - 0.028(M-W) - R_{cl}\{3.96 \times 10^{-8} f_{cl}[(t_{cl} + 273)^4$$
$$- (t_{mrt} + 273)^4] + f_{cl} h_c (t_{cl} - t_a)\} \quad (13-42)$$

运用迭代法解此方程可得服装外表面温度 t_{cl} 及对流换热系数 h_c。

在使用式（13-40）或其他方法估算 PMV 之后，还可以在一定条件下得到预计不满意百分比（PPD）。Fanger（1982）将 PPD 与 PMV 的关系总结如下：

$$PPD = 100 - 95e^{-(0.03353PMV^4 + 0.2179PMV^2)} \quad (13-43)$$

预计不满意百分比（PPD）表示对热环境感到不满意的人数占总人数的比例。这里的"不满意"指热感觉投票为 -3（冷）、-2（凉）、2（暖）、3（热）。如果一个人投票为 -1（稍凉）、0（中性）、1（稍暖），就被认为对该热环境是满意的。

从图 13-2 可以看出，当 PMV 等于零时，PPD 为 5%，这意味着在满足热舒适方程的最佳环境条件下，仍可能有 5% 的人感到不满意。如果环境偏离最佳条件 PPD 就要增加。5% 的不满意率被认为是任何实际环境中的最小不满意率。因此，不要指望能设计出一个对 100% 的人都适合的室内热环境，除非每个人都可以单独地调节其所处的空间环境变量。

PPD 曲线在 PMV=0 点附近一个小范围内是比较平滑的，这个范围为 -0.35<PMV<0.35。当 PMV=±0.35 时，PPD=7.5%，预计不满意率已是最小不满意率的 1.5 倍；当 PMV=±0.5 时，PPD=10.2%；当 PMV=±1 时，PPD=26.1%，已是最小不满意率的 5 倍之多。

PMV-PPD 模型被广泛用于舒适条件的设计和现场评估。

（2）人体动态热舒适的评价

热舒适方程式及 PMV 模型是基于人在稳态条件下的情况。由于建筑结构、室外环境、

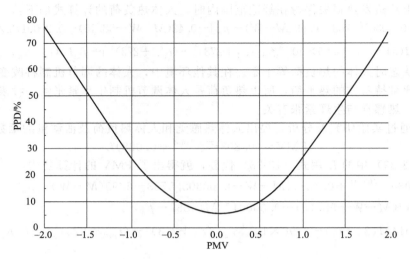

图 13-2　PPD 与 PMV 关系图

居住者及暖通空调之间的相互影响，建筑内的热环境时常变化。因此，在日常生活和工作中，人们经常处于非稳态的动态热环境中。

有学者认为热舒适并不在稳态热环境下存在，它只存在于动态过程之中。在稳态热环境下，只能有无差别、无刺激的状态，而不会有热舒适状态。因为热舒适是在人体的感觉从热（暖）或冷（凉）过渡到热中性过程的一种意识状态。动态热环境下人体热反应的特点是在热刺激时人体的热感觉变化较慢，而在冷刺激时则较快，而且当人体温度高于中性时，冷刺激会引起人体的舒适或愉快反应。由此可见，在动态条件下可以有条件地使舒适和不舒适交替出现。也就是说，没有不舒适也就没有舒适。不舒适是产生舒适的前提，包含着对舒适的期望。舒适是忍受不舒适的解脱过程，它不能持久存在，只能转化为另一不舒适过程，或趋于无差别状态。

研究动态热舒适的目的在于探索人体在何种动态条件下，既能实现热舒适，又能使人体对适度动态化的环境有更高的可接受度。热环境参数适当地动态化有利于实现在尽可能少的能量消耗和环境污染的前提下，提供健康、舒适和可接受的居住和工作环境。

① 吹风感指数　由气流引起的不适可以用受气流影响的人的百分数来表示，计算公式如下：

$$DR=(34-t_{al})(V_{al}-0.05)^{0.62}(0.37V_{al}T_u+3.14) \tag{13-44}$$

式中，DR 为产生吹风感的百分数，%；t_{al} 为局部空气温度，$20\sim26℃$；V_{al} 为局部平均空气流速，小于 0.5m/s；T_u 为局部湍流强度，$10\%\sim60\%$，如果未知，可取 40%。

如果 V_{al} 小于 0.05m/s，V_{al} 取 0.05m/s。如果 DR 大于 100%，DR 取 100%。该方程式适用于预测从事轻的活动（主要是坐姿）且全身热感觉接近中性的人的颈部的吹风感。对于胳膊和脚部，这种方法会过高估计产生吹风感的百分数。

Toftum 等考察了人体活动水平对吹风感的影响，发现高活动水平可以大幅降低人们对气流的不满意率。这说明人体在高活动水平时，对气流不是很敏感。Toftum 对 Fanger 的模型进行改进，改进的模型包括人体活动水平的影响。

随着人体活动水平增加，允许的最大气流速度明显提高，但不会造成吹风感。改进模型如下：

$$DR=(t_{msk}-t_a)(V-0.05)^{0.6223}(3.143+0.37VT_u)\times[1-0.013(M-W-70)] \tag{13-45}$$

式中，t_{msk} 为人体平均皮肤温度，℃；M 为人体新陈代谢率，W/m^2；W 为机械功，W/m^2。

② 预测满意率指数　Fountain 等提出预测满意率指数（PS），用于预测在一定的风速和作用温度下，对气流感到满意的人数的比例，即：

$$PS = 1.13t_0^{0.5} - 0.24t_0 + 2.7V^{0.5} - 0.99V \qquad (13-46)$$

式中，PS 为预测满意率，%；t_0 为作用温度，℃。

该模型适用于个性化送风的办公室热环境，且温度在 25.5～28.5℃范围内。

③ 心理感觉强度模型　Ring 等提出了当人体皮肤表面温度以正弦形式呈周期性变化时人体热感觉强度的预测模型，即：

$$PSI \approx R_{0\tau} + \frac{\omega\tau}{2\pi}Ae^{-x\sqrt{\frac{\omega}{2a}}} \qquad (13-47)$$

式中，PSI 为热感觉强度；R_0 为适应温度下温度感受器的静态响应；τ 为时间常数，即中枢神经系统收集并处理脉冲信号的时间，20s；ω 为角频率；A 为振幅；x 为皮肤温度感受器的深度，cm；α 为皮肤的热扩散系数，0.00058cm²/s。

13.1.3　环境舒适性指标

环境舒适性指标除了衣着和活动方式等个人因素外，还有四个环境因素影响舒适度：温度（有时也称为空气温度或干球温度）、湿度、气流的运动和辐射换热量。在给定的压力和干球温度条件下，湿度可用含湿量、相对湿度、饱和度及露点温度等术语来描述。

用于描述室内辐射换热状况的基本指标是平均辐射温度，即环境中各个裸露表面的平均温度。确定平均辐射温度的常用仪表是 Vernon 球形温度计，它由一个直径为 15.24cm（6in）的涂黑薄壁中空球和位于球心的热电偶或感温包组成。当球体与环境之间的对流和辐射换热达到平衡时，测得的温度就是球体的平衡温度，也称为黑球温度。在实际应用中，结合测得的黑球温度、空气温度和空气流速能够估算出平均辐射温度值。

$$T_{mrt}^4 = T_g^4 + CV^{1/2}(T_g - T_a) \qquad (13-48)$$

式中，T_{mrt} 为平均辐射温度，K；T_g 为黑球温度，K；T_a 为环境空气温度，K；V 为空气流速，m/s；$C = 0.24 \times 10^9$（国际单位）。

为了简化对流环境条件的表述和考虑两个或两个以上控制人体舒适的因素即空气温度、湿度、空气的流动及热辐射等的综合影响，于是提出了一些其他指标。这些指标按其形成过程可分为两类：理论指标，由完善的理论概念而定；经验指标，其基础是实际测量结果或未必符合理论的简化关系式。虽然理论指标在实际设计中很少直接使用，但它们是基本的理论，由这些理论可以导出关于舒适条件的有用的结论。

有效温度 ET 被认为是常用的环境指标，其应用范围最为广泛，它指的是当相对湿度为 50%时，皮肤表面的热损失与在实际环境中的热损失相同时的环境温度。该指标同时考虑了温度和湿度两个因素，所以对于有效温度相同的两种环境，即使其温度与湿度可能不同，也应该产生相同的热效应。有效温度与人的衣着和活动方式有关，所以用该参数做出通用的图表是不可能的。ET 的计算很复杂，通常需要计算机编程才能完成。针对典型的室内环境条件，人们定义了典型室内环境条件下的标准有效温度指标 SET。这些假定的条件如下：服装热阻值为 0.6 clo（1clo＝0.155m²·K/W），服装透湿指数为 0.4，代谢活动水平为 1.0 met，空气流速＜0.1m/s 以及环境温度等于平均辐射温度等。

操作温度是平均辐射温度和环境温度的加权平均值，所用的权系数为辐射换热系数和对流换热系数。在实际应用中，常用辐射温度和干球温度的平均值表示操作温度，有时也称为修正干球温度。它是一个假想封闭空间内的均匀温度，在该封闭空间内的人以辐射和对流形式所交换的热量与在实际环境中的相同。

湿操作温度是指人体通过皮肤损失的总热量与在实际环境中损失量相同，且相对湿度为100％时的均匀环境温度。该指标综合考虑了人体以辐射、对流和传质方式散热的三项表面传热机理。类似指标还有绝热等效温度，指的是当人体通过皮肤损失的总热量与在实际环境中损失量相同、相对湿度为0时的均匀环境温度。要注意的是除了相对湿度不同外，这两个指标与有效温度的定义类似。

热应力指数是指稳态条件下，皮肤温度恒定为35℃时，为达到热平衡所蒸发（排汗）的总散热量与该环境下可能的最大蒸发散热量之比，再乘以100的值。皮肤湿润度与去掉系数100后的热应力指数值相同，指的是在皮肤温度、空气温度、湿度、空气流动及衣着等都确定的环境条件下，可观察到的皮肤排汗量与该条件下的最大排汗量之比。皮肤湿润度与不舒适感或不愉快感的关系比与温度感的关系更为密切。

湿球黑球温度 t_{wbg} 是一个环境热应力指数，由干球温度 t_{db}、自然通风湿球温度 t_{nwb} 和黑球温度 t_g 加权组成，是一个综合所有影响舒适度的四个环境因素的指标。湿球黑球温度的定义式如下：

$$t_{wbg} = 0.7t_{nwb} + 0.2t_g + 0.1t_{db} \tag{13-49}$$

式（13-49）通常用于太阳辐射比较强烈的场合。在封闭环境中，湿球黑球温度可按下式计算：

$$t_{wbg} = 0.7t_{nwb} + 0.3t_g \tag{13-50}$$

13.2 室内环境健康与 IAQ 评价

在暖通空调业发展初期，成本合理原则下的舒适是唯一更为关注的问题，后来人们才逐渐认识室内人员的健康几乎与舒适感一样受到关注。空气质量的好坏反映了空气污染程度，它是依据空气中污染物浓度的高低来判断的。空气污染是一个复杂的现象，在特定时间和地点空气污染物浓度受到许多因素影响。来自固定和流动污染源的人为污染物的排放大小是影响空气质量的最主要因素之一，其中包括车辆、船舶、飞机的尾气、工业污染、居民生活和取暖、垃圾焚烧等。城市的发展密度、地形地貌和气象等也是影响空气质量的重要因素。

另外，"负氧离子"浓度是空气质量好坏的标志之一。根据世界卫生组织的标准，当空气中负氧离子浓度高于每立方厘米 1000～1500 个时，才能称为"清新空气"。

13.2.1 室内环境健康

室内环境健康包括由室内环境因素决定的人类健康和疾病方面。它还指评估和控制室内环境中可能影响健康因素的理论和实践。

室内环境健康最明确定义的领域是职业健康，尤其是涉及工作场所空气传播污染物的领域。对接触事件的评估以及对人和动物的实验室研究已就大约 1000 种化学物质和颗粒的安全和不安全工作场所接触达成了合理的共识。

室内环境对健康影响的研究包括许多学科。这里简要描述了一些内容，以使工程师们进一步了解哪些健康科学可能适用于给定的环境健康问题。影响室内环境健康的因素包括以下内容。

（1）空气污染物
许多空气污染物会在工业和非工业室内环境中引起问题。空气传播的污染物可能会通过工业过程、建筑材料、家具、设备或乘员活动等而从室外带入室内或释放到室内。在工业环境中，空气中的污染物通常与在特定环境中发生的过程产生的类型相关，并且可以通过空气采样相对容易地确定暴露程度。非工业环境中的空气传播污染物可能是建筑材料和系统的排放和/或脱落造成的，源于室外空气，或因运营和维护等产生的结果。通常，与工业环境相比，非工业环境包含更多可能导致健康相关问题的污染物。这些污染物通常以较低的浓度存在，并且通常更难识别。

（2）微细颗粒物

颗粒物质可以是固体或液体，典型的包括灰尘、烟雾和薄雾。灰尘是固体颗粒，直径范围为 $0.1\sim100\mu m$，而烟雾的直径通常小于 $0.1\mu m$，雾是空气中的细小液滴。人类健康所关注的生物气溶胶直径范围为 $0.5\sim30\mu m$，但通常细菌和真菌气溶胶直径范围为 $2\sim8\mu m$，这是因为真菌孢子的聚集或飘流。空气中颗粒物对健康的影响取决于几个因素，包括颗粒尺寸、耐久性、剂量和颗粒中物质的毒性。可吸入颗粒物的大小为 $1\sim10\mu m$ 不等。耐久性（颗粒物在溶解或从系统中运出之前可以在生物系统中存在的时间）和剂量（机体所接触的量）都影响相对毒性。

安全和卫生专业人员最关心的是颗粒物 $PM_{2.5}$，它是指环境空气中空气动力学当量直径小于等于 $2.5\mu m$ 的颗粒物，也称为细颗粒物。空气动力学直径大于 $8\sim10\mu m$ 的颗粒主要由上呼吸道分离并保留。吸入的空气中约有 50% 或更少的颗粒沉淀在呼吸道中。亚微米级颗粒可更深地渗透到肺部，但许多颗粒不会沉积并被呼出。

（3）生物气溶胶

生物气溶胶是主要源自病毒、细菌、真菌、藻类、螨虫等和细胞团块的空气传播的生物颗粒。室内和室外环境中都存在生物气溶胶。对于室内环境，提供适当温度和湿度条件的位置以及用于生物生长的食物来源可能会成为问题。例如，冷却塔是微生物污染物生长和扩散的理想场所，并且可以作为军团菌的储藏库、放大器和散布器。空气传播的传染性粒子的物理行为与尺寸、密度和静电荷相似的任何其他含气溶胶的粒子相同。主要区别在于生物气溶胶可能通过多种机制引起疾病（感染、过敏性疾病、中毒）。尽管微生物通常存在于室内环境中，但内部空间中大量的水分和养分的存在会导致真菌、细菌、原生动物、藻类甚至线虫的生长。因此，加湿器、喷水系统和潮湿的多孔表面可以成为其生长场所。过多的空气湿度和过多的水量也可能导致这些微生物在室内繁殖。

（4）气态污染物

气态污染物是在常态、常压下以分子状态存在的污染物。气态污染物包括气体、蒸气和水蒸气等。常见的气体污染物如下：CO、SO_2、NO_2、NH_3、H_2S 等。蒸气是某些固态或液态物质受热后，引起固体升华或液体挥发而形成的气态物质，如汞蒸气、苯、硫酸蒸气等。气态污染物又可以分为一次污染物和二次污染物。一次污染物是指直接从污染源排到大气中的原始污染物质；二次污染物是指由一次污染物与大气中已有组分，或几种一次污染物之间经过一系列化学或光化学反应而生成的与一次污染物性质不同的新污染物质。在大气污染控制中受到普遍重视的一次污染物有硫氧化物、氮氧化物、碳氧化物以及有机化合物等；二次污染物有硫酸烟雾和光化学烟雾等。

气态污染物的最常见计量单位是百万分之几的体积（ppm）和毫克每立方米（mg/m^3）。对于较小的数量，则使用十亿分之几（ppb）和微克每立方米（$\mu g/m^3$）。

（5）室内环境中的物理因素

室内环境中的物理因素包括热条件（温度、湿度、空气速度和辐射能）、机械能（噪声和振动）、电磁辐射（包括电离和非电离磁场和电场）。物理因素可以直接作用于建筑物上的居住者，与室内空气质量因素相互作用或影响人类与室内环境的关系。尽管没有归类为室内空气质量因素，但物理因素经常会影响人们对室内空气质量的感知。

13.2.2 室内空气品质 IAQ 评价

（1） IAQ 的基本概念

IAQ 即"室内空气品质"。室内空气质量是指在某个具体的环境内，空气中某些要素对人们生活、工作的适宜程度，它是反映了人们的具体要求而形成的一种概念。保证良好的室内空气品质就是要让室内气体及颗粒状污染物的浓度低于可接受水平。室内污染物通常包括二氧化碳、一氧化碳，以及其他气体、蒸气、放射性物质、微生物、病毒体及悬浮颗粒物质等。引起室内污染的原因有室内的人和动物、室内家具以及设施或室内工艺过程的污染物释放以及室外污染空气的引入等。

近年来，由于现代建筑中空调系统的引进，现代办公设备的普及以及建筑密闭性的提高，使室内有害气体得不到排放，二氧化碳浓度升高，导致"空调病"等种种亚健康状态的产生。现在，室内空气净化研究已成为环保界更关注的问题之一。

室内空气品质，其含义在这几十年中经历了许多变化。最初，人们把室内空气品质几乎完全等价为一系列污染物浓度的指标。近年来，人们认识到这种纯客观的定义已经不能完全包含 IAQ 的内容，因此提出了可接受的室内空气品质和感受到的可接受的室内空气品质等概念。其中，可接受的室内空气品质定义：空调房间中绝大多数人没有对室内空气表示不满意，并且空气中没有已知的污染物达到了可能对人体健康产生严重威胁的浓度。感受到的可接受的室内空气品质定义如下：空调空间中绝大多数人没有因为气味或刺激性而表示不满。它是达到可接受的室内空气品质的必要而非充分条件。由于有些气体，如氡、CO 等没有气味，对人也没有刺激作用，不会被人感受到，但对人危害很大，因而仅用感受到的室内空气品质是不够的，必须同时引入可接受的室内空气品质。应认识到室内环境会引起健康问题，需要研究不致病的室内环境。

随着人们对于室内空气品质认知的不断深入与科学技术的不断发展，相信对于室内空气品质含义的解释还是会有着相应变化。但这并不妨碍人们对于室内空气品质的愈加关注。越来越多的人会了解到这一名词的含义，从而获知室内空气品质对室内人员健康的重要性。

（2） IAQ 评价方法

以下简要介绍国内外评价室内空气品质一些较为成熟的现状评价方法。

① 指数法　指数法较简单，通过监测、调查取得的各种环境参数数据，经过统计处理后，将直接和环境质量标准进行比较，以判断该环境要素所处的质量级别或类别。

a. 单项指标法。这种方法选择具有代表性的污染物作为评价指标，来全面、公正地反映室内空气质量的状况。通常选用二氧化碳、一氧化碳、甲醛、可吸入颗粒物（IP）、氮氧化物、二氧化硫、空气环境细菌总数，加上温度、相对湿度、风速、照度以及噪声共 12 个指标来定量地反映室内环境品质。这些指标可以根据具体对象适当增减。如在以人为主要污染物的场合中，CO_2 浓度指标可以作为室内气味或其他有害物质的污染程度的评价指标，以 CO 作为室内环境烟雾的评价指标。而甲醛浓度则是评价建筑材料挥发性有机物（VOC）对室内空气污染的主要指标。室内细菌总数作为室内空气卫生细菌学的评价指标，它也反映了室内人员密度、活动强度和通风状况。另外，从 TSP（总悬浮颗粒物）、PM_{10}、$PM_{2.5}$ 可以看出，室内空气品质的评价指标之一的颗粒物呈现出一种粒径趋小的趋势，现在国外一些专家已经提出将超细微粒作为室内空气品质评价的又一项新指标。

b. olf - decipol 指标法。丹麦学者 Fanger 提出采用 olf（污染源强度）和 decipol（空气品质感知值）作为评价室内空气品质的指标：定义 1 olf 作为一个"标准人"的污染散发量，任何其他污染源都可以此基本量来换算表示。若室内其他污染源引起的不满意程度与一个

"标准人"散发的污染源所引起的不满意程度相同，则该实际污染强度即为 1 olf ，以此推算出各种污染源的污染强度，并用 decipol 来定量空气品质。"pol"是从拉丁文 "pollutio" 这个词来的，意思为污染。1 decipol 表示一个标准人产生的污染（1 olf）经 10L/ s 未污染空气通风稀释后的空气品质，1 decipol＝0.1 olf/（L/ s）。在不同状态下空气品质的 decipol 值与空气品质状态的关系如表 13-1 所示。

表 13-1　在不同状态下空气品质的 decipol 值与空气品质状态的关系

10	病态建筑
1	健康建筑
0.1	城镇室外空气
0.01	山区室外空气

c. EEI 当量评价指标法。EEI 是评价室内环境的综合指标。由于室内环境的一些因素也会影响人们对 IAQ 的反映，所以有人觉得用综合性更强、结合 IAQ 指标的室内环境综合指标 EEI 作为评价 IAQ 的综合指标更具合理性。最佳的室内环境并非由一个环境参数和某个确定的设计或控制点决定的。举例来说，最狭义的 IAQ 意味着房间空间空气免受烟、灰尘和化学物质污染的程度。稍为广义地说，它包括空气温度、湿度和空气流速，而热环境这一词还需包括视觉因素，如亮度、色彩、空间感。EEI 属于指数法的一种。但是，这种方法也综合了更多的环境因素，还考虑了居住者的感受，根据评价可作为居住环境服务的原则。这种方法适用性较强，应用前途广泛。

d. decicarbdiox 和 decitvoc 评价指标法。引入了两个新的评价指标 decicarbdiox 和 decitvoc。这两个指标能更好地模拟人体对气味浓度的感觉。这个评价方法将 CO_2 和 TVOC（总挥发性有机物）作为主要的室内污染物对象，由于 CO_2 和 TVOC 浓度变化幅度很大，并且和噪声类似，气味强度也由对数关系来确定，所以采用两个指标也有一定的理论依据。根据 Yaglou 的心理物理换算理论，CO_2 浓度、心理噪声和 dCd 的转换关系为 485ppm- 0dB-0dCd（decicarbdiox）；TVOC 为 $50\mu g/$ m^3-0dB-0dTv，而上限为 CO_2 15000ppm-134dCd；TVOC 25000g/ m^3-135dTv。其他浓度值可用以下两个公式进行计算，再根据 Yaglou 理论中这两个指标与污染程度关系进行评价。

$$L_{odour(CO_2)} = 90lg \frac{\rho_{CO_2}(ppm)}{485} (decicarbdiox) \tag{13-51}$$

$$L_{odour(TVOC)} = 50lg \frac{\rho_{TVOC}}{50} (decitvoc) \tag{13-52}$$

② 主客观相结合的评价方法　这一评价程序主要有三条路径，即客观评价、主观评价和个人背景资料。客观评价就是上面谈到的用各种单项评价指标来评价室内空气品质的方法。主观评价主要是通过对室内人员的问询得到的，即利用人体的感觉器官对环境进行描述和评价。主观评价引用国际通用的主观评价调查表格并结合个人背景资料进行。主观评价主要归纳为以下方面：人对环境的评价表现为居住者和来访者对室内空气的不接受率；对不佳空气的感受程度；环境对人的影响表现为居住者出现的症状及其程度。最后，可综合主、客观评价，得出结论；根据要求，提出仲裁、咨询或整改对策。

③ 模糊数学评价　IAQ 室内空气品质目前就是一个模糊概念，至今尚无一个统一的、权威性的定义。因此，有人尝试用模糊数学方法加以研究。由于该方法考虑到了室内空气品质等级的分级界限的内在模糊性，评价结果可显示出对不同等级的隶属程度，这是现有的指数评价方法所不能及的。该方法的关键是建立 IAQ 等级评价的模糊数学模型，确定各类健康影响因素对可能出现的评判结果的隶属度。

④ CFD方法　CFD方法是对室内空气流动进行数学模拟。数学模拟方法通过求解质量、动量、能量、气体组分质量守恒方程和粒子运动方程得到室内各个位置的风速、温度、相对湿度、污染物浓度、空气年龄等参数，从而分析、评价通风换气效率、热舒适和污染物排除效率等。由于数学模拟方法具有周期短、费用低等特点，并且能够预先进行，因此这一方法近十年来得到了长足发展。随着计算机运算速度的提高、计算流体模型的完善，数学模拟方法将会成为IAQ客观评价的有效工具。CFD方法擅长细部模拟，可以模拟一定区域内的空间浓度场分布，从而对确定房间的送回风方式、净化器在室内的摆放位置等具有独特优势。其缺点是要求输入参数多，计算量太大，耗时长，不适于模拟复杂系统，预测长期浓度分布趋势和人员暴露水平。另外，对使用人员的专业水平要求较高。

13.3　湿度控制及设备

13.3.1　湿度控制

（1）控制湿度的重要性及空气加湿的目的

正确控制湿度的重要性及空气加湿的主要目的是防止因空气相对湿度太低对人体或周围环境造成直接或间接的不利影响。较理想的相对湿度（RH）为40%~60%。

（2）控制湿度的方法

相对湿度是影响人体舒适的重要参数，在某些方面相对湿度的大小可影响人和动物的健康。相对湿度太低时呼吸系统会受到不利的影响。高相对湿度有助于结露，增加了霉菌等有害物质生长的可能性。很多害虫（如尘螨、细菌和病毒等）在高相对湿度下都可能旺盛生长。相对湿度为50%的室内环境一般不易发生室内人员的健康问题。HVAC（供热通风与空气调节）领域对相对湿度控制重要性的共识导致ASHRAE（美国暖通空调工程师协会）颁布了一个适用于商业和公共建筑物的综合湿度控制设计规范。在设计HVAC系统时要注意不仅要满足热负荷的要求，还要遵守湿度规范。

在温带气候条件下制冷，要控制相对湿度在可接受范围之内，通常要对全部或部分送风进行除湿，而在供暖时节就要对送风进行加湿。如果处理不慎，除湿和加湿过程本身能够引起附加的健康和材料破坏问题。

空气除湿的最常见方法是利用盘管。当盘管的肋片或表面（至少有一部分）温度低于露点温度时，空气中的湿气就会在这些表面上凝结。若设计典型系统时使聚集在盘管表面的液态水靠重力落入盘管下的淋水盘并排出系统，当液体被气流从盘管上吹起且进入送风管道时，就可能会出现问题。如果液体不断积聚，随着时间的推移可能会滋生细菌或霉菌。在淋水盘里，如果排水不畅（存水或溢流）也能引起同样的问题。此外，由于负荷低制冷机组不断地启停，水分可能被留在盘管上、蒸发到气流之中并被送回空调房间，使室内的湿度很高，一直潮湿的冷却盘管表面可能会滋生霉菌。研究表明，紫外灯或经过特殊处理的表面可以阻止霉菌生长。

提供潜热冷却一般要设计或选用冷却盘管。湿度特别大的室外环境，或对新风的需求量特别大，或潜热和显热负荷之比非常高（如室内游泳池）就需要有附加的除湿处理。一种常用的除湿方法就是把送风降低至足够低的温度除去要求的湿负荷，然后再把它加热使其温度回升到设计温度以满足室内的冷负荷要求。从经济和节能的观点来讲，使用冷凝器的回收热或其他废热可使该过程更值得接受。有时，降低风速（减少风量）可以降低室内空气的湿度，让部分空气绕过盘管也能降低室内空气的湿度。

另一种除湿的方法就是利用表面或液体干燥剂以化学方式除去送风或回风中的水分。干燥剂是一种吸收物质，对水有特别的亲和力。干燥剂在某些场合下对 HVAC 系统特别有用，如：潜热与显热比非常高；再生干燥剂的能耗比除湿制冷循环的能耗低。采用制冷方法除湿，空气可能要被冷冻到冰点以下，因此必须在低于冰点的温度下连续地输送空气。干燥剂在除去湿气的同时也能除去其他污染物。

在常需要加湿的供热循环中，可以使用喷雾系统，散发到空气中的部分水分可能没有蒸发就被吹进风道下游，随着时间的推移液体聚集处就会滋生霉菌。向气流中喷水蒸气在避免水分聚集方面比喷水有明显优势。

13.3.2 湿度控制设备

（1）空气的加热加湿设备

在空调系统中，除利用表面式换热器（空气表面加热器）对空气进行加热，利用喷水室对空气进行加热加湿外，还可采用下面一些加热和加湿方法。

① 电表面加热器 电表面加热器是电流通过电热丝、电热管及 PTC（正温度系数）陶瓷发热元件等来加热空气的设备，具有加热均匀、热量稳定、效率高、结构紧凑且易于实现温度自动控制等优点。但由于电加热利用的是高品位能源，因此只适宜在部分小型空调系统和小型空调装置中应用。对于湿度控制精度要求较高的大型空调系统，有时也将电表面加热器装在各送风支管中，以实现湿度的分区控制。

② 加湿设备 空气的加湿可以在空气处理设备（空调箱）或送风管道内对送入房间的空气加湿，也可在空调房间内部对空气进行局部补充加湿。空气的加湿方法有多种，其中利用外界热源使水变成水蒸气与空气混合的方法称为等温加湿；水吸收空气本身的热量变成水蒸气而加湿的过程称为等焓加湿或绝热加湿。各种空气加湿器的加湿原理及性能特点见表 13-2。

表 13-2 各种空气加湿器的加湿原理及性能特点

加湿方法	气化式加湿器		水蒸气式加湿器					水喷雾式加湿器		
加湿器种类	湿膜气化加湿器	板面蒸发加湿器	电极式加湿器	电热式加湿器	干水蒸气加湿器	间接式蒸汽加湿器	红外线加湿器	高压喷雾加湿器	超声波加湿器	离心式加湿器
加湿原理	将水送到湿膜顶部，水在重力作用下沿湿膜表面往下流，从而将湿膜表面润湿。当空气穿过潮湿的湿膜时，水分与空气发生热交换和蒸发，因而加湿空气	将水洒在板面上，利用水的自然蒸发来给空气加湿	向加湿器内储水槽内的电极通入交流电，水作为电阻被加热而产生水蒸气。蒸汽通过喷雾管排出，送到待加湿的空气中，进行水蒸气加湿	将电热元件置于加湿器的水槽内，通电后水被加热，产生水蒸气	将加湿所用水蒸气减压调整，通过喷管直接对空气进行水蒸气加湿	加湿器的加热槽内装有加热盘管，从锅炉中导入一次水蒸气。水槽内的水因盘管而加热，间接地产生加湿用的二次蒸汽，通过喷雾管送出，进行水蒸气加湿	加湿器水槽上方安装红外线表面加热器和反射板，水吸收红外线，从表面加热产生水蒸气，对空气进行水蒸气加湿	由小型泵和喷雾嘴构成；用水泵加压的小孔向气流中喷雾，从而加湿空气	在加湿器底部安装超声振子，向水面发射超声波，使水在常温下直接雾化，从而对空气进行加湿	加湿器通过电动机里动圆盘和水泵管高速旋转，水泵管从储水器中吸水并送至旋转圆盘上，形成水膜，水在离心力作用下甩向破碎梳形成小水滴，进而加湿空气

加湿方法	气化式加湿器		水蒸气式加湿器					水喷雾式加湿器		
加湿器种类	湿膜气化加湿器	板面蒸发加湿器	电极式加湿器	电热式加湿器	干水蒸气加湿器	间接式蒸汽加湿器	红外线加湿器	高压喷雾加湿器	超声波加湿器	离心式加湿器
空气状态	等焓加湿	等焓加湿	等温加湿	等温加湿	等温加湿	等温加湿	等温加湿	等焓加湿	等焓加湿	等焓加湿
加湿能力/（kg/h）	容量大小可设定	容量小	4～20	容量大小可设定	100～300	10～200	2～20	6～250	1.2～20	2～5
耗电量/[W/(kg·h)]	耗电低	耗电低	780		0	0		890	20	
优点	构造简单，运行可靠，具有一定的加湿速度，初投资和运行费用都低	加湿效果较好，运行可靠，费用低，板面垫层兼有过滤作用	加湿迅速、均匀、稳定，控制方便、灵活，不带水滴，不带细菌，装置简单，无须汽（气）源，无噪声	加湿迅速、均匀、稳定，不带水滴，不带细菌，节省电能，运行费低，布置方便	加湿迅速、均匀、稳定，不带水滴，不带细菌，节省电能，运行费用低，控制性能好	加湿迅速，不带水滴，不带细菌，使用灵活，控制性能好，装置较简单	加湿量大，雾粒细，效率高，运行可靠，耗电低	体积小，加湿强度大，加湿迅速，耗电低，使用灵活，无须汽（气）源，控制性能好，雾粒小而均匀，加湿效率高	节省电能，安装方便，使用寿命长	
缺点	易产生微生物污染，必须进行水处理	易产生微生物污染，必须进行水处理	耗电大，运行费用高，不使用软化水时，内部易结垢，清洗较困难	必须有汽（气）源并伴输汽（气）管道，设备结构较复杂，使用寿命不长	必须有汽（气）源并伴有输汽管道、加热盘管	耗电大，运行费用高，使用寿命不长，价格高	可能带菌，水未经有效过滤时，喷嘴易堵塞	可能带菌，单价较高，使用寿命短，加湿后尚需升温	水滴颗粒较大，不能完全蒸发，还需排水	

③ 其他除湿方法　在空调系统中，还可以采用下面一些其他除湿方法。各种典型除湿方法的比较如表 13-3 所示。

表 13-3　各种典型除湿方法的比较

方法	机理	优点	缺点	备注
升温除湿	通过显热换热，使温度升高，相对湿度相应降低	简单易行，投资和运行费用低	空气温度升高，空气不新鲜	适用于对室温无要求的场合
通风除湿	向潮湿空间输入含湿量小的室外空气，同时排出等量潮湿空气	经济、简单	保证率较低	适用于室外空气较干燥的地区
冷冻除湿	让湿空气流经低温表面，空气温度降至露点温度以下，湿空气中的水汽冷凝而析出	性能稳定，工作可靠，能连续工作	设备和运行费用较高；有噪声	适用于空气的露点温度高于4℃的场合
液体除湿	空气通过与水蒸气分压低、不易结晶、黏性小、无毒、无臭的溶液接触，依靠水蒸气的分压差吸收空气中的水分	除湿效果好，连续工作，兼有清洁空气的功能	设备复杂，初投资高；需要有高温热源，冷却水耗量大	适用于室内显热比小于60%，空气出口露点温度低于5℃且除湿量较大的系统
固体除湿	利用某些固体物质表面的毛细管作用，或相变时的水蒸气分压差，吸附或吸收空气中的水分	设备较简单，投资与运行费用较低	减湿性能不太稳定，并随使用时间的加长而下降；需再生	适用于除湿量小、要求露点温度低于4℃的场合
干式除湿	湿空气通过含吸湿剂的纤维纸质的蜂窝状体（如转轮）在水蒸气分压差的作用下，水分被吸湿剂吸收或吸附	湿度可调，且能连续除湿，单位除湿量大，可以自动工作	设备较复杂，且需加热再生	特别适合于低温低湿状态
混合除湿	综合以上所列方法中的某几种方法			

（2）常用空气除湿装置

① 冷冻除湿装置　利用制冷机系统蒸发器的冷却除湿能力，将空气除湿。空气先经过蒸发器降温去湿，再经过冷凝器等湿加热。出口空气的比焓比进口空气比焓大（$h_2 > h_1$），所增加的热量即为压缩机的耗电热当量。这种除湿方式运行可靠，除湿量可达 20kg/h。冷冻除湿装置工作原理如图 13-3 所示。

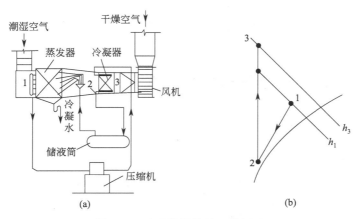

图 13-3　冷冻除湿装置工作原理

② 转轮除湿装置　转轮除湿装置工作原理如图 13-4 所示。它利用氯化锂蜂窝状转轮吸湿的特性，在除湿过程中，空气（高湿度）与转轮内氯化锂结晶体接触，水蒸气分压低的结晶氯化锂吸收空气中的水分，空气被除湿。同时，转轮本身的热和水分转移时放出的凝结热被空气吸收使空气温度升高。为了能连续除湿，已吸湿部分转轮必须通以热空气给予再生。因此，壳体上设隔板，将转轮断面分出一部分，使其 70%～75% 的面积进行除湿，其余 25%～30% 则用于再生。

③ 液体吸湿装置　典型的液体吸湿装置原理如图 13-5 所示。它由吸湿塔和再生塔两部分组成。在吸湿塔中，利用液体吸湿表面水蒸气分压低的特点，使空气通过吸湿剂溶液喷淋装置时被吸湿；同时，在再生塔内，对被稀释的稀释剂溶液进行喷淋，并加热、浓缩，使其再生。在吸湿塔内，为处理水蒸气冷凝时放出的潜热，用冷却盘管冷却溶液。冷却盘管内可通冷水、地下水或冷却用循环水。这些水温度应比溶液温度低 8～10℃。再生塔盘管内通的是水蒸气，所以夏季也要有热源。通过对溶液含量的控制，空气除湿处理的选择性较好。

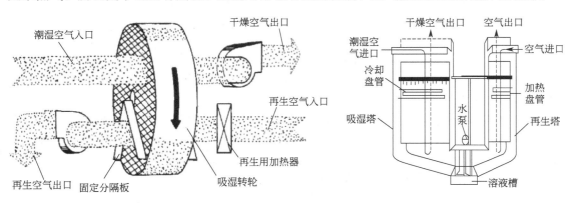

图 13-4　转轮除湿装置工作原理　　　　图 13-5　典型的液体吸湿装置原理

（3）空气综合处理设备——空调箱

在空调工程实践中，为满足多种空气处理的需要和便于设计、施工安装时常将各种空气处理设备根据空气处理的不同需要，以不同的方式组合，构成空气综合处理设备——空调箱。组合式空调箱就是将各种空气处理设备，如加热、冷却、加湿、净化、消声等设备和风机、阀门等组成单元体（带箱体）。单元体可根据需要进行组合，成为实现不同空气处理要求的设备。单元体一般有过滤段（包括粗效和中效过滤段）、消声段、风机段（包括送风机和回风机段）、加热段（包括一次和二次加热段）、冷却段。

13.4 空气中常见污染物与控制方法

13.4.1 空气中常见污染物

烟尘、总悬浮颗粒物、可吸入颗粒物（PM_{10}）、细颗粒物（$PM_{2.5}$）、二氧化氮、二氧化硫、一氧化碳、臭氧、挥发性有机物等均是空气中常见的污染物。

空气污染源也可分为自然和人为两大类。自然污染源是由于自然原因（如火山爆发、森林火灾等）而形成的，人为污染源是由于人们从事生产和生活活动而形成的。

（1）颗粒物质

室外空气的典型采样样品中可能含有烟尘、二氧化硅、黏土、植物的纤维、金属颗粒、霉菌孢子、细菌、植物花粉以及其他物质。当颗粒物悬浮于空气之中时，颗粒物与空气的混合物就被称为气溶胶。当室外空气被引入室内后还可能被室内人员及其活动、室内的家具及设备和宠物等污染，当室内条件合适时，微生物等能够生存甚至繁殖。室内吸烟一直是保持良好室内空气品质的主要问题之一，日益增多的吸烟导致肺病（特别是肺癌）的案例使得人们对室内抽烟问题的重视程度日益加强。过敏症是当代社会的一个常见问题，室内空气中含有许多能够在室外空气中找到的颗粒物。另外，某些室内人员还可能对室内的常见颗粒物（如源于地毯和床上用品的纤维、霉菌和灰尘等）过敏。

总悬浮颗粒物是飘浮在空气中的固态和液态颗粒物的总称，其粒径范围约为 $0.1\sim100\mu m$。有些颗粒物因粒径大或颜色黑可以为肉眼所见，比如可吸入颗粒物如烟尘。有些则小到使用电子显微镜才可观察到。通常把粒径在 $10\mu m$ 以下的颗粒物称为可吸入颗粒物，可吸入颗粒物的浓度以每立方米空气中可吸入颗粒物的质量数（毫克）表示。

$PM_{2.5}$ 细颗粒物能较长时间悬浮于空气中，其在空气中浓度越高，就代表空气污染越严重。虽然 $PM_{2.5}$ 只是地球大气成分中含量很少的组分，但它对空气质量和能见度等有重要影响。与较粗的大气颗粒物相比，$PM_{2.5}$ 粒径小，面积大，活性强，易附带有毒、有害物质（例如重金属、微生物等），且在大气中的停留时间长、输送距离远，因而对人体健康和大气环境质量的影响更大。

颗粒物的直径越小，进入呼吸道的部位越深。$10\mu m$ 直径的颗粒物通常沉积在上呼吸道，$5\mu m$ 直径的可进入呼吸道的深部，$2\mu m$ 以下的可 100% 深入细支气管和肺泡。可吸入颗粒物（PM_{10}）在环境空气中持续的时间很长，对人体健康和大气能见度影响都很大。一些颗粒物来自污染源的直接排放，比如烟囱与车辆。另一些则是来自环境空气中硫的氧化物、氮氧化物、挥发性有机物及其他化合物互相作用形成的细小颗粒物，它们的化学和物理组成依地点、气候、一年中的季节不同而变化很大。

可吸入颗粒物被人吸入后，会累积在呼吸系统中，引发许多疾病。对粗颗粒物的暴露可侵害呼吸系统，诱发哮喘病。细颗粒物可能引发心脏病、呼吸道疾病，降低肺功能等。因此，对于老人、儿童和已患心肺病者等敏感人群，风险是较大的。另外，环境空气中的颗粒物还是降低能见度的主要原因，并会损坏建筑物表面。颗粒物还会沉积在绿色植物叶面，干扰植物吸收阳光以及二氧化碳以及放出氧气和水分的过程，从而影响植物的健康和生长。

（2）二氧化硫

二氧化硫（SO_2）是一种常见和重要的大气污染物，也是一种无色有刺激性的气体。二氧化硫主要来源于含硫燃料（如煤和石油）的燃烧；含硫矿石（特别是含硫较多的有色金属矿石）的冶炼；化工、炼油和硫酸厂等的生产过程。

二氧化硫是形成工业烟雾的主要物质，高浓度时能刺激人的呼吸道，使人呼吸困难，严重时能诱发各种呼吸系统疾病，甚至致人死亡。二氧化硫进入大气层后，溶于水形成亚硫酸（H_2SO_3），部分会被氧化为硫酸（H_2SO_4），形成酸雨。酸雨能使大片森林和农作物毁坏，能使纸品、纺织品、皮革制品等腐蚀破碎，能使金属的防锈涂料变质而降低保护作用，还会腐蚀、污染建筑物。二氧化硫还会在空气中形成悬浮颗粒物，随着人的呼吸进入肺部，对肺有直接损伤作用。

（3）氮氧化物

氮氧化物（NO_x）种类很多，包括一氧化二氮（N_2O）、一氧化氮（NO）、二氧化氮（NO_2）、三氧化二氮（N_2O_3）、四氧化二氮（N_2O_4）和五氧化二氮（N_2O_5）等多种化合物，但主要是一氧化氮（NO）和二氧化氮（NO_2），它们是常见的大气污染物。

氮氧化物可刺激肺部，使人较难抵抗感冒之类的呼吸系统疾病，呼吸系统有问题的人士如哮喘病患者，会较易受二氧化氮影响。对儿童来说，氮氧化物可能会造成肺部发育受损。研究指出，长期吸入氮氧化物可能会导致肺部构造改变，但仍未确定导致这种后果的氮氧化物含量及吸入气体时间。

以一氧化氮和二氧化氮为主的氮氧化物是形成光化学烟雾和酸雨的一个重要原因。汽车尾气中的氮氧化物与烃类经紫外线照射发生反应形成的有毒烟雾，称为光化学烟雾。光化学烟雾具有特殊气味，刺激眼睛，伤害植物，并能使大气能见度降低。另外，氮氧化物与空气中的水反应生成的硝酸和亚硝酸是酸雨的成分，大气中的氮氧化物主要源于化石燃料的燃烧和植物体的焚烧，以及农田土壤和动物排泄物中含氮化合物的转化。

（4）一氧化碳

一氧化碳（CO）是煤、石油等含碳物质不完全燃烧的产物，是一种无色、无臭、无刺激性的有毒气体，几乎不溶于水，在空气中不易与其他物质产生化学反应，故可在大气中停留 2～3 年之久。如其局部污染严重，对人群健康有一定危害。

大气对流层中的一氧化碳本底浓度约为 $(0.1～2) \times 10^{-6}$，这种含量对人体无害。由于世界各国交通运输事业、工矿企业不断发展，煤和石油等燃料的消耗量持续增长，一氧化碳的排放量也随之增多。供暖和茶炊炉灶的使用，不仅污染室内空气，也加重了城市的大气污染。一些自然灾害，如火山爆发、森林火灾、矿坑爆炸和地震等灾害事件，也会造成局部地区一氧化碳浓度的升高。吸烟也会造成一氧化碳污染。

由于一氧化碳极易与血液中运载氧的血红蛋白结合，结合速度比氧气快 250 倍。因此，在极低浓度时就能使人或动物遭到缺氧性伤害。轻者眩晕、头疼，重者脑细胞受到永久性损伤，甚至窒息死亡；一氧化碳尤其对心脏病、贫血和呼吸道疾病的患者伤害性更大。

（5）二氧化碳及其他气体

二氧化碳（CO_2）是人（和所有哺乳动物）呼出的代谢副产品。因此，室内空气中

CO_2 浓度通常要比室外高。在人员密集的区域（如观众席上），CO_2 浓度水平经常是一个主要关注的问题，其原因不在于 CO_2 对健康的直接危害，而是因为 CO_2 是一个很容易测量的能够反映室内通风有效性的指示物，所以它至少也能间接地反映出其他更有害气体潜在的不可接受水平。环保部门推荐 CO_2 持续暴露的最大浓度为 1000ppm（$1.8g/m^3$），该指标专门为学校和居民住宅而定，其他类型的建筑物可参照执行。

与二氧化碳不同，一氧化碳的毒性很大，烃类燃料的不完全燃烧和吸烟是 CO 的两个主要来源。建筑物内或建筑物附近有停车场或装料场时，建筑物内的 CO 浓度水平可能很高。HVAC 室外吸风口位于交通繁忙地段的地面高度时就可能将不可接受浓度水平的 CO 吸入建筑物的空气系统之中。通风不良和泄漏的锅炉、烟囱、热水器、焚烧炉等经常是 CO 产生问题的原因。浓度接近 15×10^{-6} 的一氧化碳非常有害。人体对不同浓度水平的 CO 反应变化很大，其影响能够累加。

硫氧化物是含硫燃料的燃烧产物，它可以从空调系统的新风口进入室内，室内燃烧系统的泄漏也可以使室内空气中含有硫氧化物。硫氧化物与水接触可以发生水解形成硫酸，引起上呼吸道刺激，诱发间歇性哮喘等。

氮氧化物产生于燃料与空气的高温燃烧过程。一般来讲，这类污染物是随着被汽车及其他工业排放污染的室外空气进入室内的，但是室内的燃烧设备也经常排放出大量的氮氧化物。关于不同浓度的氮氧化物对健康的影响似乎存在不同的看法，但在能够准确确定该污染物对人体的危害之前，尽可能地减少氮氧化物在室内空气中的含量是明智的。

（6）挥发性有机物（VOCs）

许多有机物在现代典型的室内环境中被发现，它们来源于燃烧设备、杀虫剂、建筑材料与面漆、清洗剂与溶剂、植物和动物等。甲醛气体是最常见的 VOCs 气体之一，它能够刺激眼睛和呼吸道黏膜，引起哮喘等各种问题，被认为是一个潜在的癌症元凶。在很多产品的制造过程中均使用甲醛，甲醛主要是随建筑产品进入室内的。这些产品在很长一段时间里都可以持续地释放甲醛，但大部分是在第一年内释放的。可接受的极限值是 1×10^{-6}，对于家庭而言，0.1×10^{-6} 的浓度水平应该是一个比较安全的上限值。

13.4.2　城市空气质量

按照新旧空气质量标准评价，城市空气质量达标率反差很大，其中环保重点城市空气质量达标率的反差尤其大。有人认为，这主要是因为重点城市的规模很大，尾气排放问题突出。

（1）空气污染指数和空气质量指数

空气污染指数（简称 API）是一种反映和评价空气质量的方法，就是将常规监测的几种空气污染物的浓度简化为单一的概念性数值形式，并分级表征空气质量状况与空气污染的程度。其结果简明直观，使用方便，适用于表示城市的短期空气质量状况和变化趋势。空气污染指数是根据环境空气质量标准和各项污染物对人体健康、生态环境的影响来确定污染指数的分级及相应的污染物浓度限值。1997 年开始，我国以 API 用于发布空气质量日报、空气质量周报，表示城市短期的空气质量状况和变化趋势。

空气质量指数（简称 AQI）则是定量描述空气质量状况的指标。AQI 的数值越大、级别越高，说明空气污染状况越严重，对人体的健康危害也就越大。

空气污染指数和空气质量指数二者设计原理相同，无本质区别，都是为发布日空气质量状况而设计的空气质量表达方式。但二者表述角度不同，AQI 较 API 更加强调空气质量状况，可以对空气质量的优、良或污染程度进行恰当表征。2013 年以前，我国采用 API 发布空气质量日报。自 2013 年起，逐渐采用 AQI 发布空气质量日报。

（2）质量类别

空气质量指数（AQI）、空气质量类别与空气质量描述对健康的影响和相应措施见表 13-4。

表 13-4　空气质量指数（AQI）、空气质量类别与空气质量描述对健康的影响和相应措施

空气质量指数 （AQI）	空气质量 指数级别	空气质量指数 及表示颜色		对健康的影响	建议采取的措施
0～50	I	优	绿色	空气质量令人满意,基本无空气污染	各类人群可正常活动
51～100	II	良	黄色	空气质量可接受,某些污染物对极少数敏感人群健康有较弱影响	极少数敏感人群应减少户外活动
101～150	III	轻度污染	橙色	易感人群有症状,有轻度加剧的趋势,健康人群出现刺激症状	老人、儿童、呼吸系统等疾病患者减少长时间、高强度的户外活动
151～200	IV	中度污染	红色	进一步加剧易感人群症状,会对健康人群的呼吸系统有影响	儿童、老人、呼吸系统等疾病患者及一般人群减少户外活动
201～300	V	重度污染	紫红色	心脏病和肺病患者症状加剧,运动耐受力降低,健康人群出现症状	儿童、老人、呼吸系统等疾病患者及一般人群停止或减少户外运动
>300	VI	严重污染	褐红色	健康人群运动耐受力降低,有明显强烈症状,可能导致疾病	儿童、老人、呼吸系统等疾病患者及一般人群停止户外活动

（3）空气质量标准

随着工业及交通运输业的不断发展，大量的有害物质被排放到空气中，改变了空气的正常组成，使空气质量变坏。为了改善环境空气质量，防止生态破坏，创造清洁环境，保护人体健康，我国根据《中华人民共和国环境保护法》和《中华人民共和国大气污染防治法》确定了《环境空气质量标准》（GB 3095—2012）。这个标准规定了环境空气质量功能区划分、标准分级、主要污染物项目和这些污染物在各个级别下的浓度限值等，是评价空气质量好坏的科学依据。

13.4.3　室内污染物控制方法

控制气态污染物或颗粒污染物以保持建筑物中良好 IAQ（室内空气品质）的基本方法有以下四种：污染源的清除与改造；室外空气的利用；气流组织；空气净化。

（1）污染源的清除与改造

在上述四种方法中，污染源的清除与改造因为是直接从污染源入手，通常是最有效减少污染物的方法。在建筑物设计以及建筑物改造过程中，该方法既详细规定了在建筑物

中允许使用什么样的建筑材料及室内家具，也要求谨慎设计与施工，保证水不能凝结或漏入室内，因为水能够引起霉菌的滋生。对于已有的建筑物，该方法包括如何找出和清除室内不希望有的污染源。严禁室内吸烟是可以接受的改进公共场所和私人住宅室内空气品质的方法。

建筑物内存放涂料、溶剂、清洁剂、杀虫剂和挥发性物质，或者新风吸入口附近存放这类物质时能够导致建筑物内空气品质的恶化。为了保证可接受的室内空气品质，这类物质的清除和密封是非常必要的。对因潮湿产生霉菌的地方必须彻底清理，还要除掉湿气源。可能还需要彻底清洗风道，挪走污染物。在某些场合下，可利用紫外灯来消灭霉菌或减少霉菌的滋生。

（2）室外空气的利用

可以利用室外空气来稀释室内空气中的污染物。有人员活动的房间，不管被占用多长时间都需要配给一定量的新风来稀释空气保证空气品质。新风处理要消耗能量，因而运行的经济性要求用最少的新风来满足空气品质的要求。对于节能建筑物或在春秋与冬季需要冷却的建筑物，可以利用新风来满足其冷负荷的要求。在某些场合中，保持室内良好空气品质所需要的通风量可能要比实际送入室内的保证舒适的送风量低。但也有一些场合，最小送风量要按保持可接受室内空气品质的通风要求来确定。

新风指的是主要来自室外大气的空气。因此，它事先没有参与空调系统的循环。部分新风可能通过房间或建筑物缝隙、天花板、地板和侧墙以内渗风的方式进入室内。但在装有空调系统的建筑物中，一般来讲大部分新风都是由送风送入室内的。

循环风指的是离开空调房间并准备以送风形式再利用的那部分空气，循环风与回风不同。补给风指的是用于取代排风和漏风的室外空气。外渗风指的是通过建筑物或房间的缝隙、天花板、地板、墙壁漏出的空气。一部分空气还可以直接经房间排气口由排气扇排到室外。进入房间的空气量与离开房间的空气量总是平衡的，进入送风系统的空气量也与离开送风系统的空气量保持平衡。同样，对于任何一种污染物而言，进入与离开房间、进入与离开整个送风系统的污染物质量也是平衡的。如果送风量超过回风量，空调房间内的压力就会比周围环境高，此时出现外渗风（漏风）使压力达到平衡。如果室内有特别有害的污染物（如致命细菌等），就不允许有外渗风。如果回风量超过了送风量那么室内的压力就比环境低，此时出现内渗风。在洁净室中，出现内渗风是极为糟糕的事情。

（3）气流组织

如果只在空调房间的小部分区域有污染物存在，则人们总是希望减少人员活动区内空气的混合，此时可采用置换通风。置换通风就是将比室内人员活动区设计温度还略低的空气由靠近地板处的送风口低速送入室内，回风口位于天花板内或天花板附近，人员活动区内的空气流动基本垂直。在人员活动区内，存在竖向的温度梯度，设计良好的系统应该保持此温差低于3℃。在某些特殊场所（如洁净室）通常希望能够实现完全的单向流动，此时空气可以由天花板内进入，由地板排出，反之亦然；也可以由一面侧墙送入，再由对面墙排出。

在有特殊需要的地方，有时可用局部通风来供热、降温和排除污染物。在特种空调系统中，通过调节风量和风向可以控制局部环境，但为了个人舒适直接将射流吹向人体可能导致气流夹带污染物，使污染问题恶化。

能把污染源控制在局部，就可以在有害气体向人员活动区扩散之前把它从空调环境中除去。其方法就是利用排气扇、合理布置散流器和回风口的位置来产生压差，控制局部空气的流动。在这类控制方法的设计中要特别慎重。值得注意的是，仅靠抽吸作用很难控制空气流向，随意地在污染源附近布置一个回风口或排气扇，不能做到排走所有污染物，使之远离室内人员。

（4）空气净化

在建筑物中，为了补充呼吸用氧气，稀释人体产生的二氧化碳和其他废气，新风是必不可少的。很多场合都要求对引入的新风进行净化或过滤。新风的引入，污染源的减少，良好的气流组织，回风的净化或过滤等的联合作用，是经济、有效地控制室内污染物的途径。合理的空气净化设计是确保暖通空调系统能够提供健康、洁净的室内环境的必要手段及措施。

第 14 章 建筑节能及热泵技术的应用

14.1 建筑节能途径与分析

节能和环保是实现可持续发展的关键。空调领域作为用能大户，其能耗已约占社会总能耗的 $15\%\sim20\%$，故节能意义巨大。作为一个暖通专业的工作者，在空调系统的设计、管理过程中，均应对节能减排问题引起足够重视，并将能源消耗作为衡量系统优劣的一项重要指标。

14.1.1 建筑节能方法

空调系统的节能可从建筑本体的节能、系统的选择、设备的选配及系统的运行管理等几方面进行考虑，见表 14-1。

表 14-1　建筑物节能方法

分类	项目	节能方法
建筑设计	改善建筑环境	加强建筑物周围的绿化环境
	建筑物的平面布置、朝向、体型	①同样平面形状的建筑物,应尽量采用南北朝向,而不采用东西朝向; ②尽量采用外表面小的圆形或方形建筑; ③考虑采用良好的外遮阳,可减少日射得热的 $50\%\sim80\%$
	窗户和玻璃	①减小窗户面积; ②采用吸热玻璃、反射玻璃和双层玻璃
	屋顶和外墙	①加强屋顶和外墙的保温; ②表面涂白色调或浅色调
空调系统设计	室内设定值	在满足人体舒适条件下,降低室内温湿度设计标准。例如,在温度 17℃ 以上、28℃ 以下,相对湿度 40% 以上、70% 以下范围内,夏季取高值,冬季取低值
	室外新风量	①冬、夏季取用最小新风量,过渡季采用全新风,取用新风冷量; ②检测 CO 浓度,控制室外空气的进入量,根据室内人员的变化,增减室外新风量; ③采用全热交换器,减少新风冷、热负荷; ④在预冷预热时停止取用新风
	空调方式	①空调系统合理分区,尽可能根据温湿度要求、房间朝向、使用时间、洁净度等级等划分为不同的空调系统; ②采用变风量(VAV)、变水量(VWV)空调系统,节约风机和水泵耗能量; ③降低风道流速,减少系统阻力; ④采用蓄冷、蓄热系统(水蓄冷和冰蓄冷);

分类	项目	节能方法
空调系统设计	空调方式	⑤采用电子计算机进行最佳控制； ⑥选用较高能效比的空调器和风机盘管
	防止过冷过热	①校核室内恒温器给定值，完善自动控制装置； ②停止使用或严格限制再热装置
	合理控制启动和停止空调系统运行时间	根据季节、节假日时间、建筑物的蓄冷蓄热效果，合理确定出设备启动运行的最佳时间
	维护、保养和管理	定期清扫、检查、保养，提高设备的使用效率和寿命

14.1.2 暖通空调节能措施

在暖通空调系统的节能中，主要表现在以下几方面：①建筑及空调系统设计节能；②提高暖通空调工程质量节能；③暖通空调系统运行管理节能。常用暖通空调节能方式及技术如图 14-1 所示。

图 14-1 常用暖通空调节能方式及技术

14.2 空调蓄冷技术应用

14.2.1 空调蓄冷系统

随着我国经济的高速发展和人民物质生活水平的不断提高，对电力供应不断提出新的挑战。尽管全国发电装机容量已超过 2 亿千瓦，年发电量突破 9000 亿千瓦时。然而，目前我国电力供应仍很紧张。突出的矛盾是电网峰谷负荷差加大，夜间至清晨低谷段负荷率低，而高峰段电力严重不足，有的电网峰谷负荷之差达 25%～30%，造成白天经常拉闸限电，夜间有电送不出的现象。在城市现代化建设过程中，用电结构发生变化，其中用在建筑物空调系统的电力负荷比例日益增加。

由于空调用电负荷一般在电力低谷段用量甚少，对城市电网具有很大的"削峰填谷"潜力。在中央式空调中，制冷系统的用电量通常占整个空调系统用电量的 40%～50%，如以商场为例，每 10 万平方米空调制冷系统的需用电功率约为 7000～9000kW，若移峰 40%，则可减少约 2800～3600kW。因此，空调蓄冷系统应运而生，并将日益展示其广阔的应用前景。

空调蓄冷就是储存电网低谷时段"便宜的能源"，而在需要能量的峰值时段，储存的冷能被释放出来以满足负荷的要求。目前，国内外用于空调工程的蓄冷方式种类较多，按储存冷能的方式可分为显热蓄冷和潜热蓄冷两大类；以蓄冷介质区分，有水蓄冷、冰蓄冷和共晶盐蓄冷三种方式。常用蓄冷技术分类见图 14-2。

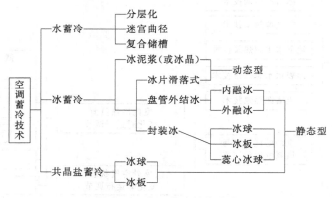

图 14-2　常用蓄冷技术分类

14.2.2 蓄冷空调系统设计方法

蓄冷空调系统的设计可以按照以下几个步骤进行。

（1）可行性分析

在进行某项蓄冷空调工程设计之前，需要预先进行可行性分析，其主要内容包括技术可行性分析和经济可行性分析，以便对多种选择方案做出最优的决策。在蓄冷空调系统可行性分析中，要考虑的因素通常包括：建筑物使用特点、使用单位意见、设备性能要求、经济效益、可以利用空间以及操作维护等问题。

（2）收集设计需要的基本资料

收集设计所需的基本资料有助于完成空调、动力负荷计算及经济效益分析。应注意收集以下基本资料。

①建筑物类型 不同类型的建筑物负荷分布不同，对于负荷比较集中，且负荷发生在用电高峰的建筑物，采用蓄冷系统可以充分利用低谷电价。因此，很适合采用蓄冷空调系统。

②建筑物的使用功能 对新建建筑物，设计人员要收集建筑物围护结构、空调面积、空调机房、水源、电源及内部负荷等详细资料。另外，还应了解建筑物将来的使用状况、设备的运行情况。昼夜负荷较平均的场所，不适合采用蓄冷空调系统。

③电价 当地的电价政策是决定是否使用蓄冷空调系统的重要因素。峰谷电价差越大，安装蓄冷空调系统越有利。国外有资料表明：峰谷电价比为 2：1 时，可以考虑采用蓄冷空调系统；峰谷电价比为 3：1 时，可以大胆采用蓄冷空调系统。

④对改扩建项目，应收集原有空调系统基本资料，了解原空调系统的基本情况。

（3）确定典型设计日的空调冷负荷

在常规空调系统设计日，以每年高峰负荷发生时间的最大负荷量作为设计值，设备容量的选择均满足此标准。因此，选取的都是最大值。在蓄冷空调系统设计中，除了需要知道最大负荷外，还要详细求得每天每小时的负荷量——逐时空调负荷，以及全天的累计总负荷，以便计算蓄冷量。

常规空调系统是依据设计日高峰冷负荷值来选定制冷机组，而蓄冷系统则需要根据设计日的总负荷和蓄冷策略等而定，所以蓄冷空调设计过程中应能比较准确地提供设计日逐时负荷图。若设计过程中一时难以掌握，可采用系统法或平均法进行估算。

（4）选择蓄冷装置的形式

目前，在蓄冷空调工程中应用较多的蓄冷形式是水蓄冷、内融冰（完全冻结式）和封装冰（冰球式）系统。在设计中，应结合工程具体情况，合理选择蓄冷形式。

（5）确定蓄冰系统的运行策略和系统流程

蓄冷空调系统有多种蓄冷模式、运行策略及不同系统流程安排：如蓄冷模式中有全部蓄冷模式和部分蓄冷模式，运行策略则有主机优先和蓄冷优先策略；系统流程则有串联和并联方式。在串联流程安排中又有主机和蓄冷槽哪一个处于上游等问题。这些都需要做出明确、合理的选择，才能对设备容量进行确定。

（6）确定制冷主机和蓄冰设备的容量

蓄冷设备容量的计算流程如图 14-3 所示。

（7）选择其他配套设备

（8）编制典型设计日的空调逐时运行图

（9）经济分析

经济效益分析包括初投资费用、运行费用、全年运行电费的计算，求得与常规空调系统相比的投资回收期等

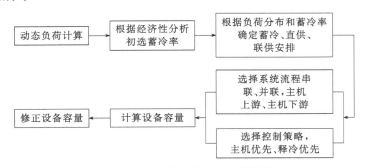

图 14-3 蓄冷设备容量的计算流程

蓄冷空调系统设计流程如图 14-4 所示。

14.2.3 蓄冷空调设计中应注意的一些问题

冰蓄冷空调是我国在经济建设过程中大力提倡的既节能又环保的系统，主要是设计者必须在设计时要考虑到冰蓄冷空调有别于普通空调，设计时必须注意以下问题。

① 应站在业主的立场上考虑，冰蓄冷空调的经济性是最主要的。

② 在蓄冷空调初步设计之前，应首先进行设计方案的优选。

③ 冰蓄冷空调与常规空调的评价标准不同，正确的评价标准有利于设计观念的转变。

④ 设备容量的计算方法与常规空调有很大的区别。

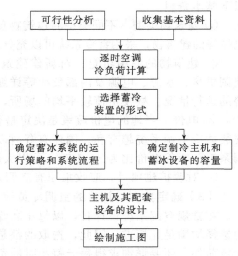

图 14-4 蓄冷空调系统设计流程

14.3 VRV 空调技术

14.3.1 VRV 空调系统的原理和特点

变制冷剂流量多联式空调系统（简称 VRV 或变频多联机空调系统，或简称为多联机）是一种制冷剂容量可调的直接蒸发式制冷剂空调系统，它是通过控制压缩机的制冷剂循环量和进入室内换热器的制冷剂流量，适时地满足室内冷热负荷要求的高效率制冷剂空调系统。它是集变频、变容（量）等技术于一身的新型集中式空调系统。

VRV 空调系统工作原理及构成如图 14-5 所示。它主要由室内机、室外机、冷媒管线以及控制部分组成。室内机是 VRV 系统的末端装置部分，它是一个带蒸发器和循环风机的机

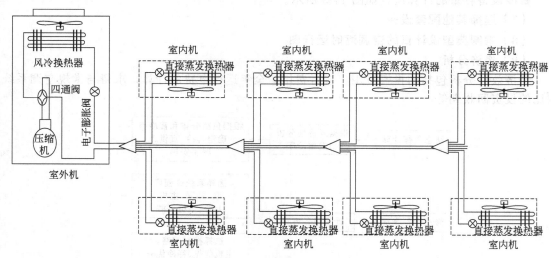

图 14-5 VRV 空调系统工作原理及构成

组，与我们常见的分体空调室内机的原理完全相同。室外机是 VRV 系统的关键部分，它主要由风冷冷凝器、压缩机和其他制冷附件组成，通过变频控制器控制压缩机转速，对系统内的冷媒流量进行自动控制，以满足室内冷、热负荷的要求。冷媒管采用铜管制成，通过灵活的布置将室外机与室内机连接成一个完整的系统。VRV 系统与中央空调系统和分体空调机控制方式明显不同，它是以计算机控制（数字控制）为基础的。空调运行时由控制系统采集室内舒适性参数、室外环境参数和表征制冷系统运行状况的状态参数，根据系统运行优化准则和人体舒适性准则，通过变频等手段调节压缩机输气量及采用分歧管并结合电子膨胀阀的控制实现制冷剂在各室内机即蒸发器中的流量分配，并控制室内机中的风扇，保证室内环境的舒适性，使空调系统在最佳工作状态下稳定工作。

14.3.2　VRV 空调系统设计

（1）　VRV 空调系统设计原则

为了更好地使用多联机，在工程设计中必须遵循以下原则：系统小型化原则、管长最短原则、环境条件适用原则。

① 系统小型化原则　系统小型化有三层含义：一是室外机容量小型化；二是制冷剂管路系统小型化；三是室内机数量少量化。根据前述多联机的特点，在设计多联机系统时，系统不宜过大。

多联式空调机组容量不宜太大，室外机组额定制冷量以不大于 56kW 为好，而且室外机尽可能分散布置。如果系统容量过大，不但各室内机电子膨胀阀前的制冷剂供液压力和蒸发器回气压力将有较大变化，而且吸气过热度与冷凝器再冷度可能超出期望范围，致使系统不能稳定地运行。

制冷剂环路系统宜小不宜大。若系统过大、管路过长，要使每个室内机的流量分配完全符合设计要求几乎不可能，即使通过调节功能很强的电子膨胀阀调节，也无法达到设计要求。所以，多联机系统不宜设计过大。

室内机数量宜少不宜多。室内机数量较多，要使每个室内机的流量分配完全符合设计要求的可靠性降低，即使通过调节功能很强的电子膨胀阀调节，流量分配也存在偏差且系统越大，室内机越多，各室内机环路长度差距越大，制冷剂的分配偏差则越大。室内机的制冷制热量与室内负荷的偏差越大，其结果是部分房间偏离室内设计温度较大。另外，室内机数量过多，在低负荷的情况下，部分润滑油会滞留在室内机内，系统需要经常高频回油运转，系统效率随之降低。所以，多联机系统室内机数量宜少不宜多。

② 管长最短原则　长配管设计为方便工程设计安装提供了更大的自由度，但室外机与室内机的配管长度应尽可能短，这样可使机组的实际制冷量、制热量减少。长配管会造成沿程阻力损失的增加，使空调系统的能力下降和功耗增加。管长对多联机的性能影响很大，特别是对夏季制冷，每百米管长冷量衰减约为 20%～30%；冬季制热衰减相对较小，每百米管长制热量衰减约为 5%～10%。所以，多联机厂家在配管长度上均提出了限制，为了保证空调系统的性能指标，在系统配管设计时管路越短越好。

③ 环境条件适用原则

a. 室外环境温度需符合室外机的工作范围。室外机的风量及进风温度对多联机的制冷制热量影响均很大，特别是对系统的使用寿命和工作的可靠性有更大影响。制冷时应尽可能降低室外机进风温度，以降低冷凝温度，提高制冷效率。但若室外温度过低，冷凝温度过低，压缩机排气压力过低，系统循环需要的压差无法建立，系统无法正常工作；若室外温度过高，冷凝温度过高，压缩机排气温度过高，润滑油温过高，润滑油易发生炭化，以致烧坏压缩机或缩短系统寿命。

为确保多联机正常工作，室外机制冷要求周边环境温度范围确定为－5～43℃。制热时应尽可能增加室外机进风温度，以提高蒸发温度，提高制热效率。但若室外温度过高，蒸发温度过高，压缩机进排气压差过小，系统循环压差无法建立，则系统无法正常工作。室外温度过高时，系统也不需要制热运行。若室外温度过低，润滑油黏度增大，吸气压力过低，压缩机排气温度也会过高，造成系统工作效率降低，或出现无法正常工作的现象。室外机制热要求周边环境温度范围为－5～15℃。

b. 室内机应匹配其温度控制范围和室内环境及室内机的处理能力。制冷时，若室内温度过低，压缩机吸气压力和吸气温度过低，压缩机排气温度也会过高，系统工作效率降低，或出现无法正常工作的现象。若室内温度过高，压缩机吸气压力和吸气温度过高，压缩机排气温度也会过高，则系统工作效率降低，或出现压缩机排气温度过高，润滑油发生炭化现象，以致烧坏压缩机或缩短系统寿命。制热时，若室内温度长期过低，冷凝温度过低，压缩机排气压力过低，系统循环需要的压差无法建立，系统无法正常工作；若室内温度过高，室内机将停止工作。

在设备机房或厨房内，因油污会沉积在室内机的热交换器处，电磁波能够直接辐射到电气控制盒、遥控器电缆或遥控器处，故酸性或碱性环境等地方不适于安装室内机。

c. 目前，普通变频多联机空调系统仅适合用于舒适性空调领域，不适合用于有净化要求的场合、恒温恒湿要求的场合、允许噪声标准高的场合及特殊气流组织的场合。

（2）多联机用于北方地区供热问题

在北方地区，用多联机供热时，当多联机的实际供热能力衰减大于23％时，即室外冬季空调计算湿球温度低于－9.5℃时，采用多联机系统会增加系统造价。

当室外温度低于－9℃时，不宜采用多联机供热。若以冬季供热为主，在选择多联机时，应以冬季实际供热量选择多联机，并对夏季实际供冷量进行校核，这样将导致建筑物装机容量可能过大，投资过高。对于冬季空调室外计算温度小于－9℃的地区，可采用集中供暖加变频多联机系统，室内外机仅考虑夏季制冷，冬季供热则不考虑。这样，变频多联机系统加集中供热系统（散热器供暖），供暖空调总造价增加不多，既有冬季集中供热运行费用低的长处，夏季又有多联机系统灵活、运行费用低的特点，是寒冷地区较好的一种空调方式。

14.3.3　VRV 空调系统设计步骤

变频多联机 VRV 的设计步骤大致如下。

（1）确定空调方案

调研、收集资料，确定初步方案，并确定室外机的大体位置。这一阶段是多联机空调系统设计的最关键阶段，空调系统设计方案不仅直接关系到一次投资、维护成本、运行费用、使用寿命、管理的方便程度，而且还关系到环保、卫生、防疫、安全等问题。在初步确定变频多联机空调方案后，还应考虑以下问题。

① 一次投资　变频多联机空调系统在市场上出现较晚，大规模的应用也是近几年的事。因为该类型空调系统应用了电子膨胀阀技术、微型计算机技术、变频控制等先进技术，科技含量高，所以系统造价相对较高。

② 使用环境　室外机使用环境是否符合多联机要求的条件，室内机处理能力能否满足室内空调区域空气参数的要求及使用条件的要求，系统配管长度能否满足多联机系统的要求，即是否符合设计三原则。

③ 其他　室外机是否有地方放置，室内外机管道是否过长，是否超过了室内外机产品

最大管道长度的限制和高差限制。

（2）确定新风方案

根据具体工程实际，结合空调建筑物的性质、使用功能的划分、结构特点、使用情况、当地气象条件以及工程造价等因素确定新风处理方案。对于民用建筑，可仅按每人新风量标准确定各房间的新风量。

（3）负荷计算

负荷计算时应注意新风负荷的承担方式。在进行夏季空调负荷详细计算时，值得注意的事项如下。因各房间室内机型号选择采用的是逐时最大负荷，在选择室外机并划分空调系统时，不是将所有房间最大负荷相加，而是采用同一系统（一个室外机）服务的各房间某一时刻负荷的最大值，其值一般小于各房间空调负荷之和。在进行冬季空调负荷详细计算时，考虑到多联机的使用灵活特点，同时考虑间歇使用和邻室传热，选择室内机时，办公建筑物室内计算负荷宜乘以 1.05~1.2 的放大系数，居住建筑物室内计算负荷宜乘以 1.1~1.3 的放大系数；选择室外机时，办公建筑物室内计算负荷宜乘以 1.05~1.2 的放大系数，居住建筑物室内计算负荷宜乘以 1.05~1.2 的放大系数。

不论夏季还是冬季空调负荷计算，均应根据新风方案，确定室内机是否承担新风负荷。若承担，室内机计算负荷时应计算承担的新风负荷。计算冬季热负荷时，应根据采用的新风处理方式，计算新风负荷；不设独立新风系统时，应计算冷风渗透负荷。

（4）划分多联机系统及确定室外机的安装位置

① 划分多联机系统　结合建筑物各房间的使用功能，可按以下要求进行系统划分：

a. 系统容量不宜过大，最长管路不宜过长，同一个系统室内机的额定容量之和不宜超过 60kW；

b. 不同朝向或使用时间有差异的房间宜划分为一个系统，以确保个别房间实际负荷超过计算负荷时各室内机的出力；

c. 系统不宜跨越多层划分系统，跨层不超过 3 层，最好同层划分系统，以减少重力作用对制冷剂分配的影响；

d. 最好大容量室内机与小容量室内机不划分在同一系统，容量相近的室内机宜划分为同一系统，以利于各室内机流量分配的平衡；

e. 使用不频繁的大空间房间宜单独设置系统，如大会议室，比变频系统造价低很多，宜选用定速系统以节省造价。

② 确定室外机的安装位置　根据室外机的外形尺寸、通风要求、环境要求、安装维修要求、噪声振动的影响，结合建筑、结构、供电、排水等专业要求，确定室外机的位置。

（5）室内机选择计算

根据确定的空调系统形式及房间装修要求，选择合适的室内机机型。室内机的形式根据客户要求、建筑结构特点、工程造价、装修要求等确定。通过室内机选择计算，即可确定室内机规格的大小。由于实际空调房间室内设定温度与多联机系统额定工作状况有偏差，夏季供冷时，当室内设定温度低于额定工作温度时，室内机的实际供冷量会有所下降。同样，冬季供热时，当室内设定温度高于额定工作温度时，室内机的实际供热量也会有所下降。一般情况，室内空调设定温度偏离额定工况 4℃ 以内时，供冷量、供热量的变化在 20% 以内，同时考虑到变频多联机系统使用灵活的特点，应考虑间歇使用系数和房间传热的影响，室内计算负荷宜适当乘以 1.1~1.3 的放大系数，再选择室内机。

根据空调房间的计算负荷、室内要求的干湿球温度、室外空调计算干湿球温度及已确定的室内机机型，选出制冷（供热）容量接近或大于房间负荷的室内机型号和台数。作为选择室内机容量的房间空调负荷一般采用夏季冷负荷,以冬季热负荷进行校核。当校核不满足冬季供暖需要时,应选择大一号的机型或采取其他辅助供暖措施。室内机的制冷和供热容量与室内要求的干湿球温度、室外设计干湿球温度有关,设计时应查厂家提供的详细容量表。

(6) 室外机选择计算

室外机位置大体确定后,管路长度大体确定,管长修正也基本确定。可根据划分系统服务的房间计算最大冷负荷和冬季热负荷,并按以下步骤选择室外机:取其中大的型号,若所选型号过大或过小,则重新划分系统,重复以上步骤,直到选出合适的室外机为止。

(7) 校核各室内机的实际供冷量、供热量

根据夏季、冬季所选出的室内机,取其中大的型号,并校核实际制冷量或制热量。若实际制冷量、制热量不满足要求,适当调整室内机规格。

(8) 检查各系统的室内外机配比

由多联机室内机、室外机选择过程可知,对于同一个系统,室内机的额定容量和应大于或等于室外机的额定容量。室内外机的容量配比有可能大于130%,为了确保系统的安全性和工作的可靠性,系统的室内外机配比不应超过50%~130%。若室内外机容量配比不满足要求,则适当调整室外机型号,使其满足配比50%~130%的要求。

(9) 新风设备选型计算

在确定新风系统方案后,即可进行新风设备选型计算,其步骤如下:

① 根据建筑条件图和房间的使用功能,确定房间滞留人数,根据新风量标准,确定房间新风量;

② 根据建筑条件、结构条件、使用功能等划分新风系统;

③ 根据新风系统所负担房间的新风量要求,确定系统新风量,选择新风设备。

在选择新风设备时,应注意以下问题。

① 选择新风系统形式,并结合新风系统形式对应不同新风设备的规格、型号、安装维修条件、外形尺寸等要求。

② 功能差异较大的房间,新风系统不宜划为一个系统。例如,办公室和使用不频繁的大型会议室宜单独设置新风系统,有利于节约运行费用。

③ 新风系统宜小不宜大。新风系统过大,新风管道尺寸、占用空间过大,不利于管道布置,而且系统过大时送风口过多,很难保证各房间的设计风量。

④ 新风吸入口的位置很重要,设置新风吸入口时应注意:

a. 设在室外空气比较洁净的地方,并宜设在北外墙上;

b. 应尽量设在排风口的上风侧(进、排风口同时使用时,特别是采用热交换器处理新风时,设在主导风向的上风侧),且应低于排风口,并尽量保持不小于10m的间距;

c. 进风口底部距地面不宜小于2m,当新风口布置在绿化带时,进风口底部距地面不宜小于1m。

(10) 布置室内机

布置室内机前,应先确定室内机的形式。选择、布置室内机,应结合室内装修、气流组织要求、造价、用户要求及各种室内机的特点、房间功能等确定。

当外区需要供热,内区有可能要求供冷时,可使整个系统内一些室内机继续进行供冷运行,另一些室内机则可做供热运行,这样既充分利用了能源,降低了系统能耗,又满足了不同区域的空调要求。

(11) 布置新风系统

在方案确定、选出新风机规格后,即可进行新风机的布置。

（12）布置室外机

根据 VRV 系统的划分和环境条件适用的原则，确定室外机的规格型号、安装位置及占地面积。在确保通风良好的前提下，尽量减少内、外机的布置距离，同时应满足安装空间及布置的基本要求：进风通畅不干扰，排风顺畅不回流。通常两排室外机间距应大于 900mm，距墙侧的距离应不小于机组的高度加 500～900mm。为保持流畅的通风，应保证室外机的顶风开放。

（13）连接管道，标注配管管径和分歧管型号及规格

VRV 生产厂家均给出其产品的配管、分歧管型号及规格选择表，以供设计时选用。VRV 系统的设计流程可归纳如图 14-6 所示。

14.3.4　VRV 空调系统设计应注意的问题

（1）避免按传统水系统空调设计方式设计变频多联机系统

根据变频多联机 VRV 的结构特点和使用特点并结合目前多联机的种类，系统宜小型化设计，配管长度不应过长。不应把水系统设备和多联机系统的设备同样看待，水系统的设备只要系统运行稳定，供水可靠，供水温度符合设计要求，产品选型符合设计要求，则设备出力就可满足设计要求。而对于多联机系统的室内机、室外机及整个系统，系统的稳定性对室内机、室外机工作的环境温度有要求和限制，若室内机、室外机的工作范围超过其适用范围，整个系统的可靠性、稳定性就会大受影响，使用寿命就会缩短。

（2）负荷计算时计算负荷宜适当放大

负荷计算时，应注意由于多联机使用的灵活性，应按间歇使用考虑，室内设计负荷宜适当加大，这与水系统计算负荷有区别。从多联机的系统特点来说，多联机室内外机系统装机容量应适当留有余量；选择室内外机时应注意管长、温度修正。

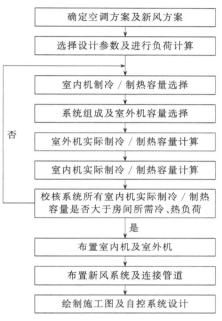

图 14-6　VRV 系统的设计流程图

（3）室外机振动和噪声对周边环境的影响

尽管涡旋式压缩机本身具有振动小、噪声低的特点，但其还有一定的噪声。多联机室外机的噪声主要来源于风扇和风扇电动机、压缩机及电磁阀。在布置室外机时，应考虑室外机噪声的叠加和与周边环境噪声的叠加。从这一点上来说，单台室外机也不宜过大。室外机若与对环境噪声要求较高的建筑物相邻或对环境有严格要求时，应通过计算确定室外机的位置，或对室外机采取隔声措施，以满足对噪声的要求。

（4）周边环境应满足室外机的要求

室外机尽量布置在有遮阳的地方，确保室外机通风良好，避免阳光或高温热源直接辐射；防止冬季产生的凝结水结冰后脱落伤人；确保周围环境中的灰尘或其他污染物不会堵塞室外机的热交换器。不得将室外机安装在油雾、盐分或腐蚀性气体（如硫黄）等物质含量很高的地方，不得将室外机安装在电磁波能够直接辐射到配电盒等地方。

（5）宜按内外区设置系统

房间进深较大时，考虑到外区供冷时间长，过渡季外区需要供冷、内区需要供热的特点，系统可按内外区分别设置，这也充分利用了多联机系统灵活的特点。

（6）避免强季节风直吹室外机换热器

北方地区冬季供暖室外机进风口应放背风侧，或换热器加防雪罩，以利于化霜且通风良好；室外机，特别是安装在屋面上的室外机应有良好的接地。对于南方地区，应避免强季节风直吹室外机换热器。

（7）设计时应注意室内机噪声处理

在设计时应注意生产厂家给出的室内机噪声值的测试条件。在实际布置室内机时，其条件无法像测试条件那样，往往风管长度、形状与测试条件相差较大，测点与国家标准测点相距甚远，噪声往往高于样本给定值，造成室内噪声超标，特别是回风口的噪声往往大于送风口噪声。不能盲目套用厂家样本数据，在实际设计过程中，对噪声要求较高的场合应特别注意消声处理措施。

（8）应考虑室内机容量和处理能力有限

目前，多联机系统室内机处理风量较小（最大达到 $20000m^3/h$），而水系统室内机处理空气能力可达每小时几十万立方米。多联机自控系统复杂，自成一体，室内机很难像水系统室内机那样可根据需要增加功能，更改控制程序，达到某一处理空气状态的需要。在应用多联机系统时，应首先明确应用场合是否合适；其次，在设计选用多联机时，应尽可能发挥多联机的优点，克服其缺点，扬长避短，既可降低相对造价，又满足了空调的需要。

（9）新风机处理新风能力、规格有限

与水系统新风机相比，目前多联机系统的新风机规格型号较少，多联机专用新风机的处理能力也有一定的范围。设计时应注意新风供给方式对多联机的影响，多联机新风系统设计应满足以下要求。

① 新风宜经排风热回收装置进行预冷（热）处理，并且设旁通风道，在过渡季不经过热回收装置直接引进新风。

② 采用排风热回收装置补充新风时，室内末端机组的选择应考虑分担部分新风负荷。

③ 宜选用适应新风工况的专用直接蒸发式机组对系统的新风进行处理。

（10）多联机系统仅适合舒适性空调领域

对于有特殊参数要求的空调系统，如有恒湿控制要求时，则要求冬季室温高于 $30℃$、夏季低于 $20℃$ 的场合，均不能使用普通变频多联机系统。多联机系统通常无法满足恒温恒湿、净化的需要。

（11）凝结水管的安装问题

VRV 空调部分室内机自带凝结水提升泵，这给设计带来极大的方便。实际工程中凝结水管的长度应尽量短，并要有 0.01 的坡度，以免形成管内气阻，排水不畅。如果凝结水管坡管不够时，可制一个排水升程管。升程管的高度应小于各种型号凝结水排升高度的规定值。升程管距室内机应小于 300mm。

（12）制冷剂的问题

由于 VRV 空调系统的管道接头较多，增加了制冷剂泄漏的可能性，且系统的内容积过大，增大了制冷剂充灌量。因此，空调机安装的房间要求设计成：在出现制冷剂泄漏时，其浓度不会超过极限值。以制冷剂 R410A 为例，它没有毒性和易燃性，但是当浓度上升时却存在窒息危险。其极限浓度计算方法如下：制冷剂总量（kg）/安装室内机房间的最小容积（m^3）≤浓度极限（kg/m^3），用于一拖多的制冷剂的浓度极限为 $0.3kg/m^3$。浓度可能超过极限值的房间，与相邻房间要有开口，或者安装与气体泄漏探测装置联锁的机械通风设备。

14.4 热泵节能技术简介

14.4.1 热泵系统定义

热泵是一种基于逆卡诺循环基本原理，采用电能驱动，从低温热源中吸取热量，并将其传输给高温热源以供使用的技术；传输到高温热源中的热量不仅大于所消耗的能量，而且大于从低温热源中吸收的能量。它可以将空气、土壤、水中所含的热能、工业废热及太阳能等转换为可以利用的高位热能，从而达到节省部分高位能的目的。从广义上而言，凡是可以在低温环境下吸取热量，并将其能量品位提高后，向高温环境输出热量的装置或机械都可以称为热泵。热泵有机械式、吸收式、化学吸附式、水蒸气喷射式以及化工热力泵之分。就机械式热泵而言，热泵就是一个具有四通换向阀调节，蒸发器与冷凝器可以交换运行的制冷机。

14.4.2 热泵系统分类

热泵系统主要由压缩机、冷凝器、膨胀阀、蒸发器四部分构成。根据热泵的热源介质来分，热泵可分为空气源热泵和水源热泵，而水源热泵又分为水环热泵和地源热泵。水环热泵是充分利用室内余热的一种热泵：冬季当室内余热不足时，可利用锅炉进行加热；夏季当室内余热过多时，可利用冷却塔进行排热。热泵分类示意如图 14-7 所示。

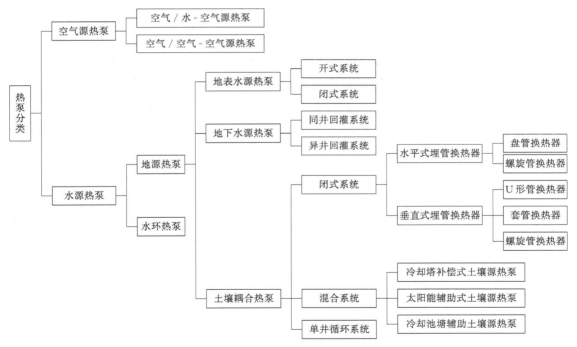

图 14-7　热泵分类示意

空气源热泵是以空气作为热源，既可供热又可制冷的高效节能空调系统。地源热泵是一种利用地下浅层地热资源（也称为地能，地热资源来自地下水、地表水或土壤等），既可供热又可制冷的高效节能空调系统。水源热泵通过输入少量的高品位能源（如电能），实现低温位热能向高温位转移。地能分别在冬季作为热泵供暖的热源和夏季空调的冷源，即：在冬季，把地能中的热量"取"出来，提高温度后，供给室内供暖；夏季，把室内的热量取出来，释放到地能中。通常水源热泵消耗 1kW 的能量，则用户可以得到 4kW 以上的热量或冷量。

地源按照室外换热方式不同可分为三类：a. 地下水系统；b. 地表水系统；c. 土壤耦合埋管系统。以地下水为热源和热汇的热泵系统称为地下水源热泵，如图 14-8 所示；以地表水为热源和热汇的热泵系统称为地表水源热泵，如图 14-9 所示。以土壤为热源和热汇的热泵系统称为土壤源热泵；根据循环水是否为密闭系统，地源又可分为闭环和开环系统。闭环系统又可分为垂直埋管〔图 14-10(a)〕和水平埋管〔图 14-10(b)〕。

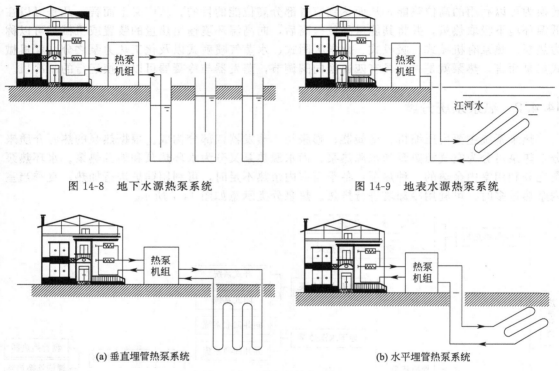

图 14-8　地下水源热泵系统　　　　　　图 14-9　地表水源热泵系统

(a) 垂直埋管热泵系统　　　　　　(b) 水平埋管热泵系统

图 14-10　土壤耦合埋管热泵系统

热泵的分类多种多样，如果按同热泵的蒸发器和冷凝器换热的介质不同分类，热泵可以分为：空气-空气热泵，空气-水热泵，水-水热泵、水-空气热泵、土壤-空气热泵及土壤-水热泵等。其中，空气-水热泵机组，即空气热源热泵式冷热水机组在工程上的应用更为广泛。

14.5　空气源热泵技术

以空气作为热源的热泵称为空气源热泵或气源热泵，通常制作成能够供冷、供热的两用循环系统。由于该系统以空气作为热源和冷源可大幅节约用水，也避免了对水源水质的污染，并且可将风冷热泵冷热水机组放在建筑物顶层或室外平台即可工作，省却了专用的冷冻机组和锅炉房。空气源热泵冷热水机组由于它既能供冷水，又能供热水的特点深受用户欢迎。

空气源热泵需要依据给定的气候条件来设计，使其容量及效率在较宽的环境温度范围内得到保证。因此，需要在性能上解决当需要供量最大时的空气源温度最低，同时机组的容量及效率也最低这样一对矛盾。

此外，空气源热泵机组需要充分考虑不同循环条件下，节流机构的参数选择以及室内外两个换热器之间的合理匹配问题。在确定机组的容量时，对于一般地区而言，由于空调负荷大于供暖负荷，因而根据空调制冷负荷确定即可。对于寒冷地区用户，在一定的时间内，空调负荷可能不再大于供暖负荷。在这种条件下，可以根据情况采取两种处理方法：一是以极端供热负荷及其对应的环境条件与机组的运行条件确定机组容量；二是仍然以空调制冷负荷确定机组容量。在机组供热量不能满足供热的条件下，可采取补充辅助加热措施。

14.5.1 空气源热泵系统分类及系统简介

（1）空气源热泵系统分类

空气源热泵机组可按以下方式进行分类：

① 按热能输配对象分类如下：空气/水-空气源热泵冷热水机组，空气/空气-空气源热泵冷热水机组；

② 按容量分类如下：小型（制冷量 7kW 以下），中型（制冷量 10.6～52.8kW），大型（制冷量 70.3～1406.8kW）；

③ 按压缩机形式分类如下：涡旋式、转子式、活塞式、螺杆式、离心式；

④ 按功能分类如下：一般功能的空气源热泵冷热水机组，热回收型的空气源热泵冷热水机组，冰蓄冷形式的空气源热泵冷热水机组；

⑤ 按驱动方式分类如下：燃气直接驱动和电力驱动。

（2）空气/水-空气源热泵冷热水机组的空调系统

空气源热泵冷热水机组，其室外机一般由压缩机、冷凝器、蒸发器、循环水泵等组成。使用时，由循环水泵将冷热水机组提供的冷水或热水送至各个空调末端设备。空气/水-空气源热泵机组构成的空调系统图如图 14-11 所示。对于层高较低的楼宇，一般以选用空气-水热泵机组为主。该空调系统可在走廊上方布置新风管及水管，在各房屋内布置风机盘管或变风量空调箱。这样的布置方式，可尽量少占用房间高度的空间，并能灵活地开关各房间内的风机盘管。这种方式的主要缺点是风机盘管布置于室内，噪声较大，且由于室内有冷、热水的管道及风机盘管等运动件，因而易损件在室内较多，维修工作量较大。

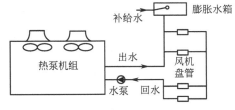

图 14-11 空气/水-空气源
热泵机组的空调系统图

热泵机组中的压缩机可分为定速和变速两种。空调系统的膨胀水箱可分内置和外置两种，系统补水方式与膨胀水箱的设置方式有关。

对于冬季间歇运行，并且室外气温较低而使系统容易结冰的地区，可以将蒸发器及循环水泵与室外主机分开而组成室内辅机。室内辅机与室外主机用制冷剂管连接。

在寒冷地区，冬季室外温度较低，由于热泵型机组在气候十分寒冷时，制热量较少，而此时建筑物的散热量又很大，根据夏季冷负荷选用的冷热水机组，冬季供热量常常不能满足冬季热负荷的要求。此时应考虑选用辅助加热装置来增加供热量。故热泵型机组的空调系统内应具有辅助加热设备。一般辅助加热设备如下：①电表面加热器直接安置于空气-空气或水-空气热泵机组室内送风侧；②电热锅炉、燃油、燃气锅炉，将空气-水热泵系统的热水再加热，以使送至房间内末端装置中的热水保持在 45～55℃；③城市热网集中供热方式。

（3）空气/空气-空气源热泵冷热水机组的空调系统

空气/空气-空气源热泵机组构成的空调系统如图 14-12 所示。该系统以空气为冷（热）量载体，为降低气流阻力及噪声，送、回风管截面不可以太小，这样对建筑物空间的利用产生了影响。对于层高较高的建筑，如影视剧院、商场和歌舞厅等，可采用空气-空气热泵机组，或水-空气热泵机组。室内采用全空气通风系统，由机组直接将冷（热）风送至空调区域。这种空调方式，由于无水管进入空调区域，空调区域内无运动件，因而维修工作量较小，空调区域噪声较低。

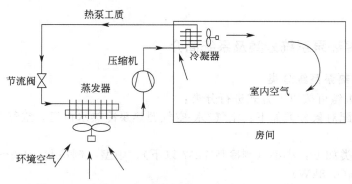

图 14-12　空气/空气-空气源热泵机组构成的空调系统

14.5.2　空气源热泵型空调系统的设计方法

热泵型空调系统设计内容包括空调负荷与容量的确定、机组类型与台数的确定、热泵的位置、水泵的选择与布置、热泵空调系统末端设备的选择等。

（1）确定空调负荷与热泵机组的容量

热泵机组既要满足系统夏季的供冷要求，又要满足系统冬季的空调供暖要求。

由于所有末端设备同时使用的可能性很小，计算系统的总冷、热负荷时，应根据用户的要求及使用性质考虑不同的使用系数。确定总冷热负荷之后，根据本地区的气象条件和能源供应状况进行合理的设备选择，如空气源热泵冷热水机组、空气源单冷机组加热水炉、空气源单冷机组加城市热源等。

选用空气源热泵机组时，应按当地最佳平衡点来选择。最佳平衡点选择机组的一般步骤如下。

① 计算最佳平衡点温度下的建筑物热负荷。空气源热泵机组的性能受环境温度的影响较大，特别是当冬季室外温度较低时，此时热泵的蒸发温度较低，制热系数就随蒸发温度下降而下降，而此时建筑物对供热的需求却增大，造成室内空调温度无法维持。热泵的制热量 Q_h 与室外温度 t_a 关系如表 14-2 图中直线 CD 所示，建筑物耗热量在建筑物室内温度一定时与室外大气环境温度（室外温度）t_a 的关系如表 14-2 图中直线 AB 所示，直线 CD 与 AB 交于 O 点。在此温度下，热泵的供热量等于建筑物的耗热量，此温度点称为平衡温度点。当环境温度高于平衡温度点时，热泵供热量有余；当环境温度低于平衡温度点时，热泵供热量不足，不足部分则由辅助加热设备提供。此外，当建筑物内区为发热区域，而外区为散热区域时，若采用合适的热回收措施，其平衡温度点会发生左移。建筑物的保温性能较好时，也会使平衡温度点左移。因此，对空气热源热泵机组的供热量选择时，必须仔细地研究建筑物的耗热特征以经济、合理地选择平衡温度点。

表 14-2　空气源热泵机组平衡温度点确定

定义	图例
热泵的制热量与室外温度线性关系 CD	
建筑物耗热量与室外温度线性关系 AB	
平衡温度点 O 为热泵的制热量和室外温度线和建筑物耗热量和室外温度线的交点	

② 把该平衡点温度下的供热量换算到标准工况下的制热量，再选择空气源热泵冷热水机组。

③ 通过查询生产厂家的样本或技术资料，求得该机组在冬季空调设计工况下的制热量，并由设计热负荷求得辅助热源的容量。

④ 通过查询生产厂家的样本或技术资料，求得该机组在夏季空调设计工况下的制冷量。如果不能满足空调冷负荷的要求，则应补充辅助冷源，考虑到冷机布置的方便，一般选用风冷单冷机组作辅助冷源。

按此方法选择机组时，一般来说不会存在夏季空调设计工况下热泵机组所提供的冷量远大于空调设计冷负荷的情况。

（2）机组类型与台数的确定

热泵型冷热水机组根据压缩机的不同可分为涡旋式热泵机组、往复式热泵机组和螺杆式热泵机组。按机组结构大小、组合规模不同，热泵机组还可分为整体式热泵机组和模块式热泵机组。所谓模块式热泵就是指一台热泵机组由若干台热泵单元并联而成，各单元增减组合灵活方便，任意一单元的故障不影响其余各单元的工作。每单元的额定制冷量为 55kW 左右。而整体式热泵机组从外观上看是一组合单元、一整体框架，虽然内部可有多台压缩机，甚至有 2 个以上的制冷回路，但它们之间一般不可再分解。

模块式热泵机组的主要优点是噪声低、振动小，由于系统总的制冷回路多，冬季化霜时对系统水温影响小，系统的互备性好。另外，热泵机组一般置于屋顶。模块式热泵机组由于各单元组合灵活，各单元尺寸小、重量轻，故具有运输吊装、安装方便等优点。如工程较大，模块式热泵机组会由于制冷单元数量较多，而存在故障点多、维护量大的可能，额定工况下的效率也略低于整体机组。另外，由于模块化热泵一般采用板式换热器，对水质要求较高，对各单元之间水力平衡的要求也较高。综上所述，对较小系统，或对尺寸、重量吊装等有特殊要求的场合，模块式热泵有其优越性。

选用模块式热泵应注意三个问题：一是水质要求，入口要设较高过滤效率的过滤器；二是水力平衡要好；三是拼装块数不宜过多，以免影响换热器的进风面积，一般一组不宜超过 6 个单元。在选择整体式热泵机组时，应考虑到空调系统负荷变化的特点和设备间的互备性，考虑到冬季热泵化霜时尽可能减少对水温的影响。

一般一个空调系统的热泵台数不宜低于 2~3 台，每个空调系统配置的热泵机组的总制冷回路数不宜少于 4~6 个。当然，热泵的台数还应考虑大楼功能、用户单元划分、计量、管理等综合因素。至于往复式热泵机组与螺杆式热泵机组，从理论上讲，螺杆式热泵运动部件少，维护量少，效率也高，噪声也低。但由于热泵的噪声很大一部分来源于风机，而且压缩机的噪声可以通过加隔声罩等办法降低，故实际上螺杆式热泵的噪声比活塞式热泵的噪声略低〔约 3~5dB（A）〕。另外，热泵机组的热阻的主要在室外换热器侧，热泵的效率还受蒸发器和冷凝器面积等因素的影响，故从工程角度看，螺杆式热泵与活塞型热泵在效率上的差异有限。但螺杆式热泵的价格高于往复式热泵。

关于制冷剂问题，有条件时尽可能选用对环境影响小的制冷机，如 R134a、R407C 等。其中，应优选 R407C，其次是 R134a。采用空气源热泵冷热水机组时应符合以下原则。

① 较适用于夏热冬冷地区的中小型公共建筑。

② 夏热冬暖地区采用时，应根据热负荷选型，不足的冷量由水冷机组提供。

③ 在寒冷地区，当冬季运行性能系数低于 1.8 时或具有集中热源、气源时不宜采用。

注：冬季运行性能系数＝冬季室外空调计算温度时的机组供热量(kW)/机组输入功率(kW)。

关于空气源热泵节能运行的基本原则如下。

① 和水冷机组相比，空气源热泵耗电较高，价格也高。但其具备供热功能，对不具备集中热源的夏热冬冷地区来说较为适合，尤其是机组的供冷量、供热量和该地区建筑空调夏、冬冷热负荷的需求量较为匹配，冬季运行效率较高。从技术经济、合理使用电力方面考虑，用于日间使用的中、小型公共建筑最为合适。

② 在夏热冬暖地区使用时，因需热量小和供热时间短，应以需热量选择空气源热泵冬季供热，夏季不足的冷量采用水冷机组补足，可节约投资和运行费用。

③ 寒冷地区使用时必须考虑机组的经济性与可靠性。当在室外温度较低的工况下运行时，致使机组制热 COP 值太低，丧失热泵机组节能优势时就不宜采用。

（3）热泵的位置

热泵的位置有下列几种：一是置于裙楼顶；二是置于塔楼顶；三是置于窗台；四是置于净高较高的室内。考虑到吊装及日后更换等原因，热泵被较多置于裙楼顶。当热泵置于裙楼顶时，要评估其对主楼及周围环境的影响，较大的热泵机组（≥200RT703kW），单机噪声在 75～85dB(A) 左右。必要时可加隔声屏障，或在主楼靠热泵侧避免开门，做双层窗或高质量中空玻璃取代普通单层玻璃窗。布置于窗台的热泵往往是每层要求独立配置、单独计量的场所，只限于较小容量的热泵，宜采用侧进风、侧排风的形式。选用上排风热泵时应安装导流风管，改成侧排风。即使室内有较高净空，热泵置于室内是不可取的。受条件限制必须设于室内时，室内应有穿堂风可利用，要有足够的进风面积，并将排风通过风道有组织地排至室外，防止气流短路。加接排风管时，对风机应做相应调整，避免因阻力的增加而减少通风量。比较理想的方法还是将热泵机组置于塔楼顶，以使热泵有良好的通风条件并使噪声影响降为最小。但应注意，热泵不能靠近住宅或其他对噪声要求较高的房间布置，不得紧贴住宅（客房）上面或下面布置热泵及水泵。热泵机组宜采用弹簧减振器隔振，减振器型号及布置点经计算确定。热泵靠女儿墙及主楼的距离大于 3m，热泵间间距不宜小于 3m，有条件时距离应加大。热泵的布置除考虑对周围影响小、通风好之外，还应考虑管线布置、设备吊装及以后的更换等因素，有条件时，留出 1～2 台热泵位置，为发展留下余地，并为设备安装及更换考虑足够的荷载条件。

（4）热泵空调系统末端设备的选择

夏季工况条件下，热泵机组额定供回水温度分别为 7℃和 12℃，这与一般空调器的额定工况相一致，空调器的选择计算与其他形式的空调系统一致。在冬季工况条件下，热泵空调系统在额定条件（室外空气 8℃）下，热泵机组的额定供回水温度一般分别为 47℃、42℃。而当室外温度较低时，热泵空调系统的供水温度一般维持在 39～40℃。这一水温条件明显低于锅炉供热系统的额定供回水温度（分别为 60℃和 50℃），也低于一般空调器性能参数表中给出的额定进出水温度（分别为 60℃和 50℃）。由于水温不一样，空调器的散热量有明显差异。

（5）热泵空调水系统

较大的空调系统，或一个大楼中有运行时间不一致的不同功能部分，或有若干需要独立计量的部分，或存在阻力相差较大的若干部分，空调水系统宜通过分集水器分设若干个子系统。热泵和水泵的配置应与之相适应，以保证系统始终处在较高工作效率状态。系统划分时应满足各部分计量与维护的要求，应满足不同功能部分不同时运作要求，要尽可能将同一性质的空调器归划为一个子系统，而将阻力特性相差较大的空调器（如风机盘管空调器与组合式空调器，或风机盘管空调器与新风机组等）分划成不同子系统。各系统设备只要条件允许，尽可能采用同程布置方式。并联的水泵、并联的热泵或并联的水泵-热泵组之间的连接也尽可能采用同程布置形式，各不同的水路系统宜通过分集水器连接，在集水器各分支管上宜设温度计和平衡阀。各并联环路的回水管上有条件时也宜设温度计和平衡阀，以利于观测及水力平衡。各主要设备（热泵、组合式空调器、柜式空调器）进入口宜设温度计、软接头、过滤器、压力表。

系统中热泵与水泵的连接宜采用压入式连接，即水泵向热泵供水。水泵与热泵相距不远时，可只在水泵吸口装过滤器。采用板式换热器的热泵入口应装不少于 60 目/in（1in＝2.54cm）的过滤器。组合式空调器、柜式空调器进水口应装过滤器，垂直系统的客房内的风机盘管空调器入口应设水过滤器，水平式系统的风机盘管可只在每层的进水次干管处设过滤器。水泵的出入口均应装压力表。系统定压点应设于集水器或回水管上。系统膨胀水箱底应高出系统最高点 1m 以上，当膨胀水箱高出生活水箱时，应采用水泵机械补水。膨胀水箱应设信号管以便观测其中的水位。膨胀水箱的位置应避免由于各种原因出现溢水对电梯等造成影响。有条件时，空调水系统宜采用变水量控制，以有效解决水力失衡和减少部分负荷情况下水泵的消耗。当系统中热泵与水泵采用各自先并联后串联的方式连接时，为减少水泵的消耗，各热泵机组的出水口应设置与热泵机组联动的电动阀。

（6）水泵的选择与布置

水泵的数量宜与热泵的台数相对应。热泵与水泵的连接方式宜采用一对一串联的方式，热泵与水泵联动。热泵数量较多时，水泵可贴近热泵布置，水泵应具有防水性能并加挡雨吸声罩；热泵数量较少时，水泵宜集中布置于室内。备用水泵可采用先不安装临时替换的方法。如果水泵采用给水泵组并联再与并联的热泵组相串联的方式，则并联的热泵数量不宜超过 6 台，并应有可靠的水力平衡措施。这种连接方式应将水泵布置于靠近热泵的室内，也可以置于地下室，水泵的台数应考虑 1～2 台的备用泵。在选择水泵规格时，尽可能选低转速泵，以降低噪声。水泵的流量可按系统所需流量的 1.1 倍选取，水泵的扬程应等于系统所需克服的总阻力。水泵的功耗应控制在热泵出力的 1/30 之内。水泵的布置要有一定的间距，有条件时预留 1～2 台水泵的安装位置以备发展之需。水泵也应有可靠的隔振措施。

（7）减少热泵机组噪声影响的措施

为减少热泵机组噪声的影响，应从热泵机组着手，如压缩机加消声套，风机采用静音型，即尽可能选用低噪声的热泵机组。热泵机组除自身内部压缩机台座有良好减振外，热泵整机底座也应有减振措施，应尽可能选用弹簧减振器，弹簧减振器应通过认真计算确定。另外，在布置上，热泵机组应尽可能远离房间，或与相邻的房间之间加隔声屏，但应注意隔声屏不应阻碍通风气流的流通。一般来说，将热泵机组布置于主楼顶影响最小。从楼内走向热泵所在屋面平台的出入口应做隔声门并设隔声套间，或热泵机组与大楼核心筒之间有辅助房间（如水泵间、配电间）等隔断。水泵也是主要的噪声源，水泵的减振隔噪措施是非常重要的。置于屋面的水泵宜设置弹簧减振台座。有条件的将水泵置于室内，既可防雨，又可隔声。水泵间应做吸声处理，如水泵置于室外时，防雨罩内贴吸声材料对降噪有效。另外，水泵宜选用低转速泵，水泵房通向内走道的门应做隔声门，有条件时设隔声门套。

综上所述，空气源热泵空调系统设计流程如图 14-13 所示。

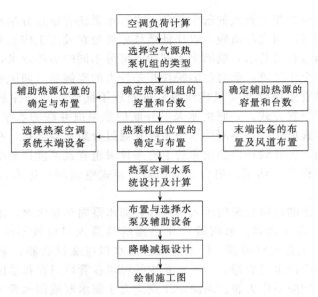

图 14-13　空气源热泵空调系统设计流程

14.5.3　空气源热泵空调系统节能措施

就热泵空调系统而言，其额定电耗超过了整个建筑额定耗电量的 50%。空调系统有效的节能措施对于减少建筑能耗，减少大楼的运营成本有明显效果与意义。热泵空调系统耗电的部分如下：热泵机组（包括压缩机和冷却风机）、末端空调器、水泵。热泵空调的节能措施可分下列几个方面。

（1）选用高效率低能耗的热泵，合理确定热泵台数

在热泵空调系统中，热泵机组在额定制冷工况下的能耗占整个空调系统总能耗的 78%～90%，其中压缩机的能耗约占系统总能耗的 74%～84%，风机能耗占 4%～6%。所以，热泵机组效率的高低对空调系统能耗有决定性作用。热泵机组的效率包括额定工况下的效率和部分负荷工况下的效率。从各供应商提供的资料看，热泵效率高低差异明显，高者额定工况制冷系数达到 3.7 左右，低者在 2.8 左右，采用高效热泵节能意义明显。个别热泵还可根据室外环境参数改变风机的转速，以减少风机的能耗。建筑物的空调负荷是随着外界气象参数和内部使用情况的变化而变化的，热泵机组台数及大小应充分考虑满负荷效率及部分负荷的特点与效率，经优化使全年能耗最低。原则上，热泵机组不少于 2～3 台，独立的制冷循环数不少于 4～6 个。

（2）合理选配水泵

额定工况下水泵的能耗占空调系统总能耗的 5%～9% 左右，在部分负荷情况下，如果选配不当，水泵的能耗不会减少，占整个系统能耗的比例会明显提高。另外，工程中普遍出现所选水泵过大、水温差过小的现象，所以水泵侧节能很有潜力可挖掘。水泵台数应尽可能与热泵台数匹配，以便部分热泵停机时，水泵相应停机，以减少水泵的消耗。所选水泵也应为高效水泵，所需水泵的流量、扬程应与实际一致。另外，如果水泵能采用变频泵，使其额定工况下的水温差达到 5℃，同时在部分负荷下水泵流量也相应改变（当然不应小于热泵机组的最小限定流量），则其节能效果会更加显著。采用变频技术改造现有工程大有可为。

（3）采用自动控制方法

在部分负荷情况下，热泵机组投入台数的合理确定，需要对热泵机组进行群控。为使水泵的运行台数与热泵机组同步，需要对系统采取变水量自控方式。让水泵在限定的范围内变水量也需要可靠的热泵与水泵联控。新风量的组织与控制（应根据室外环境参数或二氧化碳浓度控制新风量），可以将新风能耗降为最小，有时还可利用室外新风进行自然降温，最大限度地减少能耗。

（4）末端空调器节能

末端空调器所消耗的能量约占整个空调系统能耗的5%～17%。当末端空调器以风机盘管为主时，其能耗所占的份额变小；以组合式空调器为主时，其能耗所占总能耗的比例增大。因此，从减少能源消耗的角度看，小而分散的空调器更节能。另外，高焓差、低风量的空调器耗电低于低焓差、大风量的空调器。对气流组织无严格要求的舒适性空调场所，尤其是商场等人员聚集较多的场所，大焓差空调器既可减少能耗，又可减小风道面积，节省风道系统的投入和建筑空间。一般柜式、组合式空调器常有四排管、六排管和八排管之分。从节能角度看，应尽可能少用四排管空调器，多用六排管空调器，对组合式空调器可考虑用八排管空调器。不管水系统是否变水量，空调器至少设三挡变速也是需要的。在定水量系统中，有条件时对空调器采用变频等调速方法，恒温控制，可最大限度地减少末端空调器的能耗。采用以空调器耗电为标准的计量空调系统，风侧变速控制可使计量更客观。末端空调器的节能还可体现在当室外空气焓值低于室内空气焓值时，应尽可能利用室外空气冷却室内空气。

（5）改善环境通风，防止气流短路

热泵所处环境的通风情况是热泵机组能否高效运行，甚至是能否正常运行的相当重要的条件。通风良好的标准是：进入热泵的空气为环境空气，而热泵排出的气流又能及时排走、排远，热泵机组排气与吸气不短路。为实现这一目标应努力做到热泵与女儿墙之间有足够距离，或女儿墙上开足够面积的进风口；其次，热泵与核心筒和主楼应有足够的距离，热泵与热泵之间也应有一定的空间距离，这些距离一般应在3m以上。为了美观及布置方便，热泵机组大多对齐并列布置，为改善通风，热泵机组可错列。另外，应注意风向的影响，尽可能避免将热泵机组布置于主风向下建筑物45°阴暗区内。在热泵机组并排布置时，在热泵之间搭凉栅，可较有效地减少短路并可改善吸气环境，对冬季雨雪天减弱积霜程度有良好效果。这一措施也可减少夏天热泵吸入气流的温度，减少太阳辐射对换热器表面温度的不良影响。凉栅下可设置水泵，也为日常检查维修创造了好的环境。

热泵机组不应置于室内，不宜布置于对齐的每层阳台上。如布置于阳台上时，宜设于通风良好的转角处；或宜选用侧排风形式，或对竖排风的热泵加接风管水平排风，但风机应做相应调整。不得已置于室内的热泵必须加接排风管，将排气引出室外，且避免排风口和进风口过近，形成短路现象。同样由于加接风管，热泵所配风机应予以调整，以适应新的通风工况。

热泵周围的气流情况很复杂，可以通过计算流动力学方法模拟气流状态，以求得最佳通风布置方式。

（6）排风与节能

空调建筑中新风负荷占比较大，额定工况下，办公、旅馆等建筑新风负荷占空调总负荷的30%左右，商业建筑中新风负荷占50%左右。新风在数量上等于排风、渗透风及侵入风等风量之和。将渗透风、侵入风降到最低，将排风组织起来，通过全热热交换器回收其中的能量，具有明显的节能意义。由于目前国内空气品质差，空气含尘量大，给全热换热器的管理带来麻烦，也缩短了全热换热器的使用年限，从而影响了全热换热器的大量推广。对于热泵空调系统，如能将排风有组织地排至热泵机组入口，也是有利于提高热泵机组效率的，不失为简便、有效的节能措施。

（7）其他措施

在炎热的夏天，不少工程的热泵机组由于通风不良或机组质量上的问题，出水温度很难得到保证，这种情况下采取在进风侧向换热器喷水的方法可收到明显效果。喷水的不利后果是可能导致换热器表面积垢，从而影响换热，但由于盘管表面还有一定的灰尘，水垢也许不会直接在盘管表面形成，但会影响传热。为了防止结垢，喷软化水是解决问题的根本方法，但会增加费用。为提高喷水效率，应改喷水为喷雾，喷多少量恰到好处、如何喷效率最高、非软水喷有何不良影响及其影响程度多大等都是值得进一步研究的课题。

（8）运行与节能

热泵机组出水温度的改变可以改变热泵机组的效率。比如在环境温度为30℃，出水温度为12℃时，热泵机组的效率要比出水温度7℃时高出6%，环境温度为30℃，出水温度为15℃时热泵的效率为出水温度为7℃时的1.07倍左右。水温的变化会降低末端空调器的换热效率，但在部分负荷条件下，适当降低水温同样能满足室内要求。冬天的情况也有类似结果。在室外温度为−6℃时，热泵机组出水温度为40℃时的效率，比出水温度为50℃时的效率高出13%左右；在0℃时，热泵机组出水温度40℃时的效率是出水50℃时的1.14倍。例如，南京及有相近气候条件的地区，冬季40℃水温能满足末端空调供暖要求。

除此以外，空调系统在上班人员到达前提前开启，有利于节能。另外，由于围护结构及家具等的蓄热特性，空调系统热泵机组比下班时间提前关闭半小时至1小时，既不影响整体舒适，又有明显节能效果。提前开机、提前关机的确切时间根据建筑围护结构和室内家具特性、使用功能等因素而定，因工程而异，一般提前半小时左右开、停热泵机组的方案是有效可行的。

14.6 地源热泵

14.6.1 地源热泵工作原理

地源热泵是利用水源热泵的一种形式，它是利用水与地能（地下水、地表水或土壤）进行冷热交换来作为水源热泵的冷热源。冬季把地能中的热量"取"出来，供室内供暖用，此时地能为"热源"；夏季把室内热量取出来，释放到地下水、土壤或地表水中，此时地能为"冷源"。

地源热泵供暖空调系统主要分三部分：室外地能换热系统、水源热泵机组和室内供暖空调末端系统。其中，水源热泵机组主要有两种形式：水-水式或水-空气式。三个系统之间靠水或空气换热介质进行热量的传递，水源热泵与地能之间换热介质为水，与建筑物供暖空调末端的换热介质可以是水或空气。

作为自然现象，热量总是从高温端流向低温端。但如同水泵把水从低处提升到高处那样，人们可以用热泵技术把热量从低温端抽吸到高温端。所以热泵实质上是一种热量提升装置，它本身消耗一部分能量，把环境介质中储存的能量加以挖掘，提高温度进行利用；而整个热泵装置所消耗的功仅为供热量的1/3或更低，这就是热泵节能的关键所在。

地源热泵机组的工作原理就是利用地球表面浅层地热能如土壤、地下水或地表水（江、河、海、湖或浅水池）中吸收的太阳能和地热能而形成的低位热能资源。采用热泵原理，通过少量的高位电能输入，在夏季利用制冷剂蒸发将空调空间中的热量取出，放热给封闭环流中的水，由于水源温度低，所以可以高效地带走热量；而冬季，则利用制冷剂蒸发吸收封闭环流中水的热量，通过空气或水作为载冷剂提升温度后在冷凝器中放热给空调空间。

以水作为热源和热汇的热泵称为水源热泵，水源热泵包括地下水源热泵和地表水源热泵。图 14-14 给出地源热泵工作原理，由图 14-14 可知如下结论。

① 地源热泵系统主要由四部分组成：浅层地能采集系统、水源热泵机组（水-水热泵或水-空气热泵）、室内供暖空调系统和控制系统。所谓浅层地能采集系统是指通过水或防冻剂的水溶液将岩土体或地下水、地表水中的热量采集出来并输送给水源热泵系统，通常有地埋管换热系统、地下水换热系统和地表水换热系统。水源热泵主要有水-水热泵和水-空气热泵两种。室内供暖空调系统主要有风机盘管系统、地板辐射供暖系统、水环热泵空调系统等。

② 通过水循环或添加防冻液的水溶液循环来完成浅层地能采集系统与水源热泵机组之间的耦合关系，而热泵机组与建筑物供暖空调之间耦合是通过水或空气的循环来实现的。

③ 冬季，水源热泵机组中阀门 $V_1 \sim V_4$ 开启，$V_5 \sim V_8$ 关闭，通过中间介质（水或防冻剂水溶液）的循环，与地下水进行换热，从而从地下水中吸取低品位热量，并输送到水源热泵机组的蒸发器中。通过热泵技术提高低品位热能的品位，对建筑物供暖，同时蓄存冷量，以备夏季用。夏季，水源热泵机组中阀门 $V_5 \sim V_8$ 开启，$V_1 \sim V_4$ 关闭，蒸发器 4 出来的冷冻水直接送入用户，对建筑物降温除湿，而中间介质（水）在冷凝器中吸取冷凝热，被加热的中间介质（水）在板式换热器中加热井水，被加热的井水由回灌井返回地下同一含水层内；同时，也起到蓄热作用，以备冬季供暖用。

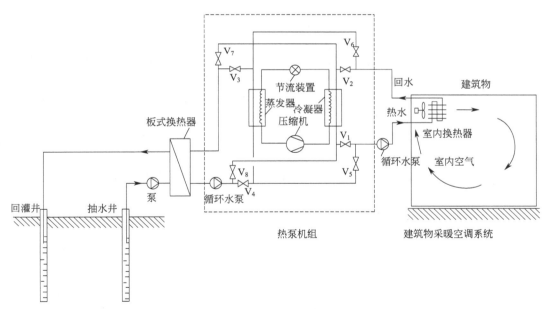

图 14-14 地源热泵工作原理图

14.6.2 地下水源热泵空调系统的形式与组成

以地下水为热源或冷源的水源热泵有两种形式：一是开式环路；二是闭式环路（图 14-15）。所谓开式系统就是通过潜水泵将抽取的地下水直接送入热泵机组。这种形式的系统管路连接简单，初投资低。但由于地下水含杂质较多，当热泵机组采用板式换热器时，设备容易堵塞。另外，由于地下水所含的成分较复杂，易对管路及设备产生腐蚀和结垢。因此，在使用开式系统时，应采取相应的措施。所谓闭式系统就是通过一个板式换热器将地下水和建筑物内的水系统隔绝开来。

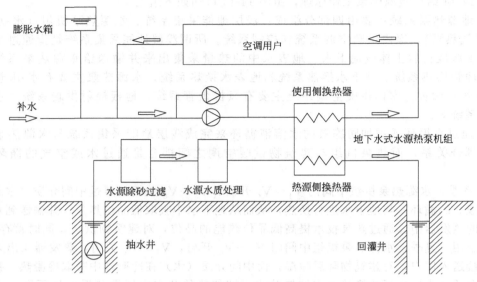

图 14-15　闭式环路地下水系统的示意图

地下水源热泵空调系统的形式，大致可分为集中式系统和分散式系统两种。集中式系统是选用大中型水-水热泵机组，集中安装在空调冷、热站内，集中制备热媒（或冷媒），然后由热媒（或冷媒）循环泵通过空调水管路系统，将热媒（或冷媒）输送到各个空调房间的末端装置内，以实现供暖（或供冷）；而分散式系统却是选用小型水-空气热泵机组，将小型水-空气热泵机组分别设置在各个空调房间内或各个区域内，由小型水-空气热泵机组直接向室内供暖（或供冷）。若分散式系统的水-空气热泵机组是按建筑物分区（如内区与外区、朝南区与朝北区等）分别布置的，其系统还具有回收建筑物内余热的功能，则这样的分散式系统由于具有水环热泵空调系统的基本属性，可以将它看成为地下水源热泵空调系统的一种特例，称为井水源水环热泵空调系统。

地源热泵的应用方式根据应用的建筑物对象可分为家用和商用两大类，根据输送冷热量方式可分为集中系统、分散系统和混合系统，主要如下。

① 家用系统　用户使用自己的热泵、地源和水路或风管输送系统进行冷热供应，多用于小型住宅、别墅等户式空调。

② 集中系统　热泵布置在机房内，冷热量集中通过风道或水路分配系统送到各房间。

③ 分散系统　用中央水泵，采用水环路方式将水送到各用户作为冷热源，用户单独使用自己的热泵机组调节空气，一般用于办公楼、学校、商用建筑等。此系统可将用户使用的冷热量完全反映在用电方面，便于计量，适用于目前的独立热计量要求。

④ 混合系统　将地源和冷却塔或加热锅炉联合使用作为冷热源的系统，混合系统与分散系统非常类似，只是冷热源系统增加了冷却塔或锅炉。

南方地区，冷负荷大，热负荷低，夏季适合联合使用地源和冷却塔，冬季只使用地源。北方地区，热负荷大，冷负荷低，冬季适合联合使用地源和锅炉，夏季只使用地源。这样可减少地源的容量和尺寸，节省投资。分散系统或混合系统实质上是一种水环路热泵空调系统形式。目前，国内应用最多的地下水源热泵空调系统是集中系统。

地下水源热泵空调系统由室内空调末端系统、水源热泵机组和室外地下水采集及热能换热系统三部分组成。

空调末端系统的功能是按建筑物各房间（或区域）冷热负荷的大小，合理地将冷量和热量分配到各个房间或区域，并组织空气合理流动，以创造出舒适且健康的室内环境。地源热泵系统通常选用风机盘管系统，或地板辐射供暖（冷）系统，或冷吊顶供冷（热）系统作为空调末端系统。热媒（或冷冻水）管路系统是输送热媒与冷媒的大动脉，将热泵机组制备的冷、热媒按建筑物的需要输送给用户，即输配热量或冷量，以满足末端装置的负荷要求。地下水源热泵系统的冷、热媒管路系统由冷、热媒的循环泵、补给水系统、定压装置、排气与泄水装置及管路与附件等组成，可采用同程系统或异程系统。

水源热泵机组是地下水源热泵空调系统的核心装置，通常选用水-水热泵机组或水-空气热泵机组，其功能是冬季制备供暖用的热媒，夏季制备供空调用的冷媒。

地下水采集及热能换热系统是地下水源热泵空调系统所特有的系统。其功能是将地下水中的低位能输送给水源热泵机组作为机组低位热源（或热汇）。

14.6.3 地下水热泵空调系统设计原则及应注意的问题

（1）地下水热泵空调系统设计原则

若有足够的地下水量，水质较好，有开采手段，当地规定又允许则可考虑应用此系统。下面介绍一些基本原则。

① 水井流量的要求，由计算出来的最大得热量和最大释热量确定。

② 地下水系统应使用板式换热器，进行水井水和建筑物循环水的热交换。

③ 对一个开放式系统，建筑物最好是低层结构，以便减小水泵耗能。

④ 如果选择一个带有板式换热器的闭式地下水系统，建筑物的高度就不必考虑。

⑤ 在寒冷地区，地下水系统的井水侧管道应保温，系统侧的循环水路要求防冻。

⑥ 对于地下水系统的投资效益比，较大的建筑物比小的建筑物好，因地下水供、回水井的投资并不随系统容量的增加而呈线性上升。

⑦ 热泵选择的进水温度取决于深井水的平均水温，深井水的水温一般约比当地气温高 $1 \sim 2 \, ℃$。我国东北北部地区深井水温约为 $4 \, ℃$，中部地区约为 $12 \, ℃$，南部地区约为 $12 \sim 14 \, ℃$；华北地区深井水温约为 $15 \sim 19 \, ℃$，华东地区深井水温约为 $19 \sim 20 \, ℃$；西北地区浅井水温约为 $16 \sim 18 \, ℃$，深井水温约为 $18 \sim 20 \, ℃$；中南地区浅井水温约为 $20 \sim 21 \, ℃$。

（2）设计中应注意的几个问题

① 如果井水的水质不适合井水源热泵冷热水机组的使用要求时，可以采取相应的技术措施（如系统中加装除砂器、沉淀池、净水过滤器、电子水处理仪、除铁设备等）进行水质处理，使其符合机组的要求；或加装板式换热器间接供水系统，使井水与机组隔离开，彻底避免井水对机组等可能产生的腐蚀作用。

② 水是重要的地球资源之一，因此在设计和使用中，为了保护地下水资源，必须采取回灌措施。通过井水有效回灌来保持含水层水头压力，防止地面下沉。还可以补充地下水源，调节地下水位，维持储量平衡。在井水回灌过程中，要注意回灌水的水质，杜绝回灌后引起区域性地下水质的污染。

③ 为了预防和处理管井的堵塞问题，在回灌过程中应开泵抽排水中堵塞物，确保回灌井的正常运行。

④ 当机房内配置螺杆式热泵机组时，应注意机房的噪声控制问题。通常采取的措施如下：机房的门、窗和墙壁可采取消声处理措施；热泵机组和水泵的基础可做减振基础；管道安装可采取弹性支吊架；管道与设备连接可采用弹性接头。

⑤ 选用的设备应符合节能标准所规定的能效比要求。

14.6.4 地下水源热泵空调系统设计方法

（1）收集设计有关的原始资料

必须充分了解工程情况，深入实际，调查研究，做好设计前的准备工作。一般来说，应收集的主要内容如下。

① 空调冷负荷、热负荷及参数要求 小时最大冷（热）负荷、小时平均冷（热）负荷、冷冻水或热水参数、热负荷与冷负荷的特点；热水供应负荷；冷负荷与热负荷曲线（至少要知道最小负荷）。空调冷（热）负荷是确定机房规模、机组选型和确定其热力系统等原则性问题的主要依据。

② 电力资料 电源、电压、电价（峰谷分时电价）及供电的可靠性等。

③ 气象资料 气象资料应包括纬度、海拔高度、大气压力、室外计算干湿球温度及相对湿度、供暖期天数、主导风向及频率、风速、最大冻土深度等。

④ 水质资料 水质资料是指水源的种类、供水压力、温度、价格、水质分析报告，以及热源井的布置与供回水管网等。

⑤ 地质资料 地质资料是指水文、工程地质资料（如湿陷性、黄土等级、热源井的水文地质勘察、地下水位、地基土允许承载力等）和地震烈度等。

⑥ 对于井水源热泵机组、水泵、换热设备及主要材料，设计人员应了解以下几点：井水源热泵机组和换热设备的主要性能、规格、技术参数，以及外形尺寸、重量、价格等；辅助设备资料，包括水泵、各种标准与非标准设备（定压设备、水箱、水处理设备等）的技术参数及安装外形图等；主要材料包括管材、附件及保温材料的供应和价格。

⑦ 改建扩建工程 对原有设备、管道、土建等竣工资料进行收集，同时还要了解原有空调冷热源运行情况、曾发生的事故及处理情况，以及目前尚存在的问题和业主的最新要求等。

⑧ 用户发展规划 设计空调冷热源时，应当了解用户近期和远期的发展规划，以利于将来的扩建与发展。

（2）确定空调设计方案

根据空调冷热源的原始资料、基础数据、发展规划、能源结构与政策、环保要求、使用场所等，进行多方案的综合技术经济比较。在多方案论证基础上，确定出既能很好满足用户要求，而又技术先进、经济合理的方案。相关方案如下。

① 空调冷热源形式 如分散建站还是集中建站，热媒、制冷剂等及用何种设备等。

② 冷水系统形式 如采用一次泵系统还是二次泵系统，同程式系统还是异程式系统，变水量系统还是定水量系统等。

③ 地下水换热系统形式 如用直接供水系统还是间接供水系统。

④ 其他 消防、安全、环保等方面的技术措施。

（3）进行工程场区调查与地下水文地质勘察

根据项目现场的地质水文情况选择一个及一个以上的试验井，测出试验井的每日出水量和井的水质资料，以及其他水文地质资料。

（4）确定所需的地下水总水量

根据供冷和供热工况下水环路的最大散热量和最大吸热量计算井水流量。地下水在冬季和夏季真正的需要量，实际上应与系统选择的水源热泵性能、地下水温度、建筑物内循环温度、冷热水负荷以及换热器的形式有关。一些国外品牌的水源热泵机组可以提供专用计算机选型软件，输入相关参数后即可迅速得到相应的水流量等数据。

（5）确定地下水井的数量和位置

根据试验井的出水量和预期的热负荷去选定满足系统峰值流量要求的最佳方案，包括水井的数量、间距和供水井、回灌井的尺寸。如果现有的地下水供应能力允许供水井和回灌井的运行过程互换（具备100%的备用、恢复、清洁、热力平衡能力），应该在系统设计中使这种能力得到体现。

（6）井或井群的管路布置

根据井或井群位置，布置各井的供给管线及建筑物的总管线，选择管径并计算其压力降。

（7）确定地下水注入或排出的方式

地下水热泵系统中回水的处理是十分重要的，目前我国一些地方已经出现由于抽取地下水供空调使用后无法回灌入地下而引起的技术和经济问题，应该引起设计者和业主的高度重视。为避免影响城市的地下结构，保护水资源并延长地下水热泵系统的使用寿命，采用地下水时，应全部回灌，并确保回灌不得对地下水资源造成污染。

（8）选择水源热泵机组和换热器等设备

在负荷计算和分析基础上，根据设计工况选择水源热泵机组和换热器等设备（设备形式、容量和台数等）及确定冷冻水、热媒等参数。对闭式供水的系统，根据总地下水量、建筑物内循环水量、地下水温度、建筑物内循环水温选择板式换热器的具体型号。在设计选型中主要注意以下几点。

① 当井水的矿化度小于 350mg/L，含砂量小于 1/1000000 时，地下水系统中可不设置换热器，选用直接供水系统。

② 当水井的矿化度为 350～500mg/L 时，可以采用不锈钢的板式换热器。当井水的矿化度大于 500mg/L 时，则应安装抗腐蚀性强的钛合金板式换热器。

③ 应根据板式换热器的工作压力、流体的压力降和传热系数来选择板的波纹形式。

④ 一般板间平均流速为 0.2～0.8m/s。

⑤ 单板面积可按流体流过角孔通道的速度为 6m/s 左右考虑。

⑥ 设计中，可采用厂家使用的专用计算机软件来选择板式换热器。

⑦ 为了使板式换热器在系统中高效运行，井水侧（一次水回路）和循环水侧（二次水回路）的流量和工作参数必须很好地匹配；否则，将使换热器不能高效运行。

（9）选择其他辅助设备、管道及附件等设备

根据已选定的水源热泵机组和换热器，选择其他辅助设备、管道及附件等设备。

（10）进行设备及管道设计

根据选择好的设备及空调负荷分布情况等，确定机房的位置与大小及房间组成，进行设备、管道的布置，并绘制必要的设备及管道布置图。

（11）向配合专业提出协作条件

提出供电、弱电、自控要求。将计算所得的地下水总水量、系统补给水量、其他用水量提供给给水排水专业。

（12）进行管道水力计算，选择水泵

根据采用地下水泵的形式以及井水系统管道的阻力（压力降）选择适合的井泵。根据冷热源机房内各种系统管道布置情况，进行管道水力计算，以正确地确定各种系统管道的管径及流动损失，为选择各种水泵提供依据。

（13）绘制设计施工图

编制设计文件、图纸，并列出设备材料清单。

综上所述，地下水源热泵空调系统设计流程如图 14-16 所示。

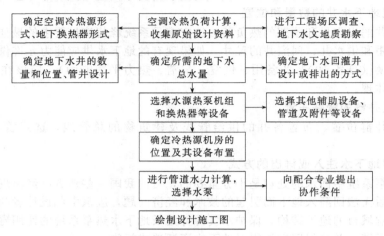

图 14-16 地下水源热泵空调系统设计流程

14.7 地表水源热泵

14.7.1 地表水换热系统的形式

地表水换热系统的形式可分为开式地表水换热系统（即地表水直接利用式）和闭式地表水换热系统（即地表水间接利用式）。开式地表水换热系统就是通过取水口，并经简单污物过滤装置处理，然后将处理后的地表水直接送入机组作为机组的热源（或闭热源）；闭式地表水换热系统就是通过中间换热装置将地表水与机组冷媒水通过换热器隔开的系统。地表水源热泵空调系统如图 14-17 所示。

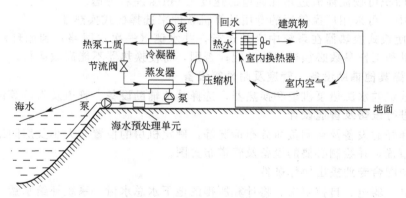

图 14-17 地表水源热泵空调系统

14.7.2 地表水热泵空调系统设计方法

（1）地表水系统设计原则

地表水热泵系统换热器设计不是很复杂，主要是要掌握正确的设计方向。如果条件允许，采用地表水换热器方式无疑是最节省投资的选择。由于它需要足够面积和足够深度的水域，因而限制了其使用。对于临海、临湖、临江等建筑仍然是最佳的选择。

① 可利用大型人工水体（人工湖、池塘、水库）作为换热体。

② 冬天地表水的平均温度会显著下降，在我国北方地区，地表水热泵系统换热器侧的循环水路要求防冻。

③ 对于热泵选择的进水温度，取决于换热器所在水层的平均水温。

（2）地表水换热器设计

① 地表水换热器单元环路设计　地表水换热器单元环路编织方式一般分为两大类，即捆扎式与非捆扎式，前者在实际工程上应用较多。以上两种编织方式在正常水温条件下，每米盘管的散热量约为 25～40W。捆扎式的环路盘管又可根据定位块的不同，进一步分为分离（层分离）的捆扎式环路盘管或未分离的捆扎式环路盘管。

② 地表水换热器盘管长度计算　地表水换热器盘管长度取决于供冷工况时水环路的最大散热量，或者供暖工况时水环路的最大散热量。根据单位冷/热负荷所需盘管长度，可得到合适的设计进水温度（低于 0℃时，要采取必要的防冻措施），然后根据建筑负荷计算出循环水的换热量，可以得到地表水换热器所需盘管的总长度。

（3）地表水换热器盘管的构造及流程设计

确定了换热器盘管总长度后，还需要进一步设计换热器盘管的构造和流程，即使用多少根等长的盘管（环路数量）及如何把盘管连接到集水干管上。另外，还需要考虑根据现有水体如何布置环路。

（4）地表水换热器其他设计事项

① 供回水干管管沟之间相互平行的总集管环路长度应相等。

② 供回水环路干管的管沟应该分开，防止热短路现象。

③ 换热器盘管应放在水泵的出口一侧，保证空气分离器阻止空气进入地表水换热器。

（5）地表水热泵空调系统的设计

地表水热泵系统按其地下热交换器的水环路形式可分为闭式环路地表水热泵系统和开式环路地表水热泵系统。闭式环路地表水热泵系统实际上是将土壤源热泵系统中的地下埋管换热器换成了在水体中的地表水热交换器。开式环路系统是将水从河流或湖泊中抽出送入热泵中，从热泵排出的水又排回到河流或湖泊中，这种系统的设计与地下水热泵空调系统相似。由于地表水体是一种很容易采用的能源，开式系统的费用是地源热泵系统中最低的，闭式系统也比土壤源热泵系统的费用要低。闭式环路地表水热泵空调系统的设计步骤如下。

① 确定江、河、湖、海或水池中水体在一年四季不同深度的温度变化规律　由于地表水体的温度变化较其他两种地源热泵系统大，因而对水体在全年各个季节的温度变化和不同深度温度变化的测定，是设计的一项主要工作内容。

② 确定地表水热交换器类型及材料　地表水热泵系统的设计主要是地表水体中的热交换器设计。

③ 选择地表水热交换器中的防冻剂种类　在冬季，当水体温度为 5.6～7.2℃时，盘管出口的温度会在 1.7～4.4℃范围内。由于系统液体在 0.13L/(s·t) 流量运行时温度降为 2.8～3.3℃，这样即使在南方的水体中运行，水源热泵的出口温度也会接近甚至低于 0℃。如果用水就会发生冻结现象，因此必须采用防冻剂。常用的防冻剂有氯化钙、乙二醇等，设计者可根据需要选用。

④ 确定地表水热交换器盘管的长度　盘管的长度取决于供冷工况时的最大散热量或供热工况时水环路的最大吸热量，设计者可以用接近温差即盘管出口温差与水体温度之差，确

定单位热负荷所需的盘管长度。然后根据供冷工况时的最大散热量或供热工况时水环路的最大吸热量，可以计算出地表水热交换器所需盘管的总长度。

⑤ 设计盘管的构造和流程　即要确定盘管数量（环路数量），确定如何把盘管分组连接到环路集管上，以及根据现有水体如何布置环路集管。设计原则如下。

a. 每个盘管的长度相等且作为一个环路，环路的流量要保证使其内部工作液体属于非层流流动；同时，使盘管的压力损失不超过 61kPa。

b. 盘管分组连接到环路集管的设计方法与土壤源热泵系统相同。

c. 合理布置各个环路组成的环路集管，使之与现有水体形状相适应，并使环路集管最短。在每个环路集管中，环路的数量应相同，以保证流量平衡和环路集管管径相同。

⑥ 系统的阻力计算及泵选择　与土壤源热泵系统相似。

地表水源热泵空调系统设计流程如图 14-18 所示。

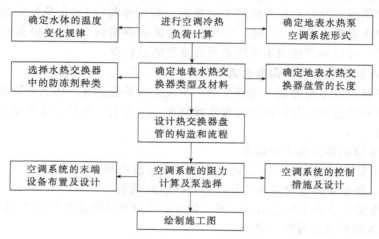

图 14-18　地表水源热泵空调系统设计流程

14.8　土壤源热泵系统

14.8.1　土壤源热泵空调系统工作原理及特点

地埋管地源热泵系统是利用地下岩土中热量的闭路循环的地源热泵系统，通常称为闭路地源热泵、地耦合地源热泵或土壤源热泵。其工作原理是通过循环液（以水或以水为主要成分的防冻液）在封闭的地下埋管中流动，实现系统与大地之间的传热。地埋管地源热泵系统在结构上的特点是由地下埋管组成的地埋管换热器。

地源热泵是一项高效节能型、环保型并能实现可持续发展的新技术，它既不会污染地下水，又不会影响地面沉降，因此目前在国内空调行业引起了人们广泛的关注。土壤源热泵系统的核心是土壤耦合地热交换器。土壤源热泵空调系统一般由以下三部分组成，如图 14-19 所示。

（1）室外环路

室外环路是由高强度塑料管组成的在地下循环的封闭环路，循环介质为水或防冻液，冬季从周围土壤吸收热量，夏季向土壤释放热量，并与热泵机组之间交换热量。其循环由一台或数台低功率的循环泵来实现。

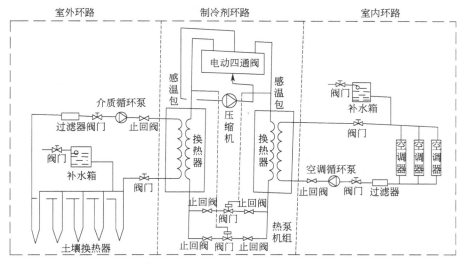

图 14-19　土壤源热泵组成示意图

（2）制冷剂环路

制冷剂环路即为热泵机组内部的制冷循环管路，它由蒸发器、节流阀、冷凝器及压缩机组成。

（3）室内环路

室内环路在建筑物内与热泵机组之间进行热量传递与交换，传递热量的介质可以为空气、水或制冷剂。如果传递热量的介质为空气，则其相应的热泵机组称为水-空气热泵机组。如果传递热量的介质为水，则其相应的热泵机组称为水-水热泵机组，图 14-20 所示即为水-水交换式地源热泵机组空调系统。如果传递热量的介质为制冷剂，则其相应的热泵机组称为水-制冷剂热泵机组。

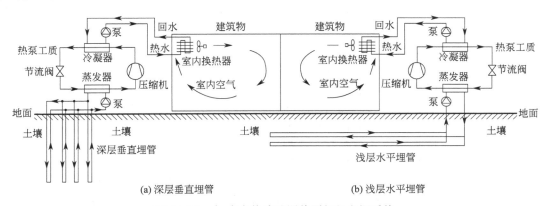

(a) 深层垂直埋管　　　　　　　　　(b) 浅层水平埋管

图 14-20　水-水交换式地源热泵机组空调系统

14.8.2　土壤源热泵空调系统设计要点

① 地埋管换热器计算时，环路集管不应包括在地埋管换热器长度内。

② 水平地埋管换热器可不设坡度敷设，最上层埋管顶部应在冻土层以下 0.4m，且距地面不宜小于 0.8m；单层管最佳埋设深度为 1.2～2.0m，双层管为 1.6～2.4m。

③ 竖直埋管换热器埋管深度宜大于 20m，钻孔孔径宜大于 0.11m。为满足换热需要，

钻孔间距应通过计算确定，一般宜为 4～6m。水平环路集管距地面不宜小于 1.5m，且应在冻土层以下 0.6m。为确保地埋管换热器及时排气和强化换热，地埋管换热器内流体应保持紊流状态，单 U 形管不宜小于 0.6m/s，双 U 形管不宜小于 0.4m/s，水平环路集管应设不小于 0.002 的坡度。

④ 竖直地埋管环路两端应分别与水平供、回水环路集管相连接，且宜同程布置。为平衡各环路的水流量和降低其压力损失，每对水平供、回水环路集管连接的竖直地埋管环路数宜相等。水平供、回水环路集管的间距不宜小于 0.6m。

⑤ 竖直地埋管环路也可采取分集水器连接的方式，一定数量的地埋管环路供、回水管分别接入相应的分集水器，分集水器宜有平衡和调节各地埋管环路流量的措施。

⑥ 地埋管换热器的传热介质一般为水，在有可能冻结的地区，应在水中添加防冻剂。地埋管换热系统设计时应根据实际选用的传热介质的水力特性进行水力计算。

⑦ 地埋管换热系统宜采用变流量设计，以充分降低系统运行能耗。

⑧ 在水源热泵机组外进行冷、热转换的地埋管地源热泵系统应在水系统管路上设置冬、夏季节的功能转换阀门，转换阀门应性能可靠、严密不漏，并做出明显标识。

⑨ 建筑物内系统循环水泵的流量，应按地源热泵机组蒸发器和冷凝器额定流量的较大值确定，水泵扬程为管路、管件、末端设备、地源热泵机组蒸发器或冷凝器（选取较大值）的阻力之和。

⑩ 在土壤源热泵空调系统设计中，土壤源热泵系统总吸热量与总释放量相平衡的措施对于保证大地岩土的热稳定性、土壤源热泵系统的经济性及空调实际运行效果十分重要。在设计中应考虑采取土壤源热泵系统总吸热量与总释放量相平衡的措施。

14.8.3 土壤源热泵空调系统的设计方法

地源热泵系统的设计包括两部分，即建筑物内空调系统的设计和地源热泵系统的地下部分设计。这两部分之间相互关联、相互影响，如建筑物的供冷供热负荷、热泵机组的选型、进水温度、性能系数等都与地下换热器的结构、性能有密切关系。土壤源热泵空调系统的设计方法简述如下。

（1）收集原始设计资料

地源热泵系统设计除了与一般空调系统的相同之外，还必须具备以下资料。

① 项目实施区的范围、现有和规划中的建筑物、其他地面设施、自然或人造地表水资源的类型和范围、现有水井及其腐蚀状况、附属建筑物和地下服务设施。

② 有关的地质、水文地质和地表水基础资料。

③ 地下水系统试验井的基础资料。一般要求 2700m² 的建筑物布置一个试验井，较大的建筑物布置两个试验井，以了解地下水资源情况。

④ 垂直埋管系统试验孔的基础资料，为设计和安装垂直埋管系统提供依据。要求 27m² 以下面积的建筑物布置一个试验孔，较大面积的建筑物布置两个孔，孔径为 DN50。孔深应大于计划埋管最深度 17m。

⑤ 水平埋管系统试验坑的基础资料，为水平埋管系统设计提供依据。推荐 10000m² 场地至少挖两条坑，深度应大于计划埋管深度 1m 以上。

（2）岩土传热性能测定

埋管处地质情况和岩土传热性能是地热换热器设计与施工的重要参数。设计地热换热器时，首先需要收集工程所在地区的地质资料，必要时在埋管地点钻孔勘测，确定当地岩土类型、热导率、体积比热容以及大地温度等参数。岩土类型可采用当地地质勘探部门提供的有关数据。但其传热性能应利用专门的测试仪器进行现场测定。例如，某工程地热换热器处的岩土类型如下：10m以上为土质，10～20m为强风化岩，20～80m为中轻风化岩。用自主研发的岩土热物性测定仪对该地段的岩土层热物性进行了测定，测得该处的岩土平均热导率为1.53W/(m·K)，体积比热容约为2000kJ/(m³·K)，岩土的常年平均温度为15℃。

（3）计算负荷，确定热泵形式和容量

① 建筑物冷热设计负荷　设计负荷是用来确定系统设备大小和型号的，根据设计负荷设计空气分布系统（送风口、回风口和风管系统），设计负荷的计算必须以当地设计日的标准设计工况为依据。在确定建筑物的最大负荷时，必须逐时计算出每个房间、每个区域所必需的负荷，并求出其中的最大值。为了分析地源热泵系统的能耗情况，必须对建筑物进行必要的能耗计算。通常所采用的方法有度日法、温频法和逐时法。

在空调工程方案设计阶段，需要对各种冷热源方案进行经济技术比较分析，并提出各种方案的应用条件。概算指标是指单位负荷（或空调面积）所需的地埋管量，或者单位地埋管量的热交换能力。地热换热器方案设计概算指标如表14-3所示。

表14-3　地热换热器方案设计概算指标

项目与数值		每米孔深换热量/(W/m)			建筑面积与地埋管面积之比		
		土层	岩土结合	岩石层	土层	岩土结合	岩石层
竖直埋管	单U形管	30～40	40～50	50～60	3:1	4:1	5:1
	双U形管	36～48	48～60	60～72	4:1	5:1	6:1

地下深层未受热干扰时的温度与地理位置和距地面的深度有关。一般15m左右的温度，大致等于当地常年平均气温。深度每增加30m，地温约提高1℃。对竖直单U形埋管，单位孔深的换热量可按30～60W/m估算。钻孔的深度一般为60～100m。两个钻孔之间的距离一般在4～6m之间。管间距离过小会影响换热器的效能。据此，U形埋管所需地表面积约为建筑空调面积的1/5～1/3。

地埋管费用主要取决于钻孔费用。而钻孔费用又与当地地质情况、经济发展状况、施工队伍资质及管理水平等因素有关。这部分费用变化范围较大，例如从淤泥土层的每米钻孔30元左右到花岗石的每米钻孔180元左右。

② 热泵机组确定　对住宅和商业系统来说，一旦选定一个机组，则许多参数都是固定的，调节余地不大。因此，系统的其他部分，如风机盘管系统或土壤换热器以及防冻循环泵等，都必须与热泵的制热（冷）量要求相匹配。在大型建筑热泵系统内，一般要采用二次输送系统。在这种系统中，热泵机组的确定应满足建筑物的最大负荷要求，而二次输送系统中的空气处理机组的换热能力应满足该区域的当地负荷。

无论是土壤埋管式热泵系统的土壤换热器、地下水热泵系统的管井，还是地表水热泵系统的地表水换热器的设计，都需要知道在某一特定阶段内从地下吸取的热量或释放到地下的热量，即地源热泵循环水的换热量。通常其应满足一年中最冷月和最热月的要求。

在供冷季节，输入系统的所有能量都必须释放到地下。这些能量包括系统热负荷、系统耗功量和循环水泵的耗功量。在供热季节，从地下吸收的热量等于设备的制热量减去输入的电能。输入的电能包括压缩机耗功量和循环水泵的耗功量。冬、夏季地下换热量分别是指冬季从土壤中吸收的热量、夏季向土壤排放的热量。

（4）室内末端系统选择

地源热泵系统的室内末端系统的选择相当灵活，可以采用多种形式，如风机盘管系统、地板送风系统和全空气系统等。通常采用风机盘管系统时，空气分配系统的设计应考虑以下方面。

① 选择安装风管的最佳位置。

② 根据室内的得热量，选择并确定空气分配器和回风格栅的位置。

③ 根据热泵的风量和静压力，布置风管的走向，确定风管的尺寸。

室内末端系统一般既能供冷又能供热，因此设计时必须两者兼顾。地源热泵系统通常采用两种类型的送风系统：地板送风和吊顶送风。地板送风是将处理过的空气形成一股垂直向上分散的气流，这使系统无论在冬季还是在夏季都能保证良好的气流分布和舒适感。吊顶送风采用吊顶回风或上回风方式回风。在上回风系统中，顶棚周围的热空气由于虹吸作用被吸入回风管内。

（5）确定地热换热器的主要参数与布置形式

在现场勘测结果的基础上，考虑现场可用地表面积、当地土壤类型以及钻孔费用，确定热交换器采用垂直竖井布置方式还是水平布置方式。尽管水平布置通常是浅层埋管，可采用人工挖掘，初投资一般会低些，但它的换热性能比竖埋管小很多，并且往往受可利用土地面积的限制。所以，在实际工程中，一般采用垂直埋管布置方式。

地下热交换器中流体流动的回路形式有串联和并联两种。串联系统管径较大，管道费用较高，并且长度、压降特性限制了系统能力。并联系统管径较小，管道费用较低，且常常布置成同程式。当每个并联环路之间流量平衡时，其换热量相同，其压降特性有利于提高系统能力。因此，实际工程一般都采用并联同程式。工程上常采用单 U 形管并联同程的热交换器形式。需要确定的地热换热器的主要参数如下。

① U 形埋管及其参数。

② 循环液及其流速。

③ 循环液的温差与流量。

④ 并联 U 形管（钻孔）的数量。

⑤ 水平连接管与分集水器。

⑥ 计算地热换热器的管长。

⑦ 计算地热换热器系统的压力损失。

（6）确定埋管管长和埋管间距及埋深

竖直埋管可深可浅，需根据当地地质条件而定，如 20m、30m 直到 200m 以下。确定深度时应综合考虑占地面积、钻孔设备、钻孔成本和工程规模。

地下换热器长度的确定除了已确定的系统布置和管材外，还需要有当地的土壤技术资料，如地下温度、传热系数等（可以通过热响应实验测得）。

① 水平埋管管沟数目及间距确定　在方案设计阶段，可以利用管材的换热能力来估算埋管管长。换热能力即单位埋管管长的换热量，水平埋管单位管长的换热能力在 $20\sim40\text{W}/\text{m}$ 左右，设计时可取换热能力的下限值。

② 垂直埋管竖井数目及间距确定　在垂直埋管换热器的方案设计中，也可利用管材的换热能力来估算埋管管长。这时换热能力即单位垂直埋管深度换热量，一般垂直单 U 形管埋管（井深）为 $60\sim80\text{W}/\text{m}$，垂直双 U 形管（井深）为 $80\sim100\text{W}/\text{m}$ 左右，设计时可取换热能力的下限值。

根据多种地源热泵传热模型的模拟计算，长期间歇运行的垂直埋管地源热泵间距 3m 左右较合适。一般仅考虑取热（冬季）埋地盘管的间距为 4m，放热（夏季）埋地盘管间距约为 5m。综合考虑冬夏工况，U 形管埋管换热器管间距应大于 5m。

根据实际工程经验，竖井间距可按下述方法确定：工程较小，埋管单排布置，地源热泵间歇运行，埋管间距可取 3.0m；工程较大，埋管多排布置，地源热泵间歇运行，建议取间距 4.5m；若连续运行（或停机时间较少）建议取 5~6m。考虑到管群的管井垂直度不可能绝对控制好，建议连续运行的管群至少间隔 6.0m 以上（若采用串联连接方式，可采用三角形布置来节约占地面积）。当然从换热角度考虑，间距大时热干扰少，对换热有好处，但占地面积大，埋管造价也有所增加。

国外，竖井深度多数采用 50~100m，设计者可以在此范围内选择一个竖井深度 H，竖井埋管总长除以 2 倍竖井深度即可计算得出竖井数目。

关于竖井间距，有资料指出：U 形管竖井的水平间距一般为 4.5m，也有实例中提到 DN25 的 U 形管，其竖井水平间距为 6m；而 DN20 的 U 形管，其竖井水平间距为 3m。若采用串联连接方式，可采用三角形布置方式来节约占地面积。

（7）选择管材及确定管径

① 管材的选择　一般来讲，一旦将换热器埋入地下后，基本不可能进行维修或更换，这就要求保证埋入地下管材的化学性质稳定并且耐腐蚀。常规空调系统中使用的金属管材在这方面存在严重不足，且需要埋入地下的管道的数量较多，应该优先考虑使用价格较低的管材。所以，土壤源热泵系统中一般采用塑料管材。目前最常用的是聚乙烯（PE）和聚丁烯（PB）管材，它们可以弯曲或热熔形成更牢固的形状，可以保证使用 50 年以上；而 PVC（聚氯乙烯）管材由于不易弯曲，接头处耐压能力差，容易导致泄漏，因此不推荐用于地下埋管系统。埋管材料最好采用塑料管，因与金属管相比，塑料管具有耐腐蚀、易加工、传热性能可满足换热要求、价格便宜等优点。可供选用的管材有高密度聚乙烯管、铝塑管等。

② 管径的选择原则　在选择和设计管径时应考虑如下问题。a. 从运行费上考虑管径越大越好，以降低泵的输送功率，减少运行费。b. 从初投资上考虑管径不能太大，必须保证管内流体处于紊流区，以增加流体与塑料壁管的传热系数。c. 系统环路长度不要太长。d. 不同的流体对阻力和换热都有影响。因此，选择管径时应加以注意。

在实际工程中确定管径必须满足两个要求：a. 管道要大到足够保持最小输送功率；b. 管道要小到足够使管道内保持紊流以保证流体与管道内壁之间的传热。显然，上述两个要求相互矛盾，需要综合考虑。一般并联环路用小管径，集管用大管径，地下热交换器埋管常用管径有 20mm、25mm、32mm、40mm、50mm，管内流速控制在 1.22m/s 以下；对更大管径的管道，管内流速控制在 2.44m/s 以下或一般把各管段压力损失控制在 $4mH_2O/100m$ 当量长度以下（$1mH_2O=9.804kPa$）。

（8）计算管道压力损失

在同程系统中，选择压力损失最大的热泵机组所在环路作为最不利环路进行阻力计算。可采用当量长度法，将局部阻力转换成当量长度，和管道实际长度相加得到各不同管径管段的总当量长度，再乘以不同流量、不同管径管段每 100m 管道的压降，将所有管段压降相加，得出总阻力。

（9）循环泵的选择

根据上述计算最不利环路所得的管道压力损失，再加上热泵机组、平衡阀和其他设备元件的压力损失，确定水泵的扬程。根据系统总流量和水泵扬程，选择满足要求的水泵型号及台数。

根据水力计算的结果，合理确定循环水泵的流量和扬程，并确保水泵的工作点处于高效区。同时，应选择与防冻液兼容的水泵类型。根据许多工程的实际情况，地埋管系统循环水泵的扬程一般不超过 32m。扬程过高时，应加大水平连接管管径，减小比摩阻，但不应引起投资增加。由于水泵运行电耗是长期的，为了减少能耗，节省运行费用，可采用控制水泵台数或循环泵的变流量调节方式。

当系统较大、阻力较高，且各环路负荷特性相差较大，或压力损失相差悬殊（差额大于50kPa）时，也可考虑采用二次泵方式。二次水泵的流量与扬程可以根据不同负荷特性的环路分别配置，对于阻力较小的环路可以降低二次泵的扬程，做到"量体裁衣"，避免无谓的浪费。

（10）校核管材承压能力

管路最大压力应小于管材的承压能力。若不计竖井灌浆引起的静压力抵消，管路所需承受的最大压力等于大气压力、重力作用静压力和水泵扬程一半的总和。

（11）其他辅助装置设计

与常规空调系统类似，需在高于闭式循环系统最高点处设计膨胀水箱或膨胀罐、放气阀等附件。在某些商用或公用建筑物的土壤源热泵系统中，系统的供冷量远大于供热量，导致地下热交换器十分庞大，价格昂贵。为节约投资或受可用地面积限制，地下埋管可以按照设计供热工况下最大吸热量来设计，同时增加辅助换热装置（如冷却塔＋板式换热器，板式换热器主要是使建筑物内环路可以独立于冷却塔运行），承担供冷工况下超过地下埋管换热能力的那部分散热量。该方法可以降低安装费用，保证地源热泵系统具有更广阔的市场前景，尤其适用于改造工程。

土壤源热泵空调系统设计流程如图 14-21 所示。

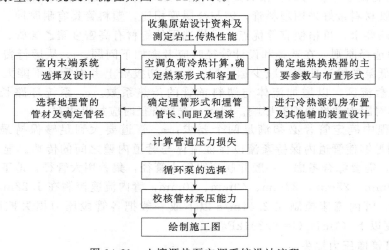

图 14-21　土壤源热泵空调系统设计流程

14.9　水环热泵空调系统

14.9.1　水环热泵系统的构成与工作原理

水环热泵空调系统是用水环路将小型的水源热泵机组并联在一起，形成一个封闭环路，构成一套回收建筑物内部余热作为其低位热源的热泵供暖、供冷的空调系统。值得注意的是，每个水源热泵机组均具有独立的压缩机、冷凝器、蒸发器及节流阀四大部分，从其外形看与风机盘管类似，但其结构与风机盘管完全不同。通过这个闭合的水环路系统，非制冷水连续不断地在整个建筑物中循环。环路水温全年约保持在 15～35℃ 的范围内。在此范围的下限即低于 15℃时，通过辅助热源给环路水加热以保持在 15℃ 以上，在范围的上限即高于35℃时，可以通过排热设备，如冷却塔等将热量排至环境。一旦充满水运转起来，该环路就是热能的"源"和"汇"两个方面。

　　水环热泵机组的工作原理如下。正循环时制冷剂在空气侧换热器中从空调房间中吸热，由水侧换热器将热量排向封闭环路中的水体，此即制冷工况；逆循环时四通阀换向，制冷剂在水侧换热器中吸收封闭环路中水的热量，由空气侧换热器在空调房间中放热，此即制热工况。每当建筑物内的任何地方同时出现暖、冷空间时，总是通过把热量从暖的空间转移送到冷的空间，使能量转移保持下来。当要求向空间供热时，末端热泵机组吸收来自水环路的热量。当要求向空调供冷时，末端热泵机组向水环路排放热量。通过这个水环路，实现热量在时间和空间上的转移，从而达到节能的效果。此系统提供非集中的和个别的供热和供冷的选择，居住者可以为其使用的空调机选择供热、供冷或开、停，而不影响其他空间的使用，并且全天或全年中的任何时候都有此选择的自由。该闭式的循环水管路既作空调工况下的冷源，又作供暖工况下热泵的热源。只有当水-空气热泵机组制热运行的吸热量和制冷运行的放热量基本相等时，循环环路中的水才能维持在一定温度范围内，此时系统高效运行。典型的水环热泵空调系统如图 14-22 所示。

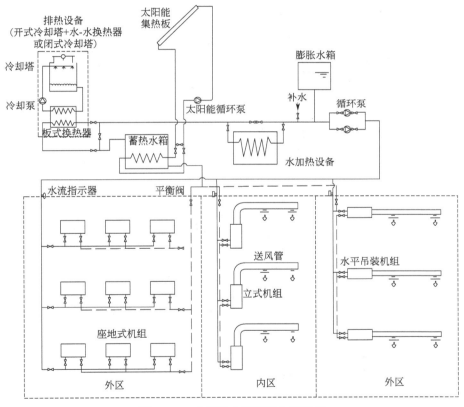

图 14-22　典型的水环热泵空调系统

　　① 室内水源热泵机组（水-空气热泵机组）　室内水源热泵机组是由制冷压缩机、制冷剂-水热交换器、制冷剂-空气热交换器、节流机构、四通换向阀、风机和空气过滤器等部件组成，即为水-空气热泵，它以水为热源，以空气为热汇。

　　② 水循环环路　所有室内水源热泵机组都并联在一个或几个水环路系统上，如图 14-23 所示。通过水循环环路使流过各台水源热泵空调机组的循环水量达到设计流量，以确保机组的正常运行。管道的布置，要尽可能选用同程系统。虽然初投资略有增加，但易于保持环路

的水力稳定性。若采用异程系统，设计中应注意各支管间的压力平衡问题。水环路要尽量采用闭式环路，系统内的水基本不与空气接触，对管道、设备的腐蚀较小，同时闭式系统中水泵只需要克服系统的流动阻力。

水管环路以设计成同程式为好，使各机组的阻力容易平衡，不必安装平衡阀。如果采用异程式，则在水源热泵机组的进水管上应安装平衡阀。

③ 辅助设备　为了保持水环路中的水温在一定的范围内和提高系统运行的经济可靠性，水环热泵空调系统应设置一些辅助设备，如排热设备、加热设备和蓄热容器等。

④ 新风与排风系统　室外新鲜空气量是保障良好室内空气品质的关键。因此，水环热泵空调系统中一定要设置新风系统，向室内送入必要的室外新鲜空气量（新风量），以满足稀释人群及活动所产生污染物的要求和人对室外新风的需求。水环热泵空调系统中通常采用独立新风系统，如图14-24所示。为了维持室内的空气平衡，还要设置必要的排风系统。在条件允许的情况下，尽量考虑回收排风中的能量。

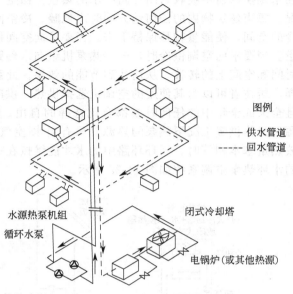

图例
—— 供水管道
----- 回水管道

水源热泵机组　闭式冷却塔
循环水泵
电锅炉(或其他热源)

图 14-23　水环热泵空调水系统

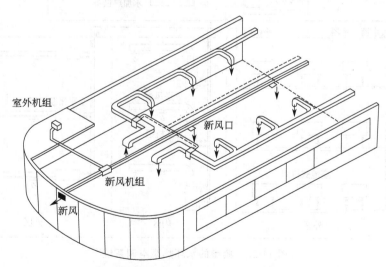

室外机组
新风口
新风机组
新风

图 14-24　水环热泵空调新风机组布置

通常水环热泵系统内要连接辅助加热装置和冷却装置以维持系统循环水温度在一定范围内，使系统正常运行。辅助加热装置和冷却装置可以是地源，或锅炉、冷却塔联合方式。

水环热泵空调系统运行工况如下。

① 夏季运行　在炎热的夏季，大部分或全部热泵空调机组都做制冷运行。热泵从被调房间空气中吸收的热量连同本身消耗的功一起以热量的形式排给封闭的水环路，此时闭式冷

却塔或开式冷却塔等排热设备向室外大气排走多余的热量以保持环路水温在35℃以下。

② 冬季运行　在寒冷的冬季，大部分或全部热泵空调机组做供热运行。此时，末端机组从环路水中吸取热量放到被调房间中，使水温低于15℃；在环路水温降到15℃以下时，水表面加热器投入使用，环路水温上升到15℃以上。

③ 过渡季运行　在过渡季里，建筑物的一部分房间需要供热，另一部分房间需要供冷，如朝阳一侧房间的热泵空调机组往往以供冷方式运行，而朝阴一侧房间的热泵空调机组以供热方式运行。当两种运行方式的机组在一定的比例范围内时，环路水温能自动维持在15～35℃范围内，此时既不必给环路补充热量，又不必从环路中排除热量。

④ 有周边区和内区建筑物的运行　现代的办公楼，分为周边区和内区。对内区，由于照明、人员、设备散热使得全年需供冷，系统内有1/3以上的机组按供冷运行，能提供大量的热量给外部周边区以供暖。

14.9.2　水环热泵空调系统设计方法

所谓的水环热泵空调系统是指小型的水-空气热泵机组的一种应用方式，即用水环路将小型的水-空气热泵机组并联在一起，构成一个以回收建筑物内部余热为主要特点的热泵供暖、供冷的空调系统。

（1）合理选择水环热泵空调系统的应用场所

众所周知，水环热泵空调系统是回收建筑物内余热的系统，它的节能效果和环保效益是与气象条件、建筑特点及辅助热泵形式（电锅炉、燃煤锅炉等）等因素有关的。而我国地域辽阔，东西地区、南北地区气象条件差异很大，各地实际的建筑形式与特点也各不相同。那么，在什么样的场合里选用水环热泵空调系统才能收到最佳的节能效果和环保效益，这是我们应用水环热泵空调系统时，首先要注意的问题。

① 水环热泵空调系统中的水-空气热泵机组全年绝大部分时间按制冷工况运行的场合，与使用风机盘管系统相比，一般来说是不节能的，相应也无环保效益。这是因为小型水-空气热泵机组的制冷系数或性能参数（COP值）比大型的冷水机组要低，通常小型水-空气热泵机组供冷时COP值为2.86～3.63，而螺杆式冷水机组一般为4.88～5.25，有的可高达5.47～5.74。离心式冷水机组一般为5.00～5.88，有的可高达6.76。因此，在我国南方一些城市（如广州）不宜选用水环热泵空调系统。

② 在建筑物有余热的条件下，水环热泵空调系统按供热工况运行时，才具有节能和环保意义。因此，在建筑物内区有余热，外区需要用热，二者接近的场合，其节能效果才好，而且这种情况持续时间越长的地区，越适合应用水环热泵空调系统。只有在多区域、多房间同时有供冷和供热要求的场合，水环热泵空调系统才能有节能效果，也就是说这种空调系统适合于有内外分区和有南北朝向负荷的建筑。对于没有余热的建筑，必须采取一些其他措施，如利用其他废热或利用太阳能等来补偿。上海、北京等地是较适合水环热泵空调系统的地区。

③ 北方地区在建筑物内区面积大，而内区的内部负荷又大（要求北方建筑物内余热量要比南方同样建筑内的余热量大）的场合使用水环热泵空调系统是十分有利的，这是由于水-空气热泵机组按热泵工况运行的时间（供暖期）比南方地区要长。因此，它更具有节能和环保意义。但是，若建筑物内无余热或余热很小，远远满足不了外区供暖所需的热量时，采用水环热泵空调系统，势必要用锅炉的高位能中热环路中的循环水，变为低温热源，再由水-空气热泵机组消耗电能将循环的低位热量提升为高位热量，向室内供暖，这种用能方式是十分不合理的。这种场合应用水环热泵空调系统也是毫无意义的，甚至比风机盘管系统的

耗能要大。

只有建筑物有大量余热时，通过水环热泵空调系统将建筑物内的余热转移到需要热量的区域，才能收到良好的节能效果和环保效益。但是，目前我国各类建筑内部余热不大，建筑物的内区面积又小，而且常规空调热源又常为燃煤锅炉。由于这种情况制约了水环热泵空调系统在我国的应用范围，解决这个问题的途径，就是由建筑物的外部引进低温热源，以替代建筑物内的余热量。太阳能、水（地表水、井水、河水等）、土壤、空气均可作为水环热泵空调系统的外部能源。

（2）负荷计算

水环热泵空调系统的主要特点是回收建筑物内的余热，室内小型的水-空气热泵机组都是分区分散布置的。冬季运行时，内区的热泵机组向水环路放热，外区的热泵机组自水环路吸热。因此，在计算水环热泵空调系统冬季负荷时，应有别于常规的空调系统。因此，计算建筑物冷、热负荷时先要明确建筑物的分区。

（3）水-空气热泵机组容量的确定

在确定建筑物内各个区域（或每个房间）水-空气热泵机组容量之前，同中央空调设计一样，先计算建筑物供暖和供冷负荷，它是正确选择室内水-空气热泵容量大小的依据。

根据空调房间的总冷负荷和 i-d 图上处理过程的实际要求，查水源热泵机组样本上的特性曲线或性能表（不同进风湿球温度和不同的进水温度下的供冷量），使冷量和出风温度符合工程设计的要求来确定机组的型号。机组容量的选择步骤如下。

① 确定水源热泵机组运行的基本参数，即机组进风干、湿球温度。环路水温一般在 13～35℃ 之间。冬季进水温度宜控制在 13～20℃，当水温低于 13℃ 时，辅助加热设备投入运行；夏季供水温度一般可按当地夏季空气调节室外计算湿球温度再增加 3～4℃ 考虑。

② 确定机组空气处理过程。

③ 选择适宜的水源热泵机组形式与品种。选定机种后，根据机组送风足以消除室内的全热负荷（包含显热和潜热负荷，新风不承担室内负荷时）的原则来估计机组的风量范围，再由风量和制冷量的大致范围预选机组的型号和台数。每个建筑分区内机组台数不宜过多。对于大的开启式办公室，若选用十几台小型机组，显然会增加投资使水系统复杂且噪声也大。因此，在这种大的开启式办公室内选用大型机组更为合理。但应注意，对周边区的空调房间来说，水源热泵机组应同时满足冬、夏季设计工况下的要求。对内区房间来说，水源热泵机组按夏季设计工况选取。

④ 根据水源热泵机组的实际运行工况和工厂提供的水源热泵机组特性曲线（或性能表），确定水源热泵机组的制冷量、排热量、制热量、吸收热量、输入功率等性能参数。将修正后的总制冷量及显冷量与计算总制冷量和显冷量相比较，如其差值小于 10% 左右则认定所选热泵机组是合适的，也可以采用有些公司提供的电子计算机程序进行选型。选择时应注意如下。

a. 同一台室内水-空气热泵机组的容量（制冷量或制热量）主要取决于蒸发温度和冷凝温度等运行工况，而这些参数又受机组外部条件的制约。也就是说，室内水-空气热泵机组制冷量（或制热量）的大小是机组进风参数、水环路进水温度、机组水量等参数的函数。因此，设计时我们按实际运行中的工况（实际设计的室温和环路进水温度）来确定水-空气热泵机组的容量。对样本上给定的额定制冷量和额定制热量，要根据实际室温和环路进水温度等数据进行修正。

b. 通常，将从室内水-空气热泵机组的总制冷量中减去风机电动机的输入功率后的值称为机组的计算净制冷量。机组的计算净制冷量才是真正能消除室内余热的部分。

c. 选择机组的型号和台数时，对周边区的房间来说，室内水-空气热泵机组应同时能满足冬、夏季设计工况下的要求。对内区房间来说，水-空气热泵机组仅按夏季设计工况选取。

（4）运行工况与机组选择

热泵机组的容量（制冷量或制热量）主要取决于蒸发温度和冷凝温度等运行工况，而这些参数又受机组外部条件的制约。也就是说，机组制冷量（或制热量）的大小是机组进风参数、水环路进水温度、机组水量等参数的函数，在进行机组的选择或校核时，应首先根据工程实际条件确定机组的运行工况。机组进风参数（干、湿球温度）应依据设计要求确定，进水温度具有较大的选择范围。在满足机组要求的前提下，应综合考虑排热设备与加热设备的能力和容量大小确定。

（5）机组风道的设计

室内水-空气热泵机组均为余压型机组。因此，无论立式还是卧式机组都接有送风风管及送风口等，将空气送到被调房间人们居住、工作的区域，以创造一个健康而舒适的建筑环境。为达到此目的，设计水-空气热泵机组风管时，应注意如下事项。

① 厂家样本提供的机外余压值　由于样本上提供的风量是与机外余压相关的，因此设计中要根据机组提供的机外余压值的大小来设计机组风管尺寸，否则将会影响机组的送风量。

② 一般来说，机组的机外余压不大。因此，风道中风速不宜过大，一般为 2～3m/s。机组风管多为低压短风管。

（6）排热设备的选择

夏季水源热泵机组全部按制冷工况运行，将冷凝热释放到环路的水中，使环路水温不断升高。当水温高于 32℃ 时，排热设备应投入运行，将环路中多余的冷凝热向外排放。

目前，排热方式主要有以下三种：天然能源加换热设备，如图 14-25（a）所示；开式冷却塔加换热设备，如图 14-25（b）所示（在开式冷却塔加板式换热器的循环水系统中，水源热泵机组夏季选用的进水温度比当地空气湿球温度高 5～6℃ 较为合适，这样可选用标准冷却塔）；闭式蒸发式冷却塔，如图 14-25（c）所示。可选用进出风量的调节阀门，以控制环路水的温度。

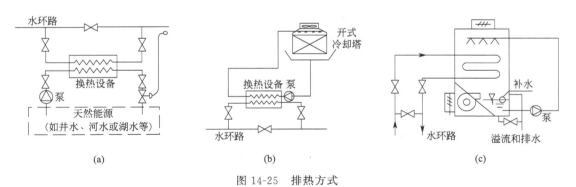

(a)　　　　　　　　　　(b)　　　　　　　　　　(c)

图 14-25　排热方式

（7）辅助加热设备选择

建筑物周边的水-空气热泵机组在冬季供热工况运行时，机组从水环路中吸取热量，如果内区的机组向环路释放的热量低于周边区从环路吸取的热量时，环路中的水温将会下降。当水温降至 13℃ 时，就必须投入加热设备，将热量传给水环路。为此，水环热泵空调系统设计时，应选用加热设备。目前，加热方式主要有两种：一是水的加热设备，将外部热量加入循环管理中；二是空气电表面加热器，将外部热量直接加入室内循环空气中。但有一点值得注意，用燃油（气）锅炉作为加热设备时，其供水最低温度为 60℃，以防烟气中水分在锅炉内的冷凝，从而出现低温腐蚀。为此，加热设备要与闭式环路并联，通过调节阀使高温的锅炉水与环路回水进行混合，以保证环路水温不低于下限值；同时，为了保证通过锅炉的水量恒定不变，而需要加一旁通管路。

辅助加热设备可选用电热热水锅炉、燃油（气）热水锅炉、水-水或汽-水换热器等。辅助加热设备的加热量，与系统的运行方式如是否采取夜间降温、早晨预热措施，是否设置蓄热水箱等有关。

① 无夜间降温、早晨预热的系统　对于不采取夜间降温运行的系统（如全天使用的住宅、公寓、旅馆、医院病房楼等）或没有早晨预热要求的系统（如具有办公、商场、餐饮、娱乐、会议室等各种能耗的综合性建筑，因系统投入运行的时间不同，可通过提前开机的方式进行早晨预热，一般不另外考虑预热负荷）。辅助加热量等于冬季运行工况下所有以供热方式运行的机组自水环路吸收的热量 q_R 与所有以供冷方式运行的机组向水环路排放的热量 q_A 之差。该值为瞬时值，取其最大值。

② 有夜间降温、早晨预热的系统　对于以办公用途为主的建筑物，宜按早晨预热系统考虑，辅助加热设备的热容按下列步骤计算。

a. 按全部水环热泵机组同时启动，计算从夜间降温的设定温度升至早晨预热的设定温度所需的热量 Q_s（kW·h）。假设新风阀关闭，应考虑照明和各种散热设备的发热量。

b. 初定预热时间，一般在 $1\sim1.5h$。

c. 计算预热负荷 Q_y（kW）。

$$Q_y = \frac{Q_s}{t} \qquad\qquad (14-1)$$

式中，Q_s 为所需的热量，kW·h；t 为预热时间，h。

d. 计算辅助加热量 Q_F（kW）。

$$Q_F = \frac{COP_H - 1}{COP_H} \times Q_y \qquad\qquad (14-2)$$

式中，COP_H 为平均制热系数。

e. 校核循环水供水温度。根据预热负荷 Q_y，查水环热泵机组性能表，按对应的机组制热量得到应保证的循环水供水温度，校核是否超出允许范围；如超出，应延长预热时间，重新计算。

③ 蓄热水箱　在水环热泵空调系统中常设置低温（13～32℃）或高温（60～82℃）蓄热水箱，以改善系统的运行特性。这里应该注意低温蓄热水箱和高温蓄热水箱的作用是完全不同的。

水环热泵空调系统通过水环路实现了热量的空间转移（如从内区转向周边区）。然而，每时每刻内需要转移的热量与周边所需要的供热量之间很难平衡，为此水环路可设置一个低温蓄水箱，这样水系统又可实现热量在时间上的转移。也就是说，内区制冷的机组向环路中释放的冷凝热与周边区制热的机组从环路吸取的热量可以在一天内或更长的时间周期内实现热量的平衡，从而降低了冷却塔和水表面加热器的年耗能量。但是，冷却塔和水表面加热器的容量不能减少，这是因为恶劣天气的持续性往往又要求冷却塔或水表面加热器按最大负荷运行。高温蓄热水箱设置的功能是夜间低谷期电能够加热水，以供白天用电高峰期用，而不能吸收建筑内区的余热量。高温蓄热水箱内的水一般加温到82℃，甚至更高。因此，高温蓄水箱与环路并联，通过三通混合阀把环路水温维持在所要求的最低温度。

（8）管路配置

进行水循环系统、冷却水系统、辅助加热系统、水定压系统等配管布置，水管管径的选用应按经济流速选用。

（9）循环泵选择

① 循环泵流量　水环热泵系统在计算循环流量时与风机盘管系统存在本质上的差异。风机盘管系统中，循环水是冷（热）负荷的载体，其所携带的负荷仅与循环水流量和供回水温差有关，理论上该负荷应等于建筑物冷（热）负荷。在水环热泵系统中，循环水并不直接输送负荷，其所携带的能量只有通过水环热泵机组压缩机做功才能提供建筑物所需的冷（热）负荷，系统提供的冷（热）负荷与循环水温度、流量以及进风的干、湿球温度等均有关系，一般水环热泵机组均要求循环水在恒定的流量下工作。由于水环热泵系统中存在同时制冷、制热的状况，水环热泵机组有的可能按制冷工况选择，有的可能按制热工况选择，总的循环流量按风机盘管系统的确定方法也难以计算，一般应以所有同时工作的水环热泵机组的额定流量绝对值之和作为整个系统的循环流量。

② 循环泵扬程及功率　循环水泵是水环热泵空调系统中的重要设备之一，它在水系统中起输送水的作用。因此，设计中必须注意以下几点。

a. 选择的水泵必须满足预先确定的水流量、扬程和功率要求。

b. 要设有备用泵并设自动控制程序，以免水系统的水流量降低而产生问题。

c. 设断路继电器，以便在水系统产生水流故障时关闭热泵机组。

d. 水泵扬程 H_P。

对开式水系统：
$$H_P = h_f + h_d + h_m + h_s \tag{14-3}$$

对闭式水系统：
$$H_P = h_f + h_d + h_m \tag{14-4}$$

式中，h_f、h_d 为水系统中最不利环路总的沿程阻力和局部阻力损失，Pa；h_m 为设备（包括冷却塔、锅炉或表面加热器、水过滤器、水源热泵等）的阻力损失，Pa；h_s 为开式水系统的静水压力，Pa。

e. 为了防冻，往管道循环水中添加乙二醇防冻液时，应计入因流体密度增加对扬程及功率的影响。水泵功率修正系数应按表 14-4 中的数值增加。

表 14-4　水泵功率修正系数

溶液浓度	30%	40%	50%
附加率	1.03	1.05	1.06

（10）水环热泵系统控制

水环热泵系统是将分散的水环热泵机组通过循环水系统联系起来的空调系统，采取独立的区域控制和系统的中央控制相结合的控制系统，可分成以下三部分。

① 热泵机组控制：包括机组的运行、控制和机组的安全控制。

② 循环水系统控制：包括排热设备、辅助加热设备以及循环泵的控制。

③ 中央控制：对整个系统进行集中控制。

综上所述，水环热泵系统的设计主要包括负荷计算、机组选择、冷却塔选择、辅助热源选择、蓄热水箱设计、循环泵选择和自动控制设计等。水环热泵空调系统设计流程可用框图表示，如图 14-26 所示。

14.9.3　水环热泵空调系统设计中应注意的问题

在确定建筑物内各个区域（或每个房间）水-空气热泵机组容量之前，同中央空调设计一样，先计算建筑物供暖和供冷负荷，选择中应注意如下各点。

① 室内水-空气热泵机组制冷量（或制热量）的大小是机组进风参数、风量、水环路进

水温度、机组水量等参数的函数。设计中应按实际运行中工况（实际设计的室温和环路进水温度）来确定水-空气热泵机组的容量。

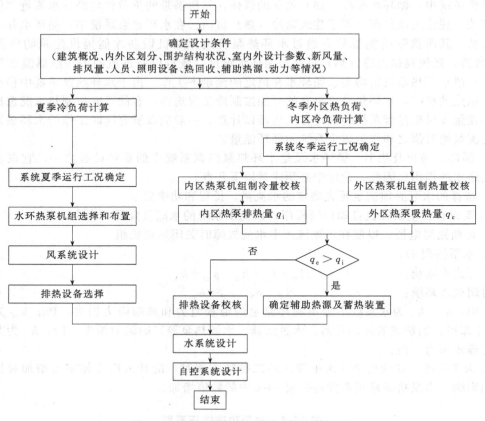

图 14-26 水环热泵空调系统设计流程框图

② 通常将从室内水-空气热泵机组总制冷量中减去风机电动机的输入功率后的值称为机组的计算净制冷量。

③ 在设计时必须按实际运行情况来确定机组的容量，综合考虑各种环境因素，及时修正额定制冷量和额定制热量等数据，设计出符合实际情况的机组容量。确定完水环热泵机组的容量后，还需考虑水环热泵机组的选择与布置。选择机组时，对周边区的房间来说，室内水-空气热泵机组应同时能满足冬、夏季设计工况下的要求；对内区房间来说，水-空气热泵机组仅按夏季设计工况选取。

④ 室内水-空气热泵机组均为余压型机组，设计水-空气热泵机组风管时，应注意如下几点。

a. 设计中要根据机组提供的机外余压值的大小来设计机组风管尺寸，否则将会影响机组的送风量。

b. 一般来说，机组的机外余压不大，因此风管中风速不宜过大，一般为 2～3m/s。

⑤ 如果内区的机组向环路释放的热量低于周边区从水环路吸取的热量时，环路中的水温将会下降。当水温降至 13℃时，必须投入加热设备。目前加热方式主要有两种：一是采用水的加热设备，将外部热量加入循环管路中；二是采用空气电表面加热器，将外部热量直接加入室内循环空气中。值得注意的是，采用燃油（气）锅炉作为加热设备时，其供水最低温度为 60℃。为此，加热设备要与闭式环路并联，通过调节阀使高温的锅炉水与环路回水

进行混合，以保证环路水温不低于下限值；同时，为保证通过锅炉的水量恒定不变需要加一旁通管路。

⑥ 在水环热泵空调系统中常设置低温（或高温）蓄热水箱，以改善系统的运行特性，而且低温蓄热水箱和高温蓄热水箱的作用完全不同。典型的水环热泵空调系统通过水环路实现了热量的空间转移，然而内区需要转移的热量与周边区所需要的供热量之间很难平衡。为此，水环路可设置一个低温蓄水箱，这样水系统实现了热量在时间上的转移，降低了冷却塔和水表面加热器的年耗能量。但是，冷却塔和水表面加热器的容量不能减少，要考虑到恶劣天气的持续性，要求冷却塔或水表面加热器按最大负荷运行。高温蓄热水箱设置的功能是利用夜间低谷期电能够加热水，以供白天用电高峰期用，而不能吸收建筑内区的余热量。高温蓄热水箱内的水一般加热到82℃，甚至更高。因此，高温蓄水箱与环路并联，通过三通混合阀把环路水温维持在所要求的最低温度。

⑦ 水环热泵机组的进出水温度一般在15～35℃之间。当机组在夏季制冷时，水流量的增加将使制冷量增加，消耗功率下降，能有效地提高效率。而在冬季需要制热时，水流量增加也会使制热量提高，但制热量提高的幅度不大，却要消耗更多的功率，效率反而下降了。因此，冬季时为增加水环热泵系统的传热能力，最好的办法是提高水温，而不是增加水流量。水系统的设计必须保证机组在额定的水流量下工作，缺水将使机组的运行效率降低，甚至出现因水流太少而停止工作的情况。为了使水系统压力容易达到平衡，系统应设计成同程式，必要时可在支管上设平衡阀。水环热泵机组包括蒸发器和冷凝器，但是蒸发器和冷凝器的管道直径小，对水质有较高要求。因此，需在水泵入口处设置除污设备和全程水处理器，在机组的供水管道上也应设置过滤设备。

⑧ 当机组在夏季制冷工作状态下时，如循环水温度超过35℃，则需要对循环水加以冷却；如果是空气源水环热泵系统，由循环水带走的热量应通过排热设备传到空气中。目前空气源水环热泵系统的排热设备通常使用闭式和开式冷却塔两种。

⑨ 水环热泵空调系统设计中，应注意以下细节问题：

a. 补水与定压问题；

b. 排水与放气问题；

c. 风管的消声与保温问题；

d. 凝结水的排除问题等。

第**15**章 CFD 与建筑设备及环境分析

15.1 CFD 简介

15.1.1 计算流体动力学的主要方法

计算流体力学（CFD）技术是一项比较复杂的集合了流体力学和数学及计算机科学的技术，一般来说有三种方法：直接数值模拟（DNS）方法、大涡模拟（LES）方法和雷诺平均 N-S 方程（RANS）方法。

（1）直接数值模拟（DNS）方法

直接数值模拟方法就是通过直接求解流体运动的 N-S（Navier-Stokes）方程而得到流动的瞬态流场，包括全流场的流动信息和各个尺度的流动细节。事实上，在直接求解三维非稳态的流动控制方程时，采用直接求解的方法会对计算机的计算性能提出非常高的要求，对于相对较复杂的流动，直接数值模拟的方法无法实现。当然，伴随着计算机技术的发展，也许会有一天可以实现对复杂流动的直接数值模拟，但按照目前的计算机水平，直接数值模拟无法解决工程问题。

（2）大涡模拟（LES）方法

大涡模拟方法是对 N-S 方程在一定的空间区域内进行平均，从而在流场中滤掉小尺度的涡而导出大尺度涡所满足方程的方法。小涡对大涡的影响会体现在大涡方程中，再通过亚格子尺度模型来模拟小涡的影响。LES 方法可以解决简单的工程问题，而对于复杂的工程问题而言，LES 方法也同样受到计算机条件等的限制无法应用。与 DNS 方法一样，LES 方法也会随着计算机技术的发展逐渐趋于主流。

（3）雷诺平均 N-S 方程（RANS）方法

雷诺平均 N-S 方程（RANS）方法是目前主流的解决实际工程问题的方法，广泛应用于各类工程实际中。RANS 方法是将满足动力学方程的瞬时运动分解为平均运动和脉动运动两部分，对脉动项的贡献通过雷诺应力项来体现，再根据各自经验、实验等方法对雷诺应力项进行假设，从而以封闭湍流的平均雷诺方程求解的方法。按照对雷诺应力的不同模型化方式，又分为雷诺应力模型和涡黏模型。相对于涡黏模型，雷诺应力模型对计算机的要求较高，所以在工程实际问题中应用广泛的是涡黏模型。而求解方程的方法一般包括有限差分法、有限体积法、有限元法、边界元法、有限分析法和谱方法等，应用最广的是有限差分法和有限体积法。

CFD 是根据流体力学和数值计算方法得到的一门交叉学科，它是近代流体力学、数值数学和计算机科学结合的产物，也是一门具有强大生命力的边缘科学。它主要利用计算机作为工作平台，根据所描述的复杂物理现象，运用经典流体力学知识中的质量守恒、动量守恒、能量守恒、传热传质规律和附加的各种模型方程，组成符合条件的封闭非线性偏微分方程组，同时，确定相应的边界条件，采用 FORTRAN 或者 C 语言编制计算机运行程序，对流体力学的各类问题进行数值实验、计算机模拟和分析研究，以解决各种实际问题。它从基本物理定理出发，在很大程度上替代了耗资巨大的流体动力学实验设备，在科学研究和工程技术中产生巨大影响。

计算流体力学（CFD）以计算机为工具，在实际的应用中，流体力学计算还常常与结构分析、电磁分析结合在一起分析处理复杂系统，广泛应用于航天设计、汽车设计、生物、医学、化工以及涡轮机设计、半导体设计、HVAC 等诸多工程领域。

CFD 软件之间可以方便地进行数值交换，并采用统一的前、后处理工具，这就省去了科研工作者在计算机方法、编程、前后处理等方面投入的重复、低效劳动，而可以将主要精力和智慧用于物理问题本身的探索上。

CFD 的兴起在一定程度上促进了试验研究方法和理论分析方法的发展，同时反过来又为简化流动模型的建立提供了更多依据，使很多分析方法得到进一步完善。它的兴起促进了流体力学的发展，改变了流体力学研究工作的困难状况，为流体力学研究工作带来了崭新希望。相对于试验研究方法和理论分析方法而言，CFD 有它独有的特点，主要体现在以下几个方面。

（1）解的特点

CFD 给出的是流体运动区域内的离散解，而不是解析解，它是由平面或空间中一系列点的变量的值所组成的，这区别于一般理论分析方法所得出的连续解。

（2）对计算机技术的高度依存性

CFD 的发展与计算机技术的发展直接相关，这是因为可模拟的流体运动的复杂程度和解决问题的广度都与计算速度、内存等直接相关。

（3）简便、快捷地改变仿真条件

若描述物理问题的数学方程及其相应的边界条件的确定是正确的，那么 CFD 可在较广泛的流动参数范围内研究流体流动问题，且能给出流场参数的定量结果，这往往是风洞试验和理论分析难以做到的。

当然，CFD 还有待进一步完善，特别是针对较复杂的非线性流动现象，还要依靠试验提供依据，所以要建立正确的数学方程还必须与试验研究相结合。

此外，为了提高 CFD 模拟的准确性，仍必须依靠一些较简单的、线性化的、与原问题有密切关系的模型方程的依据，然后再依靠数值试验、模型而进一步改进计算方法。正因为如此，试验研究、理论分析和数值模拟是研究流体运动规律的相辅相成的三种基本方法，它们的发展是相互依赖、相互促进的。

15.1.2 CFD 求解力学问题的过程

要解决计算流体力学问题，需要建模、网格划分、流体方程求解器计算、计算结果后处理四个步骤。第一步是要对相关问题进行建模。一般来说，建模包括两个方面：一是几何建模，即对物理世界的几何、拓扑结构进行计算机重建；二是数学建模，即对物理世界的流体属性进行数学模拟。几何建模是解决计算流体力学问题的第一步。目前，几何建模主要采用 CAD 软件实现，如 SolidWorks、CATIA、UG、Pro/E 等，几何建模是对物理世界的计算机重建工作。第二步是网格划分。完成几何建模之后需要采用网格划分软件对计算区域进行离散，目前网格划分软件主要包括 ICEM CFD、Gridgen、Gambit、CFD-GEOM 等。第三步是进行流体方程求解器计算。对计算区域进行离散后就可以采用 CFD 求解器进行数值模拟，目前 CFD 求解器相当多，主要包括 Fluent、CFX 等。第四步是计算结果后处理。为了对 Fluent 数值模拟进行详细分析，必须采用相关的后处理软件进行处理。计算流体力学解决方案如图 15-1 所示。第一步与第二步为研究问题的前处理过程，第三步为研究问题的求解计算过程，第四步是研究问题的后处理过程，即结果分析与可视化过程。因此，也可称为前处理、求解计算、后处理三大步骤或三个研究过程。目前，前处理过程大多数采用 ICEM CFD，其前处理流程图如图 15-2 所示。

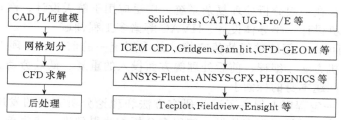

图 15-1　计算流体力学解决方案

完成研究问题的前处理过程以后，所有 CFD 问题的求解过程都可用图 15-3 表示。如果所求解的问题是瞬态问题，则可将图 15-3 的过程理解为一个时间步的计算过程，循环这一过程以求解下个时间步的解。下面对各求解步骤进行简单介绍。

（1）建立控制方程

建立控制方程是求解任何问题前都应先进行的。一般来讲，这一步是比较简单的。因为对于一般的流体流动向言，可直接写出其控制方程。假定没有热交换发生，则可直接将连续方程与动量方程作为控制方程使用。一般情况下，需要增加湍流方程。

（2）确定边界条件和初始条件

初始条件与边界条件是控制方程有确定解的前提，控制方程与相应的初始条件、边界条件组合构成一个物理过程完整的数学描述。

初始条件是所研究对象在过程开始时刻各个求解变量的空间分布情况。对于瞬态问题，必须给定初始条件；对于稳态问题，不需要初始条件。边界条件是在求解区域的边界上所求解的变量或其导数随地点和时间的变化规律。对于任何问题，都需要给定边界条件。

（3）划分计算网格

采用数值方法求解控制方程时，都是想办法将控制方程在空间区域上进行离散，然后求解得到离散方程组。要想在空间域上离散控制方程，必须使用网格。现已发展出多种对各种区域进行离散以生成网格的方法，这些方法称为网格生成技术。

不同的问题采用不同的数值解法时，所需要的网格形式是有一定区别的，但生成网格的方法基本是一致的。目前网格分结构网格和非结构网格两大类。简单地讲，结构网格在空间上比较规范，如对一个四边形区域，网格往往是成行成列分布的，行线和列线比较明显。而非结构网格在空间分布上没有明显的行线和列线。

对于二维问题，常用的网格单元有三角形和四边形等形式；对于三维问题，常用的网格单元有四面体、六面体、三菱体等形式。在整个计算域上，网格通过节点联系在一起。目前各种 CFD 软件都配有专用的网格生成工具。

（4）建立离散方程

对于在求解域内所建立的偏微分方程，理论上是有真解（或称为精确解或解析解）的。但由于所处理问题自身的复杂性，一般很难获得方程的真解。因此，就需要通过数值方法把

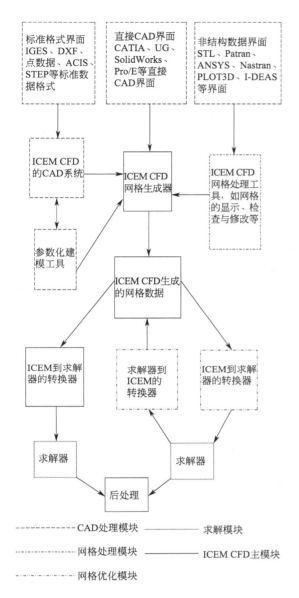

标准格式界面
IGES、DXF、
点数据、ACIS、
STEP等标准数
据格式

直接CAD界面
CATIA、UG、
SolidWorks、
Pro/E等直接
CAD界面

非结构数据界面
STL、Patran、
ANSYS、Nastran、
PLOT3D、I-DEAS
等界面

ICEM CFD
的CAD系统

ICEM CFD
网格生成器

ICEM CFD
网格处理工
具,如网格
的显示、检
查与修改等

参数化建
模工具

ICEM CFD生成
的网格数据

ICEM到求解
器的转换器

求解器到
ICEM的
转换器

ICEM到求解
器的转换器

求解器

求解器

后处理

---------- CAD处理模块 ————— 求解模块
·········· 网格处理模块 ————— ICEM CFD主模块
·-·-·-·-·- 网格优化模块

图 15-2　ICEM CFD 前处理流程图

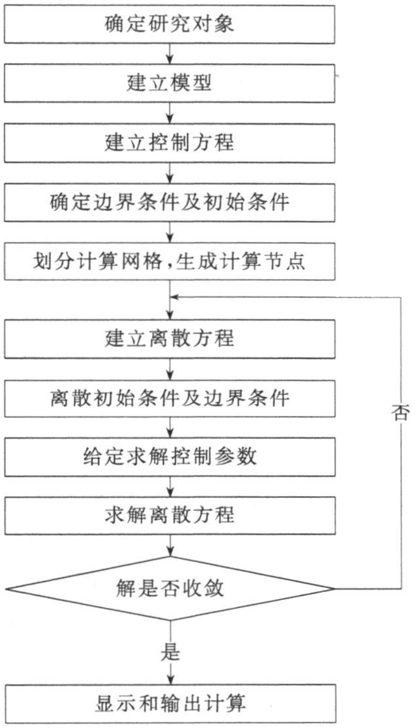

确定研究对象
↓
建立模型
↓
建立控制方程
↓
确定边界条件及初始条件
↓
划分计算网格,生成计算节点
↓
建立离散方程
↓
离散初始条件及边界条件
↓
给定求解控制参数
↓
求解离散方程
↓
解是否收敛 — 否
↓ 是
显示和输出计算

图 15-3　CFD 求解流程框图

计算域内有限数量位置(网格节点或网格中心点)上的因变量值作为基本未知量来处理,从而建立一组关于这些未知量的代数方程组,然后通过求解代数方程组来得到这些节点值,而计算域内其他位置上的值则根据节点位置上的值来确定。

由于所引入的应变量在节点之间的分数假设及推导离散化方程的方法不同,所以形成了有限差分法、有限元法、有限元体积法等不同类型的离散化方法。

对于瞬态问题,除了在空间域上的离散外,还要涉及在时间域上的离散。离散后,将要涉及使用何种时间积分方案的问题。

(5)离散初始条件和边界条件

前面所给定的初始条件和边界条件是连续性的,如在静止壁面上速度为 0,现在需要针对所生成的网格,将连续型的初始条件和边界条件转化为特定节点上的值,如静止壁面上共有 90 个节点，则这些节点上的速度值应均设为零。

商用 CFD 软件往往在前处理阶段完成网格划分后，直接在边界上指定初始条件和边界条件，然后由前处理软件自动将这些初始条件和边界条件按离散的方式分配到相应的节点上。

（6）给定求解控制参数

在离散空间上建立了离散化的代数方程组，并施加离散化的初始条件和边界条件后，还需要给定流体的物理参数和湍流模型的经验系数等。此外，还要给定迭代计算的控制精度、瞬态问题的时间步长和输出频率等。

（7）求解离散方程

进行上述设置后，生成了具有定解条件的代数方程组。对于这些方程组，数学上已有相应的解法，如线性方程组可采用 Gauss 消去法或 Gauss-Seide 迭代法求解，而对于非线性方程组可采用 Newton-Raphson 方法。

商用 CFD 软件往往提供多种不同的解法，以适应不同类型的问题。这部分内容属于求解器设置的范畴。

（8）显示计算结果

通过上述求解过程得出了各计算节点上的解后，需要通过适当的手段将整个计算域上的结果表示出来，这时可采用等值线图、矢量图、流线图、云图等方式来表示。

15.1.3　CFD 数值模拟方法和分类

CFD 的数值解法有很多分支，这些方法之间的区别主要在于对控制方程的离散方式。根据离散原理的不同，CFD 大体上可以分为有限差分法（FDM）、有限元法（FEM）和有限体积法（FVM）。

（1）有限差分法

有限差分法（FDM）是计算机数值模拟最早采用的方法，至今仍被广泛运用。该方法将求解域划分为差分网格，用有限网格节点代替连续的求解域。有限差分法以 Taylor（泰勒）级数展开等方法，把控制方程中的导数用网格节点上的函数值的差商代替进行离散，从而建立以网格节点上的值为未知数的代数方程组。该方法是一种直接将微分问题变为代数问题的近似数值解法，数学概念直观，表达简单，是发展较早且比较成熟的数值方法。

对于有限差分格式，从格式的精度来划分，有一阶格式、二阶格式和高阶格式。从差分的空间形式来考虑，可分为中心格式和逆风格式。考虑时间因子的影响，差分格式还可以分为显格式、隐格式、显隐交替格式等。目前常见的差分格式主要是上述几种形式的组合，不同的组合构成不同的差分格式。差分方法主要适用于有结构网格，网格的步长一般根据实际地形的情况和柯朗稳定条件来确定。

FDM 的基本思路：按时间步长和空间步长将时间和空间区域剖分成若干网格，用未知函数在网格节点上的值所构成的差分近似代替所用偏微分方程中出现的各阶导数，从而把表示变量连续变化关系的偏微分方程离散为有限代数方程，然后解此线性代数方程组，以求出溶质在各网格节点上不同时刻的浓度。

（2）有限元法

有限元法（FEM）的基础是变分原理和加权余量法，广泛地应用于以拉普拉斯方程和泊松方程所描述的各类物理场中（这类场与泛函的极值问题有着紧密的联系）。有限元方法最早应用于结构力学，后来随着计算机的发展慢慢用于流体力学的数值模拟。在有限元方法中，把计算域离散剖分为有限个互不重叠且相互连接的单元，在每个单元内选择基函数，用单元基函数的线性组合来逼近单元中的真解。整个计算域上总体的基函数可以看成为由每个单元基函数组成，整个计算域内的解可以看成由所有单元上的近似解构成。

FEM 的基本思路：把计算域划分为有限个互不重叠的单元，在每个单元内选择一些合适的节点作为求解函数的插值点，将微分方程中的变量改写成由各变量或其导数的节点值与所选用的插值函数组成的线性表达式，借助于变分原理或加权余量法，将微分方程离散求解。采用不同的权函数和插值函数形式，便构成不同的有限元方法。

有限元法常应用于流体力学、电磁力学、结构力学计算，使用有限元软件 ANSYS、COMSOL 等进行有限元模拟，在预研设计阶段代替实验测试，节省成本。

（3）有限体积法

有限体积法（FVM）又称为控制体积法。其基本思路是：将计算区域划分为一系列不重复的控制体积，并使每个网格点周围有一个控制体积；将待解的微分方程对每一个控制体积积分，便得出一组离散方程。其中的未知数是网格点上的因变量的数值。为了求出控制体积的积分，必须假定值在网格点之间的变化规律，即假设值分段分布的剖面。

从积分区域的选取方法看来，有限体积法属于加权剩余法中的子区域法；从未知解的近似方法看来，有限体积法属于采用局部近似的离散方法。简言之，子区域法属于有限体积法的基本方法。

有限体积法的基本思路易于理解，并能得出直接的物理解释。离散方程的物理意义就是因变量在有限大小的控制体积中的守恒原理，如同微分方程表示因变量在无限小的控制体积都得到满足，在整个计算区域，自然也就得到满足一样，这是有限体积法吸引人的优点。FVM 的基本思路如下：①将计算区域划分为一系列不重复的控制体积，每一个控制体积都有一个节点作代表，将待求的守恒型微分方程在任一控制体积及一定时间间隔内对空间与时间作积分；②对待求函数及其导数对时间及空间的变化型线或插值方式进行假设；③对步骤①中各项按选定的型线作积分并整理成一组关于节点上未知量的离散方程。

就离散方法而言，有限体积法可视为有限单元法和有限差分法的中间物。有限单元法必须假定值在网格点之间的变化规律（即插值函数），并将其作为近似解。有限差分法只考虑网格点上的数值而不考虑值在网格点之间如何变化。有限体积法只寻求节点值，这与有限差分法相类似，但有限体积法在寻求控制体积的积分时，必须假定值在网格点之间的分布，这又与有限单元法相类似。在有限体积法中，插值函数只用于计算控制体积的积分，得出离散方程之后，便可忘掉插值函数。如果需要的话，可以对微分方程中不同的项采取不同的插值函数。FVM 的优点如下。

① 具有很好的守恒性。

② 更加灵活的假设，可以克服泰勒展开离散的缺点。

③ 可以很好地解决复杂的工程问题，对网格的适应性很好。

④ 在进行流固耦合分析时，能够完美地和有限元法进行融合。

为了求解 Navier-Stokes 方程，往往需要解耦速度场和压力场的耦合方程组。Open FOAM 软件的求解器大多使用 PISO 或者 SIMPLE 算法，或者二者的结合体 PIMPLE 算法。这些算法一般采用预测-校正策略，通过迭代的方式将速度和压力的计算解耦。

FLUENT 软件采用有限体积法，提供了三种数值算法：非耦合隐式算法；耦合显式算法；耦合隐式算法，分别适用于不可压、亚声速、跨声速、超声速乃至高超声速流动。

15.1.4　CFD 软件的构成

CFD 软件一般由前处理器、求解器及后处理器三大模块组成，上述三大模块各有其独特的作用。一般来说，采用 CFD 方法求解一个问题的过程分为以下三个步骤。

（1）前处理器

前处理器用于完成前处理工作。前处理环节是向 CFD 软件输入所求问题的相关数据，该过程一般是借助于求解器的对话框等图形界面来完成的。流动问题的解是在单元内部的节点上定义的，解的精度由网格中单元的数量所决定。前处理环节是 CFD 解决问题最耗时的一步，也是求解问题准确与否的重要步骤。

一般来讲，单元越多，尺寸越小，所得到的解的精度越高，但所需要的计算机内存资源及中央处理器（CPU）时间也相应增加。为了提高计算精度，在物理量梯度较大的区域，以及我们感兴趣的区域，往往要加密计算网格。在前处理阶段生成计算网格的关键是把握好计算精度与计算成本之间的平衡。选取合适数量的网格主要是靠经验的积累，也可以阅读相关的参考文献来划分。在前处理阶段需要用户进行以下工作。

① 定义模型的几何区域。

② 将集合区域划分成不同的子区域，再对子区域进行网格划分。

③ 对所求解的问题进行抽象化处理，选择相应的控制方程。

④ 定义流体的属性参数。

⑤ 为计算与边界处的单元指定边界条件。

⑥ 对于瞬态问题，指定瞬态问题的初始条件。

（2）求解器

求解器的核心是数值求解方法。常用的数值求解方法有：有限差分法、有限元法、谱方法、有限体积法等。这些方法的求解步骤大致如下。

① 使用简单函数近似待求的流动变量。

② 将该近似关系代入连续性的控制方程中，形成离散方程组。

③ 选用数值计算方法求解代数方程组。

④ 输入相关参数（初始条件、边界条件、松弛因子、物性参数等），迭代求解。

设置合适的参考值后对给定合适的初始条件进行初始化，最后选取迭代步数进行计算。总之，求解器的选取和设置是一个复杂过程。

（3）后处理器

后处理器是 CFD 结构中不可或缺的部分。为了使经过数值计算后得出的结果更加直观形象，应对模拟结果进行分析。后处理环节是对已经收敛的流场进行更加清晰的展示和对流动结果的分析，得到图标、动画、曲线、云图、矢量图等。目前的 CFD 软件均配备了后处理器，它提供了较为完善的后处理功能，具体包括以下几方面：①计算域的几何模型及网格显示；②矢量图（如速度矢量线）；③等值线图；④填充型的等值线图（云图）；⑤X、Y 散点图；⑥粒子轨迹图；⑦图像处理功能（平移、缩放、旋转等）。

借助后处理功能，可以动态模拟流动效果，直观地了解 CFD 的计算结果。总体而言，CFD 求解问题的三个步骤都是建立在对流动有一定认识的基础上，三个步骤相辅相成，缺一不可。

15.1.5 常用的商业 CFD 软件

下面介绍近 30 年来出现的较为著名的商业 CFD 软件，包括 PHONICS、STSR-CD、ANSYS-CFX 和 ANSYS-FLUENT 等。

(1) PHONICS 软件

PHONICS 软件（以下简称 PHONICS）是英国 CHAM 公司开发的模拟传热、流动、反应、燃烧过程的通用 CFD 软件,有 30 多年的历史。网格系统包括直角网格、圆柱网格、曲面网格[包括非正交和运动网格,但在其 VR(虚拟现实)环境不可以]、多重网格、黏密网格。其可以对三维稳态或非稳态的可压缩流或不可压缩流进行模拟,包括非牛顿流、多孔介质中的流动,并且可以考虑黏度、密度、温度变化的影响。

在流体模型上面,PHONICS 内置了 22 种适合于各种 Re 数场合的湍流模型,包括雷诺应力模型、多流体湍流模型、通量模型及 k-e 模型的各种变异,共计 21 个湍流模型、8 个多相流模型和十多个差分格式。PHONICS 的 VR 彩色图形界面菜单系统是 CFD 软件中前处理最方便的,可以直接读入 Pro/E 建立的模型(需转换成 STL 格式),使复杂几何体的生成更为方便,在边界条件的定义方面也极为简单,并且网格自动生成。但其缺点是网格比较单一粗糙,不能细分复杂曲面或曲率小的地方的网格,即不能在 VR 环境里采用贴体网格。另外,VR 的后处理也不是很好,要进行更高级的分析则要采用命令格式进行,但这在易用性上与其他软件存在差距。另外,PHONICS 自带了 1000 多个例题与验证题,附有完整的可读可改的输入文件。

(2)STAR-CD 软件

STAR-CD 软件(简称 STAR-CD)是基于有限体积法的通用流体计算软件,在网格生成方面,采用非结构化网格,单元体可为六面体、四面体、三角形界面的棱柱、金字塔形的锥体以及 6 种形状的多面体,还可与 CAD、CAE 软件接口。这是 STAR-CD 在适应复杂区域方面的特别优势。

STAR-CD 能处理移动网格,用于多级透平的计算,在差分格式方面纳入了一阶迎风、二阶迎风、CDS、QUICK 及一阶迎风与 CDS 或 QUICK 的混合格式,在压力耦合方面则采用 SIMPLE、PIS0 以及称为 SIMPLO 的算法,可计算稳态、非稳态、牛顿流体、非牛顿流体、多孔介质、亚声速、超声速和多项流等问题。STAR-CD 的强项在于汽车工业,汽车发动机内的流动和传热。

(3) ANSYS CFX 软件

ANSYS CFX 系列软件(简称 CFX)是拥有世界级先进算法的成熟商业流体计算软件,具有功能强大的前处理器、求解器和后处理模块,使得 CFX 软件的应用范围遍及航空、航天、船舶、石油化工、机械制造、汽车、生物技术、水处理、火灾安全、冶金、环保等众多领域。

CFX 提供了从网格到流体计算以及后处理的整体解决方案,核心模块包括 CFX Mesh、CFX Pre、CFX Solver 和 CFX Post 四个部分。其中,CFX Solver 是 CFX 软件的求解器,是CFX 软件的内核,它的先进性和精确性主要体现在以下方面。

不同于大多数 CFD 软件,CFX Solver 软件采用基于有限元的有限体积法,在保证有限体积法守恒特性的基础上,吸收了有限元法的数值精确性。该软件采用先进的全隐式相合多网格线性求解,再加上自适应多网格技术,同等条件下比其他流体软件快 1~2 个数量级。该软件支持真实流体、燃烧、化学反应和多相流等复杂的物理模型,这使得 CFX 软件在航空工业、化学工业及过程工业领域有着非常广泛的应用。

ANSYS CFX 软件特别为旋转机械定制了完整的软件体系,为用户提供从设计到 CFD分析的一体化解决方案。因此,CFX 被公认为是全球最好的旋转机械工程 CFD 软件之一,被旋转机械领域 80% 以上的企业作为动力分析和设计工具。

(4) ANSYS FLUENT 软件

ANSYS FLUENT(简称 FLUENT 软件或 Fluent)软件是一个大型、综合软件。它可以计算、模拟固体、流体等力学、热量、质量、磁场等传递守恒计算,其用途最多的还是固体力学（应力、应变、位移等）计算，被广泛应用于航空航天、旋转机械、航海、石油化工、汽车、能源、计算机/电子、材料、冶金、生物、医疗等领域。作为通用的 CFD 软件，ANSYS FLUENT 可用于模拟从不可压缩到高度可压缩范围内的复杂流动。

15.2　CFD 技术在暖通空调领域的应用

1974 年，丹麦的 Nielsen 成功采用 k-ε 紊流模型，利用流函数和涡度公式求解封闭二维流动方程，模拟了室内空气流动情况，首次将 CFD 技术应用于空调工程。随着 CFD 的快速发展和不断完善，CFD 技术在暖通空调工程中的研究不断深入，目前 CFD 已经成为建筑环境与设备工程行业中不可或缺的重要工具。利用 CFD 可以对流体的各类参数分布特征进行分析，从而使建筑设计或设备选型经济合理且能够创造满足人们需求的建筑环境。

随着计算机技术和 CFD 数值模拟技术水平的不断提高，CFD 在暖通空调领域得到了越来越广泛的应用，主要表现在以下几个方面。

① 建筑内气流组织和热湿环境分析（热湿环境、污染物分布）。

② 建筑与绿色植物的热、风环境分析及特殊构筑物风荷载分析。

③ 建筑设备或特殊空间内流体流动和传热分析，如泵、风机等旋转机械内流动的 CFD 分析。

④ 新型通风方式，如分层空调、置换通风、混合通风、隧道通风及排烟设计等及人体热舒适状况的分析。

15.2.1　CFD 在建筑内气流组织和热湿环境分析中的应用

借助 CFD 可以预测、仿真通风空调空间的气流分布详细情况，气流数值分析能够考虑室内各种可能的内扰、边界条件和初始条件，因而它能全面反映室内的气流分布情况，从而便于发现最优的气流组织方案，进而指导工程设计使其达到良好的通风空调效果。利用 CFD 技术可进行建筑内热湿环境分析，旨在研究和改善室内空气品质，在求得室内各个位置的风速、温度、相对湿度、污染物浓度、空气龄等参数之后，进而评价通风换气效率、热舒适性指标和污染物排除效率等。如图 15-4 所示，采用 CFD 可获得空调房间不同紊流度下的速度分布。

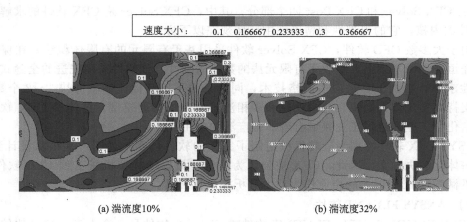

(a) 紊流度10%　　　　　　　　　　　(b) 紊流度32%

图 15-4　空调房间不同紊流度下的速度分布

15.2.2 CFD 在建筑与绿色植物的热环境与风环境分析中的应用

建筑外环境对建筑内部居住者的生活有重要影响。此外，建筑周围植物对环境风速及区域热环境等的影响问题日益受到人们的关注。采用 CFD 可以方便地对建筑外环境及居住小区热、风环境进行分析模拟，从而设计出适宜环境的风流动情况及温度分布，可以优化建筑内的自然通风设计及室外绿色植物的设计等。利用 CFD 方法和试验测试相结合对建筑及绿色植物的室外风环境进行研究，可以获得流动可视化图形和风压系数的分布图。图 15-5 显示了香樟林和雪松林不同剖面的速度场分布云图。图 15-6 显示了虚拟微观树木几何结构的三维几何模型创建。根据文献，模拟研究了绿色植物的温度及风速分布，微观树木剖面速度场分布云图及静压分布曲线如图 15-7 所示。根据文献，还模拟研究了树冠内部结构参数对树冠绕流流动阻力的影响，采用数值模拟和试验测试相结合的方法研究几种典型形态特征树冠的内部流场特征和流动阻力。利用计算机仿真方法研究建筑及绿色植物外部及内部的风环境，数据全面且周期短，有其独特的优势，可为实际工程设计提供参考依据。

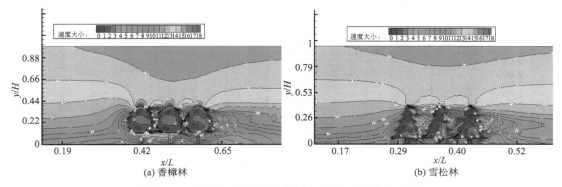

图 15-5　香樟林和雪松林不同剖面的速度场分布云图

图 15-6　虚拟微观树木几何结构的三维模拟创建

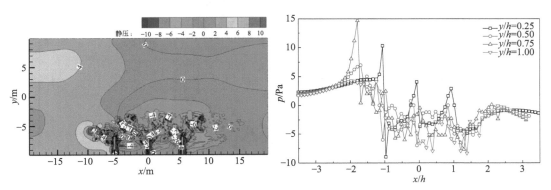

图 15-7　微观树木剖面速度场分布云图及静压分布曲线

15.2.3　CFD 在建筑空调及除尘设备内传热传质分析中的应用

　　暖通空调工程的许多设备，如风机、蓄冰槽、空调器、除尘器等，都是通过流体工质来工作的，流动情况对设备性能有重要影响。通过三维重建技术及 CFD 模拟技术，可创建各种暖通空调设备几何结构和模拟计算设备内部的流体流动情况，可以了解和研究设备性能，从而改进其内部流体传热传质状态，降低阻力和能耗，节省运行费用。根据文献，进行了旋风除尘器流场及浓度场的实验与模拟研究，图 15-8 显示了旋风除尘器内部速度分布云图；图 15-9 显示了布袋除尘器内部截面速度矢量图；图 15-10 显示了吹吸气流控制粉尘颗粒扩散模拟与实验比较；图 15-11 显示了虚拟纤维过滤介质结构及粉尘捕集状态。根据文献，还模拟研究纤维空气过滤器的阻力及捕集效率。FLUENT 软件在 HVAC（暖通空调）领域主要可用于：房间空气流动、热交换器、工业通风、供热系统设计，以及流动处理、环境控制系统、建筑物周围的空气流动、HVAC 管道系统、火焰的抑制和探测、泵与鼓风机、风扇和压缩机、燃烧器设计等。

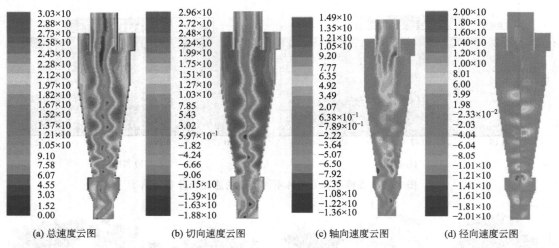

图 15-8　旋风除尘器内部速度分布云图

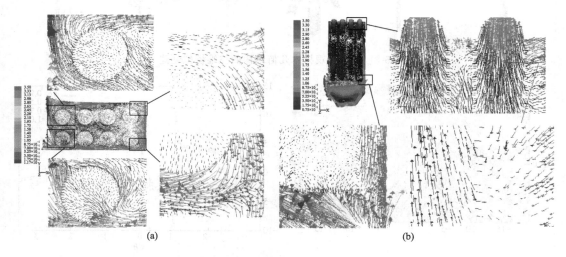

图 15-9　布袋除尘器内部截面速度矢量图

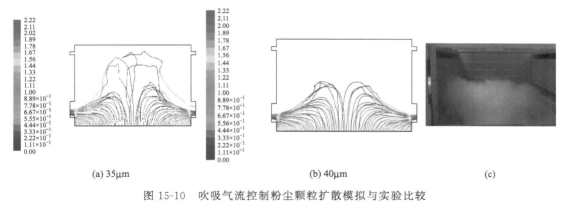

(a) 35μm   (b) 40μm   (c)

图 15-10　吹吸气流控制粉尘颗粒扩散模拟与实验比较

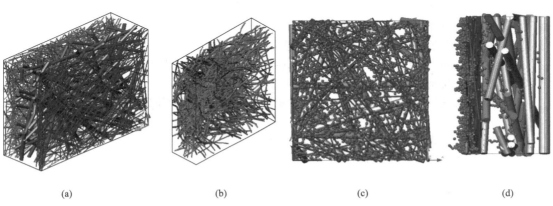

(a)　　　　　　　(b)　　　　　　　(c)　　　　　　　(d)

图 15-11　虚拟纤维过滤介质结构及粉尘捕集状态

15.2.4　CFD 在新型通风方式及人体热舒适状况分析中的应用

用数值计算的方法来模拟新型通风方式的效果，对提高室内热舒适度及通风和排烟效果颇有意义。例如，模拟高大空间分层空调的气流组织，对分析高大空间的温度、速度分布是一条方便而有效的途径，可以清晰地显示室内温度场和速度场的分布情况，对于保证良好的空调系统气流组织设计方案、提高室内空气品质及减少建筑物的能耗具有重要意义，它也可模拟隧道通风及火灾烟气扩散控制与人员安全疏散状况等，如图 15-12 所示。根据文献，即空气幕与机械排烟对隧道火灾烟气扩散的影响，可通过分析在距离隧道火源不同位置处的烟

(a)　　　　　　　　　　　　　　　　　　(b)

图 15-12　隧道通风及火灾烟气扩散控制

气温度、能见度和一氧化碳浓度，以讨论防排烟模式下空气幕与排烟口间距的最优设计值。利用CFD进行混合通风模拟研究能在短时间内得出复杂流动及火灾等危险环境的研究结果，这是试验方法难以做到的。

人体热舒适性指的是人对热环境表示满意的意识状态，它通过研究人体对热环境的主观热反应得到人体热舒适的环境参数组合的最佳范围和允许范围，以及实现这一条件的控制、调节方法。影响人体热舒适的环境参数有空气温度、气流速度、空气的相对湿度和平均辐射温度，而人的自身则有衣服热阻和劳动强度两个因素。国际上，许多学者采用CFD研究人体热舒适。例如，有关文献采用CFD技术进行数值模拟，利用试验验证模拟结果，研究小汽车及会议室在不同气流组织下人体周围的流场和温度场，在CFD程序中加入了预期平均评价（PMV）等热舒适性指标的计算模式，并利用热辐射、温度、风速等空间分布计算房间热舒适性，同时计算出室内PMV、PPD的数值，分析了室内人员的热舒适性情况。利用CFD技术可以解决暖通空调制冷行业许多工程应用问题。总结起来，主要表现在以下方面：

① 通风空调设计方案优化及预测；
② 传热传质设备的CFD分析，如各种换热器、冷却塔的CFD分析；
③ 射流技术的CFD分析，如空调送风的各种末端设备的CFD分析等；
④ 冷库库房及制冷设备的CFD分析；
⑤ 流体机械及流体元件，如泵、风机等旋转机械内流动的CFD分析，各种阀门的CFD分析等；
⑥ 空气品质及建筑热环境的CFD方法评价、预测；
⑦ 建筑火灾烟气流动及防排烟系统的CFD分析；
⑧ 锅炉燃烧（油、气、煤）规律的CFD分析；
⑨ 通风除尘领域，如工业通风系统，各种送排风罩的CFD分析，静电除尘器、旋风除尘器、重力沉降室内气粒分离过程的CFD分析；
⑩ 城市风（或建筑小区微气候）与建筑物及室内空气品质相互影响过程的CFD分析；
⑪ 管网水力计算的数值方法。

在暖通空调制冷工程设计与产品开发及其他行业中，一般只能依靠经验和试验及简单的结论分析来完成工程设计产品开发工作。计算流体力学即CFD的应用改变了传统的设计过程。由于CFD软件可以相对准确地给出流体流动的细节，因而不仅可以准确预测流体产品的整体性能，而且很容易从对流场的分析中发现产品或工程设计中的问题。而在现代设计过程中，"试验样本"这一环节中的大量工作已通过CFD工作完成，即通过CFD工作形成大量的"虚拟试验样本"，可检验CFD方法的可靠性、正确性，故现代设计过程的工作量大为减少。方案的筛选是以科学性的分析为基础，因而比较容易保证设计成功和产品质量的稳定，而且它将传统设计的大循环过程转变为方案设计带有预测性质的校验循环（验证循环）。当设计已基本达到设计要求时再转入通常的详细设计，大幅减少了设计过程的中间环节。CFD技术的大量应用，能显著缩短设计周期，降低费用。

15.3 会议室空气流动及人体热舒适性模拟

15.3.1 案例简介

空调设计气流组织的优劣与设计是否满足人体热舒适需求，可采用CFD模拟方法进行辅助评价。本案例对某一会议室采用上进下回侧送风方式，考虑太阳辐射效应，对其流场和温度场进行数值模拟及热舒适环境评价。该三维房间示意如图 15-13 所示，房间外部尺寸为 9.8m×6m×3.8m；一侧有两个外窗，尺寸均为 2.1m×2.1m；门的尺寸为 1.5m×2.1m；送回风口布置在同一侧，其尺寸均为 0.4m×0.4m；顶部分布 6 盏日光灯，功率为 60W，其外形尺寸为 0.2m×0.12m×1.2m；室内有一张方形会议桌，在会议桌的周围分布有 8 个人，其中 7 个人沿会议桌坐着，另 1 个人站在会议桌的一端。

会议室建模几何模型基本尺寸如下。

① 房间：9800mm×6000mm×3800mm。

② 会议桌：桌面 5100mm×2200mm，厚度 80mm，桌脚高度 720mm。

③ 椅子：椅面 450mm×450mm，厚度 25mm，椅脚高度 400mm。

④ 进/出风口：400mm×400mm（根据换气次数 8 次/h，送风速度 3m/s）。

⑤ 门：1500mm×2100mm（距墙 120mm）。

⑥ 窗：2100mm×2100mm（距墙 1500mm，离地 900mm）。

15.3.2　案例模拟步骤

（1）CAD 建模

① 打开 CAD 软件。

② 单击菜单栏中的"绘图"—建模—长方体，建立会议室几何模型，如图 15-14 所示。

③ 选择矩形工具，画出两个 2100mm×2100mm、两个 400mm×400mm、一个 1500mm×2100mm 的矩形，然后通过变换三视图调整相应的位置。

④ 在俯视图中依次单击菜单栏中的"绘图"—建模—长方体，在图中任意位置单击鼠标左键，输入 450 后按回车键，再输入 25 后按回车键，再选择左视图，将长方体复制。选择旋转命令，以一端为基点旋转合适角度形成椅背，将椅背移动到之前长方体的一端，与一端重叠。然后，依次画出凳脚，调到合适位置，再依次选择菜单栏修改—实体编辑—并集，框选椅子所有构件，然后单击鼠标右键。

⑤ 根据尺寸画出会议桌，通过变换三视图调整相应的位置。

⑥ 通过曲面建模技术创建人体几何模型，并将人体模型通过变换三视图调整相应的位置及体态，菜单选择如图 15-15 所示。

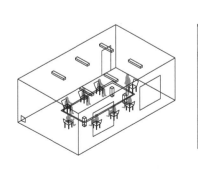

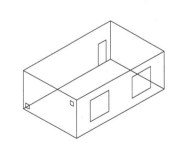

图 15-13　会议室具体布局示意　　　　图 15-14　会议室建模　　　　图 15-15　三视图观察菜单

⑦ 依次单击菜单栏中视图—动态观察—自由动态观察，然后按住鼠标左键不放，移动鼠标，观察模型是否有错误。

⑧ 保存文件。单击菜单栏文件—保存—选择保存路径；单击菜单栏文件—输出—命名文件名（英文命名，不要出现汉字），文件格式选择 IGES，选择好保存路径，单击保存按

钮，如图 15-16 所示。然后单击鼠标左键框选整个模型，按回车键，等待几秒右下角会提示输出成功。

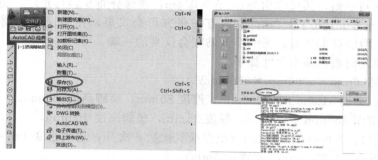

图 15-16　文件保存

（2）划分网格

双击 ICEM CFD 软件图标，打开 ICEM CFD 软件。

① 设定工作目录（注意：工作路径不得出现汉字）。

a. 在菜单栏中单击 File，如图 15-17 所示。

b. 单击 Change Working，改变文件保存工作目录及路径，如图 15-18 所示。

c. 选择合适的位置。

d. 单击确定。

图 15-17　ICEM 菜单

图 15-18　文件保存工作目录及路径

② 导入建好的模型。

a. 在菜单栏中单击 File。

b. 将鼠标放在 Import Geometry 处，单击子目录中的 STEP/IGES，如图 15-19 所示。

c. 找到文件之前保存的位置，如图 15-20 所示。

d. 双击文件或选中文件再单击打开。

e. 单击左下角的 OK，如图 15-21 所示。

③ 模型可视化或透明化设置。

a. 单击 Geometry 前面十字符。

b. 勾选 surface，如图 15-22 所示。注意在 ICEM CFD 中没有常规 CAD 建模中的实体概念，其最高几何拓扑为表面（Surface）。

c. 在 surface 上右击，选择 Transparent，如图 15-23 所示。

d. 在 surface 上右击，选择 Solid，视模型情况，此步骤不是必需的。

④ 建几何部件 Part。

a. 在 Parts 上单击鼠标右键。

图 15-19　导入模型菜单

图 15-20　模型储存位置

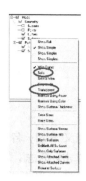

图 15-21　模型输入路径菜单

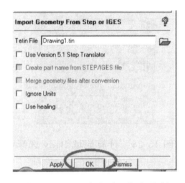

图 15-22　几何组织形式选择

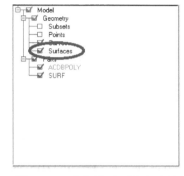

图 15-23　几何模型可视化选择

b. 单击 Create Part。

c. Parts 上单击鼠标右键。

d. 单击 Great Part，如图 15-24 所示。

e. 定义 Part 名称。例如，对于几何入口部件，可采用 in 或 inlet 等名称。

f. 单击 标志，如图 15-25 所示。

g. 模型中选中所建的其他 Part 部分。

h. 单击鼠标中键或单击 Create Part 中的 OK，则一个 Part 创建完成，以采用此步骤方法创建模型中所有 Part 部件。

图 15-24　创建几何模型部件

图 15-25　创建部件选择

⑤ 创建计算域 Body。值得注意的是，在 ICEM CFD 中，Body 是一个比较特别也比较重要的概念。其对应着流体计算中的计算域。

a. 单击功能区中的 Geometry。

b. 单击 Create Body（选择几何标签页中第四个图标），如图 15-26 所示。

图 15-26　功能区几何体选择

c. 定义 Body 名称。

d. 单击▲标志，如图 15-27 所示。

e. 模型中选择两点（从模型中选择的两点分别如下：一点是在人体头部表面选中的一点；另一点任取房间某一顶点），如图 15-28 所示。

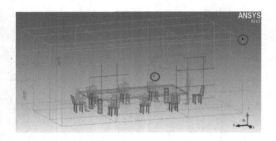

图 15-27　使用材料点创建 Body

图 15-28　计算流域 Body 选择

f. 单击鼠标中键或单击 OK，则 Body 创建完成。

⑥ 定义全局网格参数。

a. 单击功能区中的 Mesh。

b. 单击 Global Mesh Setup（选择 Mesh 标签页中全局网格参数设置，即第 1 个图标），如图 15-29 所示。

图 15-29　创建网格

c. 定义 Max element 尺寸。

d. 单击 OK，如图 15-30 所示。

e. 单击全局网格参数设置 Global Mesh Setup 面板中的壳网格设置 Shell Meshing Parameters，即全局参数设置标签页中第二个选项。

f. 定义全局壳网格生成类型 Mesh Type 和定义全局壳网格生成算法 Mesh Method，如图 15-31 所示。

图 15-30　网格创建设置

图 15-31　进入壳网格参数设置

g. 图 15-31 中，选择 Quad Dominant 表示选取四边体占优网格，选择 Patch Dependent

表示选取针对封闭区域的自由网格生成方法。确定后，单击 OK。

　⑦ 定义 Part 网格参数。

　a. 单击功能区中的 Mesh。

　b. 单击 Part 网格参数设定 Part Mesh Setup（Mesh 标签页中第 2 个图标），如图 15-32 所示。

图 15-32　定义网格参数类型

　c. 勾选 prism（此为需要加密的部分，如果某 Part 需要加密则再次勾选 prism；如果此例人体需要加密，则在 human 后勾选 prism），勾选此复选项表示对该 Part 生成棱柱层网格。

　d. 选 Body 后的 hexa-core（此为生成体网格），如图 15-33 所示。

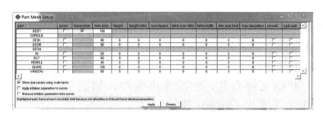

图 15-33　Part 网格参数设置

　e. 依据自己的模型尺寸定义各个 Part 的 max size。

　f. 依次单击 Apply 和 Dismiss。

　⑧ 生成网格。

　a. 单击功能区中的 Mesh。

　b. 单击网格生成功能按钮，即 Mesh 标签页中最后一个图标，如图 15-34 所示。

图 15-34　网格生成功能按钮

　c. 单击 Compute Mesh 中体网格生成按钮，即标签页中第 2 个图标，如图 15-35 所示。

　d. 在体网格生成选项 Volume Mesh 中，选择 Mesh Type 和 Mesh Method。

　e. 单击 Compute，生成网格如图 15-36 所示。

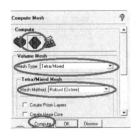

图 15-35　网格生成设置面板

图 15-36　网格参数结果图

⑨ 检查网格质量。

a. 单击功能区中网格编辑的 Edit Mesh 按钮。

b. 单击 Display Mesh Quality 按钮，即网格编辑标签页中第 4 个图标，如图 15-37 所示。

c. 在对话框中，勾选如图 15-38 所示的复选项。

d. 单击 OK，出现网格质量效果图，如图 15-39 所示。

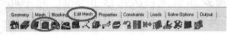

图 15-37 网格编辑标签页　　　图 15-38 网格质量检查　　　图 15-39 网格质量效果图
复选对话框

⑩ 保存及输出网格。

a. 在菜单栏中单击 File。

b. 将鼠标放在 Mesh 上，单击子目录中的 Save Mesh As，如图 15-40 所示。

c. 选择保存位置，并给文件命名，然后单击保存，如图 15-41 所示。

d. 单击功能区中的文件输出 Output 按钮。

e. 单击文件输出标签页中的 Select Solver 选项，即文件输出标签页中第 1 个图标，如图 15-42 所示。

f. 在输出求解器 Output Solver 中选择 Fluent_V6，如图 15-43 所示。

g. 在图 15-43 中，单击 OK。

h. 在文件输出 Output 标签页中，单击第 4 个图标 Write input，输出文件，如图 15-44 所示。

图 15-40 选择保存位置　　图 15-41 网格输出文件命名　　　图 15-42 文件输出 Output 标签页

图 15-43 设置求解器　　　　图 15-44 书写网格文件　　　图 15-45 文件保存路径选择
对话框

i. 找到之前保存的文件并打开网格文件，如图 15-45 所示。

j. 在图 15-46 所示对话框中选择文件保存类型，单击 Done，网格输出成功。

（3）模拟计算

① 打开 fluent 软件。

a. 双击桌面 fluent 图标。

b. 在弹出的对话框中选择 3D，勾选 Display Options 下三个选项，如图 15-47 所示。

c. 单击 OK。

图 15-46　网格输出格式选择

图 15-47　Fluent 启动界面

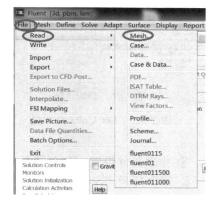
图 15-48　读取网格文件

② 导入模型网格。依次单击 File—Read—Mesh，读取网格文件，如图 15-48 所示；在弹出的对话框中找到文件，单击 OK，如图 15-49 所示。

③ 修改网格长度单位。

a. 选择左侧项目树"Solution Setup"中 General 选项，选择 Scale，如图 15-50 所示。

图 15-49　打开网格文件

b. 弹出 Scale Mesh 对话框，选择单位为 mm。

c. 单击 Scale，完成之后单击 Close，如图 15-51 所示。

图 15-50　设置网格尺度

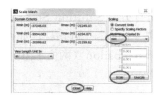
图 15-51　Scale Mesh 对话框

④ 检查网格质量。

a. 依次选择左侧项目树"Solution Setup"—General—Check。

b. 网格信息会在下方的信息栏中显示。

⑤ 单位转换。

a. 依次选择左侧项目树"Problem Setup"—General—Units。

b. 找到 temperature，将右侧的单位由 K 改为℃。

c. 单击 Close，如图 15-52 所示。

⑥ 激活重力。

a. 选择左侧项目树"Problem Setup"—General—Gravity—。

b. 在对应重力方向的坐标中输入（一）9.8。

⑦ 网格光顺。

a. 单击 Mesh—Smooth/swap…，如图 15-53 所示。

b. 在弹出的对话框中单击 Smooth，如图 15-54 所示。

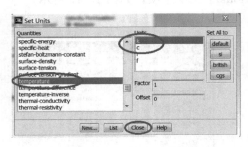

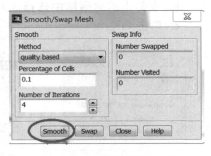

图 15-52 Set Units 对话框　　　图 15-53　网格 Mesh　　图 15-54　网格光顺对话框
　　　　　　　　　　　　　　　　　　标签页

⑧ 物理条件设置。打开能量方程：

a. 依次打开"Solution Setup"—Models，如图 15-55 所示。

b. 单击 Energy-off，勾选 Energy-off，开启能量方程，如图 15-56 所示。

c. 单击 OK。

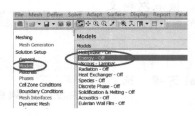
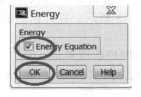

图 15-55　求解器设置　　　　　　　　　图 15-56　开启能量方程对话框

⑨ 选择湍流模型。

a. 依次打开"Solution Setup"—Models。

b. 双击 Viscous-Laninar，如图 15-57 所示。

c. 选择 K-epsilon（两方程模型），如图 15-58 所示。

d. 单击 OK。

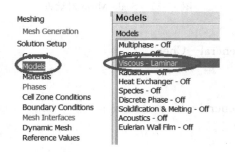

图 15-57　求解器设置　　　　　　　图 15-58　湍流模型选择对话框

⑩ 激活太阳辐射模型。

a. 依次打开 "Solution Setup"—Models。

b. 双击 Radiation-off，如图 15-59 所示。

c. 在 Solar Load 选项下选中 Solar Ray Tracing，如图 15-60 所示。

d. 单击 OK。

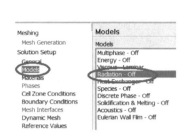

图 15-59　求解器设置

图 15-60　辐射模型选择对话框

⑪ 定义物质热物理特性参数。

a. 依次打开 "Solution Setup"—Materials。

b. 双击 air 按钮。

c. 弹出对话框，保持默认设置，如图 15-61 所示。

d. 单击 Close。

⑫ 创建新物质。

a. 依次打开 "Solution Setup"—Materials。

b. 双击 aluminum。

c. 弹出对话框中，创建墙体材料，将 building-insulation 替换为 aluminum，具体参数如图 15-62 所示。

d. 单击 Change/Create。

e. 在弹出的对话框中选择 No（用同样的方法创建玻璃材料 glass），如图 15-63 所示。

图 15-61　材料参数编辑
对话框（一）

图 15-62　材料参数编辑
对话框（二）

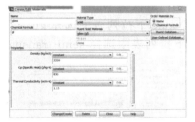

图 15-63　材料参数编辑
对话框（三）

⑬ 边界条件设置。

a. 进口条件：选择 Solution Setup—Boundary Conditions—in，如图 15-64 所示；将其改为 velocity-inlet；单击 Edit…，弹出的对话框中 Velocity Maginitude 输入 3m/s，如图 15-65 所示；将温度改为 22℃，如图 15-66 所示。最后，单击 OK。

b. 出口条件：选择 Solution Setup—Boundary Conditions—out；将其改为 Outflow，如图 15-67 所示；在弹出的对话框中单击 OK，保持默认设置。

c. 人体边界条件：选择 Solution Setup—Boundary Conditions—people，如图 15-68 所

示；默认为 wall 单击 Edit…，弹出的对话框中，选择 Tab 中的 Thermal 项，然后将温度值改为 36℃，如图 15-69 所示；单击 OK。

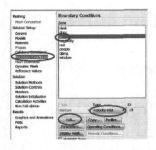

图 15-64　材料参数编辑
对话框（四）

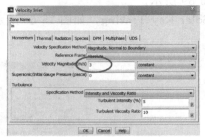

图 15-65　材料参数编辑
对话框（五）

图 15-66　边界条件设置
对话框（一）

图 15-67　边界条件设置
对话框（二）

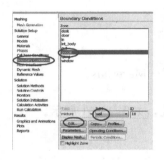

图 15-68　材料参数编辑
对话框（六）

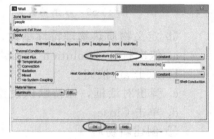

图 15-69　边界条件参数
对话框

d. 壁面边界条件：选择 Solution—Boundary Conditions—qiang，如图 15-70 所示；默认为 wall，单击 Edit…。在弹出的对话框中，选择 Tab 中的 Thermal 项，在 Material Name 下拉列表中选择 building-insulation，如图 15-71 所示。最后，单击 OK。

e. 窗户边界条件：选择 Solution Setup—Boundary Conditions—window，如图 15-72 所示；默认为 wall 单击 Edit…。在弹出的对话框中，选择 Tab 中的 Thermal 项，在 Material Name 下拉列表中选择 glass，如图 15-73 所示。随后，在 Tab 页中的 Radiation 的 BC Type 下拉列表中选择 semi-transparent，如图 15-74 所示。最后，单击 OK。

图 15-70　边界条件设置
对话框（三）

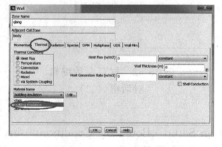

图 15-71　热边界参数设置
对话框

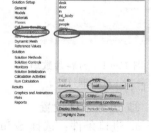

图 15-72　边界条件设置
对话框（四）

⑭ 求解条件设置。

a. 定义求解方程和参数：选择 Solution—Solution Methods，选择 Body Force Weighted

作为 Pressure 的离散格式，保留其他方程的默认设置，如图 15-75 所示。

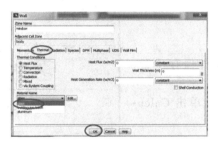

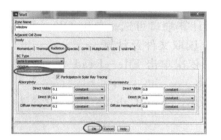

图 15-73　边界条件设置对话框（五）　　　图 15-74　辐射边界参数对话框（一）

b. 求解器参数初始化：单击 Solution—Solution Initialization，在 Compute from 下拉框中选择 in，单击下方的 Initialize，如图 15-76 所示；单击 Run Calculation，设置迭代步数为 1000。最后，单击 Calculate，如图 15-77 所示。

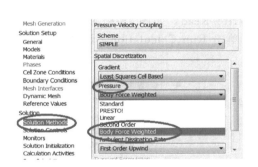

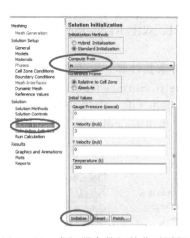

图 15-75　辐射边界参数对话框（二）　　　图 15-76　求解器参数初始化对话框

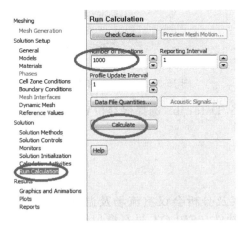

图 15-77　辐射边界参数对话框（三）　　　图 15-78　文件保存对话框

⑮ 保存文件：依次单击 File—Write—Case & Date，如图 15-78 所示；选择保存位置，输入文件名；单击 OK。

如果拟提高计算运行速度，可进行以下并行计算。

① 启动 Fluent 软件，弹出的对话框选择 Parallel（8），共 8 个并行计算端口可选。单击 OK，如图 15-79 所示。

② 读取文件及计算。

a. 依次单击 File—Read—Case & Date，找到文件保存位置，单击 OK。

b. 单击 Run Calculation，设置迭代步数为 1000，单击 Calcu-late。

③ 保存文件。

a. 依次单击 File—Write—Case & Date。

b. 选择保存位置，输入文件名；然后，单击 OK。

如果考虑太阳辐射及物体之间的相互辐射作用，需要加载 Solar Ray Tracing，并进行表面辐射计算（接着之前 Case/Date 计算）。

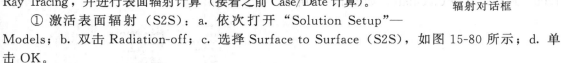

图 15-79　激活表面辐射对话框

① 激活表面辐射（S2S）：a. 依次打开 "Solution Setup"—Models；b. 双击 Radiation-off；c. 选择 Surface to Surface（S2S），如图 15-80 所示；d. 单击 OK。

② 角系数计算：a. 依次打开 "Problem Setup"—Models；b. 双击 Radiation-off；c. 选择 Surface to Surface（S2S）；d. 单击 Computer/Write/Read，如图 15-81 所示；e. 选择保存路径，单击 OK，等待几分钟即可计算完毕；f. 单击 Run Calculation，设置迭代步数为 1000；g. 单击 Calculate。

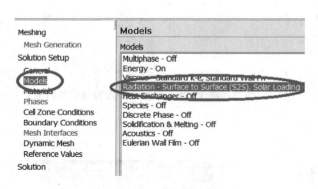

图 15-80　并行计算参数选择对话框（一）

图 15-81　并行计算参数选择对话框（二）

③ 保存文件：a. 依次单击 File—Write—Case & Date；b. 选择保存位置，输入文件名；c. 单击 OK。

15.3.3　案例模拟结果分析

模拟完成后，采用 Fluent 后处理软件，可观察及分析会议室流场及温度场分布云图、矢量图及各种数据分析曲线。也可采用专业后处理软件 TEPLOT 进行模拟结果分析。

本案例采用专业后处理软件 TEPLOT，绘出各人体表面温度分布云图，如图 15-82 所示；切面 2 中 4 个不同高度温度分布曲线如图 15-83 所示；室内人员 PMV 分布云图如图 15-84 所示；室内人员 PPD 分布云图如图 15-85 所示。

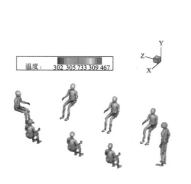

图 15-82　各人体表面温度分布云图

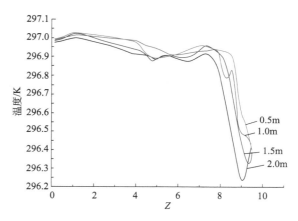

图 15-83　切面 2 中 4 个不同高度温度分布曲线

图 15-84　室内人员 PMV 分布云图

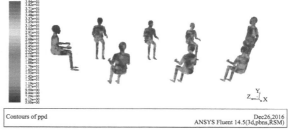

图 15-85　室内人员 PPD 分布云图

符号说明

英文字母符号：

A——面积，m^2；A——房间耗热指标，$W/℃$；A_h——每股射流作用车间的横截面积，m^2；A_n——排水系数，无量纲；A——常数或实验系数，无量纲；a——围护结构温差修正系数；a——温度梯度，$℃/m$；a——送风口的紊流系数；a——由实验确定的系数，无量纲；a——构形系数，无量纲。

B——水垢系数；B——每股射流作用宽度，m；B——实际大气压力，kPa；B——热源上水平投影的直径或长边尺寸，m；b——由实验确定的系数；b——辐射器的中心距，m。

C——常数，$11W/(m^2 \cdot K)$；c——有害气体体积浓度，mg/m^3 或 $ppm = mL/m^3$；c——人防地下室室内 CO_2 允许体积浓度，$\%$；C_a——有效面积系数，无量纲；C_s——窗玻璃的遮阳系数，无量纲；C_i——窗内遮阳设施的遮阳系数，无量纲；C_{LQ1}——窗玻璃冷负荷系数，无量纲；C_{LQ2}——人体显热散热冷负荷系数，无量纲；C_{LQ3}——照明散热冷负荷系数，无量纲；C_{LQ4}——设备散热的冷负荷系数，无量纲；c_x——新风的含尘浓度，mg/m^3；c_0——隔绝防护前人防地下室室内 CO_2 初始浓度，$\%$；C_1——清洁区每人每小时呼出的 CO_2 量，$L/(人 \cdot h)$；c_p——定压比热容，$kJ/(kg \cdot ℃)$；c——空气或水的比热容，$kJ/(kg \cdot ℃)$。

D——管道内径，m；D——出口当量直径，m；D——锅炉的蒸发量，t/h；D——热惰性指标，无量纲；D_0——调整后的管径；D_1——调整前的管径；$D_{j,max}$——日射得热因素的最大值，W/m^2；d——含湿量，kg/kg 干空气；d——管子的内径，m；d——疏水器的排水阀孔直径，mm；d——风帽直径，m；d_j——进入空气的含湿量，g/kg；d_p——排出空气的含湿量，g/kg；d_0——送风口直径，m；d_0——进入的空气含湿量，g/kg 干空气；d_1，d_2——处理前后的含湿量，g/kg 干空气；d_3——表面冷却器在理想工作条件下空气终状态的含湿量，g/kg 干空气；d_{c50}——分割粒径，m。

E——室内温度为 t_n 的辐射强度，W/m^2；E_{pj}——平均辐射强度，W/m^2；EHR——耗电输热比。

F——围护结构的面积，m^2；F——居住区的总建筑面积，m^2；F—换热器传热面积，m^2；F——电除尘器横断面积，m^2；F——平衡阀接管截面积，m^2；F'——罩口的扩大面积，即罩口面积减去热射流的断面积，m^2；F_n——垂直于射流的房间断面积，m^2；F_c——窗口面积，m^2；F_j、F_p——进风口及排风口面积，m^2；F_s——散热器的表面积，m^3；f——单个散热器的散热面积，$m^2/片$；f_0——自振频率。

G——房间送风量，m^3/h；G——流量，m^3/h；G——通过分汽缸的水蒸气总流量，t/h；

G——热水的质量流量，kg/s；G——自然通风的通风量，kg/h；G——冷却水量，m^3/h；G——室内单位容积发尘量，粒/$(min \cdot m^3)$；G——车库内排放 CO 的量，mg/h；G——冷却塔风量，kg/h；G——水泵设计流量，m^3/h；G——冷库或冰库的计算质量，t；G——机房最大制冷系统灌注的制冷工质量，kg；G——活性炭的质量，kg；G——疏水器排水量，kg/h；G_a，G_b——窗孔 a、b 的流量，kg/s；G_j——进风量，kg/h；G_p——局部和全面排风量，kg/s；G_x——再循环空气量，kg/s；G_t——管段内热媒流量，t/h；G_w——新风量，kg/s；G_{zj}——自然进风量，g/s；G_{jj}——机械进风量，g/s；G_{zp}——自然排风量，g/s；G_{jp}——机械排风量，g/s；G_{js}——机械送风量，kg/s；G_{sh}——余湿量，g/h；G_1——进入除尘器的粉尘量，g/s；G_2——除尘器除去的粉尘量，g/s；g——成年男子的小时散湿量，g/h；g——重力加速度，$9.81 m/s^2$。

H——房间高度，m；H——消耗压头，Pa；H——水泵设计扬程，m；H——罩口至污染源的距离，m；H_q——最小清晰高度，m；H_0——调整后的压力即达到平衡时的压力，Pa；H_{0n}——冷凝界面内侧所需的水蒸气渗透阻，$m^2 \cdot h \cdot Pa/g$；H_{0w}——冷凝计算界面至围护结构外表面之间的水蒸气渗透阻，$m^2 \cdot h \cdot Pa/g$；h_c——混合空气比焓值，kJ/kg；h_{s1}，h_{s2}——对应于 t_{s1}、t_{s2} 饱和空气的焓值，kJ/kg；h_j，h_p——进风口及排风口中心与中和面的高差，m；H_1——调整前的压力，Pa；h—排风天窗中心距地面高度，m；h——空调区高度，m；h——加热中心与冷却中心的垂直距离，m；h——送风口中心距地面高度，m；h_w——室外空气的焓值，kJ/kg；h_N——室外空气的焓值，kJ/kg；h_N——室内设计状态的比焓值，kJ/kg；h_w——室外空气比焓值，kJ/kg；h_{w1}，h_{w2}——对应于 t_{w1}、t_{w2} 饱和空气的焓值，kJ/kg；h_1，h_2——处理前后的比焓，kJ/kg；h_3——表面冷却器在理想工作条件下空气终状态的焓值，kJ/kg；h_1，h_2——中和面至窗孔 a、b 的距离，m；Δh——比焓，kJ/kg。

i_q——水蒸气的焓值，kJ/kg；i_{gs}——给水的焓值，kJ/kg；i_g——热水进口的焓值，kJ/kg；i_h——热水出口的焓值，kJ/kg。

K——传热系数，$W/(m^2 \cdot ℃)$；K——活性炭的填充率，kg/m^3；K——当量绝对粗糙度，m；K——管道内表面的当量绝对粗糙度，m；K——考虑沿高度速度分布均匀的安全系数；$K=1.4$；K——穿透率，%；K_0——室外管网热负荷及漏损系数，一般可按 1.02 计算；K_t——计算建筑物通风、空调新风加热热负荷的系数，一般取 0.3～0.5；K_H——滤毒通风时人防地下室主要出入口的最小防毒通道的设计换气次数，次/h；K_1——顶棚的传热系数，$W/(m^2 \cdot K)$；K_2——屋面的传热系数，$W/(m^2 \cdot K)$；k——1h 出入车数与设计车位的比值，也称为车位利用系数，一般取 0.5～1.2；k_{sh}——生产工艺热负荷的同时使用系数，一般可取 0.7～0.9。

L——车库所需的排风量，m^3/h；L——房间送风量，m^3/h；L——风量，m^3/s；L——每股射流的空气量，m^3/s；L——全面通风量，m^3/s；L——吸收剂流量，kmol/h；L——门窗缝隙长度，m；L——经每米门窗缝隙渗入室内的冷空气量，$m^3/(h \cdot m)$；L_F——滤毒通风时人防地下室室内超压时的漏风量，m^3/h，可按室内清洁区有效容积的 4% 计算；L_Q——清洁通风新风量，m^3/h；L_{QP}——清洁通风时排风量，m^3/h；L_Z——罩口断面上热射流流量，m^3/s；L_{DP}——滤毒通风排风量，m^3/h；$\sum L_P$——该点叠加后的总声压级，dB；L_{P1}，L_{P2}，…，L_{Pn}——噪声源 1、2、…、n 对该点的声压级，dB；L_P——排风量，m^3/h；L_P——声压级，dB；L_W——声源的声功率级，dB；L_Q——清洁通风时的新风量，m^3/h；L_R——滤毒通风时掩蔽人员新风量设计计算值，m^3/h；L_1——清洁通风时掩蔽人员新风量设计计算值，$m^3/(人 \cdot h)$；n——战时人防地下室室内掩蔽的人员数量，人；

L_2——滤毒通风时掩蔽人员新风量设计计算值，$m^3/(人 \cdot h)$；L_H——滤毒通风时保持人防地下室内一定超压值所需的新风量，m^3/h；l——管道长度，m；l——门窗缝隙长度，m；l——分支管路的长度，m；l_d——局部损失的当量长度，m；l_x——一股射流的有效作用长度，m；l_{zh}——管段的折算长度，m；ΣL——室外主干线总长度，m。

M——室内发尘量，mg/h；M——气体分子的克摩尔数，mol；M——室内有害物的散发量，mg/h；m_p——烟羽流质量流量，kg/s；m_p——沿车间宽度平行送风的射流股数；m_c——沿车间长度串联送风的射流股数；m——活性炭的再生效率，一般 $m = 95\%$；m——用热水单位数（住宅为人数，公共建筑为每日人次数、床位数等）；m——冷风渗透量的朝向修正系数；m——散热量有效系数；m——粉尘负荷，kg/m^2；m——单台车辆单位时间的排气量，m^3/min，一般可取 $1.2 \sim 1.5 m^3/(h \cdot 台)$；$m$——新风比；$m$——相平衡常数 x 控制点距吸风口的距离，m；m_w——水流量，m^3/s；m_3——吸收剂溶液的质量流量，kg/s；m_7——制冷剂质量流量，kg/s。

N——供暖期天数，d；N——照明灯具所需功率，kW；N——水泵在设计工况点的轴功率，kW；N——洁净室洁净度等级所对应的含尘浓度限值，粒$/m^3$；N_s——送风含尘浓度，粒$/m^3$；N_1——进口浓度，g/m^3；N_2——出口浓度，g/m^3；n——室内全部人数；n_k——房间的换气次数，次/h；n——房间的换气次数，次/h；n——散热器片数，片；n_1——镇流器消耗功率系数；n_2——灯罩隔热系数；n——发生器台数，台；n——换气次数，次/h；n——隔绝防护时清洁区内的实际掩蔽人数，人；n_v——按不均匀分布方法计算的洁净室换气次数，次/h；n——设备转速，r/min。

p——大气压，Pa；P——排风罩敞开面的周长，m；P——容积率，一般取 $1.08 \sim 1.30$；p_g——干空气分压力，Pa；p_q——水蒸气分压力，Pa；P_{th1}——低压级理论耗功率；P_{th2}——高压级理论耗功率，kW；P_{th}——理论总耗功率，kW；p_n——室内空气水蒸气分压力，Pa；p_w——室外空气水蒸气分压力，Pa；$p_{b.f}$——饱和水蒸气分压力，Pa；P_e——压缩机的轴功率，kW；P_{in}——压缩机的输入功率，kW；P_i——压缩机指示功率，kW；Δp——管段压力损失，Pa；Δp_m——摩擦压力损失，Pa；Δp_j——局部压力损失，Pa；Δp_m——单位长度摩擦压力损失，Pa/m；Δp_m——摩擦压力损失，Pa；Δp_j——局部压力损失，Pa；Δp——重力循环系统的作用压力，Pa；Δp_y——正常工作情况下作用压差，Pa；Δp_w——正常工作情况下管路干管的压力损失，Pa；Δp_s——水系统设备阻力，Pa；Δp_z——分支管路在分支点处，主干线所提供的作用压头，Pa；Δp_y——用户系统的阻力损失，Pa；Δp——阀前后压差，kPa。

Q——传热量，W；Q——散至室内的全部显热量，kW；Q——余热量，kW；Q——热负荷，kW；Q——局部供暖所需辐射器的散热量，W；Q——火灾释放热量，W；Q_a——对流供暖时的热负荷，W；Q_s——设计日所需释冷量，$kW \cdot h$；Q_k——冷凝器散热量，kW；Q_0——压缩机的制冷量，kW；Q_c——热释放量的对流部分，一般取值为 $0.7Q$，kW；Q_c——空调夏季设计热负荷，kW；Q_d——暖风机的实际散热量，W；$Q(d_{c,i}, d_{c,i+1})$——粉尘某一粒级的分布累计质量，kg；Q_f——辐射供暖时的热负荷，W；Q_h——供暖设计热负荷，kW；Q_k——冷凝器散热量，kW；Q_0——进风温度 $15℃$ 时的实际散热量，W；Q_f——辐射供暖时的热负荷，W；Q_J——建筑围护结构的基本传热量，W；Q_p——燃气发电后排出的烟气中可利用的总热量，按排烟温度降低至 $120℃$ 计算，MJ；Q_s——燃气发电机冷却水中可利用的总热量，按冷却水温度降低至 $85℃$ 计算；Q_s——设备实际散热量，W；Q_w——新风负荷，kW；Q'_n——供暖用户系统的设计热负荷，通常可用 GJ/h、MW 或 Mkcal/h 表示；Q_z——灯具散热形成的冷负荷，W；Q_{1j}——围护结构的基本耗热量，W；Q_{sh}——加热门窗缝隙渗入的冷空气耗热量，W；Q_{sb}——设备散热形成的冷负荷，W；$Q_{q(\tau)}$——外墙、窗、屋面瞬时传热引起的逐时冷负荷，W；$Q_{c(\tau)}$——透过玻璃窗的日射得热形成的冷负荷，W；Q_{mx}——人体显热散热形成的冷负荷，W；Q_{mq}——人体潜热散热形成的冷负荷，W；$Q_{w.max}$——工厂区（工厂）的生产工艺最大计算热负荷，GJ/h；Q_{rp}——居住区供暖期的热水供应平均热负荷，kW；Q_h^0——供暖全年耗热量，GJ；$Q_{w.a}$——生活热水平均热负荷，kW；Q'_{rp}——供暖期的热水供应平均小时热负荷，kW；Q'_n——建筑物的供暖设计热负荷，kW；$\sum Q_h$——围护结构、材料吸热等的总耗热量，kW；Q_1、Q_2、Q_3、Q_4——供暖、通风空调、生产、生活的最大热负荷，t/h；Q_5——锅炉房自用热负荷，t/h；$\sum Q_s$——室内工艺设备和散热器的总散热量，kW；q——单位地面面积的散热量，W/m^2；q——单台发生器输出功率，kW；q——平衡阀的设计流量，m^3/h；q_d——对流传热量，W/m^2；q_f——辐射传热量，W/m^2；q_f——建筑物供暖面积热指标，W/m^2，它表示每1m^{2}建筑面积的供暖设计热负荷；q_s——不同室温和劳动性质的成年男子显热散热量，W；q_s——居住区热水供应的热指标，W/m^2，一般可取15～20W/m^2（全部住宅有热水供应）和2.5～3W/m^2；q_t——室内其他地区的辐射强度，即设计辐射强度，W/m^2；q_0——平衡时炭吸附量，kg/kg；q_x——单位地面面积所需的散热量，W/m^2；q_1——靠外墙边缘地区的单位辐射强度，W/m^2；q_2——靠墙角处的单位辐射强度，W/m^2。

R——单位长度摩擦压力损失，Pa/m；R——特征值；R_x——扇流送风的射流有效作用半径，m；Re——雷诺数，$Re=Vd/\gamma$；R——回风比率，%；R_n——围护结构的传热阻，m$^2\cdot$℃/W；R_{max}——分支管路的最大允许比摩阻，Pa/m；R_w——围护结构的传热阻，m$^2\cdot$℃/W；$R_{0.min}$——围护结构的最小传热阻，m$^2\cdot$℃/W；R_n——围护结构内表面换热热阻，m$^2\cdot$℃/W；R_i——各层材料的热阻，m$^2\cdot$℃/W；r——离开声源的距离，m。

S_i——各层材料的蓄热系数，m$^2\cdot$℃/W；S——管路计算管道的阻力数，Pa/(m^3/h)^2；ΔS_j——进入除尘器的粉尘量，g/s；S——风口底边至顶棚的距离，m。

T——每天供水小时数，h/d，对住宅、旅馆、医院等，一般取24h；T——烟层平均温度，K；T——有效使用时间，h；T——传递比，无量纲；T_g——发生器中热媒温度，K；T_0——环境温度，K；T_0——蒸生器中被冷却物温度，K；T_e——环境温度，K；T_s——黑球温度计的热力学温度，K；T_v——供暖期内通风装置每日平均运行小时数，h；T_1——车库内车排气温度，一般取500℃；ΔT——供回水温差，冷水系统取5℃；ΔT_0——射流出口温度与周围空气温度之差，℃；ΔET——有效温度差；t——自动灭火系统启动时间，s；t——隔绝防护时间，h；t——车库内汽车的运行时间，一般取2～6min；t——温度，℃；t_d——等感温度，℃；t_d——屋顶下的温度，℃；t_i——室内计算温度，℃；t_n——室内计算温度，℃；t_n——供暖期室外平均温度，℃；t_n——设计条件下的进风温度，℃；t_p——排风温度，℃；t_p——室内上部通风温度，℃；t_q——水蒸气的温度，℃；t_0——送风温度或射流出口温度，℃；t_g——工作地点温度，℃；t_g——加湿前空气干球温度，℃；t_w——冬季室内或室外供暖或夏季通风室外设计计算温度，℃；t_{np}——室内平均温度，℃；t_{wf}——夏季通风室外计算温度，℃；t_j——进入空气的温度，℃；T_{b1}——辐射板表面平均温度，K；T_{b2}——被加热面表面平均温度，K；t_{w1}，t_{w2}——热水的初、终温，℃；t_q——加热水蒸气的温度，℃；t_{pj}——地表面或热媒的平均温度，℃；t_{pj}——围护结构表面平均辐射温度，℃；t_{fj}——室内非加热表面的面积加权平均温度，℃；t_{sg}——散热器进水温度，℃；t_{sh}——散热器出水温度，℃；t_{sh}——舒适温度，℃；t_{wn}——供暖室外计算温度，℃；t_s——加湿后空气干球温度，℃；t_s——再循环送风温度，℃；t_s——黑球温度，℃；t_{w1}——冷水初温，℃；t_{bs}——饱和空气湿球温度,℃;ΔT_x——主体段射程 x 处轴心点温度与周围空气温度之差,℃;t_x——x 处温度,℃;t_{s1},t_{s2}——室外空气进出口的湿球温度,℃;t_r——生活热水温度,℃,一般为 $60\sim65$℃;t_{js}——机械送风温度,℃;$T_{0,h}$——供暖期室外计算温度,℃;$t_{0,v}$——冬季通风室外计算温度,℃;$t_{o,a}$——冬季空调室外计算温度,℃;$T_{c,max}$——空调夏季最大负荷利用小时数,h;$t_{c(\tau)}$——外墙、窗、屋面的冷负荷计算温度的逐时值,℃;t_1——冷水计算温度,取最低月平均水温,℃;t_1,t_2——网路的设计供、回水温度,℃;t_1——热媒温度,℃;t_2——管道安装时温度,一般按 -5℃计算;t_1,t_2——处理前后的干球温度,℃;t_3——表面冷却器在理想工作条件下空气终状态的干球温度,℃;Δt——进出水温差,一般取 $5\sim8$℃;Δt——热源表面与周围空气温差,℃;t_i,t_N——工作区某点的空气温度和给定室内温度,℃;Δt_p——空气与热媒间的算术平均温差,℃;Δt_{pj}——对数平均温差,℃;Δt_H——温度梯度,℃/m;Δt_y——冬季室内计算温度与围护结构内表面温度的允许温差,℃。

u_i——工作区某点的空气流速,m/s。

V——房间或车间或蓄冷槽体积,m^3;V——活性炭的容积,m^3;V——处理有害气体量或排烟量,m^3/s;V_n——房间的内部体积,m^3;V——流体在管道内的流速,m/s;V——处理气体量,kmol/h;V_0——射流出口速度,m/s;V_0——人防地下室清洁区内的容积,m^3;V_w——室外计算风速,m/s;V_x——控制点的吸风速度,m/s;V_t——过滤速度,m/s;V_i——冷藏库或冰库的公称容积,m^3;V_F——滤毒通风时人防地下室主要出入口的最小防毒通道的有效容积,m^3;V_S——实际流量,m^3/h;V_g——规定流量,m^3/h;v——空气通过炭层时的面风速,m/s;v——筒身水蒸气流速,m/s,一般取 $10\sim15m/s$;V_g——进入机组燃气量,水蒸气锅炉为 $758m^3/h$;V_{a0}——理论空气量(m^3 干空气/m^3 干燃气),一般取 3.5 m^3 干空气/m^3 干燃气;V_{pH}——最大回流平均速度,m/s;V_0——送风口出风速度,m/s;v'——扩大面积上空气的吸入速度,m/s;v_1——工作地带最大平均回流速度,m/s;v——室内空气流速,m/s;v——每个用热水单位每天的热水用量,L/d。

W——冷却塔水量,kg/h;W——年发电总量,kW・h;W——所需装炭量,kg;W——余湿量,g/kg 干空气。

Δx——管道的热伸长量,m;x_1——扇流送风射流作用距离的无量纲数;x_1,x_2——塔底及塔顶的液相组成,kmol/kmol;x——射程,m;x——有害物质散发量,g/s;X——射流作用的无量纲数;x——吸附比,$x=$ 污染物(g)/活性炭(kg);x——水力失调度。

y_p——排出空气中有害物质的浓度,mg/m^3;y_j——进入空气中有害物质的浓度,mg/m^3;y_0——空气中有害物质浓度,g/m^3;y_1——初始时刻空气中有害物质浓度,g/m^3;y_2——通风终止时刻空气中有害物质浓度,g/m^3;Y——有害气体质量浓度,mg/m^3;Y_1,Y_2——塔底及塔顶的气相组成,kmol/kmol;y——水力稳定性系数;y_1——车库内 CO 的允许浓度,为 $30mg/m^3$;y_0——室外大气中 CO 的浓度,一般城市可取 $2\sim3mg/m^3$。

Z_1——火焰极限高度,m;z——再生周期(累计吸附时间),h;Z——供暖期天数;Z——燃料面至烟层底部的高度,m。

希腊字母:

α——分布系数;α——围护结构的温差修正系数;α_1——热媒至管壁的换热系数,$W/(m^2\cdot℃)$;α——过剩空气系数,一般取 1.15;α_2——管壁至被加热水的换热系数,$W/(m^2\cdot℃)$;α——分支管路的局部阻力损失系数,一般取 $\alpha=0.3$;α_n——围护结构内表面换热系数,$W/(m^2\cdot℃)$;α_w——围护结构内表面换热系数,$W/(m^2\cdot℃)$;α——屋面和顶棚的夹角,°;α——火灾增长系数,kW/s^2;α——对流换热系数,$W/(m^2\cdot℃)$。

β——分布系数；β_{ch}——朝向修正系数；β_f——风力修正系数；β_{lang}——两面墙修正系数；β_m——窗墙面积比过大修正系数；β_{fg}——房高修正系数；β_{jan}——间歇附加系数；β_{gc}——高层建筑外窗风力修正系数；β_1——散热器安装时，组装片数的修正系数；β_2——散热器进、出水管连接形式修正系数；β_3——散热器安装形式修正系数；β——温度、湿度校正系数，一般取1.2；γ—运动黏滞系数，m^2/s；δ——管壁厚度，m；δ_n——保温材料厚度，m；ξ——局部阻力系数；τ——通风时间，s；μ——窗孔的流量系数；μ——气体黏性系数，$Pa \cdot s$。

ε_c——工作在T_0和T_e之间的逆卡诺循环的热效率；ε_1——热交换效率系数，无量纲；ε_2——接触系数，无量纲；ε——热湿比；ε——辐射系数；ξ——局部阻力系数；$\sum \xi$——计算管段的管道构件局部阻力系数之和；ξ_d——当量局部阻力系数；ξ_j，ξ_p——进风口及排风口的局部阻力系数，无量纲；ξ_{max}——最大热力系数，无量纲；ξ_s——浓溶液浓度；ξ_w——稀溶液浓度；$\Delta \omega$——供暖期间保温材料重量湿度允许增量，%；ρ——热媒的密度，kg/m^3；ρ_{wf}——夏季通风室外计算温度下的空气密度，kg/m^3；ρ_s——食品的计算密度，kg/m^3；ρ_0——环境温度下的气体密度，kg/m^3；ρ_p——室内上部地带空气密度，kg/m^3；ρ_p——排风温度下的空气密度，kg/m^3；ρ_{np}——室内空气的平均密度，按作业地带和排风口处空气密度的平均值采用；ρ_h——回水密度，kg/m^3；ρ_g——供水密度，kg/m^3；v——热媒在管道内流速，m/s。

λ——摩擦系数；一般钢管$\lambda = 45 \sim 58 W/(m^2 \cdot ℃)$，黄铜管$\lambda = 81 \sim 116 W/(m^2 \cdot ℃)$，紫铜管$\lambda = 348 \sim 465 W/(m^2 \cdot ℃)$。$\lambda$——管壁的热导率，$W/(m^2 \cdot ℃)$。

ϕ——群集系数；ϕ——空调建筑物内的群集系数；ω——敞开水表面单位蒸发量，$kg/(m^2 \cdot h)$；ϕ_0——制冷量；ϕ_0——压缩机制冷量；ϕ_h——压缩机制热量；φ——修正系数，其中中、高温辐射供暖$\varphi = 0.5 \sim 0.9$，低温辐射供暖$\varphi = 0.9 \sim 0.95$；φ——边缘附加系数，%；ψ——不均匀系数。

η——有效散热系数，热媒为热水时$\eta = 0.8$；热媒为水蒸气时$\eta = 0.7 \sim 0.8$；η——考虑电机和传动部分的效率；η_d——热力完善度；η_c——工作在T_e和T_g之间的卡诺循环的热效率；η——蓄冷槽效率；η——冷藏库或冰库的容积利用率；η——装置吸附效率，%；η——辐射器的辐射效率，%；$\eta_i(d_{c,i}, d_{c,i+1})$——粒级除尘效率。

附 录

附表 1 供暖工程常用计算公式

公式编号	计算公式名称	计算表达式
H-1	围护结构传热热阻	$R_O = \dfrac{1}{\alpha_n} + \dfrac{\sum \delta_i}{\lambda_i} + \dfrac{1}{\alpha_w}$; $R_0 = R_n + R_j + R_w$
H-2	围护结构传热系数	$K_0 = \dfrac{1}{R_0}$
H-3	围护结构最小热阻	$R_{0.min} = \dfrac{a(t_n - t_w)}{\alpha_n \Delta t_y}$; $R_{0.min} = \dfrac{a(t_n - t_w)}{\Delta t_y} R_n$
H-4	热惰性指标	$D = \sum R_i S_i$
H-5	有顶棚的坡屋面综合传热系数	$K = \dfrac{K_1 K_2}{K_1 \cos\alpha + K_2}$
H-6	保温材料的允许重量湿度增量	$C = 10\rho\delta_n [\Delta w]$
H-7	围护结构基本耗热量	$Q_{1j} = \alpha K F(t_n - t_{wn})$
H-8	围护结构的耗热量	$Q_1 = Q_J(1 + \beta_{ch} + \beta_f + \beta_{lang} + \beta_m)(1 + \beta_{f.g})(1 + \beta_{Jan})$ $Q_1 = Q_{1j}(1 + \beta_{cx} + \beta_f + \beta_l + \beta_m)(1 + \beta_g) + Q_2$
H-9	屋顶下的温度	$t_d = t_g + \Delta t_H (H-2)$
H-10	室内平均温度	$t_{np} = \dfrac{t_d + t_g}{2}$
H-11	门窗缝隙渗入空气耗热量	$Q = 0.28 c_p \rho_{wn} L(t_n - t_{wn})$; $L = L_0 l_i m^b$; $L_0 = a_1 \left(\dfrac{\rho_{wn}}{2} V_0^2 \right)$
H-12	重力循环系统的作用压力	$\Delta p = gh(\rho_h - \rho_g)$
H-13	管道的流量	$G = \dfrac{0.86Q}{\Delta t}$
H-14	管道压力损失	$\Delta p = \Delta p_m + \Delta p_i = \dfrac{\lambda}{d} l \dfrac{\rho v^2}{2} + \zeta \dfrac{\rho v^2}{2}$; $\Delta p = \Delta p_m + \Delta p_i = \dfrac{\lambda}{d} l \dfrac{\rho v^2}{2} + \zeta \dfrac{\rho v^2}{2}$
H-15	低压水蒸气管道单位长度摩擦压力损失	$\Delta p_m = \dfrac{p - 2000}{L} \alpha$
H-16	散热器散热面积	$F = \dfrac{Q}{K(t_{pj} - t_n)} \beta_1 \beta_2 \beta_3$
H-17	散热器的传热系数	$K = a \Delta t_b^b = a(t_{pj} - t_n)^b$; $Q = A \Delta t_b^b = A(t_{pj} - t_n)^b$
H-18	疏水器排水量	$G = 0.1 A d^2 \sqrt{\Delta p} = 0.1 A d^2 \sqrt{(p_1 - p_2)}$
H-19	疏水器设计排水量	$G_{sh} = KG$
H-20	调压板的孔径	$d = \sqrt{\dfrac{GD^2}{f}}$; $f = 23.21 \times 10^{-4} D^2 \sqrt{\rho H} + 0.812 G$

公式编号	计算公式名称		计算表达式
H-21	截止阀内径		$d = 16.3\sqrt[4]{\zeta}\sqrt{\dfrac{G^2}{\Delta P}}$
H-22	管道的热伸长量		$\Delta X = 0.012(t_1 - t_2)L$
H-23	流经平衡阀的流量		$Q = \dfrac{F}{\sqrt{\zeta}} \times \sqrt{\dfrac{2(p_1 - p_2)}{\rho}}$
H-24	分汽缸的筒体直径		$D = 0.595\sqrt{\dfrac{G}{V\rho}}$
H-25	换热器传热面积		$F = \dfrac{Q}{KB\Delta t_{pj}}; \Delta t_{pj} = \dfrac{\Delta t_{max} - \Delta t_{min}}{\ln\dfrac{\Delta t_{max}}{\Delta t_{min}}}$
H-26	辐射板散热器传热量		$q = q_f + q_d; q_f = 4.98 \times 10^{-8}\left[(t_{pj} + 273)^4 - (t_{fj} + 273)^4\right]$ $q_d = 2.13(t_{pj} - t_n)^{1.31}; t_{pj} = t_n + 9.82 \times \left(\dfrac{q_x}{100}\right)^{0.969}; q_x = \dfrac{Q}{F}$
H-27	燃气红外线辐射供暖系统热负荷		$Q_f = \dfrac{Q}{1+R}; R = \dfrac{Q}{\dfrac{CA}{\eta}(t_{sh} - t_w)}; \eta = \varepsilon\eta_1\eta_2$
H-28	辐射供暖时的室内计算温度		$t_n = \dfrac{Q_f(t_{sh} - t_w)}{Q} + t_w$
H-29	辐射供暖时人体所需的辐射强度		$q_x = C(t_{sh} - t_n)$
H-30	辐射供暖时人体实际接收到的辐射强度		$q_s = \eta\dfrac{Q_f}{A}$
H-31	发生器的台数		$n = \dfrac{Q_f}{q}$
H-32	局部供暖所需辐射器的散热量		$Q = \dfrac{700EA}{\eta}$
H-33	散热器设备散出的热量		$Q = C\displaystyle\int G(t_g - t_h)dt = F\int K(t_p - t_n)dt = A\int(t_n - t_w)dt$
H-34	暖风机计算		$n = \dfrac{Q}{Q_d\eta}; \dfrac{Q_d}{Q_0} = \dfrac{t_{pj} - t_n}{t_{pj} - 15}$
H-35	暖风机的射程		$X = 11.3V_0D$
H-36	热水管网水力计算		$R = 6.88 \times 10^{-3}K^{0.25}\dfrac{G_t^2}{\rho d^{5.25}}; d = 0.387 \times \dfrac{K^{0.0476}G_t^{0.381}}{(\rho R)^{0.19}}$ $G_t = 12.06\dfrac{(\rho R)^{0.5}d^{2.625}}{K^{0.125}}; l_d = 9.1\dfrac{d^{1.25}}{k^{0.25}}\Sigma\zeta$
H-37	水力失调度		$x = \dfrac{V_s}{V_g}$
H-38	水力稳定性系数		$y = \dfrac{V_g}{V_{max}} = \dfrac{1}{x_{max}} = \sqrt{\dfrac{\Delta p_y}{\Delta p_w + \Delta p_y}}$
H-39	阻力与流量关系		$\Delta p = R(l + l_d) = SV^2; S = 6.88 \times 10^{-9}\dfrac{K^{0.25}}{d^{5.25}}(l + l_d)\rho$
H-40	管网阻力数的计算	串联	$S = S_1 + S_2 + S_3$
H-41		并联	$\dfrac{1}{\sqrt{S}} = \dfrac{1}{\sqrt{S_1}} + \dfrac{1}{\sqrt{S_2}} + \dfrac{1}{\sqrt{S_3}}$
H-42	热功率与蒸发量关系	水蒸气锅炉	$Q = 0.000278D(i_g - i_{gs})$
H-43		热水锅炉	$Q = 0.000278G(i_g' - i_h')$
H-44	锅炉热容量计算		$Q = K_0(K_1Q_1 + K_2Q_2 + K_3Q_3 + K_4Q_4 + K_5Q_5)$
H-45	热水循环水泵的选择		$G = k_1\dfrac{0.86Q}{t_g - t_h} + G_0; H = 1.1(H_1 + H_2 + H_3 + H_4)$

公式编号	计算公式名称		计算表达式
H-46	等感温度		$t_d = 0.52t_n + 0.48t_{pj} - 2.2$
H-47	平均辐射强度		$E_{pj} = 5.72[T_S \times 10^{-3} + 247\sqrt{v}(t_s - t_n)]$
H-48	室内温度为 t_n 的辐射强度		$E = 175.85 - 9.775t_n$
H-49	辐射供暖时的热负荷		$Q_f = \varphi Q_a$
H-50	辐射总传热量		$Q = q_f + q_d$
H-51	暖风机热量及台数		$q_f = 5.72ab\left[\left(\dfrac{T_{b1}}{100}\right)^4 - \left(\dfrac{T_{b2}}{100}\right)^4\right]; n = \dfrac{Q}{Q_d \eta}; \dfrac{Q_d}{Q_0} = \dfrac{t_{pj} - t_n}{t_{pj} - 15}$
H-52	实际热负荷计算		$Q = Q' \dfrac{t_n - t_{pj}}{t_n - t_w}$
H-53	节能设计标准		$\text{EHR} = \dfrac{\varepsilon}{\sum Q} = \dfrac{N}{Q\eta} \leqslant \dfrac{0.0056(14 + \alpha\sum L)}{\Delta t}$
H-54	地板辐射散热计算		$q = \dfrac{Q}{F}; K = \dfrac{2\lambda}{A + B}; t_p = t_b + \dfrac{q}{K}$
H-55	集中平行送风射流计算		$l_x = \dfrac{X}{a}\sqrt{A_h} \ (h \geqslant 0.7H); l_x = \dfrac{0.7X}{a}\sqrt{A_h} \ (h = 0.5H)$
H-56	集中平行送风射流计算		$n = \dfrac{380v_1^2}{l_x} = \dfrac{5950v_1^2}{v_0 l_x}; L = \dfrac{nV}{3600m_p m_c}; t_0 = t_n + \dfrac{Q}{c_p \rho_p L m};$ $d_0 = \dfrac{0.88L}{v_1\sqrt{A_h}}; v_0 = 1.27\dfrac{L}{d_0^2}$
H-57	集中扇形送风射流计算		$R_x = \left(\dfrac{X}{a}\right)^2 H; n = \dfrac{18v_1^2}{X_1^2 R_x} = \dfrac{29v_1^2}{X_1^2 v_0 R_x}; L = \dfrac{nV}{3600m};$ $t_0 = t_n + \dfrac{Q}{c_p \rho_p L m}; d_0 = 6.25\dfrac{aL}{v_1 H}; v_0 = 1.27\dfrac{L}{d_0^2}$
H-58	平衡阀的阀门系数		$K_V = a\dfrac{q}{\sqrt{\Delta p}}$
H-59	民用建筑全年耗热量	供暖全年耗热量	$Q_h^a = 0.0864NQ_h \dfrac{t_i - t_n}{t_i - t_{0,h}}$
H-60		供暖期通风耗热量	$Q_V^a = 0.0036T_V NQ_V \dfrac{t_i - t_n}{t_i - t_{0,v}}$
H-61		空调供暖耗热量	$Q_a^a = 0.0036T_a NQ_a \dfrac{t_i - t_a}{t_i - t_{0,a}}$
H-62		空调供暖耗热量	$Q_c^a = 0.0036Q_c T_{c,\max}$
H-63		生活热水全年耗热量	$Q_w^a = 30.24Q_{w,a}$
H-64	全面辐射供暖		$q_1 = (1 + \varphi)q_t; q_2 = (1 + 2\varphi)q_t; a_1 = \dfrac{a}{1 + \varphi};$ $a_2 = \dfrac{a}{1 + 2\varphi}; b_1 = \dfrac{b}{1 + \varphi}; b_2 = \dfrac{b}{1 + 2\varphi}$

附表2　通风工程常用计算公式

公式编号	计算公式名称		计算表达式
v-1	消除有害物的全面通风量		$\dfrac{Ly_1-x-Ly_0}{Ly_2-x-Ly_0}=\exp\left(\dfrac{\tau L}{V_f}\right)$
v-2	不稳定状态		$L=\dfrac{x}{y_2-y_1}-\dfrac{V_f}{\tau}\times\dfrac{y_2-y_1}{y_2-y_0}$
v-3	稳定状态		$L=\dfrac{Kx}{y_2-y_0}$
v-4	消除余热、余湿全面通风量		$G=\dfrac{Q}{c(t_p-t_0)}=\dfrac{W}{d_p-d_0}$
v-5	风平衡方程式		$G_{jp}+G_{zp}=G_{jj}+G_{zj}$
v-6	热平衡方程式		$cG_{jj}t_s+cG_{zj}t_w=Q+cG_{jp}t_n$
v-7	自然通风换气量		$L=vF=\mu F\sqrt{\dfrac{2\Delta P}{\rho}}$；$G=L\rho=\dfrac{1}{\sqrt{1+\zeta}}F\sqrt{\dfrac{2\Delta P}{\rho}}$
v-8	自然通风的窗口面积		$F_a=\dfrac{G_a}{\mu_a\sqrt{2h_1g(\rho_w-\rho_{np})\rho_w}}$；$F_b=\dfrac{G_b}{\mu_b\sqrt{2h_2g(\rho_w-\rho_{np})\rho_p}}$；$\dfrac{F_a}{F_b}=\sqrt{\dfrac{h_2}{h_1}}$
v-9	有效热量系数		$m=\dfrac{t_n-t_w}{t_p-t_w}$；$t_p=t_w+\dfrac{t_n-t_w}{m}$
v-10	筒形风帽的选择		$L=2827d^2\dfrac{A}{\sqrt{1.2+\Sigma\zeta+0.02\dfrac{L}{d}}}$；$A=\sqrt{0.4V_w^2+1.63(\Delta p_g+\Delta p_{ch})}$ $\Delta p_g=gh(\rho_w-\rho_{np})$
v-11	密闭罩排风量计算		$L=L_1+L_2+L_3+L_4$；简化式：$L=L_1+L_2$
v-12	通风柜的排风量计算		$L=L_1+vF\beta$
v-13	排风罩排风量计算	四周无边的圆形吸风口	$\dfrac{V_0}{V_x}=\dfrac{10x^2+F}{F}$
v-14		四周有边的圆形吸风口	$\dfrac{V_0}{V_x}=0.75\times\dfrac{10x^2+F}{F}$
v-15		四周无法兰	$L=V_0F=(10x^2+F)V_x$
v-16	实际排风罩的排风量		$L=(5x^2+F)V_x$
v-17	前面有障碍时外部吸气罩排风量计算		$L=KPHV_x$
v-18	接受罩排风量的计算		收缩断面的流量：$L_0=0.167Q^{1/3}B^{3/2}$；对流散热量：$Q=\alpha F\Delta t$；$\alpha=A\Delta t^{\frac{1}{3}}$；高悬罩的尺寸：$D=D_z+0.8H$；接受罩的排风量：$L=L_z+v'F'$
v-19	除尘效率		$\eta=\dfrac{G_2}{G_1}=\dfrac{L_1N_1-L_2N_2}{L_1N_1}\times100\%$

公式编号	计算公式名称		计算表达式
v-20	多级除尘总除尘效率		$\eta=1-(1-\eta_1)(1-\eta_2)\cdots(1-\eta_i)\cdots(1-\eta_n)$
v-21	除尘分级效率		$\eta(d_c)=\dfrac{\Delta S_i}{\Delta S_j}\times100\%=\dfrac{G_1 d\phi_1(d_c)-G_2 d\phi_2(d_c)}{G_1 d\phi_1(d_c)}$ $=1-\dfrac{G_2 d\phi_2(d_c)}{G_1 d\phi_1(d_c)}=1-\dfrac{N_2 d\phi_2(d_c)}{N_1 d\phi_1(d_c)}$
v-22	旋风除尘器分级效率		$\eta_i(d_c)=1-\exp(-\alpha d_c^\beta)=1-\exp\left[-0.693\left(\dfrac{d_c}{d_{c50}}\right)^\beta\right]$
v-23	重力沉降室的沉降速度		$V_s=\sqrt{\dfrac{4(\rho_p-\rho_g)gd\rho}{3c_p\rho_g}}\,;d_{min}=\sqrt{\dfrac{18\mu VH}{g\rho_p L}}=\sqrt{\dfrac{18\mu Q}{g\rho_p LW}}$
v-24	袋式除尘器粉尘层的压力损失		$\Delta p_d=\Delta p_c+\Delta p_0+\Delta p_d\,;\Delta p_d=\alpha\mu C_i V_i^2 t\,;\alpha=\dfrac{180(1-\varepsilon)}{\rho_p d_3^2\varepsilon^3}$
v-25	空气流动摩擦压力损失		$R_m=\dfrac{\lambda}{4R_s}\times\dfrac{\rho V^2}{2}\,;R_S=\dfrac{D}{4}\,;R_s=\dfrac{ab}{2(a+b)}\,;$ $R_m=K_r R_{m0}=(kV)^{0.25}R_{m0}\,;R_m=R_{mo}\left(\dfrac{\rho}{\rho_0}\right)^{0.91}\left(\dfrac{v}{v_0}\right)^{0.1}\,;$ $R_m=K_t K_B R_{m0}=R_{m0}\left(\dfrac{273+20}{273+t}\right)^{0.825}\left(\dfrac{B}{101.3}\right)^{0.9}$
v-26	电除尘器的除尘效率		$\eta=1-\exp\left(-\dfrac{A}{L}W_e\right)\,;V=\dfrac{L}{F}$
v-27	流速当量直径		$D_V=\dfrac{2ab}{a+b}$
v-28	流量当量直径		$D_L=1.265\dfrac{(ab)^{0.625}}{(a+b)^{0.25}}$
v-29	通风机的电功率		$N=\dfrac{LPk}{3600\eta\eta_m}\,;N_y=\dfrac{LP}{3600}\,;\eta=\dfrac{N_y}{N}$
v-30	通风机的性能变化关系式	当密度 ρ 变化时	$L_2=L_1\,;p_2=p_1\dfrac{\rho_2}{\rho_1}\,;N_2=N_1\dfrac{\rho_2}{\rho_1}\,;\eta_2=\eta_1$
v-31		当转速 n 变化时	$L_2=L_1\dfrac{n_2}{n_1}\,;p_2=p_1\left(\dfrac{n_2}{n_1}\right)^2\,;N_2=N_1\left(\dfrac{n_2}{n_1}\right)^3\,;\eta_2=\eta_1$
v-32		当叶轮直径 D 变化时	$L_2=L_1\left(\dfrac{D_2}{D_1}\right)^3\,;p_2=p_1\left(\dfrac{D_2}{D_1}\right)^2\,;N_2=N_1\left(\dfrac{D_2}{D_1}\right)^5\,;\eta_2=\eta_1$
v-33		当密度 ρ、n、D 变化时	$L_2=L_1\left(\dfrac{n_2}{n_1}\right)\left(\dfrac{D_2}{D_1}\right)^3\,;p_2=p_1\left(\dfrac{n_2}{n_1}\right)\left(\dfrac{\rho_2}{\rho_1}\right)\left(\dfrac{D_2}{D_1}\right)^2\,;$ $N_2=N_1\left(\dfrac{\rho_2}{\rho_1}\right)\left(\dfrac{n_2}{n_1}\right)^3\left(\dfrac{D_2}{D_1}\right)^5\,;\eta_2=\eta_1\,;p=p_N\left(\dfrac{\rho}{1.2}\right)$
v-34	风机使用工况的计算		$p=p_N\cdot\left(\dfrac{\rho}{1.2}\right)\,;\rho=1.293\dfrac{273}{273+t}\times\dfrac{B}{101.3}\approx\dfrac{353}{273+t}$
v-35	机械加压送风量的计算	压差法	$L_Y=0.827f\Delta p^{1/b}\times3600\times1.25$
v-36		风速法	$L_V=\dfrac{nFV(1+b)}{a}\times3600\,;F=\dfrac{L_V-L_Y}{3600\times6.41}$
v-37	上海技术规定排烟量计算		$Q=\alpha t^2\,;H_q=1.6+0.1H\,;$ $Z_1=0.166Q_c^{2/5}\,;M_P=0.071Q_c^{1/3}Z^{5/3}+0.0018Q_c(Z>Z_1)\,;$ $M_P=0.032Q_c^{3/5}Z(Z\leqslant Z_1)V=\dfrac{M_P T}{\rho_0 T_0}\,;T=T_0+\Delta T$

公式编号	计算公式名称	计算表达式
v-38	标准状态下有害物体积浓度	$C = 22.4 \dfrac{y}{M}$
v-39	活性炭有效使用时间	$T = \dfrac{W q_0}{V Y \eta}$
v-40	吸收剂用量	$V(Y_1 - Y_2) = L(X_1 - X_2)$；$\dfrac{L_{\min}}{V} = \dfrac{Y_1 - Y_2}{\dfrac{Y_1}{m} - X_2}$；$L = (1.2 \sim 2.0) L_{\min}$
v-41	人防工程地下室清洁通风新风量计算	$L_Q = L_1 n$
v-42	人防工程地下室滤毒通风新风量计算	$L_R = L_2 n$；$L_H = V_F K_H + L_F$（取最大值）
v-43	人防工程地下室清洁通风排风量	$L_{QP} = (90\% \sim 95\%) L_Q$
v-44	人防工程地下室滤毒通风排风量	$L_{DP} = L_D - L_F$
v-45	隔绝防护时间	$t = \dfrac{1000 V_0 (C - C_0)}{n C_1}$
v-46	地下汽车库排风量	$L = \dfrac{G}{(y_1 - y_0)}$；$G = My$；$M = \left(\dfrac{T_1}{T_0}\right) mtkn \left(\dfrac{m^3}{h}\right)$
v-47	制冷机房的事故排风量	$L = 247.8 G^{0.5}$

附表 3　空调工程常用计算公式

公式编号	计算公式名称	计算表达式
AC-1	含湿量的计算	$d = 0.622 \dfrac{p_q}{p - p_q} \left(\dfrac{\text{kg}}{\text{kg}_{干空气}}\right)$；$p = p_g + p_q$
AC-2	比焓	$\Delta h = c_p \Delta t$；$h = 1.01 t + d(2500 + 1.84 t) \left(\dfrac{\text{kJ}}{\text{kg}_{干空气}}\right)$
AC-3	热比焓	$\varepsilon = \dfrac{\Delta h}{\Delta d} = 2500 + 1.84 t_q$
AC-4	夏季空调室外计算逐时温度	$t_{sh} = t_{wp} + \beta \Delta t_r$；$\Delta t_r = \dfrac{t_{wg} - t_{wp}}{0.52}$
AC-5	夏季空调室外计算逐时综合温度	$t_{zs} = t_{sh} + \dfrac{\rho J}{\alpha_w}$
AC-6	透过玻璃窗进入室内日射得热形成的逐时冷负荷	$CL = F C_S C_n D_{j.\max} C_{LQ}$
AC-7	空调房间的换气次数	$n = \dfrac{L}{V} \left(\dfrac{次}{h}\right)$；$L = \dfrac{Q}{h_n - h_0} = \dfrac{W}{d_n - d_0} \left(\dfrac{\text{kg}}{\text{s}}\right)$
AC-8	混合空气比焓值	$h_c = h_N + m(h_w - h_N) \left(\dfrac{\text{kJ}}{\text{kg}}\right)$
AC-9	最小新风量确定	$G_W = \max(G_{W1}, G_{W2}, G_{W3})$；$G_{W1} = G_P + G_0$；$G_{W2} = n q_w$；$G_{W3} = 0.1 G$

公式编号	计算公式名称		计算表达式
AC-10	一次回风空气状态处理过程		风量：$G=\dfrac{Q}{i_n-i_0}$；室内冷负荷：$Q_1=G(1-m)(i_n-i_0)$；新风冷负荷：$Q_2=G_W(1-m)(i_w-i_0)$；$Q=Q_1+Q_2$
AC-11	夏季空调系统总风量		$G=\dfrac{Q_0}{h_N-h_0}$
AC-12	空调机组总冷负荷		$Q_S=G(h_c-h_L)$
AC-13	新风冷负荷		$Q_W=G_W(h_W-h_N)$
AC-14	再热冷负荷		$Q_z=G(h_0-h_L)$
AC-15	表面冷却器稀湿系数或换热扩大系数		$\zeta=\dfrac{h_1-h_2}{c_p(t_1-t_2)}$
AC-16	性能系数 COP		COP=名义工况制冷量/电功率
AC-17	加湿器的选择		加湿效率=有效加湿量/喷雾水量×100%； 饱和效率=$\dfrac{\text{加湿前空气干球温度}-\text{加湿后空气干球温度}}{\text{加湿前空气干球温度}-\text{饱和空气湿球温度}}×100\%$
AC-18	等温自由紊流射流		$\dfrac{V_x}{V_0}=\dfrac{0.48}{\frac{ax}{d_0}+0.147}$；$\dfrac{d_x}{d_0}=6.8\left(\dfrac{ax}{d_0}+0.147\right)$；$\dfrac{\Delta T_x}{\Delta T_0}=\dfrac{0.35}{\frac{ax}{d_0}+0.147}$
AC-19	阿基米德数		$A_r=\dfrac{gd_0(t_0-t_n)}{v_0^2 T_n}$
AC-20	回风口空气流动规律		$\dfrac{V_1}{V_2}=\dfrac{\frac{L}{4\pi r_1^2}}{\frac{L}{4\pi r_2^2}}=\dfrac{r_2^2}{r_1^2}$
AC-21	表面冷却器的全热交换效率		$\varepsilon_1=\dfrac{t_1-t_2}{t_1-t_{w1}}$
AC-22	表面冷却器的通用热交换效率或接触系数		$\varepsilon_2=1-\dfrac{t_2-t_{s2}}{t_1-t_{s1}}$；$\varepsilon_2=\dfrac{t_1-t_2}{t_1-t_3}$
AC-23	空调水系统的受压		系统停止时：$p_A=\rho gh$；系统启动时：$p_A=\rho gh+p$； 系统运行时：$p_A=\rho gh+p-p_d$
AC-24	冷却泵的选择		$W=\dfrac{Q}{c(t_{w1}-t_{w2})}$；$H_P=1.1(H_f+H_d+H_m+H_S+H_0)$（MPa）
AC-25	洁净度分级标准		$C_n=10^N×\left(\dfrac{0.1}{D}\right)^{2.08}$；$10^N=C_n\left(\dfrac{D}{0.1}\right)^{2.08}$；$M=0.0283C_n\left(\dfrac{D}{0.5}\right)^{2.2}$
AC-26	洁净室含尘浓度的计算	均匀分布时	$N=N_s+\dfrac{60G×10^{-3}}{n}$
AC-27		不均匀分布时	$N=\varphi\left(N_s+\dfrac{60G×10^{-3}}{n}\right)$；$N_S=M(1-S)(1-\eta_n)$； $(1-\eta_n)=(1-\eta_{初})(1-\eta_{中})(1-\eta_{末})$
AC-28	均匀分布方法计算的洁净室换气次数		$n=60×\dfrac{G}{a×N-N_s}$
AC-29	不均匀分布方法计算的洁净室换气次数		$n=60×\dfrac{G}{N-N_s}$；$n_v=\psi n$
AC-30	离心机的声功率级		$L_W=5+\lg L+10\lg H$；$L_W=67+10\lg N+10\lg H$；$L_{W2}=L_{W1}+50\lg\dfrac{n_2}{n_1}$
AC-31	传至某处的声功率级		$L_P=L_W-20\lg r-7.9$；$L_P=L_W+10\lg(4\pi r^2)^{-1}$
AC-32	不同声功率级的叠加		$\sum L_P=10\lg(10^{0.1L_{P1}}+10^{0.1L_{P2}}+\cdots+10^{0.1L_{Pn}})$；$\sum L_P=L_P+10\ln n$

公式编号	计算公式名称		计算表达式
AC-33	房间内某点人耳感觉到的声压级		$L_P = L_W + 10\lg\left(\dfrac{Q}{4\pi r^2} + \dfrac{1-\alpha_m}{S\alpha_m}\right)$
AC-34	振动设备的扰动频率 f		$f = \dfrac{n}{60}$；$f_0 = f\sqrt{\dfrac{T}{1-T}}$（Hz）
AC-35	全空气系统的新风比		$Y = \dfrac{X}{1+X-Z}$；$X = \dfrac{V_{on}}{V_{st}}$；$Z = \dfrac{V_{oc}}{V_{sc}}$
AC-36	空气热回收设备的热回收率	全热交换效率	$\eta_h = \dfrac{h_1 - h_2}{h_1 - h_3} \times 100\%$
AC-37		显热交换效率	$\eta_1 = \dfrac{t_1 - t_2}{t_1 - t_3} \times 100\%$
AC-38	湿交换效率		$\eta_w = \dfrac{d_1 - d_2}{d_1 - d_3} \times 100\%$
AC-39	风机单位风量耗功率		$W_s = \dfrac{P}{3600\eta_t}$
AC-40	输送能效比 ER		$ER = 0.002342\dfrac{H}{\Delta T \eta}$
AC-41	一次回风系统冷量计算		$\varepsilon = \dfrac{Q_0}{W_0}$；$G = \dfrac{Q_0}{i_n - i_0}$（kg/s）；$i_c = (1-m)i_n + mi_w$（kJ/kg）；$Q = G(i_c - i_1)$（kW）
AC-42	空调房间的最小高度		$H = h + s + 0.007x + 0.3$（m）
AC-43	受限射流的最大无量纲回流平均速度		$\dfrac{V_{ph}}{V_0} = \dfrac{0.69}{\dfrac{\sqrt{F_n}}{d_0}}$；$V_{ph} \leqslant 0.25$；$V_0 \leqslant 0.36\dfrac{\sqrt{F_n}}{d_0}$
AC-44	加湿器饱和效率		加湿器饱和效率 $= \dfrac{t_g - t_s}{t_g - t_{bs}}$
AC-45	比焓增量的近似计算		$\Delta i \approx 1.01t + 2500d$
AC-46	空调设备冷量		空调设备冷量＝室内冷负荷＋新风冷负荷－回收显热
AC-47	水泵水温上升而形成的冷负荷的附加率		$Q_L = \alpha Q_Z$；$\alpha = \dfrac{0.0023H}{\eta\Delta t}$；$H = \dfrac{367.3\eta N}{G}$
AC-48	轴心温度计算公式		$\dfrac{\Delta T_x}{T_0} = \dfrac{t_x - t_n}{t_0 - t_n} = \dfrac{0.35}{\dfrac{ax}{d_0} + 0.147}$
AC-49	表面冷却器析湿系数		$\zeta = \dfrac{h_1 - h_2}{c_p(t_1 - t_2)}$
AC-50	地源热泵系统最大释热量		地源热泵系统最大释热量 $= \sum\left[\text{空调分区冷负荷} \times \left(1 + \dfrac{1}{EER}\right)\right] + \sum\text{输送过程得热量} + \sum\text{水泵释放热量}$
AC-51	地源热泵系统最大吸热量		地源热泵系统最大吸热量 $= \sum\left[\text{空调分区冷负荷} \times \left(1 - \dfrac{1}{COP}\right)\right] + \sum\text{输送过程失热量} - \sum\text{水泵释放热量}$
AC-52	冷却塔的冷却能力		$Q_c = K_a AH \times \text{MED}\left(\dfrac{\text{kJ}}{\text{h}}\right)$；$\text{MED} = \dfrac{\Delta 1 - \Delta 2}{\ln\left(\dfrac{\Delta 1}{\Delta 2}\right)}$；$\Delta 1 = h_{w1} - h_{s2}$；$\Delta 2 = h_{w2} - h_{s1}$；$K_a = C_1\left(\dfrac{W}{A}\right)^\alpha\left(\dfrac{G}{A}\right)^\beta$
AC-53	空调系统的冷、热水耗电输冷热比		$EC(H)R = \dfrac{0.003096\sum\left(G\dfrac{H}{\eta_b}\right)}{\sum Q} \leqslant \dfrac{A(B + \alpha\sum L)}{\Delta T}$

公式编号	计算公式名称	计算表达式
AC-54	单级压缩制冷机理论循环制冷系数	$\varepsilon_0=\dfrac{q_0}{w_0}=\dfrac{h_1-h_4}{h_2-h_1}$
AC-55	热力完善度	$\varepsilon=\dfrac{\varepsilon_0}{\varepsilon_c}=\dfrac{h_1-h_4}{h_2-h_1}\times\dfrac{T_4-T_0}{T_0}$
AC-56	一次节流完全中间冷却的双级压缩制冷循环： 通过蒸发器的制冷剂质量流量	$M_{R1}=\dfrac{\phi_0}{(h_1-h_8)}$；$P_{th1}=M_{R1}(h_2-h_1)$；$P_{th2}=M_R(h_4-h_3)$
AC-57	通过中间冷却器的制冷剂质量流量	$M_{R2}=M_{R1}\dfrac{(h_2-h_3)+(h_5-h_7)}{(h_3-h_6)}$；$P_{th}=P_{th1}+P_{th2}$
AC-58	理论制冷系数	$\varepsilon_{th}=\dfrac{\phi_0}{P_{th}}=\dfrac{\phi_0}{P_{th1}+P_{th2}}$
AC-59	双级压缩制冷的最佳温度	$t_{zj}=0.4t_c+0.6t_z+3$；$P_{zj}=\sqrt{P_cP_z}$
AC-60	容积效率	$\eta_v=\dfrac{V_R}{V_h}$；$V_b=\dfrac{\pi}{240}D^2SnZ$
AC-61	风冷热泵机组制热量	$\phi_h=qK_1K_2$
AC-62	实际制冷系数	$\varepsilon=\dfrac{Q}{860N}$
AC-63	氨泵的体积流量	$q_v=n_xq_2V_z$
AC-64	冷凝器传热系数	$K=\dfrac{1}{\dfrac{1}{\alpha_A}+\left[\left(\dfrac{\delta}{\lambda}\right)_{oil}+\left(\dfrac{\delta}{\lambda}\right)\right]\dfrac{d_w}{d_{pj}}+\dfrac{d_w}{d_n}\times\dfrac{1}{\alpha_{water}}}\left[\mathrm{W/(m^2\cdot ℃)}\right]$
AC-65	制冷性能系数	$\mathrm{COP}=\dfrac{\phi_0}{P_e}$（开启式压缩机）；$\mathrm{COP}=\dfrac{\phi_0}{P_{in}}$（封闭式压缩机）
AC-66	制热性能系数	$\mathrm{COP}_h=\dfrac{\phi_h}{P_e}$（开启式压缩机）；$\mathrm{COP}_h=\dfrac{\phi_h}{P_{in}}$（封闭式压缩机）
AC-67	吸收式制冷机的热力系数	$\xi=\dfrac{\phi_0}{\phi_g}$；$\xi_{max}=\dfrac{T_0(T_g-T_e)}{T_g(T_e-T_0)}=\varepsilon_c\eta_c$；$\eta_d=\dfrac{\xi}{\xi_{max}}$
AC-68	溶液的循环倍率	$f=\dfrac{m_3}{m_7}=\dfrac{\xi_s}{\xi_s-\xi_w}$
AC-69	系统年平均能源综合利用率	$v_1=\dfrac{3.6W+Q_1+Q_2}{BQ_L}\times100\%$
AC-70	系统年平均余热利用率	$\mu=\dfrac{Q_1+Q_2}{Q_P+Q_S}\times100\%$
AC-71	水蓄冷蓄槽容积	$V=\dfrac{Q_sP}{1.163\eta\Delta t}$
AC-72	冷库或冰库的计算吨位	$G=\sum V_i\rho_s\eta/1000$

参考文献

[1] 丁建，暖通空调设计 50 [M]. 北京：机械工业出版社，2003.

[2] 中国建筑学会暖通空调分会主编. 暖通空调工程优秀设计图集⑥ [M]. 北京：中国建筑工业出版社，2017.

[3] 付海明. 实验技术 [M]. 北京：中国建筑工业出版社，2007.

[4] 付海明. 建筑环境与设备工程系统分析及设计 [M]. 上海：东华大学出版社，2006.

[5] 付海明，江阳. 建筑环境与设备系统设计实例及问答 [M]. 北京：机械工业出版社，2011.

[6] 付海明. 建筑环境与设备系统设计 [M]. 北京：机械工业出版社，2009.

[7] 张吉光，等. 净化空调 [M]. 北京：国防工业出版社，2003.

[8] 贾孟霞，付海明. 植物叶片表面捕集气溶胶粒子特性数值分析 [J]. 东华大学学报（自然科学版），2021，47（2）：90-97.

[9] 高娟，杨会，沃文叶，等. 绿色植物准稳态叶表面温度理论与试验 [J]. 东华大学学报（自然科学版），2021，47（1）：92-100.

[10] 董玉芳，沃文叶，杨会，等. 植被温度预测模型的分析与确定 [J]. 东华大学学报（自然科学版），2020，46（6）：966-974.

[11] 徐晓莹，付海明. 拓展型绿色屋顶的热工性能 [J]. 东华大学学报（自然科学版），2020，46（3）：428-434.

[12] 谢志豪，付海明. 树冠流动阻力风洞试验与数值模拟 [J]. 东华大学学报（自然科学版），2020，46（3）：442-449.

[13] 宋明辉，付海明. 三维树冠的结构参数与阻力特性的关系 [J]. 东华大学学报（自然科学版），2020，46（3）：450-456.

[14] 杨会，朱辉，陈永平，等. 滑移效应下纤维绕流场及过滤阻力的数值计算与分析 [J]. 过程工程学报，2021，21（1）：36-45.

[15] 杨会，朱辉，付海明. 方形截面纤维惯性与拦截耦合捕集效率数值计算与分析 [J]. 科学技术与工程，2020，20（5）：1973-1979.

[16] 边慧娟，付海明. 树冠对室外颗粒物浓度分布及干沉积速度的影响 [J]. 东华大学学报（自然科学版），2019，45（6）：924-930，937.

[17] 杨会，朱辉，陈永平，等. 方形截面纤维表面气溶胶粒子多机理过滤性能数值分析 [J]. 过程工程学报，2020，20（4）：400-409.

[18] 朱辉，杨会，付海明，等. 椭圆纤维对粒子拦截捕集特性的数值计算与分析 [J]. 东华大学学报（自然科学版），2019，45（4）：596-604.

[19] 段博文，付海明. 空气幕与机械排烟对隧道火灾烟气扩散的影响 [J]. 东华大学学报（自然科学版），2019，45（4）：588-595.

[20] 吴洋洋，付海明. 树枝尺度的树冠气动特性风洞试验 [J]. 东华大学学报（自然科学版），2019，45（4）：583-587，595.

[21] 张克，付海明. 基于格子-玻尔兹曼方法的三维虚拟树冠阻力特性 [J]. 东华大学学报（自然科学版），2019，45（2）：306-312.

[22] 朱辉，杨会，付海明，等. 椭圆纤维过滤压降与惯性捕集效率数值分析 [J]. 中国环境科学，2019，39（2）：565-573.

[23] 周胜，付海明. 乘员表面温度分布和乘员舱热舒适性的模拟 [J]. 汽车工程，2018，40（7）：826-833.

[24] 黄文雄，付海明. 夏季工况会议室侧送侧回空调人体热舒适性模拟 [J]. 暖通空调，2018，48（6）：16，120-126.

[25] 徐伟，付海明. 树冠降温效应的风洞试验及关联模型 [J]. 东华大学学报（自然科学版），2017，43（6）：908-913.

[26] 王彦杨，付海明. 颗粒物在风洞内树枝尺度的小叶黄杨上的沉积 [J]. 东华大学学报（自然科学版），2017，43（5）：727-731，758.

[27] 朱辉，付海明，亢燕铭. 单纤维过滤阻力与惯性捕集效率数值分析 [J]. 中国环境科学，2017，37（4）：1298-1306.

[28] 杨会，付海明. 树冠流动阻力特性数值模拟与实验研究 [J]. 中南大学学报（自然科学版），2016，47（12）：4292-4300.

[29] 王冰清，付海明. 树冠微观尺度流动阻力特性分析 [J]. 东华大学学报（自然科学版），2016，42（3）：426-431.

[30] 周翌晨，付海明，杨会．植物对街谷流场影响的数值模拟与评价 [J]．东华大学学报（自然科学版），2016，42（3）：419-425.

[31] 汪悦越，付海明，胡文娟，等．树冠周围温度分布特性数值模拟与试验 [J]．东华大学学报（自然科学版），2016，42（2）：258-262.

[32] 赵洪亮，付海明，雷陈磊．纤维截面形状对纤维捕集效率及压力损失的影响 [J]．东华大学学报（自然科学版），2016，42（1）：85-92.

[33] 雷陈磊，付海明，赵洪亮，等．含尘单纤维过滤捕集效率的数值模拟 [J]．东华大学学报（自然科学版），2016，42（1）：93-97.

[34] 吴世先，朱辉，付海明，等．纤维表面气溶胶粒子对流扩散沉积行为随机模拟 [J]．中南大学学报（自然科学版），2015，46（12）：4738-4746.

[35] 朱辉，付海明，亢燕铭．纤维表面气溶胶粒子沉积与反弹行为数值模拟 [J]．中南大学学报（自然科学版），2013，44（7）：3086-3094.

[36] 朱辉，付海明，亢燕铭．荷尘状态单纤维过滤压降数值计算与分析 [J]．化工学报，2012，63（12）：3927-3936.

[37] 徐芳芳，付海明，雷泽明，等．三维纤维过滤介质压力损失数值模拟 [J]．东华大学学报（自然科学版），2012，38（6）：745-749，780.

[38] 付海明，徐芳芳，李艳艳．纤维过滤介质渗透率及压力损失数值模拟 [J]．华侨大学学报（自然科学版），2012，33（5）：535-542.

[39] 李艳艳，付海明，胡玉乐．纤维过滤介质内部三维流场模拟 [J]．纺织学报，2011，32（5）：16-21.

[40] 刘栋栋，付海明，陈军，等．旋风除尘器流场及浓度场实验与模拟 [J]．环境工程学报，2010，4（9）：2057-2064.

[41] 朱辉，付海明，亢燕铭．单纤维过滤介质表面尘粒捕集的随机模拟 [J]．环境工程学报，2010，4（8）：1881-1886.

[42] 张健，付海明，等．湍流度对人体周围流场及舒适性的影响研究 [J]．暖通与空调，2012，11（261）.

[43] 马雷磊．深圳富士康 N 综合工业厂房空调设计 [J]．公用工程设计，2009，（9）.

[44] Wang Yurong, Fu Haiming. 3D visual plant models in computational fluid dynamics simulation of ambient wind flow around an isolated tree [J]. Journal of Donghua University (English Edition), 2017, 34 (2): 304-309.

[45] Wang Bingqing, Fu Haiming. Numerical simulation of the airflow within a canopy using a 3D canopy structure [J]. Journal of Donghua University (English Edition), 2016, 33 (6): 920-927.

[46] Yang Hui, Fu Haiming. Numerical simulation investigation of the impact of simplified architectural canopy models on the distribution of flow filed [J]. Journal of Donghua University (English Edition), 2016, 33 (1): 105-111.

[47] Yang Hui, Fu Haiming. Forest canopy flow analysis using turbulence model with source/sink terms [J]. Journal of Donghua University (English Edition), 2015, 32 (4): 588-593.

[48] ASHRAE HandBook—Fundamentals, 2009, American Society of Heating, Refrigerating and Air-Conditioning Engineers, Inc http://www.ashrae.org.

[49] 邵宗义．高校建筑设备工程毕业设计指导与题库 [M]．北京：中国建筑工业出版社，2006.

[50] 刘天川．超高层建筑空调设计 [M]．北京：中国建筑工业出版社，2004.